資料密集型應用系統設計

Designing Data-Intensive Applications
The Big Ideas Behind Reliable, Scalable, and Maintainable Systems

Martin Kleppmann 著

李健榮 譯

O'REILLY®

科技是社會中一股強大的力量。資料、軟體和通訊可能會被用在邪惡的一面，像是鞏固不公平的權力結構、破壞人權以及保護既得利益者；但，它們也可以投入良善的用途，像是讓弱勢人民的聲音被聽見、為每個人創造機會、避免災難。這本書獻給每一位朝向美好而努力著的人們。

計算機科學是一種流行文化。［…］流行文化蔑視歷史。流行文化是關於身分認同和參與感的。它與合作、過去或未來無關，它所推崇的是活在當下。我認為大多數為金錢而撰寫程式的人亦若是，他們不知道其文化根源何處。

— Alan Kay, 出自 Dr Dobb's Journal 訪談（2012）

推薦序

這些年在微服務架構（MSA, Microservice Architecture）的顧問生涯中，發現資料應用及資料設計管理的議題總是主導著整個軟體架構改造的成敗，這這迫使企業必須要用更高的層級去看待資料的議題。然而，過往的軟體開發模式，很難擺脫對傳統資料庫系統概念的依賴，導致許多人的視野被限制了，面對密度更高的資料流、更大量的數據以及更多的應用需求，只能無奈的兩手一攤，期望未來某個超級的資料庫系統能橫空出世，騰雲駕霧來解救眾生。

相信許多人都同意，資料是數位世界中具有質量的東西，相較於同為數位世界下的軟體程式，資料很難輕易被任意複製和搬動，更會強力牽引軟體程式的設計和工作樣態，導致應用程式更像是圍繞在資料而生的存在。尤其是數位時代中，許多傳統企業在進行數位轉型之後，更多的數位業務伴隨了更多資料處理、分析、運算等議題，爆炸式增長的資料處理需求衍生的議題數不勝數。業界一直傷透了腦筋，在資料密集應用的架構設計裡，尋找各種方法和手段，以求在效能、穩定性、可維護性以及使用者體驗中取得平衡。

這本書讓人相當驚艷，Martin Kleppmann 在書裡對於資料系統設計的各類原理，進行了全面的剖析，也帶入了實際應用場景進行說明，協助讀者可以充份理解許多資料處理機制設計的美妙之處，無論讀者是否具備大量經驗。要知道，過去若想要深入資料這個領域，通常需仰賴著各種經驗，而且還要有機緣經歷過許多變態的資料場景，才有可能領悟到幾分。不只如此，對於許多仍在發展的技術和架構，在此書裡也有特別的章節精準描述未來的趨勢和樣貌。

這本書的出世，對所有相關從業人員來說相當幸運，因為即便是資料庫領域的實務專家，也很少有人能像這本書這樣，可以全面理解資料處理架構的技術全貌，更別說將這些知識一一解說和傳授給其他人。如果你對資料處理架構的設計感興趣，這本書是你一定要拜讀的聖經。

錢逢祥（*Fred Chien*）
寬橋（*Brobridge*）技術長兼首席架構師

譯者序

去年五月，出版社徵詢我是否有意願為 Martin Kleppmann 博士的《Designing Data-Intensive Applications》這本名著執譯。當時一見此書的內容，腦袋便馬上浮起一定要接下這份工作的念頭。不過，讓我稍稍猶豫的是這本書真的太有份量了，不光頁數有份量，連內容也極有份量，唯恐自己不能勝任這項任務。在我個人的職業生涯中，從開始接觸軟體設計至今還不到 10 年，不論學識或經驗都自認相當不足，而翻譯本書恰恰給了我一個補習與打開眼界的機會。本著鍛鍊與學習的自我期許，接受了這個挑戰，敦促自己無論如何都應該完成這項任務。

有時在社群上，不乏可以見到一些神人對問題的絕妙回答和精闢剖析。特別是看到高手們能夠從可靠性、可擴展性、可維運性、投入成本以及人的因素等不同角度來切入一個問題的時候，真的令人非常讚嘆，似乎一個問題的方方面面都逃不過這些高手們的火眼金睛。毋庸置疑，高手們肯定具備了淵博的知識以及豐富的經驗，才能做出如是精彩的分析和解說，而本書作者 Martin Kleppmann 博士正是那樣的高手。他就像一位鑑定家，你能夠想像他正拿著放大鏡端詳把玩著一件寶物的樣子，時而嚴肅、時而燦笑，從各個角度告訴你有關這件寶物的一切。有時候，他也像極了經驗老到的鐘錶師傅，總是知道錶盤底下密密麻麻的齒輪之間如何依存輪動。每當鐘錶師傅坐定，點亮工作檯燈，一場精采的表演就此開始；當他熄了檯燈，抬頭微笑的時候，便是眾人見證奇蹟的時刻。本書是一本可以讓人見樹也見林之作，不只適合像我這樣的後端新手閱讀，相信老手們或也能在這本書當中遇見共鳴之處或是不經意就踢到一塊能夠解開多年疑惑的敲門磚。

2020 年是全球疫情肆虐的一年，雖然這樣的情況為某些產業帶來了一些機會，但我相信有更多的人和企業都必須在更嚴峻的條件下努力求生存。這一年，我恰好因工作關係而需要舉家從台北南遷到高雄。除了為公事奔忙之外，心裡掛念的還有這本書的翻譯工作。適逢我太太的工作受到疫情衝擊而使她經常要處在休假狀態，因而可以分擔更多照顧家庭的忙活，為我騰出了翻譯本書的時間和空間。謝謝我溫柔堅毅的妻子，總是在背後默默地打理好我們生活的一切，讓我可以無後顧之憂地完成工作。謝謝我可愛的寶貝女兒，在我最煩悶與苦惱的時候，只要見到笑盈盈的妳，爸爸就彷彿瞬間被治癒了。

本書譯稿雖然經過多次校對與審閱，但仍不免有謬譯或翻譯不佳之處，敬請各位讀者包涵見諒。最後，感謝原作能帶給世界這麼好的一本書。能夠執譯本書以饗中文世界的讀者，是我莫大的榮幸。

－李健榮

目錄

前言

如果你近幾年曾經從事過軟體工程領域的工作，特別是在伺服器和後端系統的領域，你也可能有過被大量資料儲存和資料處理的術語轟炸過的經驗。NoSQL！Big Data！Web-scale！Sharding！最終一致性！CAP 定理！雲端服務！MapReduce！即時性！

過去十來年，我們在資料庫、分散式系統以及在其上建構應用程式的方式有許多引人注目的發展。推動這些發展的因素包括：

- Google、Microsoft、Amazon、Facebook、LinkedIn、Netflix 和 Twitter 等網路公司都需要處理大規模的資料和流量，迫使它們創造新工具來有效處理如此大量的資料和流量。

- 企業需要夠敏捷，測試假設的成本低，而且也必須透過縮短開發週期和靈活的資料模型來快速因應新的市場洞察。

- 自由和開放原始碼的文化非常成功，現在這些軟體在許多環境中都比商用或內部訂製的軟體還要受歡迎。

- CPU 時脈速度幾乎沒有成長，不過多核心處理器已儼然成為標準配備，而且網路速度也越來越快。這意味著，平行架構也會跟著成長。

- 即使你在一個小團隊工作，現在也可以建立跨多台機器甚至多個地理區域的系統，這多虧了基礎建設即服務（infrastructure as a service, IaaS）的幫忙，比如 Amazon Web Services。

- 現在大家對許多服務的預期都應該是高可用的；大家對於故障或維護而導致的停機時間也越來越要求了。

資料密集型應用（*Data-intensive applications*）利用了這些技術發展，正在進一步拓展可能性的疆界。如果資料是應用程式的主要挑戰（資料的數量、複雜性或變化速度），我們就可稱其為資料密集型的（*data-intensive*），而不是計算密集型的（*compute-intensive*），對於後者而言，CPU 的處理速度將會是瓶頸所在。

一些工具和技術已經順應時勢，能夠支援資料密集型應用程式的儲存和資料處理。新型的資料庫系統（「NoSQL」）已經得到許多關注，但是訊息佇列、快取、搜尋索引、批次處理和串流處理框架，以及零零總總的相關技術也同樣重要。許多應用程式都是採用這些方法的某種組合所架構而成的。

一些流行用語（buzzwords）的出現正是對新興機會展現熱情的標誌，這是件了不起的事情。然而，身為軟體工程師和架構師，如果我們想要建構出好的應用程式，還需要對各種技術及其利弊有準確的理解才行。為此，我們必須得繼續挖掘比 buzzwords 還要更深入的東西。

幸運的是，技術快速變化的背後存在一些歷久不衰的原則，無論你使用的是哪種工具，這些原則都一體適用。如果能夠理解這些原則，就可以知道每種工具的適用之處、如何充分利用它同時避免其缺陷。這就是本書的價值所在。

本書的目標是帶您一覽當今發展快速且多樣的資料處理與儲存技術。本書並非針對某一特定工具的入門書籍，也不是一本充滿枯燥理論的教科書。相反地，我們將著眼於一些成功的資料系統，以其作為範例：這些技術是許多流行應用程式的基礎，並且必須滿足生產環境所需要的可擴展性、性能和可靠性等等要求。

我們將深入這些系統的內部，梳理出其中關鍵的演算法，討論它們的原則以及必要的權衡。在這趟旅程中，我們也會嘗試找到思考資料系統的有用方法：不僅僅是瞭解它們如何工作，還能夠知道它們為什麼要這樣工作，以及我們需要提出哪些問題才能直指事情的核心。

讀完本書，你便能很容易地為不同目的決定合適的技術，並瞭解如何將各種工具結合起來形成一個良好的應用架構來當作基礎。對於從頭建構自己的資料庫儲存引擎，或許你全然沒有準備，但幸運的是，已經很少有這種自己再重新來過的必要了。然而，當你對系統底層開始具備良好的直覺，這樣就可以推斷它們的行為，協助你做出優秀的設計決策並跟蹤可能出現的任何問題。

本書對象

如果你開發的應用程式具有某種儲存或處理資料的伺服器／後端，且應用程式也使用網際網路（例如 web 應用程式、mobile 應用程式或聯網感測器），那麼這本書正是為你所寫的。

本書是為了熱愛程式設計的軟體工程師、軟體架構師和技術經理所準備的。如果你需要對系統架構做出決策，那麼這本書對你來說又更適合了。例如，你想要為給定的問題選擇解決工具，並弄清楚如何才能最好地應用它們；但就算你沒有碰到這種情況，本書同樣也能幫助你更加理解這些工具的優點和缺點。

建議你應該先有一些 web 應用程式或網路服務的開發經驗，又或者熟悉關聯式資料庫和 SQL。對於任何非關聯式資料庫以及其他跟資料相關的工具的認識，如果有會更好，但不是絕對必須的。對常見的網路通訊協定（如 TCP 和 HTTP）有一些瞭解也會有所幫助。另外，本書的內容並不會因為你所使用的程式語言或框架而有所區別。

如果你符合下列任何一種情況，便能發現本書對你的價值：

- 你想學習如何讓資料系統變得可擴展，例如可以支援數百萬使用者的 web 或 mobile 應用程式。

- 你需要讓應用程式變得高可用（最小化停機時間）並擁有更好的操作強韌性。

- 你正在尋找能夠使系統更容易進行長期維護的方法，同時應對系統的成長、需求以及技術的變化。

- 你對事物的運作方式有一種天生的好奇心，想知道多數網站和線上服務的內部奧秘。本書會分解各種資料庫和資料處理系統的內部結構，探索它們聰明的設計思維是一件非常有趣的事情。

有時，當討論到可擴展的資料系統時，人們會如是評論道：「你又不是 Google 或 Amazon。不要再擔心可擴展性了啦，用關聯式資料庫就可以了啊！」這句話不是沒有道理：為不需要的規模進行建置只是在浪費精力，也可能會把你綁在一個沒有彈性的設計當中。實際上，這是一種過早最佳化的表現。不過，為事情選擇正確的工具也很重要，而且不同的技術各有其優缺點。正如我們將要看到的，關聯式資料庫是很重要沒錯，但它並不是和資料打交道的唯一選擇。

本書範疇

本書不打算提供關於如何安裝、使用某種軟體套件或 API 的詳細說明，因為這些東西已經有大量的文件可以參考。我們將會討論資料系統的基本原則和權衡，並探討不同產品所採取的不同設計決策。

電子書版本中會包含線上資源的全文連結。所有連結在本書出版時都有經過驗證，但是，web 環境天生多變，免不了有些連結在日後會有失效的情況發生。如果你碰到了失效的連結，或是正在閱讀本書的紙本印刷版，都可以自己根據參考文獻的資訊來上網搜尋相關資料。對於學術論文，你可以利用 Google Scholar 搜尋論文標題來找到公開存取的 PDF 檔案。或者，你也可以在 *https://github.com/ept/ddia-references* 上找到所有參考文獻資訊，本書會在那裡維護一份最新的連結。

我們主要著眼於資料系統的**架構**，以及將它們整合到資料密集型應用程式中的方法。這本書沒有足夠的篇幅來涵蓋部署、操作、安全、管理和其他領域，因為這些都是複雜且重要的主題，每個主題都值得專書專著，所以本書並不打算個別談論它們。

本書所描述的許多技術都落在 *Big Data* 這個流行詞（buzzword）的範疇當中。然而，「Big Data」這個術語已經被過度濫用而且定義不明，以至於在嚴謹的工程討論中顯得毫無用處。本書會使用更明確的字眼，例如單節點與分散式系統，或線上／互動以及離線／批次處理系統等具體的術語。

本書支持自由和開放原始碼軟體（FOSS），因為閱讀、修改和執行原始程式碼是詳細理解某些東西如何工作的最好方法。開放式平台也可以減少被特定廠商綁住的風險。然而，在適當的情況下，我們也會提及一些私有的專用軟體（封閉原始碼軟體、服務即軟體，或僅在文獻上出現但並未公開發佈的企業內部軟體）。

本書結構

本書分為三個部分：

1. 第一部分討論支撐資料密集型應用程式設計的基本思想。第 1 章首先討論我們想達到的目標：可靠性、可擴展性和可維護性；應該如何看待它們；及如何來實現這些目標。第 2 章比較了幾種不同的資料模型和查詢語言，看看它們如何適用於各不相同的場景。第 3 章將會討論儲存引擎：資料庫如何在磁碟上排佈資料，以便讓我們可以有效率地再次找出資料。第 4 章則是介紹了資料編碼的格式（序列化），以及基模隨時間演化的問題。

2. 自第二部分開始，我們會將目光從儲存在單一台機器上的資料轉到分佈於多台機器上的資料。這通常是支援可擴展性所必需的架構，但這也帶來了各種獨特的挑戰。我們首先會討論複製（第 5 章）、分區／分片（第 6 章）和交易（第 7 章），然後才會詳細討論分散式系統的一些問題（第 8 章），以及在分散式系統中達成一致性和共識的意義（第 9 章）。

3. 第三部分將會討論從一些資料集再衍生出另一些資料集的系統。衍生資料經常出現在異構系統中：當沒有一個資料庫能夠很好地完成所有工作時，應用程式就需要整合幾個不同的資料庫、快取或是索引等等。第 10 章會從衍生資料的批次處理方法開始，接著在第 11 章以流式處理為基礎的方式來建構衍生資料。在本書最後的第 12 章，我們將會總結所有內容，並討論未來建構可靠、可擴展和可維護的應用程式的方法。

參考文獻和深入閱讀

本書所討論的大部分內容都已經在其他地方公開發表過了，諸如會議報告、研究論文、部落格文章、程式碼、bug 追蹤任務、郵件論壇和一些工程軼事等等。本書總結了各方技術最重要的想法，同時在內文中也一併提供了參考資料。如果你想更深入地探索某個領域，每一章末尾所附的參考文獻是很好的資源，它們當中的大多數都可以在網路上免費取得。

致謝

本書大量融合了眾人的思想和知識，其中結合了學術研究和業界的實務經驗並加以系統化。在電腦領域中的人們往往會被新鮮耀眼的事物所吸引，但我認為還有許多既有的東西是我們可以師從的。這本書的參考資料總共集結超過 800 篇的技術文章、部落格文章、演講、官方文件等等文獻，它們對我來說是無價的學習資源。在此，由衷感謝這些文章的作者無私地分享了他們的知識。

我也從一些私人對談和討論中學到了很多，這要感謝許多人付出的時間與耐心。在此特別感謝 Joe Adler、Ross Anderson、Peter Bailis、Márton Balassi、Alastair Beresford、Mark Callaghan、Mat Clayton、Patrick Collison、Sean Cribbs、Shirshanka Das、Niklas Ekström、Stephan Ewen、Alan Fekete、Gyula Fóra、Camille Fournier、Andres Freund、John Garbutt、Seth Gilbert、Tom Haggett、Pat Helland、Joe Hellerstein、Jakob Homan、Heidi Howard、John Hugg、Julian Hyde、Conrad Irwin、Evan Jones、Flavio Junqueira、Jessica Kerr、Kyle Kingsbury、Jay Kreps、Carl Lerche、Nicolas Liochon、Steve Loughran、Lee Mallabone、Nathan Marz、Caitie、McCaffrey、Josie McLellan、Christopher Meiklejohn、Ian Meyers、Neha Narkhede、Neha Narula、Cathy O'Neil、Onora O'Neill、Ludovic Orban、Zoran Perkov、Julia Powles、Chris Riccomini、Henry Robinson、David Rosenthal、Jennifer Rullmann、Matthew Sackman、Martin Scholl、Amit Sela、Gwen Shapira、Greg Spurrier、Sam Stokes、Ben Stopford、Tom Stuart、Diana Vasile、Rahul Vohra、Pete Warden 及 Brett Wooldridge。

還有一些人審閱了本書草稿並提供了珍貴的意見回饋，這無疑是本書寫作的強心針。這些貢獻來自於 Raul Agepati、Tyler Akidau、Mattias Andersson、Sasha Baranov、Veena Basavaraj、David Beyer、Jim Brikman、Paul Carey、Raul Castro Fernandez、Joseph Chow、Derek Elkins、Sam Elliott、Alexander Gallego、Mark Grover、Stu Halloway、Heidi Howard、Nicola Kleppmann、Stefan Kruppa、Bjorn Madsen、Sander Mak、Stefan Podkowinski、Phil Potter、Hamid Ramazani、Sam Stokes 還有 Ben Summers，在此我要特別感謝您們的付出。當然，本書若還有錯誤或令人不快之處，這些責任自然在我，須得由我概括承受。

謝謝我的編輯 Marie Beaugureau、Mike Loukides、

Ann Spencer 以及歐萊禮的所有團隊。謝謝 Rachel Head 為本書拋磨字眼。感謝 Alastair Beresford, Susan Goodhue、Neha Narkhede 及 Kevin Scott 給我了寫作的時間與自由。謝謝您們對我龜速的寫作和奇怪的要求展現出無與倫比的寬容，若沒有您們，這本書恐怕不可能問世。

這裡也要特別感謝 Shabbir Diwan 和 Edie Freedman，每章隨附的地圖皆出自他們兩位之手。他們用顛覆傳統的創意打造的地圖是如此精美，不得不說，這為此書增添了幾分美好。

最後，我要向我的家人和朋友表達我的愛。若沒有您們作後盾，我不可能完成這本花了將近四年時間方成的寫作。您們真的是太棒了。

第一部分

資料系統基礎

本書前四章介紹適用於所有資料系統的基本思想，無論是在單機運行還是分布在多台機器上：

1. 第 1 章介紹本書所使用的術語及方法。我們將檢視**可靠性**（*reliability*）、**可擴展性**（*scalability*）與**可維護性**（*maintainability*）等字詞的實際含義，以及如何實現這些目標。

2. 第 2 章比較幾種不同的資料模型與查詢語言，從開發者角度來看，這是區分資料庫最明顯的因素。我們也會看到適用在不同場景的各種模型。

3. 第 3 章討論資料庫系統儲存引擎的內部原理，並介紹資料庫如何在磁碟上布局數據。不同的儲存引擎如何針對不同的工作負載進行優化，儲存引擎的選擇對系統性能有巨大的影響。

4. 第 4 章比較了各種資料編碼格式（序列化），並探討它們在應用程式需求變化、基模（schemas）也需要隨時間調整的環境中的表現。

在後續的第二部分，我們將討論一些分散式資料系統特有的問題。

第一章

可靠、可擴展與可維護的應用系統

> 網際網路發展得太好了，以至很多人把它當成像是太平洋一樣的自然資源，而非人造的。還記得上一次達到如此規模而又強壯的科技是什麼時候呢？
>
> —Alan Kay, 於 *Dr. Dobb Journal* 的採訪（2012）

今天的許多應用都是屬於資料密集型（*data-intensive*），而不是計算密集型（*compute-intensive*）。對於這些應用，CPU 本身的處理能力通常不會是限制因素，資料量級、資料複雜度以及資料的速變性才是問題所在。

資料密集型應用通常是由一些常用功能的標準模組所建構而成。例如，許多應用都有以下需求：

* 資料庫（*databases*）：儲存資料，以便它們或另一個應用可以再次訪問

* 快取記憶體（*caches*）：將昂貴操作的結果暫存起來，使讀取操作得以加速

* 搜尋索引（*search indexes*）：使用者可以通過關鍵字來搜尋資料或支援各種過濾資料的方式

* 串流處理（*stream processing*）：將訊息發送至另一個程序，且以非同步方式進行處理

* 批次處理（*batch processing*）：週期性地處理大量累積的資料

上述這些需求看起來似乎再平常不過了，那是因為這些**資料處理系統**（*data systems*）有著很成功的抽象：讓我們拿來就用，不用想太多。當工程師需要建構一個全新應用時，多數人應該都不希望一切從頭開始、重新寫一個全新的資料儲存引擎吧，因為現成的資料庫方案已經可以很好地滿足我們的需求。

不過，現實並不總是那麼簡單。因為不同的資料庫各有所長，往往也是為了滿足各種應用的不同需求，而有各式各樣的快取方法以及多種不同的索引方法等等。當需求無法被單一工具獨立滿足時，要整合運用多種工具也是一項大工程。因此在建構應用時，我們仍需要弄清楚哪些工具和方法最適合手頭上的任務。

本書不只介紹原理，同時也闡述資料系統的實踐面向，如何使用它們來建構資料密集型應用。我們將探索不同工具的共通之處與差異所在，以們它們如何實現各自的特性。

本章首先探討實踐的基礎：可靠、可擴展與可維護的資料系統，闡述它們的含義以及思考之道，並且走一遍後續章節所需要的基礎知識。接下來我們將層層推進，看看在處理資料密集型應用時需要考量的不同設計決策。

資料系統思維

我們通常認為資料庫、佇列、快取記憶體等是不同類型的工具。儘管資料庫和訊息佇列在表面上有些相似性（例如兩者都會儲存資料一段時間），卻有著不同的存取模式，這說明了它們有不同的性能特徵，因此也有著截然不同的實作。

那麼，為什麼我們要將它們歸在「**資料系統**」這個大項底下呢？

近年出現了許多新的資料儲存和處理的工具。它們針對各種不同的用例進行了最佳化，所以無法再用傳統的方式加以歸類 [1]。例如，有些資料儲存也用作訊息佇列（Redis），而有些訊息佇列也具備類似資料庫的持久化儲存保證（Apache Kafka）。這些資料系統之間的分野界線日漸模糊。

其次，現今越來越多的應用有更高的要求和更廣泛的需求，以致單一工具往往無法滿足應用對所有資料的處理與儲存需求。取而代之的是，工作被進一步分解，分解成一個個可以由個別單一工具所高效執行的任務，而這些工具的組合運用則是通過應用層程式碼來進一步縫合。

例如，如果有某個應用程序所管理的快取層（使用 Memcached 或類似者），或是與主資料庫分離的全文檢索伺服器（像 Elasticsearch 或 Solr），那麼通常會由應用層程式碼負責保持這些快取和索引與主資料庫的同步。圖 1-1 給出了它可能的樣子，詳細技術將於後面的章節中再做介紹。

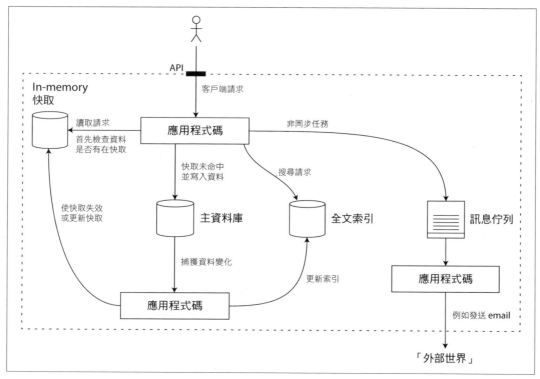

圖 1-1　一種組合了多個元件的資料系統架構

當服務是由多個元件組合建構而成時，服務的介面或應用程式介面（API）通常會對客戶端隱藏內部的實作細節。現在，假設你已經用一些較小的通用元件建構出一個全新的專用資料系統。這個整合起來的資料系統可能會提供某些保證，例如確保快取失效或者在寫入時正確刷新，好讓外部客戶端能看到一致的結果。這樣的你，已不只是一位應用開發者，同時也是一位資料系統設計師。

在設計資料系統或服務時，會出現很多棘手的問題。當系統內部出錯時，如何確保資料的正確性與完整性？當系統某些部分發生降級時，該如何向客戶提供良好如一的性能？系統應該如何擴展以因應增加的負載？一個具備友善 API 的服務又應該如何設計？

影響資料系統設計的因素有很多，包括相關人員的技能和經驗、遺留系統的依賴性、交付週期、組織對不同風險的容忍度、法規約束等。這些因素很大程度會因具體情況而異。

本書主要關注對大多數軟體系統來說都是極為重要的三個方面：

可靠性（*Reliability*）

> 即使面對逆境（硬體或軟體故障、人為錯誤），系統也應該能繼續正常工作（以期望的性能水準執行正確的功能）。具體請參閱第 6 頁「可靠性」一節。

可擴展性（*Scalability*）

> 隨著系統規模增長（資料量、流量、複雜度），應該要有合理的方式來處理這種增長。具體請參閱第 10 頁的「可擴展性」一節。

可維護性（*Maintainability*）

> 隨著時間的推移，會有許多不同的人進來參與系統，例如開發和維運、保持現有行為並使系統能適應新用例，系統應該讓所有人於其上工作時都能保持**生產力**。具體請參閱第 18 頁「可維護性」一節。

上述這些詞彙經常被繞來彎去，有時候不能很容易理解它們的意思。出於對工程的熱愛，本章將探索可靠性、可擴展性和可維護性的思考與方法。然後，在後續的章節再著眼於實現這些目標的各種技術、架構和演算法。

可靠性

每個人對於什麼是可靠或者不可靠的看法是很直觀的。對於軟體，典型的期望有：

- 應用程式要執行使用者所期望的功能。
- 它能容忍使用者犯錯或是以不正確方式操作軟體。
- 在預期的負載和資料量之下，它的性能可以滿足用例的需求。
- 系統能防止任何未經授權的訪問和濫用。

如果上述的全部目標都要具備才算「正常工作」的話，我們可以將**可靠性**大致理解為：即使發生了某些問題，系統仍然可以繼續正常工作。

可能出錯的事情稱為**故障**（*faults*），可以預測故障並應對故障的系統稱為**容錯**（*fault-tolerant*）或**彈性**（*resilient*）的系統。前一個術語有點誤導人：因為這會讓我們誤以為可以創造出一個能夠容忍所有可能錯誤的系統，而這在現實中顯然是不可能的。如果整個地球（與世界上所有伺服器）都被黑洞吞噬，要能容錯就必須在外太空安裝冗餘主機，這筆預算恐怕不少。對比這個誇張的想像，我們必須知道在討論容錯時，應該要將範疇限縮在**特定的**錯誤再探討，這樣才有實質意義。

請注意，故障並不等同於**失效**（*failure*）[2]。故障通常定義為系統的某個元件偏離了它的規格，而失效是指系統作為一個整體，停止向使用者提供他們所需的服務。要將故障發生的機率降到零想當然是不可能的，因此通常最好要配合容錯機制設計。本書介紹了幾種能夠使用不可靠組件來建構出可靠系統的技術。

在這樣的容錯系統中，我們會透過故意引發錯誤（例如隨機終止某個程序）來**提高**故障的發生機率是有其用意的。雖然故意引發錯誤似乎有違直覺，但這是為了保持系統健壯而刻意為之的。許多關鍵的 bug 實際上是由於錯誤處理不當所造成的 [3]。通過故意誘發故障來持續確保和檢驗系統的容錯機制，可以讓我們在應對自然發生的故障時更具信心。Netflix 的 *Chaos Monkey* 系統 [4] 就是這種測試的一個例子。

對於故障，雖然我們往往喜歡採取容忍大於預防，但在某些情況，預防勝於治療還是比較好的（例如，因為沒有治癒的方法）。安全問題就是一例，例如：如果攻擊者破壞了系統並可以存取敏感資料，這種事件一旦發生就無法挽回了。不過，本書接下來要討論的是那些可以被治癒的故障類型。

硬體故障

當我們聽到系統故障時，第一時間大概都會聯想到硬體的故障：硬碟壞軌、記憶體掛點、停電或是拔錯網路線。任一個跟大型資料中心合作過的人都可以告訴你，當你有很多機器時，這些不幸的事情就是會發生。

根據報告，硬碟的平均故障時間（MTTF）大約是 10 ～ 50 年 [5, 6]。因此，在一個內置 10,000 個硬碟的儲存叢集中，應該可以預期平均每天會有一台硬碟發生故障。

對於解決之道的第一個反應通常是幫硬體添加冗餘，好降低系統的故障率，像是配置 RAID 磁碟陣列、幫伺服器配置雙電源、用可熱插拔的 CPU，而資料中心則是規劃有柴油發電機、電池做備用電源等等。當一個元件陣亡時，冗餘元件馬上可以取而代之。雖然這種方法不能完全防止硬體故障所引發的失效，但確實是大家都知道應該採用的方法，而且在實際上也經常能夠讓系統不間斷運行個好幾年。

就算在今天，硬體冗餘方案對大多數應用來說仍然是足夠的，因為它可以把單機完全失效的機率降到最低。只要能夠迅速地將備份恢復到新的機器上，故障期間停機的影響對大多數應用來說並不算是多大的災難。因此，多機冗餘只會有少數的應用有這樣需求，特別是需要絕對高可用的應用系統。

然而，隨著應用資料量和計算需求的增加，越來越多的應用開始需要更多的機器來運行，硬體發生故障的情形就相對增加了。此外，在一些雲平台如 Amazon Web Services（AWS），虛擬機實例在事先沒有警示而突然發生無法訪問的情況也不算少見 [7]，因為比起單機可靠性，這些平台的設計更優先考慮的是靈活性和彈性 [1]。

因此，優先使用軟體容錯技術或在硬體冗餘之外使用容錯技術，系統的容忍度更好，這樣的系統更具有營運優勢：例如單台伺服器需要計畫停機（例如作業系統進行安全修補並重啟），整個系統不需要下線，只需依次為系統內的每一個節點安裝修補並重啟即可（滾動升級，見第 4 章）。

軟體錯誤

硬體故障經常是隨機且相互獨立的：一台機器的硬碟故障並不意味著另一台機器的硬碟也會故障。除非機器之間有某種弱相關存在（例如同在一個機架內的溫度環境），不然很少會出現大量硬體同時故障的情況。

另一類故障是系統內的系統錯誤 [8]。這些故障更難事先預料，倘若節點之間又有相互關聯的話，往往會比硬體故障導致更多的系統故障 [5]。例如：

- 由於軟體缺陷，當給一特定輸入時，總是導致應用伺服器的實例崩潰。例如 2012 年 6 月 30 日發生閏秒時，Linux 核心中的一個臭蟲導致很多應用程式當機 [9]。

- 一個失控的程序，造成共享資源如 CPU、記憶體、磁碟或網路頻寬的消耗。

- 系統所依賴的服務變慢、沒有回應或者開始傳回異常響應。

- 發生連鎖故障（cascading failures），系統中某個元件的小故障觸發了另一個元件的故障，再而引發更多的系統故障 [10]。

導致這類軟體故障的臭蟲通常會潛伏一段很長的時間，直到它們碰到特定的觸發條件。在這些情況下，可以發現軟體對它的執行環境其實有著某種假設，雖然這種假設通常不會有問題，但是當特定原因或條件發生時，對執行環境的假設會變成無法成立 [11]。

1　請見第 17 頁「應對負載增加的方法」。

軟體系統的故障問題並沒有快速的解決辦法。做好許多細節對事情有正面幫助：像是認真考慮系統的架設與互動、全面測試、處理程序隔離、程序當機後自動重啟、監測並分析生產環境中的系統行為等等。如果系統希望提供某種保證（例如在訊息佇列中的輸入與輸出訊息數量相等），它可以在運行時不斷地做檢查，在發現差異時發出警示 [12]。

人為失誤

人除了負責設計和建構軟體系統之外，也需要負責維運系統。雖然人們也總是想把系統照顧好，但終究人為的事還是達不到萬無一失。例如，一項對大型網際服務的研究發現，營運商的組態配置錯誤竟然是導致系統下線的主要原因，而硬體故障（伺服器或網路）只佔了所有故障的 10% ～ 25%[13]。

人類靠不住，那我們該如何保證系統的可靠性？最好的系統結合以下幾種方法：

- 設計系統時盡量減少出錯的機會。例如精心設計的抽象層、API 跟管理介面，可以很容易「做對的事情」並阻止「做錯的事情」。但是，若這些介面限制太多，人們就會想要繞過它、否定其好處，故而需要求取平衡。

- 將人們容易出錯的地方、引發故障的地方給分離開來。特別是，提供一個功能齊全的非生產用**沙盒**（*sandbox*）環境，讓人們可以安全地用實際資料在其內做探索跟嘗試，避免在出問題的時候影響到實際使用者。

- 在所有級別進行測試，從單元測試到系統整合測試和手動測試 [13]。現今自動化測試已經被廣泛地認識跟使用了，對於覆蓋到很少在正常操作中出現的邊界條件有其價值。

- 可以輕鬆快速地從人為錯誤中恢復，進而將故障的影響降到最低。例如，快速回滾組態變更、滾動發佈程式碼（讓任何意外的 bugs 僅影響到一小部分使用者）、提供資料校驗工具來防止計算出錯。

- 建立詳細清晰的監控系統，包括性能指標和錯誤率。在其他工程行業中，這稱為**遙測**（*telemetry*）。一旦火箭離開地面，想跟蹤其運行和瞭解故障就必須要仰賴遙測技術 [14]。監控可以向我們顯示警告，讓我們檢查是否違反任何假設或限制條件。當問題發生時，這些度量指標對於問題診斷是無價的。

- 實施良好的管理實踐及培訓。這件事非常重要卻也很複雜，已超出本書討論的範圍。

可靠性有多重要？

可靠性不只是核電廠和空中交管之類的系統才需要重視，很多應用其實也都需要可靠地工作。商業應用系統的 bug 會讓生產力下降，甚或因資料報告錯誤帶來法律風險，電子商務網站的當機可能造成營收和聲譽損失，從而付出巨大的代價。

即使是「非關鍵」的應用，我們也應該對使用者負責。假設有一位家長，將所有的小孩照片跟影片存放在你的應用裡 [15]，假如資料庫不幸損壞，想像一下他們會有何感受？他們知道怎麼用備份來進行回復嗎？

有一些情況可能會犧牲可靠性來降低開發成本或運營開銷，例如針對一個不賺錢的服務，或是開發一個還未經市場驗證的產品原型。儘管如此，我們還是應當審慎行事，畢竟有時候某些犧牲看起來就像是在偷工減料一樣。

可擴展性

就算系統今天能可靠地工作，並不代表它明天就一定能可靠地運作。導致性能下降的一個常見原因是系統負載增加：系統從原先的 1 萬個並發使用者提升到了 10 萬個、或從 100 萬個提升到到 1,000 萬個並發使用者的規模，又或許是系統要處理的資料量比起過去多了很多。

可擴展性（*scalability*）這個術語用於描述系統應對負載增加的能力。但是請注意，它並不是一個直接和系統對應的一維指標：故而說「X 是可擴展的」或「Y 是不可擴展的」並沒有太大意義。相反地，討論可擴展性時意味著還要考慮這類問題：「如果系統以某種方式成長，我們有哪些應對增長的方式？」，以及「我們應該如何增加計算資源來處理額外的負載？」。

描述負載

首先，我們需要簡潔地描述系統的當前負載，只有這樣才能進一步討論增長的問題（如果負載翻了一倍會怎麼樣？）。負載可以用幾個數值來描述，稱之為**負載參數**（*load parameters*）。參數的最佳選擇取決於系統架構：它可能是對 Web 伺服器的每秒請求次數、資料庫的讀寫比例、聊天室的同時使用者活躍數、快取命中率等。或許對你來說，最重要的是一般的平均情況，又或者你所面臨的系統瓶頸是來自於少數的極端情況。

以 Twitter 在 2012 年 11 月發佈的資料 [16] 為例來具體說明。Twitter 的兩個主要業務是：

發佈推特消息（*post tweet*）

使用者可以向其追隨者（followers）推送一條新訊息，系統處理的請求數平均落在 4.6k requests/sec、峰值超過 12k requests/sec。

時間軸主頁（*home timeline*）

使用者瀏覽他們 follow 對象所發佈的 tweets，系統流量平均落在 300k requests/sec。

要處理每秒峰值約 12k 的寫入操作（發佈 tweets 的峰值速率）並非難事，但是 Twitter 面臨的擴展性挑戰，主要重點並不在於 tweets 的數量，而是在於巨大的**扇出**（*fan-out*[2]）：因為每個使用者會 follow 很多人，同時也可能被很多人 follow。要實作這兩種操作大致有兩種方式：

1. 發佈的一條 new tweet 只需要將其插入到全域的 tweets 集合中。當使用者瀏覽時間軸主頁時，首先查找他 follow 的所有人，然後再找出這些人各自擁有的 tweets，最後按時間排序進行合併。在圖 1-2 的關聯式資料庫中，可以編寫如下的查詢語句：

```
SELECT tweets.*, users.* FROM tweets
  JOIN users   ON tweets.sender_id  = users.id
  JOIN follows ON follows.followee_id = users.id
  WHERE follows.follower_id = current_user
```

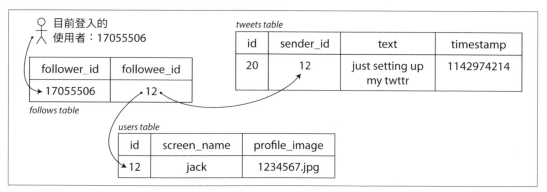

圖 1-2　一個用於實現 Twitter 時間軸主頁的簡單基模（schema）

2　引自電子工程的一個術語，它描述了一個邏輯閘輸出端需要連接到其他邏輯閘輸入端的總數。輸出需要提供足夠的電流來驅動所有其後連接的邏輯閘。在交易處理系統中，我們用它來描述為了服務一個輸入請求時，需要再對其他服務發出請求的總數。

2. 為每個使用者的時間軸主頁維護一個快取，它就像每個使用者接收 tweets 的信箱
（見圖 1-3）。當使用者**發佈一條** *tweet* 時，查找所有 follow 他的人，並將新的
tweet 插入到每個 follower 的時間軸主頁快取之中。因為時間軸主頁的結果已經預先
求出了，因此讀取時間軸主頁的請求花費很低。

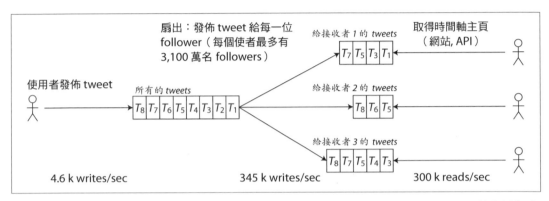

圖 1-3　Twitter 向 followers 發送 tweets 的資料流水線方式，相關負載參數取自 2012.11 的資料 [16]

Twitter 的第一個版本使用了方法 1，但發現系統難以跟上時間軸主頁與日俱增的查詢負
載壓力，因而轉用第 2 種方法。這種方法工作得更好，因為 tweets 發佈的速率比時間軸
主頁的讀取速率低了幾乎兩個量級，所以在這個情況下，會比較傾向在進行寫操作時多
做一些工作，而在讀操作時少做一些。

然而，方法 2 也有缺點，在發佈 tweet 時增加了大量的額外工作。平均來說，一條 tweet
會發送給 75 名 followers，因此每秒 4.6k 條 tweets，需要以每秒 345k 條的速率寫入快
取。使用平均做計算掩蓋了一個事實：每個使用者的 followers 數量差異很大，有些使
用者可是擁有超過 3,000 萬名 followers 的呢！這意味著一條 tweet 可能會導致 3,000 萬
筆對時間軸主頁的寫入！而且是以即時的方式，Twitter 試圖在 5 秒內完成對 followers
的推送，這可是一個巨大的挑戰呀！

在 Twitter 的例子裡，每個使用者的 followers 分佈（還可能根據使用者發 tweets 的頻率
做加權）是討論可擴展性的一個關鍵負載參數，因為它決定了扇出的負載。你的應用可
能有著非常不同的特徵，不過你還是可以採用類似的原則來推測系統的負載。

Twitter 故事的最後一個轉折是：現在方法 2 已經得到了穩定實現，而 Twitter 正在轉向這兩種方法的結合。大多數使用者的 tweets 發佈，繼續採用扇出方式寫入時間軸主頁，只有一部分擁有超多 followers 的使用者是例外（例如明星）。就像方法 1 那樣，使用者所追隨明星的 tweets 將被單獨獲取，並在讀取時才和使用者的時間軸主頁合併。這種混合方法能夠提供良好如一的性能。在此之前我們已經討論了一些技術問題，第 12 章我們將會重新討論這個例子。

描述性能

描述了系統的負載之後，就可以開始研究負載增加的情況。這可以從兩個方面來看：

- 當負載增加，但系統資源不變（CPU、記憶體、網路頻寬等），系統性能會受到什麼影響？

- 當負載增加，如果要保持性能不變，需要增加多少資源？

評估這兩個問題都需要性能指標，因此我們來看一下怎麼描述系統的性能。

在像是 Hadoop 的批次處理系統中，我們通常關心**吞吐量**（*throughput*），即每秒可以處理的記錄條數，或者在特定大小資料集上執行作業所需的總時間[3]。對於線上系統，服務的**回應時間**（*response time*）通常更加重要，回應時間是指客戶端從發送請求開始直至接收到回應的時間間隔。

延遲與回應時間

延遲（*latency*）和回應時間往往會因為混用而造成混淆，它們並不完全相同。回應時間是客戶端所看到的：除了處理請求的實際**服務時間**（*service time*）之外，還包括了網路延遲和排隊延遲。延遲是一個請求等待被處理的持續時間，在此期間請求處於等待服務的狀態 [17]。

即便你只是重複發出相同的請求，每次的回應時間都會略微不同。實際上，對於要處理各種不同請求的系統而言，回應時間可能會差異很大。因此，不應該只是將回應時間視為帳面上單純的一個數字，而應該是一種可度量的數值**分佈**（*distribution*）。

3　在理想情況下，批次處理作業的執行時間是資料集的大小除以吞吐量。實際上，由於 skew 問題（資料沒有均勻地分佈在多個工作程序中）以及系統需要等待最慢的任務完成，運行時間通常會更長。

在圖 1-4 中，每個灰色長條表示對服務的請求，其高度表示請求的回應時間。大多數請求是相當快的，但偶爾會出現花費更長時間的**異常值**（*outliers*）。這些較慢的請求也許代表著背後的昂貴開銷，例如需要處理更多資料。但即使在一個你認為所有請求都應該花費同等時間的場景，還是會存在一些隨機延遲：包括後端程序的上下文切換、網路封包遺失和 TCP 重傳、垃圾回收暫停、迫使從硬碟讀資料的分頁錯誤、伺服器機架的機械震動 [18]，或其他種種因素。

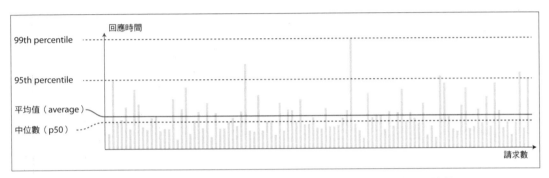

圖 1-4 對某服務做 100 個請求的回應時間，用來說明回應時間的平均值和百分位數

我們經常考察的是一個服務對請求的**平均回應時間**（嚴格來說，「平均值」一詞並未明確指定採用哪種具體公式，在實際上通常被理解為**算術平均值**（*arithmetic mean*）：給定 *n* 個值，將所有值相加再除以 *n*）。然而，如果想知道典型的回應時間，這個平均值並不算是一個恰當的度量指標，因為它無法告訴你有多少使用者實際經歷過這樣的延遲。

使用**百分位數**（percentiles）通常會更好。將收集到的回應時間由快到慢進行排序，然後取其**中位數**（*median*）：例如，若回應時間的中位數是 200 ms，這表示有一半的請求其回應時間是花不到 200 ms 的，而有另一半的請求需要更長的時間。

如果你想知道使用者一般需要等待多長時間，中位數是一個很好的度量標準：一半的使用者請求的服務時間少於中位數回應時間，另一半則高於它。中位數也稱為**第 50 百分位數**（*50th percentile*），有時縮寫為 *p50*。請注意，中位數對應到的是單個請求：如果使用者發出多個請求（例如在一個完整的會話過程中，或者由於單個頁面中包含了多個資源），它們之中至少有一個請求比中位數慢的機率是遠大於 50% 的。

為了搞清楚異常值有多糟糕，可以看看較高的百分位數：第 *95*、*99* 和 *99.9* 百分位數很常見（縮寫為 *p95*、*p99* 和 *p999*）。它們是回應時間閾值（thresholds），其中 95%、99%

或 99.9% 分別表示了請求的回應時間快於該閾值。例如，如果第 95 百分位數的回應時間是 1.5 秒，這意味著 100 個請求中有 95 個請求的回應時間小於 1.5 秒，而有 5 個請求的回應時間超過 1.5 秒或更長，如圖 1-4 所示。

高百分位數的回應時間（也稱為尾延遲（*tail latencies*））非常重要，因為它們直接影響了使用者對服務的體驗。例如，Amazon 使用 99.9 百分位數來描述對內部服務的回應時間要求，它必須只影響 1,000 個請求中的 1 個，因為請求最慢的客戶通常是那些已經採買了許多商品的客戶：也就是說，他們是最有價值的客戶 [19]。確保網站的速度來讓這些客戶感到滿意是很重要的：Amazon 也觀察到回應時間每增加 100 ms，銷售額就會減少 1% [20]，而其他報告則顯示了 1 秒的延遲將使得客戶滿意度下降 16% [21, 22]。

另一方面，要最佳化此 99.99 百分位數（10,000 個請求中最慢的 1 個）有人認為代價太高，對 Amazon 的商業目標來說並沒有產生足夠的收益。要進一步減少高百分位數的回應時間是很困難的，因為它們很容易受到不可控的隨機事件影響，使得原先預想的好處因而被彌平。

例如，百分位數通常用於**服務水準目標**（*Service Level Objectives*, SLOs）和**服務水準協定**（*Service Level Agreements*, SLAs），這些協定定義了服務的預期性能和可用性。例如一份 SLA 可能會聲明服務的平均回應時間只要低於 200 ms、第 99 百分位數在 1 秒內能得到回應（如果回應時間較長，它也可能被認為是下線）以及服務至少 99.9% 的時間都在線上，就可認為服務是正常運行的。服務提供者使用這些指標來明確定義客戶對服務水準的預期，並允許客戶在 SLA 未被滿足的情況下要求退款。

在高百分位數的區段，影響回應時間的大部分原因通常來自排隊延遲。由於伺服器的並行處理能力有限（例如 CPU 核心數量限制），因此只要有少量的慢請求發生，就會使得後續請求的處理被擋住，這種效應有時稱為**隊頭阻塞**（*head-of-line blocking*）。

即便這些後續的請求簡單到可以在伺服器上被很快地處理掉，但因為要等待前一個請求完成的時間較長，所以客戶端還是會直接感受到回應時間變慢。這種效應的存在使得測量客戶端的回應時間變得非常重要。

為了測試系統的可擴展性而需要人為產生負載時，負責產生負載的客戶端應該以一種不受回應時間影響的方式來持續發送請求。如果客戶端在發送下一個請求之前需要等待前一個請求完成，就會使測試中的佇列深度受人為影響而比實際要短，從而帶來度量偏差 [23]。

百分位數實務

對於後端服務,若對單一個使用者的某項服務請求中包含了多次的請求呼叫,那麼高百分位數這個指標就尤其重要。就算這些呼叫是並行的,使用者最終還是需要等待最慢的那個並行呼叫完成。如圖 1-5 所示,只需要一個緩慢的請求處理就會令使用者感覺到整個服務變慢。即便後端呼叫在處理上只有少比例是慢的,若使用者的請求背後需要多個後端呼叫,那麼受影響的機率就會增加,從而導致使用者的其他請求跟著變慢,這稱為**尾延遲放大效應**(*tail latency amplification*)[24]。

如果想要在服務監視系統上添加回應時間百分位數的資訊,你需要以持續並且高效的方式來計算它們。例如,你希望做一個可以監視最近 10 分鐘內請求回應時間的滑動視窗,就需要每一分鐘都計算該視窗中的中位數和各種百分位數,然後繪製這些指標的圖表。

一個簡單的實作是在時間視窗內保留所有請求的回應時間列表,並且每分鐘做一次排序。如果這樣效率太低,有一些演算法可以用最少的 CPU 和記憶體開銷來算出百分位數的近似值,例如 forward decay [25]、t-digest [26] 或 HdrHistogram [27]。請注意,降低取樣時間精度或是結合從多台機器獲取的資料,在數學上沒有太大意義,要對回應時間資料進行聚合的正確方法是使用長條圖 [28]。

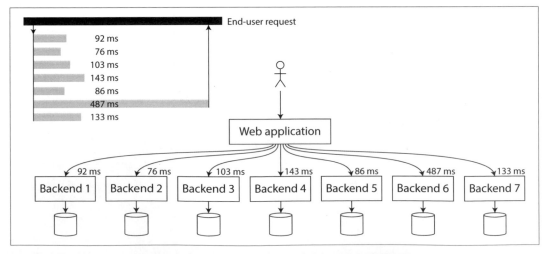

圖 1-5 當一個請求涉及幾個後端呼叫來完成服務時,最慢的請求將會拖慢整個服務的回應時間

應對負載壓力的方法

我們已經討論了用於描述負載的參數以及度量性能的指標,接下來就可以討論可擴展性了:當負載參數增加時,我們要如何保持良好的性能?

針對某一負載級別所設計的架構不太可能應對高於其 10 倍的負載量。如果你正面臨一個快速增長的服務,那就很可能需要重新考慮每增加一個負載量級的架構應該如何設計,或者更頻繁地調整架構。

人們經常討論**垂直擴展**(*scaling up* 或 *vertical scaling*,即升級到更強大的機器上)和**水平擴展**(*scaling out* 或 *horizontal scaling*,即將負載分散到多個更小的機器上)之間的選擇。跨多台機器分配負載也稱為**無共享**(*shared nothing*)架構。在單台機器上運行的系統通常比較簡單,但是需要採用高性能機器的代價可能非常昂貴,因此非常密集的工作負載常常免不了需要以水平擴展來應對。實際上,好的架構通常會有更務實的考量:例如,比起使用大量的小型虛擬機器,使用幾台強大的機器可能更加簡單經濟。

有些系統是具備**彈性**的(*elastic*),這意味著當它檢測到負載增加時,可以自動地把更多計算資源添加進來,而有別於此的其他系統則需要依賴手動擴展(人工分析處理能力,並決定向系統添加更多的機器)。如果負載是高度不可預測的,自動彈性系統更能派上用場,但是通過手動調整系統可能更簡單而且較少有令人驚訝的非預期操作(請參閱 209 頁的「分區再平衡」)。

雖然把無狀態服務分散到多台機器相對比較容易,但是將有狀態的資料系統從單個節點以分散方式擴展,將會增加系統的複雜性。出於這個原因,直到最近人們還是普遍認為應該將資料庫放在單個節點上(採垂直擴展),直到垂直擴展不敷成本,或是對高可用性的需求增加,最終迫使你不得不做水平擴展。

隨著分散式系統的工具和抽象不斷地完善,上述的通俗作法或許會有所改變,至少對於某些類型的應用來說將是如此。分散式資料系統在未來成為一種標準配備是可以想像的,即使一些沒有處理大量資料或流量需求的場景也會採用。本書後續會介紹多種分散式資料系統,討論它們在可擴展性、易用性和可維護性方面的表現。

大規模運行的系統其架構往往是針對特定應用所做的高度定制,不存在一種既通用又適合所有應用的可擴展架構(比較不正式的說法稱為 *magic scaling sauce*)。問題可能出在讀寫量級、儲存資料量級、資料複雜度、回應速度要求、存取模式,或是混合上述因素再外加許多不同的考量。

譬如說有兩個系統，僅管資料吞吐量都一樣，但一個是為每秒處理 10 萬次請求（每個請求大小是 1KB）所設計的系統，另一個是為每分鐘處理 3 次請求（每個請求大小為 2GB）所設計的系統，這兩者還是非常不同的。

對於特定應用來說，更易於擴展的架構是建立在某些假設之上的：知道哪些操作具備共通性、哪些負載是屬於罕見情況。如果這些假設最終被發現是錯的，說得客氣一點是在擴展性方面所做的努力變成白費，而不客氣一點恐怕只能說是適得其反了。對於還在早期階段的新創公司或是對一個還未經驗證的產品來說，產品的快速迭代通常會比針對未來的假想負載進行擴展性設計來得更重要。

儘管可擴展的系統往往會針對特定應用來架構，但它們也是用許多通用組件以常見的模式建構起來的。本書也會討論這些組件和模式。

可維護性

眾所周知，軟體的大部分成本並不是落在最初的開發階段，而是在於後面的持續維護，包括修復 bugs、維持系統正常運行、故障排查、適配新平台、添加新用例、償還技術債以及增加新功能等等。

然而，許多軟體從業人員根本不喜歡維護所謂的**遺留**（*legacy*）系統，因為這可能牽扯到需要修復其他人的失誤、需要使用過時的平台或被迫去做不屬於自己職責範圍內的工作。每個遺留系統都存在一些令人抓狂的地方，所以實在很難給出一個如何處理它們的推薦做法。

不過，我們可以而且也應該在從事軟體設計時多加考慮，盡力將系統維護的痛苦最小化，從而避免自己也成為創造遺留系統的幫兇。為此，我們需要特別注意軟體系統的三個設計原則：

可維運性

　　讓營運團隊能更容易地保持系統的穩定運行。

簡單性

　　盡可能減少系統的複雜性，讓新接手的工程師可以更容易理解系統。（注意，這與使用者介面的簡單性並不一樣。）

可演化性

　　讓工程師在未來能夠輕鬆地改進系統，在需求發生變化時可以調整系統來適配新的用例，這也稱作**可延展性**（*extensibility*）、**可修改性**（*modifiability*）或**可塑性**（*plasticity*）。

與前面提到的可靠性和可擴展性類似，實現上述目標同樣沒有簡單的解決方案。話雖如此，我們還是得將上述這三個原則放在心上。

可維運性：朝無痛運維邁進

有人提出，「好的維運方式通常可以繞過爛軟體（或不完整軟體）的限制，但是好軟體卻無法在差勁的維運方式下可靠地工作」[12]。雖然維運的某些方面可以也應該自動化，只不過那還是需要有人先完成組態配置並確保其運作無誤。

保持軟體系統的穩定運作是維運團隊的重中之重。一個優秀的維運團隊通常至少要負責以下工作 [29]：

- 監控系統的健康狀況，並在服務出狀況時快速恢復服務

- 追蹤問題的原因，例如系統故障或性能下降

- 更新軟體和平台，包括安全性修補

- 密切關注不同系統之間的相互影響，以避免有問題的修改帶來損害

- 預測未來可能的問題，並在問題發生之前解決它們（例如容量規劃）

- 為部署、配置管理等，建立良好的實踐和工具

- 執行複雜的維護任務，例如將應用程式從一個平台遷移到另一個平台

- 系統配置發生變更時，仍保持系統的安全性

- 定義作業流程，使操作具備可預測性並且幫助生產環境維持穩定

- 保留組織在系統所建立的知識，使系統不因單獨個人的去留而受到影響

好的維運性意味著要令日常工作更加簡單，讓維運團隊能夠將精力放在高價值的活動上。可以對資料系統做一些設計來達到目的：

- 通過良好的監控，為系統的行為和內部提供可見性

- 使用標準工具為自動化與整合提供良好的支援

- 避免對特定機器的依賴（在整個系統不間斷運行的同時，也能允許機器停機進行維護）

- 提供良好的文件和易於理解的操作模型（「如果我做了 X，Y 就一定會發生」）

- 提供良好的預設行為，但也要給予管理員在需要時修改預設值的自由

- 在適當之處嘗試自我修復，但也要讓管理員在需要時能夠手動控制系統狀態

- 表現出可預測的行為，盡量減少意外發生

簡單性：掌握複雜度

要在小型軟體專案寫出既簡單漂亮又具表達力的程式碼相對容易，但隨著專案工程越來越大，事情往往也會跟著日漸複雜、難以理解。這種複雜性會拖慢每個人的工作速度，進一步升高維護成本。一個被複雜性給攻陷的軟體專案有時候被戲稱是一個「**大泥球**（*big ball of mud*）」[30]。

複雜性有各種可能的症狀：狀態空間爆炸、模組緊密耦合、混亂的依賴關係、不一致的命名和術語、為性能而做的技巧、湊合特例的取巧作法等等。關於這個話題已經有諸多討論 [31, 32, 33]。

當複雜性使維護變得越發困難時，往往會引發預算超支和進度失控。在複雜的軟體系統中，因變更引入 bugs 的風險更大：當開發人員難以理解和推理時，系統背後的假設、意外的結果和非預期的互動將很容易被忽略掉。相反，降低複雜性可以大大提升軟體的可維護性，因此簡單性應該是我們建構系統的關鍵目標之一。

讓系統更顯簡單並不表示要減少其功能，它也表示了消除來自**意外的**（*accidental*）複雜性。Moseley 和 Marks [32] 把複雜性定義為一種「意外」，如果複雜性不是由軟體所欲解決的問題所衍生的（使用者所能觀察到的），那麼就是意外，純然源自實作本身。

消除意外複雜性的最佳工具之一正是**抽象**（*abstraction*）。一個好的抽象設計，將大量的實作細節隱藏在一個乾淨、易懂的表面之下。一個好的抽象設計還可用於各種不同的應用。如此得以重用，不僅會比多次重新實作還來得有效，而且還能夠提升軟體的品質。當抽象元件的內部品質有改進時，採用它們的應用軟體也能同時受益。

例如，高階程式語言是隱藏機器碼、CPU 暫存器以及系統呼叫的抽象。SQL 是一種抽象，它隱藏了複雜的磁碟和記憶體資料結構、來自其他客戶端並發請求及系統崩潰後產生的不一致性。當然，使用高階語言進行設計的背後還是和機器碼有關，我們只是沒有**直接**使用它而已，因為程式語言已經對此完成了抽象。

然而，要做出好的抽象並不容易。在分散式系統領域中，儘管有許多好的演算法，但很多時候我們並不太清楚究竟該如將它們進一步封裝到抽象介面之中，以幫助我們將系統的複雜性維持在一個可掌控的水準。

本書將關心一些好的抽象設計，這些抽象讓我們可以將大型系統的一部分提取成定義良好、可重用的元件。

可演化性：易於求變

很少有永遠不變的系統需求，實際上恰恰相反，它們更可能是處在不斷變化的狀態：習得新作法、出現新用例、業務優先等級生變、使用者要求新功能、新舊平台交替、法規變動、系統成長而迫使架構調整等等。

在組織流程方面，**敏捷**（*Agile*）開發模式提供了一種能夠適應變化的工作框架。敏捷社群還發佈了一些技術工具和模式，在頻繁變化的環境中利用這些工具和模式來進行軟體開發可以為我們帶來幫助，例如測試驅動開發（TDD）和重構。

目前關於這些敏捷技術的討論多數集中在小規模的本地模式（例如同一應用裡的數個程式碼檔案）。本書將探索在更大的資料系統級別上，提高敏捷性的方法，這些系統可能是由不同特性的應用程式或服務所組成。例如，重構 Twitter 時間軸主頁（請見第 10 頁描述負載），使其能從方法 1 過渡到方法 2 的架構。

要能輕鬆修改資料系統並讓它可以適應不斷變化的需求，和簡單性及抽象性密切相關：簡單易懂的系統往往比複雜的系統更容易修改。這是一個重要的概念，我們會用另一個名詞來表示資料系統層次的敏捷性，也就是：**可演化性**（*evolvability*）[34]。

小結

本章探討了一些對於資料密集型應用的基本思考原則，這些原則可以說是本書其餘部分的引導，後續我們將深入技術細節。

一個稱職的應用系統必須滿足預期的多種需求，包括**功能性需求**（該做什麼事，例如以不同方式完成資料儲存、讀取、檢索和處理）和一些**非功能性需求**（常規屬性，例如安全性、可靠性、合規性、可擴展性、相容性和可維護性）。本章詳細論述了可靠性、可擴展性以及可維護性。

可靠性意味著，系統即便發生故障也要能夠正常工作。故障可能來自硬體（通常是隨機且彼此獨立）、軟體（bug 通常是系統性的因而更難以處理）以及人為（無可避免地時不時出錯）。容錯技術可以讓使用者不會感受到某些類型的錯誤。

可擴展性是指負載增加時，系統具有維持性能的應對策略。為了討論擴展性，首先要有描述負載和性能的定量方法。我們簡要地看了一下 Twitter 時間軸主頁，以它作為描述負載的例子，並拿回應時間百分位數作為度量性能的一種方式。可擴展的系統能夠按需增加處理能力，以便在高負載的情況下還能維持系統的可靠性。

可維護性有很多面向，但本質還是為了要讓工程和維運團隊能夠朝無痛維運邁進。良好的抽象能夠幫助降低複雜性，並使系統更容易修改和適應新用例。良好的維運性表示應該使系統具備健康狀態的可見性和有效的管理方式。

但是，要使應用系統變得可靠、可擴展或可維護並非易事。然而，在不同的應用中還是會有某些設計模式跟技術不斷重複出現。在接下來幾章，我們將看看一些資料系統的例子，並分析它們是如何實現這些目標的。

就如同在圖 1-1 所看到的例子，本書最後在第三部分將研究由幾個元件共同組合而成的系統及模式。

參考文獻

[1] Michael Stonebraker and Uğur Cetintemel: "'One Size Fits All': An Idea Whose Time Has Come and Gone," at *21st International Conference on Data Engineering* (ICDE), April 2005.

[2] Walter L. Heimerdinger and Charles B. Weinstock: "A Conceptual Framework for System Fault Tolerance," Technical Report CMU/SEI-92-TR-033, Software Engineering Institute, Carnegie Mellon University, October 1992.

[3] Ding Yuan, Yu Luo, Xin Zhuang, et al.: "Simple Testing Can Prevent Most Critical Failures: An Analysis of Production Failures in Distributed Data-Intensive Systems," at *11th USENIX Symposium on Operating Systems Design and Implementation* (OSDI), October 2014.

[4] Yury Izrailevsky and Ariel Tseitlin: "The Netflix Simian Army," *techblog.netflix.com*, July 19, 2011.

[5] Daniel Ford, Francois Labelle, Florentina I. Popovici, et al.: "Availability in Globally Distributed Storage Systems," at *9th USENIX Symposium on Operating Systems Design and Implementation* (OSDI), October 2010.

[6] Brian Beach: "Hard Drive Reliability Update – Sep 2014," *backblaze.com*, September 23, 2014.

[7] Laurie Voss: "AWS: The Good, the Bad and the Ugly," *blog.awe.sm*, December 18, 2012.

[8] Haryadi S. Gunawi, Mingzhe Hao, Tanakorn Leesatapornwongsa, et al.: "What Bugs Live in the Cloud?," at *5th ACM Symposium on Cloud Computing* (SoCC), November 2014. doi:10.1145/2670979.2670986

[9] Nelson Minar: "Leap Second Crashes Half the Internet," *somebits.com*, July 3, 2012.

[10] Amazon Web Services: "Summary of the Amazon EC2 and Amazon RDS Service Disruption in the US East Region," *aws.amazon.com*, April 29, 2011.

[11] Richard I. Cook: "How Complex Systems Fail," Cognitive Technologies Laboratory, April 2000.

[12] Jay Kreps: "Getting Real About Distributed System Reliability," *blog.empathybox.com*, March 19, 2012.

[13] David Oppenheimer, Archana Ganapathi, and David A. Patterson: "Why Do Internet Services Fail, and What Can Be Done About It?," at *4th USENIX Symposium on Internet Technologies and Systems* (USITS), March 2003.

[14] Nathan Marz: "Principles of Software Engineering, Part 1," *nathanmarz.com*, April 2, 2013.

[15] Michael Jurewitz: "The Human Impact of Bugs," *jury.me*, March 15, 2013.

[16] Raffi Krikorian: "Timelines at Scale," at *QCon San Francisco*, November 2012.

[17] Martin Fowler: *Patterns of Enterprise Application Architecture*. Addison Wesley, 2002. ISBN: 978-0-321-12742-6

[18] Kelly Sommers: "After all that run around, what caused 500ms disk latency even when we replaced physical server?" *twitter.com*, November 13, 2014.

[19] Giuseppe DeCandia, Deniz Hastorun, Madan Jampani, et al.: "Dynamo: Amazon's Highly Available Key-Value Store," at *21st ACM Symposium on Operating Systems Principles* (SOSP), October 2007.

[20] Greg Linden: "Make Data Useful," slides from presentation at Stanford University Data Mining class (CS345), December 2006.

[21] Tammy Everts: "The Real Cost of Slow Time vs Downtime," *webperformancetoday.com*, November 12, 2014.

[22] Jake Brutlag: "Speed Matters for Google Web Search," *googleresearch.blogspot.co.uk*, June 22, 2009.

[23] Tyler Treat: "Everything You Know About Latency Is Wrong," *bravenewgeek.com*, December 12, 2015.

[24] Jeffrey Dean and Luiz Andre Barroso: "The Tail at Scale," *Communications of the ACM*, volume 56, number 2, pages 74–80, February 2013. doi:10.1145/2408776.2408794

[25] Graham Cormode, Vladislav Shkapenyuk, Divesh Srivastava, and Bojian Xu: "Forward Decay: A Practical Time Decay Model for Streaming Systems," at *25th IEEE International Conference on Data Engineering* (ICDE), March 2009.

[26] Ted Dunning and Otmar Ertl: "Computing Extremely Accurate Quantiles Using t-Digests," *github.com*, March 2014.

[27] Gil Tene: "HdrHistogram," *hdrhistogram.org*.

[28] Baron Schwartz: "Why Percentiles Don't Work the Way You Think," *vividcortex. com*, December 7, 2015.

[29] James Hamilton: "On Designing and Deploying Internet-Scale Services," at *21st Large Installation System Administration Conference* (LISA), November 2007.

[30] Brian Foote and Joseph Yoder: "Big Ball of Mud," at *4th Conference on Pattern Languages of Programs* (PLoP), September 1997.

[31] Frederick P Brooks: "No Silver Bullet – Essence and Accident in Software Engineering," in *The Mythical Man-Month*, Anniversary edition, Addison-Wesley, 1995. ISBN: 978-0-201-83595-3

[32] Ben Moseley and Peter Marks: "Out of the Tar Pit," at *BCS Software Practice Advancement* (SPA), 2006.

[33] Rich Hickey: "Simple Made Easy," at *Strange Loop*, September 2011.

[34] Hongyu Pei Breivold, Ivica Crnkovic, and Peter J. Eriksson: "Analyzing Software Evolvability," at *32nd Annual IEEE International Computer Software and Applications Conference* (COMPSAC), July 2008. doi:10.1109/COMPSAC.2008.50

第二章

資料模型與查詢語言

語言之所束，世界之所限。

—Ludwig Wittgenstein, 邏輯哲學論（1922）

資料模型可能是軟體開發當中最重要的部分，因為它們的影響深遠：不僅影響軟體的編寫方式，還有我們對於待解問題的思考方式。

大多數應用程式是通過不同的資料模型層層疊加所建構而成的。對於每一層，關鍵問題在於：它是如何以低它一層的資料模型來表現的？例如：

1. 身為一名應用程式開發者，觀察現實世界（其中有人員、組織、商品、行為、資金流動、感測器等），並根據物件、資料結構以及操作這些資料結構的 API 來進行建模。資料的結構往往是由具體的應用所決定。

2. 當需要儲存這些資料結構時，可採通用的資料模型來表示它們，例如 JSON 或 XML 文件（documents）、關聯式資料庫的表（tables）、或圖模型（graph model）。

3. 建構資料庫的工程師會決定採用 JSON/XML/relational/graph 資料來表示來自記憶體、磁碟或網路上的位元數據，因為具象化的資料可以更容易地支援查詢、檢索、操作等處理。

4. 在更底層，硬體工程師會有一些表示位元數據的方法，例如電流、光脈衝或磁場等等。

複雜的應用程式可能有更多的中間層，例如建構在某些 API 之上的 API。然而，基本思想是一樣的：每一層都通過提供一個簡潔的資料模型來隱藏其下各層的複雜性。這些抽象讓不同的團隊（例如資料庫供應商、應用開發者）得以有效地合力工作。

資料模型有許多不同的類型，每種資料模型都有著各自的使用假設。有些用法很簡單，而有些用法則並不支援；有些操作速度很快，而有些則很糟糕；有些資料的轉換感覺很自然，而有些轉換則顯得詭異又笨拙。

光是要精通一種資料模型就得下很大功夫（光看關聯式資料建模的書有多少就好了）。就算只使用一種資料模型而不考慮其內部的工作原理，建構軟體還是有它的困難之處。不過，由於資料模型對其上層的軟體有深遠的影響，因此選擇一個能與應用契合的模型是很重要的。

本章將討論一系列用於資料儲存和查詢的通用資料模型（上述第 2 點）。具體來說，我們會比較關聯模型（relational model）、文件模型（document model）和一些基於圖的資料模型（graph-based data model）。我們還將討論各種查詢語言，並比較它們的使用場景。第 3 章會討論儲存引擎的工作原理；即，這些資料模型具體是如何實現的（上述第 3 點）。

關聯模型與文件模型

當今最為人所知的資料模型可能要屬 SQL 所奠基的 relational model 了，此模型是 Edgar Codd 於 1970 年提出的 [1]：資料係以其關係（*relations*）被組織起來，這在 SQL 中稱為表（*tables*），其中每個關係都是元組（*tuples*）的無序集合，而 tuples 在 SQL 中即是資料列（*rows*）。

Relational model 曾經只是一種理論上的建議，當時很多人對它能否被有效實施抱持著懷疑的態度。然而，到了 1980 年代中期，對於大多數渴望以某種規則結構來儲存和查詢資料的需求，關聯式資料庫管理系統（RDBMS）和 SQL 已經成為首選的工具。Relational databases 的主導地位已經持續了大約 25 ～ 30 年，這在計算機的歷史中已經稱得上有不朽的地位了。

Relational database 可以說發揚自商業資料處理，它在 1960、70 年代主要是運行在大型電腦（mainframe computers）之上。從今天的角度來看，這些商業情境已是生活日常：典型的交易處理（*transaction processing*），像是銷售紀錄、銀行交易、訂機票、倉儲管理等；以及批次處理（*batch processing*），例如客戶發票、薪資單、報表等等。

對於當時的其他資料庫而言，應用開發者還得考慮資料在資料庫內部的表示方式，而 relational model 的目標恰恰就是要將實作細節隱藏在一個更乾淨的介面之後。

多年來，資料儲存與查詢的方法之間也多有競爭。在 1970 至 1980 年代初期，**網路模型**（*network model*）和**階層模型**（*hierarchical model*）是當時主要的選擇，但隨後 relational model 便開始漸漸取得主導地位。物件資料庫（object databases）在 1980 年代末到 1990 年代初曾曇花一現。XML 資料庫現身於 2000 年初，但也僅止於小眾採用。Relational model 的每個競爭者在其誕生之時都曾經熱門過，只可惜熱度都難以延續下去 [2]。

隨著電腦日漸強大與網路普及化，資料庫的用途也越見多樣。值得注意的是，relational databases 跨越了當初針對商業資料處理的領域，最終也在各式各樣的應用情境取得成功。今天在 web 上看到的大部分內容，多由 relational databases 所提供，無論是線上出版、論壇、社交網路、電子商務、遊戲還是基於 SaaS 的生產力應用產品等等。

NoSQL 誕生

在 2010 年當代，*NoSQL* 是試圖推翻 relational model 主導地位的一支隊伍。「NoSQL」這個名字其實並不恰當，因為它並不指代一種具體的技術。它最初只是一個在 Twitter 上引人注目的標籤（hashtag），在 2009 年時不時就出現在開源、分散式還有非關聯式資料庫的技術聚會上 [3]。儘管如此，這個詞還是觸動了人們的神經，並迅速在網路新創社群中傳播開來。現今有許多引人注目的資料庫系統都會打上 #NoSQL 字樣，這個標籤已被重新詮釋為「**不僅僅是 SQL**（*Not Only SQL*）」[4]。

採用 NoSQL 資料庫的背後有幾個驅動因素，包括：

- 需要比 relational database 更容易實現的擴展性，包括支援超大資料集（datasets）或超高的寫入吞吐量

- 與商業資料庫產品相比，人們普遍還是偏愛免費和開源軟體

- Relational model 所不能良好支援的特殊查詢操作

- 對 relational model 的侷限感到失望，並渴望更具動態性和表達力的資料模型 [5]

不同的應用系統有不同的需求，適合某個用例的最佳技術選型未必就適合另一種用例。因此，在可預見的將來，relational databases 很可能會繼續和各種非關聯資料儲存一起使用，這種概念有時也稱為**混合持久化**（*polyglot persistence*）[3]。

物件 - 關聯的不匹配

現今大多數的應用系統多採物件導向的程式語言來加以開發設計，這就引發了一個對 SQL 資料模型的批評：如果資料儲存在其中，那麼應用層的物件和資料庫模型（tables、rows 與 columns）之間就勢必需要一個笨拙的轉換層。模型間的關係斷連（disconnect）有時候稱為阻抗不匹配（*impedance mismatch*）[1]。

像 ActiveRecord 和 Hibernate 這種物件 - 關聯映射（Object-relational mapping, ORM）框架減少了轉換層所需要的模板程式碼（boilerplate code），但是它們還是不能完全隱藏兩個模型之間的差異。

例如，圖 2-1 展示了如何以 relational schema 表示一份履歷（一份 LinkedIn profile）。整份 profile 可以通過一個唯一的識別符 user_id 來標識。像 first_name 和 last_name 這種欄位在每個使用者的資料中只會出現一次，因此可以建模為 users table 中的行（columns）。然而，大多數人的職業生涯（職位）可能不只從事過一份工作，而且每個人的教育歷程也不盡相同，就連聯絡資訊恐怕也可能有好幾種。使用者與這些項目（items）之間存在著一對多（one-to-many）的關係，這可以用不同的方式加以表示：

- 傳統的 SQL 模型（SQL: 1999 以前），最常見的正規化表示是將職位 positions、教育程度 education 和聯絡資訊 contact_info 單獨放在各自的 table 中，其中帶有對 users table 的外鍵（foreign key）參照，如圖 2-1 所示。

- SQL 標準的後續版本增加了對結構化資料類型和 XML 資料的支援；這讓多值資料（multi-valued data）得以儲存在單一列中，並支援在這些 documents 中進行查詢和索引。Oracle、IBM DB2、MS SQL Server 和 PostgreSQL [6,7] 都在不同程度上支援了這些功能。一些資料庫也支援 JSON 資料類型，包括 IBMDB2、MySQL 和 PostgreSQL [8]。

- 第三個選項是將工作、教育和聯絡資訊進一步編成 JSON 或 XML document，將其用資料庫的文本行（text column）儲存下來，讓應用程式自行去解釋其結構和內容。不過，這種方式通常就沒辦法使用資料庫來直接查詢那些資料行中的值了。

---

[1] 從電子學借來的術語。每個電路的輸入和輸出都有一定的阻抗（對交流電流的抵抗能力）。當你把一個電路的輸出連接到另一個電路的輸入時，如果兩個電路的輸出阻抗和輸入阻抗是匹配的話，這樣就能使電路之間的功率傳輸得到最大化。阻抗不匹配會引起訊號反射和其他問題。

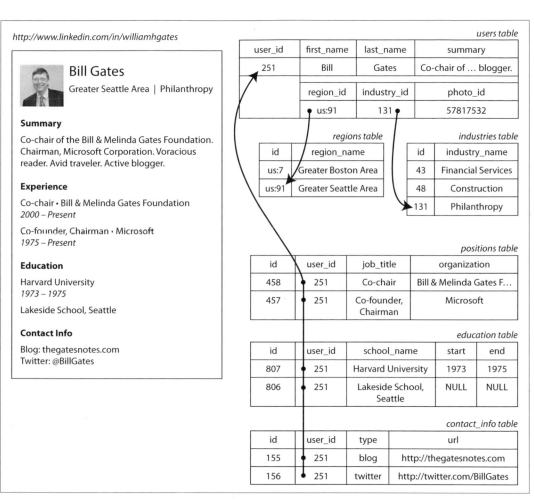

圖 2-1　使 用 relational schema 來 表 示 一 份 LinkedIn profile（Bill Gates 的 照 片 由 Wikimedia Commons 提供，來自 Ricardo Stuckert, Agência Brasil。）

對於類似履歷的資料結構，大部分都是一份獨立文件（self-contained *document*），因此很適合用 JSON 格式來儲存，參見範例 2-1。JSON 吸引人的地方在於，它比 XML 要簡單得多。文件導向的資料庫（document-oriented databases）如 MongoDB [9]、RethinkDB [10]、CouchDB [11] 和 Espresso [12] 都支援 JSON。

範例 2-1　用 *JSON document* 來表示的一份 *LinkedIn profile*

```
{
  "user_id":      251,
  "first_name":   "Bill",
  "last_name":    "Gates",
  "summary":      "Co-chair of the Bill & Melinda Gates... Active blogger.",
  "region_id":    "us:91",
  "industry_id":  131,
  "photo_url":    "/p/7/000/253/05b/308dd6e.jpg",
  "positions": [
    {"job_title": "Co-chair", "organization": "Bill & Melinda Gates Foundation"},
    {"job_title": "Co-founder, Chairman", "organization": "Microsoft"}
  ],
  "education": [
    {"school_name": "Harvard University",       "start": 1973, "end": 1975},
    {"school_name": "Lakeside School, Seattle", "start": null, "end": null}
  ],
  "contact_info": {
    "blog":    "http://thegatesnotes.com",
    "twitter": "http://twitter.com/BillGates"
  }
}
```

一些開發人員認為 JSON model 減少了應用程式碼和儲存層之間的阻抗不匹配。然而，我們將在第 4 章中看到，使用 JSON 作為資料編碼格式其實也存在一些問題。不使用 schema 經常被認為是一個優勢；我們將於第 40 頁的「文件模型中的基模靈活性」一節再討論這個問題。

用 JSON 比起圖 2-1 的 multi-table schema 具有更好的**局部性**（*locality*）。如果希望在該關聯式範例中讀取一份履歷，得要執行多個查詢（以 user_id 對每個表作查詢），或者在 users table 及其從屬的 tables 之間執行複雜的多路聯結（multi-way join）。而使用 JSON 的方式，因為所有相關資訊都位處一地，所以只要查詢一次就夠了。

一份使用者 profile 內的職位、教育歷程和聯絡資訊之間具有一對多的關係，意味著這些資料存在一種樹狀結構，而 JSON 將這個樹狀結構給明白地攤開來了（見圖 2-2）。

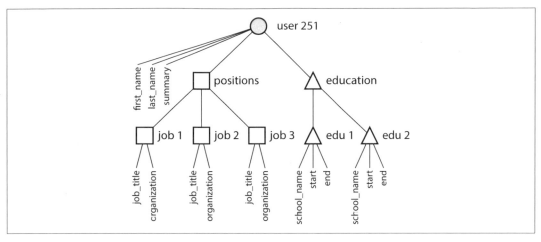

圖 2-2　一對多的關係形成了樹狀結構

多對一和多對多的關係

在前一節的範例 2-1 中，region_id 和 industry_id 都是 ID 識別符，而不是像「Greater Seattle Area」和「Philanthropy」這樣的純文字字串。為什麼要這樣做呢？

如果在使用者介面上，提供了輸入地區或行業的自由文本欄位（free-text fields），那麼將它們儲存為純文字字串就比較理所當然。但是，若介面是提供標準的地區和行業清單，讓使用者從下拉選單或自動填入器（autocompleter）選擇，這樣做會有一些好處：

- 所有的履歷都能得到一致的樣式風格和輸入值

- 避免產生歧義（例如，遇到城市名稱相同的情況）

- 易於更新。名稱都儲存在同一個地方，有變更名稱的需求時，就能輕鬆地進行全面更新（例如，城市因政治事件而改名）

- 本地語系支援。當網站被翻譯成其他語言時，標準清單的內容可以換成本地語系的版本，因此地區和行業就可以變成用瀏覽者的語言來顯示

- 更好的搜尋。如果你以姓名來搜尋一位住在華盛頓州的慈善家，可以馬上得到條件匹配的 profile，這是因為地區清單能夠將西雅圖是隸屬於華盛頓的這件事實編碼起來（光從「Great Seattle Area」這樣的文本字串是看不出這件事的）

無論是儲存 ID 還是文本字串，都有內容重複的問題。當使用 ID 時，對人類有意義的資訊（例如 *Philanthropy* 慈善這個詞）只會儲存在一個地方，所有與之相關的資訊都是以 ID（只在資料庫中有意義）作為參照來指代。當直接儲存文本時，則會在每一條使用到它的記錄中，都複製存下這個資訊。

使用 ID 的好處是，因為它對人沒有任何意義，所以沒有變更的必要：即使透過 ID 所標識的資訊內容發生了變化，ID 本身還是可以保持不變。任何對人類有意義的東西，都可能在將來某個時刻發生變更，如果這些資訊被複製出去，那麼所有與其相關的副本也都必須跟著更新。這會導致更多的寫入開銷以及一致性的風險（資訊的一些副本得到更新，而其他副本卻沒有）。消除這種重複正是資料庫**正規化**（*notmalization*）背後的核心思想[2]。

 資料庫管理人員和開發人員喜歡對正規化和反正規化進行爭論，此處我們暫時不做評論。本書的第三部分會再回到這個話題，並探索處理快取、反正規化和衍生資料的系統方法。

但是，這種資料的正規化會用到**多對一**（*many-to-one*）關係（許多人生活在同一地區、許多人在同一行業工作），而 document model 就不太適合於此了。在 relational database 中，通過 ID 來參照其他 tables 中的列是再平常不過的事，因為執行 join 操作很容易。在 document database 中，一對多的樹狀結構不需要 join 操作，另外就是它對 join 的支援通常也蠻弱的[3]。

如果資料庫本身不支援 joins，就必須在應用程式碼中通過對資料庫的多次查詢來模擬。在這種情況下，若地區和行業的清單夠小且不太隨時間變動，應用程式可以簡單地將它們存放在記憶體中。但無論如何，join 的工作還是從資料庫轉移到了應用程式碼身上。

此外，即使應用程式的初始版本很適合用 join-free 的 document model，但隨著應用程式的功能越來越多，資料之間的相互關聯也會開始有更加緊密的趨勢。例如，我們可能對履歷做了一些變化：

2　探討 relational model 的文獻還區分了幾種不同的範式，但這些區分的實際意義並不大。根據經驗法則，如果有個資訊只需要儲存在一個地方就可以了，而你卻將它複製了幾份到其他地方，這樣的 schema 就是未經過正規化的。

3　在編寫本書時，RethinkDB 支援 joins 而 MongoDB 則否。在 CouchDB，只有對預先宣告的視圖才支援。

組織和學校作為實體（*entities*）

前面，organization（工作的公司）和 school_name（就讀的學校）都是字串。也許它們只要參照一些 entities 就可以了？其次，每個組織、學校、大學或許也有官網（有 logo、新聞摘要等）。每一份履歷都可以連結到其中提到的組織和學校，包栝他們的 logo 或其他資訊（圖 2-3 是借自 LinkedIn 的一個例子）。

推薦

假設你想增加一個新功能：讓使用者可以幫其他人寫推薦信。推薦信可以顯示在被推薦者的履歷上，並附上推薦人的姓名和照片。如果推薦人更新了照片，他所寫的任何推薦信都會跟著顯示新照片。因此，推薦信應該會有一個對推薦人 profile 的參照。

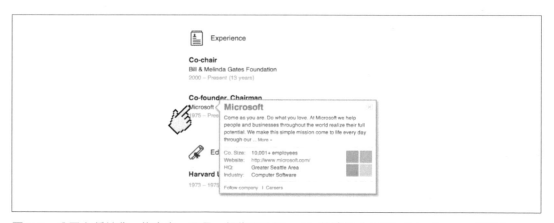

圖 2-3　公司名稱並非一條字串，而是一個指向公司 entity 的連結（上例為 linkedin.com 截圖）

圖 2-4 說明了這些新功能需要的多對多關係。每個虛線矩形內的資料可以群組成一個 document，但是參考到組織、學校以及其他使用者的關係則需要用參照來表示，而且在查詢時需要用 join 操作合併。

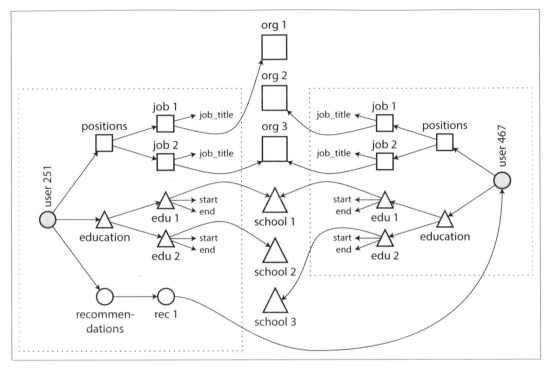

圖 2-4　使用多對多關係來擴展履歷

Document Databases 是否在重演歷史？

雖然 relational databases 經常使用多對多關係和 joins，但 document databases 和 NoSQL 還是重新引發了「要如何在資料庫中對這種資料關係做最佳表示」的爭論。這種爭論的起頭比 NoSQL 的出現還要早，事實上，它可以追溯到最早的電腦化資料庫系統。

在 1970 年代，IBM 的資訊管理系統（*Information Management System*, IMS）是最受歡迎的商業資料處理資料庫，最初是為了阿波羅太空計畫的庫存管理而開發的，它在 1968 年首次釋出了商用版 [13]。直到今天，它仍然為人使用和維護著，通常運行在 IBM 大型主機 OS/390 上 [14]。

IMS 的設計使用了一個相當簡單的資料模型，稱為**階層模型**（*hierarchical model*），它與 document databases 使用的 JSON model 有一些明顯相似的地方 [2]。它將所有的資料表示為一棵記錄樹（a tree of records），而記錄內又可以嵌套記錄樹，非常類似於圖 2-2 的 JSON 結構。

與 document databases 一樣，IMS 也可以很好地支援一對多的關係，但對於多對多關係的支援同樣有些困難，並且不支援 joins。開發人員必須決定是要複製資料（denormalize，反正規化），還是手動解析記錄之間的參照。這些 1960、70 年代就存在的問題，與今天開發者使用 document databases 所碰的問題實在太像了 [15]。

隨後，出現了幾種解決方案，目標是解決 hierarchical model 的局限性。其中最突出的兩個方案分別是 *relational model*（後來演變成風靡全球的 SQL）和 *network model*（最初有很多擁護者但也最終沉寂）。這兩個陣營之間的「大辯論」在 1970 年代熱鬧了一段時間 [2]。

由於這兩種模型所欲解決的問題，擺在今天仍然是很重要的，因此有必要用當代的角度來重新回顧這些爭論。

網路模型

Network model 是由資料系統語言會議（Conference on Data System Languages, CODASYL）委員會進行標準化，並有幾個不同的資料庫供應商提供實作；它也被稱為 *CODASYL model* [16]。

CODASYL 模型是泛化的階層模型。在 hierarchical model 的樹結構中，每條記錄只有一個父節點；而在 network model 中，一條記錄則可以有多個父節點。例如，有一條「Greater Seattle Area」地區的記錄，居於該地的每個使用者都可以連結到它。從而讓「多對一」和「多對多」的關係得以據此建模。

Network model 中，記錄之間的連結（links）並不像外鍵（foreign keys），而更像程式語言中的指標（pointers，雖然是儲存在磁碟上）。存取記錄的唯一方法是從這些連結鏈（chians of links）的根記錄出發，沿著一條訪問連結鏈的路徑來達成，這稱為*存取路徑*（*access path*）。

在最簡單的情況下，存取路徑可能像是在遍歷鏈表（linked list）：從 linked list 的頭開始，一次查看一條記錄，直到找到所需的記錄為止。但是在多對多關係的世界，要通往同一個記錄可以有多條不同的路徑，使用 network model 程式設計者必須在腦海裡跟蹤這些不同的存取路徑。

CODASYL 中的查詢是透過資料庫的游標（cursor）來執行的，方法是沿著存取路徑遍歷記錄清單。如果一條記錄有多個父節點（即，來自其他記錄的多個接入指標），則應用程式碼必須跟蹤所有的這些關係。CODASYL 委員會的成員也承認，這就如同遊歷在一個 *n* 維資料空間中一樣 [17]。

在 1970 年代，儘管手動選擇存取路徑可以最有效地利用當時非常有限的硬體資源（譬如存取速度很慢的磁帶機），但真正的問題在於，這樣做會使查詢和更新資料庫的程式碼變得異常複雜且靈活性很差。對於 hierarchical model 和 network model，如果沒有取得對資料的存取路徑，事情就會陷入困境。你可能會變更存取路徑，但隨之而來的是必須重新再過一遍手寫的資料庫查詢程式碼，重寫它們來處理新的存取路徑。總之，要更改應用程式的資料模型真的非常困難。

關聯模型

相比之下，relational model 所做的是將所有資料攤開：一個 relation（table）只是一個由 tuples（rows）構成的集合，僅此而已，沒有複雜的嵌套結構。如果你想查看資料，也沒有複雜的存取路徑。你可以讀取 table 中的任何一列或所有的列，從中挑出符合任意查詢條件的資料。你可以指定某些行作為 key，並讀取出與這些行匹配的那些列。你可以在任何 table 中插入新的列，而不必擔心與其他 table 之間存在的外鍵關係[4]。

在 relational database 中，查詢優化器會自動決定使用哪些索引以及用何種順序來執行查詢的步驟。這些選擇實際上就相當於「存取路徑」，但最大的區別在於，它們是由查詢優化器自動安排的，而不是由應用開發人員做出的，因此我們需要考慮它們的機會並不多。

若想要換新的方式來查詢資料，只需宣告一個新的索引，查詢就會自動使用最合適的索引。不需更改查詢就可以利用新的索引（另參閱第 43 頁的「資料查詢語言」一節）。因此應用程式若要增加新功能，採用 relational model 的話，事情會變得相當容易。

Relational database 的查詢優化器上是一隻複雜的怪獸，由多年的研究和開發工作一點一滴所養大 [18]。不管怎樣，對 relational model 的一個核心觀點是：只需建構一次查詢優化器，然後所有使用該資料庫的應用程式都可以從中受益。如果你沒有查詢優化器，手工編寫特定查詢的存取路徑會比自己寫一個通用型優化器要容易得多。但從長遠來看，通用的解決方案才是終將勝出的一方。

與文件資料庫的比較

Document databases 在某方面好像回到了 hierarchical model：將嵌套的記錄儲存在它們的父記錄當中，而不是儲存在單獨的 table 中。嵌套的記錄有一對多關係，如圖 2-1 中的 positions、education 和 contact_info。

4　外鍵約束（foreign key constraints）讓你可以對某些修改進行限制，但是 relational model 不需要這樣的約束。即使有約束，需要外鍵的 join 也是在查詢時才會執行，而在 CODASYL 中，join 則是在插入時就完成。

然而，當涉及到表示「多對一」和「多對多」的關係時，relational database 和 document database 本質上並無不同：在這兩種情況下，相關的 item 都由唯一的標識符來參照，該標識符在 relational model 中被稱為**外鍵**（*foreign key*），在 document model 中被稱為**文件參照**（document reference）[9]，而標識符在查詢時由 join 或相關的後續查詢來進行解析。到目前為止，document databases 並沒有遵循 CODASYL 的作法。

關聯式資料庫與文件資料庫現狀

若要拿 relational database 與 document database 兩相比較，就需要考慮兩者之間的許多差異，包括它們的容錯性（請見第 5 章）和並行處理（參閱第 7 章）。本章只關注它們在資料模型方面的差異。

支援 document data model 的主要論點是 schema 的彈性、局部性帶來較好的性能，以及對某些應用來說，它所使用的資料結構和應用程式比較接近。Relational model 則是支援 joins、更好的多對一和多對多關係表達，以此與 document model 抗衡。

哪種資料模型會讓應用程式碼更簡潔？

如果應用程式中的資料具有 document-like 的結構（即一棵一對多關係的樹，通常會一次載入整棵樹），那麼使用 document model 可能會更好。Relational model 的**分解**（*shredding*）技術會把 document-like 的結構分割為多個 tables（如圖 2-1 中的 positions、education 和 contact_info），這可能會導出更笨拙的 schemas 並使應用程式碼複雜化。

Document model 也有一些限制：例如，不能直接引用 document 中的嵌套項，而是需要說出類似「user 251 的職位清單中的第二項」的內容（非常類似於 hierarchical model 中的存取路徑）。然而，只要 document 沒有嵌套得太深，這通常不是問題。

Document databases 對 joins 的支援不足可能是問題、也可能不是，這取決於應用程式。例如，一個分析應用程式使用了 document database 來記錄何時發生什麼事件，像這樣的情況就可能永遠都用不上多對多關係 [19]。

但是，如果應用程式確實使用了多對多關係，那麼 document model 的吸引力就會降低。反正規化可以減少對 joins 的需求，但是應用程式碼需要做額外的工作來保持反正規化資料的一致性。通過向資料庫發出多個請求，可以在應用程式碼中模擬 joins，但此舉會將複雜性轉移到應用程式身上，而且通常比資料庫內專用程式所執行的 joins 要慢。在這種情況下，使用 document model 會導致應用程式碼變得更複雜、性能更差 [15]。

一般來說，不能篤定地說使用哪種資料模型的應用程式碼會更簡潔；這取決於資料 items 之間具有什麼樣的關係。對於高度關聯的資料，document model 就顯得笨拙，relational model 可以勝任，而 graph model 則是最自然的（見第 49 頁「Graph-Like 資料模型」）。

文件模型中的基模靈活性

大多數 document databases 和 relational databases 對 JSON 的支援，都不會強制 document 中的資料應該採用什麼樣的 schema。Relational databases 對 XML 的支援通常帶有可選的 schema 驗證功能。沒有 schema 意味著可以將任意的 keys 和 values 添加到 document 中，不過在讀取時，客戶端無法保證 document 可能會包含哪些欄位。

Document databases 有時被稱為*無基模*（*schemaless*）資料庫，但這個說法可能會誤導人，因為讀取資料的程式碼通常隱含了對某種結構的假設，即是有一個隱式的 schema 在那兒，只是資料庫並未強迫你要給它 [20]。更準確的術語應該是 *schema-on-read*（資料的結構是隱式的，只在讀取資料時得到詮釋），相對應的則是 *schema-on-write*（關聯式資料庫的傳統方法，schema 是顯式的，資料庫會確保所有寫入的資料都符合 schema 的規範）[21]。

Schema-on-read 類似程式語言中的動態（執行期）類型檢查，而 schema-on-write 則類似於靜態（編譯期）類型檢查。正如靜態與動態類型檢查的支持者對它們的相對優缺點有很大的爭論一樣 [22]，資料庫對 schemas 的強制實施也是一個有爭議的話題，而且往往沒有定論。

在應用程式需要改變資料格式的情況下，這兩種方法之間的差異尤其明顯。例如，假設你是將使用者的全名用一個欄位來儲存，而現在你想要把名字和姓氏分開儲存 [23]。在 document database，你只需在新的 document 中加入新欄位，並在應用程式中準備好處理舊版 document 讀取的邏輯。例如：

```
if (user && user.name && !user.first_name) {
    // Documents written before Dec 8, 2013 don't have first_name
    user.first_name = user.name.split(" ")[0];
}
```

另一方面，對於一個「靜態類型」的資料庫 schema，通常會按照以下方式執行*遷移*（*migration*）：

```
ALTER TABLE users ADD COLUMN first_name text;
UPDATE users SET first_name = split_part(name, ' ', 1);      -- PostgreSQL
UPDATE users SET first_name = substring_index(name, ' ', 1);      -- MySQL
```

由於變更 schema 的速度緩慢而且需要停機配合，因而為人所詬病。這個壞名聲其實並不公平：大多數關聯式資料庫系統可以在幾毫秒內執行 `ALTER TABLE` 語句。MySQL 是個要注意的例外，它做 `ALTER TABLE` 時會對整張 table 進行複製，這意味著在修改一個大 table 時可能需要數分鐘到數小時的停機時間來因應。不過，現在有各種工具可以繞開這個限制 [24, 25, 26]。

在大 table 上執行 `UPDATE` 於任何資料庫上都可能很慢，因為每一列都需要被重寫。如果這不能被接受的話，應用程式可以將 `first_name` 設為預設的 `NULL`，並在讀取時再填充它，就像使用 document database 那樣。

如果集合中的 items 由於某種原因（例如異質資料），不都具有相同的結構，例如可能是：

- 有許多不同類型的物件，將每種類型的物件都放在各自的 table 中，這有點不切實際。

- 資料的結構是外部系統所決定的，而外部系統往往並非我們所能控制，系統也可能隨時發生變化。

在這種情況下，採用 schema 可能會弊大於利，schemaless 的 documents 可能是更自然的資料模型。但是，若期望所有記錄都應具有相同結構時，schema 則是記錄和確保結構的有效機制。第 4 章會更詳細地討論 schema 以及它的演化。

查詢的資料局部性

Document 通常儲存為一條連續字串，以 JSON、XML 或其二進位版本（如 MongoDB 的 BSON）編碼而成。如果應用程式需要頻繁存取整個文件（例如，呈現在網頁上），那麼**儲存局部性**（*storage locality*）可以帶來性能優勢。如果資料被分割到多個 tables（如圖 2-1），就需要進行多次索引查找來檢索出資料，而這可能會需要更多次的磁碟搜尋以及花費更多的時間。

局部性的好處會體現在，需要同時存取 document 內大部分內容的情況。資料庫通常會載入整個 document，如果你只是存取其中的一小部分，這對於大型文件來說是很浪費的。對 document 進行更新時，通常整個 document 都需要重寫；只有在修改並不會改變 document 編碼後大小的情況，這種修改才能輕鬆地即時完成 [19]。因此，通常建議要讓 document 保持在恰當輕小的狀態，盡量避免一些會增加文件大小的寫入操作 [9]。這些性能因素大大限縮了 document databases 可以運用的場景。

值得一提的是，為了局部性而將相關資料群組在一起的想法並不僅見於 document model。例如，Google 的 Spanner 資料庫在 relational data model 中提供了相同的局部性，它允許 schema 可以宣告一個 table 的 rows 可以在其 parent table 中交錯（嵌套）存放 [27]。Oracle 也支援類似的功能，稱為**多表索引叢集表**（*multi-table index cluster tables*）[28]。為了管理局部性，Bigtable 資料模型（在 Cassandra 和 HBase 使用）中的行族（column-family）概念也具有類似目的 [29]。

第 3 章會看到更多關於局部性的內容。

文件資料庫與關聯式資料庫的趨同之處

自 2000 年中期以來，大多數關聯式資料庫系統（MySQL 除外）都支援 XML。這包括對 XML documents 進行本地修改的功能，以及在 XML document 中建立索引和查詢的能力，這讓應用程式使用資料模型的方式能夠相似於使用 document database 的情況。

PostgreSQL 自版本 9.3 [8]、MySQL 自版本 5.7 以及 IBM DB2 自版本 10.5 起 [30]，對 JSON document 提供了相應的支援。鑒於 JSON 在 Web API 的普遍流行，其他 relational databases 很可能會跟隨它們的腳步，增加對 JSON 的支援。

Document database 方面，RethinkDB 的查詢語言支援了 relational-like 的 joins，而有一些 MongoDB 驅動程式能夠自動解析資料庫的參照關係（有效地在客戶端執行 join，但因為目前最佳化程度較低且需要額外的網路傳輸往返，因此可能還是比不上在資料庫端執行的性能）。

隨著時光飛逝，relational database 與 document database 似乎變得越來越像，這或許是好事一樁：資料模型可以互補 [5]。如果資料庫能夠處理文件資料，還能對其執行關係查詢，那麼應用程式就可以使用最符合其需求的功能組合了。

Relational 與 document models 的融合，是資料庫走向未來蠻好的一條發展路徑。

5　Codd 對 relational model 的原始描述 [1] 實際上允許在 relational schema 中使用和 JSON document 非常類似的東西，稱之為非簡單域（*nonsimple domains*）。想法是，在列中的一個值不一定非得是基本資料型別（如數字或字串），也可能是一個嵌套關係（table）。因此可以將任意嵌套的樹結構當作值，就像 30 多年後的今天，SQL 支援 JSON 或 XML 那樣。

資料查詢語言

當 relational model 出現的早期，就包含了一種查詢資料的新方法：SQL 是一種宣告式（*declarative*）的查詢語言，而 IMS 和 CODASYL 則是用命令式（*imperative*）的程式碼來查詢資料庫。這是什麼意思？

很多常用的程式語言都是命令式的。例如你有一個動物的物種列表，只想從中取得屬於 Sharks 這個物種的動物，可能會這樣做：

```
function getSharks() {
    var sharks = [];
    for (var i = 0; i < animals.length; i++) {
        if (animals [i].family === "Sharks") {
            sharks.push(animals [i]);
        }
    }
    return sharks;
}
```

在關聯代數中，你可以這樣寫：

$$sharks = \sigma_{family=\text{"shark"}} (animals)$$

其中 σ（希臘字母 sigma）是選擇運算子，只傳回符合 *family ="Sharks"* 條件的動物。

SQL 相當接近於關聯代數的結構：

```
SELECT * FROM animals WHERE family = 'Sharks';
```

命令式語言告訴電腦循序執行某些操作。你完全可以根據逐行程式碼來想像執行的過程，評估條件、更新變數，然後決定是否再執行一遍。

在宣告式查詢語言（如 SQL 或關聯代數），指定所需的資料模式：結果需滿足什麼條件，以及如何轉換資料（例如排序、群組和聚合），但不需指明**如何**實現該目標。由資料庫系統的查詢優化器決定使用哪些索引和 join 方法，以及用什麼順序來執行查詢的各個部分。

宣告式查詢語言很有吸引力，因為它比命令式 API 更簡潔易用。但更重要的是，它還隱藏了資料庫引擎的實作細節，這讓資料庫系統可以在不需要改變查詢語句的情況下，對性能做改進。

例如，在本節開頭所示的命令式程式碼中，動物清單以特定順序出現。如果資料庫想要在背後回收未使用的磁碟空間，它可能需要移動記錄，改變動物出現的順序。資料庫能夠不中斷查詢而又能安全地做到這一點嗎？

SQL 的例子不保證任何特定的順序，因此順序是否有變並不重要。但是，如果查詢是用命令式程式碼編寫的話，那麼資料庫永遠無法確定程式碼是否依賴於順序。SQL 在功能上有更多局限性的事實，給了資料庫更多自動最佳化的空間。

最後，宣告式語言通常用於平行執行（parallel execution）。現今，加快計算的處理速度主要是通過增加 CPU 核心，而不是透過拉高時脈來提升處理速度 [31]。命令式程式碼由於指定了特定順序的執行指令，因此很難在多核心和多機器上平行化。宣告式語言通過平行執行而提升處理速度的可能性更大，因為它們只指定了結果所應滿足的模式，而不指定如何求出結果的具體演算法。如果可以的話，資料庫都傾向採用平行方式來實現查詢語言 [32]。

Web 上的宣告式查詢

宣告式查詢語言的優點不僅限於資料庫。為了說明這一點，讓我們在另一個完全不同的環境中：web 瀏覽器，比較宣告式和命令式兩種方法。

假設有一個關於海洋動物的網站。使用者目前正在查看有關鯊魚的頁面，因此導覽選單的「Sharks」選項被標記為當前選中頁面，如下：

```
<ul>
    <li class="selected">  ❶
        <p>Sharks</p>  ❷
        <ul>
            <li>Great White Shark</li>
            <li>Tiger Shark</li>
            <li>Hammerhead Shark</li>
        </ul>
    </li>
    <li>
        <p>Whales</p>
        <ul>
            <li>Blue Whale</li>
            <li>Humpback Whale</li>
            <li>Fin Whale</li>
        </ul>
    </li>
</ul>
```

❶ 選中的選項以 CSS 的 "selected" class 標示

❷ <p>Sharks</p> 是當前選中頁面的標題。

現在，假設你希望將當前選中頁面的標題在視覺上突顯出來，賦予其藍色背景。這很簡單，只要使用如下 CSS 樣式：

```
li.selected > p {
    background-color: blue;
}
```

這裡的 CSS 選擇器 li.selected > p 宣告了一個模式，這是要將藍色樣式套用到符合此條件的 <p> 元素（elements）：即，其上一層父元素是 <li> 元素並且該 <li> 元素具有 CSS 的 selected class。例中的元素 <p>Sharks</p> 和這個模式相匹配，而 <p>Whales</p> 就沒有匹配了，因為它的父元素 <li> 少了 class="selected"。

如果你是使用 XSL 而不是 CSS，那麼做法類似：

```
<xsl:template match="li [@class='selected']/p">
    <fo:block background-color="blue">
        <xsl:apply-templates/>
    </fo:block>
</xsl:template>
```

這裡，XPath 表達式 li [@class='selected']/p 相當於上例中的 CSS 選擇器 li.selected > p。CSS 和 XSL 的共同點是：它們都是用於指定文件樣式的宣告式語言。

試想，如果你必須採用命令式的方法，情況會是怎樣？在 JavaScript 中，可以使用文件物件模型（Document Object Model, DOM）的核心 API 來完成，結果可能像這樣：

```
var liElements = document.getElementsByTagName("li");
for (var i = 0; i < liElements.length; i++) {
    if (liElements [i].className === "selected") {
        var children = liElements [i].childNodes;
        for (var j = 0; j < children.length; j++) {
            var child = children [j];
            if (child.nodeType === Node.ELEMENT_NODE && child.tagName === "P") {
                child.setAttribute("style", "background-color: blue");
            }
        }
    }
}
```

這段 JavaScript 程式碼以命令式的方式將元素 <p>Sharks</p> 設為藍色背景，程式碼看起來有點可怕。相對於 CSS 和 XSL 的做法，它不只冗長又難懂，而且還有一些嚴重的問題：

- 如果 selected class 被移除（例如使用者點擊另一個頁面），即使程式碼重新運行，藍色也不會被移除，因此該 item 還是會保持高亮顯示，直到整個頁面被重新載入為止。有了 CSS，瀏覽器會自動偵測 li.selected > p 的規則什麼時候不必被套用，並在 selected class 被移除的時候也一併清除藍色背景樣式。

- 你可以用較新的 API 來重寫程式碼，比如 document.getElementsByClassName("selected") 或者 document.evaluate()，效能有機會提高。另一方面，瀏覽器供應商也可以在不破壞相容性的情況下提高 CSS 和 XPath 的性能。

在 web 瀏覽器中，使用宣告式的 CSS 來做樣式會比用 JavaScript 命令式地操作樣式要好得多。類似地，在資料庫中，像 SQL 這樣的宣告式查詢語言也會比命令式查詢 APIs 來得好多了 [6]。

MapReduce 查詢

MapReduce 是一種程式設計模型，用於跨多台機器處理大量資料，拜 Google 之賜而流行 [33]。一些 NoSQL 資料儲存系統支援有限型式的 MapReduce，包括 MongoDB 和 CouchDB，將其作為跨機器執行唯讀查詢的機制。

第 10 章對 MapReduce 有更詳細的描述。這裡簡要討論一下 MongoDB 對該模型的使用。

MapReduce 既不是宣告式查詢語言，也不完全是命令式的查詢 API，而是介於兩者之間：查詢的邏輯用程式碼片段（snippets of code）來表達，處理框架會反覆呼叫這些程式碼片段。它主要是基於許多函數式程式語言中都有的 map（亦稱 collect）和 reduce（亦稱 fold 或 inject）函數。

舉個例子，假設你是一名海洋生物學家，每次看到海洋中的動物現蹤時，就要向資料庫添加一筆觀察記錄。現在你想產製一份報告，說明每個月所觀察到的鯊魚數量。

6　IMS 和 CODASYL 都使用了命令式查詢 API。應用程式通常使用 COBOL 程式碼遍歷資料庫中的記錄，每次處理一條記錄 [2, 16]。

在 PostgreSQL，該查詢可以像下面這樣表達：

```
SELECT date_trunc('month', observation_timestamp) AS observation_month, ❶
       sum(num_animals) AS total_animals
FROM observations
WHERE family = 'Sharks'
GROUP BY observation_month;
```

❶ date_trunc('month', timestamp) 函數用來算出 timestamp 的月份，並傳回一個用來表示該月份開頭的 timestamp。換句話說，它將時間戳記向下捨入到最近的月份。

這個查詢首先過濾觀察結果，濾出只屬於 Shark 家族的物種，然後按照觀察發生的月份對結果分組，最後將該月觀察到的動物數量加總起來。

相同目的也能用 MongoDB 中的 MapReduce 功能實現如下：

```
db.observations.mapReduce(
    function map() { ❷
        var year  = this.observationTimestamp.getFullYear();
        var month = this.observationTimestamp.getMonth() + 1;
        emit(year + "-" + month, this.numAnimals); ❸
    },
    function reduce(key, values) { ❹
        return Array.sum(values); ❺
    },
    {
        query: { family: "Sharks" }, ❶
        out: "monthlySharkReport" ❻
    }
);
```

❶ 過濾程式宣告式地指定只考慮 Sharks 物種（這是 MongoDB 提供的 MapReduce 擴充）。

❷ 對每個匹配 query 條件的 document，都會呼叫一次 JavaScript 的 map 函數，並將 this 設為該 document object。

❸ map 函數發射一個 key-value pair，其中 key 是像 "2013-12" 或 "2014-1" 這種代表年月的字串，而 value 則是在該觀察中的得到的動物數量。

❹ map 函數所發射的 key-value pairs 係按 key 分組。針對具有相同 key（即相同年月者）的所有 key-value pairs，呼叫一次 reduce 函數。

❺ reduce 函數將某個月份內所有觀察到的動物數量加總起來。

❻ 最後將輸出寫入到 monthlySharkReport 集合中。

舉個例子，假設 observations 集合包含如下兩個 documents：

```
{
    observationTimestamp: Date.parse("Mon, 25 Dec 1995 12:34:56 GMT"),
    family:     "Sharks",
    species:    "Carcharodon carcharias",
    numAnimals: 3
}
{
    observationTimestamp: Date.parse("Tue, 12 Dec 1995 16:17:18 GMT"),
    family:     "Sharks",
    species:    "Carcharias taurus",
    numAnimals: 4
}
```

對每個 document 叫用一次 map 函數，即觸發 emit ("1995-12", 3) 和 ("1995-12", 4)。隨後，reduce 函數將以 reduce("1995-12", [3,4]) 被呼叫，傳回 7。

map 和 reduce 函數的使用是有些限制的。它們必須是純函數（*pure* functions），只能使用傳遞給它們的資料作為輸入，不能執行額外的資料庫查詢，而且也不能有任何副作用（side effects）。這些限制讓資料庫得以在任何位置、以任意順序來執行函數，並在失敗時重新執行它們。它們非常強大：可以解析字串、呼叫函式庫函數、執行計算等。

MapReduce 是一個相當底層的程式設計模型，用於機器叢集的分散式執行。像 SQL 這樣的高階查詢語言，可以實作為 MapReduce 操作中的一個 pipeline（請見第 10 章），不過還是有很多 SQL 的分散式實作並未用到 MapReduce。注意，並沒有甚麼限制或規定說 SQL 只能在單台機器上運行，而且 MapReduce 也並沒有獨佔分散式查詢的鰲頭。

能夠在查詢中使用 JavaScript 程式碼，對於進階查詢來說是一個重要的特性，它並不只限於 MapReduce，一些 SQL 資料庫也能透過 JavaScript 函數來擴充其能力 [34]。

MapReduce 的一個可用性問題是，你必須編寫兩個精密協作的 JavaScript 函數，而這通常比編寫單一個查詢要更困難。此外，宣告式查詢語言為查詢優化器提供了更多提高查詢性能的機會。出於這些原因，MongoDB 2.2 增加了對聚合管線（*aggregation pipeline*）這種宣告式查詢語言的支援 [9]。在這種語言中，計算前例鯊魚數量的做法如下：

```
db.observations.aggregate([
    { $match: { family: "Sharks" } },
    { $group: {
        _id: {
            year:  { $year:  "$observationTimestamp" },
            month: { $month: "$observationTimestamp" }
        },
        totalAnimals: { $sum: "$numAnimals" }
    } }
]);
```

聚合管線的表達方法相當於 SQL 的一個子集，但是它使用了基於 JSON 的語法，而不是 SQL 的英文句式語法；這種差異或許可以看做是品味不同的問題吧。這個故事的寓意是，NoSQL 系統可能會發現自己也偶然地重新發明了 SQL，儘管表面上看起來並沒有。

Graph-Like 資料模型

前面提到，多對多關係是區別不同資料模型的重要特徵。如果應用程式的資料大多是一對多關係（樹狀結構），或者記錄之間沒有關係，那麼使用 document model 會比較恰當。

但是，如果在資料中經常出現多對多關係呢？ Relational model 可以處理簡單的多對多關係，但是隨著資料間的關聯性越發複雜，開始改用 graph 來為資料建模會更加自然。

一個 graph 由兩種物件組成：頂點（*vertices*，亦稱 *nodes* 或 *entities*）和邊（*edges*，亦稱 *relationships* 或 *arcs*）。許多種類的資料都可以用 graph 來建模。典型的例子有：

社交網路

> Vertices 是人，edges 則表示哪些人彼此認識。

Web 圖

> Vertices 是網頁，edges 則表示到其他頁面的 HTML 連結。

道路或鐵路網

> Vertices 是交叉路口，edges 則表示它們匯聚到此的路線。

一些著名的演算法可以對這些 graphs 進行操作。例如，汽車導航系統可以搜尋道路網中兩點之間的最短路徑；PageRank 可以用 web graph 計算網頁的熱門程度，作為搜尋結果的排名依據。

在剛才的例子，graph 中所有 vertices 都表示相同種類的事物（分別是人、網頁或道路交叉口）。然而，graph 並不只局限於運用在同質性資料（*homogeneous* data）：graph 還有一個強大的用途，在單一個資料儲存（datastore）中提供一種儲存完全不同類型物件的一致方式。例如，Facebook 用一個 graph 來維護許多不同類型的頂點與邊：vertices 包括人、地點、活動、打卡、貼文；edges 則表示哪些人彼此是好友、哪些地點被打了卡、誰在哪個貼文下面留了言、誰又參加了哪個活動等等 [35]。

本節將以圖 2-5 為例來說明，它可能是從社交網路或某個族譜資料庫所拿出來的：例中顯示了兩個人，分別來自愛達荷州的 Lucy 和來自法國波恩的 Alain，兩人已婚，現居倫敦。

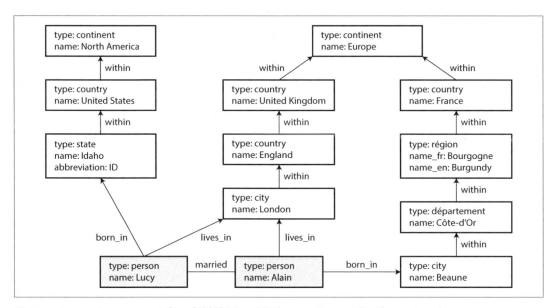

圖 2-5　以 graph-structured 表示資料的例子（框表示 vertices，箭頭表示 edges）

在 graph 中有幾種不同但相關的方法可以建構和查詢資料。本節將討論**屬性圖模型**（*property graph* model，有 Neo4j、Titan 和 InfiniteGraph 等實作）和**三元組儲存模型**（*triple-store* model，有 Datomic、AllegroGraph 等實作代表）。我們將研究 graphs 的三種宣告式查詢語言：Cypher、SPARQL 和 Datalog。類似的概念也出現在其他的圖查詢語言，例如 Gremlin [36]；以及圖處理框架，例如 Pregel。相關內容請參閱第 10 章。

屬性圖

在 property graph model 中，每個 vertex 包括：

- 唯一的識別符
- 一組向外的 outgoing edges
- 一組向內的 incoming edges
- 屬性的集合（key-value pairs）

每條 edge 包括：

- 唯一的識別符
- Edge 開始的 vertex（*尾頂點*，*tail vertex*）。
- Edge 結束的 vertex（*頭頂點*，*head vertex*）。
- 一個描述兩個 vertices 之間關係的標籤（label）
- 屬性的集合（key-value pairs）

可以將一個 graph store 看成是由兩個 relation tables 所組成的，一個 table 用於 vertices，另一個 table 用於 edges，如範例 2-2 所示（這個 schema 使用 PostgreSQL json 資料類型來儲存每個 vertex 或 edge 的屬性）。為每條 edge 存下它的 head vertex 和 tail vertex；如果想要得到一個 vertex 的 incoming edges 或 outgoing edges 的集合，可以分別通過 head_vertex 或 tail_vertex 來查詢 edges table。

範例 2-2　使用 relational schema 來表示一個 property graph

```
CREATE TABLE vertices (
    vertex_id   integer PRIMARY KEY,
    properties  json
);

CREATE TABLE edges (
    edge_id     integer PRIMARY KEY,
    tail_vertex integer REFERENCES vertices (vertex_id),
    head_vertex integer REFERENCES vertices (vertex_id),
    label       text,
```

```
    properties   json
);

CREATE INDEX edges_tails ON edges (tail_vertex);
CREATE INDEX edges_heads ON edges (head_vertex);
```

此模型有一些重要的方面：

1. 任何 vertex 都可以有一條連接到其他頂點的 edge。沒有任何 schema 會限制哪些種類的事物能否被關聯起來。

2. 給定任意一個 vertex，都能高效地找到它的 incoming 和 outgoing edges，從而能走訪（*traverse*）這個 graph；也就是沿著一條穿過這些 vertices 的路徑，包括往前或往後（這就是為什麼範例 2-2 中對 `tail_vertex` 和 `head_vertex` columns 都有索引的原因）。

3. 通過對不同種類的關係使用不同的 label，可以在單一個 graph 中儲存多種不同種類的資訊，又可以同時維持一個乾淨的資料模型。

如圖 2-5 所示，這些特性為資料建模提供了極大的靈活性。圖中展示了一些用傳統 relational schema 很難表達的東西，例如各國皆不同的行政區結構，法國有省（*départements*）和區（*régions*），而美國有縣（*counties*）和州（*states*）；因歷史緣故的國中國（忽略錯綜複雜的國家和州主權）、以及不同粒度的資料（Lucy 的現居地以城市指明，但是出生地則是用州）。

你可以想像把這個 graph 擴展到包括許多關於 Lucy、Alain 或其他人的資訊，例如引發過敏的食物（每個過敏源為一個 vertex，人與過敏原之間的 edge 來表示對其過敏），並將過敏原與另一些代表食物的 vertices 連結起來，這些 vertices 顯示哪些食物含有哪些成分。然後，可以編寫一個查詢來找出每個人吃什麼才是安全的。Graphs 有利於可演化性：當你向應用程式增加功能時，graph 可以容易地進行擴展以配合應用的資料結構。

Cypher 查詢語言

Cypher 是一種用於 property graphs 的宣告式查詢語言，最早是為 Neo4j graph database 創建的 [37]。Cypher 名自電影駭客任務（*The Matrix*）中的一個角色，與密碼學中的密碼（cyphers）無關 [38]。

範例 2-3 展示了一個 Cypher 查詢語句，它將圖 2-5 的左邊部分插入到 graph database 中。Graph 的其餘部分可以用類似方法加入資料，為節省篇幅此處不再進一步說明。每個 vertex 被賦予一個像 USA 或 Idaho 這樣的符號名稱，查詢的其他部分可以用這些名稱來建立連接 vertices 的 edges。使用箭頭表示法：(Idaho) -[:WITHIN]-> (USA) 會建立一個帶有 WITHIN label 的 edge，其中 Idaho 為尾節點、USA 為頭節點。

範例 2-3　以一個 *Cypher* 查詢語句，建立圖 *2-5* 中的部分資料

```
CREATE
  (NAmerica:Location {name:'North America', type:'continent'}),
  (USA:Location     {name:'United States', type:'country'  }),
  (Idaho:Location   {name:'Idaho',         type:'state'    }),
  (Lucy:Person      {name:'Lucy' }),
  (Idaho) -[:WITHIN]->  (USA)  -[:WITHIN]-> (NAmerica),
  (Lucy)  -[:BORN_IN]-> (Idaho)
```

當圖 2-5 中所有的 vertices 和 edges 都插入到資料庫後，接下來就可以處理一些有趣的問題了，例如要找出所有從美國移民到歐洲的人員名單。更具體地說，我們就是要找出符合這樣條件的所有頂點：vertex 帶有 BORN_IN 的 edge，該邊連到一個 US 境內地區；vertex 又同時帶有 LIVING_IN 的 edge，而該邊連到一個 Europe 境內地區。找出符合條件的所有 vertices，然後傳回每個 vertex 的 name 屬性就成了。

範例 2-4 展示了如何用 Cypher 來表達這樣的查詢。MATCH 語法同樣使用箭頭表示法，並施以 (person) -[:BORN_IN]-> () 來找出匹配此模式的資料，即由 BORN_IN edge 所關聯起來的任意兩頂點，邊的 tail vertex 對應於 person 變數，而 head vertex 則不指定。

範例 2-4　用 *Cypher* 查詢找出從美國移民到歐洲的人員名單

```
MATCH
  (person) -[:BORN_IN]-> () -[:WITHIN*0..]-> (us:Location {name:'United States'}),
  (person) -[:LIVES_IN]-> () -[:WITHIN*0..]-> (eu:Location {name:'Europe'})
RETURN person.name
```

查詢內容可以這樣理解：

　　找到同時滿足以下兩個條件的任意頂點（稱其為 person）：

　　　1. person 有一個指向某個 vertex 的 outgoing BORN_IN edge。從那個 vertex 開始，沿著一系列 outgoing WITHIN edges 走，直到遇到一個類型為 Location 的 vertex 且它的 name 屬性值為 "United States"。

2. 同一個 person 頂點也有一條 outgoing LIVES_IN edge。沿著一系列 outgoing WITHIN edges 走，直到遇到一個類型為 Location 的 vertex 且它的 name 屬性值為 "Europe"。

對於每個這樣的 person vertex，傳回它的 name 屬性。

要執行上述的查詢其實還有幾種可能的方法。這裡給出的建議是，首先掃描資料庫中所有的人，檢查每個人的出生地和居住地，然後只傳回符合條件的人。

當然，你也可以採用其他方式，例如從兩個 Location vertices 開始，然後反向操作。如果 name 屬性有索引，就有機會更有效率地找到代表 US 和 Europe 的兩個頂點。然後，沿著所有的 incoming WITHIN edges，可以繼續找出隸屬 US 和 Europe 的所有地點（州、區、城市等）。最後，你可以根據某個 Location 頂點的 incoming BORN_IN 或 LIVES_IN edge，找到符合條件的人。

正如典型的宣告式查詢，在編寫查詢語句時不需要指定執行細節：查詢優化器會自動選擇最具效率的執行策略，而你只需要專注在應用程式設計的其他部分。

SQL 中的圖查詢

範例 2-2 顯示，graph data 可以放在 relational database 中。既然，我們把 graph data 放在關聯結構中，是不是也表示我們也能用 SQL 來查詢它？

答案是肯定的，不過會有一些困難。在 relational database 中，通常你會預先知道查詢中需要做哪些 joins 操作。而對於 graph 查詢，在找到目標頂點之前需要走訪的邊，其數量不定；也就是說，會有多少 joins 操作並不是事先就確定下來的。

在我們的例子中，這發生在 Cypher 查詢的 () -[:WITHIN*0..]-> () 這條規則。一個人的 LIVES_IN edge 可以指向任何種類的位置，例如街道、行政區、城市、地區、國家等。因為城市可以 WITHIN 某地區，地區 WITHIN 某個州，州又 WITHIN 某個國家等，這樣的階層關係讓 LIVES_IN edge 可能直接指到你正在查找的 location vertex，但是也有可能是指到階層結構中的某個位置。

在 Cypher 中，:WITHIN*0.. 非常簡潔地表達了這個情況：它的意思是「沿著一個 WITHIN edge，走訪零次或多次」，效果就像正規表達式（regular expression）中的 * 運算子。

自 SQL:1999 版本以後，查詢過程中可變長度的走訪路徑能以遞迴通用資料表運算式（*recursive common table expression*），即 WITH RECURSIVE 語法來表示，目前 PostgreSQL、

IBM DB2、Oracle 和 SQL Server 等都有支援。範例 2-5 顯示採用這個技術來執行相同的
查詢：找出從美國移民到歐洲的人員名單。與 Cypher 相比，它的語法顯得非常笨拙。

範例 2-5　在 SQL 中採用遞迴通用資料表運算式來執行與範例 2-4 相同的查詢

```
WITH RECURSIVE

    -- in_usa is the set of vertex IDs of all locations within the United States
    in_usa(vertex_id) AS (
        SELECT vertex_id FROM vertices WHERE properties->>'name' = 'United States' ❶
      UNION
        SELECT edges.tail_vertex FROM edges ❷
          JOIN in_usa ON edges.head_vertex = in_usa.vertex_id
          WHERE edges.label = 'within'
    ),

    -- in_europe is the set of vertex IDs of all locations within Europe
    in_europe(vertex_id) AS (
        SELECT vertex_id FROM vertices WHERE properties->>'name' = 'Europe' ❸
      UNION
        SELECT edges.tail_vertex FROM edges
          JOIN in_europe ON edges.head_vertex = in_europe.vertex_id
          WHERE edges.label = 'within'
    ),

    -- born_in_usa is the set of vertex IDs of all people born in the US
    born_in_usa(vertex_id) AS ( ❹
      SELECT edges.tail_vertex FROM edges
        JOIN in_usa ON edges.head_vertex = in_usa.vertex_id
        WHERE edges.label = 'born_in'
    ),

    -- lives_in_europe is the set of vertex IDs of all people living in Europe
    lives_in_europe(vertex_id) AS ( ❺
      SELECT edges.tail_vertex FROM edges
        JOIN in_europe ON edges.head_vertex = in_europe.vertex_id
        WHERE edges.label = 'lives_in'
    )

SELECT vertices.properties->>'name'
FROM vertices
-- join to find those people who were both born in the US *and* live in Europe
JOIN born_in_usa     ON vertices.vertex_id = born_in_usa.vertex_id ❻
JOIN lives_in_europe ON vertices.vertex_id = lives_in_europe.vertex_id;
```

❶ 首先找到 name 屬性值為 "United States" 的 vertex，並將它當作 in_usa 頂點集合中的第一個元素。

❷ 對於 in_usa 集合中的所有 vertices，沿著其 incoming within edge，並將它們加到同一個集合中，直到所有的 incoming within edges 都訪問完。

❸ 從 name 屬性值為 "Europe" 的 vertex 開始執行相同的操作，並建立 in_europe 頂點集合。

❹ 對 in_usa 集合中的每個 vertex，根據 incoming born_in edges 來找出於美國境內出生的人。

❺ 類似作法，對 in_europe 集合中的每個頂點，根據 incoming lives_in edges 來找出現居於歐洲的人。

❻ 得到了出生於美國的人以及與現居於歐洲的人這兩個集合之後，將其做交集即得結果。

如果相同的查詢可以用一種只寫 4 行程式碼的查詢語言來完成，而另一種查詢語言則需要 29 行的話，這正說明了要滿足不同的場景需要有不同的資料模型設計。因此，選擇適合於應用程式的資料模型非常重要。

三元儲存與 SPARQL

三元儲存模型（triple-store model）在很大程度上等同於 property graph model，相同的概念只是用了不同的名詞來描述。儘管如此，因為有各種 triple-stores 的工具和語言可以運用在應用程式的建構，因此還是需要提一下。

在 triple-store 中，所有資訊都以非常簡單的三元結構來儲存：(*subject*, *predicate*, *object*)，其中 subject 為主詞、predicate 為述詞、object 代表受詞。例如，在 (*Jim, likes, bananas*) 這個 triple 中，*Jim* 是主詞、*likes* 是述詞（動詞）、*bananas* 是受詞。

Triple 的主詞等價於一個 graph 中的 vertex。而受詞則有兩種：

1. 是原始資料型別的值，如 string 或 number。在這種情況下，triple 的述詞和受詞分別相當於主詞 vertex 中屬性的 key 和 value。以 (*lucy, age, 33*) 為例，它就像一個 vertex lucy，帶有屬性 {"age":33}。

2. 是在 graph 中的另一個 vertex。在這種情況下，述詞是 graph 中的一條 edge，主詞是尾頂點，而受詞是頭頂點。以 (*lucy, marriedTo, alain*) 為例，主詞 *lucy* 和受詞 *alain* 都是頂點，而述詞 *marriedTo* 標籤表示連接兩者的 edge。

範例 2-6 與範例 2-3 中的資料一樣，但它以 *Turtle* 格式來表達 triples，Turtle 是 *Notation3* （*N3*）的子集 [39]。

範例 2-6　以 *Turtle triples* 來表示圖 *2-5* 中的一部分資料

```
@prefix : <urn:example:>.
_:lucy      a         :Person.
_:lucy      :name     "Lucy".
_:lucy      :bornIn   _:idaho.
_:idaho     a         :Location.
_:idaho     :name     "Idaho".
_:idaho     :type     "state".
_:idaho     :within   _:usa.
_:usa       a         :Location.
_:usa       :name     "United States".
_:usa       :type     "country".
_:usa       :within   _:namerica.
_:namerica a          :Location.
_:namerica :name      "North America".
_:namerica :type      "continent".
```

在這個例子中，graph 的 vertices 記為 _:*someName*，這個名字是在定義它的檔案之內用來區分出各個 triple 所代表的 vertex，在定義它的檔案之外就沒有意義了。當 predicate 是一條 edge 時，受詞是另一個 vertex，如同 _:idaho :within _:usa 寫法所展示。當 predicate 是一個屬性時，受詞則要是一個字面字串，如同 _:usa :name "United States" 寫法所示。

如果有一個 subject 要重複書寫很多次，顯得有點麻煩，這時你可以在 subject 後用「分號」繼續表達同一 subject 的多個資訊。如同範例 2-7 所展示，這讓 Turtle 格式的可讀性更好。

範例 2-7　用一種更直覺的編寫方式來重新表達範例 2-6 的資料

```
@prefix : <urn:example:>.
_:lucy     a :Person;   :name "Lucy";          :bornIn _:idaho.
_:idaho    a :Location; :name "Idaho";         :type "state";   :within _:usa.
_:usa      a :Location; :name "United States"; :type "country"; :within _:namerica.
_:namerica a :Location; :name "North America"; :type "continent".
```

語義網

如果你閱讀更多關於 triple-store 的材料，可能會被捲入一些關於語義網（*semantic web*）的文章漩渦中。Triple-store data model 是完全獨立於語義網的，例如，Datomic [40] 是一個 triple-store，但它並未宣稱和語義網有任何關係[7]。考慮到這兩者在很多人的認知裡是緊密相關的，所以我們應該要拿出來稍微討論一下。

語義網有一個簡單又合理的基本想法：因為網站已經將資訊以文字和圖片的形式發布給人們閱讀了，那為什麼不也將資訊以一種機器可讀的格式發布給電腦閱讀呢？資源描述框架（*Resource Description Framework*, RDF）[41] 便是以此為旨的機制，它讓不同網站能用一致的格式發布資料，如此來自不同網站的資料就能自動合併成為一個資料網（*web of data*），一種網際網路級別的「萬維資料庫」（database of everything）。

儘管語義網在 2000 年初被炒作了一陣子，但實際上直到目前都還沒有看到具體的實踐，因而受到許多人的懷疑。此外，它還受到了一些批評，包括眼花撩亂的各種略縮詞、超複雜的標準提案以及略顯自大的理念。

不過，如果忽略這些缺點的話，語義網在某些方面還是產出了一些不錯的成果。Triples 對應用程式來說是一個很好的內部資料模型，儘管你對於在語義網上發布 RDF 資料並不感興趣。

RDF 資料模型

範例 2-7 使用的 Turtle 語言是一種人類可讀的 RDF 資料格式。有時 RDF 也會以 XML 格式編寫，參見範例 2-8，寫起來會冗長一些。比較好的選擇是採用 Turtle/N3 這種格式，因為它更容易閱讀，而且像 Apache Jena [42] 這樣的工具可以在有需要的時候對不同的 RDF 格式進行自動轉換。

範例 2-8　用 RDF/XML 語法表達範例 2-7 的資料

```
<rdf:RDF xmlns="urn:example:"
    xmlns:rdf="http://www.w3.org/1999/02/22-rdf-syntax-ns#">

  <Location rdf:nodeID="idaho">
    <name>Idaho</name>
    <type>state</type>
    <within>
```

7　技術上，Datomic 使用 5-tuples（五元組）而不是 triples（三元組）；多出來的另外兩個欄位，用途是標示版本的中繼資料。

```
        <Location rdf:nodeID="usa">
          <name>United States</name>
          <type>country</type>
          <within>
            <Location rdf:nodeID="namerica">
              <name>North America</name>
              <type>continent</type>
            </Location>
          </within>
        </Location>
      </within>
    </Location>

    <Person rdf:nodeID="lucy">
      <name>Lucy</name>
      <bornIn rdf:nodeID="idaho"/>
    </Person>
  </rdf:RDF>
```

RDF 有一些特殊之處，因為它是為網際網路級別的資料交換而設計。Triple 的 subject、predicate 和 object 通常都是 URIs。例如，predicate 可以是一個 URI，像 <http://my-company.com/namespace#within> 或 <http://my-company.com/namespace#lives_in>，而不是 WITHIN 或 LIVES_IN 這種標籤。這個設計背後的原因是，它假設你的資料和別人的資料應該是要能夠結合在一起的。如果有人對 within 或 lives_in 賦予了不同的含義，採用這種方式就可以避免衝突，因為真正的 predicate 是 <http://other.org/foo#within> 跟 <http://other.org/foo#lives_in> 這樣的 URI。

從 RDF 的觀點來看，URL <http://my-company.com/namespace> 就只是一個命名空間，不一定需要從中解析出什麼。為了避免和 http:// URLs 混淆，本節的例子會使用不可解析的 URI，像 urn:example:within。還有個好消息是，你只需要在檔案開頭指定這個前綴（prefix）一次，然後就可以忘記它的存在了。

SPARQL 查詢語言

SPARQL 是一種查詢語言，用於採行 RDF 資料模型的 triple-stores [43]（它是 *SPARQL Protocol* 和 *RDF Query Language* 的縮寫，發音為「sparkle」）。它的出現比 Cypher 要早，由於 Cypher 的模式匹配借鑒于 SPARQL，所以二者看起來非常相似 [37]。

若執行和先前相同的查詢：從美國移民到歐洲的人員，那麼 SPARQL 會比 Cypher 更簡潔，請參見範例 2-9。

範例 2-9 採用 *SPARQL* 來實現與範例 *2-4* 相同的查詢

```
PREFIX : <urn:example:>

SELECT ?personName WHERE {
  ?person :name ?personName.
  ?person :bornIn  / :within* / :name "United States".
  ?person :livesIn / :within* / :name "Europe".
}
```

語法結構非常相似。以下兩個表達式是等價的（SPARQL 中的變數以問號作開頭）：

```
(person) -[:BORN_IN]-> () -[:WITHIN*0..]-> (location)   # Cypher

?person :bornIn / :within* ?location.                  # SPARQL
```

因為 RDF 不區分屬性和邊，而只對兩者使用 predicates，所以可以用相同的語法來做屬性匹配的查詢。在下面的表達式中，變數 usa 被綁定到所有具有 name 屬性且其值為字串 "United States" 的頂點：

```
(usa {name:'United States'})  # Cypher

?usa :name "United States".   # SPARQL
```

SPARQL 是很優秀的查詢語言，就算不是用在語義網，也可以成為應用程式內部使用的強大查詢工具。

圖資料庫與網路模型的比較

在前面第 36 頁的「Document Databases 是否在重演歷史？」，我們討論了 CODASYL 與 relational model 如何解決 IMS 中的多對多關係問題。乍看之下，CODASYL 的 network model 和 graph model 好像有些類似。Graph database 是另一個偽裝起來的 CODASYL 嗎？

答案是否定的，它們有幾個重要的差異：

- 在 CODASYL 中，資料庫會用一個 schema 來指定哪種記錄類型可以嵌套在哪一種記錄類型中。在 graph database 沒有這樣的限制：任何頂點都可以有連接到其他頂點的 edge。這為需要不斷適應變化的應用程式提供了更大的靈活性。

- 在 CODASYL 中，獲取特定記錄的唯一方法是走訪其中一條能抵達它的存取路徑。在 graph database，可以通過 vertex 的唯一 ID 來直接參照該頂點，也可以使用索引來找出滿足特定值的頂點。

- 在 CODASYL 中，記錄的子記錄是有序集合，因此資料庫必須保持這種排序（這會對儲存佈局產生影響）。當應用程式插入新記錄到資料庫時，必須考慮新記錄在這些集合中的位置。在 graph database，vertices 和 edges 並不是有序的（只能在查詢時對結果做排序）。

- 在 CODASYL 中，所有的查詢都是命令式的，不只難以編寫而且很容易因 schema 的變更而失效。在 graph database，如果你願意，可以採用命令式的程式碼來自己實作走訪，但大多數 graph databases 還支援高階的宣告式查詢語言，例如 Cypher 或 SPARQL。

基石：Datalog

Datalog 是一種比 SPARQL 或 Cypher 更古老的語言，在 1980 年代就有學者對其進行了廣泛的研究 [44, 45, 46]。雖然知名度較低，但抹滅不了它的重要性，因為它為後來的查詢語言的建構提供了基礎。

實際上，一些資料庫系統都使用了 Datalog：例如，它是 Datomic [40] 系統的查詢語言，而 Cascalog [47] 是在 Hadoop 中用於查詢巨量資料集的 Datalog 實作[8]。

Datalog 的資料模型跟 triple-store model 有點像，但稍微通用化一點。相較於三元組 (*subject, predicate, object*) 的寫法，Datalog 則是使用 *predicate(subject, object)* 的寫法來表達。範例 2-10 展示了怎麼用 Datalog 來表達之前範例中的資料。

範例 2-10　採用 *Datalog* 來表示圖 2-5 中的一部分資料

```
name(namerica, 'North America').
type(namerica, continent).

name(usa, 'United States').
type(usa, country).
within(usa, namerica).
```

8　Datomic 和 Cascalog 的 Datalog 使用 Clojure S-expression 語法。在下面的例子中，我們使用 Prolog 語法，除了更容易閱讀外，在功能方面是沒有區別的。

```
name(idaho, 'Idaho').
type(idaho, state).
within(idaho, usa).

name(lucy, 'Lucy').
born_in(lucy, idaho).
```

在定義好資料後，接著我們就可以編寫查詢，如範例 2-11 所示。雖然它看起來與 Cypher 或 SPARQL 有點不同，但不要因此產生抗拒。Datalog 是 Prolog 的一個子集，如果你是計算機科學出身的話，或許之前就曾經見過 Prolong 了。

範例 2-11　用 *Datalog* 實作和範例 2-4 相同的查詢

```
within_recursive(Location, Name) :- name(Location, Name).      /* Rule 1 */

within_recursive(Location, Name) :- within(Location, Via),     /* Rule 2 */
                                    within_recursive(Via, Name).

migrated(Name, BornIn, LivingIn) :- name(Person, Name),        /* Rule 3 */
                                    born_in(Person, BornLoc),
                                    within_recursive(BornLoc, BornIn),
                                    lives_in(Person, LivingLoc),
                                    within_recursive(LivingLoc, LivingIn).

?- migrated(Who, 'United States', 'Europe').
/* Who = 'Lucy'. */
```

Cypher 和 SPARQL 會以 SELECT 一口氣完成查詢，但是 Datalog 每次只做一小步。我們定義了用來告訴資料庫關於新述詞的**規則**（*rules*）：例如此處定義了兩個新的 predicates within_recursive 和 migrated。這些 predicates 並不是儲存在資料庫中的 triples，而是從資料或從其他規則導出來的。規則可以引用其他規則，就像函數可以呼叫其他函數或遞迴呼叫自己一樣。這樣，複雜的查詢就可以透過每次完成一小步而建構出來。

在 rules 中，以大寫字母開頭的詞是變數，而 predicates 的匹配就如同 Cypher 和 SPARQL 那樣。例如，name(Location, Name) 和三元組 name(namerica, 'North America') 匹配，其中大寫開頭的 Location 和 Name 都是變數，而變數綁定到：Location = namerica 與 Name = 'North America'。

如果系統能夠找到一個能符合運算子 :- 右側中*所有* predicates 表述的匹配，這樣那個 rule 就會被施用（applies）上去。當 rule 施用時，就好像將 :- 左項添加到資料庫中一樣（變數以它們匹配的值替換）。

因此，施用這些 rules 的一個可行步驟如下：

1. 資料庫中存在 name(namerica, 'North America') 與 rule 1 右側匹配，因此施用 rule 1 後產生 within_recursive(namerica, 'North America')。

2. 資料庫中存在 within(usa, namerica)，且步驟 1 已產生了 within_recursive(namerica, 'North America')，這和 rule 2 右側匹配，所以施用 rule 2 後產生 within_recursive(usa, 'North America')。

3. 資料庫中存在 within(idaho, usa)，且步驟 2 已產生 within_recursive(usa, 'North America')，所以施用 rule 2。它產生了 within_recursive(idaho, 'North America')。

通過重複施用 rule 1 和 rule 2，within_recursive 這個 predicate 可以告訴我們資料庫中所有隸屬於 North America 的地點。圖 2-6 說明此過程。

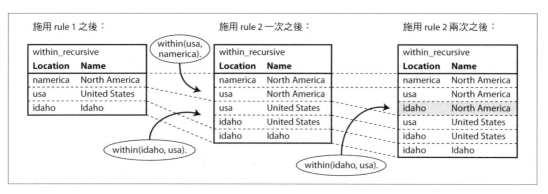

圖 2-6　使用範例 2-11 中的 Datalog 規則來確定 Idaho 隸屬在 North America

現在，rule 3 可以找到在某地 BornIn 出生且居住在 LivingIn 地區的所有人。通過查詢 BornIn = 'United States' 和 LivingIn = 'Europe'，並以變數 Who 來表示其人，我們要求 Datalog 系統找出有哪些值符合條件，可以對應給變數 Who。最後，我們得到了與前面 Cypher 和 SPARQL 查詢相同的結果。

與本章先前討論的其他查詢語言相比，儘管使用 Datalog 需要不同的思維方式，但這掩蓋不了它的強大，因為在不同的查詢中可以組合和重用這些 rules。對簡單的一次性查詢來說可能稍有不便，不過當資料比較複雜的時候，它的威力將得以顯現。

小結

資料模型這個主題很大，本章簡要地介紹了幾種不同的資料模型。礙於篇幅，我們無法詳細討論每種模型的細節，希望這裡的概述能夠引起你的興趣，進一步去探尋最適合你應用需求的模型。

從歷史來看，資料最初被表示為一棵大樹（hierarchical model），但這不利於多對多關係的表示，所以出現了解決這個問題的 relational model。後來，開發人員發現一些應用程式也不太適合用 relational model。新出現的非關聯「NoSQL」datastores 又分化為兩個主要方向：

1. *Document databases* 的目標用例是：資料以 self-contained documents 的形式出現，並且 documents 之間的關聯很少。

2. *Graph databases* 的目標用例則是相反的場景：任何資料之間都存在互相關聯的可能性。

這三種模型（document、relational 和 graph）如今都被廣泛使用，並且在各自擅長的領域中都表現得很好。此外，一個模型其實可以用另一個模型模擬（emulated）出來，例如，graph data 可在 relational database 中表示出來，雖然這樣做會比較笨拙。這就是為什麼對於不同的目的，我們有不同的系統來應對，而沒有一種能夠滿足一切的萬能方案。

Document database 和 graph database 有一個共同點是，它們對於欲儲存的資料通常不會強制使用 schema，這使得應用程式更容易適應不斷變化的需求。然而，你的應用程式仍可能需要假設資料具有某種結構；這只不過是 schema 到底是顯式（寫入時強制）還是隱式（依假設讀取）的問題。

每種資料模型都有自己的查詢語言或框架，我們討論了幾個例子：SQL、MapReduce、MongoDB 的聚合管線、Cypher、SPARQL 和 Datalog。我們還碰到了一點 CSS 和 XSL/XPath，它們雖不屬於資料庫查詢語言卻也有相似之處。

雖然本章已經討論了很多資料模型，但仍有未盡的模型無法在本書中一一詳述，舉幾個簡單的例子：

- 需要處理基因資料的研究人員經常需要做**序列相似性搜尋**（*sequence-similarity searches*），這表示需要採取一個非常長的字串（代表一個 DNA 分子），這些字串相似但卻不相等，研究人員需要在一個存有大量字串的資料庫中進行匹配工作。以上介紹過的所有資料庫，沒有一個適合用於這種場景，這就是為什麼研究人員會開發出專門的基因組資料庫軟體，如 GenBank [48]。

- 粒子物理學家幾十年來一直在進行巨量資料的大規模數據分析，像大型強子對撞機（Large Hadron Collide, LHC）這樣的工程需要處理數百 PB 級別的資料！在這種規模下，需要一些客制方案來避免硬體成本的失控 [49]。

- **全文檢索**（*Full-text search*）可以說是經常和資料庫一起使用的資料模型。本書的第 3 章以及第三部分會提到搜尋索引的相關內容，因資訊檢索是一個很大的專業主題，本書不會討論太多細節。

關於本章所提到的資料模型，我們將於下一章討論這些模型在**實作**過程中需要考慮的設計權衡。本章至此先告一段落。

參考文獻

[1] Edgar F. Codd: "A Relational Model of Data for Large Shared Data Banks," *Communications of the ACM*, volume 13, number 6, pages 377–387, June 1970. doi:10.1145/362384.362685

[2] Michael Stonebraker and Joseph M. Hellerstein: "What Goes Around Comes Around," in *Readings in Database Systems*, 4th edition, MIT Press, pages 2–41, 2005. ISBN: 978-0-262-69314-1

[3] Pramod J. Sadalage and Martin Fowler: *NoSQL Distilled*. Addison-Wesley, August 2012. ISBN: 978-0-321-82662-6

[4] Eric Evans: "NoSQL: What's in a Name?," *blog.sym-link.com*, October 30, 2009.

[5] James Phillips: "Surprises in Our NoSQL Adoption Survey," *blog.couchbase.com,* February 8, 2012.

[6] Michael Wagner: *SQL/XML:2006 – Evaluierung der Standardkonformitat ausgewahlter Datenbanksysteme.* Diplomica Verlag, Hamburg, 2010. ISBN: 978-3-836-64609-3

[7] "XML Data in SQL Server," SQL Server 2012 documentation, *technet.microsoft.com*, 2013.

[8] "PostgreSQL 9.3.1 Documentation," The PostgreSQL Global Development Group, 2013.

[9] "The MongoDB 2.4 Manual," MongoDB, Inc., 2013.

[10] "RethinkDB 1.11 Documentation," *rethinkdb.com*, 2013.

[11] "Apache CouchDB 1.6 Documentation," *docs.couchdb.org*, 2014.

[12] Lin Qiao, Kapil Surlaker, Shirshanka Das, et al.: "On Brewing Fresh Espresso: LinkedIn's Distributed Data Serving Platform," at *ACM International Conference on Management of Data* (SIGMOD), June 2013.

[13] Rick Long, Mark Harrington, Robert Hain, and Geoff Nicholls: *IMS Primer*. IBM Redbook SG24-5352-00, IBM International Technical Support Organization, January 2000.

[14] Stephen D. Bartlett: "IBM's IMS—Myths, Realities, and Opportunities," The Clipper Group Navigator, TCG2013015LI, July 2013.

[15] Sarah Mei: "Why You Should Never Use MongoDB," *sarahmei.com*, November 11, 2013.

[16] J. S. Knowles and D. M. R. Bell: "The CODASYL Model," in *Databases—Role and Structure: An Advanced Course*, edited by P. M. Stocker, P. M. D. Gray, and M. P. Atkinson, pages 19–56, Cambridge University Press, 1984. ISBN: 978-0-521-25430-4

[17] Charles W. Bachman: "The Programmer as Navigator," *Communications of the ACM*, volume 16, number 11, pages 653–658, November 1973. doi:10.1145/355611.362534

[18] Joseph M. Hellerstein, Michael Stonebraker, and James Hamilton: "Architecture of a Database System," *Foundations and Trends in Databases*, volume 1, number 2, pages 141–259, November 2007. doi:10.1561/1900000002

[19] Sandeep Parikh and Kelly Stirman: "Schema Design for Time Series Data in MongoDB," *blog.mongodb.org*, October 30, 2013.

[20] Martin Fowler: "Schemaless Data Structures," *martinfowler.com*, January 7, 2013.

[21] Amr Awadallah: "Schema-on-Read vs. Schema-on-Write," at *Berkeley EECS RAD Lab Retreat*, Santa Cruz, CA, May 2009.

[22] Martin Odersky: "The Trouble with Types," at *Strange Loop*, September 2013.

[23] Conrad Irwin: "MongoDB—Confessions of a PostgreSQL Lover," at *HTML5DevConf*, October 2013.

[24] "Percona Toolkit Documentation: pt-online-schema-change," Percona Ireland Ltd., 2013.

[25] Rany Keddo, Tobias Bielohlawek, and Tobias Schmidt: "Large Hadron Migrator," SoundCloud, 2013.

[26] Shlomi Noach: "gh-ost: GitHub's Online Schema Migration Tool for MySQL," *githubengineering.com*, August 1, 2016.

[27] James C. Corbett, Jeffrey Dean, Michael Epstein, et al.: "Spanner: Google's Globally-Distributed Database," at *10th USENIX Symposium on Operating System Design and Implementation* (OSDI), October 2012.

[28] Donald K. Burleson: "Reduce I/O with Oracle Cluster Tables," *dba-oracle.com*.

[29] Fay Chang, Jeffrey Dean, Sanjay Ghemawat, et al.: "Bigtable: A Distributed Storage System for Structured Data," at *7th USENIX Symposium on Operating System Design and Implementation* (OSDI), November 2006.

[30] Bobbie J. Cochrane and Kathy A. McKnight: "DB2 JSON Capabilities, Part 1: Introduction to DB2 JSON," IBM developerWorks, June 20, 2013.

[31] Herb Sutter: "The Free Lunch Is Over: A Fundamental Turn Toward Concurrency in Software," *Dr. Dobb's Journal*, volume 30, number 3, pages 202-210, March 2005.

[32] Joseph M. Hellerstein: "The Declarative Imperative: Experiences and Conjectures in Distributed Logic," Electrical Engineering and Computer Sciences, University of California at Berkeley, Tech report UCB/EECS-2010-90, June 2010.

[33] Jeffrey Dean and Sanjay Ghemawat: "MapReduce: Simplified Data Processing on Large Clusters," at *6th USENIX Symposium on Operating System Design and Implementation* (OSDI), December 2004.

[34] Craig Kerstiens: "JavaScript in Your Postgres," *blog.heroku.com*, June 5, 2013.

[35] Nathan Bronson, Zach Amsden, George Cabrera, et al.: "TAO: Facebook's Distributed Data Store for the Social Graph," at *USENIX Annual Technical Conference* (USENIX ATC), June 2013.

[36] "Apache TinkerPop3.2.3 Documentation," *tinkerpop.apache.org*, October 2016.

[37] "The Neo4j Manual v2.0.0," Neo Technology, 2013.

[38] Emil Eifrem: Twitter correspondence, January 3, 2014.

[39] David Beckett and Tim Berners-Lee: "Turtle – Terse RDF Triple Language," W3C Team Submission, March 28, 2011.

[40] "Datomic Development Resources," Metadata Partners, LLC, 2013.

[41] W3C RDF Working Group: "Resource Description Framework (RDF)," *w3.org*, 10 February 2004.

[42] "Apache Jena," Apache Software Foundation.

[43] Steve Harris, Andy Seaborne, and Eric Prud'hommeaux: "SPARQL 1.1 Query Language," W3C Recommendation, March 2013.

[44] Todd J. Green, Shan Shan Huang, Boon Thau Loo, and Wenchao Zhou: "Datalog and Recursive Query Processing," *Foundations and Trends in Databases*, volume 5, number 2, pages 105–195, November 2013. doi:10.1561/1900000017

[45] Stefano Ceri, Georg Gottlob, and Letizia Tanca: "What You Always Wanted to Know About Datalog (And Never Dared to Ask)," *IEEE Transactions on Knowledge and Data Engineering*, volume 1, number 1, pages 146–166, March 1989. doi:10.1109/69.43410

[46] Serge Abiteboul, Richard Hull, and Victor Vianu: *Foundations of Databases*. Addison-Wesley, 1995. ISBN: 978-0-201-53771-0, available online at *webdam.inria.fr/Alice*

[47] Nathan Marz: "Cascalog," *cascalog.org*.

[48] Dennis A. Benson, Ilene Karsch-Mizrachi, David J. Lipman, et al.: "GenBank," *Nucleic Acids Research*, volume 36, Database issue, pages D25–D30, December 2007. doi:10.1093/nar/gkm929

[49] Fons Rademakers: "ROOT for Big Data Analysis," at *Workshop on the Future of Big Data Management*, London, UK, June 2013.

OCEAN OF DISTRIBUTED DATA

ISLANDS OF SCIENTIFIC INQUIRY

GENOME DATA

ARRAY DATABASES

To Bulk Storage
(Chapter 4)
& Distributed Filesystems
(Chapter 10)

ParAccel (Redshift)

Vertica

Parquet

MOUNTAINS OF COLUMN STORAGE

KINGDOM OF ANALYTICS

Presto

Impala

LAKE OF HDFS

HADOOP REGION

Star Schema Monument

REALM OF DATA WAREHOUSES

Hive

Drill

SEA OF STORAGE & RETRIEVAL

NEIL HIGHWAY

Tower of Spark

VALLEY OF IN-MEMORY STORAGE

SQL Server

Log Shipping

HBase

BIGTABLE TABLELANDS

THE WAY OF THE LOG

FOREST OF SECONDARY INDEXES

REPUBLIC OF TRANSACTION PROCESSING

Oracle

To Replication
(Chapter 5)

LOG-STRUCTURED STORAGE

HyperDex

PostgreSQL

MongoDB

LAND OF THE B-TREES

Cassandra

Rocks DB

LevelDB

MySQL

BerkeleyDB

Riak

HIGHLANDS OF SEARCH

BAY OF EMBEDDED STORAGE ENGINES

Lucene

第三章

資料儲存與檢索

秩序讓你毫不費力。

—德國諺語

資料庫基本要做兩件事情：當你給它一些資料，它就應該儲存資料；稍後再次請求這些資料時，它應該將其傳回給你。

我們在第 2 章討論了資料模型和查詢語言，前者是應用程式開發者提供給資料庫的資料格式，後者是向資料庫查詢資料的機制。本章將從資料庫的角度來探討同樣的問題：如何儲存給定的資料，以及如何在需要這些資料的時候重新找到它們。

作為應用開發者，為什麼要關心資料庫內部是如何處理儲存和檢索的呢？因為多數人不太可能從頭開始實作自己的儲存引擎，取而代之的是從眾多的儲存引擎中選擇一個合適的來使用。不過，為了能夠針對應用的工作負載來對儲存引擎進行調校，你就得大概了解儲存引擎在幕後的工作原理才行。

我們的起手式是先討論儲存引擎，這些引擎用於你或許熟悉的兩種資料庫：傳統的關聯式資料庫和所謂的 NoSQL 資料庫。本章將研究兩大儲存引擎家族：日誌結構（*log-structured*）的儲存引擎和分頁導向（*page-oriented*）的儲存引擎，例如 B-trees。

資料結構：資料庫動力之源

讓我們用兩支 Bash 函式來實作一個世界上最簡單的資料庫：

```
#!/bin/bash

db_set () {
    echo "$1,$2" >> database
}

db_get () {
    grep "^$1," database | sed -e "s/^$1,//" | tail -n 1
}
```

這兩支函式實作了一個 key-value store。呼叫 db_set key value，資料庫便會將 key 和 value 儲存起來。key 和 value 可以是（幾乎）任何內容，例如，value 可以是一個 JSON document。接著，呼叫 db_get key，它會查找並傳回與該 key 關聯的最新值。

例如：

```
$ db_set 123456 '{"name":"London","attractions":["Big Ben","London Eye"]}'

$ db_set 42 '{"name":"San Francisco","attractions":["Golden Gate Bridge"]}'

$ db_get 42
{"name":"San Francisco","attractions":["Golden Gate Bridge"]}
```

底層的儲存格式是一個非常簡單的純文字檔，其中每一文字行是一條 key-value pair，key 和 value 之間用逗號隔開（大致像 CSV 檔，但忽略跳脫轉義的問題）。每次呼叫 db_set 就從檔尾追加一條新內容，若多次更新某個 key，其對應的舊值不會被覆蓋掉。你需要在檔案中，從這個 key 最後一次出現的地方找到其最新的 value（因此在 db_get 中才用了 tail -n 1）：

```
$ db_set 42 '{"name":"San Francisco","attractions":["Exploratorium"]}'

$ db_get 42
{"name":"San Francisco","attractions":["Exploratorium"]}

$ cat database
123456,{"name":"London","attractions":["Big Ben","London Eye"]}
42,{"name":"San Francisco","attractions":["Golden Gate Bridge"]}
42,{"name":"San Francisco","attractions":["Exploratorium"]}
```

面對簡單的情況，db_set 函式的效能相當好，因為把內容追加到檔尾通常很有效率。和 db_set 相似，許多資料庫在內部都使用日誌（*log*），它是一個只接受追加的資料檔案。雖然真正的資料庫有更多的問題需要處理（例如並行控制、回收磁碟空間避免記錄無止盡成長、處理錯誤以及不完整的寫入記錄），但基本原則是相同的。日誌非常有用，我們在後面還會多次看到它。

 Log 這個字通常是指應用程式日誌，裡頭記錄了一些應用程式的輸出文字，這些資訊用於描述所發生事情。*Log* 在本書係作更廣義的使用：一個只接受追加記錄的序列。它不一定需要人類可讀，它可能是給程式讀取的二進位格式。

另一方面，如果資料庫中有大量記錄，那麼 db_get 函式的性能就會很差。每次你想查找 key 時，db_get 都必須從頭至尾掃描整個資料庫檔案。從演算法的角度來看，查找成本是 O(*n*)：若資料庫記錄的數量 *n* 增加一倍，查找所需的時間就會是原來的兩倍，這可不是件好消息。

為了能有效率地查找資料庫中某個 key 的 value，我們需要一種不同的資料結構：**索引**（*index*）。本章會介紹和比較一系列的索引結構；它們背後的基本思想是保留一些中繼資料（metadata）來作指引，幫助定位資料。如果希望以幾種不同的方式來搜尋相同的資料，可能就需要對資料的不同部分定義不同的索引。

索引是從原始資料衍生而來的**附加**（*additional*）結構。許多資料庫允許你添加和刪除索引，這不會影響資料庫的內容，只會影響查詢的性能。維護額外的附加結構會增加開銷，對於寫操作更是如此；簡單地追加內容到檔尾的性能是很難被超越的，因為那已經是最簡單的寫入操作了。任何類型的索引都會降低寫入的速度，因為每次寫入資料時都需要更新索引。

這裡有個對儲存系統來說相當重要的權衡設計：精心選擇的索引加快了讀查詢的速度，但每個索引又會減慢寫操作的速度。因此，資料庫在預設情況下通常不會對所有內容做索引，而是需要應用開發者或資料庫管理員根據應用程式典型的查詢模式，手動擇定索引。當然，這讓你可以選擇對應用程式最有利的索引，同時避免引入過多不必要的開銷。

雜湊索引

讓我們從建立 key-value data 的索引開始。Key-value data 很常見，它並不是可以索引的唯一資料類型，而且對於複雜度更高的索引來說，它也是一個很好用的建構方塊。

Key-value stores 與大多數程式語言中的**字典**（*dictionary*）型別非常類似，通常是以雜湊映射（hash map，或稱雜湊表 hash table）來實作。很多演算法教科書對 hash map 都有詳細介紹 [1, 2]，在此略過其原理細節。既然 in-memory 的資料結構都用了 hash map，為什麼不拿它們來索引磁碟上的資料呢？

假設我們的 data storage 就如前面的例子那樣，寫入內容的唯一方式就是追加進檔案。那麼，最簡單的一個索引策略是：在記憶體中保存一個 hash map，其中每個 key 都映射到資料檔案中的位元組偏移量（byte offset），此偏移量正是在檔案中可以找到其 value 的地方，圖 3-1 說明了這個概念。每當向檔案追加一個新的 key-value pair 時，還需要更新 hash map 來反映剛剛寫入資料的偏移量（包括插入新鍵和更新已存在的鍵）。當想要查找某筆資料時，便是通過 hash map 找到它在檔案中的偏移量，求得儲存位置，然後讀取其內容。

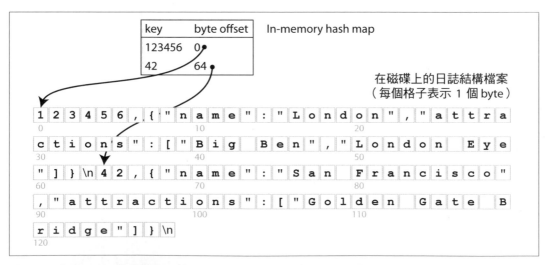

圖 3-1 以 CSV-like 格式儲存一筆 key-value data，並使用 in-memory hash map 作索引

這聽起來可能太過簡單，但確實是一種可行的方法。事實上，這就是 Bitcask（Riak 預設的儲存引擎）所採用的做法 [3]。因為 hash map 需要存在記憶體中，只要所有的 keys 都能放進記憶體，Bitcask 就能提供高性能的讀和寫。對於 values，它們不必全塞進記憶

體中，因為只需要一次磁碟定址就可以將它們從磁碟載入到記憶體中。如果檔案系統的快取已經有目標資料，那麼讀取操作就完全不需要任何磁碟 I/O。

像 Bitcask 這樣的儲存引擎非常適合用在每個 key 的 value 需要頻繁更新的場景。例如，key 可能是某支小貓影片的 URL，而 value 記載著它的播放次數（有人點擊就遞增）。對於這種工作負載，沒有太多不同的 key，但對每個 key 都有大量的寫操作，因而將所有 keys 保存在記憶體中是可行的。

截至目前所述，我們只將內容追加到一個檔案，那麼要如何避免耗盡磁碟空間呢？一個好的解決方案是將日誌分割成特定大小的區段檔（segment file），當一個 segment file 達到規定大小時就關掉它，再開一個新的 segment file 繼續寫入資料。接著可以如圖 3-2 那樣，對這些 segments 做壓縮（*compaction*）。Compaction 只保留日誌中每個 key 的最近一次更新，丟棄重複的 keys。

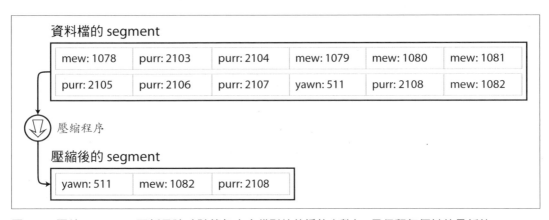

圖 3-2　壓縮 key-value 更新日誌（計算每支小貓影片的播放次數），只保留每個鍵的最新值

由於壓縮往往會讓 segments 尺寸變小（假設一個 key 在一個 segment 中都被覆寫了幾次），我們還可以像圖 3-3 那樣，在執行壓縮的同時將多個 segments 合併起來。由於已寫入 segment 的內容永遠不能再被修改，所以合併起來的 new segment 需要另存為一個新檔。我們可以用背景執行緒來處理對 segments 的壓縮與合併操作，而在同一時間，仍然可以用舊的 segment files 為讀請求提供服務，且繼續使用最新的那個 segment file 為寫請求提供服務。等到合併處理完成後，再切換到合併後的 segment file 為讀操作提供服務，此時就可以將舊的 segment files 刪除了。

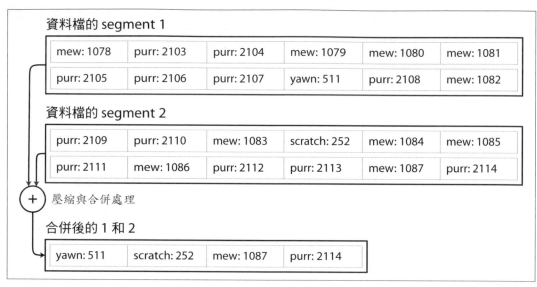

圖 3-3　同時執行區段的壓縮與合併

現在每個 segment 都有自己的 in-memory hash table 來將 keys 映射到 file offsets。為了找到 key 的 value，我們首先檢查在時間上最新的 segment 與它的 hash map；如果 key 不存在，繼續檢查次新的 segment，依此類推。由於合併處理可以保持較少的 segments 數量，這樣查找過程就不太需要檢查為數眾多的 hash map 了。

要讓這個想法在實踐中奏效，還有很多細節需要考慮。簡單來說，實際的實作需要考慮以下幾個重要的問題：

檔案格式

CSV 並非日誌的最佳格式。使用二進位格式會更快、更簡單，它在編碼上先將字串的長度計算出來，再於其後接上原始字串（不需跳脫轉義）形成位元組序列。

刪除記錄

如果要刪除 key 和它的 value，必須在資料檔案中追加一個特殊的刪除記錄（有時候稱為 *tombstone*）。在合併日誌 segments 時，tombstone 用來告訴處理程序應該丟棄這個已刪除 key 的所有 values。

從崩潰恢復

如果資料庫重啟，記憶體中的 hash map 也會遺失。原則上，你可以從頭到尾完整讀取 segment file 並記錄每個 key 的最新值 offset，藉此來恢復每段 segment 的 hash map。但若這些 segment files 很大，重建的過程可能需要很長時間，這將成為何服器重啟過程中的痛。Bitcask 的做法是在磁碟上儲存每個 segment 的 hash map 快照（snapshot），藉此加快載入記憶體的速度來提升重建效率。

不完整的寫入記錄

資料庫可能剛好在我們向日誌追加記錄的過程中間發生崩潰。Bitcask files 內含校驗和（checksums），用於檢出和忽略日誌中損壞的部分。

並行控制

由於寫入按嚴格的順序追加到日誌，所以常見的實作選擇是同時只有一個負責寫入的執行緒。資料檔 segments 只接受追加（append-only）因而是不可變的（immutable），所以它們可以被多個執行緒同時讀取。

一個 append-only 的日誌乍看之下好像很浪費空間，問題在於：為什麼不馬上更新檔案，用新值覆蓋舊值就好？這有幾個原因：

* 追加和區段合併是循序的寫操作，速度通常比隨機寫入要快得多，對旋轉式硬碟尤其如此。在某種程度上，循序寫入在基於快閃記憶體的固態硬碟（*solid state drivers, SSDs*）會更有優勢 [4]。我們將在第 83 頁的「B-tree 和 LSM-tree 的比較」進一步討論這個問題。

* 如果 segment files 是 append-only 或 immutable，那麼並行以及從崩潰恢復就會簡單得多。例如，你不必擔心在覆寫 value 時剛好發生崩潰，之後留下一個包含部分舊值和部分新值拼湊在一起的檔案。

* 合併 old segments 可以避免資料檔案隨時間推移而碎片化的問題。

然而，雜湊表索引也有其局限性：

* Hash table 必須全部放入記憶體，如果你有大量的 keys，事情就不妙了。原則上，雖可以在硬碟上維護 hash map，但是，要讓硬碟上的 hash map 展現性能恐怕有點困難。它需要大量的隨機存取 I/O，當 table 爆量時，繼續增長的代價會很高，而且處理雜湊碰撞（hash collisions）的邏輯也相當複雜 [5]。

- 範圍查詢（range queries）的效率不高。例如，不能輕鬆地掃描 kitty00000 和 kitty99999 之間的所有 keys，只能在 hash maps 中逐一查找每個 key。

下一節，我們將研究一些沒有這些限制索引結構。

SSTables 和 LSM-Trees

在圖 3-3 中，每個日誌結構（log-structured）的儲存區段都是 key-value pairs 的序列。這些 pairs 按照它們被寫入的順序排列，對於日誌中的同一個鍵，其新值優先於舊值。還有一件事，檔案中 key-value pairs 的順序並不重要。

現在我們可以對 segment files 的格式做點變化：要求 key-value pairs 要**按鍵排序**（*sorted by key*）。這種格式稱為**排序字串表**（*Sorted String Table*），或簡稱 *SSTable*。因為寫入操作發生的次序是任意的，所以當我們使用這種格式的時候，無法立即向 segment 追加新的 key-value pairs；我們很快就會看到如何使用循序 I/O 來寫入 SSTable segments。

SSTable 和使用雜湊索引的 log segments 相比，SSTable 有幾個很大的優點：

1. 即使檔案比可用記憶體還大，也能簡單且有效率地合併 segments。方法類似於**合併排序**（*mergesort*）演算法中的作法，如圖 3-4 所示：並行讀取多個輸入檔，查看每個檔中的第一個 key，把最低的 key（根據排序順序）複製到輸出檔，然後重複此過程。最後會產生一個合併的 segment file，其內容按 key 排序。

   如果相同的 key 出現在多個要輸入處理的 segments 裡面怎麼辦？請記住，每個 segment 的內容是在一段時間內寫入資料庫的所有值。也就是說，一個 input segment 中的所有值肯定比其他 segments 中的所有值都還來的新（假設我們總是合併相鄰的 segments）。當多個 segments 包含相同的 key 時，我們可以保留最新的那個 segment 中的值，並把舊 segments 中的那些值丟棄。

2. 要在檔中找到某個特定的 key，不再需要於記憶體中保存一份所有 keys 的索引。請見圖 3-5：假設你正在查找 handiwork，但不知道該 key 在 segment file 中確切的偏移量。然而，因為你知道 handbag 和 handsome 這兩個 keys 的偏移量，加上 keys 又是排序過的，那麼可以知道 handiwork 必然介於它們兩者之間。這表示你可以跳到 handbag 的偏移位置，然後從那裡開始掃描起，直至找到 handiwork 為止（如該 key 不存在於檔中，結果就是找不到）。

圖 3-4　合併多個 SSTable segments，僅保留每個 key 的最新值

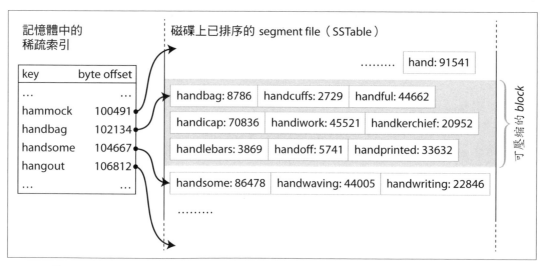

圖 3-5　帶有 in-memory 索引的 SSTable

你還是需要一個 in-memory 索引來保存某些 keys 的偏移量，但它可能是稀疏的（sparse）：對於 segment file 來講，每幾 kB 用一個 key 就足夠了，因為掃描幾 kB 內容的速度非常快[1]。

3. 由於讀取請求需要去掃描請求範圍內的幾個 key-value pairs，因此可以將這些記錄組織成一個區塊，並在寫入硬碟之前先對其做壓縮（如圖 3-5 中的陰影部分）。然後，讓稀疏的 in-memory 索引的每個元素都指向一個壓縮區塊的開頭。壓縮除了可以節省硬碟空間外，還能減少 I/O 頻寬的使用。

SSTables 的建構和維護

到目前為止還算不錯。只不過，寫操作是以任意順序出現的，這樣要如何將資料按鍵排序呢？在磁碟上維護一個排序的結構雖然可行（參閱第 80 頁的「B-Trees」），但是在記憶體中維護它要容易得多。你可以使用許多著名的樹狀資料結構，例如紅黑樹（red-black trees）或 AVL trees [2]。使用這些資料結構，你可以用任意順序插入 keys，但以經排序的順序讀取它們。

現在可以使我們的儲存引擎工作如下：

- 當進來一個寫操作時，將其添加到記憶體中的平衡樹資料結構中（例如紅黑樹）。這種 in-memory 的樹有時稱為 *memtable*。

- 當 memtable 超過某個閾值時（通常為幾 MB），再將它作為 SSTable 檔寫入磁碟。因為樹已經維護了按鍵排序的 key-value pairs，所以寫入磁碟會比較有效率。新的 SSTable 檔成為資料庫的最新 segment。在 SSTable 被寫進磁碟的同時，寫操作可以繼續寫入到一個新的 memtable 實例。

- 服務讀取請求時，首先嘗試在 memtable 中找 key，如找不到，再依序從最新、次新的 on-disk segment 檔中查找（依此類推）。

- 不時地在背景執行合併與壓縮 segments 的程序，合併多個 segment files 並丟棄那些已被覆寫過或被刪掉的 values。

---

1 如果所有 keys 和 values 都具有固定的大小，可以在 segment file 使用二元搜尋（binary search），這樣就完全免去了 in-memory 索引。但是實際上，key 跟 value 通常是可變長度的，如果沒有索引的話，就很難判斷一個記錄的結束位置和下一個記錄的起始位置。

這個方案工作得很好，它只有一個問題：如果資料庫崩潰，最近的寫入（在 memtable 中，但還未被寫到磁碟）就會丟失。為了避免這個問題，可以在磁碟上保留一個單獨的日誌，每次執行寫操作就立即追加到這個日誌中，就像前面提到的作法那樣。這個日誌檔並沒有做排序，但這並不重要，因為它的唯一目的是在崩潰後用來回復 memtable。每當我們將 memtable 寫入 SSTable 時，都可以把相應的日誌丟掉。

從 SSTables 到 LSM-Tree

這裡描述的演算法在本質上正是 LevelDB [6] 和 RocksDB [7] 所使用的方法，這兩個鍵值儲存引擎函式庫被用於嵌入到其他應用程式中。此外，LevelDB 也可以在 Riak 中作為 Bitcask 的替代品使用。Cassandra 和 HBase [8] 也使用了類似的儲存引擎，它們皆受到 Google Bigtable 論文的啟發 [9]（該論文提出了 *SSTable* 與 *memtable* 這兩個術語）。

這種索引結構最初是由 Patrick O'Neil 等人在名為**日誌結構合併樹**（*Log-Structured Merge-Tree*, LSM-Tree）中提出的 [10]，它奠基於更早期的 log-structured 檔案系統之上 [11]。因此，基於合併和壓縮排序檔這一原則的儲存引擎通常都稱為 LSM 儲存引擎。

Elasticsearch 和 Solr 等全文檢索搜尋系統所使用的索引引擎 Lucene 也使用了類似的方法來儲存其**詞彙字典**（*term dictionary*）[12, 13]。全文索引比鍵值索引複雜得多，但它基於類似的想法：在搜尋查詢中給定一個單字，找出提到該單字的所有文件（網頁、產品簡介等）。這通過 key-value 結構實作，其中 key 是一個單字（一個 *term*），而 value 是一個 IDs 的清單（*posting list*, **倒排表**），每一個 ID 代表一個包含該單字的文件。在 Lucene 中，從 term 到 posting list 的映射是保存在 SSTable-like 的排序檔中，這些檔可以根據需要在背景進行合併 [14]。

性能最佳化

一如既往，要讓儲存引擎在實際中表現良好，還需要很多細節工作。例如，在資料庫中查找一個不存在的 key 時，LSM-Tree 演算法會很慢：你必須從 memtable、最新的 segment、次新的 segment 依序回溯到最舊的 segment（可能每次又會涉及磁碟讀取），最終才能確認 key 確實不存在。為了最佳化這類存取，儲存引擎經常使用額外的**布隆過濾器**（*Bloom filters*）[15]。Bloom filter 是一種 memory-efficient 的資料結構，用來近似計算集合的內容。它可以告訴你資料庫中是否存在某個 key，因而能夠省掉許多不必要的磁碟存取。

不同的策略決定了 SSTables 壓縮和合併時的順序和時間。最常見的選項是**大小分級**（*size-tiered*）和**分層**（*leveled*）壓縮。LevelDB 和 RocksDB 使用分層壓縮（因此得名 LevelDB），HBase 使用大小分級，Cassandra 則是這兩種都支援 [16]。在大小分級壓縮中，較新較小的 SSTables 被連續合併到較舊較大的 SSTables。在分層壓縮中，鍵的範圍被分割成更小的 SSTables，較舊的資料被移動到不同的「層級」，這讓壓縮可以逐步按增量進行，同時也有節省磁碟空間的效果。

儘管還有許多細節未盡，但 LSM-trees 的基本思想：在背景保持一連串持續合併的 SSTables，是簡單而有效的。就算 dataset 比可用記憶體要大得多，它仍然可以工作得很好。由於資料是按序儲存，所以可以有效地執行範圍查詢（在某個最小值和最大值之間掃描所有的 keys），而且由於寫入磁碟是循序的，所以 LSM-tree 可以支撐非常高的寫入吞吐量。

B-Trees

目前討論到的日誌結構索引雖然越來越為人所接受，但還不是最常見的索引類型。最廣泛被使用的索引結構是另一種截然不同的結構：*B-tree*。

B-trees 現身於 1970 年 [17]，短短不到 10 年的時間就以「無所不在」的名氣享譽業界 [18]。B-trees 經受住了時間的考驗，至今它們仍然是幾乎所有 relational databases 中索引的標準實作，而且許多非關聯式資料庫也使用它們。

與 SSTable 一樣，B-trees 沿用了按鍵排序的 key-value pairs 來實現高效的 key-value 查找和範圍查詢。不過它們的相似之處也僅止於此：B-trees 有著非常不同的設計理念。

前面看到的日誌結構索引將資料庫分割為大小可變的 *segments*，通常是幾 MB 或更大一些，並且對 segment 的寫入操作總是循序的。相比之下，B-trees 將資料庫分解成固定大小的**區塊**（*blocks*）或**分頁**（*pages*），大小通常是 4 KB（有時更大），每次讀取或寫入皆是以 page 為單位。這種設計和底層硬體更靠近，因為磁碟也是以固定大小的區塊做排列的。

每個 page 可以使用位址或位置來進行標識，這可以讓一個 page 參照另一個 page，類似於指標，只不過是在磁碟上而不是在記憶體中。我們可以如圖 3-6 使用這些 page 參照來建構一顆分頁的樹（a tree of pages）。

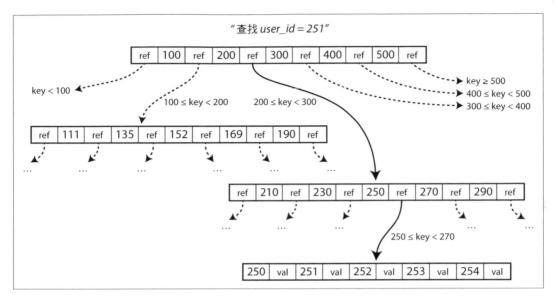

圖 3-6　使用 B-tree 索引查找 key

一個 page 被指定為 B-tree 的根（*root*）；無論何時想在索引中查找一個 key，都要從這裡開始。該 page 包含幾個 keys 以及對子頁（child pages）的參照。每個 child 負責一個連續範圍內的 keys，而介於參照之間的 keys 可以指出這些範圍的邊界。

在圖 3-6 的例子中，我們正在查找 key 251，因此我們知道需要從頁面參照介於 200 ～ 300 之間的範圍來查找，這讓我們很快抵達目標分頁區間，接著進一步將 200 ～ 300 的範圍再分解成子範圍。最終，我們會到達一個包含各個鍵的分頁（一個**葉子分頁**，*leaf page*），該分頁包含每個鍵的值或是包含了可以找到該值的分頁參照。

B-tree 的一個 page 對子頁的參照數量稱為**分支因子**（*branching factor*）。以圖 3-6 為例，分支因子為 6。實際上，分支因子取決於儲存頁面參照和範圍邊界（通常為幾百個）所需的總空間。

如果想要更新 B-tree 中現有 key 的 value，可以搜尋含有該 key 的 leaf page，在該 page 中修改其 value，然後將 page 寫回磁碟（任何對該 page 的參照仍有效）。如果要添加新的 key，需要找到範圍能夠包含 new key 的那個 page，再將其添加到該 page 裡去。如果 page 中沒有足夠的可用空間來容納 new key，則將其分裂為兩個半滿（half-full）的 page，並更新父頁來納入新的鍵範圍拆分，參見圖 3-7[2]。

2　在 B-tree 中插入新的 key 還算直觀，但是刪除一個 key（同時保持樹的平衡）就稍微複雜了 [2]。

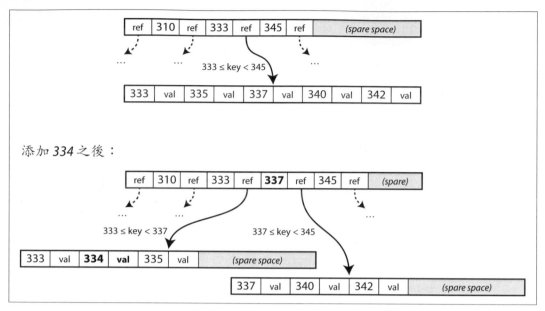

圖 3-7　分裂頁面使 B-tree 增長

該演算法保證了 tree 的平衡（*balanced*）：具有 *n* 個鍵的 B-tree 總是具有 *O* (log *n*) 的深度。大多數資料庫可以搭配 3 ～ 4 層深的 B-tree，所以不需要跟蹤太多的分頁參照就可以找到你想要的分頁（一棵 4 KB 分頁、分支因數為 500 的四層樹，可以儲存高達 256TB 的資料）。

讓 B-trees 變可靠

B-tree 底層的寫操作是以新資料覆寫磁碟上的 page。這是基於覆寫並不會改變 page 磁碟位置的假設；即，在覆寫該 page 時，對它的所有參照均保持不變。這與日誌結構索引，如 LSM-tree，形成鮮明的對比。LSM-tree 僅追加內容至檔案（並最終刪除過時的檔），從不修改現有的檔。

我們可以將覆寫磁碟上的 page 看成是實際上的硬體操作。在旋轉式硬碟上，這表示將磁頭移動到正確的位置，等待旋轉碟片上的正確位置出現，然後用新資料覆蓋適當的磁區。在 SSD 上的情況稍微複雜，SSD 必須一次擦除並重寫一個大的區塊 [19]。

此外，有些操作需要覆寫多個不同的 pages。例如，由於插入導致分頁溢出，而需要進行頁面分裂，那麼就需要寫入兩個分裂開的 pages，還需要重寫它們的父頁以更新對兩個子頁的參照。這是一個危險的操作，如果資料庫在還沒有完成所有 pages 的寫入之前發生崩潰，你將會得到一個損壞的索引（例如，可能出現一個孤兒（*orphan*）頁，是一個不隸屬於任何父頁的子頁）。

為了使資料庫能從崩潰中復原，B-tree 的實作通常會在磁碟上包含一個額外的資料結構：預寫式日誌（*write-ahead log, WAL*），也稱作 *redo log*。這是一個僅用於追加修改的檔案，每一次對 B-tree 的修改都必須先更新 WAL，之後再將修改應用到樹本身的 pages。當資料庫在崩潰之後進行復原時，會使用這個日誌將 B-tree 恢復到一致的狀態 [5, 20]。

更新 pages 的另一個複雜之處在於，如果有多個執行緒要同時存取 B-tree，就需要小心地進行並行控制，否則執行緒看到的樹可能會具有不一致的狀態。這通常是透過使用**栓鎖器**（*latches*, 輕量的鎖）來實現對樹資料結構的保護。在這方面，日誌結構的方法更簡單，因為它們在背景完成所有的合併操作，對進來的查詢不會造成干擾，而且也會不時地自動將 old segments 替換為 new segments。

B-tree 最佳化

由於 B-trees 已經存在很久了，所以這多年來在最佳化方面有諸多發展也就不足為奇了。僅列舉幾例：

- 相較於採用覆寫 pages 並維護一個用來做崩潰復原的 WAL，一些資料庫（如 LMDB）使用寫時複製模式（copy-on-write scheme）[21]，將修改後的 page 寫到另一個位置，在樹中建立新版本的父頁並指向新的位置。這種方法對於並行控制也很有用，我們將在第 237 頁的「快照隔離和可重複讀取」中看到。

- 為了節省空間，不儲存完整的 key 而是儲存它的縮短版本。特別是對 tree 內部的 pages，keys 只需要提供足夠的資訊就可以指出鍵範圍之間的邊界。這樣就可以將更多的 keys 塞進一個 page 裡面，讓 tree 具有更高的分支因數，從而減少層數 [3]。

- 一般情況下，pages 可以放在磁碟上的任何位置；並不要求將相鄰鍵範圍的 pages 在磁碟上也相鄰儲存。如果查詢需要按排序掃描一大段鍵範圍，那麼逐頁佈局（page-by-page layout）的效率可能不高，因為每個被讀取的 page 可能因為需要磁碟搜尋而產生開銷。因此，許多 B-tree 的實作會嘗試對 tree 做磁碟上的佈局，以便 leaf pages 可以在磁碟上按序儲存。然而隨著 tree 的增長，順序就會變得很難繼續維持下去。相比之下，由於 LSM-tree 在合併過程中是一次性地重寫 storage 中大量的 segments，因此它們更容易讓循序的 keys 在磁碟上保持相鄰。

3　這個變種有時被稱為 B+ tree，這種最佳化很常見，因此不會特別和其他 B-tree 的變種作出區分。

- 添加額外的指標（pointers）到樹中。例如，每個 leaf page 可能帶有對其左頁和右頁的同層級兄弟頁（sibling pages）參照，這樣就可以做到 keys 的循序掃描又不用跳回到 parent page。

- B-tree 的變種如**碎形樹**（*fractal trees*）[22] 借鑒了一些日誌結構的想法來減少磁片搜尋（這與碎形本身並沒有關係）。

B-tree 和 LSM-tree 的比較

儘管在實作方面 B-tree 比 LSM-tree 更為成熟，但 LSM-tree 的性能特點著實很吸引人。根據經驗，LSM-tree 通常具有更快的寫操作，而 B-tree 則被認為有更快的讀操作 [23]。在 LSM-tree 上的讀操作通常比較慢，因為它們必須在壓縮的不同階段檢查幾個不同的資料結構和 SSTable。

然而，基準測試通常會和工作負載息息相關，所以需要避免固定使用特定的工作負載來測試系統，以便進行有效的比較。本節將簡要討論在測量儲存引擎性能時值得考慮的一些事情。

LSM-tree 的優點

B-tree 索引對一筆資料至少會有兩次寫操作：一次寫到預寫日誌，一次寫入 tree page 本身（可能於頁面分裂發生時再次寫入）。就算該 page 中只有幾個 bytes 需要更改，還是必須一次重寫整個 page，這樣會帶來開銷。一些儲存引擎甚至會對相同的 page 覆寫兩次，避免電力故障等事件發生時，出現了未完整更新的 page [24, 25]。

由於反覆進行 SSTables 的壓縮和合併，日誌結構索引也會多次重寫資料。這種效應稱為**寫入放大**（*write amplification*）：在資料庫的生命週期內，出現一個寫操作，而這個寫操作又會引起多次對磁碟的寫入操作。這一點對 SSD 硬碟尤其致命，因為 SSD 只能承受有限次數的擦除覆寫。

對於在寫操作方面比較吃重的應用程式，性能瓶頸可能會出現在資料庫寫入磁碟的速度。在這種情況下，write amplification 就會有直接的性能成本：儲存引擎對磁碟的寫入次數越多，在可用磁碟頻寬內每秒可以處理的寫操作就越少。

此外，相比於 B-tree，通常 LSM-tree 能夠維持更高的寫入吞吐量，部分原因是有時候它們的 write amplification 影響比較小（儘管這取決於儲存引擎的配置和工作負載），另一部分原因是它們有序地寫入緊湊的 SSTable files，而非覆寫 tree 中的多個 pages [26]。這種差異對於磁性硬碟特別重要，因為循序寫入比隨機寫入的速度要快得多了。

LSM-tree 壓縮得更好，因此它在磁碟上的檔案大小通常會比 B-tree 小很多。由於碎片化（fragmentation）的緣故，B-tree 儲存引擎會留下一些無法使用的磁碟空間：當一個 page 被分裂或當一列的內容不能剛好塞滿已存在的 page，此時 page 中的某些空間就無法被利用到。由於 LSM-tree 不是 page-oriented 的，而且會定期重寫 SSTables 來消除碎片，所以它們具有較低的儲存開銷，特別是在使用分層壓縮的時候 [27]。

在許多 SSD 上，韌體內部使用日誌結構的演算法來將隨機寫入轉換成底層儲存晶片上的循序寫入，所以儲存引擎寫入模式的影響就不會那麼明顯 [19]。然而在 SSD 上，更小的 write amplification 影響和碎片減少仍然有益：更緊湊地表示資料，在可用的 I/O 頻寬內可以允許更多的讀寫請求。

LSM-tree 的缺點

日誌結構儲存的一個缺點是，壓縮過程有時候會影響到正在進行的讀寫性能。儘管儲存引擎會在不影響並行存取的情況嘗試以增量方式執行壓縮，但由於磁碟的資源有限，所以當磁碟執行昂貴的壓縮操作時，就很容易發生讀寫請求需要等待的情況。

這對吞吐量和平均回應時間的影響通常很小，但是對於較高的百分位數（請見第 13 頁「描述性能」），日誌結構儲存引擎的查詢回應時間有時候會相當高。另外，B-tree 的可預測性也比較好 [28]。

壓縮的另一個問題會在高寫入吞吐量時出現：磁碟的寫入頻寬有限，頻寬是由初始寫入（記錄並將 memtable 刷新到磁碟）和背景運行的壓縮執行緒之間共用。對著空資料庫寫入時，初始寫入可以利用到完整的磁碟頻寬，但是當資料庫越來越大，壓縮所需要的磁碟頻寬也會跟著成長。

如果寫入吞吐量很高，但是又沒有對壓縮做精心配置，就可能會發生壓縮無法跟上資料寫入的速度。在這種情況，磁碟上 unmerged segments 的數量會不斷增加，直到磁碟空間不足。由於它們需要檢查更多的 segment files，因此讀取速度也會被拖慢。通常，SSTable-based 的儲存引擎並不會限制餵進來的寫入速度，所以需要顯式地輔以監控措施來檢測這種情況 [29, 30]。

B-tree 有一個優點，每個 key 都恰好只在索引中的某個位置，而日誌結構的儲存引擎卻可能在不同的 segments 都有同一個 key 的副本。對於希望提供強交易語義（strong transactional semantics）的資料庫而言，B-tree 就有吸引力了：在許多關聯式資料庫中，交易隔離（transaction isolation）是透過在鍵範圍上加鎖來實現的，而在 B-tree 索引中，這些鎖可以直接掛到 tree 中 [5]。在第 7 章，我們會更詳細地討論這一點。

B-trees 在資料庫架構中已經根深蒂固，為許多工作負載提供了良好一致的性能，所以不必期待它們會太快消失。對於新的 datastores，日誌結構索引越來越受歡迎。對於如何為你的用例挑選適合的儲存引擎類型，並沒有簡單快速的規則，所以還是得做一些實地測試才行。

其他索引結構

到目前為止，我們只討論了 key-value 索引，它們類似關聯模型中的**主鍵**（*primary key*）索引。主鍵唯一地標識出 relational table 中的一列、document database 中的一個 document，或 graph database 中的一個頂點。資料庫中的記錄可以通過其主鍵（或 ID）來參照該列 / document / 頂點，索引則是用來解析此類參照。

次索引（*secondary indexes*）的使用也很常見。在關聯式資料庫中，可以用 `CREATE INDEX` 命令在同一個 table 上建立數個次索引，它們對於高效的 joins 操作通常非常重要。例如，在第 2 章的圖 2-1 中，你很可能在 `user_id` 行上有一個次索引，這樣就可以在每個表中找到所有屬於同一使用者的資料列。

次索引可以容易地從 key-value 索引建構出來。主要區別在於，在次索引中，索引的值不一定是唯一的；也就是說，同一索引項目下可能有許多列（documents 或頂點）。有兩種方法可以解決這個問題：一種方法是將索引中的每個值指向匹配列的識別符清單（像全文索引中的 posting list），另一種方法則是將一個列的識別符附加到 key 而使 key 變成唯一的。無論哪種方法，B-tree 和日誌結構索引都可以用來做次索引。

在索引中儲存值

索引中的 key 是查詢所要搜尋的東西，但是 value 可能是以下兩種東西之一：它可以是實際的列（document 或頂點），也可以是對儲存在其他地方的列參照。對於後面這種情況，儲存列的位置稱為**堆積檔**（*heap file*），它並不以特定的順序來儲存資料（可能是 append-only，或是跟蹤已刪除的列，以便稍後用新的資料覆蓋它們）。Heap file 的方法很常見，因為多個次索引可以避免資料重複：每個索引只參照到 heap file 中的一個位置，而實際資料則是保存在另一個位置。

對於要更新 value 又不改變 key 的情況，heap file 方法會非常高效：只要新值的大小低於舊值，就能夠直接覆寫記錄。如果新值較大，情況會比較複雜，因為它在 heap 中可能需要被移動到具有足夠空間的新位置。在這種情況下，要麼所有索引都更新以指向記錄在 heap 的新位置，要麼就在 heap 中的舊位置 [5] 留下一個轉發指標（forwarding pointer）。

在某些情況下，從索引到 heap file 的額外跳轉會對讀取造成太多的性能損失，所以最好直接將被索引的列儲存在索引中，這種作法稱為**叢集索引**（*clustered index*）。例如，在 MySQL InnoDB 儲存引擎中，table 的主鍵始終是叢集索引，次索引則是參照到主鍵（而不是 heap file 位置）[31]。在 SQL Server 中，可以為每個 table 指定一個叢集索引 [32]。

叢集索引（在索引中直接儲存所有列資料）和非叢集索引（只儲存對索引資料的參照）之間的折衷稱為**覆蓋索引**（*covering index*）或**內含資料行的索引**（*index with included columns*），它在索引中儲存了 table 的某些行 [33]。這種作法只用索引就能夠回答某些查詢（這種情況下，索引被稱為涵蓋了查詢）[32]。

叢集和覆蓋索引可以加快讀取速度，但與任何種類的資料冗餘（duplication）一樣，它們需要額外的儲存空間，並且會增加寫操作的開銷。資料庫還需要額外的工作來執行交易保證，因為應用程式不應該看到因冗餘而造成的資料不一致。

多行索引

目前為止所討論到的索引都只是將單一個 key 映射到一個 value。如果我們需要同時查詢一個 table 的多個行（或一個 document 中的多個欄位），這是不夠的。

最常見的多行索引類型稱為**組合索引**（*concatenated index*），它是透過將一個行追加到另一個行來將多個欄位組合成一個 key 的（索引定義會指定欄位連接的順序）。這就像一本老式的電話簿，提供從 (*lastname*, *firstname*) 對應到電話號碼的索引。根據排列順序，索引可用來查找具有特定 lastname 的所有人，或是所有具有特定 *lastname-firstname* 組合的所有人。但是，如果你想查找具有特定名字的所有人，那麼索引就沒有用處了。

多維索引是一種可以一次查詢多行的方法，它更加通用，這對於地理空間資料來說尤其重要。例如，一個餐廳搜尋網站可能有一個包含每個餐廳地點緯度和經度的資料庫。當使用者在地圖上查看餐廳時，網站需要在使用者當前查看的矩形地圖區域內搜尋所有的餐廳。這就需要一個二維的範圍查詢，如下所示：

```
SELECT * FROM restaurants WHERE latitude  > 51.4946 AND latitude  < 51.5079
                            AND longitude > -0.1162 AND longitude < -0.1004;
```

標準的 B-tree 或 LSM-tree 索引沒有辦法高效地回應這種查詢：它可以給你所有餐館的緯度（但任何經度），或有所有餐廳的經度（但在南北極之間的任何地方），卻不能同時滿足兩者。

一種選擇是使用空間填充曲線（space-filling curve）將二維位置轉換為單一個數字，然後再使用常規的 B-tree 索引 [34]。更常見的情況是使用專門的空間索引，如 R-trees。例如，PostGIS 使用 PostgreSQL 的廣義搜尋樹（Generalized Search Tree）索引設施 [35]以 R-tree 來實作地理空間索引。礙於篇幅，我們無法詳細描述 R-tree，請讀者自行參考關於它們的文獻。

一個有趣的想法是，多維索引並不只是適用於地理位置而已。例如一個電子商務網站，你可以用一個三維指數 (red, green, blue) 來搜尋特定顏色範圍內的產品，或在天氣觀測資料庫中，用二維索引 (date, temperature) 來高效地搜尋 2013 年內溫度介於 25 ～ 30℃之間的所有觀測值。若是使用一維索引，你必須先掃描 2013 年的所有記錄（不管溫度如何），然後再對溫度進行過濾，反之亦然。二維索引卻可以通過時間戳記和溫度來同時縮小查詢範圍，HyperDex 正是使用了這樣的技術 [36]。

全文檢索和模糊索引

截至目前看到的所有索引都假設你有明確的資料，並且可以讓你查詢一個 key 所對應明確值，或是查詢一段按鍵排序鍵的值範圍。它們無法讓你搜尋相似（similar）的 key，比如拼寫錯誤的單字。這種模糊（fuzzy）查詢需要不同的技術。

例如，全文檢索引擎通常允許搜索一個單字，並擴及到同義詞、忽略語法屬性變化、在同一文件中搜尋彼此相鄰出現的單字，並支援各種依賴於文本語言分析的功能。為了處理文件或查詢中的拼寫錯誤，Lucene 能夠在一定的編輯距離內搜尋文本中的單字（編輯距離為 1 表示已經添加、刪除或替換了一個字母）[37]。

正如第 78 頁「從 SSTables 到 LSM-Tree」中提到的，Lucene 對它的字典使用 SSTable-like 的結構。這種結構需要一個小的 in-memory 索引，告訴查詢需要在排序檔的哪個偏移量查找出一個 key。在 LevelDB 中，這個 in-memory 索引是一些鍵的稀疏集合；但是在 Lucene 中，in-memory 索引是鍵中字元的有限狀態自動機，類似於一個*字典樹*（*trie*）[38]。這個自動機可以轉換成 *Levenshtein 自動機*（*Levenshtein automaton*），它可以在給定編輯距離內高效地搜索單字 [39]。

其他的模糊搜尋技術則是朝文件分類和機器學習的方向發展。詳情請參閱相關資訊檢索教科書 [40]。

將所有東西存放在記憶體

到目前所談，本章討論的資料結構都是為了應對磁碟的限制。與記憶體相比，磁碟更難以處理。對於磁碟和 SSD，如果想獲得良好的讀寫性能，就需要仔細地安排磁碟上的資料佈局。但由於磁碟有兩個重要的優點，使得這點難處還算可以被容忍。優點是：它們是持久化的（如果電源關閉，內容不會消失），而且每 GB 容量的成本比起 RAM 要低上許多。

當 RAM 變得更便宜，每單位 GB 成本的問題就被削弱了。許多 datasets 其實並沒有那麼大，因此將它們完全保留在記憶體中是非常可行的，甚至是分佈到多台機器上。這促進了*記憶體資料庫*（*in-memory databases*）的發展。

一些 in-memory 的 key-value store（如 Memcached）的主要用途是作快取，在這種情況下，是可以接受因機器重開機所造成的資料遺失。但是，有一些 in-memory databases 卻志在實現持久性，通過特殊的硬體（例如電池供電的 RAM）、通過將變更記錄寫入磁碟、通過將定期快照寫入磁碟，又或者通過將 in-memory 的狀態複製到其他機器等方式來實現。

當一個 in-memory database 重啟時，它需要從磁碟或網路上的一個副本（除非使用特殊硬體）重新載入它的狀態。因為出於持久性的考量，磁碟僅作為 append-only 的日誌，讀取資料是完全由 memory 提供的；儘管這會向磁碟寫入資料，但它仍然是一種 in-memory database。此外，寫入磁碟也具有維運方面的優勢：磁碟上的檔案可以容易地利用外部工具程式來執行備份、檢查和分析。

諸如 VoltDB、MemSQL 和 OracleTimesTen 之類的產品都是具有關聯模型的 in-memory databases。供應商聲稱，通過消除所有與磁碟資料結構管理相關的開銷，它們可以提供大幅的性能改進 [41, 42]。RAMCloud 是一個開源、具有持久性的 in-memory key-value store（對記憶體和磁碟上的資料使用日誌結構方法）[43]。Redis 和 Couchbase 使用非同步寫入磁碟來提供弱持久性。

與直覺相反，in-memory databases 的性能優勢並不是來自於它們不需要從磁碟讀取資料。如果記憶體充足，即使是基於磁碟的儲存引擎也可能永遠不需要從磁碟來讀取資料，因為作業系統會將最近使用到的資料塊快取在記憶體當中。In-memory databases 得以更快，是因為它們避免了將 in-memory 資料結構編碼成可以寫入磁碟的格式，免去了這一段造成的開銷 [44]。

除了性能以外，in-memory databases 另一個有趣的地方是，它提供了一種難以用基於磁碟的索引來實現的資料模型。例如，Redis 為各種資料結構（如優先順序佇列和集合）都提供了類似資料庫的介面。因為它將所有的資料都保存在記憶體中，所以它的實作相對比較簡單。

最近的研究表明，in-memory database 架構可以擴展到支援大於可用記憶體的 datasets，而免去了以磁碟為中心（disk-centric）架構帶來的開銷 [45]。所謂的**反快取**（*anti-caching*）方法，其工作原理是，當沒有足夠的記憶體時，將最近最少使用的資料從記憶體移出到磁碟，並於將來被存取的時候再將其載回到記憶體中。這類似於作業系統對虛擬記憶體和交換檔（swap files）的處理方式，但是資料庫可以比作業系統更有效地管理記憶體，因為它可以在單個記錄而非整個分頁的粒度下工作。不過，這種方法仍然需要能夠將索引完全放進記憶體才行（如本章開頭 Bitcask 的例子）。

如果將來**非揮發性記憶體**（*non-volatile memory, NVM*）的技術越來越普及，可能就還需要對儲存引擎設計作進一步修改 [46]。目前這是一個新的研究領域，但未來值得關注。

交易處理還是分析處理？

在業務資料處理的早期階段，對資料庫的寫入通常是因為發生了**商業交易**（*commercial transaction*），例如銷售、向供應商下單、支付員工薪資等。隨著資料庫延伸到了不涉及金錢交易的領域，**交易**（*transaction*）這個術語仍然存在，它指的是組成一個邏輯單元的一組讀寫操作。

交易不一定要具有 ACID（原子性、一致性、隔離性和持久性）屬性。交易處理（*transaction processing*）僅僅意味著可以讓客戶端進行低延遲的讀寫，而分批次處理（*batch processing*）作業，後者只會定期運行（例如每天一次）。我們將在第 7 章討論 ACID 的性質，在第 10 章討論批次處理。

儘管資料庫現在也用於許多不同種類的資料，像部落格文章的評論、遊戲中的動作、通訊錄中的聯絡人等等，其基本存取模式仍然與處理業務交易類似。應用程式通常使用索引，用某個 key 來查找少量的記錄。根據使用者的輸入來插入或更新記錄。因為這些應用程序是互動式的，所以存取模式被稱為**線上交易處理**（*online transaction processing, OLTP*）。

然而，資料庫也開始更多地用在**資料分析**（*data analytics*）上，而資料分析卻具有非常不同的存取模式。分析查詢通常需要掃描大量記錄，只讀取每個記錄中的少數幾行，然後計算與匯總統計資訊（如 count、sum 或 average），而不只是將原始資料傳回給使用者。例如，如果你的資料是一個銷售交易明細表，那麼分析查詢可能是：

- 一月份每家店的總收入是多少？

- 在最近的促銷活動期間，我們比平時多賣了多少香蕉？

- 哪個品牌的嬰兒食品最常與 X 品牌的尿布被放在一起購買？

這些查詢通常是由業務分析人員編寫，提供報告給公司管理層，幫助其作出更好的決策（*business intelligence*, **商業智慧**）。這種使用資料庫的模式被稱為**線上分析處理**（*online analytic processing, OLAP*）[47][4]，以和交易處理模式區分開來。但有時候，OLTP 和 OLAP 之間的區別並不那麼明顯，表 3-1 列出一些它們的典型特徵。

表 3-1　對比交易處理與分析系統的特徵

屬性	交易處理系統（OLTP）	分析系統（OLAP）
主要的讀取模式	每次查詢少量記錄，根據 key 來取得資料	聚合大量的記錄
主要的寫入模式	隨機存取，從使用者輸入到寫入資料庫的延遲低	大量匯入（ETL）或事件流
主要使用者	終端使用者 / 客戶，透過 web 應用	內部分析人員，支援決策
資料意含	資料的最新狀態（當前時刻）	過往發生的事件歷史
資料集大小	GB ～ TB	TB ～ PB

4　*online* 在 OLAP 中的含義並不明確；它可能指這樣的一個事實，即查詢不僅僅針對預先定義的報告，也包含分析人員使用 OLAP 系統互動式地進行探索性查詢。

起初，交易處理和分析查詢都使用相同的資料庫。SQL 在這方面非常靈活：它同時適用於 OLTP 和 OLAP 類型的查詢。然而，在 1980 年代末和 1990 年代初期出現了一種趨勢，各公司開始在一個單獨的資料庫上執行分析，在分析方面漸漸停止使用 OLTP 系統。這個單獨的資料庫被稱為**資料倉儲**（*data warehouse*）。

資料倉儲

一個企業可能有幾十種不同的交易處理系統：客服網站系統、實體銷售點（結帳）系統、庫存追蹤、車輛行程規線、供應商管理、人資管理等等。每個系統都很複雜，往往需要一組專門的團隊來維護，最終導致這些系統大部分都是彼此獨立運行的。

因為這些 OLTP 系統通常對業務的執行非常關鍵，因此往往也被期望是高可用、低延遲處理交易的。所以，密切守護 OLTP 資料庫是資料庫管理員的重責大任，他們通常不願意讓業務分析師在 OLTP 資料庫上直接隨意執行分析查詢，因為這些查詢通常需要掃描大部分的 dataset，代價高昂，而這可能會損害並行執行交易的性能。

相比之下，**資料倉儲**是一個獨立的資料庫，分析人員可以在不影響 OLTP 操作的情況下 [48]，查詢其內部資料。資料倉儲包含公司各種 OLTP 系統的資料唯讀副本。資料從 OLTP 資料庫中擷取（使用週期性資料轉儲或連續更新串流），轉換為便於分析的 schema，接著進行清理，然後載入到資料倉儲中。將資料導入倉儲的過程稱為**擷取 - 轉換 - 載入**（*Extract-Transform-Load, ETL*），圖 3-8 是為一例。

幾乎所有的大型企業都有資料倉儲，但是它在小型企業中卻幾乎聞所未聞。這可能是因為大多數小公司並沒有那麼多不同的 OLTP 系統，而且多數小公司所擁有的資料也是少量，少到在傳統的 SQL 資料庫中查詢也沒問題，甚至在試算表中進行分析也不是難事。一件在小公司裡很簡單的事情，在大公司裡可能需要經過許多繁瑣的工作才能完成。

執行分析時，使用單獨的資料倉儲而非直接查詢 OLTP 系統有個很大的優點是，資料倉儲可以針對分析的存取模式進行最佳化。事實證明，本章前半部分討論的索引演算法在 OLTP 工作得很好，但在應對分析查詢方面就不是那麼強了。

在本章的其餘部分，我們將著眼於那些為分析而最佳化的儲存引擎。

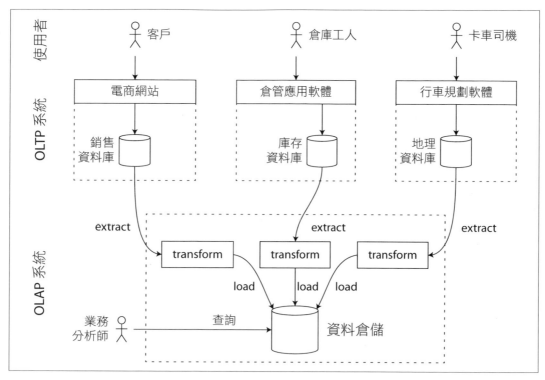

圖 3-8　將資料轉入資料倉儲的 ETL 過程簡要示意

OLTP 資料庫和資料倉儲之間的差異

關聯式模式是資料倉儲最常見的資料模型，因為 SQL 通常適合分析查詢。有許多圖形化資料分析工具可以產生 SQL 查詢、視覺化結果，並且能讓分析人員探索資料（例如通過**下鑽**（*drill-down*）、**切片**（*slicing*）和**切塊**（*dicing*）等操作）。

表面上，資料倉儲和關聯式 OLTP 資料庫都具有一個 SQL 查詢介面，讓它們看起來很相似。然而，系統的內部可能非常不同，因為它們各自針對迥然不同的查詢模式進行了最佳化。許多資料庫供應商現在關注的是支援交易處理或分析工作負載的其中之一，而不是兩者兼有之。

有些資料庫能在同一產品中支援交易處理和資料倉儲，像 Microsoft SQL Server 和 SAP HANA。然而，它們正在朝著兩個獨立的儲存和查詢引擎的方向發展，而這兩個引擎恰好可以通過一個通用的 SQL 介面來存取 [49, 50, 51]。

對於 Teradata、Vertica、SAP HANA 和 ParAccel 等資料倉儲供應商，他們銷售系統的做法通常是採取昂貴的商業授權。Amazon RedShift 是 ParAccel 的託管版本。最近，出現了大量開源的 SQL-on-Hadoop 專案；它們很年輕，但目標是與商業資料倉儲系統抗衡。這些工具包括 Apache Hive、Spark SQL、Cloudera Impala、Facebook Presto、Apache Tajo 和 Apache Drill [52, 53]，其中有些系統是基於 Google Dreme 構想而成的 [54]。

星狀與雪花：用於分析的基模

如第 2 章所述，根據需要，應用程式在交易處理領域使用了各種不同的資料模型。對於分析領域，資料模型的多樣性要少得多。許多資料倉儲都相當制式化地使用了**星狀基模**（*star schema*），也稱為**維度模型**（*dimensional modeling*）[55]。

圖 3-9 例示了一個可能用於雜貨店資料倉儲的基模。Schema 是以一個所謂的**事實表**（*fact table*）為中心，這個例子的 fact table 命名為 `fact_sales`。Fact table 的每一列表示在特定時間發生的事件（這裡的每一列表示客戶購買的一項產品）。如果我們分析的是網站流量而不是零售交易，那麼每一列代表的可能是使用者對一個頁面的瀏覽或是點擊事件。

通常，facts 被捕獲為單獨的事件，因為這讓後續的分析可以有最大的靈活性。不過，這也意味著 fact table 可能會變得非常龐大。像 Apple、Walmart 或 eBay 這樣的大企業，他們的資料倉儲可能儲存了數十 PB 的歷史交易，其中大部分都存放在 fact tables 之中 [56]。

Fact table 的一些行是屬性，例如產品的售價以及從供應商購入的成本（可用來計算利潤）。Fact table 的其他行則是對其他 tables 的外鍵（foreign key）參照，稱為**維度表**（*dimension tables*）。由於 fact table 中的每一列都代表一個事件，所以維度通常也是在表示事件的 *who*、*what*、*where*、*when*、*how* 以及 *why*。

例如在圖 3-9 中，其中一個維度是已售出的產品。`dim_product` table 中的每一列代表一種待售產品，包括庫存單位（SKU）、描述、品牌名稱、類別、脂肪含量、包裝尺寸等。`fact_sales` table 中的每一列都使用 foreign key 來指示何筆交易售出了哪個產品（簡單起見，如果客戶同時購買幾種不同的產品，它們會在 fact table 中被表示成各自單獨的列）。

甚至日期和時間也會使用維度表來表示，因為這樣可以對日期（如國定假日）的相關資訊進行編碼，從而讓查詢可以區分出假日和非假日的銷售狀況。

dim_product table

product_sk	sku	description	brand	category
30	OK4012	Bananas	Freshmax	Fresh fruit
31	KA9511	Fish food	Aquatech	Pet supplies
32	AB1234	Croissant	Dealicious	Bakery

dim_store table

store_sk	state	city
1	WA	Seattle
2	CA	San Francisco
3	CA	Palo Alto

fact_sales table

date_key	product_sk	store_sk	promotion_sk	customer_sk	quantity	net_price	discount_price
140102	31	3	NULL	NULL	1	2.49	2.49
140102	69	5	19	NULL	3	14.99	9.99
140102	74	3	23	191	1	4.49	3.89
140102	33	8	NULL	235	4	0.99	0.99

dim_date table

date_key	year	month	day	weekday	is_holiday
140101	2014	jan	1	wed	yes
140102	2014	jan	2	thu	no
140103	2014	jan	3	fri	no

dim_customer table

customer_sk	name	date_of_birth
190	Alice	1979-03-29
191	Bob	1961-09-02
192	Cecil	1991-12-13

dim_promotion table

promotion_sk	name	ad_type	coupon_type
18	New Year sale	Poster	NULL
19	Aquarium deal	Direct mail	Leaflet
20	Coffee & cake bundle	In-store sign	NULL

圖 3-9 用於資料倉儲的星狀基模範例

「星狀基模」這個名稱來自於一個事實：當 table 的關係被視覺化時，fact table 會位在中間，被它的維度表所包圍；這些 tables 連結起來的形狀看起來就像星星的光芒一樣。

此模板（template）的一個變形稱為**雪花基模**（*snowflake schema*），維度進一步被分解為子空間。例如，可以為品牌和產品類別個別建立單獨的表，在 dim_product table 中的每一列都可以拿品牌和類別作為外鍵，而不是將它們以字串的形式儲存在 dim_product table 中。Snowflake schema 雖然比 star schema 更加正規化，但是 star schema 通常會是首選，因為對分析人員來講比較簡單易用 [55]。

在典型的資料倉儲中，table 通常非常寬：fact table 往往超過 100 行，有時候也會高達數百行 [51]。維度表也可能非常寬，因為它們包括所有可能與分析相關的中繼資料，例如 dim_store table 可能包含很多資訊，像是哪家店提供哪些服務、店內是否有賣麵包、店舖面積多大、開張日期、最近裝修日、離最近的公路有多遠等等。

行式儲存

如果 fact table 中有數萬億個列、PB 級的資料量，如何高效儲存和查詢資料就變成一個有挑戰性的問題了。維度表通常要小得多（數百萬列），因此在本節中，我們主要關注在 facts 的儲存。

雖然 fact table 的欄位通常超過 100 行寬，但是對資料倉儲典型的查詢來講，通常一次只會存取其中的 4 或 5 個欄位（分析很少需要用到 "SELECT *" 查詢）[51]。以範例 3-1 的查詢說明：它會存取大量的列（某人在 2013 年購買水果或糖果的事件），但它需要的只有 fact_sales table 中的三個行（欄位）：date_key、product_sk 和 quantity，查詢將會忽略其他不相干的行。

範例 3-1　分析人們購買新鮮水果或糖果的傾向是否和周間的某天有關

```
SELECT
  dim_date.weekday, dim_product.category,
  SUM(fact_sales.quantity) AS quantity_sold
FROM fact_sales
  JOIN dim_date    ON fact_sales.date_key    = dim_date.date_key
  JOIN dim_product ON fact_sales.product_sk = dim_product.product_sk
WHERE
  dim_date.year = 2013 AND
  dim_product.category IN ('Fresh fruit', 'Candy')
GROUP BY
  dim_date.weekday, dim_product.category;
```

如何高效地執行這個查詢呢？

對於大多數的 OLTP 資料庫，儲存是以**列式**（*row-oriented*）的形式佈局：table 中一列的所有值相鄰儲存。Document databases 也是類似：整份 document 通常儲存為一個連續的 bytes 序列，你可以在圖 3-1 CSV 的例子看到這一點。

為了處理像範例 3-1 這樣的查詢，可以在 fact_sales.date_key 和 / 或 fact_sales.prodiict_sk 上使用索引，告訴儲存引擎在哪裡查找特定日期或產品的所有銷售資料。但是，row-oriented 的儲存引擎仍然需要將所有的列（每個列由超過 100 個屬性組成）從磁碟載入到記憶體中，接著解析它們，然後過濾掉不符合所需條件的列。這可能需要很長的時間。

行式儲存（*column-oriented storage*）的想法很簡單：不要把一列中的所有值給儲存在一起，而是將每行中的所有值儲存在一起。如果每個行的資料都儲存在一個單獨的檔案中，那麼查詢就只需要讀取和解析在該查詢中有使用到的那些行，這樣可以節省大量的工作。圖 3-10 說明了這一原理。

fact_sales table

date_key	product_sk	store_sk	promotion_sk	customer_sk	quantity	net_price	discount_price
140102	69	4	NULL	NULL	1	13.99	13.99
140102	69	5	19	NULL	3	14.99	9.99
140102	69	5	NULL	191	1	14.99	14.99
140102	74	3	23	202	5	0.99	0.89
140103	31	2	NULL	NULL	1	2.49	2.49
140103	31	3	NULL	NULL	3	14.99	9.99
140103	31	3	21	123	1	49.99	39.99
140103	31	8	NULL	233	1	0.99	0.99

行式儲存的佈局：

date_key file contents: 140102, 140102, 140102, 140102, 140103, 140103, 140103, 140103

product_sk file contents: 69, 69, 69, 74, 31, 31, 31, 31

store_sk file contents: 4, 5, 5, 3, 2, 3, 3, 8

promotion_sk file contents: NULL, 19, NULL, 23, NULL, NULL, 21, NULL

customer_sk file contents: NULL, NULL, 191, 202, NULL, NULL, 123, 233

quantity file contents: 1, 3, 1, 5, 1, 3, 1, 1

net_price file contents: 13.99, 14.99, 14.99, 0.99, 2.49, 14.99, 49.99, 0.99

discount_price file contents: 13.99, 9.99, 14.99, 0.89, 2.49, 9.99, 39.99, 0.99

圖 3-10　按行而不是按列來儲存關聯資料

行式儲存在 relational data model 中是最容易理解的，不過它也同樣適用於非關聯資料。例如，Parquet [57] 是一種支援 document data model 的行儲存格式，它是基於 Google 的 Dremel [54]。

行式儲存佈局依賴於行檔，每個行檔所存放的列資料都是以相同的順序擺放。因此，當需要重新組裝整個列，可以從每個行檔中獲取裡頭的第 23 個元素，接著將這些來自各行的列元素放在一起，最終組裝成 table 的第 23 列資料。

行壓縮

除了只從磁碟載入查詢所需的行之外，我們還可以通過壓縮資料來進一步降低對磁碟吞吐量的要求。幸運的是，行式儲存經常和壓縮非常契合，這個做法稱為行壓縮（column compression）。

看一下圖 3-10 中每行的值序列：它們通常看起來有很多的重複，這對壓縮來講是好事。根據行中的資料種類，可以採用不同的壓縮技術來應對。在資料倉儲中特別有效的一種技術是**點陣圖編碼**（*bitmap encoding*），如圖 3-11 所示。

與列的數量相比，行中的異值（distinct values）數量通常比較少（例如，一家零售商店可能有數十億筆銷售交易，但其中相異的產品只有 10 萬個）。現在，我們可以把具有 n 個異值的行，轉換為 n 個獨立的 bitmaps：每個異值對應一個 bitmap，每個 bit 對應一個列。若某個列有值，則該 bit 為 1，否則為 0。

如果 n 非常小（例如，一個表示 *country* 的行可能會有大約 200 個異值），這些點陣圖可以用每列一個 bit 的方式儲存。但是，如果 n 越大，在大多數的點陣圖中將會有很多 0（我們會說它們是**稀疏的**（*sparse*））。在這種情況下，點陣圖還可以進行遊程長度編碼（run-length encoded, RLE），如圖 3-11 下方所示。這可以使行的編碼變得非常緊湊。

行的值：

product_sk: | 69 | 69 | 69 | 69 | 74 | 31 | 31 | 31 | 31 | 29 | 30 | 30 | 31 | 31 | 31 | 68 | 69 | 69 |

每個可能值的 bitmap：

product_sk = 29: | 0 | 0 | 0 | 0 | 0 | 0 | 0 | 0 | 0 | 1 | 0 | 0 | 0 | 0 | 0 | 0 | 0 | 0 |

product_sk = 30: | 0 | 0 | 0 | 0 | 0 | 0 | 0 | 0 | 0 | 0 | 1 | 1 | 0 | 0 | 0 | 0 | 0 | 0 |

product_sk = 31: | 0 | 0 | 0 | 0 | 0 | 1 | 1 | 1 | 1 | 0 | 0 | 0 | 1 | 1 | 1 | 0 | 0 | 0 |

product_sk = 68: | 0 | 0 | 0 | 0 | 0 | 0 | 0 | 0 | 0 | 0 | 0 | 0 | 0 | 0 | 0 | 1 | 0 | 0 |

product_sk = 69: | 1 | 1 | 1 | 1 | 0 | 0 | 0 | 0 | 0 | 0 | 0 | 0 | 0 | 0 | 0 | 0 | 1 | 1 |

product_sk = 74: | 0 | 0 | 0 | 0 | 1 | 0 | 0 | 0 | 0 | 0 | 0 | 0 | 0 | 0 | 0 | 0 | 0 | 0 |

遊程長度編碼：

product_sk = 29:	9, 1	(9 zeros, 1 one, rest zeros)
product_sk = 30:	10, 2	(10 zeros, 2 ones, rest zeros)
product_sk = 31:	5, 4, 3, 3	(5 zeros, 4 ones, 3 zeros, 3 ones, rest zeros)
product_sk = 68:	15, 1	(15 zeros, 1 one, rest zeros)
product_sk = 69:	0, 4, 12, 2	(0 zeros, 4 ones, 12 zeros, 2 ones)
product_sk = 74:	4, 1	(4 zeros, 1 one, rest zeros)

圖 3-11　單行經過壓縮的點陣圖索引儲存

像這樣的點陣圖索引非常適合用來應對資料倉儲常見的查詢。例如：

WHERE product_sk IN (30, 68, 69):

載入 product_sk = 30、product_sk = 68 和 product_sk = 69 的三個點陣圖，然後對這三個點陣圖執行位元 *OR* 操作（bitwise *OR*），這種操作可以高效地完成。

WHERE product_sk = 31 AND store_sk = 3:

載入 product_sk = 31 跟 store_sk = 3 的點陣圖，然後做 bitwise *AND*。這樣是可行的，因為這些行包含了以相同順序存放的列，所以一行的點陣圖中的第 k 位，和另一行的點陣圖中的第 k 位，都對應到相同的列。

對於不同種類的資料，還有各種其他的壓縮方法，但是我們不會對它們做詳細介紹，文獻 [58] 對此提供了導覽，請讀者自行參閱。

行式儲存及欄族

Cassandra 和 HBase 有一個稱為欄族（*column families*）的概念，源於 Google Bigtable [9]。但是，將它們稱作是 column-oriented 的話恐怕就有誤會了：在每個欄族中，它們將一列中的所有行連同一個 row key 一起儲存起來，而且它們也不使用行壓縮。因此，Bigtable 模型主要仍是 row-oriented 的。

記憶體頻寬與向量化處理

對於需要掃描數百萬列的資料倉儲查詢，一個很大的瓶頸是將資料從磁碟傳輸到記憶體的頻寬。然而，這並不是唯一的瓶頸。分析資料的開發者還要擔心如何有效利用記憶體到 CPU 快取的頻寬，避免 CPU 指令處理流水線中的分支錯誤預測和氣泡，以及利用現代 CPU 的單指令多資料流（single-instruction-multi-data, SIMD）指令 [59, 60]。

除了減少需要從磁碟載入的資料量以外，column-oriented 的儲存佈局還有助於 CPU 週期的高效利用。例如，查詢引擎可以拿一塊壓縮過的行資料放到 CPU 的 L1 快取中，並在一個單純迴圈（其內沒有函式呼叫）進行迭代運算。比起需要執行大量函式呼叫並根據條件來處理每條記錄的程式碼，CPU 執行單純迴圈的速度要快得多。對於塞進 L1 快取的資料來講，行壓縮讓一個行可以容納的列變更多了。我們可以拿前面講過的 bitwise *AND* 跟 *OR* 設計來直接操作這些壓縮行的資料塊。這個技術稱為*向量化處理*（*vectorized processing*）[58, 49]。

行儲存中的排序

在一個 column store 中，列的存放順序並不重要。最簡單的方式就是按照它們被插入的順序來儲存，因為插入一個新列只是追加內容到每個行檔而已。但是，我們也可以選擇強制某種順序，就像我們之前對 SSTables 所做的一樣，並將其用作索引機制。

注意，對每個行單獨做排序是沒有意義的，因為這樣一來，就沒辦法知道行中的哪些 items 隸屬於哪一列了。因為我們知道某行中的第 k 項和另一行的第 k 項一定同屬一列，我們只能仰賴這個規則來重建出一個列。

另外，就算資料是按行排序來儲存，還是需要一次對整個列做排序。資料庫管理員可以利用常用的查詢知識來選擇要排序哪個 table 的行。例如，如果查詢經常以日期範圍為目標，譬如上個月整月，那麼將 date_key 設為排序的第一個 key 就會比較合理。查詢最佳化工具只會去掃描上個月的列，而這會比掃描所有的列還要快得多。

對於第一行值都相同的任何列，可以利用第二行再繼續做進一步的排序。例如，如果 date_key 是圖 3-10 中的第一個排序鍵，那麼我們可以指定 product_sk 為第二個排序鍵，這樣同一天同一產品的所有銷售資料就可以群組在一起。這有助於需要在某段日期範圍內按產品來做群組或過濾的查詢。

排序的另一個優點是它可以幫助行壓縮。如果主排序行並沒有很多異值，那麼排序之後的序列還是一樣會很長，其中相同的值在一列中會重複多次。運用一個簡單的遊程長度編碼，像我們在圖 3-11 中使用的 bitmaps 那樣，即使該 table 可能擁有數十億列的資料，也有機會將該行壓縮到幾 kBs 的大小。

第一個排序鍵對壓縮的效果來講是最好的。第二和第三個排序鍵通常比較雜亂，因此不會有太多相鄰的重複值。排序優先順序位在更後面的行，基本上會呈現隨機順序，因此可能無法再做壓縮。但是對前幾行做排序，整體上來說仍然可以贏得不錯的結果。

幾種不同的排序順序

C-Store 將排序的概念做了巧妙的延伸，並被商業資料倉儲 Vertica 所採用 [61, 62]。不同的查詢受益於不同的排序順序，那麼為什麼不以**幾種不同的排序方式**來儲存相同的資料呢？無論如何，資料都需要複製到多台機器上，以便在某一台機器發生故障時，不會遺失資料。你還可以用不同的排序方式來儲存冗餘資料，以便在處理查詢時，使用最適合查詢模式的版本來應對。

在行式儲存中擁有多個排序順序，概念有點類似在列式儲存中擁有多個次索引。但最大的區別是，列式儲存將每一列都保存在一個位置（在堆積檔或叢集索引中），而且次索引只包含指向匹配列的指標。在行式儲存中，通常沒有任何可以指向別處資料的指標，只有單純存放值的行而已。

行式儲存的寫操作

上述的最佳化對資料倉儲是有意義的，因為大多數負載是由分析人員執行的大規模唯讀查詢所組成。行式儲存、壓縮和排序都有助於提高查詢的讀取速度。然而，它們也有不利的一面，那就是增加了寫入的難度。

在壓縮行中，不可能使用像 B-tree 那樣的原地更新方法（update-in-place approach）。如果要在已排序的 table 中間插入一列，很可能必須重寫所有的行檔。由於各列是通過它們在行中的位置來標識的，所以插入操作必須一致地更新所有行才可以。

幸運的是，本章前面已經看到了一個很好的解決方案：LSM-trees。所有的寫操作首先進入 in-memory store，它們在那裡被添加到一個排序的結構中，並為寫入磁碟做好準備。In-memory store 是列式或行式的並不重要。當累積了足夠的寫入時，它們將與磁碟上的行檔合併，然後批次寫入新檔。這正是 Vertica 所做的事情 [62]。

執行查詢時，需要同時檢查磁碟上的行資料以及記憶體中最近的寫入，並將兩者結合起來。但是，查詢優化器對使用者隱藏了這些內部細節。從資料分析人員的角度來看，經插入、更新或刪除操作的資料可以立即反映在後續的查詢中。

聚合：資料方體與實體化視圖

並非每個資料倉儲都必須是 column store：也有使用傳統的列式資料庫和其他架構。然而，對於隨意的分析查詢（ad hoc analytical queries），行式儲存的速度明顯要快得多，因而使它正在迅速普及 [51, 63]。

資料倉儲值得一提的另一個方面是**實體化聚合**（*materialized aggregates*）。如前所述，資料倉儲查詢通常會涉及聚合函式，例如 SQL 中的 COUNT、SUM、AVG、MIN 或 MAX。如果許多不同查詢使用相同的聚合，這樣一來，每次都要處理原始資料可能就會造成浪費。那為什麼不將一些查詢最常使用的計數或總和給快取起來就好呢？

創建這種快取的一種方式是**實體化視圖**（*materialized view*）。在 relational model 中，它通常被定義成像是標準（虛擬）視圖：一個 table-like 的物件，其內容是一些查詢的結果。不同之處在於，實體化視圖是將查詢結果寫入磁碟的實際副本，而虛擬視圖只是用來編寫查詢的捷徑。從虛擬視圖中讀取資料時，SQL 引擎會即時將其展開成視圖的底層查詢，然後處理這些展開的查詢。

當底層資料發生變化時，實體化視圖也需要隨之更新，因為它是資料的反正規化副本。資料庫可以自動做這件事，但這種更新方式會讓資料庫的寫操作變得更加昂貴，這就是為什麼在 OLTP 資料庫中不太會使用實體化視圖的原因。對於讀取密集型的資料倉儲而言，實體化視圖會更有意義（它們是否能夠真正提高讀取性能還是取決於具體情況）。

實體化視圖常見的一種特殊情況稱為**資料方體**（*data cube*）或 *OLAP 方體*（*OLAP cube*）[64]。它是按不同維度分組的聚合網格，圖 3-12 展示了一個例子。

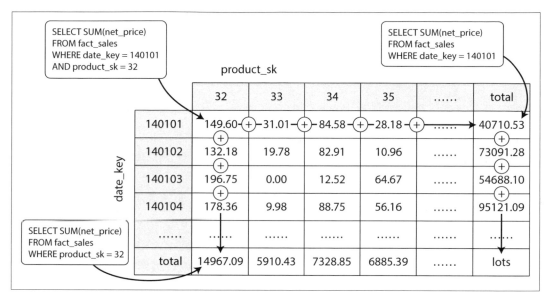

圖 3-12　資料方體的兩個維度，通過求和來聚合資料

現在假設每個 fact 只有對兩個維度表的 foreign keys，在圖 3-12 中，它們各是 *date* 和 *product*。現在可以繪製一個二維表，日期沿著 y 軸跑，產品沿著 x 軸跑。每個儲存格即是以 date-product 組合歸出的資料，每一格的值是某個屬性（如 `net_ price`）來自所有 facts 的聚合（如 `SUM`）。然後，可以沿著每一列或行來實施相同的聚合操作，得到一個降了一維度的 summary（按產品的銷售額而不管日期，或按日期的銷售額而不管產品）。

一般來說，facts 往往有兩個以上的維度。在圖 3-9 中有五個維度：日期、產品、商店、促銷和客戶。很難想像一個五維的超立方體（hypercube）會是什麼樣子，但原理是一樣的：每個儲存格包含特定日期 - 產品 - 商店 - 促銷 - 客戶組合的銷售額。然後可以沿著每個維度來匯總這些值。

實體化資料方體的優點是某些查詢會變得非常快，因為它們已經預先被有效地計算好了。例如，如果想知道昨天每個商店的銷售總額，只需要直接沿著適當的維度來查看總和，而不需要掃描數百萬列。

不過，資料方體的缺點是缺乏查詢原始資料那樣的靈活性。例如，沒有辦法計算哪些銷售比例是來自價格超過 100 美元的產品，因為價格不是其中一個維度。因此，大多數資料倉儲都會盡可能地保留原始資料，並且只將資料方體運用在一些能夠提升某些查詢性能的聚合上。

小結

我們在本章試圖瞭解資料庫內部如何處理儲存與檢索。當你在資料庫中儲存資料時會發生什麼事?當你稍候再次查詢資料時,資料庫又會做什麼?

概括來講,儲存引擎可分為兩大類:針對交易處理(OLTP)最佳化的架構,以及針對分析型(OLAP)最佳化的架構。在這些用例中,存取模式有很大的不同:

- OLTP 系統通常是面向使用者的,這意味著它們可能會遇到大量的請求。為了處理負載,應用程式通常只處理每個查詢中的少量記錄。應用程式使用某種 key 來請求記錄,儲存引擎使用索引來查找所請求的資料。在這裡,瓶頸通常是磁碟的搜尋時間。

- 資料倉儲和類似的分析系統因為不是直接面對終端使用者,業務分析人員是其主要的使用者,因此較不為人所知。它們處理的查詢量通常遠比 OLTP 系統要低,但是每個查詢的要求往往非常嚴苛,需要在短時間內掃描數百萬條記錄。針對這種工作負載,磁碟頻寬(而非搜尋時間)常常會是瓶頸所在,行式儲存在這方面是一種越來越流行的解決方案。

在 OLTP 方面,我們看到了兩種流派的儲存引擎:

- 日誌結構派:它只允許追加內容到檔案和刪除過時的檔,但從不更新已寫入的檔案。BitCask、SSTables、LSM-tree、LevelDB、Cassandra、HBase、Lucene 等 皆 屬 此類。

- 原地更新派:它將磁碟視為一組固定大小且可被覆寫的 pages。B-tree 是這一哲學的最大代表,它在所有主要的關聯式資料庫,以及許多非關聯式資料庫中都有被使用。

日誌結構的儲存引擎是一個相對較新的發展。它們的關鍵思想是,由於硬碟 SSD 的性能特性,有系統地將磁片的隨機寫入轉為循序寫入,可以實現更高的寫入吞吐量。

在說完 OLTP 之後,我們簡要介紹了一些更複雜的索引結構,以及為了將資料全部放在記憶體而最佳化的資料庫。

然後,我們從儲存引擎的內部,轉向探索典型資料倉儲的頂層架構。根據此背景說明了為什麼分析處理的工作負載與 OLTP 如此不同:當你的查詢需要在大量列中進行循序掃描時,有沒有使用索引就不是那麼重要了。重要的反而是如何緊湊地編碼資料,以便降低需要從磁碟讀取的資料量。我們討論了行式儲存是如何實現了這一目標。

作為應用程式開發者，如果你能掌握儲存引擎內部的知識，就可以知道哪種工具更適合你的應用。如果需要進一步調整資料庫的參數，這些知識還可以幫助你評估調高或調低這些參數可能帶來的影響。

儘管本章不能讓你成為某個儲存引擎的調校專家，但還是希望可以帶出足夠的關鍵字與思考方向，至少讓你在閱讀資料庫說明文件時不會撞牆。

參考文獻

[1] Alfred V. Aho, John E. Hopcroft, and Jeffrey D. Ullman: *Data Structures and Algorithms*. Addison-Wesley, 1983. ISBN: 978-0-201-00023-8

[2] Thomas H. Cormen, Charles E. Leiserson, Ronald L. Rivest, and Clifford Stein: *Introduction to Algorithms*, 3rd edition. MIT Press, 2009. ISBN: 978-0-262-53305-8

[3] Justin Sheehy and David Smith: "Bitcask: A Log-Structured Hash Table for Fast Key/Value Data," Basho Technologies, April 2010.

[4] Yinan Li, Bingsheng He, Robin Jun Yang, et al.: "Tree Indexing on Solid State Drives," *Proceedings of the VLDB Endowment*, volume 3, number 1, pages 1195–1206, September 2010.

[5] Goetz Graefe: "Modern B-Tree Techniques," *Foundations and Trends in Databases*, volume 3, number 4, pages 203–402, August 2011. doi:10.1561/1900000028

[6] Jeffrey Dean and Sanjay Ghemawat: "LevelDB Implementation Notes," *leveldb.googlecode.com*.

[7] Dhruba Borthakur: "The History of RocksDB," *rocksdb.blogspot.com*, November 24, 2013.

[8] Matteo Bertozzi: "Apache HBase I/O – HFile," *blog.cloudera.com*, June, 29 2012.

[9] Fay Chang, Jeffrey Dean, Sanjay Ghemawat, et al.: "Bigtable: A Distributed Storage System for Structured Data," at *7th USENIX Symposium on Operating System Design and Implementation* (OSDI), November 2006.

[10] Patrick O'Neil, Edward Cheng, Dieter Gawlick, and Elizabeth O'Neil: "The Log-Structured Merge-Tree (LSM-Tree)," *Acta Informatica*, volume 33, number 4, pages 351–385, June 1996. doi:10.1007/s002360050048

[11] Mendel Rosenblum and John K. Ousterhout: "The Design and Implementation of a Log-Structured File System," *ACM Transactions on Computer Systems*, volume 10, number 1, pages 26–52, February 1992. doi:10.1145/146941.146943

[12] Adrien Grand: "What Is in a Lucene Index?," at *Lucene/Solr Revolution*, November 14, 2013.

[13] Deepak Kandepet: "Hacking Lucene—The Index Format," *hackerlabs.org*, October 1, 2011.

[14] Michael McCandless: "Visualizing Lucene's Segment Merges," *blog.mikemccandless.com*, February 11, 2011.

[15] Burton H. Bloom: "Space/Time Trade-offs in Hash Coding with Allowable Errors," *Communications of the ACM*, volume 13, number 7, pages 422–426, July 1970. doi:10.1145/362686.362692

[16] "Operating Cassandra: Compaction," Apache Cassandra Documentation v4.0, 2016.

[17] Rudolf Bayer and Edward M. McCreight: "Organization and Maintenance of Large Ordered Indices," Boeing Scientific Research Laboratories, Mathematical and Information Sciences Laboratory, report no. 20, July 1970.

[18] Douglas Comer: "The Ubiquitous B-Tree," *ACM Computing Surveys*, volume 11, number 2, pages 121–137, June 1979. doi:10.1145/356770.356776

[19] Emmanuel Goossaert: "Coding for SSDs," *codecapsule.com*, February 12, 2014.

[20] C. Mohan and Frank Levine: "ARIES/IM: An Efficient and High Concurrency Index Management Method Using Write-Ahead Logging," at *ACM International Conference on Management of Data* (SIGMOD), June 1992. doi:10.1145/130283.130338

[21] Howard Chu: "LDAP at Lightning Speed," at *Build Stuff '14*, November 2014.

[22] Bradley C. Kuszmaul: "A Comparison of Fractal Trees to Log-Structured Merge (LSM) Trees," *tokutek. com*, April 22, 2014.

[23] Manos Athanassoulis, Michael S. Kester, Lukas M. Maas, et al.: "Designing Access Methods: The RUM Conjecture," at *19th International Conference on Extending Database Technology* (EDBT), March 2016. doi:10.5441/002/edbt.2016.42

[24] Peter Zaitsev: "Innodb Double Write," *percona.com*, August 4, 2006.

[25] Tomas Vondra: "On the Impact of Full-Page Writes," *blog.2ndquadrant.com*, November 23, 2016.

[26] Mark Callaghan: "The Advantages of an LSM vs a B-Tree," *smalldatum.blogspot.co.uk*, January 19, 2016.

[27] Mark Callaghan: "Choosing Between Efficiency and Performance with RocksDB," at *Code Mesh*, November 4, 2016.

[28] Michi Mutsuzaki: "MySQL vs. LevelDB," *github.com*, August 2011.

[29] Benjamin Coverston, Jonathan Ellis, et al.: "CASSANDRA-1608: Redesigned Compaction, *issues.apache. org*, July 2011.

[30] Igor Canadi, Siying Dong, and Mark Callaghan: "RocksDB Tuning Guide," *github.com*, 2016.

[31] *MySQL 5.7 Reference Manual*. Oracle, 2014.

[32] *Books Online for SQL Server 2012*. Microsoft, 2012.

[33] Joe Webb: "Using Covering Indexes to Improve Query Performance," *simpletalk.com*, 29 September 2008.

[34] Frank Ramsak, Volker Markl, Robert Fenk, et al.: "Integrating the UB-Tree into a Database System Kernel," at *26th International Conference on Very Large Data Bases* (VLDB), September 2000.

[35] The PostGIS Development Group: "PostGIS 2.1.2dev Manual," *postgis.net*, 2014.

[36] Robert Escriva, Bernard Wong, and Emin Gun Sirer: "HyperDex: A Distributed, Searchable Key-Value Store," at *ACM SIGCOMM Conference*, August 2012. doi:10.1145/2377677.2377681

[37] Michael McCandless: "Lucene's FuzzyQuery Is 100 Times Faster in 4.0," *blog.mikemccandless.com*, March 24, 2011.

[38] Steffen Heinz, Justin Zobel, and Hugh E. Williams: "Burst Tries: A Fast, Efficient Data Structure for String Keys," *ACM Transactions on Information Systems*, volume 20, number 2, pages 192–223, April 2002. doi:10.1145/506309.506312

[39] Klaus U. Schulz and Stoyan Mihov: "Fast String Correction with Levenshtein Automata," *International Journal on Document Analysis and Recognition*, volume 5, number 1, pages 67–85, November 2002. doi:10.1007/s10032-002-0082-8

[40] Christopher D. Manning, Prabhakar Raghavan, and Hinrich Schutze: *Introduction to Information Retrieval*. Cambridge University Press, 2008. ISBN: 978-0-521-86571-5, available online at *nlp.stanford.edu/IR-book*

[41] Michael Stonebraker, Samuel Madden, Daniel J. Abadi, et al.: "The End of an Architectural Era (It's Time for a Complete Rewrite)," at *33rd International Conference on Very Large Data Bases* (VLDB), September 2007.

[42] "VoltDB Technical Overview White Paper," VoltDB, 2014.

[43] Stephen M. Rumble, Ankita Kejriwal, and John K. Ousterhout: "Log-Structured Memory for DRAM-Based Storage," at *12th USENIX Conference on File and Storage Technologies* (FAST), February 2014.

[44] Stavros Harizopoulos, Daniel J. Abadi, Samuel Madden, and Michael Stonebraker: "OLTP Through the Looking Glass, and What We Found There," at *ACM International Conference on Management of Data* (SIGMOD), June 2008. doi:10.1145/1376616.1376713

[45] Justin DeBrabant, Andrew Pavlo, Stephen Tu, et al.: "Anti-Caching: A New Approach to Database Management System Architecture," *Proceedings of the VLDB Endowment*, volume 6, number 14, pages 1942–1953, September 2013.

[46] Joy Arulraj, Andrew Pavlo, and Subramanya R. Dulloor: "Let's Talk About Storage & Recovery Methods for Non-Volatile Memory Database Systems," at *ACM International Conference on Management of Data* (SIGMOD), June 2015. doi:10.1145/2723372.2749441

[47] Edgar F. Codd, S. B. Codd, and C. T. Salley: "Providing OLAP to User-Analysts: An IT Mandate," E. F. Codd Associates, 1993.

[48] Surajit Chaudhuri and Umeshwar Dayal: "An Overview of Data Warehousing and OLAP Technology," *ACM SIGMOD Record*, volume 26, number 1, pages 65–74, March 1997. doi:10.1145/248603.248616

[49] Per-Ake Larson, Cipri Clinciu, Campbell Fraser, et al.: "Enhancements to SQL Server Column Stores," at *ACM International Conference on Management of Data* (SIGMOD), June 2013.

[50] Franz Farber, Norman May, Wolfgang Lehner, et al.: "The SAP HANA Database – An Architecture Overview," *IEEE Data Engineering Bulletin*, volume 35, number 1, pages 28–33, March 2012.

[51] Michael Stonebraker: "The Traditional RDBMS Wisdom Is (Almost Certainly) All Wrong," presentation at *EPFL*, May 2013.

[52] Daniel J. Abadi: "Classifying the SQL-on-Hadoop Solutions," *hadapt.com*, October 2, 2013.

[53] Marcel Kornacker, Alexander Behm, Victor Bittorf, et al.: "Impala: A Modern, Open-Source SQL Engine for Hadoop," at *7th Biennial Conference on Innovative Data Systems Research* (CIDR), January 2015.

[54] Sergey Melnik, Andrey Gubarev, Jing Jing Long, et al.: "Dremel: Interactive Analysis of Web-Scale Datasets," at *36th International Conference on Very Large Data Bases* (VLDB), pages 330–339, September 2010.

[55] Ralph Kimball and Margy Ross: *The Data Warehouse Toolkit: The Definitive Guide to Dimensional Modeling*, 3rd edition. John Wiley & Sons, July 2013. ISBN: 978-1-118-53080-1

[56] Derrick Harris: "Why Apple, eBay, and Walmart Have Some of the Biggest Data Warehouses You've Ever Seen," *gigaom.com*, March 27, 2013.

[57] Julien Le Dem: "Dremel Made Simple with Parquet," *blog.twitter.com*, September 11, 2013.

[58] Daniel J. Abadi, Peter Boncz, Stavros Harizopoulos, et al.: "The Design and Implementation of Modern Column-Oriented Database Systems," *Foundations and Trends in Databases*, volume 5, number 3, pages 197–280, December 2013. doi:10.1561/1900000024

[59] Peter Boncz, Marcin Zukowski, and Niels Nes: "MonetDB/X100: Hyper-Pipelining Query Execution," at *2nd Biennial Conference on Innovative Data Systems Research* (CIDR), January 2005.

[60] Jingren Zhou and Kenneth A. Ross: "Implementing Database Operations Using SIMD Instructions," at *ACM International Conference on Management of Data* (SIGMOD), pages 145–156, June 2002. doi:10.1145/564691.564709

[61] Michael Stonebraker, Daniel J. Abadi, Adam Batkin, et al.: "C-Store: A Columnoriented DBMS," at *31st International Conference on Very Large Data Bases* (VLDB), pages 553–564, September 2005.

[62] Andrew Lamb, Matt Fuller, Ramakrishna Varadarajan, et al.: "The Vertica Analytic Database: C-Store 7 Years Later," *Proceedings of the VLDB Endowment*, volume 5, number 12, pages 1790–1801, August 2012.

[63] Julien Le Dem and Nong Li: "Efficient Data Storage for Analytics with Apache Parquet 2.0," at *Hadoop Summit*, San Jose, June 2014.

[64] Jim Gray, Surajit Chaudhuri, Adam Bosworth, et al.: "Data Cube: A Relational Aggregation Operator Generalizing Group-By, Cross-Tab, and Sub-Totals," *Data Mining and Knowledge Discovery*, volume 1, number 1, pages 29–53, March 2007. doi:10.1023/A:1009726021843

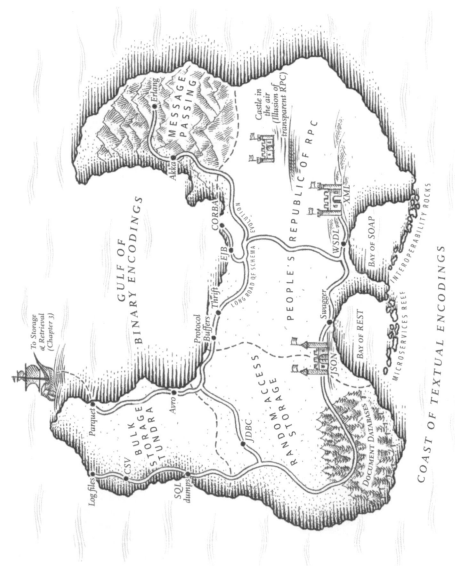

第四章

資料編碼與演化

滄海復成桑田，變化從未止歇。

—Heraclitus of Ephesus, 由柏拉圖在 *Cratylus* 中引用（西元前 360 年）

隨著時間推移，應用程式不可避免地會發生變化。隨著新產品推出、對使用者需求更好的理解、或業務環境變化時，系統也需要跟著增加或修改功能。第 1 章我們介紹了**可演化性**的概念，目標是建構出可以輕鬆適應變化的系統（參閱第 21 頁的「可演化性：易於求變」）。

大多數情況下，對應用程式功能的更改也會同時伴隨修改相應儲存資料的需求：可能需要增加新欄位或記錄類型，或需要以新的方式來呈現現有資料。

我們在第 2 章所討論的資料模型有不同的方法來應對這種變化。關聯式資料庫通常假設資料庫中的所有資料都符合某種 schema，雖然該 schema 可以更改（透過 schema migrations；即，ALTER 語句），但於任何時間點下都只有一個 schema 有效。相比之下，schema-on-read（"schemaless"）的資料庫並不強制使用 schema，所以資料庫可以包含不同時間點寫入的新舊資料格式（參閱第 2 章「文件模型中的基模靈活性」）。

當資料格式或 schema 發生變化時，通常需要對應用程式碼進行相應的調整（例如記錄增加了新欄位，應用程式欲讀寫該欄位）。然而，在大型的應用系統中，時常修改程式碼往往不能被忍受：

- 對於伺服器端的應用程式，你可能希望執行**滾動升級**（*rolling upgrade*，也稱為 *staged rollout* 分階段發佈），每次升級先將新版本部署到少數幾個節點，接著檢查新版本的應用程式是否正常運行，然後再逐步完成所有節點的部署。這樣子就可以在毋須讓服務停機的情況下部署新版本，這對於頻繁發佈和更好的可演化性無疑是一個重大鼓舞。

- 對於客戶端應用程式，要不要更新是取決於使用者，出於某些原因他們可能在一段時間內都不會安裝更新。

這意味著新舊版本的程式以及新舊資料格式，可能會全部同時存在於系統中。為了使系統可以持續穩定運行，我們需要保持系統前後的相容性：

回溯相容（*Backward compatibility*）

　　較新的程式碼可以讀取由舊程式碼所寫入的資料。

向前相容（*Forward compatibility*）

　　較舊的程式碼可以讀取由新程式碼所寫入的資料。

回溯相容的實現通常不難：新程式碼的作者知道舊的資料格式，因而能明確地處理這些舊資料（如果需要，保留舊程式碼來讀取舊的資料）。向前相容相對比較棘手，因為它要求舊程式碼必須忽略新版程式碼所增加的東西。

本章會介紹幾種資料編碼格式，包括 JSON、XML、Protocol Buffers、Thrift 和 Avro。具體來說，我們會了解它們如何處理 schema 的變更，以及如何支援需要新舊資料和程式碼共存的系統。然後，我們會討論如何將這些格式用於資料儲存和通訊：web 服務中的具象狀態傳輸（Representational State Transfer, REST）和遠端程序呼叫（Remote Procedure Calls, RPC），以及諸如 actors 與訊息佇列（message queues）的訊息傳遞系統。

資料編碼格式

程式通常使用（至少）兩種表示資料的形式：

1. 在記憶體中，資料係以物件、結構體、串列、陣列、雜湊表和樹等結構加以保存。為了讓 CPU 可以高效存取和操作，這些資料結構往往已做了最佳化（通常會用上指標）。

2. 當資料需要寫入檔案或通過網路傳送時，必須將其編碼為某種自包含（self-contained）的位元組序列，例如 JSON document。由於指標在應用程式自身以外的程序並不具意義，所以這種位元組序列的表示形式看起來與記憶體中使用的資料結構是截然不同的[1]。

因此，應用程式需要在這兩種資料表示之間進行某種轉換。從記憶體中的表示形式轉換為位元組序列的作法稱為**編碼**（*encoding* 亦稱 *serialization* 或 *marshalling*），相反的過程稱為**解碼**（*decoding*，亦稱 *parsing*、*deserialization* 或 *unmarshalling*）[2]。

術語衝突

不幸的是，交易的上下文也使用了 serialization 一詞（參見第 7 章），但和此處的含義完全不同。本書為避免用詞衝突，會保持使用 *encoding* 這個字，儘管 *serialization* 可能是大家在談編碼時更常使用的術語。

資料需要編碼的問題實在太常見了，也因此早就有許多現成的函式庫和編碼格式等著我們直接利用。接下來我們先做點簡要的介紹。

語言特定的格式

許多程式語言都內建了將記憶體中的物件編碼為位元組序列的支援。例如，Java 有 java.io.Serializable [1]、Ruby 有 Marshal [2] 而 Python 有 pickle [3] 等等。此外，各語言還有許多第三方函式庫對此提供支援，例如 Kryo for Java [4]。

這些編碼函式庫非常方便，因為要保存或恢復記憶體中的物件，透過它們只需要很少的額外程式碼。不過，它們也存在一些比較深層次的問題：

- 編碼通常與特定的程式語言綁在一起，要使用另一種語言存取資料就非常困難。如果以這種編碼方式來儲存或傳輸資料，那麼在很長一段時間內可能都得繼續使用同樣的程式語言，這樣就降低了系統與其他組織（可能使用不同語言）進行系統整合的可能性。

1　某些特殊情況除外，例如某些 memory-mapped files 或直接操作壓縮資料時（如第 3 章「行壓縮」所述）。

2　注意，encoding 與 encryption（加密）並無關係。本書並不討論加密。

- 為了將資料恢復成編碼前的物件類型，解碼過程就要能夠為任意類型產生實例。這經常是一些安全性問題的來源 [5]：如果攻擊者可以讓應用程式解碼任意的位元組序列，那麼他們就可以產生任意類型的實例，這往往會讓攻擊者趁機胡作非為，比如從遠端隨意執行程式碼 [6, 7]。

- 在這些函式庫中，對資料做版本控制通常是事後的考慮：因為它們的目的是簡單快速地對資料做編碼，所以經常忽略了向前和回溯相容性這個可能會在未來引發不便的問題。

- 效率（編碼或解碼的 CPU 時間開銷以及編碼結構的大小）通常也是事後的考慮。例如，Java 內建的序列化功能因其糟糕的性能和臃腫的編碼而為人所詬病 [8]。

出於這些原因，除非只是臨時要用，否則採用語言內建的編碼方案通常不是個好主意。

JSON、XML 與二進位變種

現在我們來看一些可以用許多程式語言編寫和讀取的標準編碼格式，其中 JSON 和 XML 是兩家廣為人知的強勁對手。它們受到廣泛支援的另外一面，則是幾乎同樣地不受歡迎。XML 經常被批評過於冗長和複雜 [9]。JSON 流行的主要原因是 web 瀏覽器對它的內建支援（因為它是 JavaScript 的一個子集）以及相對於 XML 的簡單性。CSV 是另一種流行且和語言無關的格式，儘管相較之下功能並不是那麼強。

JSON、XML 和 CSV 都是文本格式（textual formats），因此具有一定的可讀性（雖然語法是大家很愛爭論的點）。除了表面的語法問題之外，它們還有一些細微的問題：

- 對數字的編碼多有歧義之處。XML 和 CSV 沒辦法區分出數字和文本數字字串（除非有外部 schema 做參照）；而 JSON 雖可以區分出兩者，但對於數字卻無法區分出整數和浮點數，同時也不能指定精度。

  這對處理大數字時會是一個問題；例如，大於 2^{53} 的整數沒辦法用 IEEE 754 雙精度浮點數來精確表示，因此在使用浮點數（如 JavaScript）的語言中碰到這些數字時，就會有準確性的問題。Twitter 有一個處理數字大於 2^{53} 的例子，因為它使用一個 64 位元的數字來識別每條 tweet，所以 Twitter API 傳回的 JSON 會包含重複的 tweet ID，一個用 JSON number，另一個則是用十進位字串（decimal string）表示，藉此解決 JavaScript 應用程式無法正確解析這些數字的問題 [10]。

- JSON 和 XML 對 Unicode 字串（即人類可讀的文字）有很好的支援，但是它們卻不支援二進位字串（未經字元編碼的位元組序列）。二進位字串是一個很有用的功能，所以人們還是會使用 Base64 將二進位資料編碼為文本文字（text）來繞過這個限制，然後使用 schema 來指示該值應該以 Base64-encoded 來解釋。這麼做確實可行，但並不算好，而且資料大小也因此長胖了 33%。

- XML [11] 和 JSON [12] 都有可選的 schema 支援。這些 schema language 相當強大，學習和實作起來也相當複雜。XML 對 schemas 的使用相當廣泛，但許多 JSON-based 的工具並不使用 schemas。對資料（例如數字和二進位字串）的正確解釋取決於 schema 中的資訊，因此未採用 XML/JSON schemas 的應用程式可能會將編碼／解碼邏輯直接編寫在程式當中。

- CSV 同樣不使用任何 schema，而是由應用程式來定義每列跟每行的含義。如果應用程式因變化而需要增加新的列或行，那麼必須手動處理了。CSV 同時也是一個不太嚴謹的格式（如果一個值包含逗號或換行符號，會發生什麼事呢？）。儘管跳脫（轉義）規則有正式的定義 [13]，但並不是所有的剖析器（parser）都有對應的正確實作。

儘管有這些缺陷，JSON、XML 和 CSV 在許多用途來說已經足夠好了。它們應該還是會繼續流行下去，特別是作為一種資料交換格式而存在（即，將資料從一個組織發送到另一個組織）。在這些情況下，只要大家對格式都有共識，那麼格式的漂亮與否或者效率高低就無關緊要了。讓不同的組織對格式取得一致共識的難度通常會超過其他多數問題。

二進位編碼

對於僅在組織內部使用的資料，使用最小公分母編碼格式（lowest-common-denominator encoding format）的壓力會比較小。例如，可以選擇一種更緊湊或剖析起來更快的格式。對於一個小的 dataset 來說，效益可以忽略不計，但一旦資料進到 TB 級別，資料格式的選擇就會有很大的影響了。

JSON 比 XML 更簡潔，但兩者與二進位格式相比，它們消耗的空間還是比較大的。這件事情促使了眾多二進位編碼格式的發展，以支援 JSON（MessagePack、BSON、BJSON、UBJSON、BISON 和 Smile 等）和 XML（例如 WBXML 和 Fast Infoset）。這些格式已經被用於各種利基領域，但還是沒有一種格式能像 JSON 和 XML 的文本版本那樣被廣泛採用。

這其中的一些格式對資料類型集做了進一步擴充（例如區分出整數和浮點數，或者增加對二進位字串的支援），但也極力保持 JSON／XML 資料模型不因此而發生變化。具體來說，因為它們不使用 schema，所以編碼資料中需要包含所有物件的欄位名稱。也就是說，範例 4-1 中 JSON document 的二進位編碼內容中，需要包含字串 userName、favoriteNumber 和 interests。

範例 *4-1*　本章後續用於說明幾種二進制編碼格式的示範記錄

```
{
    "userName": "Martin",
    "favoriteNumber": 1337,
    "interests": ["daydreaming", "hacking"]
}
```

讓我們來看 MessagePack 的例子，它是一種 JSON 的二進位編碼。圖 4-1 顯示了對範例 4-1 的 JSON document 示範資料，採用 MessagePack [14] 編碼後的二進位序列。前幾個 bytes 說明如下：

1. 第一個位元組 0x83 用於指示接下來的內容是一個包含三個欄位（低 4 位 = 0x03）的物件（高 4 位 = 0x80）。這裡有個問題，如果一個物件擁有超過 15 個欄位，顯然要以 4 bits 來表示就不夠用了，這樣會發生什麼情況呢？結果是，它會用一個不同的類型指示符（type indicator），而欄位的數量會以 2 個或 4 個 bytes 來作編碼。

2. 第二個位元組 0xa8 表示接下來是一個字串（高 4 位 = 0xa0），長度為 8 個 bytes（低 4 位 = 0x08）。

3. 再往後的 8 個 bytes 是用 ASCII 表示的欄位名稱 userName。因為前面已經指出其長度，所以不需要任何標記來指出字串結束的位置（或任何 escaping）。

4. 再接下來以前綴 0xa6 開頭的 7 個 bytes，是對 6 個字母長的字串 Martin 的編碼，依此類推。

二進位編碼的長度總共 66 bytes，只比文本 JSON 編碼（去掉空格）的 81 bytes 少一點。在這方面，所有的 JSON 二進位編碼都有類似結果。目前還不清楚這麼少的空間縮減（也許可加速剖析）是否值得用可讀性來交換。

在下面的小節中，我們會看到如何只用 32 bytes 就能將相同的記錄資料編碼起來。

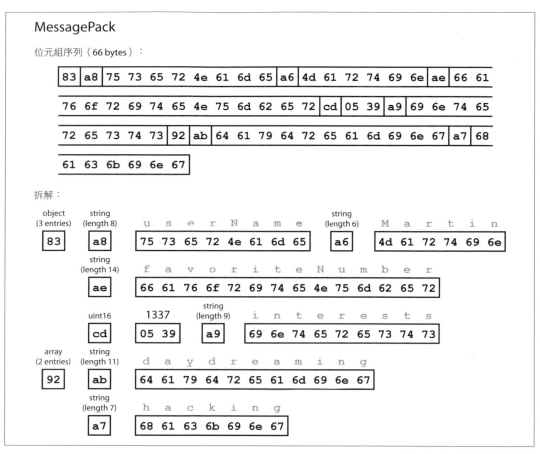

MessagePack

位元組序列（66 bytes）：

| 83 | a8 | 75 | 73 | 65 | 72 | 4e | 61 | 6d | 65 | a6 | 4d | 61 | 72 | 74 | 69 | 6e | ae | 66 | 61 |

| 76 | 6f | 72 | 69 | 74 | 65 | 4e | 75 | 6d | 62 | 65 | 72 | cd | 05 | 39 | a9 | 69 | 6e | 74 | 65 |

| 72 | 65 | 73 | 74 | 73 | 92 | ab | 64 | 61 | 79 | 64 | 72 | 65 | 61 | 6d | 69 | 6e | 67 | a7 | 68 |

| 61 | 63 | 6b | 69 | 6e | 67 |

拆解：

圖 4-1　使用 MessagePack 編碼後的示範記錄（範例 4-1）

Thrift 與 Protocol Buffers

Apache Thrift [15] 與 Protocol Buffers（protobuf）[16] 兩者都是基於相同原理的二進位編碼函式庫。Protocol Buffers 最初是 Google 開發的，而 Thrift 則是 Facebook 開發的，兩者都在 2007~2008 年左右開源出來 [17]。

Thrift 和 Protocol Buffers 對資料的編碼需要配合 schema。如果要用 Thrift 對範例 4-1 中的資料進行編碼，可以用 Thrift 的介面定義語言（interface definition language, IDL）來描述 schema，如下：

```
struct Person {
  1: required string        userName,
  2: optional i64           favoriteNumber,
  3: optional list<string> interests
}
```

Protocol Buffers 的 schema 定義看起來也非常類似：

```
message Person {
    required string user_name      = 1;
    optional int64  favorite_number = 2;
    repeated string interests       = 3;
}
```

Thrift 和 Protocol Buffers 各有提供程式碼產生工具（code generation tool），這種工具接受一個如上所述的 schema 定義之後，就可以產生該 schema 於不同程式語言中的類別（classes）實作 [18]。應用程式碼可以呼叫這些產生的程式碼，對符合 schema 的記錄進行編碼或解碼。

配合 schema 編碼後的資料會長什麼樣呢？這裡要注意的是，Thrift 提供兩種不同的二進位編碼格式 [3]，分別是為 *BinaryProtocol* 和 *CompactProtocol*。我們先來看一下 BinaryProtocol，以這種格式對範例 4-1 做的編碼共計 59 bytes，如圖 4-2 所示 [19]。

與圖 4-1 類似，每個欄位都有一個類型註記（type annotation）用來指示它是 string、number 或 list 等；如果需要，還有一個長度指示能指定 string 的長度或 list 的元素數量。與前面類似，資料中出現的字串 ("Martin", "daydreaming", "hacking") 也是以 ASCII 做編碼（確切地說是用 UTF-8）。

但與圖 4-1 相比，最大的差別是它並沒有欄位名稱 (userName, favoriteNumber, interests)。取而代之的是，編碼資料包含**欄位標籤**（*field tags*），這些標籤都是數字 (1, 2, 3)，它們對應到 schema 定義中的數字。Field tags 就像欄位的別名：它們是一種只用數字而不靠欄位名稱就能指出哪個欄位的方式，既簡潔又緊湊。

3　實際上，它有 3 種二進位格式：BinaryProtocol、CompactProtocol 和 DenseProtocol。雖然 DenseProtocol 只有 C++ 的實作，所以它不能算是跨語言的 [18]。除此之外，它還有兩種不同的 JSON-based 編碼格式 [19]。好玩吧！

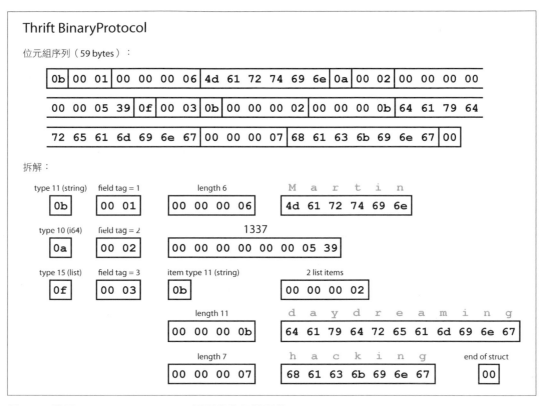

圖 4-2　使用 Thrift BinaryProtocol 編碼後的示範記錄

Thrift CompactProtocol 編碼在語義上等同於 BinaryProtocol，圖 4-3 顯示了相同的資訊用它編碼只需要 34 bytes。怎麼實現的呢？原來它是將欄位類型和標籤號碼都打包到 1個 byte 中。它同時也使用了可變長度整數的編法，數字 1337 並未使用原生的 8 bytes 表示，而是編碼為 2 bytes，每個 byte 的最高位元則用來指示是否還有更多的 bytes 接續在後。這表示介於 -64~63 之間的數字可以編成 1 個 byte，而介於 -8192 ～ 8191 之間的數字可以編成 2 個 bytes 等等，更大的數字當然就需要使用更多 bytes。

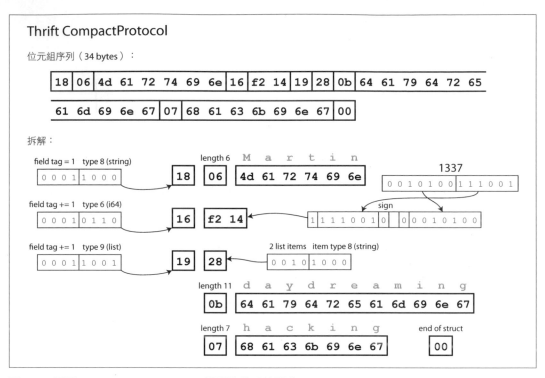

圖 4-3　採用 Thrift CompadProtocol 編碼後的示範記錄

最後來看 Protocol Buffers（只有一種二進位編碼格式），圖 4-4 顯示它對相同的資料的編碼結果。它的位元打包（bit packing）作法略有不同，但其他方面跟 Thrift 的 CompactProtocol 作法類似。對於相同的示範記錄，Protocol Buffers 只用了 33 bytes。

這裡需要注意一個細節：在稍早看到的 schemas 中，每個欄位都有 required（必須）或 optional（可選）的標記，但這對欄位的編碼沒有任何影響（在二進位資料並沒有東西用來指示某欄位是否必須）。差別在於，required 標記可以跟 runtime 檢查做搭配，如果欄位標記為 required 但卻未設置，那麼檢查就會失敗，這對於捕獲 bug 非常有用。

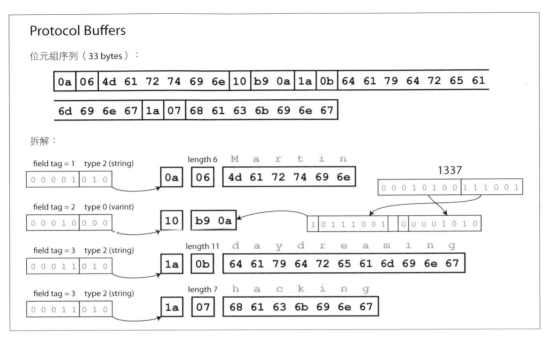

圖 4-4　使用 Protocol Buffers 編碼後的示範記錄

欄位標籤和基模演化

之前說過，schemas 不可避免地需要隨著時間變化，這稱為 *schema evolution*。那麼 Thrift 和 Protocol Buffers 如何處理 schema 的變更，以保持資料的回溯和向前相容性呢？

在例子中可以發現，編完的記錄只是一個個已編碼欄位的拼接（concatenation）結果。每個欄位由它的 tag 號碼標示（schemas 中的數字 1、2、3），並帶有資料類型註記（如字串或整數）。如果欄位沒有值，編碼時就忽略它。從這裡可以看出，欄位標籤對資料編碼至關重要。而且，可以事後修改 schema 中的欄位名稱，因為編碼後的資料並不會直接引用欄位名稱。不過，欄位的 tag 是不能更改的，因為一旦這樣子做，就會讓現存已編碼過的資料失效了。

你也可以增加新的欄位到 schema，只要給每個欄位一個新的 tag 號碼就可以了。如果舊程式碼（它不知道新 tag 號碼）試圖讀取新編寫的資料，發現裡頭有一個它所不能識別的 tag 號碼（新欄位），那麼它可以直接忽略該欄位。因為有 datatype annotation，所以 parser 會知道需要跳過多個 bytes 不計。這樣子就可以保持向前相容性：舊程式碼可以讀取由新程式碼所編寫的資料。

那麼回溯相容性呢？只要每個欄位都有唯一的 tag 號碼，且舊的 tag 號碼沒有變更而繼續保持相同的含義，那麼新程式碼也一定能讀取舊資料。這裡有個細節是，當你增加一個新欄位，不要指定它為 required；因為舊程式碼仍按照舊 schema 編出資料，它並不知道你所增加的新欄位，所以新欄位若指定為 required 的話，新程式讀取到由舊程式編寫的資料時（因為沒有該欄位），就會發生檢查失敗的情況。因此，為了保持回溯相容性，在 schema 初始部署之後新增的每個欄位都必須是 optional 或給予預設值。

刪除欄位與新增欄位雷同，但是對回溯和向前相容性的考慮恰好相反。這表示你只能刪除 optional 的欄位（required 的欄位永遠不能被刪除），而且永遠不能再重複使用相同的 tag 號碼（因為可能在別處仍然還有舊 tag 號碼的資料，而該欄位一定會被新程式碼給忽略掉）。

資料類型和基模演化

如果現在改變的是欄位的資料類型呢？確實是有機會這樣做（需要看說明文件確認），但這會存在一個風險，就是資料的值會丟失精度或被截斷（truncated）。舉例來說，將一個 32 位元的整數變成 64 位元整數。新程式碼可以很容易地讀取舊程式碼編寫的資料，因為 parser 可以用 0 去填充丟失的位元，對值的精度沒有影響；但情況若是舊程式碼讀取新程式碼編寫的資料，因為舊程式碼仍然使用 32 位元的變數來儲存該值，當被解碼的 64 位元數值超出 32 位元的表示範圍時，數值在舊程式碼中就會被截斷。

Protocol Buffers 有一個好玩的細節，就是它並沒有表示 list 或 array 的資料類型，取而代之的是給欄位一個重複標記 repeated（這是 required 和 optional 之外的第三個選項）。正如圖 4-4 所見，對於 repeated 欄位的編碼就像它在框框上顯示的那樣：同一欄位的 tag 在記錄中只是簡單地出現多次。這樣做的好處是，可以將一個 optional 的（單值）欄位更改為一個 repeated（多值）欄位。讀取舊資料的新程式碼會看到一個包含 0 或 1 個元素的 list（取決於該欄位是否存在）；讀取新資料的舊程式碼只會看到 list 的最後一個元素（在前面遇到的元素被後續讀到的元素覆蓋掉，因為舊程式碼認為它是個單值欄位）。

Thrift 則有一個專用的 list datatype，它是以 list 元素的 datatype 進行參數化。這就沒有辦法像 Protocol Buffers 那樣可以允許單值到多值的演化，但是它有支援 nested list 的優點。

Avro

Apache Avro [20] 是另一種二進位編碼格式，它跟 Protocol Buffers 以及 Thrift 有些不一樣的地方。它始於 2009 年 Hadoop 的子專案，因為 Thrift 並不適合用在 Hadoop 的應用場景 [21]。

Avro 也使用 schema 來指定編碼資料的結構。它有兩種 schema languages：Avro IDL 適合用於人工編輯的場景，而另一種基於 JSON 的語言則是更適合給機器讀取。

用 Avro IDL 編寫的 schema 看起來下面像這樣：

```
record Person {
    string              userName;
    union { null, long } favoriteNumber = null;
    array<string>       interests;
}
```

等價於這個 schema 的 JSON 表示會像下面這樣：

```
{
    "type": "record",
    "name": "Person",
    "fields": [
        {"name": "userName",       "type": "string"},
        {"name": "favoriteNumber", "type": ["null", "long"], "default": null},
        {"name": "interests",      "type": {"type": "array", "items": "string"}}
    ]
}
```

首先，請注意 schema 中並沒有 tag 號碼。如果使用這個 schema 來對示範記錄（範例 4-1）做編碼，那麼 Avro 二進位編碼只需要花 32 bytes，這是我們所見過的編碼當中最緊湊的一個。編碼的位元組序列拆解如圖 4-5 所示。

仔細檢查這個位元組序列，可以發現並沒有什麼東西是用來標識欄位或其資料類型的，編碼只是由併接在一起的 values 所組成。一個字串用一個表示長度的前綴起頭，其後跟著 UTF-8 bytes，但編碼資料中沒有任何東西能夠告訴人們它是一個字串；它也可能是一個整數，或者根本是其他東西。對於整數，Avro 與 Thrift 的 CompactProtocol 相同，都使用可變長度編碼。

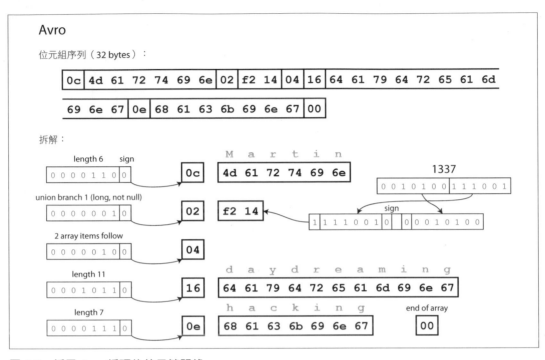

圖 4-5　採用 Avro 編碼後的示範記錄

要剖析二進位資料，可以按照欄位在 schema 中出現的順序來走訪這些欄位，然後依靠 schema 來知道每個欄位的資料類型。這表示，只有當讀取資料的程式碼採用了和編寫資料的程式碼**完全相同的** *schema* 時，才能對二進位資料做正確解碼。若讀方和寫方出現 schema 的不匹配，都將導致解碼不正確。

那麼，Avro 又是如何支援 schema 演化的呢？

寫方與讀方的基模

使用 Avro，當應用程式需要對某些資料做編碼時（例如將其寫入檔案或資料庫、透過網路傳送），會根據它已知的 schema 版本來編碼資料，例如該 schema 版本已被編譯到應用程式當中。這稱為**寫方** *schema*（*writer's schema*）。

當應用程式想要解碼某些資料時（例如從檔案或資料庫讀取資料、從網路接收資料），它會預期資料應該要符合某種 schema，即**讀方** schema（*reader's schema*）。這就是應用程式碼所依賴的 schema，程式碼即是在應用程式的建構過程中基於該 schema 而撰寫出來的。

Avro 的關鍵思想是，寫方跟讀方的 schema **不必完全相同**，它們只需要保持相容就可以了。當資料被解碼（讀取）時，Avro 函式庫會比對寫方和讀方的 schema，並將資料從寫方轉換為讀方 schema 來解決差異。Avro 規範 [20] 明確定義了這種解析方法的工作方式，如圖 4-6 所示。

如果寫方和讀方 schema 的欄位順序不同，這樣也沒問題，因為 schema 的解析會根據欄位名稱來進行欄位匹配。如果讀取資料的程式碼遇到一個出現在寫方但不在讀方 schema 的欄位，則會自動忽略該欄位。如果讀取資料的程式碼需要某個欄位，但是寫方 schema 沒有該名稱的欄位，則使用在讀方 schema 中宣告的預設值填充於該欄位。

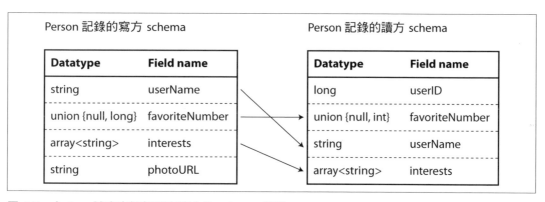

圖 4-6 由 Avro 讀方來解析讀寫雙方的 schema 差異

基模演化規則

使用 Avro，向前相容意味著寫方可以用新版的 schema（新寫方），而讀方使用舊版 schema（舊讀方）。相反地，回溯相容表示讀方使用新版 schema（新讀方），而寫方是使用舊版的 schema（舊寫方）。

要保持相容性，只能新增或刪除具有預設值的欄位（在我們的 Avro schema 中，favoriteNumber 欄位的預設值為 null）。假設你新增了一個帶有預設值的欄位，這個新欄位屬於新 schema 而不在舊 schema 中。當新讀方讀取了舊寫方所寫入的記錄時，會將預設值填充到缺少的欄位之中。

如果你新增了一個沒有預設值的欄位，新讀方將無法讀取舊寫方所編寫的資料，因此破壞了回溯相容性。如果刪除沒有預設值的欄位，舊讀方將無法讀取新寫方所編寫的資料，因而破壞了向前相容性。

在某些程式語言中，null 是所有變數都可以接受的預設值，但在 Avro 中卻不是如此：如果想讓欄位為 null，必須使用 *union* 類型。例如，union{null, long, string} field; 指示該 filed 可以是 null、number 或 string。當 null 是 union 的一個分支時，才能用它當作預設值[4]。雖然這比一般情況下讓所有類型都可預設為 nullable 要更麻煩一些，但是它能透過顯式地說明什麼可以為 null、什麼不可為 null 來幫助防止一些 bugs 發生 [22]。

因此，Avro 不像 Protocol Buffers 和 Thrift 那樣有 optional 和 required 的標記，而是有 union 類型和預設值。

Avro 可以轉換欄位的資料類型，並且也可以更改欄位的名稱，但需要一點技巧：讀方 schema 可以包含欄位名稱的別名（alias），因此它可以將舊寫方 schema 的欄位名稱和別名做匹配。這表示更改欄位名稱是回溯相容的，但不能向前相容。同樣地，向 union 類型新增分支也是回溯相容的，不能向前相容。

寫方的基模又如何呢？

到目前為止，我們忽略了一個重要的問題：讀方如何知道哪個資料是用哪個寫方 schema 做編碼的呢？由於有時候 schema 本身可能都比資料大得多，所以也沒辦法讓每條記錄都包含 schema，真的這樣做只會讓二進位編碼所節省下來的空間變得白費工夫。

答案取決於使用 Avro 時所處的上下文。這裡舉幾個例子：

有大量記錄的大檔

Avro 有一個常見的用途，是儲存一個包含數百萬條記錄的大檔（尤其是在 Hadoop 的上下文中），所有記錄都使用相同的 schema 做編碼（第 10 章會對此做討論）。在這種情況下，檔案可以在檔頭只引入一次寫方的 schema。Avro 提出了一種稱為物件容器檔（object container files）的檔案格式來做到這一點。

4　精確地說，預設值必須是 union 的第一個分支類型，這是 Avro 專屬的限制，並非 union 類型的一般特徵。

具有各別獨立寫入記錄的資料庫

對於資料庫，它可以在不同時間點接受不同寫方 schema 所寫入的記錄，因此我們不能假設所有記錄都採用一模一樣的 schema。為了釐清資料的 schema 為何者，最簡單的解決方案是在每條編碼記錄的開頭都加上一個版本號，同時在資料庫中也保留一份 schema 版本的清單。讀方可以在讀取一條記錄後，提取版本號，然後再從資料庫中取得該版本號的寫方 schema。得到寫方 schema 之後，就可以對這條記錄的其餘部分順利做解碼（Espresso [23] 就是這樣運作的）。

通過網路連接發送記錄

當兩個程序通過雙向網路連線進行通訊時，它們可以在建立連接的時候協商 schema 的版本，然後在連接的生命週期中使用該 schema。Avro RPC 協定便是這樣工作的（參閱第 132 頁的「透過服務的 Dataflow：REST 和 RPC」）。

用來儲存 schema 版本的資料庫有其用處，它可以充當說明文件，也可以讓你有根據去檢查 schema 的相容性 [24]。至於版本號，你可以使用簡單遞增的整數，也可以使用 schema 的雜湊值。

動態產生的基模

相較於 Protocol Buffers 和 Thrift，Avro 採取的方法有一個優點是 schema 並不使用 tag 號碼。但這有什麼重要的呢？在 schema 中保留幾個數字會有什麼問題嗎？

原因是，這樣子一來 Avro 對**動態產生**的 schemas 會更加友好。假設你有一個關聯式資料庫，希望把它的內容轉儲（dump）到一個檔案中，同時希望採用二進位格式來避免前面所提過 JSON、CSV、XML 這些文本格式的問題。如果使用 Avro，可以很容易地從 relational schema 產生出 Avro schema，並根據該 schema 對資料庫內容進行編碼，最後將資料全部轉儲到 Avro 物件容器檔中 [25]。你可以為資料庫每個 table 的記錄產生對應的 schema，每個行都是記錄中的一個欄位，因此資料庫中的行名都會稱映射成 Avro 中的欄位名稱。

現在，如果資料庫 schema 發生變化（例如 table 新增或刪除了一行），可以從更新的資料庫 schema 再產生新的 Avro schema，並以新的 Avro schema 來匯出資料。資料匯出的過程就不需要去在意 schema 的改變了，因為它在每次執行時都可以簡單地進行 schema 轉換。任何讀取新資料檔案的人都會看到記錄的欄位已經改變，由於欄位是按名稱來辨識的，所以更新後的寫方 schema 仍然可以跟舊的讀方 schema 匹配。

相較之下，如果要使用 Thrift 或 Protocol Buffers 來實現這個目標，欄位的 tags 可能就得靠手動分配：每次資料庫 schema 變更時，管理員都必須手動更新資料庫行名和欄位 tags 的映射（這或許能夠做到自動化，但 schema 產生器的設計必須非常小心，不能分配到已經被使用過的 field tags）。適應動態產生的 schema 並不是 Thrift 或 Protocol Buffers 的設計目標，而是 Avro 的設計目標。

程式碼產生和動態型別語言

Thrift 和 Protocol Buffers 仰賴於 code generation：定義了 schema 之後，就可以產生該 schema 在所選語言的程式碼實作。這在 Java、C++ 或 C# 這種靜態型別的語言中非常有用，因為這讓它們可以使用高效的記憶體結構來解碼資料，並且在編寫存取資料結構的程式時，可以充分利用到 IDE 的型別檢查和自動完成的功能。

在像是 JavaScript、Ruby 或 Python 這樣的動態型別程式語言中，沒有顯式的編譯步驟也不需要編譯期的型別檢查，所以 code generation 的意義並不大。此外，對於動態產生的 schema（例如從資料庫 table 產生的 Avro schema），code generation 反而對資料處理是不必要的障礙。

Avro 對靜態語言的 code generation 是可選的功能，它也可以不需要任何 code generation 就能使用。如果你有一個物件容器檔（嵌入了寫方 schema），用 Avro 函式庫就能簡單地打開它，然後跟查看 JSON 檔一樣的方式來查看資料。該檔案是*自我描述的*（*self-describing*），它包含了所有必要的中繼資料。

這個特性與動態資料處理語言（如 Apache Pig [26]）結合使用時特別有用。在 Pig 中，你只需打開一些 Avro 檔案，開始分析它們，然後將衍生資料集以 Avro 格式再寫到檔案，中間都不需要考慮 schemas 這件事。

基模的優點

正如所見，Protocol Buffers、Thrift 和 Avro 都使用 schema 來描述二進位編碼格式。它們的 schema languages 都比 XML Schema 或 JSON Schema 要簡單得多，而且支援細緻的驗證規則（例如，「這個欄位的字串值必須匹配這個正規表達式『或』這個欄位的整數值必須介於 0 ～ 100 之間」）。由於 Protocol Buffers、Thrift 和 Avro 的實作和使用都很簡單，所以它們支援的程式語言也非常廣泛。

這些編碼背後其實沒有什麼新的概念。例如，ASN.1 是 1984 年首次被標準化的 schema definition language [27]，而前述的編碼與 ASN.1 有很多共同點。ASN.1 用於定義各種網路通訊協定，其二進位編碼（DER）目前仍然被用在 SSL 證書（X.509）的編碼 [28]。它也支援使用 tag 號碼的 schema 演化，類似 Protocol Buffers 和 Thrift [29]。只不過它實在是太複雜了，而且說明文件也寫的差強人意，對於新的應用來講 ASN.1 可能不是一個最好的選擇。

許多資料系統還為其資料實作了一些專用的二進位編碼。例如，多數關聯式資料庫都有提供網路協定，讓使用者可以透過該協定向資料庫發送查詢然後取得回應。這些協定通常是特定於資料庫的，資料庫供應商會提供驅動程式（例如，使用 ODBC 或 JDBC APIs），把來自資料庫網路通訊協定的回應解碼為 in-memory 資料結構。

儘管 JSON、XML 和 CSV 等文本資料格式非常普遍，但基於 schemas 的二進位編碼也是一個可行的選項，因為它們有一些很好的特性：

- 它們可以在編碼的資料中省略欄位名稱，因而比各種「二進位 JSON」的變種還要更緊湊。

- Schema 相當於另一種形式的說明文件，因為能正常解碼的 schema 就表示沒有太大問題（而手動維護的說明文件可能很容易和實際情況出現落差）。

- 保存 schemas 的資料庫可以讓你在部署任何東西之前，檢查 schema 變更的向前和回溯相容性。

- 對於靜態語言的使用者，從 schema 產生程式碼的功能非常有用，這樣就能支援編譯期的型別檢查。

總之，schema 演化提供了與 schemaless/schema-on-read JSON 資料庫相同的靈活性（參閱第 40 頁「文件模型中的基模靈活性」），同時也提供更好的工具以及資料保證。

Dataflow 的模式

本章在開頭說過，要將一些資料發送到另一個沒有共享記憶體的程序時（例如想透過網路發送資料或者將資料寫入檔案），都需要將資料編碼為位元組序列再進行傳送。然後，我們討論了可以實現此一目標的各種編碼技術。

我們討論了對可演化性來說非常重要向前和回溯相容性，這可以讓系統的不同部分進行獨立升級，而不必等到所有變更一次到位。這裡所說的相容性是對資料做編碼與解碼的兩個程序之間的關係。

資料可以透過多種方式從一個程序流向另一個程序，這是一個相當抽象的概念。誰來編碼資料、誰又會解碼資料？本章的其餘部分，將探討一些資料在程序間流動的常見方式：

- 透過資料庫（參閱接下來的「透過資料庫的 Dataflow」）。
- 透過服務呼叫（參閱第 132 頁「透過服務的 Dataflow：REST 和 RPC」）。
- 透過非同步訊息傳遞（參閱第 138 頁「透過訊息傳遞的 Dataflow」）。

透過資料庫的 Dataflow

向資料庫寫入內容的程序會對資料進行編碼，從資料庫讀取內容的程序會對資料進行解碼。一個常見的情況是，存取資料庫的程序就只有那一個，而讀方是同一程序的較新版本。對於這種情況，往資料庫儲存內容這件事情可以看作是**向未來的自己發送訊息**。

顯然，這樣就需要回溯相容性了；否則未來的自己將無法解碼你自己在以前所寫入的東西。

有一個也很常見情況是，幾個不同的程序會同時存取資料庫。這些程序可能分別是幾個不同的應用程式或服務，也可能只是同一個服務的多個實例（為了可擴展性或容錯而並行運行）。無論哪種方式，當應用程式的環境發生改變，某些存取資料庫的程序可能會執行較新的程式碼，而某些程序則是運行較舊的程式碼；例如，系統目前正在滾動升級新的版本，當中某些實例已經更新完畢，而其他實例則還未更新。

這表示資料庫中的某個值可能是由**新版**程式碼寫入，然後由**舊版**程式碼讀取。因此，資料庫通常也需要向前相容。

然而，這裡還存在一個障礙。假設你為記錄的 schema 新增了一個欄位，新版程式碼已將新欄位的值寫入了資料庫。隨後，舊版程式碼（尚不知新欄位）讀取、更新了記錄，再將其寫回資料庫。對於這種情況，儘管新欄位還無法被舊版程式碼所解釋，舊程式碼的理想的行為通常是保持新欄位完整不變，不要去動它。

前面討論的編碼格式支援保存未知的欄位，但有時候在應用程式層還是得小心處理才行，如圖 4-7 所示。例如，如果將資料庫的值解碼成應用程式中的模型物件（model objects），然後重新編碼這些模型物件，那麼在轉換過程中就可能會丟失未知欄位。解決這個問題並不難，你要做的只是需要去意識到欄位的存在。

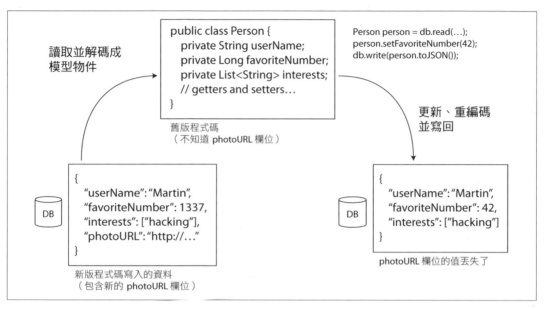

圖 4-7　當舊版應用程式更新了由新版程式所寫入的資料時，如果不小心處理，資料可能會因此丟失

在不同的時間所寫入的值

通常，資料庫內的任何值都能夠在任意時候被更新。這表示在單個資料庫中，可能有一些值是在 5 ms 前寫入的，而有些值是在 5 年前寫入的。

當你部署新版應用程式時（至少是伺服器端應用程式的新版本），可以在幾分鐘內將舊版本完全替換成新版本。但是，資料庫內容就不是這樣了：五年前的資料仍然以早期的編碼形式存在，除非你曾經明確地重寫過它們。這種現象有時可以總結為「**資料比程式碼還長壽**（*data outlives code*）」。

重寫（或遷移，*migrating*）資料成新的 schema 並不是做不到，只是對於大型 dataset 來說代價不斐，所以大多數資料庫都會盡可能避免這樣做。大多數關聯式資料庫可以做簡單的 schema 變更，例如增加預設值為 null 的新行，而不需要重寫現有資料[5]。當讀取舊列時，若磁碟上的已編碼資料中有遺缺的行，資料庫會以 null 做填充。LinkedIn 的 document database Espresso 使用 Avro，使之可以運用 Avro 的 schema 演化規則 [23]。

因此，schema 演化讓整個資料庫看起來像是只使用了一個 schema 做編碼，即使底層儲存可能包含了使用各種 schema 版本所編碼的資料。

歸檔儲存

你也許會不時地對資料庫做快照（snapshot），例如備份或載入資料倉儲（參閱第 92 頁的「資料倉儲」）。在這種情況下，就算來源資料庫中的資料混合了不同時期的各種 schema 版本編碼的內容，資料轉儲通常會使用最新的 schema 版本來做編碼。既然都要複製資料了，那麼就應該要讓資料副本也使用一致的編碼。

由於資料轉儲是一次性寫入的，而且以後也不可更改（immutable），所以像 Avro 物件容器檔這樣的格式就非常適合。這也是將資料編碼成行式儲存的好機會（如 Parquet，參閱第 97 頁「行壓縮」），因為行式儲存可以更好地運用在資料分析上。

第 10 章將詳細討論如何使用歸檔儲存中的資料。

透過服務的 Dataflow：REST 和 RPC

當程序需要透過網路進行通訊時，有幾種不同的安排方式。最常見的安排是準備兩個角色：**客戶端和伺服端**（*clients and servers*）。伺服端在網路上開放 API，而客戶端可以向伺服端的 API 發出請求。伺服端開放的 API 也可以稱為**服務**（*services*）。

Web 是這樣工作的：客戶端（web 瀏覽器）向 web 伺服器發出請求，用 GET 請求來下載 HTML、CSS、JavaScript、圖片等等，用 POST 請求來向伺服器提交資料。API 由一組標準化的協定和資料格式組成（HTTP、URL、SSL/TLS、HTML 等）。因為 web 瀏覽器、伺服器和網站開發者大多已經對這些標準有基本共識，所以你可以使用任何的 web 瀏覽器來造訪任意網站（至少理論上是這樣）。

5　MySQL 是例外。就算重寫整個 table 不是一定要做的事，但 MySQL 還是經常會這麼做，這在第 40 頁「文件模型中的基模靈活性」有提到。

Web 瀏覽器不是唯一的客戶端類型。例如，在行動設備或桌上型電腦上執行的本地應用程式也可以向伺服器發出網路請求，運行在 web 瀏覽器內的 JavaScript 應用程式可以用 XMLHttpRequest 作為 HTTP 客戶端（此技術稱為 *Ajax* [30]）。在這種情況下，伺服器的回應內容通常不是要展示給使用者看的 HTML，而是要讓客戶端應用程式進一步處理的編碼資料（如 JSON）。雖然 HTTP 可以拿來當作傳輸協定，但是在頂層所實作的 API 是特定於應用程式的，所以客戶端和伺服端兩者也必須就 API 的細節達成共識才行。

此外，伺服器本身也可以是另一個服務的客戶端（例如，典型的 web 應用伺服器就是資料庫的客戶端）。這種方法通常是用來將大型應用程式按功能領域拆分為較小的服務，這樣一來，當一個服務需要另一個服務的某些功能或資料時，就會對其發出請求。這種應用程式的建構方式在傳統上被稱為*服務導向架構*（*service-oriented architecture*, SOA），最近才出現的*微服務架構*（*microservices architecture*）[31, 32] 也有類似的概念。

在某些方面，服務跟資料庫有點類似：它們經常允許客戶端提交和查詢資料。然而，雖然可以使用第 2 章討論過的查詢語言來對資料庫進行任意查詢，但是服務所開放的 API 是特定於應用的，該 API 的輸入和輸出是服務預先定義好的業務邏輯（應用程式碼）[33]。這種限制提供了一定程度的封裝：服務對客戶端能做什麼和不能做什麼，可以有更細粒度的控制。

服務導向或微服務架構設計的一個關鍵目標是，使服務可獨立部署和演化，好讓應用程式可以更容易維護和適應變化。例如，每個服務應該都由一個專門團隊維護，該團隊不需要與其他團隊進行協調，就可以頻繁地發佈新版本的服務。換句話說，我們期望新舊版本的伺服器和客戶端都能同時運行，因此伺服器和客戶端使用的資料編碼必須在不同版本的服務 API 之間彼此相容，這正是本章要討論資料編碼的原因之一。

Web 服務

當 HTTP 作為服務的底層通訊協定時，稱為 *web 服務*。這個用詞可能不是很恰當，因為 web 服務不只是在 web 上使用而已，也可以在幾個不同的環境中使用。例如：

1. 使用者設備上運行的客戶端應用程式（例如設備的本地應用程式，或使用 Ajax 的 JavaScript web 應用程式），通過 HTTP 向服務發出請求。這些請求通常透過公共的網際網路來傳輸。

2. 作為服務導向或微服務架構的一部分，相同組織下的一個服務向另一個服務發出請求，而這些服務通常位於相同的資料中心內，支援這種用例的軟體有時也稱為**中介軟體**（*middleware*）。

3. 向另一個組織的服務發出請求，常見於不同組織的後端系統需要做資料交換的情況，大部分也會透過網際網路傳輸。這一類包括線上服務所提供的開放 API，如信用卡處理系統或用於共享使用者資料的 OAuth。

Web 服務有兩種流行的做法：*REST* 和 *SOAP*。它們的哲學幾乎是站在彼此的對立面，常常是各自擁護者之間激烈爭論的話題 [6]。

REST 不是一種協定，而是一種基於 HTTP 原則的設計哲學 [34, 35]。它強調簡單的資料格式，使用 URL 來標識資源，使用 HTTP 特性進行快取控制、身分驗證和內容類型協商。與 SOAP 相比，REST 有越來越受歡迎的趨勢，至少在跨組織服務整合的脈絡之下確實如此 [36]，而且 REST 經常與微服務的概念有關 [31]。根據 REST 原則所設計的 API 稱為 *RESTful*。

相比之下，SOAP 基於 XML 協定來發出網路 API 請求 [7]。雖然它很常藉由 HTTP 來進行通訊，但是它原本的目的其實是要獨立於 HTTP 以及避免使用大多數的 HTTP 功能。結果，它卻又帶來了一大堆複雜的相關標準（web 服務框架，*web service framework*，也稱為 *WS-**），這些相關標準增加了各式各樣的功能 [37]。

SOAP web 服務的 API 使用一種稱為 web 服務描述語言（Web Services Description Language, WSDL）來進行描述，它是一種基於 XML 的語言。WSDL 支援 code generation，客戶端可以使用本地類別和方法呼叫來存取遠端服務（這些呼叫被編碼為 XML 訊息並由框架解碼）。這在靜態語言中非常有用，但在動態語言中就大打折扣了（參閱第 127 頁「程式碼產生和動態型別語言」）。

由於 WSDL 不是為了人類可讀性而設計的，而且 SOAP 訊息通常複雜到難以靠手動方式構造出來，所以 SOAP 的使用者嚴重依賴於工具支援、code generation 和 IDE [38]。對於 SOAP 供應商沒有支援的程式語言，這些語言的使用者想要跟 SOAP 服務做整合是有難度的。

---

6 各自陣營內部也有很多爭論。例如，超媒體作為應用程式狀態引擎（*hypermedia as the engine of application state*, HATEOAS）就是經常被拿出來討論的議題 [35]。

7 SOAP 並不是 SOA 的必要條件，儘管它們的縮寫看起來蠻神似的。SOAP 是一種具體的技術，而 SOA 是建構系統的一種通用方法。

儘管 SOAP 及其各種擴充在表面上看起來也是經過標準化的，但是不同供應商實作的互通性卻又時常會導致一些問題 [39]。由於這些原因，即使有許多大型企業仍然使用 SOAP，但它已經不再是多數小公司考慮的選項了。

RESTful API 傾向於更簡單的方法，通常涉及更少的 code generation 和自動化工具。一種定義格式如 OpenAPI，也稱為 Swagger [40]，可以用來描述 RESTful API 的規範並產生說明文件。

遠端程序呼叫的問題

Web 服務只是透過網路發出 API 請求的一系列技術的最新體現，其中許多技術受到大量宣揚，但也存在嚴重的問題。企業型 JavaBeans（EJB）和 Java 的遠端方法調用（Remote Method Invocation, RMI）僅限於 Java 使用。分散式元件物件模型（Distributed Component Object Model , DCOM）僅限於 Microsoft 平台使用。通用物件請求代理架構（Common Object Request Broker Architecture, CORBA）則是太過複雜，也不提供向前或回溯相容性 [41]。

上面提到的技術都是基於*遠端程序呼叫*（*Remote Procedure Call*, RPC）的概念，RPC 自 1970 年起就存在至今 [42]。RPC 模型試圖使向遠端網路服務發出請求，感覺起來就像在同一程序中呼叫程式的函數或方法（這種抽象稱為*位置透明性*，*location transparency*）。雖然 RPC 一開始看起來很方便，但是從根本上來說這種方法是有缺陷的 [43, 44]。網路請求與本地函數呼叫還是非常不同的：

- 本地函數呼叫是可預測的，成功或失敗取決於你能夠控制的參數。網路請求則是不可預測的：請求或回應可能因為網路問題而丟失，或者遠端電腦可能速度太慢或已經故障，這些問題完全不在你的控制範圍內。網路問題是很常見的，所以你必須對這些可預見的問題做好準備，例如失敗請求的重試。

- 本地函數呼叫要麼傳回結果，要麼拋出例外，或者永遠都不會 return（因為它進入無限迴圈或者程序崩潰）。網路請求的結果則有另一種可能：逾時，所以沒有傳回任何結果。在這種情況下，你根本不知道發生了什麼事。如果沒有收到來自遠端服務的回應，就無法知道請求到底有沒有成功。我們會在第 8 章更詳細地討論這個問題。

- 如果你重試一個失敗的網路請求，可能會發生的情況是前一個請求實際上已經完成，只是回應丟失了。對於這種情況，重試將會導致該操作被執行多次，除非你在協定中建立了重複資料刪除機制（*冪等性*，*idempotence*）。本地函數呼叫沒有這樣的問題。我們在第 11 章會更詳細地討論冪等性。

- 每次呼叫一個本地函數時，它的執行時間大致相同。網路請求比函數呼叫要慢得多，而且它的延遲完全是個範圍很大的變數：情況好的時候，它可能會在不到 1 ms 的時間內完成，但是當網路擁塞或者遠端服務超載時，相同一件事可能就需要好幾秒才能完成。

- 呼叫一個本地函數時，你可以有效地將它的參照（指標）傳遞給本地記憶體中的物件。但是透過網路請求，則需要將這些參數都編碼成可以透過網路發送的位元組序列。如果參數是像數字或字串這種基本類型，事情還算簡單；如果參數是較大的物件，問題恐怕很快就會浮現。

- 客戶端跟服務可以分別用不同的程式語言來實作，所以 RPC 框架必須將資料的 datatypes 從一種語言轉換成另一種語言。然而，不是所有的語言都有相同的型別對應，所以轉換後的結果可能會很醜。例如，回想一下在 JavaScript 數字大於 2^{53} 的問題（參見第 114 頁「JSON、XML 與二進位變種」）。這個問題在相同語言所編寫的單個程序中並不存在。

這些因素表示，嘗試讓遠端服務看起來像是程式語言中的本地物件並不是事情的重點，因為它們在根本上就是不同的事情。這裡也要幫 REST 平反一下，其實它並沒有想要隱藏它是一個網路協定的事實，所以也阻止不了人們用 REST 來建構 RPC 函式庫的作為。

RPC 目前的趨勢

雖然有上述的一些問題，但是 RPC 並沒有消失。現在有各種建構在本章所提到編碼之上的 RPC 框架：例如 Thrift 和 Avro 都支援 RPC，gRPC 是使用 Protocol Buffers 的 RPC 實作，Finagle 也使用 Thrift，而 Res.li 則是在 HTTP 上使用 JSON 來實作。

新一代的 RPC 框架會顯式地區分遠端請求與本地函數呼叫的處理方式。例如，Finagle 和 Rest.li 使用 *futures*（*promises*）來封裝可能失敗的非同步操作。Futures 還簡化了需要並行請求多個服務並將其結果合併的情況 [45]。gRPC 支援 *streams*，呼叫不只是單一請求對單一回應，也可以是一系列的請求和回應 [46]

這其中有一些框架還提供了**服務發現**功能（*service discovery*），也就是可以讓客戶端知道在什麼 IP 地址和埠號有提供什麼樣具體的服務。我們將在第 214 頁「請求路由」回到這個主題。

使用二進位編碼格式來自訂 RPC 協定，性能會比使用一般 JSON over REST 之類的通用協定還要更好。然而，RESTful API 還有一些顯著的優勢：它有利於實驗和除錯（可以簡單地運用 web 瀏覽器或命令列工具 curl 就可向它發出請求，無需任何 code generation

或軟體需要安裝），它支援所有的主流的程式語言和平台，而且它還有一個龐大的工具生態系（伺服器、快取、負載平衡器、代理、防火牆、監控、除錯工具、測試工具等等）。

出於這些原因，REST 似乎變成了開放 API 的主流風格。RPC 框架的焦點則是放在同一組織內多項服務之間的請求，這些服務通常都位於相同的資料中心內。

RPC 的資料編碼和演化

對於可演化性，能夠獨立地更改和部署 RPC 客戶端和伺服器是很重要的。與透過資料庫的資料流相比（如上一節所述），我們可以對透過服務的 dataflow 做一個簡化的合理假設：所有的伺服器都首先更新完，再來才換所有的客戶端。因此，請求只需要具備回溯相容性，而回應則是只需要具備向前相容性就可以了。

RPC 方案的回溯和向前相容的特性是承自採用的編碼技術：

- Thrift、gRPC（Protocol Buffers）和 Avro RPC 可以根據各自編碼格式的相容規則進行演化。

- 在 SOAP 中，請求和回應是用 XML schemas 指定的。它們都是可以演化的，但有一些細節上的陷阱 [47]。

- RESTful API 最常使用 JSON（沒有正式指定的 schema）來當作回應，而請求則採用 JSON 或 URI-encoded/form-encoded 的請求參數。為了保持相容性，通常會加入可選的請求參數或者增加新欄位到回應物件當中。

如果 RPC 用於跨組織的越界通訊，因為服務提供者往往無法控制其客戶端，也不能強迫他們升級，這會讓服務相容性變得更加難做。因此，相容性需要長期的照顧維護，很可能沒有結束的一天。如果需要執行一些會破壞相容性的修改，服務提供者通常會同時維護多個版本的服務 API 來應對。

關於 API 版本管理應該怎麼做，並不存在一種大家都有共識的方案（例如，客戶端如何指定它所希望使用的 API 版本 [48]）。對於 RESTful API，常用的方法是在 URL 或 HTTP Accept header 中使用版本號。對於使用 API keys 來標識特定客戶端的服務，另一個選擇是將客戶端請求的 API 版本儲存在伺服器上，並允許該版本選項可以通過單獨的管理介面來加以更新 [49]。

透過訊息傳遞的 Dataflow

我們一直在研究從一個程序流動到另一個程序的資料編碼方式。到目前為止,已經討論了 REST 和 RPC(一個程序透過網路向另一個程序發送請求,並期望儘快得到回應)以及資料庫(一個程序寫入編碼資料,另一個程序在將來某個時候再次讀取該資料)。

在這最後一節,我們會討論介於 RPC 和資料庫之間的**非同步訊息傳遞**系統。它們跟 RPC 有點像,客戶端的請求(通常稱為**訊息**)以低延遲傳遞到另一個程序。它們又類似資料庫,因為訊息不是透過雙方的直接網路連接來傳送的,雙方是通過一種稱為**訊息代理**(*message broker*)的中介來發送的,這個中介會暫存訊息。這個訊息代理也稱為**訊息佇列**(*message queue*)或**訊息導向的中介軟體**(*message-oriented middleware*)。

與直接的 RPC 相比,使用 message broker 有以下幾個優點:

* 當接收方不可用或超載時,它可以當作緩衝區,從而提高系統的可靠性。
* 它可以自動將訊息重新發送到之前發生崩潰的程序,從而防止訊息丟失。
* 發送方不需要知道接收方的 IP 位址和埠號(這在虛擬機器經常誕生消亡的雲端部署中特別有用)。
* 一條訊息可以發送給多個接收方。
* 發送方與接收方在邏輯上是分開的(發送方只負責發佈訊息,並不關心誰會來消費訊息)。

然而,與 RPC 相比的不同之處在於,訊息傳遞的通訊一般是單向的:發送方正常不會期待接收方對訊息的回覆。程序可以只是單純傳送一個回應,而這通常是在一個有別於接收訊息的另一個通道上完成的。這種通訊模式是**非同步的**:發送者不會等待訊息被確實傳遞,而只是發送出訊息然後就忘記它了。

訊息代理

過去,message brokers 的領域主要是由 TIBCO、IBM WebSphere 和 WebMethods 等公司的商業軟體所主宰。最近,RabbitMQ、ActiveMQ、HornetQ、NATS 和 Apache Kafka 等開源實作已經流行起來。我們將在第 11 章更詳細地比較它們。

傳遞語義的細節會根據實作和組態而有所不同，但總的來說，使用 message brokers 的方式如下：程序發送訊息到指定的**佇列**（*queue*）或**主題**（*topics*），broker 會確保訊息被傳遞給 queue 的一個或多個**消費者**（或 topic 的**訂閱者**）。同一個 topic 可以有多個與其關聯的生產者和消費者。

一個 topic 只能提供單向的 dataflow。然而，消費者本身可能會將訊息發佈到另一個 topic（利用不同的 topics 來做請求和回應的對應，第 11 章會提到），也可以將訊息發送到一個回覆佇列（reply queue），這個佇列的消費者正是原始訊息的發送者（藉此形成請求 / 回應的 dataflow，類似於 RPC）。

Message brokers 通常不會強制訊息必須得用什麼特定的資料模型，訊息只是帶有某種中繼資料的位元組序列而已，所以可以使用任何的編碼格式都沒問題。如果編碼是回溯和向前相容的，那麼你就有最大的靈活性來獨立更改發佈者和消費者，並以任意的順序來部署它們。

如果消費者重新發佈訊息到另一個 topic，未知的欄位可能需要被小心地保留下來，以避免前面談過的資料庫上下文問題（見圖 4-7）。

分散式 Actor 框架

Actor model 是在單一個程序中做並發的程式設計模型。邏輯被封裝在 *actor* 中，而不是交由執行緒直接處理（以及競爭條件、加鎖和死鎖等相關問題）。每個 actor 通常代表一個客戶端或實體（entity），它可能具有一些本地狀態（不跟其他 actor 共享），並且透過發送和接收非同步訊息來和其他 actor 進行通訊。訊息的傳遞沒有保證：訊息會在某些出錯的情況下丟失。因為每個 actor 一次只處理一條訊息，而且每個 actor 都可以由框架獨立調度，所以不需要去擔心執行緒層面的問題。

在**分散式** *actor* 框架中，這個程式設計模型被用在跨多個節點的應用程式擴展。無論發送方和接收方是在同一個節點上還是在不同的節點上，訊息的傳遞機制都一樣。如果它們位在不同的節點上，那麼訊息就被編碼成位元組序列，透過網路發送到另一端，然後接收端再做解碼。

相比 RPC，actor model 的位置透明性更好，因為 actor model 已經假定訊息可能會丟失（即使在單個程序中也是如此假設）。儘管網路延遲可能比起在同一個程序中的延遲要高，但是使用了 actor model，本地和遠端之間的通訊在根本上的不匹配會比較少。

分散式 actor 框架本質上是將 message broker 和 actor programming model 整合在一起。然而，如果想對 actor-based 的應用程式進行滾動升級，你還是得考慮向前和回溯相容性問題，因為訊息可能會從運行新版本的節點發送到運行舊版本的節點，反之亦然。

這裡介紹三種流行的分散式 actor 框架，它們處理訊息編碼的方式如下：

- *Akka* 預設使用 Java 內建的序列化，它不提供向前或回溯相容性。但是，你可以用類似 Protocol Buffers 的東西取代它，從而獲得滾動升級的能力 [50]。

- *Orleans* 預設使用一個自訂的資料編碼格式，這個格式並不支援滾動升級的部署方式；若要為你的應用程序部署新的版本，就得設置一個新的叢集，接著將流量從舊叢集導到新叢集，最後再停掉舊叢集 [51, 52]。如同 Akka，Orleans 也可以使用自訂的序列化外掛。

- 在 *Erlang OTP* 中，要更改記錄的 schema 是驚人的困難（系統有許多為高可用性而設計的功能）；滾動升級雖然可行，但需要仔細規劃 [53]。一個新的實驗性 maps 資料類型（類似 JSON 的結構，在 2014 年的 Erlang R17 推出）可能在未來會使滾動升級變得更容易 [54]。

小結

本章研究了幾種將資料結構轉換為網路上或磁碟上的位元組的方法。這些編碼的細節不只會影響效率，更重要的是還會影響應用程式的架構和演化。

具體來說，許多服務都需要能夠支援滾動升級，一個服務的新版本會逐步部署到幾個節點，而不是同時部署到所有節點。滾動升級允許在不停機的情況下發佈新版本的服務（因此鼓勵頻繁的小版本發佈，而不是低頻率的大版本發佈），而且可以降低部署的風險（在有問題的版本對大量使用者帶來影響之前就檢測到並回滾它們）。這些特性對於可演化性以及應用程序的易變性都很有幫助。

在滾動升級期間，或者由於各種原因，我們必須假設不同的節點上正運行著不同版本的應用程式。因此重要的是，在系統內流動的所有資料都必須以一種回溯相容（新程式碼可以讀舊資料）和向前相容（舊程式碼可以讀新資料）的方式進行編碼。

我們討論了幾種資料編碼格式及其相容性的特性：

- 特定於程式語言的編碼僅限於某一種程式語言使用，往往不能提供向前和回溯的相容性。

- JSON、XML 和 CSV 等文本格式非常普遍，它們的相容性取決於你如何使用它們。它們有可選的 schema languages，這些語言有時候很有用，但有時也是一種障礙。這些格式對於 datatypes 的支援有些含糊，所以必須小心處理數字和二進位字串之類的東西。

- 像那些由 Thrift、Protocol Buffers 和 Avro 所驅動的 binary schema，能夠以清楚定義的向前和回溯相容語義來完成緊湊、高效的編碼。這些 schemas 對於靜態語言的說明文件和 code generation 非常有用。然而它們有一個缺點，資料只有在解碼之後才具備可讀性。

我們還討論了 dataflow 的幾種模式，同時舉例說明了資料編碼的重要性：

- 資料庫：向資料庫寫入內容的程序負責對資料做編碼，而從資料庫讀取資料的程序則需要對資料進行解碼。

- RPC 和 REST API：客戶端將請求做編碼，伺服器對請求做解碼以及將回應做編碼，客戶端最終再對回應做解碼。

- 非同步訊息傳遞（使用 message brokers 或 actors）：節點之間透過互相發送訊息來進行通訊，訊息由發送方編碼，然後由接收方解碼。

結論是：只要用心，應用系統一定可以實現回溯／向前相容性和滾動升級。預祝你的應用系統很快就能做到快速演化、頻繁部署。

參考文獻

[1] "Java Object Serialization Specification," *docs.oracle.com*, 2010.

[2] "Ruby 2.2.0 API Documentation," *ruby-doc.org*, Dec 2014.

[3] "The Python 3.4.3 Standard Library Reference Manual," *docs.python.org*, February 2015.

[4] "EsotericSoftware/kryo," *github.com*, October 2014.

[5] "CWE-502: Deserialization of Untrusted Data," Common Weakness Enumeration, *cwe.mitre.org*, July 30, 2014.

[6] Steve Breen: "What Do WebLogic, WebSphere, JBoss, Jenkins, OpenNMS, and Your Application Have in Common? This Vulnerability," *foxglovesecurity.com*, November 6, 2015.

[7] Patrick McKenzie: "What the Rails Security Issue Means for Your Startup," *kalzumeus.com*, January 31, 2013.

[8] Eishay Smith: "jvm-serializers wiki," *github.com*, November 2014.

[9] "XML Is a Poor Copy of S-Expressions," *c2.com* wiki.

[10] Matt Harris: "Snowflake: An Update and Some Very Important Information," email to *Twitter Development Talk* mailing list, October 19, 2010.

[11] Shudi (Sandy) Gao, C. M. Sperberg-McQueen, and Henry S. Thompson: "XML Schema 1.1," W3C Recommendation, May 2001.

[12] Francis Galiegue, Kris Zyp, and Gary Court: "JSON Schema," IETF Internet-Draft, February 2013.

[13] Yakov Shafranovich: "RFC 4180: Common Format and MIME Type for Comma-Separated Values (CSV) Files," October 2005.

[14] "MessagePack Specification," *msgpack.org*.

[15] Mark Slee, Aditya Agarwal, and Marc Kwiatkowski: "Thrift: Scalable Cross-Language Services Implementation," Facebook technical report, April 2007.

[16] "Protocol Buffers Developer Guide," Google, Inc., *developers.google.com*.

[17] Igor Anishchenko: "Thrift vs Protocol Buffers vs Avro - Biased Comparison," *slideshare.net*, September 17, 2012.

[18] "A Matrix of the Features Each Individual Language Library Supports," *wiki.apache.org*.

[19] Martin Kleppmann: "Schema Evolution in Avro, Protocol Buffers and Thrift," *martin.kleppmann.com*, December 5, 2012.

[20] "Apache Avro 1.7.7 Documentation," *avro.apache.org*, July 2014.

[21] Doug Cutting, Chad Walters, Jim Kellerman, et al.: "[PROPOSAL] New Subproject: Avro," email thread on *hadoop-general* mailing list, *mail-archives.apache.org*, April 2009.

[22] Tony Hoare: "Null References: The Billion Dollar Mistake," at *QCon London*, March 2009.

[23] Aditya Auradkar and Tom Quiggle: "Introducing Espresso—LinkedIn's Hot New Distributed Document Store," *engineering.linkedin.com*, January 21, 2015.

[24] Jay Kreps: "Putting Apache Kafka to Use: A Practical Guide to Building a Stream Data Platform (Part 2)," *blog.confluent.io*, February 25, 2015.

[25] Gwen Shapira: "The Problem of Managing Schemas," *radar.oreilly.com*, November 4, 2014.

[26] "Apache Pig 0.14.0 Documentation," *pig.apache.org*, November 2014.

[27] John Larmouth: *ASN.1 Complete*. Morgan Kaufmann, 1999. ISBN: 978-0-122-33435-1

[28] Russell Housley, Warwick Ford, Tim Polk, and David Solo: "RFC 2459: Internet X.509 Public Key Infrastructure: Certificate and CRL Profile," IETF Network Working Group, Standards Track, January 1999.

[29] Lev Walkin: "Question: Extensibility and Dropping Fields," *lionet.info*, September 21, 2010.

[30] Jesse James Garrett: "Ajax: A New Approach to Web Applications," *adaptivepath.com*, February 18, 2005.

[31] Sam Newman: *Building Microservices*. O'Reilly Media, 2015. ISBN: 978-1-491-95035-7

[32] Chris Richardson: "Microservices: Decomposing Applications for Deployability and Scalability," *infoq. com*, May 25, 2014.

[33] Pat Helland: "Data on the Outside Versus Data on the Inside," at *2nd Biennial Conference on Innovative Data Systems Research* (CIDR), January 2005.

[34] Roy Thomas Fielding: "Architectural Styles and the Design of Network-Based Software Architectures," PhD Thesis, University of California, Irvine, 2000.

[35] Roy Thomas Fielding: "REST APIs Must Be Hypertext-Driven," *roy.gbiv.com*, October 20 2008.

[36] "REST in Peace, SOAP," *royal.pingdom.com*, October 15, 2010.

[37] "Web Services Standards as of Q1 2007," *innoq.com*, February 2007.

[38] Pete Lacey: "The S Stands for Simple," *harmful.cat-v.org*, November 15, 2006.

[39] Stefan Tilkov: "Interview: Pete Lacey Criticizes Web Services," *infoq.com*, December 12, 2006.

[40] "OpenAPI Specification (fka Swagger RESTful API Documentation Specification) Version 2.0," *swagger. io*, September 8, 2014.

[41] Michi Henning: "The Rise and Fall of CORBA," *ACM Queue*, volume 4, number 5, pages 28–34, June 2006. doi:10.1145/1142031.1142044

[42] Andrew D. Birrell and Bruce Jay Nelson: "Implementing Remote Procedure Calls," *ACM Transactions on Computer Systems* (TOCS), volume 2, number 1, pages 39–59, February 1984. doi:10.1145/2080.357392

[43] Jim Waldo, Geoff Wyant, Ann Wollrath, and Sam Kendall: "A Note on Distributed Computing," Sun Microsystems Laboratories, Inc., Technical Report TR-94-29, November 1994.

[44] Steve Vinoski: "Convenience over Correctness," *IEEE Internet Computing*, volume 12, number 4, pages 89–92, July 2008. doi:10.1109/MIC.2008.75

[45] Marius Eriksen: "Your Server as a Function," at *7th Workshop on Programming Languages and Operating Systems* (PLOS), November 2013. doi:10.1145/2525528.2525538

[46] "grpc-common Documentation," Google, Inc., *github.com*, February 2015.

[47] Aditya Narayan and Irina Singh: "Designing and Versioning Compatible Web Services," *ibm.com*, March 28, 2007.

[48] Troy Hunt: "Your API Versioning Is Wrong, Which Is Why I Decided to Do It 3 Different Wrong Ways," *troyhunt.com*, February 10, 2014.

[49] "API Upgrades," Stripe, Inc., April 2015.

[50] Jonas Boner: "Upgrade in an Akka Cluster," email to *akka-user* mailing list, *grokbase.com*, August 28, 2013.

[51] Philip A. Bernstein, Sergey Bykov, Alan Geller, et al.: "Orleans: Distributed Virtual Actors for Programmability and Scalability," Microsoft Research Technical Report MSR-TR-2014-41, March 2014.

[52] "Microsoft Project Orleans Documentation," Microsoft Research, *dotnet.github.io*, 2015.

[53] David Mercer, Sean Hinde, Yinso Chen, and Richard A O'Keefe: "beginner: Updating Data Structures," email thread on *erlang-questions* mailing list, *erlang.com*, October 29, 2007.

[54] Fred Hebert: "Postscript: Maps," *learnyousomeerlang.com*, April 9, 2014.

分散式資料系統

> 成功的技術會優先處理實際問題然後才是公共關係，因為事情終要見真章。
>
> ——Richard Feynman，羅傑斯委員會報告（1986）

本書第一部分討論了資料系統在單台機器上儲存資料時所應考慮的各種面向。在第二部分，我們進一步要問：如果資料的儲存和檢索涉及到多台機器，會怎麼樣？

以下幾種原因，可能會讓你考慮將一個資料庫跨多台機器分佈：

可擴展性

如果資料量、讀寫負載超出了單台機器的處理能耐，可以將負載分散到多台機器上。

容錯性和高可用性

當一台機器（或多台機器、網路或整個資料中心）出現故障時，需要應用程式還能繼續工作，可以使用多台機器提供冗餘。當一台機器失敗時，馬上有另一台能夠迅速接管。

延遲

如果你的客戶分佈在世界各地，那麼可能會希望在世界不同角落部署伺服器，好讓使用者可以從就近的資料中心獲得服務，避免網路資料穿越大半個地球所耗費的時間。

擴展以應對更高的負載

要擴展以支撐更高的負載，最簡單的方法就是採購能力更強的機器，這個做法稱為**垂直擴展**（*vertical scaling*）或**向上擴展**（*scaling up*）。一個作業系統可以由許多 CPU、記憶體和硬碟支撐，CPU 可以任意存取連接在系統上的記憶體或磁碟機。對於這種**共享記憶體結構**（*shared-memory architecture*），一台機器是由系統內的所有元件共同合作而形成的 [1][1]。

共享記憶體架構的問題在於成本增長的速度：CPU、RAM 和硬碟容量升級為兩倍的機器，成本往往會高於單台機器價格的兩倍。此外，兩倍容量的機器不一定能處理兩倍的負載，因為系統還有現實的瓶頸存在。

共享記憶體架構提供的容錯能力有限，雖然高階的機器有可熱插拔的元件替換能力（無需關機就能替換硬碟、記憶體模組、CPU），但它肯定受限於地理空間的固定性。

另一種方法是多個伺服器之間的**共享磁碟架構**（*shared-disk architecture*），每台伺服器有自己獨立的 CPU 和 RAM，但將資料儲存在共享的磁碟陣列上。這些磁碟陣列和伺服器之間大多是以高速網路來連接 [2]。這種架構常見於一些資料倉儲，但是鎖的開銷和資源競爭會限制共享磁碟架構的可擴展性 [2]。

無共享架構

無共享架構（*shared-nothing architectures*）[3]，有時也稱**水平擴展**（*horizontal scaling*）或**橫向擴展**（*scaling out*），目前已非常流行。這種架構下，每台運行資料庫的機器或虛擬機稱為一個**節點**（*node*）。每個節點獨立使用自己的 CPU、RAM 和磁碟。節點間的協調等任務是在軟體層次上完成的，彼此的通訊大多立基於傳統網路。

---

1 在一台大型機器中，雖然任意 CPU 都能存取到所有記憶體，但有些記憶體模組離某個 CPU 較近而離其他 CPU 較遠，這稱為**非對稱記憶體存取**（*nonuniform memory access, NUMA*）[1]。為了有效利用這種架構，處理需要進一步分解，讓每個 CPU 都集中存取自己附近的記憶體最好。這意味著表面上的一台機器，內部仍然必須進行分區。

2 網路附加儲存裝置（*Network Attached Storage*, NAS）或儲存裝置區域網路（*Storage Area Network*, SAN）。

無共享系統對硬體沒有什麼特殊要求，因此可以採用對你來講性價比最高的機器。這種架構可以跨多個地理區域分佈資料，從而減少使用者的存取延遲，而且在整個資料中心發生災難時仍可能存活。你不需要達到像 Google 這種規模，也可以運行雲端部署的虛擬機：對於小公司而言，現在也可以輕鬆擁有跨區的分散式架構。

第二部分將關注在無共享架構，原因並非它們是各種用例的最佳選擇，而是應用程式開發人員在採用這種架構時需要更加謹慎以對。如果想把資料分散在多個節點，就必須知道在這種分散式系統中會出現的約束和權衡設計，資料庫沒有神奇到能夠包山包海，為你考慮所有狀況。

儘管分散式無共享架構有很多優點，但它通常也會帶來應用程式的複雜性，有時還會讓資料模型的表達性出現侷限。某些情況下，簡單的單執行緒程式的性能可以比一個超過 100 個 CPU 核心的叢集要好得多 [4]。在某些情況下，無共享系統就可以展現出它強大的能力。接下來的幾章將會詳細探討資料分散時出現的問題。

複製副本和分區

將資料在分散在多個節點，有兩種常見的方式：

複製副本

在多個不同節點（位置也可不同）上保存相同資料的副本。複製副本（replication）可以提供冗餘：當某些節點失效，其餘節點仍然可以提供資料。Replication 對於提升性能也有幫助。第 5 章會更詳細討論 replication 技術。

分區

將大型資料庫拆成多個較小的子集，這些子集也稱為分區（*partitions*），不同的 partition 可以分配給不同的節點（也稱為分片，*sharding*）。第 6 章會詳加討論 partition 的技術。

各不相同的資料分散機制通常也會攜手合作，如圖 II-1 所示。

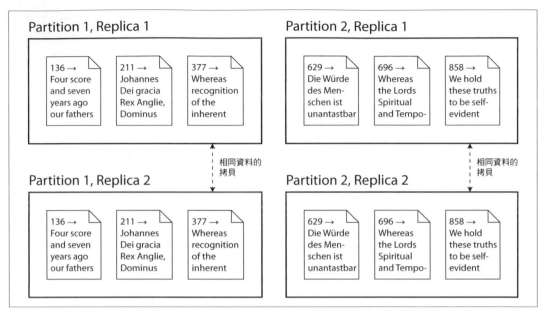

圖 II-1　資料庫分拆成兩個分區，每個分區內有兩個副本

瞭解以上的概念後，我們會討論分散式系統中需要做出的艱難權衡。第 7 章會繼續討論**交易**（*transactions*），進一步了解資料系統中可能出現的問題，以及應對之法。第 8 章和第 9 章會透過討論分散式系統的基本限制來結束本書的第二部分。

稍後在第三部分，我們將討論怎麼使用幾個（可能是分散式的）資料儲存並將它們整合到一個更大的系統中，滿足複雜應用程式的需求。但首先，讓我們從分散式資料開始談起。

參考文獻

[1] Ulrich Drepper: "What Every Programmer Should Know About Memory," *akkadia.org*, November 21, 2007.

[2] Ben Stopford: "Shared Nothing vs. Shared Disk Architectures: An Independent View," *benstopford.com*, November 24, 2009.

[3] Michael Stonebraker: "The Case for Shared Nothing," *IEEE Database Engineering Bulletin*, volume 9, number 1, pages 4–9, March 1986.

[4] Frank McSherry, Michael Isard, and Derek G. Murray: "Scalability! But at What COST?," at *15th USENIX Workshop on Hot Topics in Operating Systems* (HotOS), May 2015.

第五章

複製副本

事情可能出錯與不可能出錯的差別在於，不可出錯的事情一旦出錯，就意味著事情無法挽回了。

—Douglas Adams, 基本無害（1992）

複製（*Replication*）是指在網路中的多台機器上保存相同資料的副本。正如第二部分開頭所說，需要複製資料的原因有以下幾個：

- 讓資料在地理位置上靠近使用者，進而減少存取延遲。

- 讓系統在某部分失效的情況下繼續工作，進而提升可用性。

- 擴大提供讀取查詢的機器數量，進而增加讀取的吞吐量。

在本章，我們會以「dataset 夠小」的前提來進行討論，這樣就能假設每台機器都有足夠的容量可以保存完整的 dataset 副本。之後在第 6 章會放寬這個假設，當 dataset 大到無法由單台機器儲存時，如何對 dataset 做分區（*partitioning*），或稱為分片（*sharding*）。後面的章節還會討論複製資料系統可能出現的各種故障，以及如何處理它們。

如果複製的資料不會隨時間變化，只需將資料複製到每個節點一次，事情很容易就完成了。Replication 最困難的地方其實是處理會變化的複製資料，這正是本章要討論的重點。我們會討論三種在節點之間複製變動資料的演算法：*single-leader* replication（單領導複製）、*multi-leader* replication（多領導複製）和 *leaderless* replication（無領導複製）。幾乎所有分散式資料庫都採用了上述方法的其中一種。它們各有優缺點，稍後將會詳細討論。

Replication 的設計有許多權衡需要考慮：例如，要採用同步複製還是非同步複製，以及如何處理失敗的副本。這些通常是資料庫的組態選項，雖然具體細節因資料庫而異，但許多不同的實作都具有類似的一般性原則，本章也會討論使用不同選項可能出現的後果。

自從 1970 年代對資料庫 replication 展開研究以來 [1]，至今原理並沒有太大變化，因為網路的基本約束幾乎沒什麼改變。然而長久以來，撇開純研究不談的話，大多數開發人員都還是假定資料庫只運行在一個節點上，分散式資料庫成為主流也是最近的事而已。許多應用程式開發人員在這個領域都還算是新手，對於像是**最終一致性**（*eventual consistency*）等問題上多有誤解。在第 161 頁的「複製落後的問題」，我們會更精確地討論最終一致性，包括像是**讀己所寫**（*read-your-writes*）和**單調讀取**（*monotonic reads*）保證之類的事情。

領導者和追隨者（主節點和從節點）

每個儲存資料庫拷貝的節點稱為一個**副本**（*replica*）。當副本一多，就無法避免一個問題：如何確保所有所有副本的資料是一致的？

每次對資料庫進行寫入，想當然每個副本也都必須隨之處理，否則就會有某些副本出現不一致的資料。對此最常見的解決方案是 *leader-based replication*（**基於領導者的複製**），也稱為 *active/passive* replication（**主動／被動複製**）或 *master-slave* replication（**主從複製**）。圖 5-1 說明了它的工作原理：

1. 指定其中一個副本當 *leader*，也可稱作 *master* 或 *primary*。當客戶端想要寫入資料庫時，必須將請求發送給 leader，leader 也會將新資料先寫入到它的本機儲存區中。

2. 其他的副本作為 *followers*，或稱 *read replicas*、*slaves*、*secondaries* 或 *hot standby*[1]。每當 leader 將新資料寫入本機儲存時，它也會發送資料的變更給所有 followers，這個操作是**複製日誌**（*replication log*）或**變更串流**（*change stream*）的一部分。每個 follower 從 leader 身上取得日誌，根據在 leader 上處理寫入的順序，相應地實施寫入來更新自身的本地資料庫副本。

---

1 不同的人對熱備用（*hot*）、溫備用（*warm*）和冷備用（*cold*）伺服器的定義不盡相同。例如在 PostgreSQL 中，*hot standby* 用於參照到一個可以接受客戶端讀取的副本；而 warm standby 會處理來自 leader 的變更，但不處理客戶端的查詢。就本書的目的而言，兩者的區別並不重要，不會造成理解上的困難。

3. 當客戶端想從資料庫讀取資料時，它可以向 leader 或任何 follower 發起查詢。如果是想寫入資料庫的話，就只有 leader 才會接受寫請求，這也表示 followers 從客戶的角度來講是唯讀的副本。

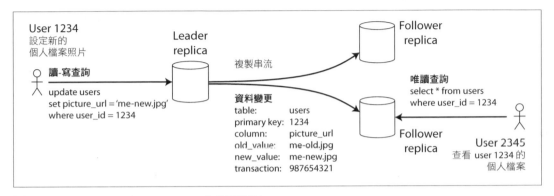

圖 5-1　Leader-base（master-slave）複製系統

許多關聯式資料庫都有內建這種複製模式，例如 PostgreSQL（自 9.0 版本後）、MySQL、Oracle DataGuard [2] 和 SQL Server 的 AlwaysOn Availability Groups [3]。一些非關聯式資料庫，包括 MongoDB、RethinkDB 和 Espresso [4] 也有支援。最後，leader-based replication 並不僅限於資料庫使用，分散式訊息代理如 Kafka [5] 和 RabbitMQ [6] 也有使用它。一些網路檔案系統和資料塊複製設備（如 DRBD）也有類似的作法。

同步複製與非同步複製

複製系統有一個重要細節，那就是 replication 的發生是同步（*synchronous*）還是非同步的（*asynchronous*）。對於關聯式資料庫，通常有一個可組態的選項用來決定同步或非同步複製；其他的系統則大多已經硬性設計為兩者的其中一種。

讓我們來看圖 5-1 的例子，當網站使用者更新個人資料照片時，想想看會發生的事情。在某個時刻，客戶端向 leader 發送更新請求；隨後，leader 收到了該請求。接著在後續某個時刻，leader 再將資料更新轉發給 followers。最終，由 leader 負責通知客戶端更新成功。

圖 5-2 顯示了系統各元件間的通訊：客戶端、leader 和兩個 followers，時間從左往右流動，其中粗箭頭用來表示請求或回應訊息。

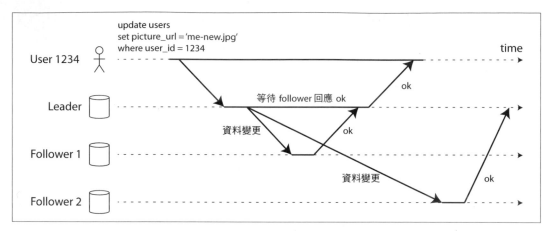

圖 5-2　Leader-based 複製，帶一個同步的 follower 和一個非同步的 follower

圖 5-2 的例子中，複製到 follower 1 是同步的：leader 會先等到 follower 1 確認它收到了該寫入、變更對於其他客戶端為可見之後，才會向客戶端報告成功。複製到 follower 2 是非同步的：leader 在發送訊息之後並不會同步等待 follower 的回應。

圖中顯示，在 follower 2 處理訊息之前有一段明顯的延遲。正常來講，複製的速度非常快：大多數資料庫系統可以在不到一秒的時間內就將變更應用到所有的 followers。然而，這只是一般的正常情況，系統其實並沒有保證在多久的時間內可以完成複製。在某些情況，followers 可能會落後 leader 幾分鐘甚至更久；例如，一個 follower 正在從失敗中復原、系統正運行在接近最大容量邊緣，又或者節點間的網路出了問題都有可能。

同步複製有一個優點，就是它能保證 follower 的副本能和 leader 保持一致。所以當 leader 突然發生故障，我們可以確定 follower 的資料仍然可用。不過缺點是，如果同步的 follower 沒有回應（崩潰、網路故障或任何原因），就沒辦法正常處理寫入的變更。另外，在等待副本完成同步之前，leader 會阻塞所有的寫入請求。

因此，讓所有 followers 都採用同步複製是不切實際的，因為只要任一個節點失效就會導致整個系統逐漸停擺。實際上，資料庫啟用同步複製通常是表示只有一個 follower 是同步的，而其他 followers 是非同步的。如果同步的 follower 失效或速度變慢，可以將另一個非同步 follower 升級為同步模式，這樣子就能夠保證至少有兩個節點擁有最新的副本，這兩個節點一個是 leader、另一個是同步的 follower。這種組態有時也稱為半同步（*semi-synchronous*）[7]。

Leader-based replication 經常被組態成完全非同步的。對於這種情況，當 leader 故障且無法復原的話，那麼任何尚未複製到 followers 的寫入都會遺失。這表示，就算 leader 已經向客戶端確認了寫入，資料的持久化也無法得到保證。不過，完全非同步的組態有個優點是，就算所有的 followers 都落後了，leader 還是可以繼續接受跟處理寫入請求。

雖然會削弱持久性讓非同步組態聽起來好像是不太明智的取捨，但是非同步複製確實還是被廣泛地採用，特別是當有很多 followers 或是它們有地理廣佈的情況。我們會在第 161 頁「複製落後的問題」回到這個主題。

對複製問題的研究

如果 leader 失效，非同步複製系統就可能會出現資料遺失的嚴重問題，因此研究人員一直在研究不會丟失資料但又保持良好性能跟可用性的複製方法。例如**鏈式複製**（*chain replication*）[8, 9]，它是同步複製的變種，在一些系統中已經有成功的實作，如 Microsoft Azure Storage [10, 11]。

複製的一致性和**共識**（讓幾個節點對某個值達成一致）之間有著密切的關係，第 9 章中會更詳細地探討這件事情。本章只會集中討論資料庫實作中既常用又簡單的複製技術。

建立新的 Followers

有時候為了增加副本數量或是替換故障節點，就可能需要建立新的 followers。對於這種情況，要如何才能確保新的 follower 可以擁有一份和 leader 完全一致的副本呢？

倘若只是簡單地將資料檔案從一個節點複製到另一個節點，通常會發現這樣是不夠的：因為客戶端可能不斷地向資料庫寫入資料，而資料總是在變化，在不同時刻複製的資料檔很難精確代表資料庫的當前狀態，結果可能無法讓人滿意。

雖然你可以鎖定資料庫（暫時使其不可寫入）迫使磁碟上的檔案可以和它保持一致，但這樣子做又會跟高可用性的目標相抵觸。還好，建立一個 follower 通常不需要停機就可以完成。從概念上講，這個過程是這樣的：

1. 在某個時刻產生 leader 資料庫的快照，如果可以的話，進行時不需要鎖定整個資料庫。大多數資料庫都有這個功能，因為備份時也需要它。某些情況可能還需要借助第三方工具，比如 MySQL [12] 的 *innobackupex*。

2. 將快照複製到新的 follower 節點。

3. Follower 連接到 leader，並請求快照之後發生的所有資料變更。快照要和 leader 複製
   日誌中的某個位置關聯起來。這個位置在各系統有不同的名稱：例如，PostgreSQL
   稱它為日誌序號（*log sequence number*），MySQL 稱它為 *binlog coordinates*。

4. 當 follower 將快照後所積壓的資料變更處理完畢後，我們便說它已經追上來了
   （*caught up*）。現在，follower 可以繼續處理來自 leader 的新資料變更。

各種資料庫建立 follower 的實際步驟有顯著的不同。對於某些系統，流程是完全自動
化的；而對另一些系統，它可能需要管理員手動執行一些複雜、多步驟的工作流程來
完成。

處理節點失效

任何系統中的節點都可能停機、故障，或是正在進行計畫性的維護（例如，重新開機、
安裝安全性更新）。如果系統可以在其中某個節點重新開機時，還能繼續提供不中斷的
服務，這樣對維運來講絕對是一種優勢。因此，我們的目標是在單節點故障的情況下，
保持整體系統持續運行，並盡可能減小節點中斷帶來的影響。

那麼，要如何透過 leader-based replication 來實現高可用性呢？

Follower 失效：追趕式復原

每個 follower 會在本地保存一個日誌，記錄了從 leader 那裡所接收到的資料變更。如果
一個 follower 崩潰並重新啟動，或者 leader 和 follower 之間的網路暫時中斷，follower
可以容易地復原：根據它的日誌，知道故障發生前所處理的最後一個交易。因此，
follower 可以在復活後連到 leader，向其請求失聯期間發生的所有資料變更。當它實施
完畢這些變更後，便追上了 leader，然後就能像以前一樣繼續接收來自 leader 的一連串
資料變更。

Leader 失效：容錯移轉

處理 leader 的失敗比較棘手：需要選出一個 follower 將其提升為新的 leader，客戶端還
得重新組態一下才能夠將它們的寫入操作正確發送給新的 leader，而其他 followers 則是
需要開始使用來自新 leader 的資料變更。這個過程稱為**容錯移轉**（*failover*）。

容錯移轉可以手動進行，也可以自動進行。如果是手動進行的話，通常管理員會收到 leader 的失效通知，然後自己採取必要的步驟來建立一個新 leader。如果是自動 failover 的話，它的過程通常是如以下步驟進行：

1. **確定 *leader* 真的失效**。可以讓系統出錯的事情比比皆是，例如系統崩潰、停電、網路問題等等，並沒有萬無一失的方法可以精確地檢測出到底什麼地方出了問題。所以，多數系統只是簡單地運用逾時來判定：節點彼此頻繁地來回訊息以確認存活，如果某個節點在一段時間內沒有回應（比如 30 秒），它就會被認為失效了。但是，倘若是因為計畫性維護而故意將 leader 撤下，就不算是目前討論的這個情況。

2. **選出新 *leader***。這可以透過選舉程序來完成，或由先前選出的**控制器節點**（*controller node*）指定。如果某個 follower 身上的副本越符合舊 leader 的最新資料狀態，那麼它當然是成為新 leader 的最佳候選人（以最小化資料遺失）。如何讓所有節點都一致同意新 leader，這是典型的共識問題，留待第 9 章再詳細討論。

3. **重新組態系統以令新的 *leader* 生效**。客戶端現在需要將它們的寫入請求發送給新的 leader（第 214 頁的「請求路由」會討論這一點）。如果舊 leader 起死回生了，它可能並未意識到其他副本已經迫使它下臺，認為自己還是 leader。因此，系統需要確保舊 leader 可以正確降級為 follower 並認可新的 leader。

容錯移轉充滿了可能出錯的因素：

- 對於非同步複製模式，新 leader 可能還沒收到所有舊 leader 失敗前的寫入。如果選出新 leader 後，碰上舊 leader 重新加入叢集，那些先前並沒有完全同步的舊寫入會引發什麼問題？在此期間，舊 leader 還沒意識到自己的角色有變，仍嘗試同步其他節點，新 leader 可能就會收到衝突的寫入請求。針對這個問題，最常見的解決方案是直接放棄舊 leader 身上那些未同步的寫入，但這樣一來就可能會違反系統對客戶提出的某些持久性保證。

- 如果有其他儲存系統需要和資料庫內容協作，那麼放棄寫入的方案就有點危險了。例如某個 GitHub 曾發生過的意外事件 [13]，資料庫使用一個自動遞增計數器來配發主鍵給新的資料列，結果一個過時的 MySQL follower 被提升成了 leader，而新 leader 的計數器其實還未追上舊 leader，導致一些舊 leader 分配過的主鍵被覆寫了。因為有另外一個 Redis store 也使用了這些主鍵，所以主鍵因覆寫而被重用，最後導致 MySQL 和 Redis 之間的資料不一致，結果某些使用者的隱私資料因為這個錯誤而洩露給其他使用者。

- 在某些故障場景（見第 8 章），可能會發生兩個節點都認為自己是 leader 的情況，稱為 **腦分裂**（*split brain*）。腦分裂非常危險：如果兩個 leader 都可以接受寫入，卻又沒有進行衝突處理（參見第 168 頁的「多領導複製」），資料可能就會因此遺失或損壞。有些系統會有檢測機制，關閉重複的 leader 來作為保護的應急方案[2]。但是，這樣的機制如果沒有精心設計，可能又會發生兩個節點都被關閉的情況 [14]。

- 到底正確的逾時時間要設定為多少，才能正式宣布 leader 失效呢？逾時設得太長的話，當 leader 真的失效，總體恢復的時間也相對越越長。但是，如果逾時設得太短，可能又會啟動不必要的 failover 程序。例如突發的高負載導致節點回應超時，或網路故障讓封包延遲，很可能輕易地就會誤認 leader 失效。如果系統正在和高負載或網路問題搏鬥中，不必要的 failover 簡直就是屋漏偏逢連夜雨，只會讓情況變得更糟。

上述的問題並沒有簡單的特效藥，因此就算軟體有支援自動 failover，但還是有一些營運團隊更喜歡自己手動執行容錯移轉。

節點失效、不可靠的網路、副本一致性、持久性、可用性和延遲之間的各種細微權衡，都是分散式系統會碰到的基本問題。我們會在第 8 章和第 9 章更深入地討論它們。

複製日誌的實作

Leader-based replication 在幕後是如何工作的呢？這有幾種不同的實作方法，讓我們簡要地瞭解一下。

基於陳述式的複製

最簡單的作法是，leader 記錄它所執行的每個寫入請求（**陳述式**，*statement*），並將陳述日誌發送給 followers。對於關聯式資料庫，這表示每個 INSERT、UPDATE 或 DELETE 語句都會被轉發給 followers，然後每個 follower 都像是從客戶端接收到 SQL 語句那樣來解析和執行陳述式。

以上聽起來好像很合理，但這種複製方式碰到以下幾種情況就會失效：

- 任何呼叫非確定性函數（nondeterministic function）的陳述式，在每個副本上都可能會產生不同的值，例如呼叫 NOW() 來獲取當前日期和時間，或是呼叫 RAND() 來取得亂數。

---

[2] 這種方法被稱為擊劍（*fencing*），或者有另一更強調的說法：攻擊另一個節點的頭（*STONITH*）。我們將在 301 頁的「領導者節點和鎖」詳細討論 fencing。

- 如果陳述式使用了一個會自動遞增的行，又或者是它們依賴資料庫的現有資料（例如 UPDATE … WHERE <some condition>），它們在每個副本上都必須以完全相同的順序執行，否則就可能產生不同的效果。當有多個並發執行的交易時，系統將因此受到限制。

- 有副作用的陳述式（如觸發器、預存程序、使用者自訂函數）在每個副本上可能會產生不同的副作用，除非這些副作用是絕對可確定的（deterministic）。

有一些技巧可以解決這些問題。例如，leader 可以在記錄陳述式的時候，用固定的回傳值來替換任何 nondeterministic 的函數呼叫，這樣所有的 followers 都可以得到相同的值。然而，現實有太多的邊緣情況需要考慮，所以這個複製方法通常不會是大家的首選。

MySQL 在版本 5.1 之前使用了 statement-based replication。但如果陳述式中存有任何不確定性，現在的 MySQL 的預設複製方法會切換成稍後將討論到的 row-based replication（基於列的複製）。由於 statement-based replication 的做法簡單，所以偶爾還是會看到有人使用它。VoltDB 使用 statement-based replication，不過它要求交易必須為 deterministic 才能保證複製的安全 [15]。

傳送預寫日誌（WAL）

第 3 章討論了儲存引擎如何在磁碟上編排資料，每次寫入操作通常都是以追加的方式保存到一個日誌中：

- 對於日誌結構的儲存引擎（參見第 76 頁的「SSTables 和 LSM-Trees」），日誌便是主要的儲存方式。日誌的 segments 會在背景進行壓縮和垃圾回收。

- 對於 B-tree 的情況（參見第 80 頁的「B-Trees」）則是會覆寫個別的磁碟區塊，每次修改都是先寫入預寫日誌（write-ahead log, WAL），這樣一來如果系統發生崩潰，索引仍可以復原到一致的狀態。

對於上述的任一種情況，日誌是一個 append-only 的位元組序列，其內包含了對資料庫的所有寫入。我們可以在另一個節點上使用完全相同的日誌來建構出副本：除了將日誌寫入磁碟外，leader 還會利用網路將日誌發送給它的 followers。

當 follower 處理這個日誌時，會根據它來建構出一個與 leader 相同結構的資料副本。

PostgreSQL、Oracle 和一些系統都使用了這種複製方法 [16]。這個方法主要的缺點是，日誌是用一種比較靠近底層的結構來描述資料：一個 WAL 的內容包含了在哪個磁碟區塊中有哪些位元組被修改的細節。這樣一來，複製方案跟儲存引擎彼此就緊密耦合了。如果將資料庫中的資料儲存格式從 A 版本更換為 B 版本，那麼 leader 和 follower 上運行的資料庫軟體版本就必須得一模一樣才行。

雖然這看起來好像只是實作上的小細節而已，但是它其實很可能會對營運產生很大的影響。如果複製協定可以讓 follower 使用比 leader 更新版本的軟體，這樣就可以執行資料庫軟體的 zero-downtime upgrade（無停機升級）。首先升級 followers，然後執行 failover，使其中一個升級後的節點成為新的 leader。如果複製協定沒辦法允許不匹配的軟體版本（WAL 的情況通常如此），那麼這一類的升級就勢必需要停機來應對。

基於列的邏輯日誌複製

另一種方法是各對複製和儲存引擎使用不同的日誌格式，這樣複製日誌就可以和儲存引擎解耦開來。這種複製日誌稱為**邏輯日誌**（*logical log*），以和儲存引實際的（*physical*）資料表示可以有所區別。

關聯式資料庫的邏輯日誌通常是指一系列記錄，以一列為粒度來描述寫入資料庫 table 的操作：

- 對於插入的列，日誌包含所有行的新值。

- 對於刪除的列，日誌裡有足夠的資訊來唯一標識已刪除的列。通常是利用主鍵來標示，倘若 table 沒有定義主鍵，就需要將所有行的舊值記錄起來。

- 對於更新的列，日誌裡有足夠的資訊來唯一標識已更新的列，以及所有行的新值（或至少包含所有更新行的新值）。

一個修改了幾列的交易會產生相應條數的日誌記錄，後面跟著一條用來辨識提交交易的記錄。MySQL 的 binlog 便是使用這種方法（當組態成使用 row-based replication 時）[17]。

由於邏輯日誌跟儲存引擎內部解耦開了，因此它可以更容易地保持回溯相容（backward compatible），從而讓 leader 和 followers 能夠各自運行不同版本的資料庫軟體，甚至不同的儲存引擎。

對外部的應用程式來說，邏輯日誌的格式也比較容易剖析。如果你想把資料庫的內容發送給外部系統，例如用於離線分析的資料倉儲，或是用於建構自訂索引和快取等 [18]，邏輯日誌在這個方面會非常有用。這種技術稱為**變更資料的捕獲**（*change data capture*，CDC），我們將在第 11 章中回來談它。

基於觸發器的複製

截至目前所談到的複製方法都是由資料庫系統負責實作的，並沒有涉及任何應用程式碼。在許多情況下，這正是大家所希望的，但是某些情況卻需要更多靈活性。例如，你只想複製資料的子集，或是想從一種資料庫複製到另一種資料庫，又或者是需要解決衝突的邏輯（參見第 171 頁的「處理寫入衝突」），那麼你可能就需要將複製的控制邏輯移到應用程式層才行。

有一些工具，如 Oracle GoldenGate [19]，可以透過讀取資料庫的日誌來將資料變更提供給應用程式。另一種方法則是借助很多關聯式資料庫都有的功能：**觸發器**和**預存程序**（*triggers* and *stored procedures*）。

觸發器可以讓你註冊自訂的應用程式碼，當資料庫發生資料變更時（寫入交易，這些程式碼就會被執行。觸發器提供了一個讓外部程序讀取到資料變更的機會，它會利用一個單獨的 table 來記錄變更，而外部程序便得以從該 table 讀取出變更。然後，外部程序可以根據變更來實施必要的應用程式邏輯，並將資料變更複製到另一個系統。例如，Oracle 的 Databus [20] 和 Postgres 的 Bucardo [21] 都提供了這樣的功能。

Trigger-based replication（基於觸發器的複製）的開銷通常比其他複製方法要來得大，而且也比資料庫內建的複製更容易出錯，也有比較多的使用限制。不過，靈活性才是它仍然為人所用的原因。

複製落後的問題

能夠容忍節點故障只是人們採用複製的原因之一。正如在第二部分介紹中提到的，其他原因包括可擴展性（應對超出一台機器能力的更多請求）和延遲（將副本部署在離使用者更近的地理位置）。

Leader-based replication 要求所有寫入操作都必須經過唯一的主節點（leader），而唯讀查詢則可以交給任何副本處理。如果工作負載的主要組成是多讀少寫（web 的常見模式），還有一個很有吸引力的選擇：建立許多 followers，並將讀取請求分發給它們。這不只可以減輕 leader 的工作負載，而且也可以讓就近的副本來滿足讀取請求。

在這個可擴展讀取（read-scaling）的架構下，增加更多的 follower 就可以直接提高對唯讀請求的服務容量。但是，這種方法在實際上只適用於非同步複製，如果你嘗試讓所有的 followers 都走同步複製模式，那麼只要一個節點故障或網路中斷就會癱瘓整個系統。節點越多，發生故障的機率也就相對越高，因此完全同步的組態是非常不可靠的。

但是，如果應用程式從非同步的 follower 那邊讀取資訊，結果 follower 其實是落後的，那麼應用程式看到的可能就是過時的資訊了。不一致性的問題又浮現了：如果同時對 leader 和 follower 執行相同的查詢，可能會得到不同的結果，因為不是所有的寫入都會隨時反映到 follower 中。這種不一致只是一種臨時狀態，只要暫時停止寫入資料庫，一段時間之後 follower 最終會追趕上來和 leader 保持一致。這種現象稱為**最終一致性**（eventual consistency）[22, 23][3]。

「最終」的意思其實有點模糊。一般來說，一個副本的落後程度並沒有上限的。正常情況下，發生在 leader 的寫入反映到 follower 的延遲（**複製落後**）可能只有幾分之一秒，所以在實際應用中通常不會有明顯的影響。不過，如果系統正運行在容量邊緣或是網路出問題，落後時間可能會很容易地拉高到幾秒甚至數分鐘以上。

落後時間太久而導致資料不一致，是一個實際應用會碰到的問題，不只是理論上才會討論的問題。本節會重點介紹三個複製落後時可能出現的問題，並提示一些解決辦法。

讀己所寫（Reading Your Own Writes）

許多應用程式可以讓使用者提交一些資料，使用者隨後可以再查看自己提交的內容，像是討論串的一條評論或是客戶資料庫中的一條記錄。提交的新資料必須發送給 leader，但使用者查看資料時，資料則可能是從 follower 讀回來的。這對於多讀少寫的應用來講，leader-based replication 是相當合適的方案。

3　最終一致性這個術語是由 Douglas Terry 等人提出的 [24]，而後因 Werner Vogels [22] 而普及開來，並成為許多 NoSQL 專案的口號。然而，不僅 NoSQL 資料庫是最終一致的：關聯式資料庫中，非同步複製的 followers 也具有相同的特徵。

如果採用非同步複製模式，會出現一個問題，如圖 5-3 所示。如果使用者在提交寫入後不久，馬上就查看資料，那麼可能會因為新資料還未同步到副本，讓他們誤以為剛剛提交的資料遺失了，這大概會讓使用者覺得不滿吧。

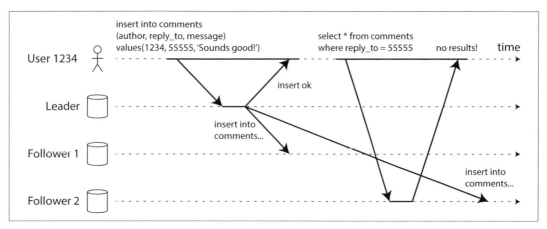

圖 5-3　使用者發起一個寫入操作，然後讀取的資料卻來自落後的副本。為了防止這種異常，我們需要 read-after-write 的一致性

要處理這種情況，我們需要「寫後即讀（*read-after-write*）」的一致性，也稱為「讀己所寫（*read-your-writes*）」一致性 [24]。這個機制向使用者保證他們自己的輸入會被正確保存。當使用者重新載入頁面，他們一定會看到自己剛剛提交的更新，但不保證能看到其他使用者的最新更新，可能需要等一段時間才行。

那麼，要如何在 leader-based replication 系統中實作 read-after-write consistency 呢？有幾種可能的技術方案，舉例來說：

- 當需要讀取可能被使用者修改過的內容時，就從 leader 那裡讀取，否則就從 follower 那裡讀回來。但是，這需要有某種不需要實際查詢就能先知道哪些內容可能被修改過的方法。例如，社交網站上只有自己有權限編輯的個人資訊就是可用來做判斷的例子。因此，一個簡單的規則是：讓使用者總是從 leader 那裡讀取自己的資料，從 follower 那裡讀取其他使用者的資料。

- 倘若使用者可以編輯應用程式中大部分的內容，這種方法就不是那麼有效了，因為大多數內容都必須從 leader 那裡讀取才行（抵消了讀取擴展性的好處）。對於這種情況，可以採用其他的判斷標準來決定是否要從 leader 讀取資料。例如，可以跟蹤最後一次更新的時間，只要當前時間落在最近更新的一分鐘內，就從 leader 那邊讀回資料。你還可以監視 follower 的複製落後情況，任何 follower 只要落後 leader 超過一分鐘，就避開對它們進行查詢。

- 客戶端可以記住它最近執行寫入的時間戳記。系統可以根據這個資訊，確保為該名使用者提供讀取服務的副本是足夠新的。如果一個副本不夠新，那麼就交給另一個副本處理，或者讓查詢等待直到該副本追趕上來。戳記可以是**邏輯時間戳記**（例如指示寫入順序的序號）或實際系統時間（時間同步就很重要了；參見 287 頁的「不可靠的時鐘」）。

- 如果副本因地理位置或可用性的緣故分佈在多個資料中心，這會帶來額外的複雜性。遇到任何需要由 leader 提供服務的請求，都必須路由到 leader 所在的資料中心才行。

另一個問題出現在同一個使用者可能會透過多個設備來存取服務，例如使用桌面 web 瀏覽器和手機行動應用程式。對於這種情況，你可能就要提供**跨設備**的 read-after-write consistency：當使用者在某個設備上輸入一些資訊，然後在另一個設備上查看，他們應該能夠馬上看到剛剛所輸入的資訊才對。

這種情況還有一些問題需要考慮：

- 記住使用者最近更新的時間戳記，這個方法會變得更加困難。因為運行在 A 設備的程式碼並不知道 B 設備上發生的更新，除非仰賴集中管理（centralized）的中繼資料才行。

- 如果副本分佈在不同的資料中心，就很難保證來自不同設備的連接都會被路由到相同的資料中心。比如說，使用者的桌上型電腦使用家庭寬頻網路，而手機使用的是行動通訊網路，那麼設備的網路路由就可能完全不同。如果你的方法需要從 leader 那裡讀取資料，首先需要做的可能是得想辦法，將來自使用者所有設備的請求都路由到同一個資料中心。

單調讀取

從非同步的 followers 那裡讀取資料時，可能發生異常的第二個例子是，使用者看到的東西可能出現**時間倒流**的奇怪狀況。

假如使用者從不同副本進行了多次讀取，就會發生這種情況。圖 5-4 顯示 User 2345 做了兩次相同的查詢，首先是對一個落後較小的 follower，然後是對一個落後較大的 follower。如果使用者刷新 web 頁面，而且每個請求都被路由到一個隨機伺服器的話，就很可能會出現這種資料來源不同的情況。第一個查詢傳回了 User 1234 最近新增的一條評論，但是第二個查詢卻沒有傳回任何內容，因為那條寫入的評論還沒有被後一個 follower 追趕上。然而實際上，第二個查詢所觀察到系統狀態，時間點卻比第一個查詢要來得更早。如果第一個查詢沒有傳回內容，事情還不算太糟，因為 User 2345 感知不到 User 1234 最近新增了一條評論。但是，如果 User 2345 先看到 User 1234 的評論出現，緊接著又看到評論消失，這對 User 2345 來說應該會覺得莫名其妙吧。

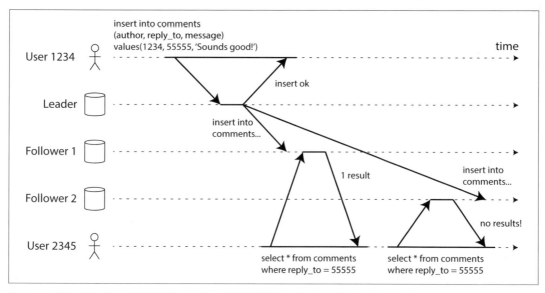

圖 5-4　使用者先從新的副本讀取資料，然後再從落後的副本讀取資料。好像發生時間倒流一樣。要防止這種異常，我們需要單調讀取

單調讀取（*monotonic reads*）[23] 可以確保這種異常不會發生。它比強一致性的保證要弱，但比最終一致性的保證要強。單調讀取意味著，如果一個使用者連續進行多次讀取，他們不會看到時間倒流的現象。讀取資料時，可能會看到一個舊值；但是一旦它們讀取到新資料，就不會發生之後又讀取到舊資料的情況。

實現單調讀取的一種方法是，確保每個使用者總是從相同的副本讀取資料（不同使用者可以讀取不同副本）。例如，不要隨機選擇副本，而是根據使用者 ID 的雜湊來指定副本。如果擇定的副本失效，就需要將使用者的查詢重新路由到另一個副本。

一致性前綴讀取

現在是複製落後帶來異常的第三個例子，這裡發生了違反因果關係的情況。下面是 Poons 先生和 Cake 太太的簡短對話：

Poons 先生問

> Cake 太太，妳能看到多遠的未來？

Cake 太太說

> 通常 10 秒左右，Poons 先生。

這兩句話之間是有因果關係的：Cake 太太先聽到 Poons 先生的提問，然後才做出回答。

現在，想像有個觀察者正透過 follower 來聆聽這場對話。Cake 太太的回答因為 follower 的關係而有短暫的落後，但是 Poons 先生說的話卻經歷了一個更長的複製落後才抵達（見圖 5-5）。觀察者聽到的話就變成了這樣：

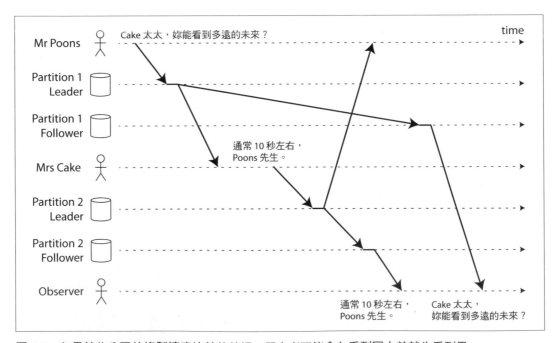

圖 5-5　如果某些分區的複製速度比其他的慢，觀察者可能會在看到因之前就先看到果

Cake 太太說

通常 10 秒左右，Poons 先生。

Poons 先生問

Cake 太太，妳能看到多遠的未來？

在觀察者看來，Cake 太太似乎在 Poons 先生提出問題之前就先回答了，根本通靈。只不過，這場對話的邏輯有點怪怪的 [25]。

防止這種異常需要另一種類型的保證：**一致性前綴讀取**（*consistent prefix reads*）[23]。這個保證是說，如果一系列的寫入是按一定的順序發生，那麼讀取這些內容的任何人都會看到它們按當時相同的寫入順序出現。

這是分區（分片）資料庫中的一個特殊問題，留待第 6 章再討論。如果資料庫總是以相同的順序應用寫入操作，那麼讀取操作就應該總是看到順序一致的前綴，保證不會發生倒果為因的異常。不過，在許多分散式資料庫，不同的分區是獨立運行的，因此寫入並不會有全域的順序。這樣一來，當使用者從資料庫讀取資料時，他們可能會看到新舊混合的資料。

一種解決方案是將有因果關係的寫入操作都寫到相同的分區，不過這對於某些應用程式，可能無法有效率地完成這件事。還有一些演算法可以明確地跟蹤因果關係，我們將在第 187 頁的「happens-before 和並發性」再來探討這個問題。

複製落後的解決方案

使用最終一致性的系統時最好要考慮：如果複製落後已經拉開到幾分鐘甚至幾小時，應用程式的行為會受什麼影響？如果答案是「沒問題」，那就太好了。但是，倘若結果會帶給使用者糟糕的體驗，那麼系統應該如何設計以提供更強的保證就很重要了，比如 read-after-write。如果實際上複製是非同步的，而我們設計系統時卻假設它是同步的話，一旦這麼做，未來肯定出問題。

如前所述，應用程式可以用一些方法來提供比底層資料庫更強的保證。例如，只在 leader 上執行特定類型的讀取。然而這麼做是有代價的，這些問題在應用程式碼中處理起來往往很複雜，而且很容易出錯。

如果應用程式開發人員不必擔心如此細微的複製問題，而是直接相信資料庫會自己「做正確的事情」，那就更好了。這正是**交易**（*transactions*）存在的原因：它們是資料庫提供更強保證的一種方式，從而簡化了應用程式所需要照顧的事情。

單節點交易已經是大家耳熟能詳的事了。然而，在轉向使用分散式（複製和分區）資料庫的過程中，許多系統卻放棄對交易的支援，理由是交易在性能和可用性方面的代價太過昂貴，並信誓旦旦地說最終一致性才是可擴展系統的終極選擇。這種說法有些道理，但過於簡化了，本書的其餘部分會對此展開更深入的觀點。第 7 章和第 9 章會再回到交易這個主題，然後在第三部分討論一些可以替代交易的機制。

多領導複製

本章到目前只討論到使用單一 leader 的複製架構，雖然這是一種常見的方法，但也不乏有一些引入注意的替代方案。

Leader-base replication 有一個致命傷：那就是系統只能有一個 leader，所有的寫入請求都必須經過它才行[4]。如果出於任何原因而無法連接到 leader，比如說網路中斷，資料就沒辦法寫入資料庫了。

Leader-based replication 模型有一個自然的擴充方式，那就是讓多個節點都可以接受寫入請求。複製的流程都一樣：每個處理寫入操作的節點都必須負責將資料變更轉發給其他節點，這稱為**多領導組態**（*multi-leader*，也稱 *master-master* 或 *active/active replication*）。在這種情況下，每個 leader 本身也同時扮演其他 leaders 的 follower。

多領導複製的適用場景

在單一資料中心中使用 multi-leader 的意義不大，因為它能帶來的好處可能敵不過其增加的複雜性。但是對於某些情況，使用這種組態是有它存在的道理的。

多資料中心操作

假設你有一個資料庫的副本分散在幾個不同的資料中心（為了容忍資料中心故障，或是為了更靠近使用者）。如果使用一般正規的 leader-based replication 組態，那麼 leader 就必須只能位於其中一個資料中心，而所有寫入請求都必須經過該資料中心才行。

4　如果資料庫有做分區（參見第 6 章），那麼每個分區都會有一個 leader。不同的分區可以把 leader 放在不同的節點上，但是每個分區就只能存在一個 leader 節點。

對於 multi-leader 組態，則可以在每個資料中心都設置一個 leader，圖 5-6 顯示了該架構可能的樣子。對於每個資料中心本身，使用的是常規的 leader-follower replication；但是在資料中心彼此之間，每個資料中心的 leader 會將它所負責的變更複製到其他資料中心的 leader。

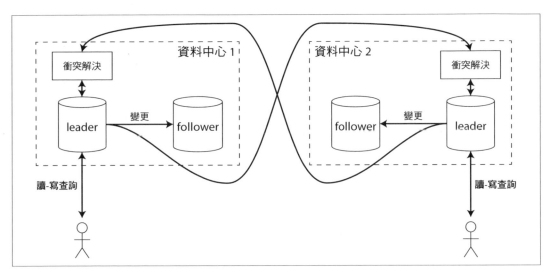

圖 5-6　跨多個資料中心的 multi-leader replication

我們來比較一下 single-leader 和 multi-leader 組態在多資料中心部署方案中的效果：

性能

在 single-leader 組態，寫入請求必須透過網路發送到 leader 所在的資料中心。這可能會增加寫入請求的延遲，並可能會違背使用多資料中心的初衷。在 multi-leader 組態，寫入請求可以在本地資料中心先處理，然後非同步地複製到其他資料中心。資料中心之間的網路延遲對使用者是不可見的，這意味著使用者在體驗上可能會感覺到性能更好。

對資料中心失效的容忍度

在 single-leader 組態，假使 leader 所在的資料中心發生故障，failover 可以將另一個資料中心的 follower 提升為 leader。而對於 multi-leader 組態，每個資料中心都能夠獨立於其他資料中心繼續運行，當失效的資料中心恢復連線時，再透過複製追趕上來以保持一致性。

對網路問題的容忍度

資料中心之間的通訊大部分都是借助網際網路，這往往不如資料中心內部的本地網路可靠。Single-leader 組態對資料中心之間的連線穩定性非常敏感，因為寫入請求是在這個連線上同步進行的。非同步複製的 multi-leader 組態通常對網路問題有更好的容忍度：臨時性的網路中斷並不會那麼容易就阻礙對寫入請求的處理。

有些資料庫預設便有支援 multi-leader 組態，不過利用外部工具來實現也是常見的作法，比如 MySQL 的 Tungsten Replicator [26]，PostgreSQL 的 BDR [27] 以及 Oracle 的 GoldenGate [19]。

儘管 multi-leader replication 優點多多，不過還是有個很大的缺點：相同的資料可能在兩個不同的資料中心被並發修改，因而必須要解決寫入衝突才行（如圖 5-6 中的「衝突解決」處）。稍後第 171 頁「處理寫入衝突」會討論這個問題。

在許多資料庫中 multi-leader replication 還只能算是某種程度的改進功能，常常存在一些細微的組態缺陷，此外還有一些跟其他資料庫功能配合時會出現的意外互動。例如，自動遞增鍵、觸發器和完整性約束等等都可能會帶來問題。因此，multi-leader replication 通常被認為是有風險的，應該盡可能避免使用 [28]。

客戶端的離線操作

還有領一種 multi-leader replication 適用的情況是，如果應用程式失去網路連線時，仍然要可以繼續工作。

比如說手機、筆電和某些設備上的行事曆。無論設備目前是否能接到網際網路，都需要能夠讓使用者在任何時候查看行程（發出讀請求）和輸入新的行程（發出寫請求）。在離線時所做的任何變更，設備在下一次取得連網時就需要與伺服器以及其他設備同步。

在這種情況，每個設備都有一個本地資料庫當作 leader（接受寫入請求），而所有設備的日曆副本之間會有一個非同步的 multi-leader replication 程序（來進行同步）。複製落後的時間從數小時到數天都有可能，這取決於使用者何時可以存取到網際網路。

從架構的角度來看，這種設置本質上與資料中心間的 multi-leader replication 相同。極端地說，每個設備都是一個「資料中心」，差別是它們之間的網路連接相當不可靠。眾多失敗的日曆同步實作已經表明，要正確處理 multi-leader replication 真的是一件很棘手的事情。

有一些工具旨在簡化這種 multi-leader 組態。例如，CouchDB 就是為這種操作模式而設計的 [29]。

協作編輯

即時協作編輯應用程式可以讓多人同時編輯一個檔案。例如，Etherpad [30] 和 Google Docs [31] 就可以讓多人同時編輯文本檔案或試算表（該演算法在 174 頁的「自動解決衝突」中會做介紹）。

我們通常不會想到協作編輯是一種資料庫複製問題，但它與前面提到的離線編輯情境有很多共同之處。當一個使用者編輯一個文件檔案時，變更會立即應用到本機副本（客戶端 web 瀏覽器或應用程式中的文件檔案），然後非同步複製到伺服器以及使用同一文件檔案的其他使用者那邊。

如果想保證不會發生編輯衝突，應用程式就必須在使用者編輯檔案之前將其鎖定。如果另一個人想編輯同個檔案，就必須先等待第一個使用者提交修改並釋放鎖才行。這種協作模型等同於在 leader 上將 single-leader replication 和交易結合運用。

然而，為了讓協作可以更加流暢，你可能會想要縮小變更單元（例如一次鍵擊）並且避免鎖定。這種方法可以讓多個使用者同時進行編輯，但也帶來了 multi-leader replication 都需要面對的挑戰，包括解決衝突 [32]。

處理寫入衝突

可能發生寫入衝突是 multi-leader replication 最大的痛，衝突當然非得解決不可。

以圖 5-7 為例，考慮一個正在由兩個使用者一起編輯的 wiki 頁面。User 1 將頁面標題從 A 改為 B，同時 User 2 也將標題從 A 改成 C。每個使用者的修改都成功應用到各自的 local leader。當各自的修改開始進行非同步複製時，衝突就發生了 [33]。在採用 single-leader 組態的資料庫，並不會發生這個問題。

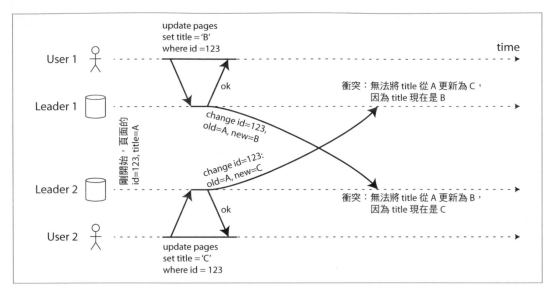

圖 5-7 　兩個 leaders 同時更新同一條記錄所引發的寫入衝突

同步與非同步衝突檢測

在 single-leader 資料庫中，第二個寫入請求要麼被阻塞、要麼被中止。被阻塞，以等待前一個寫入操作完成；被中止，以強迫使用者重試寫入操作。對於 multi-leader 組態，兩個寫入操作都是成功的，只有在稍後的某個時間點才能非同步地檢測到衝突。結果，到那個時候再來要求使用者解決衝突可能就為時已晚了。

原則上，同步衝突檢測不是做不到，只是這樣做反而會犧牲 multi-leader replication 的優點。同步衝突檢測的作法需要等待寫入在系統上完成到所有副本的複製，然後再回報寫入成功給使用者。這樣一來，multi-leader replication 可以讓每個副本獨立地接受寫入請求的美意就被抵銷了。如果真的想要做同步衝突檢測，倒不如直接使用 single-leader replication 就好了。

避免衝突

處理衝突的最簡單策略就是避免衝突產生：針對某個記錄的所有寫入，如果應用程式可以確保它們都經過同一個 leader 的話，這樣一來衝突就不會發生了。因為許多 multi-leader replication 的實作在處理衝突方面的效果都不算太好，所以大家還是比較推薦避免衝突的作法 [34]。

舉例來說，對於某位使用者的應用程式，系統可以把來自它的請求都路由到同一個資料中心，始終使用該資料中心中的 leader 進行讀寫。不同使用者可能有各自的「home」資料中心（可能是根據地理距離選擇的），這樣一來，從任一個使用者的角度來看，基本上就等同於在使用 single-leader 組態。

然而，有時候你可能會需要更換指派給某個記錄的 leader，像是原本的資料中心失效而需要將流量重新路由到另一個資料中心，又或者是使用者移動到距離另一個資料中心更近的位置。在這種情況下，避免衝突的措施失效了，可能會發生同時寫入不同 leaders 的狀況，這必須正確處理才行。

漸趨一致的狀態

Single-leader 資料庫會按順序實施寫入：如果同一欄位有多次更新，那麼由後寫者決定該欄位的新值。

對於 multi-leader 組態，寫入順序沒有定義，因此最終值是不確定的。圖 5-7 中，Leader 1 先將 title 更新為 B，再更新為 C；Leader 2 則是先更新為 C，再更新為 B。麻煩的是，這兩種順序並沒有說哪一個「比較正確」。

如果每個副本只是按各自看到的寫入順序來實施寫入，資料庫終將會落入不一致的狀態：最終值在 Leader 1 是 C，在 Leader 2 卻是 B。這當然是不可接受的，因為複製系統必須確保所有副本中的資料最終是一致的。

因此，資料庫必須以一種可以**收斂的**（*convergent*）方式來解決衝突，這表示所有變更一旦複製到各副本，那麼這些副本同步後的終值必將一致。

有多種解決衝突的方法能夠實現收斂：

- 幫每個寫入都配發一個唯一的 ID，像時間戳記（或長亂數、UUID、鍵值的雜湊等），然後讓具有最高 ID 的寫入成為**贏家**（*winner*），並丟棄其他的寫入。如果使用時間戳記的話，這種技術稱為**後寫者贏**（*last write wins*, LWW）。雖然這種方法很流行，但它其實很容易丟失資料 [35]。本章最後會更詳細地討論 LWW（參見第 185 頁「檢測並發寫入」）。

- 幫每個副本都分配一個唯一的 ID，讓高編號副本的寫入始終優先低編號副本的寫入。這種方法也會有資料遺失的風險。

- 以某種方式將這些值合併在一起。例如，按字母順序排列後，再拼接起來（圖 5-7 的標題拼接起來可能會像「B/C」這樣）。

- 定義一個明確的資料結構來紀錄所有資訊，並編寫一個可以在稍後解決衝突的應用程式碼（可能是跳出提示來讓使用者解決衝突）。

自訂解決衝突的邏輯

解決衝突最合適方法可能和應用有關，所以大多數 multi-leader replication 工具都允許使用者在應用程式碼自己編寫解決衝突的邏輯。程式碼可以在資料寫入或讀取時被執行：

寫入時執行

一旦資料庫系統在複製變更日誌時檢測到衝突，就會呼叫衝突處理程式。例如，Bucardo 可以讓你為此編寫一段 Perl 程式碼。這個處理程式通常不能拋出提示給使用者，因為它運行在背景程序中，而且也要迅速執行完畢。

讀取時執行

當檢測到衝突時，所有發生衝突的寫入都會被儲存下來。下一次讀取資料時，這些不同版本的資料將傳回給應用層。應用程式可能會自動解決衝突或是拋出提示給使用者來解決衝突，最後再將決定的結果寫回資料庫。例如，CouchDB 就採取了這樣處理模式。

注意，解決衝突通常只適用個別單列或 document 資料，而不適用於整個交易 [36]。因此，如果有一個原子交易內含幾個不同的寫入請求（參見第 7 章），要解決衝突的話，那麼每個寫操作都要分開考慮才行。

自動解決衝突

解決衝突的規則可能很快就會變得複雜，而自訂程式碼可能又很容易出錯。Amazon 有一個因為衝突解決處理器（conflict resolution handle）處理不當，而經常被拿來說嘴的反例：有一段時間，購物車上的衝突解決邏輯會保留住已添加到購物車中的商品，但卻沒有處理那些從購物車移除的商品。

因此，造成客戶有時候會發現被移出購物車的商品又再次出現在他們的購物車當中 [37]。在自動解決並發修改資料方面所引起的衝突，有一些有趣的研究。以下幾項值得一提：

- 無衝突的複製資料類型（*conflict-free replicated datatypes*, CRDTs）[32, 38] 是一個包含集合、映射（字典）、有序列表、計數器等的資料結構家族，它 們可被多個使用者並發編輯，然後自動解決衝突。Riak 2.0 有一些 CRDTs 的實作 [39, 40]。

- 可合併的持久性資料結構（*mergeable persistent data structures*）[41] 會 明確跟蹤變更歷史，有點像 Git 版本控制系統，並使用三向合併（three-way merge）功能。與上面相比，前述的 CRDTs 是使用雙向合併（two-way merge）。

- 操作轉換（*operational transformation*）[42] 是 Etherpad [30] 和 Google Docs [31] 等協作編輯應用程式背後的衝突解決演算法。它是專門為同時編 輯有序列表所設計的，例如構成文本檔案的字元列表。

這些演算法在資料庫中的實作還在起步階段，但將來可能有更多的資料複製系 統會把它們整合進來。自動解決衝突可以讓應用程式更輕鬆地處理 multi-leader 的資料同步。

怎樣才算衝突？

有些衝突是顯而易見的。在圖 5-7 的例子，兩個寫入操作同時修改了同一記錄的相同欄 位，對其設置了兩個不同的值。毫無疑問，這絕對是一個衝突。

有些類型的衝突可能不太容易察覺。舉例來說，考慮一個會議室預約系統：它會跟蹤哪 一組人在什麼時段預約了哪間會議室。應用程式需要確保每一間會議室在任意時段都 只能有一組人可以預約下來（即會議室不得被重複預約）。在這種條件下，如果同一時 段、同一間會議室出現兩個不同的預約，就會產生衝突了。即使應用程式可以讓使用者 在預約時檢查會議室是否空閒，但如果兩個預約是在不同的 leader 上進行的話，還是可 能會有發生衝突的狀況。

處理這個問題並沒有可以直接套用的現成方案，但是沿著接下來幾個章節的路徑走下 去，我們對這個問題會有更好的理解。我們將在第 7 章看到更多衝突的例子，第 12 章 也會討論如何檢測和解決複製系統中的衝突。

Multi-Leader 複製的拓撲

複製的拓撲結構描述了將寫入請求從一個節點傳播到另一個節點的通訊路徑。如果有兩個 leaders，如圖 5-7 所示，那麼就只會有一種可靠的拓撲：Leader 1 必須將所有的寫入同步到 Leader 2，反之亦然。如果有兩個以上的 leaders，就可能有多種不同的拓撲結構了。圖 5-8 給出了一些例子。

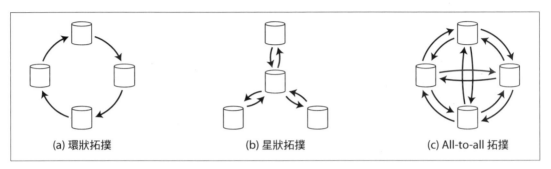

圖 5-8　可以設置 multi-leader replication 的三個拓撲範例

最普通的拓撲是如圖 5-8(c) 的 *all-to-all* 結構，其中每個 leader 都會將寫入同步到別的 leader。還有一些規則更嚴謹的拓撲：例如，MySQL 預設只支援環狀拓撲（*circular topology*）[34]，其中每個節點只會接收來自它前一個節點的寫入，然後將這些寫入（加上它自己的寫入）轉發給下一個節點。另一種也很流行的拓撲是星狀的結構[5]：指定一個根節點來將寫入轉發給其他節點。星狀拓撲還可以進一步推廣成樹結構。

在環狀和星狀拓撲中，寫入在到達所有副本之前可能需要經過幾個節點。因此，節點需要轉發從其他節點接收到的資料變更。為了防止無限的複製迴圈，每個節點會被賦予唯一的識別碼，在複製日誌中，寫入會被標記上所有已通過節點的識別碼 [43]。當節點接收到包含它自己識別碼的資料變更時，節點便可以忽略該變更而不再轉發，因為節點知道它已經被處理過了。

環狀和星狀拓撲有個問題，當一個節點故障，節點之間的複製訊息流也會跟著中斷，直到故障的節點修復為止。在大多數部署中，可以重新組態拓撲來排除失效的節點，但這種重新組態必須通過手動來完成。連接更緊密的拓撲（如 all-to-all）允許訊息沿著不同的路徑傳播，因為可以避免單點故障，所以容錯性也會更好。

5　不要與星狀基模搞混了（參見第 94 頁「星狀與雪花：用於分析的基模」），它描述的是資料模型的結構，而這裡所說的星狀拓撲是節點之間的通訊模型。

另一方面，all-to-all 拓撲也存在一些問題。特別是容易受網速的影響，比如說有一些網路連線的速度比其他連線更快（可能是網路擁塞造成），從而導致某些複製訊息可能會有「超車」的情況，如圖 5-9 所示。

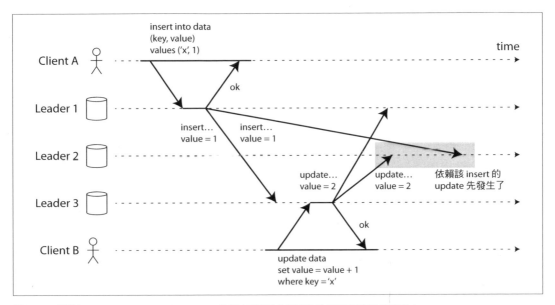

圖 5-9　對於 multi-leader replication，寫入可能會以錯誤的順序到達某些副本

圖 5-9 中，Client A 先在 Leader 1 上插入一列到資料庫，Client B 在 Leader 3 上更新了這一列。然而，Leader 2 接收到的寫入可能會以不同的順序到達：它或許是先接收到更新（從它的角度來看，這是在更新資料庫中不存在的列），然後才接收到相應的插入（照理說原本應該在更新之前到達）。

這裡涉及到因果關係的問題，類似於第 166 頁「一致性前綴讀取」看到的問題：更新操作依賴於之前完成的插入，因此我們需要確保所有節點先處理完插入，然後才能處理更新。單純為寫入加上時間戳記來判斷因果關係是不夠的，因為時間其實不能信任，導致無法在 Leader 2 上正確地排列事件的順序來達到充分的同步（見第 8 章）。

如果要正確排列事件，可以使用一種稱為**版本向量**（*version vectors*）的技術，本章後面很快會討論到（參見 185 頁「檢測並發寫入」）。然而，許多 multi-leader replication 系統並沒有很好的衝突檢測實作。例如在撰寫本書時，PostgreSQL BDR 並未提供寫入的因果順序 [27]，MySQL 的 Tungsten Replication 甚至沒有嘗試衝突檢測 [34]。

如果你使用了 multi-leader replication 的系統，這些問題都值得去注意。仔細閱讀說明文件，並徹底測試你的資料庫，以確保它確實提供了你認為它應該有的保證。

無領導複製

到目前為止本章討論的複製方法，包括 single-leader 和 multi-leader replications，都是基於這種想法：客戶端向一個節點（leader）發送寫入請求，資料庫負責將寫入複製到其他副本。Leader 決定寫入的順序，followers 以同樣的順序實施寫入。

有些資料儲存系統選擇放棄 leader 的概念而採用了不同的方法，它們讓任何副本都可以直接接受客戶端的寫入請求。一些早期的複製資料系統是 leaderless 的 [1, 44]，但後來在關聯式資料庫成為主流的時代，這種想法就幾乎被遺忘了。不過，當 Amazon 內部的 *Dynamo* 系統採用了這種做法之後 [37]，它又再次成為一種流行的資料庫架構[6]。Riak、Cassandra 和 Voldemort 都是受到 Dynamo 的啟發而採用了 leaderless replication models，這種資料庫也被稱為是 *Dynamo-style* 的。

有些 leaderless 的實作是讓客戶端直接發送寫入請求給多個副本，而有另外一些實作是由一個協調節點（coordinator）代表客戶端來執行此寫入。但是協調器的角色與 leader-based 資料庫的 leader 不太一樣，協調器並不在意寫入的順序。正如我們很快就會看到的，這種設計上的差異對資料庫的使用方式有著深遠的影響。

當節點失效時寫入資料庫

假設你的資料庫配置有三個副本，但其中一個副本目前不可用，例如它可能正在重啟或安裝系統更新。在 leader-based 的組態中，如果希望繼續處理寫入，就可能需要執行 failover（請參閱第 156 頁的「處理節點失效」）。

在 leaderless 組態中，不存在 failover 的切換操作。圖 5-10 說明發生節點失效的情況：客戶端（User 1234）並行地發出寫入請求給這三個副本，其中兩個正常的副本接受了請求，但失效的副本則錯過了請求。假設兩個正常的副本都確認寫入：在 User 1234 收到兩個 *ok* 回應後，我們即可認為寫入成功了。客戶端簡單地忽略了有一個副本錯過寫入請求的事實。

---

[6] Amazon 並不開放 Dynamo 給外部的使用者使用。比較讓人困惑的是，AWS 又提供了一個名為 *DynamoDB* 的託管型資料庫產品，但是它們使用的是完全不同的架構：DynamoDB 是基於 single-leader replication 的資料庫。

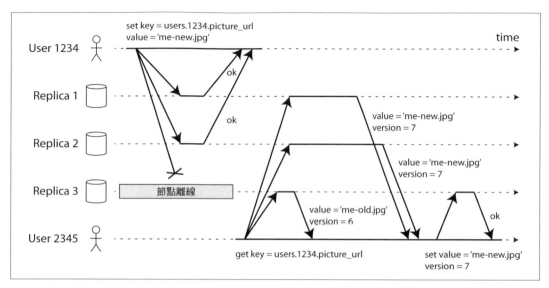

圖 5-10 節點失效後進行的 quorum 寫入、quorum 讀取和讀取修復

現在假設失效節點重新恢復連線，客戶端開始從它身上讀取資料。但是，節點錯過了任何在失效期間所發生的寫入，因此在該節點還未得到正確同步以前，從該節點讀取資料所得到的回應可能還是舊值。

為了解決這個問題，當客戶端從資料庫讀取資料時，它不會只將請求發送給一個副本，而是將讀取請求平行地發送給多個節點。客戶端可以從不同節點取得回應，也就是可能從一個節點取得最新值、從另一個節點取得舊值。系統可以運用版本號來確定哪個值才是比較新的（請參閱 185 頁「檢測並發寫入」）。

利用讀取來修復和反熵

複製系統應該確保所有資料最終都能複製到每個副本中。但是在一個失效節點恢復連線後，它要如何追上它所錯過的寫入呢？

在 Dynamo-style 的資料儲存中經常使用以下兩種機制：

利用讀取來修復

當客戶端並行地讀取幾個節點時，它可以順便檢測出帶有舊值的回應。以圖 5-10 為例，User 2345 從副本 3 讀到的值是版本 6，從副本 1 和副本 2 讀到的值則已經是版本 7。客戶端看到副本 3 有一個舊值後，就可以再將較新的值寫回給該副本。這種方法很適合用在讀值頻繁的場景。

反熵程序

另外，某些資料儲存在背景會有一個程序不斷查找副本之間的資料差異，然後把遺失的資料複製給有缺失的副本。與 leader-based replication 的複製日誌不同，這個**反熵程序**（*anti-entropy process*）並不會以特定的順序來複製寫入，而且在資料得以被複製之前可能已經存在一段相當大的延遲了。

並不是所有系統都有實作這兩種方案，例如 Voldemort 目前就沒有反熵程序。注意，如果沒有反熵程序但又要靠讀取修復的話，因為讀取修復只會在應用程式讀值時才會被執行，所以還是可能有一些副本會錯失某些很少被讀取的值，從而降低了對資料寫入的持久性保證。

讀取和寫入的法定票數演算（Quorums）

圖 5-10 的例子中，只要資料寫入了三個副本中的其中兩個，我們就認為寫入成功了。但如果三個副本中，只有一個接受寫入請求呢？究竟要多少比例完成了寫入，才可以認定寫入是成功的呢？

如果我們知道每個成功的寫入，都保證三個副本中至少有兩個完成寫入，這樣就表示最多只有一個副本會持有舊值。因此，我們如果至少從兩個副本讀取值，就能確保一定會讀到最新值。因此當第三個副本失效或回應較慢時，我們仍然可以讀取到資料的最新值。

我們可以把上述案例進一步做推廣。如果現在有 n 個副本，每次寫入請求都必須由 w 個節點確認為成功，而且每次至少從 r 個節點讀取資料（上例的 $n = 3$、$w = 2$、$r = 2$）。如果我們可以保證 $w + r > n$，就可以預期讀回的資料至少有一個是最新的，因為這 r 個節點當中至少會有一個持有資料的最新值。遵守這個規則的讀寫稱為符合**法定票數**的讀寫（*quorum* reads and writes）[44][7]，其中的 r 和 w 是用來判斷有效讀寫的最低票數。

7　這種法定票數有時候稱為嚴格法定票數（*strict quorum*），與之對比的是寬鬆法定票數（sloppy quorums），請見第 184 頁的「寬鬆的 Quorums 和提示移交」。

對於 Dynamo-style 資料庫，n、w 和 r 通常是可組態的參數。一個常見的選擇是讓 n 為奇數（通常為 3 或 5），讓 $w = r = (n + 1) / 2$（四捨五入），但你可以根據需要來調整這些參數。例如對於寫少讀多的工作負載，設定成 $w = n$、$r = 1$ 可能比較合適，因為這可以讓讀取速度更快；不過這會有個缺點，只要一個節點失效的話，就會因為無法符合法定票數而導致對資料庫的所有寫入都失敗。

 叢集中可能存在超過 n 個節點，但是對任何給定值就只讓它最多儲存在 n 個節點上。這樣就可以對 dataset 進行分區，從而容納更大的資料集（比單一個節點所能容納的 datasets 還要大）。第 6 章會討論分區技術。

只要符合 quorum 條件 $w + r > n$，系統就可以容忍以下的節點失效情況：

- 若 $w < n$，當一個節點不可用，系統仍然可以處理寫入請求。

- 若 $r < n$，當一個節點不可用，系統仍然可以處理讀取請求。

- 若 $n = 3$、$w = 2$、$r = 2$，系統可以容忍 1 個節點不可用。

- 若 $n = 5$、$w = 3$、$r = 3$，系統可以容忍 2 個節點不可用。圖 5-11 展示了這種情況。

- 通常，讀和寫總是平行發送給所有 n 個副本。參數 w 和 r 決定了我們要等待回應的節點數量，即判斷讀寫操作是否認定為成功之前，到底 n 個節點當中需要有多少個報告成功才算數。

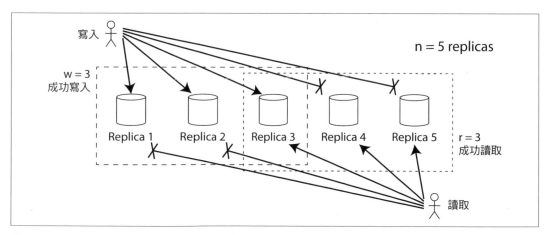

圖 5-11　如果 $w + r > n$，那麼讀取的 r 副本中至少有 1 個會有資料的最新值

如果可用的節點數量少於所需的 r 或 w，那麼讀或寫都將傳回錯誤。節點不可用的原因有很多：節點失效（崩潰、關機）、操作性錯誤（磁碟已滿）、網路中斷等等。我們只關心節點是否傳回成功的回應，而不需要區分不同類型的故障原因。

Quorum 一致性的限制

如果副本為 n 個，並且所選的 w 跟 r 能使 $w + r > n$ 成立，通常就可以預期每次讀取都能得到資料的最新值。之所以這樣，是因為寫入和讀取的節點集合之間必然會有重疊。也就是說接受讀取請求的節點中，一定至少有一個持有資料的最新值（如圖 5-11 所示）。

通常，r 和 w 的數量各選擇大於 $n/2$（過半成為多數），這樣可以符合 $w + r > n$ 的條件，還可以容忍最多 $n/2$ 個（四捨五入）節點故障。但是 quorums 的過半多數並非關鍵，讀寫時使用的節點集合中是否至少有一個節點是重疊的才是關鍵所在。因此設定其他的 quorum 分配也是可行的，這讓分散式演算法在設計上可以保有彈性 [45]。

參數 w 和 r 也可以設定為更小的數字，使得 $w + r \le n$（不滿足法定票數條件）。在這種情況下，讀和寫仍然會發送給 n 個節點，但現在只需要等待更少的節點回應成功即可視為整體操作成功。

使用更小的 w 和 r，讀到舊值的可能性就提高了。從好的方面來說，這種組態可以帶來更低的延遲和更高的可用性。如果發生網路中斷，雖然許多副本變得無法存取，但是還能繼續處理讀寫的機會也相對比較高。只有當可存取副本的數量低於 w 或 r 時，資料庫才會變得不可用，這個時候，資料庫就會發生不可寫或不可讀的情況。

然而，即使符合條件 $w + r > n$，也可能會出現傳回舊值的邊緣情況。這取決於具體的實作，可能的情境有：

- 當採用 sloppy quorum（參見 184 頁的「寬鬆的 Quorums 和提示移交」），那麼接受 w 個寫入和接受 r 個讀取的節點可能不是原先節點集合的一員，因此會讓 r 個節點和 w 個節點之間不再有重疊保證 [46]。

- 如果兩個寫入操作同時發生，但無法釐清哪一個先發生。在這種情況下，唯一安全的解決方案是將並發的寫入進行合併（參見第 171 頁的「處理寫入衝突」）。如果根據時間戳記選擇了贏家（後寫者贏），真正的最新值可能會由於 clock skew（時鐘偏差）的問題而丟失 [35]。我們會在第 185 頁「檢測並發寫入」回到這個問題。

- 如果對資料的寫入與讀取同時發生，而寫入可能還未反映到所有副本。在這種情況下，就沒有辦法確認讀取到的資料是舊值還是新值了。

- 如果一個寫入在某些副本上已確定成功，但在其他副本上卻發生失敗的話（比如節點磁碟已滿），成功的副本數量合計將少於 w 個，但是已成功的副本並不會執行回滾。這表示，如果一個寫入被報告為失敗，後續的讀取也不一定可以拿到該寫入的新值 [47]。

- 如果某個持有新值的節點失效之後，卻在復原時仰賴了帶舊值的副本，那麼就可能讓持有新值的副本數量低於 w，從而破壞了 quorum 條件。

- 即使一切工作正常，在某些邊緣情況還是可能因為 timing 出差錯而出現問題，我們將在第 334 頁的「可線性化和法定人數」說明這個情況。

因此，雖然 quorums 看起來可以保證讀取到最新值，但實際上並不是那麼簡單。Dynamo-style 資料庫通常是針對可以容忍最終一致性的場景而最佳化的。參數 w 和 r 是讓你用來調整讀到舊值的機率，最好不要將它們視為一種絕對的保證。

特別是當你無法獲得第 161 頁「複製落後的問題」討論的保證時（讀已所寫、單調讀取或一致性前綴讀取），前面提到的各種異常還是可能會出現在應用程式中。通常更有力的保證還需要借重交易或共識才行，第 7 章和第 9 章會再回到這些主題。

監控舊值

從營運的角度來看，監控資料庫是否傳回最新結果是非常重要的。就算應用程式能夠容忍讀到舊值，也需要去瞭解複製的運行狀況。如果資料已經出現嚴重落後，系統就應該發出警告，以便讓你可以著手調查原因（例如，網路問題或節點超載）。

對於 leader-based replication，資料庫通常會有複製落後的指標，你可以將這些指標提供給監控系統。這是做得到的，因為在 leader 和 follower 上的寫入都是以相同的順序實施，在每個節點的複製日誌中也有相應的記錄位置（已在本地實施的寫入數量）。只要用 leader 的當前紀錄位置減去 follower 的當前記錄位置就可以得到偏差值，進而測量出複製落後的程度。

但是，在 leaderless replication 的系統中，寫入的實施順序是不固定的，因而會讓監控變得更加困難。另外，如果資料庫只使用讀取修復（沒有反熵），這樣一個值的落後程度就沒有上限。如果一個值很少被讀取，那麼從舊副本所傳回的值就很可能非常過時了。

已經有一些關於測量 leaderless replication 資料庫副本陳舊程度的研究，以及根據參數 n、w 和 r 來預測讀到舊值的機率 [48]。但是，這些還不是常見的做法，因此最好還是用資料庫的標準度量指標來進行舊值監測。最終一致性其實是一個模糊的保證，以維運的角度來說，對「最終」做出量化是很重要的一件事。

寬鬆的 Quorums 和提示移交

資料庫透過適當的 quorums 組態，可以容忍個別節點的故障，而不需要進行 failover。它們還可以容忍個別節點變慢（例如超載），因為請求不必等待所有 n 個節點回應，它們可以在 w 或 r 個節點回應後就回傳結果。這些特徵使得 leaderless replication 資料庫對於需要高可用性、低延遲並且可以容忍偶爾讀到舊值的情境很有吸引力。

然而，截至目前所描述的 quorums 並不如想像中可以提供高容錯能力。網路中斷很容易地就會切斷客戶端與大量節點的連線。儘管這些節點還活著，其他客戶端也確實可以連接到它們，但是對於那些和節點失去連接的客戶端來說，這些節點就與死了無異。在這種情況下，對於客戶端來講剩下的可達節點可能已經少於 w 個或 r 個，因此 quorum 條件無法再被滿足。

在大規模叢集中（節點遠多於 n 個），雖然客戶端在網路中斷期間可能會改連到某些資料庫節點，但是對特定資料而言，這些節點可能無法滿足對資料的 quorum 條件。對於這種情況，資料庫設計人員將會面臨一個取捨：

- 對於所有無法滿足 w 或 r 個法定票數節點的請求，通通回傳錯誤是否會比較好呢？

- 或者是否應該接受寫入請求，並將它們寫到某些可達但不屬於該資料存放的 n 個節點集合上呢？

後一種作法稱為**寬鬆的** *quorum*（*sloppy quorum*）[37]：寫和讀仍然需要 w 和 r 個成功回應，但是這些回應可能會來自一些新節點，而這些新節點並不屬於資料之前存放的那 n 個「home」節點。打個比方，如果你把自己反鎖在門外，可以去敲鄰居的門，拜託鄰居的家借你暫坐一下。

一旦網路中斷修復後，暫時代理的節點會把這段失效期間所發生的寫入再發送給適當的「home」節點。這就是所謂的**提示移交**（*hinted handoff*）。一旦你家的鑰匙失而復得，鄰居就會禮貌地要求你回自己的狗窩了。

Sloppy quorum 對於提升寫入的可用性特別有用：只要還有 w 個節點可用，資料庫就可以接受寫入。但是，這表示即使滿足 $w + r > n$，也不能確保讀取到資料的最新值，因為最新值可能會被臨時寫到 n 個節點之外的其他節點，還未同步過來 [47]。

因此，sloppy quorum 實際上並不是傳統的 quorum。它只是一種對持久性的保證，也就是說資料一定會被儲存在某處的 w 個節點上。在提示移交完成之前，不能保證對 r 個節點的讀取就一定會得到資料的新值。

Sloppy quorums 在常見的 Dynamo 實作中都是可選的選項。Riak 預設是啟用的，而 Cassandra 和 Voldemort 預設則是不啟用 [46, 49, 50]。

多資料中心營運

我們之前討論過 multi-leader replication 跨資料中心複製的情境（請參閱第 168 頁「多領導複製」）。Leaderless replication 也適用於多資料中心操作，因為它也是可以容忍並發寫入衝突、網路中斷和突發延遲的設計。

Cassandra 和 Voldemort 在正規的 leaderless model 中實作了多資料中心支援：副本數量 n 包括所有資料中心的節點，可以在組態中指定每個資料中心中負責 n 個當中的多少個副本。客戶端的寫入請求會發送給所有副本，與資料中心無關，客戶端通常只是等待本地資料中心的 quorum 節點確認，因此不會受跨資料中心延遲和中斷的影響。儘管組態配置靈活，但是對於具有寫入延遲比較高的資料中心，通常會組態為採用非同步的複製方式 [50, 51]。

Riak 將客戶端和資料庫節點之間的所有通訊保持在個別資料中心本地，因此 n 描述的是一個資料中心內的副本數量。資料庫叢集之間的跨資料中心複製會在背景非同步地運行，風格有點像 multi-leader replication [52]。

檢測並發寫入

Dynamo-style 資料庫允許多個客戶端對同一個資料並發寫入，這表示就算使用嚴格的 quorums，衝突還是可能會發生。這和 multi-leader replication 的情況類似（請參閱第 171 頁「處理寫入衝突」），所以就算使用 dynamo-style 資料庫，衝突還是可能在讀取修復或提示移交期間發生。

問題是，事件由於不固定的網路延遲和局部故障，可能會以不同的順序到達不同的節點。例如，圖 5-12 有 A 和 B 兩個客戶端，同時對一個具有三節點 datastore 中的鍵 X 寫入值：

- Node 1 接收到了 A 的寫入請求，但由於暫時性失效，Node 1 並未接到 B 的請求。

- Node 2 先接收到了 A 的寫入請求，然後是 B 的請求。

- Node 3 先接收到了 B 的寫入請求，然後是 A 的請求。

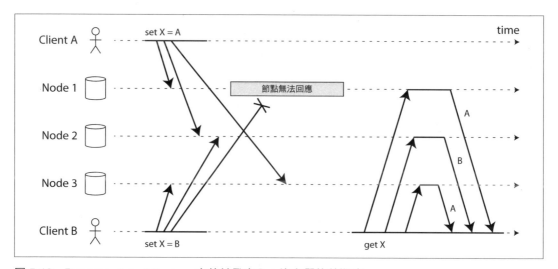

圖 5-12　Dynamo-style datastore 中的並發寫入：沒有嚴格的順序

無論何時，如果每個節點收到一個客戶端的寫入請求時，只是簡單地覆寫一個 key 的 value 的話，那麼這些節點永遠都無法達成一致。如圖 5-12 最後的 *get* 請求：Node 2 認為 X 的最終值是 B，而其他節點則認為最終值是 A。

若要達到最終一致，副本都應該收斂到相同的值。但是怎麼樣才能做到呢？大家都希望資料庫可以自動處理這個問題，可惜的是，大多數實作都無法如人所願：如果想要避免資料遺失，應用程式開發人員就需要瞭解資料庫內部處理衝突的機制。

我們在第 171 頁的「處理寫入衝突」中已經介紹了一些解決衝突的技術。在本章結束之前，讓我們更詳細地探討一下這個問題。

後寫者贏（丟棄並發的寫入）

實現最終收斂的一種方法是聲明每個副本只需要儲存最新的值，並允許舊值被覆寫和丟棄。然後，只要我們有某種方法可以確定哪個寫入才是「最近的」（recent），而且讓每個寫入最後都會複製到每個副本，那麼這些副本最終都會收斂到相同的值。

「最近的」一詞實際上相當有誤導性。在圖 5-12 的例子，當客戶端向資料庫節點發送寫入請求時，因為這兩個客戶端不知道彼此的存在，因此不清楚誰先來後到。實際上，要說這兩種情況都是「第一個」（first）發生根本沒有意義：我們說寫入是**並發的**（*concurrent*），所以它們的順序本來就沒有明確的定義。

就算寫入請求沒有自然的順序，我們還是可以強加順序在它們身上。例如，為每個寫入請求加上時間戳記，將時間戳最大者當成是「最近的」，並丟棄任何較早時間戳記的寫入請求。這個解決衝突的演算法稱為 *last write wins*（LWW），是 Cassandra 中唯一支援的衝突解決方法 [53]，在 Riak 中它是一個可選的功能 [35]。

LWW 可以達到最終收斂的目標，但是以犧牲資料持久性作為代價：如果有多個針對相同資料的並發寫入，即使它們都向客戶端報告成功（因為完成了對 w 個副本的寫入），但最後其實只有一個寫入值會存活下來，其他的則會默默地被系統丟棄。此外，LWW 甚至可能刪掉非並發的寫入，我們將在第 291 頁「事件排序的時間戳記」中討論這件事。

在某些情況下或許可以接受寫入丟失，比如快取。不過，倘若資料遺失是不能被接受的話，那麼選擇 LWW 來解決衝突恐怕會讓事情更不妙。

在資料庫使用 LWW，唯一安全方法是確保一個 key 只能寫入一次 value，然後就視其為不可變的，從而避免對同一個 key 的並發更新。例如，在 Cassandra 的推薦做法是使用 UUID 作為 key，因此可以為提供一個系統上唯一的 key 給每個寫入操作 [53]。

happens-before 和並發性

我們要如何判斷兩個操作是並發的呢？我們來看一些例子：

- 在圖 5-9 中，兩個寫入都不是並發的：A 的插入發生在 B 的增量修改之前，因為 B 遞增的值是 A 所插入的值。換句話說，B 的操作是建立在 A 的操作之上的，所以 B 的操作必須發生在後面。我們還會說 B 在因果上依賴於 A。

- 另一方面，圖 5-12 中的兩個寫入是並發的：每個客戶端發起寫入請求時，並不知道彼此是否正在對同一個鍵執行操作。因此，操作之間沒有因果依賴關係。

如果 B 知道 A、或依賴於 A、或以某種方式建立於 A 的基礎之上，那麼可以說操作 A 在操作 B 之前發生（A *happens before* B）。一個操作是否確定在另一個操作之前發生，是定義**並發性**的關鍵。事實上，如果兩個操作沒有要求哪一個要先發生（例如兩者都不知道對方），我們就可以簡單地說這兩個操作是並發的 [54]。

因此當你有兩個操作 A 和 B 時，有三種可能：A 在 B 之前發生，或者 B 在 A 之前發生，或者 A 和 B 並發。我們需要一個演算法來判斷兩個操作是否為並發。如果一個操作確定是在另一個操作之前發生，後來的操作應該覆寫前面的操作；但如果操作是並發的，就會出現需要解決的衝突。

並發性、時間和相關性

如果兩個操作「同時」發生，似乎應該稱為並發操作。但實際上，它們是否在時間上重疊並不重要。由於分散式系統中的時鐘（clocks）問題，實際上很難判斷兩件事情是否同時發生。第 8 章會詳細討論這個問題。

對於定義並發性，確切發生的時間並不重要：如果兩個操作不知道彼此，不管它們發生的物理時間為何，我們都可以簡單地將它們視為並發操作。人們有時候會把這個原則和物理學的狹義相對論作聯想 [54]，後者提出了資訊傳遞的速度極限無法超越光速的觀點。因此如果有兩個在距離上相隔兩地的事件，它們發生的時間差比起光從兩地折返的時間要短的話，那麼這兩個事件就不可能影響到彼此。

在電腦系統中，兩個操作即使違背上述的光速原則，它們還是可能被視為並發的。例如，當時的網路速度太慢或中斷，造成兩個操作可能相隔一段時間先後發生，但這仍然是並發的，因為網路問題會使一個操作無法知道另一個操作的存在。

擷取 happens-before 先後關係

我們來看一種演算法，它可以確定兩個操作是否為並發，或者一個操作是否確定在另一個操作之前發生。為了簡單起見，我們從只有一個副本的資料庫開始。一旦了解如何在單副本上執行此操作，我們就可以將此方法推廣到多副本的 leaderless 資料庫。

圖 5-13 顯示兩個客戶端並發地添加商品到同一台購物車。剛開始，購物車是空的。然後，客戶端對資料庫做了 5 次寫入操作：

1. Client 1 把 milk 放進購物車。這是對購物車 cart 這個 key 的第一次寫入，伺服器成功儲存並將其設為 version 1。伺服器還將它的值與版本號一起回傳給客戶端。

2. Client 2 將 eggs 放進購物車，此時他不知道 Client 1 也同時放進了 milk（Client 2 認為購物車中只有他的 eggs）。伺服器將此寫入操作設為 version 2，並將 eggs 和 milk 這兩個值個別儲存下來。然後它將這兩個值以及版本號 2 都傳給客戶端。

3. Client 1 沒有意識到 Client 2 的寫入，想要再把 flour（麵粉）放進購物車，所以他認為目前購物車中的內容應該是 [milk, flour]。他將這個值連同伺服器之前提供版本號 1 發送給伺服器。伺服器可以從版本號看出 [milk, flour] 的寫入值可以取代先前的 [milk]，但它與 [eggs] 是並行的。因此，伺服器將 [milk, flour] 設為 version 3，覆蓋掉 version 1 的值 [milk]，但 version 2 的值 [eggs] 仍然保留住，接著將兩者的值傳回給客戶端。

4. 同時，Client 2 也想把 ham（火腿）放進購物車，但不知道 Client 1 剛剛又放了 flour。Client 2 上次從伺服器接收到的回應是 [milk] 和 [eggs] 這兩個值，因此客戶端現在合併這些值並新增 ham 得到了一個新值 [eggs, milk, ham]。他將這個值與之前的版本號 2 一起發送給伺服器。伺服器檢測到 version 2 覆寫了 [eggs]，但與 [milk, flour] 並發，所以 version 3 保留 [milk, flour]，而 version 4 保留的值是 [eggs, milk, ham]。

5. 最後，Client 1 想再加買 bacon（培根）。他之前在 version 3 從伺服器接收到的值個別是 [milk, flour] 和 [eggs]，所以將它們合併後增加 bacon，並將最終值 [milk, flour, eggs, bacon] 與版本號 3 一起發送給伺服器。這會覆寫掉原先的 [milk, flour]，但是它與 [eggs, milk, ham] 並發，伺服器會保留這兩個並發值。

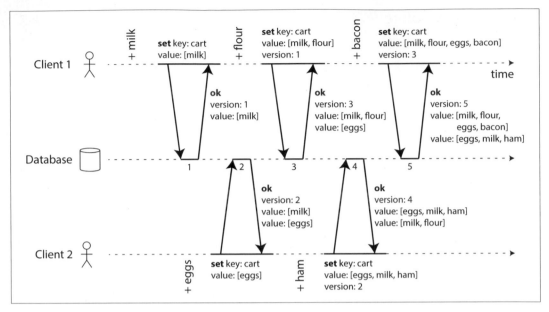

圖 5-13　以兩個客戶端並發編輯購物車為例來說明如何擷取事件的因果關係

圖 5-13 操作之間的資料流程,可以用圖 5-14 的圖形來說明,其中箭頭表示某個操作**發生在其他操作之前**,在某種意義上,也就是說後來的操作**知道**或**依賴**於前面的操作。對於本例,因為總是有另一個操作正在同時進行,所以客戶端永遠不會和伺服器上的資料保持同步更新。但是該值的舊版本最終還是會被覆寫,所以不會發生寫入值遺失的狀況。

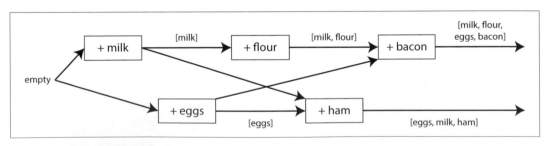

圖 5-14　以流程圖來說明圖 5-13 中的事件因果關係

注意，伺服器可以查看版本號來確定兩個操作是否為並發，它不需要解釋值本身的意義（因此值可以是任何資料結構）。演算法的工作原理如下：

- 伺服器會幫每個 key 維護版本號，每次對該 key 進行寫入操作時遞增版本號，並將新版本號隨寫入值一起儲存下來。

- 當客戶端對某個 key 進行讀取操作時，伺服器會傳回所有還沒被覆寫的當前值，以及最新的版本號。客戶端在對某個 key 發出寫入請求之前，必須先對其發出讀取請求。

- 當客戶端對某個 key 進行寫入操作時，除了必須包含之前讀回的版本號以外，還要將新值與先前讀回的所有值做合併（寫入請求的回應可以類似於讀取請求，傳回所有當前值，這樣就可以像購物車例子中那樣將多個寫入值連結起來）。

- 當伺服器收到一個帶版本號的寫入請求時，它可以覆寫所有低於或等於該版本號的值（它知道這些值已經合併到新值），但更高版本號的所有值都必須繼續保留（因為這些值與當前的寫入是並發的）。

當寫入請求包含前次讀取的版本號時，這樣子寫入就可以知道它所奠基的狀態。如果寫入請求沒有包含版本號，那麼它將會視為和其他寫入並發，因此不會覆寫任何內容，而是作為後續傳出給讀取操作的值之一。

合併並發寫入的值

這種演算法可以確保沒有資料會被默默地丟棄，但是，它需要客戶端幫忙做一些額外的工作：如果多個操作同時發生，客戶端必須在隨後合併並發寫入的值來梳理資料。Riak 將這些並發值稱為**兄弟值**（*siblings*）。

本質上，合併兄弟值與前面討論過的 multi-leader replication 的衝突解決問題是相同的（參見第 171 頁「處理寫入衝突」）。一種簡單的方法是根據版本號或時間戳記（後寫者勝）來擇出其中一個值，但這也意味著會有資料遺失。因此，你可能需要在應用程式碼中執行一些更聰明的操作。

對於購物車的例子，合併兄弟值的合理方式是直接取 union。圖 5-14 中，最後的兩個兄弟值是 [milk, flour, eggs, bacon] 和 [eggs, milk, ham]；請注意，milk 和 eggs 在兩者都有出現，儘管它們都只寫入一次而已。合併後的值會像 [milk, flour, eggs, bacon, ham] 這樣，其中沒有任何值是重複的。

然而，如果你想讓客戶也可以**移除**購物車中的商品，直接取兄弟值的 union 可能會產生錯誤的結果：當合併兩個購物車的兄弟值，但有某個商品被移出其中一台購物車了，這樣子的話，被移除的商品最後還是會出現在兄弟值的 union 結果裡 [37]。要防止這個問題，在移除商品時就不能只是簡單地將它從資料庫中刪除而已。系統必須留下一個帶有適當版本號的標記，用來表示該商品已經在合併兄弟值時被刪除了才行，這種刪除標記也稱為**墓碑**（*tombstone*）。我們在第 72 頁的「雜湊索引」也看過日誌壓縮處理時會用到的 tombstone。

因為在應用程式碼中合併兄弟值有點複雜而且容易出錯，所以可以先花點心力設計一種能夠支援自動執行合併的資料結構，如 174 頁的「自動解決衝突」講的那些。例如，Riak 的資料類型支援使用一組名為 CRDTs 的資料結構 [38, 39, 55]，它能以合理的方式自動合併兄弟值，包括保留已刪除的項目。

版本向量

圖 5-13 的例子只使用一個副本。當有多個副本存在但又沒有 leader 時，演算法應該怎麼調整才好？

圖 5-13 使用一個版本號來擷取操作之間的依賴關係，但是當有多個副本同時接受寫入時，這個辦法是不夠的。我們需要在**每個副本**和每個 key 都使用版本號。每個副本在處理寫入時只遞增自己的版本號，並且跟蹤它看到的其他副本所做的版本號。此資訊可以指示出哪些值要被覆寫掉以及哪些值要保留為兄弟值。

所有副本的版本號集合稱為**版本向量**（*version vector*）[56]。這個想法還有一些變種，但最引人注目的可能要屬 Riak 2.0[58, 59] 中使用的**點版本向量**（*dotted version vector*）[57]。我們不會深入細節，但是它的工作方式跟我們展示的購物車例子非常相似。

與圖 5-13 中的版本號類似，當讀取值時，資料庫副本會連同版本向量發送給客戶端，當隨後再寫入值時，也需要將版本向量發回資料庫。Riak 將版本向量編碼為一個字串，稱之為**因果脈絡**（*causal context*）。版本向量能讓資料庫區分出覆寫和並發寫入的值。

另外，跟單副本的例子一樣，應用程式也可能需要負責合併兄弟值。版本向量結構的作用是確保從一個副本讀取並隨後寫回另一個副本是安全的。這樣做可能會在其他副本中建立出新的兄弟值，但是只要正確合併了兄弟值，就不會有資料遺失的狀況發生。

版本向量和向量時鐘

版本向量有時也被稱為向量時鐘（vector clock），儘管兩者並不完全相同，它們之間的細微差異可參閱參考文獻 [57, 60, 61] 來加以了解。簡單來說，當需要比較副本的狀態時，版本向量這種資料結構才是正確的選擇。

小結

本章討論了複製的問題。Replication 可用於以下目的：

高可用性

即使一台機器故障（或多台機器、整個資料中心故障），系統也能保持正常運行。

離線操作

當網路發生中斷時，應用程式也可以繼續工作。

延遲

將資料存放在地理上比較靠近使用者的地方，以便使用者與之互動的速度可以越快越好。

可擴展性

藉由多副本讀取，讀取吞取量可以突破只使用一台機器時的限制。

在多台機器上保存相同資料的副本看起來好像是一個簡單的目標，但正確地完成 replication 卻是一個非常棘手的問題。它需要小心考慮並發性和所有可能出錯的事情，並仔細處理這些錯誤可能帶來的後果。我們至少需要處理失效節點和網路中斷，這甚至還沒有考慮到更危險的故障類型，例如因軟體錯誤而導致沈默的資料損壞。

我們討論了三種主要的複製方案：

Single-leader replication

客戶端將所有寫入請求都發送到單一節點（leader），由 leader 節點向其他副本（follower）發送資料變更的事件流。任何副本都可以服務讀取請求，但是從 follower 身上讀到的資料可能會是舊值。

Multi-leader replication

客戶端將寫入操作發送到幾個 leaders 的其中一個，因為任一個 leader 節點都可以接受寫入請求。Leaders 向彼此和 followers 節點發送資料變更的事件流。

Leaderless replication

客戶端將寫入請求發送到多個節點，當之後平行地從幾個節點讀取資料時，可以檢測和糾正節點上的舊資料。

每種方法各有乾坤。Single-leader replication 非常流行，因為它很容易理解，而且毋需擔心衝突解決的問題。Multi-leader 和 leaderless replication 在有節點故障、網路中斷和突發延遲的情況下比較可靠，不過稍難理解，而且也只能提供非常弱的一致性保證。

Replication 可以是同步的，也可以是非同步的，當出現故障時會對系統的行為有深遠的影響。在系統平穩運行時，非同步複製的速度可能很快，但是一旦複製落後加劇或伺服器失效，請務必弄清楚系統到底發生了什麼事。當一個 leader 失效，而將一個非同步更新的 follower 提升為新 leader 時，最近提交的資料可能會有遺失的風險。

我們還研究了一些由複製落後所引起的奇怪效應，並討論了一些用來幫助應用程式在複製落後下做出正確行為的一致性模型：

Read-after-write 一致性

使用者應該總是能看到他們自己所提交的新資料。

單調讀取

當使用者在某個時間點看到資料後，稍後他們就不應該再看到來自更早時間點的資料。

一致性前綴讀取

使用者應該看到具有正確因果關係的資料：例如，以正確的順序查看一個問題及其回應。

最後，我們討論了 multi-leader 和 leaderless replication 方案中固有的並發問題：因為這類系統允許多個並發寫入，所以可能會發生衝突。我們還研究了一種演算法，資料庫可以使用該演算法來判斷一個操作到底是不是在另一個操作之前發生，抑或兩個操作是並發的。我們還討論了合併並發寫入的值來解決衝突的方法。

下一章我們將繼續研究分佈在多台機器上的資料，這和複製的方法不同：將大型 dataset 分割為多個分區的技術。

參考文獻

[1] Bruce G. Lindsay, Patricia Griffiths Selinger, C. Galtieri, et al.: "Notes on Distributed Databases," IBM Research, Research Report RJ2571(33471), July 1979.

[2] "Oracle Active Data Guard Real-Time Data Protection and Availability," Oracle White Paper, June 2013.

[3] "AlwaysOn Availability Groups," in *SQL Server Books Online*, Microsoft, 2012.

[4] Lin Qiao, Kapil Surlaker, Shirshanka Das, et al.: "On Brewing Fresh Espresso: LinkedIn's Distributed Data Serving Platform," at *ACM International Conference on Management of Data* (SIGMOD), June 2013.

[5] Jun Rao: "Intra-Cluster Replication for Apache Kafka," at *ApacheCon North America*, February 2013.

[6] "Highly Available Queues," in *RabbitMQ Server Documentation*, Pivotal Software, Inc., 2014.

[7] Yoshinori Matsunobu: "Semi-Synchronous Replication at Facebook," *yoshinorimatsunobu.blogspot.co.uk*, April 1, 2014.

[8] Robbert van Renesse and Fred B. Schneider: "Chain Replication for Supporting High Throughput and Availability," at *6th USENIX Symposium on Operating System Design and Implementation* (OSDI), December 2004.

[9] Jeff Terrace and Michael J. Freedman: "Object Storage on CRAQ: High-Throughput Chain Replication for Read-Mostly Workloads," at *USENIX Annual Technical Conference* (ATC), June 2009.

[10] Brad Calder, Ju Wang, Aaron Ogus, et al.: "Windows Azure Storage: A Highly Available Cloud Storage Service with Strong Consistency," at *23rd ACM Symposium on Operating Systems Principles* (SOSP), October 2011.

[11] Andrew Wang: "Windows Azure Storage," *umbrant.com*, February 4, 2016.

[12] "Percona Xtrabackup - Documentation," Percona LLC, 2014.

[13] Jesse Newland: "GitHub Availability This Week," *github.com*, September 14, 2012.

[14] Mark Imbriaco: "Downtime Last Saturday," *github.com*, December 26, 2012.

[15] John Hugg: "'All in' with Determinism for Performance and Testing in Distributed Systems," at *Strange Loop*, September 2015.

[16] Amit Kapila: "WAL Internals of PostgreSQL," at *PostgreSQL Conference* (PGCon), May 2012.

[17] *MySQL Internals Manual*. Oracle, 2014.

[18] Yogeshwer Sharma, Philippe Ajoux, Petchean Ang, et al.: "Wormhole: Reliable Pub-Sub to Support Geo-Replicated Internet Services," at *12th USENIX Symposium on Networked Systems Design and Implementation* (NSDI), May 2015.

[19] "Oracle GoldenGate 12c: Real-Time Access to Real-Time Information," Oracle White Paper, October 2013.

[20] Shirshanka Das, Chavdar Botev, Kapil Surlaker, et al.: "All Aboard the Databus!," at *ACM Symposium on Cloud Computing* (SoCC), October 2012.

[21] Greg Sabino Mullane: "Version 5 of Bucardo Database Replication System," *blog.endpoint.com*, June 23, 2014.

[22] Werner Vogels: "Eventually Consistent," *ACM Queue*, volume 6, number 6, pages 14–19, October 2008. doi:10.1145/1466443.1466448

[23] Douglas B. Terry: "Replicated Data Consistency Explained Through Baseball," Microsoft Research, Technical Report MSR-TR-2011-137, October 2011.

[24] Douglas B. Terry, Alan J. Demers, Karin Petersen, et al.: "Session Guarantees for Weakly Consistent Replicated Data," at *3rd International Conference on Parallel and Distributed Information Systems* (PDIS), September 1994. doi:10.1109/PDIS. 1994.331722

[25] Terry Pratchett: *Reaper Man: A Discworld Novel*. Victor Gollancz, 1991. ISBN: 978-0-575-04979-6

[26] "Tungsten Replicator," Continuent, Inc., 2014.

[27] "BDR 0.10.0 Documentation," The PostgreSQL Global Development Group, *bdr-project.org*, 2015.

[28] Robert Hodges: "If You *Must* Deploy Multi-Master Replication, Read This First," *scale-out-blog. blogspot.co.uk*, March 30, 2012.

[29] J. Chris Anderson, Jan Lehnardt, and Noah Slater: *CouchDB: The Definitive Guide*. O'Reilly Media, 2010. ISBN: 978-0-596-15589-6

[30] AppJet, Inc.: "Etherpad and EasySync Technical Manual," *github.com*, March 26, 2011.

[31] John Day-Richter: "What's Different About the New Google Docs: Making Collaboration Fast," *googledrive.blogspot.com*, 23 September 2010.

[32] Martin Kleppmann and Alastair R. Beresford: "A Conflict-Free Replicated JSON Datatype," arXiv:1608.03960, August 13, 2016.

[33] Frazer Clement: "Eventual Consistency – Detecting Conflicts," *messagepassing.blogspot.co.uk*, October 20, 2011.

[34] Robert Hodges: "State of the Art for MySQL Multi-Master Replication," at *Percona Live: MySQL Conference & Expo*, April 2013.

[35] John Daily: "Clocks Are Bad, or, Welcome to the Wonderful World of Distributed Systems," *basho.com*, November 12, 2013.

[36] Riley Berton: "Is Bi-Directional Replication (BDR) in Postgres Transactional?," *sdf.org*, January 4, 2016.

[37] Giuseppe DeCandia, Deniz Hastorun, Madan Jampani, et al.: "Dynamo: Amazon's Highly Available Key-Value Store," at *21st ACM Symposium on Operating Systems Principles* (SOSP), October 2007.

[38] Marc Shapiro, Nuno Preguica, Carlos Baquero, and Marek Zawirski: "A Comprehensive Study of Convergent and Commutative Replicated Data Types," INRIA Research Report no. 7506, January 2011.

[39] Sam Elliott: "CRDTs: An UPDATE (or Maybe Just a PUT)," at *RICON West*, October 2013.

[40] Russell Brown: "A Bluffers Guide to CRDTs in Riak," *gist.github.com*, October 28, 2013.

[41] Benjamin Farinier, Thomas Gazagnaire, and Anil Madhavapeddy: "Mergeable Persistent Data Structures," at *26es Journees Francophones des Langages Applicatifs* (JFLA), January 2015.

[42] Chengzheng Sun and Clarence Ellis: "Operational Transformation in Real-Time Group Editors: Issues, Algorithms, and Achievements," at *ACM Conference on Computer Supported Cooperative Work* (CSCW), November 1998.

[43] Lars Hofhansl: "HBASE-7709: Infinite Loop Possible in Master/Master Replication," *issues.apache.org*, January 29, 2013.

[44] David K. Gifford: "Weighted Voting for Replicated Data," at *7th ACM Symposium on Operating Systems Principles* (SOSP), December 1979. doi:10.1145/800215.806583

[45] Heidi Howard, Dahlia Malkhi, and Alexander Spiegelman: "Flexible Paxos: Quorum Intersection Revisited," *arXiv:1608.06696*, August 24, 2016.

[46] Joseph Blomstedt: "Re: Absolute Consistency," email to *riak-users* mailing list, *lists.basho.com*, January 11, 2012.

[47] Joseph Blomstedt: "Bringing Consistency to Riak," at *RICON West*, October 2012.

[48] Peter Bailis, Shivaram Venkataraman, Michael J. Franklin, et al.: "Quantifying Eventual Consistency with PBS," *Communications of the ACM*, volume 57, number 8, pages 93–102, August 2014. doi:10.1145/2632792

[49] Jonathan Ellis: "Modern Hinted Handoff," *datastax.com*, December 11, 2012.

[50] "Project Voldemort Wiki," *github.com*, 2013.

[51] "Apache Cassandra 2.0 Documentation," DataStax, Inc., 2014.

[52] "Riak Enterprise: Multi-Datacenter Replication." Technical whitepaper, Basho Technologies, Inc., September 2014.

[53] Jonathan Ellis: "Why Cassandra Doesn't Need Vector Clocks," *datastax.com*, September 2, 2013.

[54] Leslie Lamport: "Time, Clocks, and the Ordering of Events in a Distributed System," *Communications of the ACM*, volume 21, number 7, pages 558–565, July 1978. doi:10.1145/359545.359563

[55] Joel Jacobson: "Riak 2.0: Data Types," *blog.joeljacobson.com*, March 23, 2014.

[56] D. Stott Parker Jr., Gerald J. Popek, Gerard Rudisin, et al.: "Detection of Mutual Inconsistency in Distributed Systems," *IEEE Transactions on Software Engineering*, volume 9, number 3, pages 240–247, May 1983. doi:10.1109/TSE.1983.236733

[57] Nuno Preguica, Carlos Baquero, Paulo Sergio Almeida, et al.: "Dotted Version Vectors: Logical Clocks for Optimistic Replication," arXiv:1011.5808, November 26, 2010.

[58] Sean Cribbs: "A Brief History of Time in Riak," at *RICON*, October 2014.

[59] Russell Brown: "Vector Clocks Revisited Part 2: Dotted Version Vectors," *basho.com*, November 10, 2015.

[60] Carlos Baquero: "Version Vectors Are Not Vector Clocks," *haslab.wordpress.com*, July 8, 2011.

[61] Reinhard Schwarz and Friedemann Mattern: "Detecting Causal Relationships in Distributed Computations: In Search of the Holy Grail," *Distributed Computing*, volume 7, number 3, pages 149–174, March 1994. doi:10.1007/BF02277859

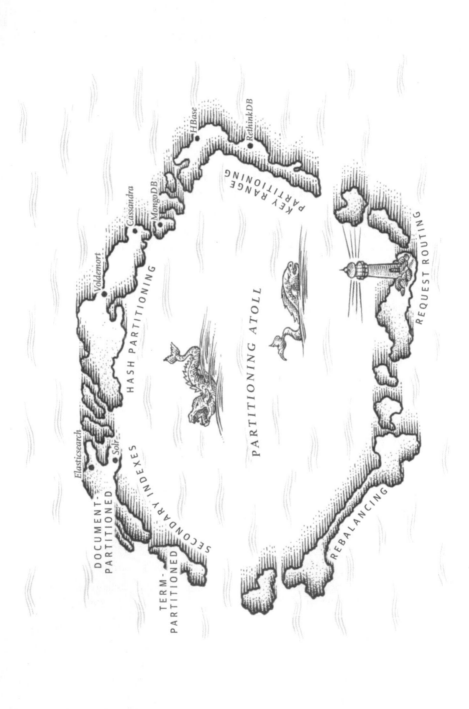

第六章

分區

> 我們必須打破循序的限制，解放電腦的能力。我們必須陳述定義並提供資料的優先
> 順序和描述。我們需要陳述的是關係而非程序。
>
> ─Grace Murray Hopper, 管理與未來電腦（1962）

我們在第 5 章已討論過了 replication，即在不同節點上保存相同資料的多個副本。對於
非常大的 datasets，或者非常高的查詢吞吐量，replication 並不足以應對：我們需要進一
步將資料拆成分區（*partitions*），也稱為分片（*sharding*）[1]。

術語混淆

在 MongoDB、Elasticsearch 和 SolrCloud 中，我們稱一個 *partition* 為
切片（*shard*）；在 HBase 中稱為 *region*，在 Bigtable 中稱為 *tablet*，在
Cassandra 和 Riak 中稱為 *vnode*，在 Couchbase 中稱為 *vBucket*。然而，
partitions 算是最常見的術語，所以我們在本書使用它。

分區的定義一般是這樣：每個資料片段（每個 record、row 或 document）只可以隸屬
在一個分區之下。有多種方法可以實現此目標，本章後續將會進行深入討論。實際上，
每個分區自身都是一個小資料庫，雖然說資料庫也可能支援可以同時觸及多個分區的
操作。

1　正如本章所討論的，分區是一種有意將大型資料庫分解為較小資料庫的方法。它與網路分割（*network
　　partitions*，也稱 netsplit 網路斷裂）無關，後者是網路節點之間的一種故障。我們會在第 8 章討論這些錯
　　誤。

對資料做分區的主要原因是為了**可擴展性**。不同的分區可以放在一個 shared-nothing cluster 中的不同節點（請參閱第二部分的介紹，瞭解 *shared nothing* 的定義）。因此，一個大型 dataset 可以分散在多個磁碟上，而查詢負載可以分散到多個處理器上。

對於在單個分區上的查詢，每個節點可以對自己所屬的分區獨立地執行查詢，因此透過增加更多節點就可以擴展查詢的吞吐量。大型、複雜的查詢可能需要跨多個節點平行化執行，雖然這麼做會比較困難，但同樣做的到。

分區資料庫是在 1980 年代由 Teradata 和 Tandem NonStop SQL 等產品所推出的技術 [1]，最近又現蹤於一些 NoSQL 資料庫和基於 hadoop 的資料倉儲。這裡有些系統是為交易負載而設計的，而有一些則是為資料分析而設計的（參見第 90 頁「交易處理還是分析處理？」）：這種差異會影響系統的校調方式，但是分區的基本原理還是能夠適用於這兩種工作負載。

本章首先會介紹幾個對大型 datasets 做分區的方法，並觀察資料索引和分區之間的關係。然後我們會討論重新平衡（rebalancing），這是在叢集中新增或刪除節點所必要面對的事情。最後，我們將概述資料庫如何將請求路由到正確的分區並執行查詢。

分區和複製

分區通常會跟 replication 結合運用，以便將每個分區上的副本儲存在多個節點上。這表示，即使某個記錄只屬於某個分區，它仍然可以儲存在幾個不同的節點上來提高系統的容錯能力。

一個節點可以存放多個分區。如果使用 leader-follower replication model，分區和複製的組合如圖 6-1 所示。每個分區的 leader 分配給一個節點，它的 followers 則分配給其他節點。每個節點可以是某些分區的 leader，也可以是其他分區的 follower。

第 5 章討論關於資料庫 replication 的所有原理同樣都適用於分區的複製。分區方案的選擇與複製方案的選擇可以說是獨立的兩件事情，因此在本章我們會保持簡單，忽略 replication 的相關內容。

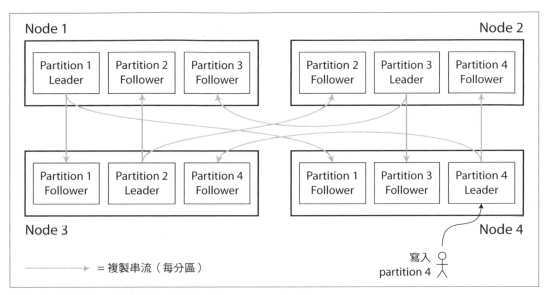

圖 6-1　結合複製和分區：每個節點充當某些分區的 leader 和其他分區的 follower。

鍵 - 值資料的分區

假設你有大量資料，並希望對其做分區。如何決定將哪些記錄儲存在哪些節點上呢？

分區的目標是將資料和查詢負載均勻地分佈在各個節點上。如果可以讓每個節點負擔適當的份額，那麼理論上 10 個節點應該就能夠處理 10 倍於單節點情況的資料，以及 10 倍於單節點的讀寫吞吐量（以忽略 replication 來講）。

如果分區是不均勻的，以至於某些分區要負擔更多的資料或查詢，這稱為**偏斜**（*skewed*）。偏斜會大大降低分區的效率。在極端情況下，所有負載可能會集中在某個分區上，因此可能發生 10 個節點當中有 9 個是空閒的情況，瓶頸會出現在那個最繁忙的單個節點。負載過高的分區稱為**熱點**（*hot spot*）。

避免熱點最簡單的方法是將資料隨機分配到所有節點。這種方法可以比較均勻地分佈資料，但是有一個很大的缺點：當試圖讀取特定的資料時，沒有辦法知道資料到底是儲存在哪個節點上，所以只好平行查詢所有節點才行。

其實我們可以有更好的做法。假設你有一個簡單的 key-value data model，在這個模型中，總是通過主鍵來存取資料。就像老式的紙本百科全書，可以根據標題來查找到內容頁面；由於所有條目都是按標題的字母順序排列的，所以查詢起來會相當快速。

按鍵範圍來分區

分區的一種方法是分配一段連續範圍的鍵（從最小值到最大值）給分區使用，跟百科全書的卷（volumes）概念一樣（圖 6-2）。如果知道範圍的邊界，要確定某個鍵落在哪個分區就容易多了。如果還知道哪個分區是分配給哪個節點的話，就可以直接向適當的節點發出請求（就像在書架上成套的百科全書中，選出正確的那本）。

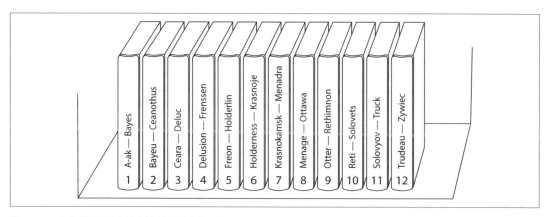

圖 6-2　成套的百科全書按鍵範圍來加以分區。

鍵的範圍不一定非得均勻分佈才行，因為資料本來可能就不是均勻分佈的。例如在圖 6-2，第 1 卷包含 A 和 B 開頭的單字，但是第 12 卷包含 T、U、V、W、X、Y 和 Z 開頭的單字。如果只是簡單地規定一個卷包含兩個字母，這會造成某些卷的資料量會很大。為了使資料可以均勻分佈，分區的邊界如果能夠適配資料的分佈特徵那就更好了。

分區邊界可以由管理員手動選擇，也可以由資料庫自動選擇（第 209 頁「分區再平衡」會詳細討論分區邊界的選擇）。Bigtable 及其開源版本 HBase [2,3]、RethinkDB 和 MongoDB 版本 2.4 以前 [4] 都使用了這種分區策略。

在每個分區中，我們讓 keys 按排序保存（參見第 76 頁「SSTables 和 LSM-Trees」）。這樣做的好處是可以很輕鬆地進行範圍掃描，而且可以將 key 當成一種組合索引，以便在一個查詢中獲取多個相關記錄（參見第 87 頁「多行索引」）。例如，考慮一個儲存感測資料的應用程式,其中 key 是量測的時間戳記(年-月-日-小時-分鐘-秒)。在這種情況下,範圍掃描就大有可為了,因為它們可以輕鬆地獲取某個特定月份的所有感測資料。

然而,鍵範圍分區的缺點是可能發生某些存取模式會導致熱點產生。如果 key 是時間戳記,那麼分區範圍就相當於對應到時間區間,例如每天一個分區。但是,由於我們在量測時也會同時將感測資料寫入資料庫,因此所有的寫入操作都將集中在同一個分區上(今天的那個分區),因此該分區可能會發生寫入超載,而其他分區卻處於空閒狀態 [5]。

為了避免類似問題,需要搭配時間戳記以外的其他東西來當作 key 的第一個元素。例如,可以在每個時間戳記前面加上感測器名稱,讓系統首先按感測器名稱,然後再按時間做分區。假設你同時有許多感測器的話,這樣寫入負載就可以更均勻地分佈到各個分區上。現在,當你想在一段時間區間內獲取多個感測器的記錄時,就需要根據每個感測器的名稱來個別執行單獨的範圍查詢。

按鍵的雜湊值進行分區

由於存在偏斜和熱點的風險,許多分散式 datastores 會使用雜湊函數來決定某個鍵的分區。

一個好的雜湊函數可以處理偏斜資料並使其均勻分佈。假設你有一個 32 位元的雜湊函數,無論何時給它一個字串,它都會傳回一個 0 到 $2^{32} - 1$ 之間的近似亂數。即使輸入字串長得很像,它們的雜湊值也會在這個數值範圍內均勻分佈。

作為分區用途的雜湊函數,在加密方面並不需要很強:例如,MongoDB 使用 MD5、Cassandra 使用 Murmur3、Voldemort 使用 Fowler-Noll-Vo 函數。許多程式語言都有內建簡單的雜湊函數(用於雜湊表),但它們可能不適合用於分區:舉例來說,Java 的 `Object.hashCode()` 和 Ruby 的 `Object#hash`,相同的 key 在不同的程序中可能會得到不同的雜湊結果,因而使其不適合分區使用 [6]。

一旦為 key 找到了合適的雜湊函數,就可以幫每個分區分配一個雜湊範圍(而不是一段鍵範圍)。如果 key 的雜湊值位於某個分區範圍,那麼該 key 的資料就會儲存在該分區中。如圖 6-3 所示。

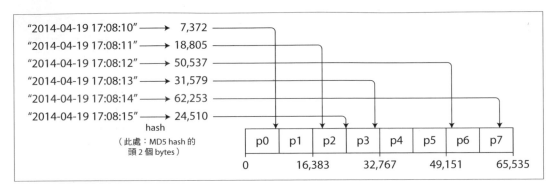

圖 6-3 按鍵的雜湊值來做分區。

這種技術可以很好地在分區之間均勻地分配鍵。分區邊界可以是均勻間隔的，也可以是偽隨機的，對於後面這種情況的技術有時稱為**一致性雜湊**（*consistent hashing*）。

一致性雜湊

正如 Karger 等人 [7] 所定義的那樣，一致性雜湊是一種在 internet-wide 的快取系統上均勻分佈負載的方法，如內容傳遞網路（content delivery network, CDN）。它使用隨機選擇的分區邊界，避免中央集權控制或分散式共識。注意，這裡的**一致性**與副本一致性（參見第 5 章）或 ACID 一致性（參見第 7 章）無關，它只是用於描述一種特定的重新平衡方法。

我們將在第 209 頁「分區再平衡」看到，這種特定的方法實際上並不適合用在資料庫 [8]，因此相關實作很少會使用它（一些資料庫的說明文件仍然會採用一致性雜湊這個詞，但這通常並不準確）。因為很容易混淆，所以最好避免使用「**一致性雜湊**」這個術語，而應該稱其為**雜湊分區**（*hash partitioning*）比較好。

但是，透過鍵的雜湊值來做分區，會失去鍵範圍分區可以有效率地執行範圍查詢的能力。曾經相鄰的鍵現在被分散到不同的分區中，它們的排序順序不復存在。在 MongoDB 中，如果啟用了 hash-based 的分片模式（sharding mode），範圍查詢就會變成要發送給所有分區 [4]。Riak [9]、Couchbase [10] 或 Voldemort 不支援對主鍵的範圍查詢。

Cassandra 在兩種分區策略之間做了折衷 [11, 12, 13]。Cassandra 中的 table 可以用一個由幾行組成的**複合主鍵**（*compound primary key*）來宣告，只有該鍵的第一部分會被拿來做雜湊以確定分區，而其他行則作為組合索引，用來對 Cassandra SSTables 中的資料進行排序。因此，查詢不能搜索複合鍵第一行中的值範圍，但如果先指定了第一行的值，則可以對該鍵的其他行執行高效的範圍掃描。

對於一對多關聯，組合索引的方法為其提供了一個優雅的資料模型。例如在社交網站，一個使用者可以發佈許多個人的動態消息。如果訊息的主鍵是 (user_id, update_timestamp) 這樣的組合，那麼就可以根據時間戳記來加以排序，有效地檢索某位使用者在某段時間內所做的個人動態更新。不同的使用者資料可能會儲存在不同的分區，但是對於每個使用者而言，訊息都是按時間戳記的順序儲存在單一個分區上的。

偏斜的工作負載和熱點降溫

如前所述，通過 key 的雜湊值來做分區可以幫助減少熱點，但仍不能完全避免它們：在所有讀寫操作都針對同一個 key 的極端情況下，所有請求最終仍會路由到相同的分區。

這樣的工作負載雖然不常見，但也不是沒聽過：例如在社交網站上一位擁有數百萬粉絲的明星，他的某些動態可能會引發一場流量風暴 [14]。這種事件可能會導致對相同 key 的大量寫入（其中 key 可能是明星的使用者 ID，或人們正在評論的發文 ID）。對 key 做雜湊不會有任何幫助，因為兩個相同 ID 的雜湊值還是一模一樣的。

目前，大多數資料系統都沒辦法對這種高度偏斜的工作負載進行自動補償，因此減少偏斜的責任會落在應用程式身上。例如，如果已知某個 key 非常熱，一種簡單的技巧是在 key 的開頭或結尾添加一個亂數。只要一個 two-digit 的十進位亂數，就可以讓這些鍵被分配到不同的分區，從而在 100 個不同的鍵之間均勻地分配對鍵的寫入操作。

但是，將寫入操作拆分到不同鍵之後，任意的讀取操作就必須做點額外的工作了，因為它們必須從這 100 個鍵中先讀取資料然後再將結果合併。這種技巧還需要額外的簿記（bookkeeping），因此只有為少量的熱鍵添加亂數才有意義；對於大多數低寫入吞吐量的鍵，這會帶來不必要的開銷。而且，你還需要某種方法來跟蹤那些被分配過的鍵。

也許不遠的將來，資料系統能夠自動檢測和補償偏斜的工作負載；但至少目前，你還是需要在應用程式這一層對這些權衡進行考量。

分區和次索引

到目前為止所討論的分區模式是以 key-value data model 作為基礎。如果記錄只能通過它們的主鍵來存取，就可以直接用該鍵確定出分區，並且用它來將讀寫請求路由到負責該鍵的分區上。

如果事情涉及到次索引，情況會變得更複雜（參見第 86 頁「其他索引結構」）。次索引是一種搜索特定值的方法，通常沒有辦法用來唯一辨識一條記錄：只能像是查找 user 123 的所有操作、查找包含單詞 hogwash 的所有文章、查找所有顏色為 red 的汽車等等。

次索引是關聯式資料庫的必備特性，in document databases 中也很常見。許多 key-value stores（如 HBase 和 Voldemort）考慮到次索引會帶來額外的實作複雜度而避免使用它，但有些儲存（如 Riak）已經開始增加次索引這個功能，因為它們對於資料建模還是很有用的。最後，次索引是 Solr 和 Elasticsearch 等搜索伺服器賴以生存的根本。

次索引的問題是它們沒有辦法很好地映射到分區。使用次索引來做資料庫分區主要有兩種方法：document-based partitioning 和 term-based partitioning（基於詞條的分區）。

按 Document 進行次索引分區

假設你正在運營一個販賣二手車的網站（如圖 6-4 所示）。每個清單都有唯一的 ID，稱為 *document ID*，並根據此 ID 來對資料庫進行分區（例如，ID 介於 0 ～ 499 的資料在 partition 0，ID 介於 500 ～ 999 的資料在 partition 1 等等）。

網站可以讓使用者搜尋汽車，而搜尋能夠按顏色和廠牌進行過濾，所以需要一個關於 color 和 make 的次索引（在 document database 中這些都是欄位；在關聯式資料庫中它們則是行）。宣告索引之後，資料庫就會自動建立索引[2]。每當向資料庫新增紅色車輛時，資料庫分區會自動將其增加到索引元素 color:red 的 document IDs 清單中。

2　如果資料庫只支援 key-value model，那麼你可能會嘗試在應用程式碼中建立一個從 value 到 document IDs 的映射來實作次索引。採用這種方法要非常小心，需要確保索引與底層資料能夠保持一致。競爭條件和中途發生寫入操作失敗（有些更改已經被儲存了，有些則還沒）很容易導致資料失去同步，請參閱第 231 頁「多物件交易的必要性」。

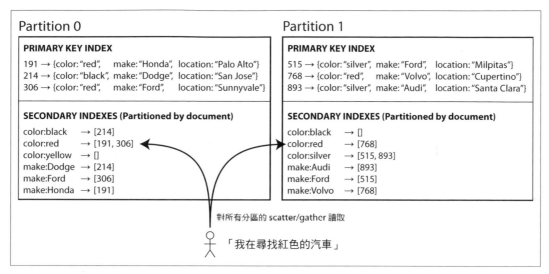

圖 6-4　按 document 進行次索引分區。

在這種索引方法中，每個分區是完全獨立的：每個分區維護自己的次索引，只負責該分區中的 documents，而不關心儲存在其他分區中的資料。無論何時寫入資料庫（新增、刪除或更新 document），只需處理包含正在寫入的 document ID 的分區。因此，document-partitioned index 也稱為**本地索引**（*local index*），它與下一節描述的**全域索引**（*global index*）剛好是相反的東西。

但是，從 document-partitioned index 進行讀取需要注意：除非對 document IDs 做了特殊處理，否則沒有理由將具有特定顏色或樣式的所有汽車都放在同一個分區中。在圖 6-4，partition 0 和 partition 1 中都出現了紅色汽車。因此，如果想搜尋紅色汽車，就需要將查詢發送到*所有*分區，然後合併所有傳回的結果。

這種查詢分區資料庫的方法有時稱為**分散 / 收集**（*scatter/gather*），對次索引的讀取查詢代價昂貴。即使你平行地對分區做查詢，分散 / 收集也容易導致延遲放大的問題（參見第 16 頁「百分位數實務」）。然而，它還是被廣泛使用：MongoDB、Riak [15]、Cassandra [16]、Elasticsearch [17]、SolrCloud [18] 和 VoltDB [19] 都 使 用 document-partitioned secondary indexes。大多數資料庫廠商都建議使用者自己架構分區方案，以便用單個分區來滿足次索引查詢，但這並不總是可行的，特別是當你在一個查詢中使用多個次索引的時候（例如同時用顏色跟廠牌兩個條件來過濾車輛）。

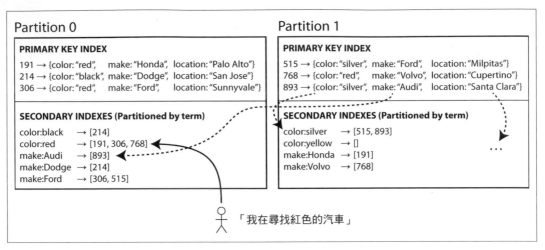

圖 6-5　按詞條進行次索引分區。

按詞條進行次索引分區

我們可以建構一個涵蓋所有分區資料的**全域索引**，而不是讓每個分區維護自己的次索引（一個**本地索引**）。但是，我們不能只是將索引儲存在一個節點上，因為這麼做可能會成為瓶頸，從而違背了實現分區的目的。全域索引也必須做分區，但是可以採用不同於主鍵索引的分區策略。

圖 6-5 展示了它可能的樣子：所有分區中的紅色車輛都歸在索引 color:red 之下，而索引本身也有分區，我們可以把字母 a 到 r 的顏色放在 partition 0 中，字母從 s 到 z 的顏色放到 partition 1 中。汽車廠牌的索引也可以進行類似的分區（分區邊界介於 f 和 h 之間）。

我們稱這種索引方式為**詞條分區**（*term-partitioned*），因為我們要找的 term 本身恰恰決定了索引的分區。這裡，term 可能是像 color:red 這樣的東西。*Term* 這個名稱來自全文索引（一種特殊的次索引），其中的 terms 是文件中出現的所有單字。

與前面一樣，我們可以根據 term 本身或者根據 term 的雜湊值來做索引分區。按 term 本身直接做分區的話，對於範圍掃描比較有利（例如對數字類型的屬性進行分區，比如汽車價格），而按 term 的雜湊值進行分區則是可以得到更均勻的負載分配。

全域（term-partitioned）索引相對於 document-partitioned index 的優點是，它可以提高讀取效率：客戶端只需要向包含 term 的那個分區發出請求即可，而不需要對所有分區進行分散 / 收集。但是，全域索引的缺點是寫入操作更慢、更複雜，因為對單個 document 的寫入操作，現在可能會涉及到索引的多個分區（document 中的各個 term 可能位於不同分區、不同節點上）。

理想情況下，索引應該總是保持最新狀態，寫入資料庫的每個 document 都應該立即反映到索引當中。只不過，在 term-partitioned index 中，這還需要一個能夠跨分區的分散式交易來支援才行，而這並不是所有資料庫都支援的（參見第 7 章和第 9 章）。

實際上，全域次索引的更新通常是非同步的。也就是說，如果在寫入後馬上就去讀取索引，那麼就可能發生剛剛做的更改還沒有反映到索引當中的情況。例如 Amazon DynamoDB 聲明，在正常情況下，它的全域次索引會在不到一秒的時間內完成更新，但如果基礎設施出現故障，就可能會因為傳播延遲而使得等待時間更長 [20]。

Riak 的搜尋功能 [21] 和 Oracle 資料倉儲還有對全域 term-partitioned 索引的其他運用，後者讓你可以選擇使用本地索引還是全域索引 [22]。第 12 章會再回到實作 term-partitioned 次索引的主題。

分區再平衡

隨著時間的推移，資料庫中總會有某些東西發生變化：

- 查詢吞吐量增加，所以你想增加更多的 CPUs 來處理負載。
- Datasset 大小增加，所以你想增加更多硬碟和 RAM 來儲存資料。
- 一台機器出現故障，需要其他機器來扛起失效機器的職責。

這些變化都涉及到將資料和請求從一個節點轉移到另一個節點的需求。將負載從叢集中的一個節點移動到另一個節點的過程稱為*再平衡*（*rebalancing*）。

無論使用哪種分區方案，要做到分區再平衡至少要滿足一些最低要求才行：

- 再平衡之後，負載（資料儲存、讀寫請求）應該在叢集中的節點之間均勻分佈。
- 在重新平衡過程中，資料庫應該要能繼續接受讀取和寫入操作。
- 節點之間應避免不必要的資料移動，以加快再平衡的速度以及最小化網路和磁碟 I/O 負載。

再平衡策略

將分區分配到節點有幾種不同的方法 [23]。讓我們依次介紹它們。

如何才能不這樣做：雜湊值取餘數

如果使用 key 的雜湊值來做分區，我們先前說過（見圖 6-3），最好把可能的雜湊值拆分成幾個範圍，然後將各範圍分配給分區。例如，如果 $0 \le hash(key) < b_0$，將 key 指定給 partition 0；若 $b_0 \le hash(key) < b_1$，將 key 指定給 partition 1 等等。

也許你會有疑問，為什麼我們不直接使用 mod 就好，它是許多程式語言中都有的取餘數 % 運算子。例如，$hash(key)\ mod\ 10$ 將傳回一個介於 0 ～ 9 之間的數字；如果我們將雜湊值寫成十進位，雜湊值 mod 10 就是該值的最後一位數字。如果我們有 10 個節點，將它們從 0 ～ 9 做編號就可以了，這看起來是一種將 key 分配給節點的簡單方法。

使用 mod N 方法的問題是，如果節點的數量 N 發生變化，那麼也會跟著發生大多數 keys 都需要從一個節點移動到另一個節點的情況。例如，假設系統最初始有 10 個節點，而某個 key 的 $hash(key) = 123456$，這個 key 一開始落在節點 6（因為 $123456\ mod\ 10 = 6$）。當系統增長到 11 個節點的時候，這個 key 就得移動到節點 3（$123456\ mod\ 1 = 3$），而當系統增長到 12 個節點的後，它就需要轉移到節點 0（$123456\ mod\ 12 = 0$）。這樣頻繁的移動會使得再平衡的代價過於昂貴。

因此我們需要一種不會引起這種資料移動的方法。

固定分區數量

幸運的是，有一個相當簡單的解決方案：建立比節點數量更多的分區，每個節點也可以分配到多個分區。例如，一個運行在 10 個節點叢集上的資料庫，可以從一開始就分割為 1,000 個分區，這樣每個節點大約可以被分配到 100 個分區。

現在，如果將一個節點添加到叢集中，新節點可以從現存節點身上各挖一些分區過來，直到分區再次得到均勻分配。這個過程如圖 6-6 所示。如果要從叢集中刪除一個節點，則反向執行相同的平衡手法。

在節點之間移動的分區都是完整的。分區的數量不變，分區的鍵分配也不變。唯一改變的是分區分配到節點的關係。因為透過網路傳輸大量資料需要一些時間，所以這種分配的變化不是立即發生的，因而在傳輸期間遇到的任何讀寫操作仍然保持使用舊的分區來處理。

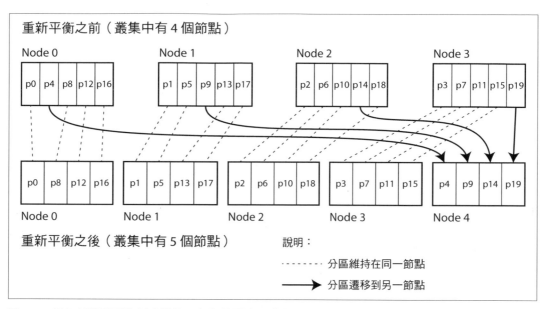

圖 6-6　增加新節點到資料庫叢集，每個節點上有多個分區。

原則上，你可以將叢集中不匹配的硬體因素考慮進來：更強大的節點分配到更多分區，讓它們承擔更大的負載份額。

在此組態下，分區的數量通常會在第一次設置資料庫時先固定下來，之後就不會再更改。分區在原則上雖然可以拆分和合併（請參閱下一節），但是固定數量的分區在操作上會更簡單，因此許多固定分區的資料庫會選擇放棄分區拆分的實作。因此，一開始組態好的分區數量就是未來可以容許的最大節點數量；這樣一來，系統在一開始就需要選擇足夠高的分區數量，才能適應未來的增長。除此之外，每個分區也會帶來額外的管理開銷，因此選擇過高的數字可能也會適得其反。

如果 dataset 的總量變化很大（例如剛開始時很小，但隨著時間的推移可能會變得很大），這樣就會很難選擇正確的分區數量。由於每個分區都負擔了總資料量的固定比例，所以每個分區的大小都會隨著叢集中的資料總量成比例增長。如果分區非常大，重新平衡以及節點從故障中恢復的代價就會變很大。但如果分區太小，又會帶來過多的開銷。最好的性能會發生在分區大小「剛剛好」的情況，如果分區數量是固定的，但是 dataset 的大小不確定性很高，就很難做出最佳的配置了。

動態分區

對於使用鍵範圍來分區的資料庫（見 202 頁「按鍵範圍來分區」），採用固定數量和固定邊界的分區很不方便：如果弄錯了邊界，資料最終可能都會集中在一個分區，而其他分區卻是空的。手動重新組態分區邊界的程序將非常繁瑣。

因此，像 HBase 和 RethinkDB 這樣的 key range-partitioned 資料庫會採用動態建立分區的方式。當一個分區增長到超過配置的大小時（HBase 預設是 10 GB），它就會被拆成兩個分區，兩分區各佔約一半的資料 [26]。相反，如果有大量資料被刪除，當一個分區縮小到某個閾值以下，就可以拿它來和相鄰的分區做合併。這個過程類似於 B-tree 在上層的分裂操作（參見第 80 頁「B-Trees」）。

一個分區分配給一個節點，而每個節點可以處理多個分區，這就跟固定分區數量的情況一樣。在拆分一個大分區之後，可以將其中一半的資料轉移給另一個節點來平衡負載。對於 HBase，分區檔的傳輸是通過底層分散式檔案系統（HDFS）完成的 [3]。

動態分區的優點是，分區數量可以自動適配總資料量。如果資料量很少，用少量的分區來應對也就夠了，所以開銷很小；如果資料量很大，那麼每個分區的大小也可以撐到一個可組態的最大值 [23]。

需要注意的是，一個空資料庫剛開始時只會有單一個分區，因為此時還沒有**先驗**資訊（*priori* information），所以沒有依據可以劃出分區邊界。當 dataset 很小，那麼在資料增長到第一個分區需要被分割以前，所有的寫入操作都必須由這個單一節點來處理，而其他節點則處於空閒狀態。為了緩解這個問題，HBase 和 MongoDB 允許在一個空資料庫上配置一組**預分割**（*pre-splitting*）的初始分區。對於鍵範圍分區，需要先知道一些鍵分佈的樣子才能運用預分割的技巧 [4, 26]。

動態分區不僅適用於鍵範圍分區的資料，也同樣適用於雜湊分區的資料。MongoDB 自 2.4 版開始就同時支援鍵範圍和雜湊分區，而且在這兩種情況下都會動態地分割分區。

按節點比例進行分區

使用動態分區，分區數量與 dataset 大小成正比，因為分區大小會受分割和合併而保持在某個固定的最小值和最大值之間。另一方面，對於固定數量的分區，分區大小與 dataset 大小成正比。在這兩種情況下，分區數量與節點數量兩者之間並無關係。

Cassandra 和 Ketama 使用了第三種方式，也就是讓分區數量與節點數量成正比。換句話說，**讓每個節點**擁有固定的分區數量 [23, 27, 28]。在這種情況下，當節點數量保持不變，分區大小將與 dataset 大小成正比；但是當節點數量增加時，分區又會調整變小。由於更大的資料量通常需要更多的節點來儲存，因此這種方法還可以讓每個分區的大小保持穩定。

當一個新節點加入叢集時，它會隨機地選擇固定數量的分區出來進行分割，每個分割分區拿走一半資料，另一半保留在原節點的原分區上。隨機選擇可能會產生不公平分割的情況，但是當分區數量平均較大時（Cassandra 每個節點預設有 256 個分區），新節點最終還是會取得公平的負載份額。Cassandra 3.0 引入了另一種再平衡演算法，避免了不公平分割的狀況 [29]。

隨機選擇分區邊界需要搭配雜湊分區（因此可以從雜湊函數產生的數字範圍來擇定邊界）。實際上，這種方法最接近一致性雜湊的原始定義 [7]（參見第 204 頁「一致性雜湊」）。一些新的雜湊函數設計可以用較少的中繼資料開銷來達到類似的效果 [8]。

自動或手動重新平衡

關於重新平衡，我們差點就忽略了一個重要的問題：再平衡是自動發生還是手動發生的？

對於全自動的重新平衡，系統會自動決定何時將分區從一個節點移動到另一個節點，不需要管理人員介入；而完全手動的重新平衡，將分區分配到節點是透過管理人員顯式配置來完成的，所以再平衡也只有在管理員重新配置時才會生效。全自動和全手動兩者之間存在另一種過渡作法，Couchbase、Riak 和 Voldemort 會自動產生分區分配的建議方案，但需要經過管理人員確認之後才會生效。

完全自動化的重新平衡會比較方便，因為平常維護需要做的操作比較少。然而，事情也不總是這樣子。再平衡是一項昂貴的操作，因為它需要重新路由請求並將大量資料從一個節點遷移到另一個節點。如果不小心處理，在重新平衡過程中，可能會使網路或節點超載，進而折損了處理其他請求的性能。

將自動化與自動故障檢測相結合可能會有危險。假設一個節點超載，回應請求的速度暫時變慢，此時其他節點認為超載節點已經失效，觸發了自動重新平衡叢集來轉移負載。這樣會給超載節點、其他節點和網路帶來額外的負荷，反而讓情況變得更糟，而且也可能會導致連鎖性失效。

出於這個原因，在反覆再平衡的過程中或許有人為的介入會比較好。雖然這樣子做會比全自動過程要慢，但它可以幫助防止操作意外發生。

請求路由

現在，我們已經將 dataset 做分區並運行在多個節點上，但這裡還有一個懸而未決的問題：當客戶端想要發出請求時，它要如何知道應該連接到哪個節點呢？因為分區會重新平衡，分區分配給節點的情況會發生變化。所以需要有人知道這些變化，才能回答這個問題：如果我想讀寫鍵 "foo"，我需要連接到哪個 IP 位址和埠號才行呢？

這是一個普遍會有的實際問題，稱為**服務發現**（*service discovery*），服務發現不僅限於資料庫才有這個需求。任何可以透過網路存取的軟體都有這個問題，特別是當它的目標是高可用性的時候（多機冗餘）。許多公司已經開發了自己內部使用的服務發現工具，這其中也有一些已經作為開放原始碼發佈出來 [30]。

在較高的層次上，有幾種不同的方法可以用來解決這個問題（如圖 6-7 所示）：

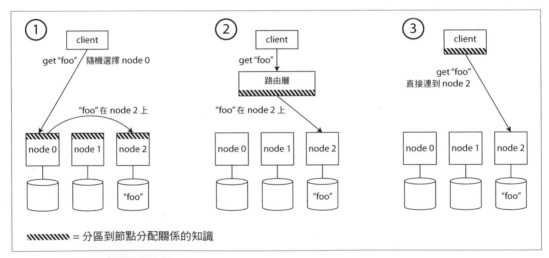

圖 6-7　將請求路由到正確節點的三種不同方法。

1. 允許客戶端聯繫系統中的任意節點（例如，透過 round-robin 負載平衡器）。如果該節點恰好擁有請求所需要的分區，它可以直接處理請求；否則，它就會將請求轉發給適當的節點，然後接收回覆，最後再將回覆傳遞給客戶端。

2. 將客戶端的所有請求發送給路由層（routing tier），路由層負責確定哪個節點可以處理這個請求並轉發給它。這個路由層本身不處理任何請求，它的作用是扮演一個知道分區在哪裡（partition-aware）的負載平衡器。

3. 要求客戶端知道分區和節點分配的關係。在這種情況下，客戶端可以直接連接到適當的節點，而不需要任何仲介。

不管哪種方式，關鍵問題在於：做出路由決策的元件（可能是節點之一、路由層或客戶端）要如何知道分區到節點的分配變化？

這個問題蠻有挑戰性的，特別是所有參與者都得先有共識才行，否則請求就可能會被發送到錯誤的節點上，而不能得到正確的處理。在分散式系統中有達成共識的協定，但是它們很難正確地實作（見第 9 章）。

許多分散式資料系統依賴於一個獨立的協調服務（coordination service），例如使用 ZooKeeper 來跟蹤叢集的中繼資料，如圖 6-8 所示。每個節點向 ZooKeeper 註冊，ZooKeeper 維護有分區到節點的映射關係。其他參與者，比如路由層或知道分區的客戶端，可以向 ZooKeeper 訂閱此資訊。每當某個分區的分配發生改變，或者系統新增或刪除一個節點時，ZooKeeper 都會通知路由層，以便讓它能夠保持最新的路由資訊。

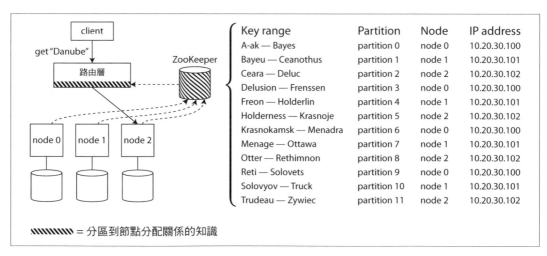

圖 6-8　使用 ZooKeeper 來維護分區與節點的分配關係。

例如，LinkedIn 的 Espresso 使用 Helix [31] 來做叢集管理（底層仰賴 ZooKeeper），實現了如圖 6-8 所示的路由層。HBase、SolrCloud 和 Kafka 也使用 ZooKeeper 來跟蹤分區分配。MongoDB 也有類似的架構，但它依賴自己的*組態伺服器*（*config server*）實作和 *mongos* daemon 作為路由層。

Cassandra 和 Riak 採用了不同的方法：它們在節點之間使用*流言協定*（*gossip protocol*）來同步叢集狀態的變化。請求可以發送到任意節點，接收到的節點再將它們轉發到請求所需要的適當節點（圖 6-7 中的方法 1）。這個模型使資料庫節點的設計變得更加複雜，但是可以避免對外部協調服務（如 ZooKeeper）的依賴。

Couchbase 不會自動進行重新平衡，從而簡化了設計。通常它會組態一個名為 *moxi* 的路由層，該路由層可以知道叢集節點的路由變化 [32]。

當使用路由層或向隨機節點發送請求時，客戶端仍然需要知道目標節點的 IP 位址。IP 位址的變化不會像分區對節點的分配變化那麼快，通常使用 DNS 來滿足就夠了。

執行平行查詢

到目前為止，我們主要關注在 single key 的讀寫這種簡單的查詢（以及 document-partitioned 次索引的分散／收集查詢）。大多數 NoSQL 分散式 datastores 的存取層都支援這種方式。

然而，經常用於分析的**大規模平行處理**（*massively parallel processing*, MPP）關聯式資料庫，它們支援的查詢類型要複雜得多。典型的資料倉儲查詢會包含一些連接（join）、過濾（filtering）、分組（grouping）和聚合操作（aggregation）。MPP 查詢最佳化工具可以將複雜的查詢分解為許多執行階段和分區，以便能在資料庫叢集的不同節點上平行執行。需要掃描 dataset 大部的查詢尤其可以從這種平行執行中獲益。

資料倉儲查詢的快速平行執行是一個專門的主題，鑒於分析業務的重要性，它得到了很多的商業關注。我們將在第 10 章討論平行查詢的一些技術。更多有關平行資料庫使用的技術，可以參閱參考文獻 [1, 33]。

小結

本章探討了如何將大型 dataset 劃分為更小子集的不同方法。當資料量很大，大到用一台機器儲存和處理已經成為瓶頸的時候，那麼就是分區可以為你效勞的時機了。

分區的目標是將資料和查詢負載均勻地分佈在多台機器上，避免產生熱點（負載高得不成比例的節點）。這需要選擇適合的資料分區方案，並且也需要在向叢集新增或刪除節點的時候重新平衡分區。

本章討論了兩種主要的分區方法：

- **鍵範圍分區**。對鍵進行排序，讓一個分區負責一段從某個最小值到最大值的所有鍵。排序的優點是可以進行有效率的範圍查詢，但若應用程式經常存取按順序排列在一起的鍵，就會有出現熱點的風險。

  對於這種方法，當一個分區太大時，通常會將範圍再分割成兩個子範圍，從而動態地重新平衡分區。

- **雜湊分區**。每個鍵都經過雜湊函數取得其雜湊值，一個分區負責一段雜湊範圍。這種方法會攪亂鍵的順序，使得範圍查詢效率變低，但是可以更均勻地分配負載。

  在使用雜湊進行分區時，通常會提前建立固定數量的分區，每個節點都可以分配到數個分區，在新增或刪除節點時將某些分區從一個節點遷移到另一個節點，還可以配合動態分區的機制。

混合式的作法也是可行的，例如使用複合鍵：鍵的一部分用來標識分區，另一部分則用於順序排序。

我們還討論了分區和次索引之間的相互關係。次索引也需要分區，有兩種方法：

- *Document-partitioned indexes*（本地索引）。次索引和主鍵、值都儲存在相同的分區中。這表示在寫入時只會牽涉到一個分區的更新，但是對次索引的讀取就需要跨所有分區進行分散／聚集。

- *Term-partitioned indexes*（全域索引）。根據次索引的索引值來分區，次索引中的一個元素可能包括來自主鍵的所有分區裡的記錄。當寫入一個 document 時，就需要更新次索引的多個分區；但是讀取時，可以從單個分區直接取得資料。

最後，我們討論了將查詢路由到適當分區的技術，包括簡單的分區感知負載平衡（partition-aware load balancing），以及複雜的平行查詢執行引擎。

根據設計，每個分區幾乎都是獨立運作的，這使得分區資料庫可以擴展到多台機器上。但是，如果操作涉及到對多個分區的寫入，情況就會變得複雜。例如，如果對一個分區的寫入成功，而對另一個分區的寫入失敗，會發生什麼事呢？我們會在接下來的章節討論這個問題。

參考文獻

[1] David J. DeWitt and Jim N. Gray: "Parallel Database Systems: The Future of High Performance Database Systems," *Communications of the ACM*, volume 35, number 6, pages 85–98, June 1992. doi:10.1145/129888.129894

[2] Lars George: "HBase vs. BigTable Comparison," *larsgeorge.com*, November 2009.

[3] "The Apache HBase Reference Guide," Apache Software Foundation, *hbase.apache.org*, 2014.

[4] MongoDB, Inc.: "New Hash-Based Sharding Feature in MongoDB 2.4," *blog.mongodb.org*, April 10, 2013.

[5] Ikai Lan: "App Engine Datastore Tip: Monotonically Increasing Values Are Bad," *ikaisays.com*, January 25, 2011.

[6] Martin Kleppmann: "Java's hashCode Is Not Safe for Distributed Systems," *martin.kleppmann.com*, June 18, 2012.

[7] David Karger, Eric Lehman, Tom Leighton, et al.: "Consistent Hashing and Random Trees: Distributed Caching Protocols for Relieving Hot Spots on the World Wide Web," at *29th Annual ACM Symposium on Theory of Computing* (STOC), pages 654–663, 1997. doi:10.1145/258533.258660

[8] John Lamping and Eric Veach: "A Fast, Minimal Memory, Consistent Hash Algorithm," *arxiv.org*, June 2014.

[9] Eric Redmond: "A Little Riak Book," Version 1.4.0, Basho Technologies, September 2013.

[10] "Couchbase 2.5 Administrator Guide," Couchbase, Inc., 2014.

[11] Avinash Lakshman and Prashant Malik: "Cassandra – A Decentralized Structured Storage System," at *3rd ACM SIGOPS International Workshop on Large Scale Distributed Systems and Middleware* (LADIS), October 2009.

[12] Jonathan Ellis: "Facebook's Cassandra Paper, Annotated and Compared to Apache Cassandra 2.0," *datastax.com*, September 12, 2013.

[13] "Introduction to Cassandra Query Language," DataStax, Inc., 2014.

[14] Samuel Axon: "3% of Twitter's Servers Dedicated to Justin Bieber," *mashable.com*, September 7, 2010.

[15] "Riak 1.4.8 Docs," Basho Technologies, Inc., 2014.

[16] Richard Low: "The Sweet Spot for Cassandra Secondary Indexing," *wentnet.com*, October 21, 2013.

[17] Zachary Tong: "Customizing Your Document Routing," *elasticsearch.org*, June 3, 2013.

[18] "Apache Solr Reference Guide," Apache Software Foundation, 2014.

[19] Andrew Pavlo: "H-Store Frequently Asked Questions," *hstore.cs.brown.edu*, October 2013.

[20] "Amazon DynamoDB Developer Guide," Amazon Web Services, Inc., 2014.

[21] Rusty Klophaus: "Difference Between 2I and Search," email to *riak-users* mailing list, *lists.basho.com*, October 25, 2011.

[22] Donald K. Burleson: "Object Partitioning in Oracle," *dba-oracle.com*, November 8, 2000.

[23] Eric Evans: "Rethinking Topology in Cassandra," at *ApacheCon Europe*, November 2012.

[24] Rafał Kuć: "Reroute API Explained," *elasticsearchserverbook.com*, September 30, 2013.

[25] "Project Voldemort Documentation," *project-voldemort.com*.

[26] Enis Soztutar: "Apache HBase Region Splitting and Merging," *hortonworks.com*, February 1, 2013.

[27] Brandon Williams: "Virtual Nodes in Cassandra 1.2," *datastax.com*, December 4, 2012.

[28] Richard Jones: "libketama: Consistent Hashing Library for Memcached Clients," *metabrew.com*, April 10, 2007.

[29] Branimir Lambov: "New Token Allocation Algorithm in Cassandra 3.0," *datastax.com*, January 28, 2016.

[30] Jason Wilder: "Open-Source Service Discovery," *jasonwilder.com*, February 2014.

[31] Kishore Gopalakrishna, Shi Lu, Zhen Zhang, et al.: "Untangling Cluster Management with Helix," at *ACM Symposium on Cloud Computing* (SoCC), October 2012. doi:10.1145/2391229.2391248

[32] "Moxi 1.8 Manual," Couchbase, Inc., 2014.

[33] Shivnath Babu and Herodotos Herodotou: "Massively Parallel Databases and MapReduce Systems," *Foundations and Trends in Databases*, volume 5, number 1, pages 1–104, November 2013. doi:10.1561/1900000036

交易

> 由於兩階段提交的性能或可用性問題,一些人認為要支援兩階段提交的成本實在太高了。我們認為,當過度使用交易而出現瓶頸時,應用程式開發者再著手去處理性能的問題,而不是簡單地放棄使用交易。
>
> —James Corbett et al., Spanner: *Google's Globally-Distributed Database*(2012)

在嚴酷的現實環境中,許多和資料系統相關的事情都有可能出錯:

- 資料庫軟硬體可能隨時會出現故障(包括在寫入操作中途發生)。
- 應用程式可能在任何時候發生崩潰(包括在一系列操作中途發生)。
- 網路中斷可能會意外切斷應用程式與資料庫的連接,或資料庫節點之間的連接。
- 多個客戶端可能同時寫入資料庫,因而覆蓋彼此的更新。
- 客戶可能會讀到沒有意義的資料,因為資料先前經歷了不完整的更新。
- 客戶端之間的競爭條件可能會導致令人意外的錯誤。

系統為了要富有可靠性,它必須處理這些故障,並確保它們不會導致整個系統的災難性故障。但是,要實現完善的容錯機制真的有太多工作要做了。它需要仔細考慮所有可能出錯的事情,並進行大量測試,以確保解決方案確實有效。

幾十年來，**交易**（*transactions*）一直是簡化這些問題的首選機制。交易是應用程式將多個讀寫操作組合成一個邏輯單元的方式。從概念上講，交易中的所有讀寫都是作為一個操作執行：要麼整個交易成功（**提交**），要麼失敗（**中止**、**回滾**）。如果失敗，應用程式可以安全地重試。有了交易，應用程式的錯誤處理就簡單多了，因為它不需要擔心部分失敗的問題，即一次工作中某些操作成功而某些操作失敗（無論何種原因）的情況。

如果你已經和交易打交道有數年之久，它們對你來說可能已經是家常便飯，但我們不應該認為它們是理所當然的。因為交易不是自然法則，創造它們的目的是為了**簡化應用程式存取資料庫的程式設計模型**。透過交易，應用程式可以忽略某些潛藏錯誤的情境以及並發性問題，因為它們都可以交給資料庫來處理，我們稱之為**安全保證**（*safety guarantees*）。

並非每個應用程式都需要交易，有時候刻意弱化交易保證或完全放棄它們會帶來一些好處（例如，為了獲得更高的性能或更高的可用性）。一些安全上的考量也可以在沒有交易的情況下獲得實現。

那麼如何判斷我們是否需要交易呢？為了回答這個問題，首先要確切瞭解交易能夠提供什麼樣的安全保障，以及與之相關的成本是什麼。雖然交易乍看之下似乎是件簡單的事，但實際上它有著許多既微妙又重要的細節需要去了解。

本章，我們將檢視許多可能出錯的例子，並探討資料庫防範這些問題的做法。我們會特別深入並發控制的領域，討論可能出現的各種競爭條件，以及資料庫如何實現隔離級別，像是**讀已提交**（*read committed*）、**快照隔離**（*snapshot isolation*）和**可序列化**（*serializability*）。

本章的內容對於單節點資料庫和分散式資料庫都適用，但我們在第 8 章才會集中討論那些只在分散式系統出現的特殊挑戰。

初探交易

目前幾乎所有關聯式資料庫和一些非關聯式資料庫都支援交易。它們大多數遵循 IBM System R 在 1975 年推出的風格，它是第一個 SQL 資料庫 [1, 2, 3]。儘管其中的一些實作細節已經有所不同，但總體概念在過去 40 年裡幾乎沒有甚麼變化：MySQL、PostgreSQL、Oracle、SQL Server 等系統對交易的支援與 System R 驚人地相似。

在 2000 年代後期，非關聯式（NoSQL）資料庫開始流行起來。它們的目標是透過提供新的資料模型（參見第 2 章），以及預設就內建了複製（第 5 章）和分區（第 6 章）來改進傳統的關聯式模型。交易是這場變革的主要受害者：許多新一代的資料庫完全放棄了交易，或者重新定義了這個術語，它所描述的一組保證比以前眾所皆知的保證還要弱得多了 [4]。

隨著新型分散式資料庫的大肆宣揚，一種普遍的看法出現了，那就是交易和可擴展性彼此是處在天秤兩端的對立面，而且任何大型系統都必須放棄交易，才能保持良好的性能和高可用性 [5, 6]。另一方面，資料庫供應商有時會說，對於擁有珍貴資料、必須嚴肅以對的應用程式，交易保證是一項必備要求。然而，這兩種觀點都只是純粹地誇張。

事實並非如此簡單：就像所有其他技術，交易有自己的優勢但也有其局限性。為了理解這些權衡，讓我們先深入瞭解交易所能夠提供的保證，包括在正常操作和各種極端（但實際）的情況下。

ACID 的含義

交易提供的安全保證往往會用大家所熟知的 *ACID* 來表達，它是**原子性**（*atomicity*）、**一致性**（*consistency*）、**隔離性**（*isolation*）和**持久性**（*durability*）這四個特性取其首字母的縮寫。Theo Harder 和 Andreas Reuter [7] 在 1983 年創造了這個詞，目的是為了定義一個能夠精確描述資料庫容錯機制的術語。

然而實際上，不同資料庫的 ACID 實作並不全然相同。我們將看到，**隔離性**的含義有很多含糊之處 [8]。這個高層次的想法是合理的，但問題出在細節上。今天，當一個系統宣稱它是「ACID 相容」的時候，你實際上並無法確切知道它到底提供了什麼樣的保證。可惜的是，ACID 基本上已經變成一種行銷術語了。

不符合 ACID 標準的系統有時稱為 BASE 系統，它代表**基本可用**（*basically available*）、**軟狀態**（*soft state*）和**最終一致性**（*eventual consistency*）[9]。這比 ACID 的定義更模糊，似乎唯一合理的定義是確認它就是「not ACID」這樣；也就是說，它幾乎可以代表任何你所想要的東西。

現在讓我們來深入研究原子性、一致性、隔離性和持久性的定義，這可以讓我們更好地理解交易。

原子性

一般來說，原子（*atomic*）指的是不能再被分割成更小單元的東西。這個詞在計算機科學的不同領域中，有類似的意思但卻有細微的不同。例如，在多執行緒程式設計中，如果某個執行緒執行一個原子操作，表示另一個執行緒無法看到該操作的中間結果。系統只能處於操作之前或操作完成之後的狀態，而不能介於兩者之間。

對比上述說法，原子性在 ACID 上下文中其實跟並發**沒有**什麼關係。它並未描述多個程序試圖同時存取相同資料的時候會發生什麼事，因為這其實是 ACID 的字母 *I* 所涉及到的**隔離性**問題（參見第 225 頁「隔離性」）。

更進一步說，如果客戶端希望進行多次寫入操作，但是故障卻在部分寫入被處理之後發生，例如程序崩潰、網路中斷、磁碟已滿或違反完整性約束，ACID 原子性描述的是這期間應當遵從的原則是什麼。如果將寫入操作組合到一個原子交易中，當故障發生而無法完成（**提交**）交易的時候，交易就會**中止**，資料庫必須丟棄或撤銷截至目前該交易中所做的任何寫入。

如果錯誤在進行多個修改的中途發生，但又沒有原子性的原則保護的話，就很難知道哪些更改已經生效、哪些沒有。或許應用程式可以重試操作，但這可能會導致重複或不正確的資料更新。原子性可以簡化這個問題帶來的麻煩：如果一個交易被中止，應用程式可以安心地知道並沒有任何東西被改變，所以可以安全地做重試。

具備出現錯誤時中止交易並丟棄該交易所有寫入的能力，正是 ACID 的原子性所定義的特性。或許**可中止性**（*abortability*）聽起來會比**原子性**更加貼切，但我們還是會沿用**原子性**這個詞，因為它已經是大家慣用的術語了。

一致性

一致性這個詞被過度使用了，它有幾種可能的含義：

- 在第 5 章，我們討論了**副本一致性**以及在非同步複製系統中的**最終一致性**問題（參見 161 頁「複製落後的問題」）。

- **一致性雜湊**是一種分區方法，一些系統使用它來做重新平衡（參見 204 頁「一致性雜湊」）。

- 在 CAP 定理中（見第 9 章），**一致性**用來表示**可線性化**（*linearizability*）（見第 321 頁「可線性化」）。

- 對於 ACID，**一致性**指的是應用程式資料庫應該處於「良好狀態」的概念。

同樣一個詞竟然至少有四種不同的意思，真是要命。

ACID 中的一致性，其概念是關於資料的某些陳述（**不變量**，*invariants*）必須始終是正確的。例如，在一個會計系統中，所有帳戶的借貸必須始終是平衡的。如果交易開始時資料庫處在符合 invariants 描述的有效狀態，並且交易期間所發生的任何寫入都能保持這樣的有效性（不違背約束），那麼交易後的結果也就依然能滿足 invariants 描述的狀態。

然而，這種一致性依賴於應用程式對 invariants 的認定，正確定義交易以保持一致性是應用程式的職責。這不是資料庫可以保證的：資料庫沒有辦法阻止你寫入違反 invariants 的錯誤資料。資料庫可以檢查某些特定類型的 invariants，例如使用外鍵約束或唯一性約束。但通常，還是會靠應用程式來定義哪些資料是有效的、哪些是無效的，資料庫本身只負責儲存這些資料。

原子性、隔離性和持久性是資料庫的屬性，而一致性（ACID 的一致性）是應用程式的屬性。應用程式可能會仰賴資料庫的原子性和隔離性來實現一致性，所以這件事並不僅僅取決於資料庫而已。因此嚴格說起來，字母 C 應該不屬於 ACID 才對 [1]。

隔離性

大多數資料庫都能讓多個客戶端同時存取。如果這些客戶端正在對資料庫的不同部分做讀寫，這沒有問題，但倘若它們正在存取的是相同的資料，就會遇到並發的問題（競爭條件）。

圖 7-1 是一個簡單的例子。假設有兩個客戶端同時遞增了儲存在資料庫的計數器，而且假設資料庫中沒有內建遞增操作。每個客戶端首先都需要讀取當前計數值，接著對其加 1，然後再回寫新值。在圖 7-1 的例子中，計數器應該從 42 增加到 44，因為總共發生了兩次遞增，但由於競爭條件，它實際上卻只增加到 43。

ACID 說的**隔離性**意指並發執行的交易是彼此隔離的：它們不能互相干擾。經典的資料庫教科書將隔離性形式化描述成**可序列化**（*serializability*），這意味著每個交易都可以假裝自己是整個資料庫上唯一運行的交易。資料庫會確保交易提交時，其結果與**循序**運行（一個接一個）的結果相同，儘管實際上它們可能是同時運行的 [10]。

---

1 Joe Hellerstein 曾評論說，在 Harder 和 Reuter 的報告中 [7]，ACID 中的 C 是「被刻意放進去讓這個縮寫詞唸起來比較好聽而已」，當時大家也不怎麼在意這件事。

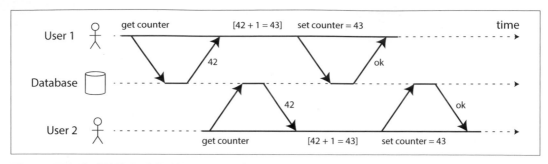

圖 7-1 　兩個客戶端並發遞增計數器時的競爭條件。

然而在實際狀況中，因為序列化會帶來性能損失，所以可序列化隔離並不常用。一些流行的資料庫，如 Oracle 11g，甚至沒有實作它。在 Oracle 中有一個稱為「serializable」的隔離級別，但實際上所實作的是一種稱為**快照隔離**的功能，這比可序列化的保證還要弱 [8, 11]。我們將在第 232 頁「弱隔離級別」中探討快照隔離和其他形式的隔離。

持久性

資料庫系統的目的是提供一個可以安全儲存資料的地方，而不必擔心資料遺失。**持久性**是指一旦交易提交成功，它所寫入的任何資料就都不會消失，即使出現硬體故障或資料庫崩潰也不會。

對於單節點資料庫，持久性通常表示資料已經寫入到非揮發性儲存設備，如硬碟或 SSD。它通常還包括寫入預寫日誌或類似的日誌（參見第 82 頁「讓 B-trees 變可靠」），它可以讓磁碟上的資料結構發生損壞時得以由系統進行復原。在複製資料庫中，持久性表示資料已經成功複製到某些節點。為了提供持久性保證，資料庫必須等到這些寫入或複製完成後，才能報告交易已成功提交。

正如第 6 頁「可靠性」所討論的，完美的持久性並不存在。如果所有硬碟和備份都被銷毀了，資料庫顯然就孤臣無力可回天了。

複製和持久性

從歷史上看，持久性意味著把文字寫進磁帶來存檔。隨著技術演變，現在也可以理解為將資料寫入硬碟或 SSD。最近，它也適合用來意指資料複製。那麼，哪種實作更好呢？

事實是，沒有任何一種實作是完美的：

- 如果你將資料寫入磁碟，而機器剛好掛了。就算資料沒有丟失，但是直到你修復機器或將磁碟轉移到另一台機器之前，資料也無法被存取。而基於複製的系統可以繼續保持可用。

- 一個會引發相關問題的故障，例如停電或某種特定輸入引起所有節點崩潰，這種故障會立即破壞所有副本（參見第 6 頁「可靠性」），存在記憶體中的任何資料都會遺失。因此，in-memory 資料庫和寫入磁碟這兩件事也是息息相關的。

- 在非同步複製系統，當 leader 不可用時，最近的寫入操作可能會丟失（參見 156 頁「處理節點失效」）。

- 當突然斷電，SSD 有時也不能提供保證：fsync 不保證能正常工作 [12]。就像任何其他類型的軟體一樣 [13, 14]，磁碟機韌體也是會有 bugs 存在。

- 儲存引擎和檔案系統實作之間的微妙關係可能有著難以追蹤的 bugs，導致崩潰後磁碟上的檔案損壞 [15, 16]。

- 磁碟上的資料可能是逐漸損壞的，因而沒有被檢測到 [17]。如果資料已損壞一段時間，副本和最近的備份也可能是損壞的。在這種情況下，就需要嘗試從歷史備份中來復原資料。

- 一項關於 SSD 的研究發現，在運行後的頭四年裡，30% ～ 80% 的 SSD 至少會出現一個壞區塊（block）[18]。傳統硬碟有較低的磁區（sector）損壞率，但是發生完全失效的機率卻比 SSD 還要更高。

- 當一個運行已久的 SSD（已經歷很多 write/erase 週期）拔掉電源後，它會在數周到數個月的時間內開始流失資料，具體取決於它的貯存溫度 [19]。

實際上，沒有哪一種技術可以提供絕對的保證。有的是各種降低風險的技術，包括寫入磁碟、複製到遠端機器和備份，這些技術也可以組合運用。明智的做法是對任何理論上的「保證」持保留態度。

單物件和多物件操作

總結一下，ACID 的原子性和隔離性描述了，如果客戶端在同一個交易中包含多個寫入操作時，資料庫應該做什麼：

原子性

> 如果錯誤在寫入的中途發生，那麼交易就應該中止，並且在此之前完成的寫入應該被丟棄。換句話說，資料庫透過提供全有或全無的保證，可以讓你不必擔心部分失敗的問題。

隔離性

> 並發執行的交易不應該互相干擾。例如，如果一個交易包含了多次寫入，那麼另一個交易要麼看到所有寫入操作完成的結果，要麼沒有看到，不能看到中間的部分結果。

這些定義都假設你想要一次修改多個物件（rows、documents、records）。如果有多個資料需要保持同步，通常就會有**多物件交易**（*multi-object transactions*）的需求。圖 7-2 是一個電子郵件應用程式的例子。你可以進行如下查詢來顯示使用者未讀信件的數量：

```
SELECT COUNT(*) FROM emails WHERE recipient_id = 2 AND unread_flag = true
```

如果信件很多，你可能會發現這個查詢實在太慢了，然後決定將未讀信件的數量用一個單獨的欄位來儲存（一種反正規化）。現在，每當有新信件到來時，未讀計數值就必須跟著增加；每當信件被標記為已讀時，還必須同時減少未讀計數值。

圖 7-2 中，User 2 遇到了一個異常情況：郵件清單顯示了一條未讀信件，但是計數器卻顯示了 0 條未讀，因為計數器的增量尚未發生[2]。隔離性可以確保 User 2 同時看到新信件和正確更新的計數值，或者兩者都看不到，不會看到不一致的中間結果，藉此來防止這個問題。

2　或許電子郵件應用程式中的計數器錯誤不是一個特別嚴重的問題。但如果換成客戶帳戶餘額而不是未讀計數器，或是轉帳交易而不是電子郵件，那麼情況就大為不同了。

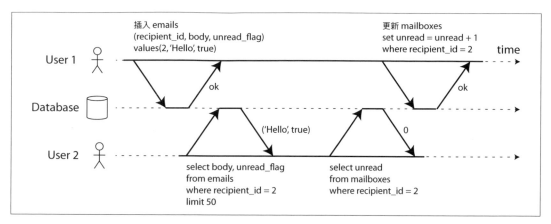

圖 7-2　違反隔離性：一個交易讀取了另一個交易尚未提交的寫入（「髒讀」）。

圖 7-3 說明了需要原子性的地方：如果在交易過程中某個地方發生錯誤，可能造成信箱和未讀計數器的內容不同步。如果是原子交易，對計數值的更新失敗的話，交易就會中止，而之前插進來的電子郵件也會被回滾。

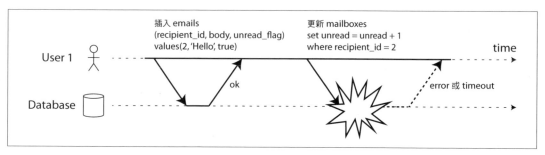

圖 7-3　如果發生錯誤，原子性可以確保該交易之前的任何寫入都會被撤銷，以避免出現不一致的狀態。

多物件交易需要某種方法來確定哪些讀取操作和哪些寫入操作同屬一個交易。在關聯式資料庫中，這通常是基於客戶端連到資料庫伺服器的 TCP 連接來完成的：對於任何具體的連接，BEGIN TRANSACTION 和 COMMIT 語句之間的所有內容都會被認為是同屬一個交易[3]。

3　這種方式並不理想。如果 TCP 連接中斷，交易也必須中止。如果中斷發生在客戶端請求提交之後，而伺服器還沒有確認提交，那麼客戶端就無法知道交易是否已成功提交。要解決這個問題，交易管理器可以根據一個唯一的交易 ID 來對操作進行分組。我們將在第 512 頁「資料庫的端到端參數」回到這個主題。

另一方面，許多非關聯式資料庫並沒有將操作分組的方法。即使是一個 multi-object 的 API（例如，一個 key-value store 可能會用 *multi-put* 操作來一次更新幾個鍵），但這並不意味著它具備交易的語義：命令可能對某些鍵操作成功、對另外一些鍵操作失敗，這會讓資料庫處在不完整更新的狀態。

單物件寫入

原子性和隔離性也適用於單個物件更新的情況。例如，假設你正在向資料庫寫入一個 20kB 的 JSON document：

- 如果發送了前 10 kB 之後發生網路中斷，資料庫是否還會將這個無法完整解析的 10 kB JSON 片段儲存下來？

- 如果資料庫在覆寫磁碟舊值的過程中發生電源故障，最後是否會得到一個新舊值嫁接在一起的資料？

- 如果有另一個客戶端在寫入過程中讀取了該 document，它會看到已經做過部分更新的值嗎？

你或許不相信，但這些問題真的很容易讓人陷入混亂，因此儲存引擎的目標幾乎都是在一個節點上的單個物件（如鍵值對）級別提供原子性和隔離性。原子性可以用一個支援崩潰恢復的日誌來實作（請參閱第 82 頁「讓 B-trees 變可靠」），而隔離性則可以透過對每個物件加鎖來實現（任意時候一個執行緒每次只允許存取一個物件）。

某些資料庫還提供了更複雜的原子操作 [4]，比如遞增操作，這樣就不需要像圖 7-1 那樣的 read-modify-write cycle。同樣普遍的還有比較和設置（compare-and-set）操作，只有當值沒被其他人並發更改的時候才可以執行寫入（參見第 245 頁「比較和設置」）。

這些單物件操作非常有用，因為當多個客戶端同時寫入同一個物件時，它們可以防止更新丟失的問題（參見第 243 頁「防止更新丟失」）。然而，它們並不是通常意義上的交易。Compare-and-set 和其他單物件操作被稱為「輕量級交易」，甚至出於行銷目的也可能被稱為「ACID」[20, 21, 22]，但是使用 ACID 這個術語很容易引起誤解。交易通常被理解為將多個物件上的多個操作組織到一個執行單元的機制。

---

4 嚴格地說，原子遞增（*atomic increment*）這個術語中的 *atomic* 是以多執行緒程式設計的角度來看的。在 ACID 上下文中，它實際上應該稱為隔離的或可序列化的遞增。但出於這樣的原因要修正用詞的話，也太吹毛求疵了。

多物件交易的必要性

許多分散式資料儲存已經放棄了多物件交易，因為要對應跨分區的情況會很難實作，而且在某些需要非常高可用性或性能的場景中，它們也可能會成為障礙。然而，分散式資料庫的交易儼然勢不可擋，第 9 章將會討論到分散式交易的實作。

多物件交易真的有必要嗎？任何應用程式是否能單靠 key-value data model 和單物件操作來實作就好呢？

在一些情況中，單物件的插入、更新和刪除其實就夠用了。但是還有許多其他情況，寫入幾個不同的物件是需要經過協調的：

* 在 relational data modcl 中，一個 table 中的列通常具有外鍵來參照另一個 table 的列。類似地，在 graph-like data model 中，頂點與頂點之間也有邊來聯繫彼此。多物件交易讓你可以確保這些參照保持有效：當插入幾個相互參照的記錄時，外鍵必須是正確而且是最新的，否則資料將會變得沒有意義。

* 在 document data model 中，如果一起更新的欄位都位在同一個 document 中，則可以視為對單個物件操作，更新單個 document 不需要多物件交易。然而，缺乏 join 功能的 document databases 經常會導致反正規化（參見第 39 頁「關聯式資料庫與文件資料庫現狀」）。如圖 7-2 所示，當需要更新反正規化的資訊時，就需要一次性更新多個 documents。交易在這種情況下會非常有用，因為這樣就可以防止反正規化資料出現不同步的情況。

* 對於有次索引的資料庫（除了純鍵值儲存外，幾乎所有資料庫都支援），在每次更改值時也需要進行索引更新。從交易的角度來看，這些索引是不同的資料庫物件：如果沒有交易隔離，一條記錄可能已經出現在一個索引中，卻沒有出現在另一個索引中，因為對第二個索引的更新尚未發生。

在沒有交易的輔助下，應用程式雖然仍可被實作出來，但是少了原子性會讓錯誤處理這件事情變得更加複雜，而且缺乏隔離性也可能會導致並發性的問題。我們將在第 232 頁「弱隔離級別」討論這些問題，然後在第 12 章探討一些其他的方案。

處理錯誤和中止

交易的一個關鍵特性是，如果發生錯誤，可以中止交易並安全地重試。ACID 資料庫即是基於這一哲學：如果資料存在違反原子性、隔離性或持久性保證的危險，那麼它寧願完全放棄交易，也不允許交易有部分完成的狀態發生。

不過，並不是所有的系統都遵循這種哲學。特別是，leaderless replication 的 datastores（見 178 頁「無領導複製」）只會「盡力而為」，也就是「資料庫會盡其所能，但如果遇到一個錯誤發生，系統並不會撤銷已經完成的操作」，從錯誤中復原是應用程式的責任。

要完全避免錯誤實為不可能之事，但許多軟體開發人員往往只喜歡考慮 happy path，而繞過複雜的錯誤處理。例如，流行的物件關係映射（object-relational mapping, ORM）框架如 Rails 的 ActiveRecord 和 Django，它們不會重試中止的交易，而是會從堆疊中拋出錯誤，任何使用者所輸入的東西都會因此被丟棄，呈現在使用者面前的會是一條錯誤訊息。這可以說是一個遺憾，因為中止的重點應該是為了支援安全的重試而存在的。

雖然重試失敗的交易是一種簡單有效的錯誤處理機制，但它並不完美：

- 如果交易實際上成功了，但是當伺服器嘗試向客戶端確認提交成功時卻發生網路問題（所以客戶端認為它失敗了），那麼重試交易會導致重複執行，除非應用程式具備刪除重複資料的機制。

- 如果錯誤是來自於系統超載，重試交易會讓問題更糟，而不是更好。為了避免這種回饋循環，可以對重試次數作限制或使用指數型回退（exponential backoff），同時也要處理超載所引發的相關錯誤（如果可能的話）。

- 只有在出現暫時性錯誤（例如死鎖、違反隔離性、臨時網路中斷和容錯移轉）的時候才值得進行重試；如果出現的是永久性錯誤（例如違反了約束），那麼重試一點意義也沒有。

- 如果交易在資料庫之外會產生副作用，那麼就算交易被中止了，這些副作用也會發生。例如，如果你正在寄送電子郵件，大概不會希望在每次重試交易時都重發一次 email。如果希望確保幾個不同的系統可以同時提交或中止，兩階段提交（two-phase commit）就可以幫得上忙（第 352 頁「原子提交和兩階段提交（2PC）」會討論它）。

- 如果客戶端程序重試失敗，任何試圖寫入資料庫的資料就都會遺失。

弱隔離級別

如果兩個交易所操作的是不同的資料，它們就可以安全地平行執行，因為它們彼此並不相互依賴。只有當一個交易要讀取另一個交易並發修改的資料時，或者當兩個交易嘗試同時修改相同的資料時，並發問題（競爭條件）才會出現。

單靠測試很難發現並發的 bug，因為這種 bug 往往會在某種 timing 條件下才會被觸發。這種 timing 的問題可能很罕見，而且往往難以重現。並發性同樣很難推敲，特別是對大型的應用程式，你根本不知道正在存取資料庫的操作是來自哪些程式碼。就算是開發一次只容許單個使用者使用的應用程式就已經非常困難了，更何況現在還存在許多並發的客戶端，事情無疑是雪上加霜，因為任何資料片段都可能在任意時刻被意外修改。

由於這個原因，資料庫一直想要透過**交易隔離**（*transaction isolation*）來向應用程式開發人員隱藏並發的問題。理論上，隔離應該會讓你的工作更輕鬆，因為它允許你假裝系統不存在並發性：**可序列化**的隔離表示資料庫會保證交易和**循序**執行具有相同的效果。即，交易是依序執行的（一次一個，沒有出現任何並發）。

但是，現實中的隔離並沒有那麼簡單。可序列化隔離需要以犧牲性能當作代價，然而許多資料庫並不想對此做出犧牲 [8]。因此，系統通常會採用較弱的隔離級別，藉此來防止**一些**（並非全部）並發問題。要理解這些隔離級別不是件容易的事，而且它們也可能會導致細微的 bug，但它們在現實中確實很常被採用 [23]。

弱交易隔離導致的並發錯誤並不僅是一個理論問題。它們確實造成了巨大的金錢損失 [24, 25]，不只引來財務審計部門的調查 [26]，而且也導致了客戶資料的毀損 [27]。關於避免這類問題有一個流行的說法是「如果你處理的是財務資料，拜託請使用 ACID 資料庫！」，不過這個建議其實沒有搞清楚重點，因為許多流行的關聯式資料庫系統（通常被認為是「ACID」的）使用的其實是弱隔離，因此它們不一定能夠阻止這些錯誤發生。

只要我們對並發問題以及如何防止它們的做法有更好的瞭解，我們就不會只是盲目地仰賴工具，而是能夠使用手頭的工具建構出可靠和正確的應用程式。

本節將介紹幾個實際上會使用的弱隔離級別（不可序列化的，nonserializable），並詳細討論可能和不可能出現的競爭條件，這樣你就可以判斷應用程式到底需要甚麼樣的隔離級別了。之後，我們才會詳細討論可序列化（參見 251 頁「可序列化」）。

我們會用例子來比較非正式地討論隔離級別。如果你想對它們的性質進行嚴格的定義和分析，可以在學術文獻中找到相關資訊 [28, 29, 30]。

讀已提交

最基本的交易隔離級別是**讀已提交**（*read committed*）[5]。它提供兩項保證：

1. 從資料庫讀取時，你只能看到已提交的資料（無**髒讀**，no *dirty reads*）。

2. 當寫入資料庫時，你只能覆寫已提交的資料（無**髒寫**，no *dirty writes*）。

讓我們更詳細地說明這兩個保證的意思。

無髒讀

假設一個交易向資料庫寫入了一些資料，但是該交易還沒有提交或中止。其他交易可以看到尚未提交的資料嗎？如果是，則稱為**髒讀** [2]。

在 read committed 隔離級別上運行的交易必定要能防止髒讀。這表示只有在交易提交後，交易的任何寫入才會對其他交易變成可見（它的所有寫入是一次性變成可見的）。如圖 7-4 所示，其中 User 1 設置了 $x = 3$，但因為 User 1 還沒有提交，所以 User 2 的 *get x* 仍然會取得舊值 2。

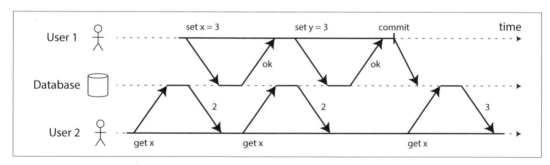

圖 7-4　**無髒讀**：User 2 只有在 User 1 的交易提交之後才能看到 x 的新值。

以下有幾個為什麼要防止髒讀的原因：

- 如果一個交易需要更新多個物件，髒讀表示另一個交易可能會看到部分的更新，而非看到全部的更新結果。例如圖 7-2 中，使用者看到了新的未讀信件，但沒有看到正確更新完畢的計數值。這正是對這封信件進行髒讀的結果。看到資料庫處於部分更新狀態，會讓使用者感到困惑，而且也可能導致其他交易採取錯誤的決策。

5　某些資料庫支援更弱的隔離級別，稱為 *read uncommitted*。它可以防止髒寫，但不能防止髒讀。

- 如果一個交易中止了，它所做的任何寫入都需要回滾（如圖 7-3 所示）。如果資料庫允許髒讀，表示交易可能會看到不正確的資料（稍後就會將被回滾），因為此時看到的資料其實沒有真正被提交到資料庫，接下來所產生後果可能會讓人感到費解。

無髒寫

如果兩個交易同時嘗試更新資料庫中的相同物件，會發生什麼事呢？我們不知道寫入將以何種順序執行，但是通常會假設較晚來的寫入會覆蓋掉較早發生的寫入。

如果較早的寫入是尚未提交交易的一部分，而後寫操作覆寫了尚未提交的值，這稱之為**髒寫** [28]。在 read committed 隔離級別上運行的**交易**一定要能防止髒寫，通常的做法是將第二個寫入往後延遲，直到第一個寫入的交易提交或中止後再進行。

透過防止髒寫，這個隔離級別能夠避免一些並發性問題：

- 如果交易更新了多個物件，髒寫會導致不好的結果。考慮圖 7-5，一個中古車交易網站上面有兩個人 Alice 和 Bob，他們同時都要買下同一部車。買車需要涉及兩次對資料庫的寫入：網站上的車輛清單需要更新以反映這部車輛的買家，發送給買家的發票也需要做更新。在圖 7-5 中，車子被給 Bob 買走了（因為他對 listings table 執行了成功的更新），但是發票卻發送給了 Alice（因為她對 invoices table 執行了成功的更新）。Read committed 可以防止這樣的事故。

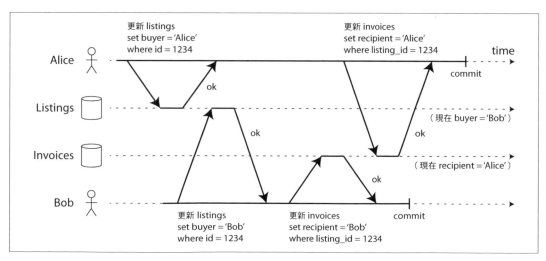

圖 7-5　因為髒寫操作，導致來自不同交易的衝突寫入混合在一起了。

- 然而，read committed 不能防止圖 7-1 中兩個計數器遞增之間的競爭條件。在本例中，第二個寫入發生在第一個交易提交之後，因此它不是髒寫，但它仍然是不正確的。不過這個錯誤係出自不同的原因，我們會在第 243 頁「防止更新丟失」討論如何讓這種計數器可以安全地遞增。

讀已提交的實作

Read committed 是一種非常流行的隔離級別。它是 Oracle 11g、PostgreSQL、SQL Server 2012、MemSQL 和許多其他資料庫的預設配置 [8]。

有一個很常見的情況是，資料庫透過使用列級鎖（row-level locks）來防止髒寫：當交易想要修改某個物件時（row 或 document），它首先必須獲得該物件上的鎖。接著持有該鎖，直到交易被提交或中止才釋放鎖。對於任何給定的物件，只有一個交易可以持有它的鎖；如果另一個交易想要寫入同一物件，就必須等到第一個交易被提交或中止後才能獲得鎖並繼續執行。這種鎖定在 read committed 模式下（或更強的隔離級別）是由資料庫自動完成的。

那要怎麼樣防止髒讀呢？一種選擇是使用相同的鎖，要求任何想讀取該物件的交易都必須先取得鎖，然後在讀完之後立即釋放鎖。這樣可以確保物件具有髒的、未提交的值時，不會有讀取操作發生（因為在此期間，鎖是由進行寫入的交易所持有）。

然而，要求 read locks 的方法在實際上並不可行，因為一個耗時的寫入交易可能會迫使其他交易等待，即便其他交易只是想讀取而沒有要向資料庫寫入任何內容，它們還是得等待直到耗時運行的交易完成。這樣會損害唯讀交易的回應時間，對於可操作性來講是相當不利的：由於需要等待鎖，所以應用程式在某個部分的減速可能會對其他部分造成連鎖反應。

出於這個原因，大多數資料庫 [6] 都會使用如圖 7-4 的方法來防止髒讀：對於每個被寫入的物件，資料庫都會記住舊的提交值和當前交易欲設置的新值，此時交易同時也持有寫入鎖。當交易進行時，讀取該物件的其他交易都會被簡單地給予舊值。只有在新值完成提交後，交易才會切換到讓讀取可以得到新值。

---

6 撰寫本書時，使用鎖來防止髒讀的主流資料庫有 IBM DB2 和 Microsoft SQL Server，使用了 read_committed_snapshot=off 的設定組態 [23, 26]。

快照隔離和可重複讀取

Read committed 隔離從表面上看起來，你可能會認為它滿足了交易需要做的所有事情：它允許中止（原子性所需要的），它阻止讀取不完整的交易結果，並且也阻止了並發寫入混雜在一起的情況。實際上，這些都是有用的特性，而且比一個沒有交易的系統有更強的保證。

但是，在使用此隔離級別時，仍然有許多方式會導致並發錯誤。例如，圖 7-6 展示了 read committed 可能出現的問題。

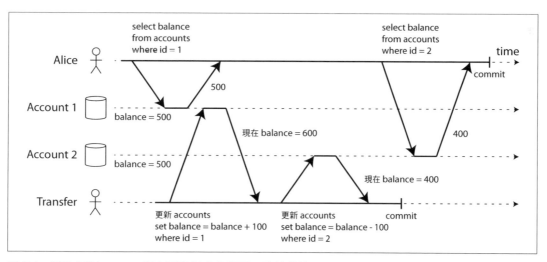

圖 7-6　讀取偏斜：Alice 觀察到資料庫處於不一致的狀態。

假設 Alice 在銀行有 1,000 元的存款，分別存在兩個帳戶 Account 1 跟 Account 2 中，每個帳戶各有 500 元。現在有一筆交易將 100 元從她的 Account 2 轉到 Account 1。如果她剛好在交易處理期間查看帳戶餘額，可能會看到受款帳戶 Account 1 的餘額還停留在轉入前的狀態（500 元），而轉出的帳戶 Account 2 卻已經被扣款了（餘額 400 元）。對 Alice 來說，現在她的帳戶總餘額變成只有 900 元，100 元好像憑空消失一樣。

這種異常現象稱為**讀取偏斜**（read skew），它是一個**不可重複讀取**（*nonrepeatable read*）的例子：如果 Alice 在交易結束時再次讀取 Account 1 的餘額，她看到的值（$600）就會跟上次的查詢不同了。在 read committed 隔離下，讀取偏斜被認為是可以接受的：Alice 看到的帳戶餘額在她讀取時確實是提交了。

不過，*skew* 這個術語也具有多種不同的含義。我們以前用它描述了不平衡工作負載的熱點（參見 205 頁「偏斜的工作負載和熱點降溫」），而在這裡它指的是時序異常（*timing anomaly*）。

在 Alice 的例子，這只是一個暫時性的問題，如果她在幾秒鐘後重新刷新網路銀行，她可能就會看到一致的帳戶餘額了。然而，有些情況卻無法容忍這種暫時的不一致：

備份

進行備份需要複製整個資料庫，對於大型資料庫來說，這可能需要耗費數小時的時間才能完成。在備份程序執行期間，還是有可能會繼續對資料庫進行寫入操作。因此，備份的某些部分可能還是較舊的資料，而其他部分則是較新的資料。如果需要從這樣的備份中復原，那麼不一致（比如錢消失了）就會變成是永久性的了。

分析查詢和完整性檢查

有時候，你可能需要執行一個會掃描大半資料庫的查詢。這樣的查詢在分析處理當中很常見（參見第 90 頁「交易處理還是分析處理？」），或者是定期做完整性檢查以確保一切正常（監視資料損壞）。如果在不同的時間點觀察資料庫的某部分，就會發現這些查詢所取回的結果可能沒有意義。

快照隔離（*snapshot isolation*）[28] 是此問題最常見的解決方案。其想法是讓每個交易都從資料庫的一致快照（*consistent snapshot*）中讀取資料，也就是說，交易一開始所看到的是已經提交到資料庫的所有資料。即使資料隨後會被另一個交易更改，但每個交易都保證只能看到來自那個特定時間點的舊資料。

如果查詢所操作的資料在執行查詢時剛好發生變化，就會很難弄清楚查詢的結果是否有意義。因此快照隔離對於長時間運行的唯讀查詢（如備份和分析）非常有利。當交易可以看到資料庫的一致快照時（凍結於某個特定時間點），理解起來就容易多了。

快照隔離是一個很流行的特性：PostgreSQL、使用 InnoDB 儲存引擎的 MySQL、Oracle、SQL Server 等目前都有支援 [23, 31, 32]。

快照隔離的實作

與 read committed 一樣，快照隔離的實作通常使用寫鎖來防止髒寫（請參閱 236 頁「讀已提交的實作」），這表示執行寫入的交易可以阻塞另一個欲對相同物件寫入的交易程序。但是，讀取不需要加鎖。從性能的角度來看，快照隔離的一個關鍵原則是**讀方不會阻塞寫方，寫方也不會阻塞讀方**。這讓資料庫在正常處理寫入的同時，也可以處理在一致快照上長時間執行的讀取查詢，兩者之間不會發生鎖的競爭。

要實作快照隔離，資料庫使用一種在圖 7-4 中看到的防止髒讀的通用機制。資料庫必須保存物件的幾個不同提交版本，因為各種正在進行的交易可能需要查看資料庫在不同的時間點的狀態。因為它同時維護了一個物件的多個版本，所以這種技術稱為**多版本並發控制**（*multi-version concurrency control*, MVCC）。

如果資料庫只需要提供 read committed 隔離，而不需要快照隔離，那麼保存物件的兩個版本就夠用了：已提交版本和已覆寫但尚未提交的版本（overwritten-but-not-yet-committed）。但是，支援快照隔離的儲存引擎一般也使用 MVCC 來做 read committed 隔離。典型的方法是，read committed 對每個查詢使用單獨的快照，而快照隔離對整個交易使用同一個快照。

圖 7-7 展示了如何在 PostgreSQL [31] 中實作基於 MVCC-based 的快照隔離（其他實作也是類似）。當一個交易開始後，它被賦予一個唯一的、總是單調遞增[7]的交易 ID（txid）。每當交易向資料庫寫入內容時，它所寫入的資料都使用寫方的交易 ID 標記起來。

---

[7] 準確地說，交易 ID 是 32-bit 的整數，因此在大約 40 億次交易之後就會溢出。PostgreSQL 的 vacuum 程序會執行清理，確保溢出不會影響資料。

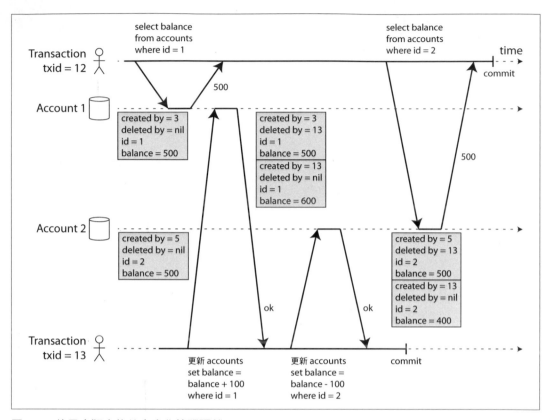

圖 7-7 使用多版本物件來實作快照隔離。

表中的每一列都帶有一個 created_by 欄位，內容記載了將該列插入到表中的交易 ID。此外，每列也有一個 deleted_by 欄位，該欄位最初是空的。如果交易刪除了一列，這個列實際上並不會從資料庫中刪除，而是通過將 deleted_by 欄位設置為請求刪除的交易 ID 來加以標記。稍後，當確定沒有交易有辦法再存取被刪除的資料時，資料庫的垃圾回收程序才會將標記為刪除的列給真正刪掉並釋放儲存空間。

更新的操作在內部會被轉換為刪除和創建。例如圖 7-7，txid=13 的交易從 Account 2 中扣除 100 元，餘額從 500 元更新為 400 元。現在，accounts table 在實際上會出現兩個和 Account 2 有關的列：一列餘額為 500 元，被 txid=13 的交易標記為刪除，另一列餘額為 400 元，標記為由 txid=13 的交易所創建。

觀察一致快照的可見性規則

當交易從資料庫讀取資料時，交易 ID 會被用於決定哪些物件是可見的、哪些物件是不可見的。透過仔細定義可見性的規則，資料庫就可以向應用程式提供一致的資料庫快照。工作原理如下：

1. 在每個交易開始時，資料庫列出當時正在進行（尚未提交或中止）的所有交易。那些交易所做的任何寫入都會被忽略，就算交易稍後被提交也一樣。

2. 任何被中止的交易所做的寫入都將被忽略。

3. 對於使用後來交易 ID 的交易（比當前交易更晚來到的交易），其所做的任何寫入，無論是否已提交，這些交易都將被忽略。

4. 除此以外，其他的寫入對於應用程式的查詢而言都是可見的。

這些規則適用於物件的創建和刪除。在圖 7-7 中，當 txid=12 的交易從 Account 2 讀取資料時，它看到的餘額是 500 元，因為刪除 500 元餘額這條紀錄是由 txid=13 的交易執行的（根據規則 3，txid=12 的交易看不到 txid=13 的交易所做的刪除操作）。同樣，創建 400 元餘額的操作也是不可見的（同樣的規則）。

換句話說，如果以下兩個條件都為真，那麼一個資料物件對交易來講就是可見的：

* 當讀方的交易開始時，創建物件的交易已經完成提交。

* 物件沒有被標記為刪除，或者即使已標記為刪除，但請求刪除的交易在讀方交易開始時還沒有完成提交。

一個長期運行的交易可能會在很長一段時間內持續使用快照，可能持續在讀取（從其他交易的角度來看）已經被覆寫或刪除的值。因為值並不是被就地更新的，而是在每次更新值時創建一個新版本，這樣一來資料庫就可以提供一致的快照，同時只產生很小的開銷。

索引和快照隔離

在多版本資料庫中，索引是如何工作的呢？一種選擇是讓索引簡單地指向物件的所有版本，然後需要一個索引查詢來過濾掉當前交易不可見的物件版本。對任合交易不再可見的舊物件版本，當垃圾回收程序要刪除它們時，相應的索引元素也可一併做刪除。

實際上，多版本並發控制的性能會取決於許多的實作細節。例如，如果同一個物件的不同版本可以容納在同一個 page 當中，就可以避免索引更新，PostgreSQL 正是採取這樣的最佳化措施 [31]。

CouchDB、Datomic 和 LMDB 使用了另一種方法。儘管它們也使用 B-trees（參見第 79 頁「B-Trees」），但它們是採用一種僅接受追加／寫時複製（*append-only/copy-on-write*）的變種，該變種不會在更新時覆寫樹的 pages，而是為每個被修改的 page 創建一個新的副本。所有父頁面、直到樹的根，都將被複製和更新，以指向其新版本子頁面。任何不受寫入影響的頁面都不需要複製，並且保持不變 [33, 34, 35]。

有了 append-only 的 B-trees，每個寫入交易（或批次交易）都會創建一個新的 B-tree root，而一個根就是它在被創建時對資料庫的一致快照。這樣就不必根據交易 ID 來過濾物件，因為後續的寫入操作都無法修改現有的 B-tree；它們只能創建新的 root。但是，這種方法需要一個背景程序來進行壓縮和垃圾回收就是了。

可重複讀取和命名混淆

快照隔離是一個有用的隔離級別，特別是對於唯讀交易。但是，許多資料庫對它的實作卻有不同的稱呼。在 Oracle 稱為 *serializable*（可序列化），在 PostgreSQL 和 MySQL 稱為 *repeatable read*（可重複讀取）[23]。

造成這種命名混淆的原因是 SQL 標準並沒有快照隔離的觀念，因為它是基於 System R 1975 年所定義的隔離級別 [2]，而那時快照隔離還沒有被發明出來。相反，它定義了可重複讀取，從表面上看類似於快照隔離。PostgreSQL 和 MySQL 稱它們的快照隔離級別為 repeatable read，因為它滿足了標準的要求，所以它們可以宣稱符合標準。

不過，SQL 標準對隔離級別的定義有些缺陷，它含糊、不精確，而且無法像一般標準那樣獨立於實作 [28]。有幾個資料庫實作了可重複讀取，儘管它們表面上是標準化的，但實際上它們所提供的保證卻存在很大的差異 [23]。在研究文獻中已經有了 repeatable read 的正式定義 [29, 30]，但是大多數實作其實都沒有滿足這個正式定義。此外，IBM DB2 的「可重複讀取」所表示的其實是可序列化 [8]。

結果，搞到沒有人知道到底 repeatable read 究竟代表什麼意思了。

防止更新丟失

到目前為止，我們所討論的 read committed 和快照隔離級別主要都是針對並發寫入時，對一個唯讀交易可以看到什麼的保證。我們基本上忽略了兩個交易並發寫入的問題，對此我們只討論了髒寫（參見 235 頁「無髒寫」），而這裡是可能發生的一種 write-write 衝突的情況。

在並發寫入交易之間還可能發生一些需要注意的衝突，其中最著名的是**更新丟失**（*lost update*）的問題，就如圖 7-1 的例子中，兩個並發計數器遞增的情況。

如果應用程式從資料庫中讀取某個值，修改它，然後寫回更新的值（一個 *read-modify-write cycle*），就會出現更新丟失問題。如果兩個交易同時執行此操作，其中一個更新可能就會丟失，因為第二個寫入並不會包含第一個的修改（有時稱為後寫者勝）。這種衝突模式在各種不同的場景都可能出現：

- 遞增計數器或更新帳戶餘額（需要讀取當前值，計算新值，並寫回更新後的值）

- 對複合值做本地修改，例如，在 JSON document 的 list 中添加一個元素（需要解析 document，進行更改，然後寫回修改後的 document）

- 兩個使用者同時編輯一個 wiki 頁面，每個使用者都將整個頁面內容發送到伺服器來保存他們的修改，覆寫當前資料庫中的任何內容

並發寫入交易的衝突問題很普遍，因此也有多種解決方案被發展出來。

原子寫入操作

許多資料庫都提供了原子更新操作，這樣就不需要在應用程式碼中自己實作 read-modify-write cycles。如果你的程式碼可以用這些操作來表達，那麼原子操作通常就是最好的解決方案。例如，下面的指令在大多數關聯式資料庫中都是並發安全的：

```
UPDATE counters SET value = value + 1 WHERE key = 'foo';
```

類似地，像 MongoDB 這種 document database 也有提供原子操作，用於對 JSON document 的某部分進行本地修改；而 Redis 一樣也有提供原子操作，用於修改像是優先佇列這樣的資料結構。並不是所有的寫入都可以很容易地用原子操作來表達，例如對 wiki 頁面的更新涉及對文本的隨意編輯就是一例[8]。但無論如何，在可以使用原子操作的情況下，它們通常就是最佳選擇。

---

8 儘管相當複雜，但可以將文本檔案的編輯表示為一系列的原子操作流。參見 174 頁「自動解決衝突」。

原子操作通常是透過對讀取物件加上互斥鎖定來實作的，這樣在更新生效之前，其他交易都沒辦法讀取它。這種技術有時被稱為**游標穩定性**（*cursor stability*）[36, 37]。另一種選擇是強制所有的原子操作都在單一執行緒上執行。

不過，物件關係映射框架一不小心就會編寫出不安全的 read-modify-write cycles 程式碼，而不是使用資料庫提供的原子操作 [38]。如果你知道自己在做什麼，那就不是問題，因為它可能是一些細微錯誤的來源，而且很難通過測試發現。

顯式加鎖

如果資料庫內建的原子操作無法提供所需的功能，那麼防止更新丟失的另一個選項是讓應用程式顯式地對欲更新的物件加鎖。然後，應用程式就可以對其執行 read-modify-write cycle，如果其他交易嘗試並發讀取相同的物件，它將會被迫等待，直到第一個 read-modify-write cycle 完成為止。

例如，考慮一個多人遊戲，其中幾個玩家可以同時移動同一個棋子。這種情況下，原子操作可能還不夠，因為應用程式還需要確保玩家的移動遵守遊戲規則，其中涉及到一些很難用資料庫查詢實作出來的邏輯。替代做法是，你可以使用一個鎖來防止兩個玩家同時移動同一個棋子，如範例 7-1 所示。

範例 *7-1　顯式鎖定列來防止更新丟失*

```
BEGIN TRANSACTION;

SELECT * FROM figures
  WHERE name = 'robot' AND game_id = 222
  FOR UPDATE; ❶

-- Check whether move is valid, then update the position
-- of the piece that was returned by the previous SELECT.
UPDATE figures SET position = 'c4' WHERE id = 1234;

COMMIT;
```

❶　FOR UPDATE 指令指示資料庫應該對該查詢傳回的全部列加上鎖。

這個作法可行，不過想要正確地使用它，還需要仔細考慮應用程式的邏輯。很多程式碼會忘記在必要的地方加鎖，導致競爭條件發生。

自動檢測更新丟失

原子操作和鎖都是透過強制按順序的 read-modify-write cycles 來防止更新丟失。另一種方法是讓它們先平行執行，如果交易管理器檢測到更新丟失，則中止交易並強制其改用 read-modify-write cycle 來重試。

這種方法的一個優點是，資料庫可以借助快照隔離來高效地執行檢查。事實上，PostgreSQL 的可重複讀取、Oracle 的可序列化和 SQL 伺服器的快照隔離級別都會自動檢測更新丟失的情況，並中止有問題的交易。但是，MySQL/ InnoDB 的可重複讀取不能檢測更新丟失 [23]。一些作者認為 [28, 30]，資料庫必須防止更新丟失才能符合提供快照隔離的條件，如果按照這個定義，MySQL 就不能說是完全支援快照隔離級別了。

更新丟失檢測是一個很好的特性，因為應用程式碼不需要用到任何特殊的資料庫特性。你可能會忘記使用鎖或原子操作，從而引入錯誤，但是更新丟失檢測是自動的，因此不太容易出錯。

比較和設置

對於不提供交易支援的資料庫，有時會發現有 atomic compare-and-set 操作可用（第 230 頁「單物件寫入」有提到）。此操作的目的是為了避免更新丟失，只有當值從上次讀取後並未發生變化的情況，它才允許被更新。如果當前值與之前讀取的值不匹配，那麼更新就無效，必須以 read-modify-write cycle 的方式來重試。

例如，為了防止兩個使用者同時更新同一個 wiki 頁面就可以嘗試這樣做。在使用者開始編輯後，只有當頁面內容沒有變化時，更新才會發生：

```
-- This may or may not be safe, depending on the database implementation
UPDATE wiki_pages SET content = 'new content'
  WHERE id = 1234 AND content = 'old content';
```

如果內容已有變化且不再與 'old context' 匹配，則此更新無效，因此你需要檢查更新是否生效，並在必要時重試。但是，如果資料庫讓 WHERE 子句從舊快照讀取資料，則此語句可能就無法防止更新丟失，因為同時有另一個並發寫入發生的話，該條件也可能為真。在仰賴這個功能之前，應該檢查資料庫的 compare-and-set 操作是否符合安全條件。

衝突解決和複製

在支援複製的資料庫中（參見第 5 章），防止更新丟失會增加另一個維度：由於它們在多個節點上有資料副本，而且資料可以在不同的節點上並發修改，因此需要採取一些額外的步驟來防止更新丟失。

加鎖和 compare-and-set 原子操作都假設資料的最新副本只有一個。但是，具有 multi-leader 或 leaderless replication 的資料庫通常允許並發地進行多次寫入，並以非同步的方式複製它們，因此不能保證資料的最新副本只有一個。因此，基於加鎖或 compare-and-set 的技術在此上下文中就不再適用。（第 321 頁「可線性化」會更詳細討論這個問題。）

正如 185 頁「檢測並發寫入」所討論的，這種複製資料庫的常見做法是允許多個並發寫入，然後為一個值創建多個衝突版本（也稱為**兄弟值**，*siblings*），並使用應用程式碼或特殊的資料結構來解決以及合併這些版本。

原子操作可以在複製的情境中工作的很好，特別是當它們是可交換的（commutative）的時候，在不同的副本上以不同的順序執行時仍然可以得到相同的結果。例如，遞增一個計數器或向集合添加一個元素都是可交換的操作。這就是 Riak 2.0 資料類型背後的想法，它可以防止副本之間的更新丟失。當不同客戶端同時更新一個值時，Riak 會自動將更新合併在一起，這樣就不會丟失任何更新 [39]。

另一方面，正如 187 頁「後寫者贏（丟棄並發的寫入）」所討論到的，**後寫者贏**（*last write wins*, LWW）的衝突解決方法比較容易有丟失更新的問題。不幸的是，LWW 卻是許多複製資料庫的預設做法。

寫入偏斜和幻讀

在前面的小節中，我們已經看過**髒寫**和**更新丟失**，它們是不同交易嘗試並發寫入相同物件時可能發生的兩種競爭條件。為了避免資料損壞，需要防止這些競爭條件：不管是透過資料庫自動防止，或是透過加鎖或原子寫入等手動保護措施都可以。

但是，這還不是並發寫入潛在競爭條件的全部原因。本節將會看到一些衝突的微妙例子。

首先，設想一個例子：你正在編寫一個應用程式，讓醫生在醫院管理他們的待命班。醫院通常會試著在同一時間安排幾個可以隨傳隨到的（on call）醫生，而且絕對要至少有一個醫生能夠隨傳隨到。醫生可以排開他們的值班（例如他們自己生病了），前提是該輪班至少還有一名同事可以值班 [40, 41]。

現在想像一下，Alice 和 Bob 是兩位待命值班醫生。結果兩人都恰巧身體不適，都決定要請假。但是，他們幾乎在同一時間碰巧點擊了休假（off call）按鈕。接下來發生的事如圖 7-8 所示。

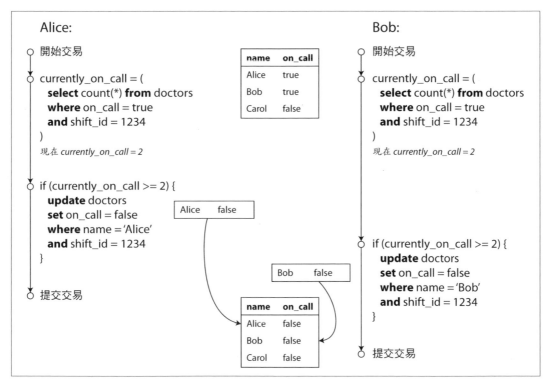

圖 7-8　寫入偏斜導致應用程式發生錯誤的例子。

在每筆交易中，應用程式首先檢查是否有兩個或更多的醫生目前正在值班；如果是的話，它就假定可以讓一個醫生安全的離開。由於資料庫使用快照隔離，所以兩個檢查都傳回 2，因此兩個交易都進入下一個階段。Alice 更新她自己的記錄，讓自己 off call，而 Bob 也同樣更新了他自己的記錄。兩個交易都成功提交了，結果現在沒有醫生 on call 了。這已經違反了至少要有一名醫生能夠隨傳隨到的要求。

寫入偏斜的性質

這種異常情況稱為**寫入偏斜**（*write skew*）[28]。這既不是髒寫，也不是更新丟失，因為這兩個交易正在更新兩個不同的物件（分別是 Alice 和 Bob 的 on-call 記錄）。這裡發生的衝突不太明顯，但它肯定是一個競爭狀態：如果兩個交易一個接一個循序地運行，那麼第二個醫生就會被阻止 off call。只有當交易並發運行時，才可能出現異常行為。

你可以將寫入偏斜看作是更廣義的更新丟失問題。如果兩個交易讀取相同的多個物件，然後更新其中的一些物件（不同的交易可能更新不同的物件），就可能會發生寫入偏斜。在不同交易更新相同物件的特殊情況下，則可能會出現髒寫或更新丟失的異常（取決於執行時機）。

我們看到有各種不同的方法來防止更新丟失。對於寫入偏斜，我們的選擇比較有限：

- 單物件的原子操作幫不上忙，因為這裡涉及了多個物件。

- 不過，一些快照隔離實作的更新丟失自動檢測也愛莫能助：寫入偏斜在 PostgreSQL 的可重複讀取、MySQL/InnoDB 的可重複讀取、Oracle 的可序列化或 SQL 伺服器的快照隔離級別中都不會被自動檢測到 [23]。要自動防止寫入偏斜的話，就得有真正的可序列化隔離才行（請參閱 251 頁「可序列化」）。

- 某些資料庫可以讓你自訂約束條件，然後由資料庫強制執行（例如，唯一性、外鍵約束、限制一些特定值）。但是，為了指定至少一個醫生必須 on call，你需要一個涉及多個物件的約束。大多數資料庫沒有對這種約束內建支援，但是你可以使用觸發器或實體化視圖（materialized views）來實作它們，這取決於具體使用的資料庫 [42]。

- 如果不能使用可序列化隔離級別，次佳的選擇可能就是顯式地對交易所涉及的列加上鎖。在醫生的例子中，可以這樣寫：

```
BEGIN TRANSACTION;

SELECT * FROM doctors
  WHERE on_call = true
  AND shift_id = 1234 FOR UPDATE; ❶

UPDATE doctors
  SET on_call = false
  WHERE name = 'Alice'
  AND shift_id = 1234;

COMMIT;
```

❶ 與前面一樣，FOR UPDATE 告訴資料庫對這個查詢傳回的所有列加上鎖。

更多寫入偏斜的例子

剛開始，寫入偏斜可能看起來有點神祕，不過一旦你認識它並可以意識到它，就會注意到它在很多情況下都可能發生。下面是更多的例子：

會議室預約系統

假設你希望強制執行一個規則，同一會議室在同一時間不能接受兩個預約 [43]。當有人想要預約時，首先要檢查是否有任何衝突的預約（例如兩個預訂的時段有重疊）。如果找不到，就可以確認會議室的預約（參見範例 7-2）[9]。

範例 7-2 會議室預約系統試圖避免重複預約（在快照隔離級別下並不安全）

```
BEGIN TRANSACTION;

-- Check for any existing bookings that overlap with the period of noon-1pm
SELECT COUNT(*) FROM bookings
  WHERE room_id = 123 AND
    end_time > '2015-01-01 12:00' AND start_time < '2015-01-01 13:00';

-- If the previous query returned zero:
INSERT INTO bookings
  (room_id, start_time, end_time, user_id)
  VALUES (123, '2015-01-01 12:00', '2015-01-01 13:00', 666);

COMMIT;
```

但是，快照隔離不能阻止另一個客戶端同時插入一個衝突的會議預約。為了保證不會出現調度衝突，這裡又再次出現了可序列化隔離的需求。

多人線上遊戲

在範例 7-1 中，我們用鎖來防止更新丟失（即確保兩個玩家不能同時移動相同的棋子）。然而，這個鎖並不能阻止玩家將兩個不同的棋子移動到棋盤上的同一個位置，或者一些其他違反遊戲規則的動作。根據具體遊戲規則，你或許可以加上某種唯一性約束，以避免寫入偏斜的發生。

9　在 PostgreSQL 中，使用 range types 可以更優雅地完成這個任務，但是它們在別的資料庫並沒有受到廣泛的支援。

申請新帳號

在每個使用者都有唯一帳號名稱（username）的網站上，兩個使用者可能試圖同時創建相同 username 的帳號。你可以使用一個交易來檢查某個 username 是否已被使用，如果沒有，就可以用那個 username 創建一個帳號。但是，與前面的例子一樣，在快照隔離級別下這是不安全的。幸運的是，唯一性約束是可以用在這裡的一個簡單解決方案（第二個試圖註冊相同 username 的交易將會因為違反約束而中止）。

防止過度消費

一項要使用者花錢或積分的服務，需要檢查使用者是否花了超出限額的錢。這可以透過在客戶的帳號中插入一個臨時的支出項目來實作，列出帳號中的所有消費項目，並檢查預期消費之後的餘額總數是否還為正值 [44]。對於寫入偏斜，可能會發生這種情況：兩個消費項目並發插入，結果將導致餘額變負值，但兩個交易卻都沒有注意到彼此。

造成寫入偏斜的幻讀

上述這些例子都遵循類似的模式：

1. 一個 SELECT 查詢會檢查資料列是否滿足某些條件，以找出和搜尋條件相匹配的列，例如至少有兩個醫生 on call、會議室目前沒有預約、棋盤上的某格沒有棋子、username 還未被佔用、帳戶內還有餘額等等。

2. 根據第一次查詢的結果，應用程式碼再決定如何繼續下一步的操作（可能繼續操作，也可能向使用者報告錯誤並中止）。

3. 如果應用程式決定繼續執行，它會向資料庫執行寫入操作（INSERT, UPDATE, 或 DELETE）並提交交易。

   這個寫入的效果會改變第 2 步做出決定的前提條件。換句話說，如果你是在提交寫入後，再重複步驟 1 的 SELECT 查詢，這樣就會得到完全不同的結果。因為寫入更新了一組和搜尋條件相匹配的列（現在少了一個 on call 的醫生、會議室在該時段已被預約、棋盤的某格已有棋子佔用、username 已經有人用了、帳戶餘額減少了）。

這些步驟可能以不同的順發生。例如，你可以先執行寫入，然後再執行 SELECT 查詢，最後根據查詢的結果決定交易是要中止還是要提交。

在醫生 on call 的例子中，步驟 3 所修改的列是步驟 1 傳回列的其中一個，因此我們可以透過在步驟 1 中鎖定列（SELECT FOR UPDATE）來確保交易安全並避免寫入偏斜。但是，其他四個例子的情況並不相同：它們檢查是否有不符某搜尋條件的列，然後寫入會增加一個匹配相同條件的列。如果步驟 1 中的查詢沒有傳回任何列，那麼 SELECT FOR UPDATE 也就沒有任何東西可以加鎖。

這種在一個交易中的寫入會改變另一個交易查詢結果的現象稱為**幻讀**（*phantom*）[3]。快照隔離可以用唯讀查詢避免幻讀，但是在我們討論的例子中，幻讀可能會導致特別棘手的寫入偏斜問題。

實體化衝突

如果幻讀的問題是沒有物件可以加鎖，也許我們可以人為地將可加鎖物件引入資料庫？

例如，在會議室預約案例中，可以創建一個時段和會議室的對應表。表中的每一列是特定會議室所對應的時段（比如每 15 分鐘為一個時段）。你可以為所有可能的會議室和時段組合，提前為他們建立列，例如為接下來的六個月。

現在，希望建立預約的交易可以鎖定（SELECT FOR UPDAT）表中對應到目標會議室和時段的列。在加鎖之後，它可以檢查重複預約，並像之前一樣插入一個新的預約。注意，這種額外的表並不是用來儲存預約資訊的，它單純是一個鎖的集合，方便加鎖以防止對同一會議室和時段的預約被並發修改。

這種方法稱為**實體化衝突**（*materializing conflicts*），因為它把幻讀問題轉化為資料庫中一組具體列的鎖衝突問題 [11]。但是，要搞清楚如何實體化衝突不是件容易的事，而且實作過程也很容易出錯，讓並發控制的機制竄升到應用程式的資料模型當中是很醜陋的做法。基於這些理由，如果沒有其他辦法，應該將實體化衝突視為最後的手段。在大多數情況下，可序列化隔離級別更為可行。

可序列化

本章已經看到了幾個容易出現競爭條件的交易案例。Read committed 和快照隔離級別可以防止某些競爭條件，但對其他競爭條件就無能為力了。我們遇到了一些關於寫入偏斜和幻讀這種特別棘手的例子，讓情況變得相當不樂觀：

- 隔離級別很難理解，而且不同資料庫的實作也不盡一致（例如「可重複讀取」在各種資料庫的含義差異很大）。

- 如果你檢查應用程式碼，很難判斷它在特定的隔離級別下運行是否安全，尤其是在一個大型應用程式中，你很難得知所有可能並發的事情。

- 沒有好的工具來幫助我們檢測競爭條件。原則上，利用靜態分析或許有點幫助 [26]，但是這種技術還處在研究階段而且還在探索實際運用的方法。測試並發性的問題真的很困難，因為它們通常有很大的不確定性，往往只有在 timing 不佳的時候問題才會突然冒出來。

這已經是個老問題了，從弱隔離級別在 1970 年代推出之後就存在了 [2]。一直以來，研究人員給出的答案都很簡單：那就改用**可序列化隔離**吧！

可序列化隔離通常被認為是最強的隔離級別。它保證了即使交易可能會平行執行，最終也會與它們*循序地*一次執行一個交易的結果相同，就像並發不存在一樣。因此資料庫可以保證，如果交易在單獨運行時的行為正確，那麼在並發運行時它們也仍然正確。換句話說，資料庫阻止了*所有*可能的競爭條件。

但是，如果可序列化隔離比一堆弱隔離級別要好得多的話，那為什麼並非每個人都使用它呢？要回答這個問題，我們需要看看一些可序列化的實作選項，以及它們的執行方式。現在大多數提供可序列化的資料庫都使用了以下三種技術中的其中一種，我們將在本章的後續部分探討它們：

- 按字面順序嚴格地循序執行交易（參見本頁的「實際循序執行」）

- 兩階段加鎖（參見第 256 頁「兩階段加鎖（2PL）」），這是幾十年來唯一可行的選項

- 樂觀並發控制技術，例如可序列化的快照隔離（參見第 261 頁「可序列化的快照隔離（SSI）」）

現在，我們會在單節點資料庫情境下討論這些技術，第 9 章才會研究如何將它們推廣到分散式系統，涉及多個節點交易的場景。

實際循序執行

避免並發性問題最簡單的方法是完全移除並發性發生的機會：在單一執行緒上循序地一次只執行一個交易。透過這種做法，就完全避免了檢測和防止交易之間發生衝突的問題，這樣的隔離級別一定是嚴格序列化的。

儘管這看起來好像是一個很直接的想法，但資料庫設計者直到最近（2007 年左右）才確信，使用單執行緒迴圈來執行交易是可行的 [45]。如果在過去的 30 年中，多執行緒並發被認為是提升性能的必要條件，那麼今天到底是發生了什麼改變才使得單執行緒執行變成可行的選項呢？

有兩個發展促進了這種反思

- RAM 已經足夠便宜，對於許多用例來說，現在可以將整個活躍的資料集都存放在記憶體中（參見第 89 頁「將所有東西存放在記憶體」）。當交易需要存取的所有資料都在記憶體內時，交易的執行速度一定會比等待資料從磁碟載入時快得多。

- 資料庫設計人員意識到 OLTP 交易的執行時間通常很短，並且只會產生少量的讀寫操作（參見第 90 頁「交易處理還是分析處理？」）。相比之下，長時間運行的分析查詢則通常是唯讀的，因此它們可以在循序執行迴圈之外的一致快照上個別運行（使用快照隔離）。

循序執行交易的方法在 VoltDB/H-Store、Redis 和 Datomic 中都有實作 [46, 47, 48]。為單執行緒執行而設計的系統有時性能會比支援並發的系統更好，因為它可以避免協調鎖的開銷。然而，單個 CPU 核心的能力將會限制住它的吞吐量。為了充分利用單一執行緒，交易的結構需要與傳統形式不同。

用預存程序來封裝交易

在資料庫出現的早期，它的意圖是讓一個資料庫交易可以涵蓋使用者活動的完整流程。例如，預訂機票是一個多階段的過程（搜尋路線、票價和空位、決定行程、預訂行程中每個航班的座位、輸入乘客資訊、付款）。資料庫設計人員認為，如果整個程序是一個交易，那麼它就可以原子化提交。

但是，人類做出決定和做出反應的速度非常慢。如果資料庫交易需要等待使用者的輸入，那麼資料庫就得支援潛在的大量並發交易，而其中大部分時間都是處在空閒狀態。大多數資料庫面對這種情況都無法高效運行，因此幾乎所有 OLTP 應用程式都會避免在交易中等待使用者互動，以保持交易簡短。在 web 上，這表示交易會在同一個 HTTP 請求中提交，一個交易不會跨多個請求執行。一個新的 HTTP 請求對應一個新交易的啟動。

即使把人為互動的因素從關鍵路徑拿掉了，但交易仍然繼續以 client/server 風格的互動方式執行，一次執行一條語句。

應用程式提交查詢，讀取結果，也可能根據第一個查詢的結果再提交另一個查詢等等。查詢和結果在應用程式碼（運行在某台機器）與資料庫伺服器（運行在另一台機器）之間來回發送。

在這種互動式交易風格中，大量的時間都花在了應用程式和資料庫之間的網路通訊。如果資料庫不允許並發交易，並且一次只能處理一個交易，那麼吞吐量的表現就會很難看，因為資料庫花費了大部分時間在等待應用程式對當前交易發出下一個查詢。對於這種資料庫，為了獲得合理的性能，需要能夠同時處理多個交易才行。

因此，具有單執行緒循序交易處理的系統不允許互動式的多語句交易。取而代之的是，應用程式必須將整個交易程式碼作為**預存程序**（*stored procedure*）事前提交給資料庫。這些方法之間的差異如圖 7-9 所示。如果交易所需的所有資料都在記憶體中，那麼預存程序的執行速度會很快，無需等待任何網路或磁碟 I/O。

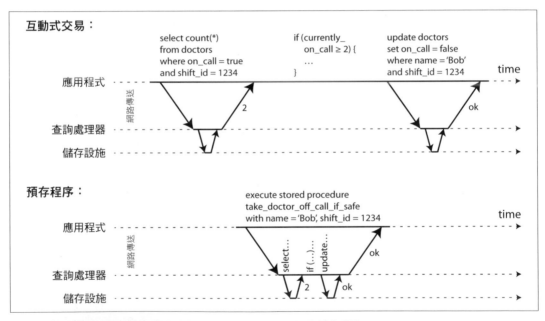

圖 7-9　互動式交易和預存程序之間的差異（以圖 7-8 的交易為例）。

預存程序的利弊

預存程序在關聯式資料庫已經存在有一段時間了，自 1999 年以來就是 SQL 標準（SQL/PSM）的一部分。由於各種原因，它們身上背負了一些壞名聲：

- 每個資料庫供應商都有自己的預存程序語言（Oracle 有 PL/ SQL、SQL Server 有 T-SQL、PostgreSQL 有 PL/pgSQL，等等）。這些語言沒有跟上通用程式語言的發展，因此從今天的角度來看，它們看起來相當醜陋過時，而且缺乏你在大多數程式語言中可以找到的函式庫生態系統。

- 在資料庫中運行的程式碼很難管理：與應用伺服器相比，它們更難以除錯，更難以進行版本控制和部署，更難以測試，也難跟指標監控收集系統整合。

- 資料庫通常比應用伺服器對性能更敏感，因為單個資料庫實例通常會被多個應用伺服器共用。資料庫中編寫得不好的預存程序（例如，使用大量記憶體或 CPU 時間）會比應用伺服器中編寫得同樣糟糕的程式碼造成更多的麻煩。

然而，這些問題都是可以克服的。現代預存程序實作已經拋棄了 PL/SQL，轉而使用現有的通用程式語言：VoltDB 使用 Java 或 Groov、Datomic 使用 Java 或 Clojure、Redis 使用 Lua。

有了預存程序和記憶體中的資料，就可以在單一執行緒上執行所有交易。由於它們不需要等待 I/O，並且避免了其他並發控制機制的開銷，因此它們可以在單一執行緒上得到相當好的吞吐量。

VoltDB 還使用預存程序來執行複製：它並非將交易的寫入從一個節點複製到另一個節點，而是在每個副本上執行相同的預存程序。因此，VoltDB 要求預存程序必須是**確定性的**（在不同節點上運行時，它們必須產生相同的結果）。例如，如果交易需要使用當前日期和時間，它必須通過特殊的可確定性 API 來實作。

分區

循序地執行所有交易可以使並發控制更加簡單，但是資料庫的交易吞吐量將會受限於一台機器的單個 CPU 核心速度。雖然唯讀交易可以在單獨的快照上執行，但是對於具有高寫入吞吐量的應用程式，單執行緒交易處理器可能會成為嚴重的瓶頸。

為了擴展到多個 CPU 核心和多個節點，可以對資料進行分區（參見第 6 章），VoltDB 支援這種做法。如果你能夠找到一種方法對 dataset 進行分區，使每個交易只需要在單個分區中讀寫資料，那麼每個分區就可以有自己獨立運行的交易處理執行緒。在這種情況下，可以為每個 CPU 核心分配自己管轄的分區，這會讓交易吞吐量隨 CPU 核心的數量增加而線性成長 [47]。

但是，對於任何需要存取多個分區的交易，資料庫必須跨分區協調交易。預存程序需要跨所有分區加鎖執行，以確保整個系統的可序列化。

由於跨分區交易有額外的協調開銷，因此它們比單分區交易要慢得多。VoltDB 所報告的吞吐量約為每秒 1000 次跨分區寫入，這比它的單分區吞吐量低了幾個數量級，而且沒有辦法透過增加更多的機器來提高吞吐量 [49]。

交易是否可以在單分區執行，在很大的程度上取決於應用程式使用的資料結構。簡單的鍵 - 值資料通常比較容易做分區，但是帶有多個次索引的資料可能需要進行大量的跨分區協調（請參閱第 206 頁「分區和次索引」）。

循序執行小結

在某些約束條件下，交易的循序執行已經成為實現可序列化隔離的可行方法：

- 每個交易必須小又快，因為只需要一個龜速的交易就會影響到所有交易的處理。
- 它僅限於活躍資料集可以完全放在記憶體中的場景。很少被存取的資料可能被移動到磁碟上，但是如果需要在單執行緒交易中存取它，系統會變得非常慢[10]。
- 寫入吞吐量必須低到足以在單個 CPU 核心上處理，否則交易就需要採用分區，最好不要用到跨分區協調。
- 跨分區交易雖然可行，但它們的使用範圍有嚴格限制。

兩階段加鎖（2PL）

過去約 30 年的時間，資料庫中的可序列化只有一種被廣泛使用的演算法：*兩階段加鎖*（*two-phase locking*, 2PL）[11]。

---

10 如果交易需要存取不在記憶體中的資料，最好的解決方案可能是中止交易。在繼續處理其他交易的同時，非同步地將資料讀進記憶體中，然後在載入資料後重啟交易。這種方法稱為反快取（anti-cache），正如前面在第 89 頁「將所有東西存放在記憶體」提到的那樣。

11 有時稱為強嚴格兩階段加鎖（*strong strict two-phase locking*, SS2PL），以跟其他 2PL 變種做區別。

2PL 不是 2PC

注意，雖然兩階段加鎖（2PL）跟兩階段提交（2PC）聽起來很像，但它們是完全不同的東西。第 9 章會再討論 2PC。

我們前面看到加鎖通常用於防止髒寫（見第 235 頁「無髒寫」）：如果兩個並發交易試圖寫入相同的物件，加鎖可以確保第二個寫入必須等到第一個交易完成（中止或提交）才可以繼續。

兩階段加鎖的做法類似，但是鎖的要求更加嚴格。只要沒有人對同一個物件進行寫入，就可以允許多個交易並發讀取該物件。但是一旦任何人想寫（修改或刪除）一個物件，就必須獨佔存取：

- 如果交易 A 已經讀取了一個物件，而交易 B 想要寫入該物件，那麼 B 必須等到交易 A 提交或中止後才能繼續。（這確保了 B 不會在 A 的背後意外地更改物件。）

- 如果交易 A 已經寫了一個物件，而交易 B 想要讀取該物件，那麼 B 必須等到交易 A 提交或中止後才能繼續。（如圖 7-4，讀取物件的舊版本在 2PL 下是不可接受的。）

在 2PL 中，寫方不只是阻止其他寫入者，它們還會阻塞各個讀方，反之亦然。快照隔離具有**讀方永遠不會阻塞寫方，寫方永遠不會阻塞讀方**的特性（請參閱第 239 頁「快照隔離的實作」），它點明了快照隔離和兩階段加鎖之間的關鍵區別。另一方面，因為 2PL 提供了可序列化，所以它可以防止前面提過的所有競爭條件，包括更新丟失和寫入偏斜。

兩階段加鎖的實作

MySQL（InnoDB）和 SQL Server 中的可序列化隔離級別使用 2PL，另外 DB2 的可重複讀取隔離級別也使用了 2PL [23, 36]。

讀方和寫方的阻塞能力是透過對資料庫的每個物件加鎖來實現的。鎖可以是**共享模式**（*shared mode*），也可以是**互斥模式**（*exclusive mode*）。鎖的使用方法如下：

- 如果一個交易想要讀取一個物件，它首先必須獲取共享模式的鎖。這讓多個交易可以同時持有共享鎖，但如果有一個交易已經對該物件擁有互斥鎖，那麼其他交易就必須等待。

- 如果一個交易想要寫一個物件，它首先必須獲取互斥模式的鎖。任何其他交易都不能同時持有該鎖（不管是共享或互斥模式），因此如果物件已被加鎖，交易就必須等待。

- 如果一個交易先讀然後再寫一個物件，它可能會將其共享鎖升級為互斥鎖。升級後的鎖與直接獲取互斥鎖的效果相同。

- 交易獲得鎖後，必須繼續持有鎖，直到交易結束（提交或中止）。這就是名稱「兩階段」的由來：第一個階段（交易開始時）獲取鎖，第二個階段（交易結束時）釋放所有鎖。

由於使用了這麼多的鎖，很容易出現交易 A 為了等待交易 B 釋放鎖而被卡住的現象，而同時交易 B 也在等待交易 A 釋放鎖也被卡住的情況。這種情況稱為**死鎖**（*deadlock*）。資料庫會自動檢測交易之間的死鎖，並中止其中一個交易，以便其他交易可以繼續進行。被中止的交易需要應用程式負責重試。

兩階段加鎖的性能

兩階段加鎖的最大缺點是性能，這也是自 1970 年代以來並非所有人都使用它的原因：兩階段加鎖下的交易吞吐量和查詢回應時間比起弱隔離要差得多。

部分原因是獲取和釋放鎖的開銷，但更重要的是因為交易的並發性降低了。按照 2PL 的設計，如果兩個並發交易嘗試執行任何可能導致競爭條件的操作，則其中一個必須等待另一個完成。

傳統的關聯式資料庫不會限制交易的執行時間，因為當初它們是為需要等待人工輸入的互動應用程式所設計的。因此，當一個交易必須等待另一個交易時，它需要等待的時間完全沒有上限。就算可以確保所有交易都能很快完成，但如果出現多個交易希望存取同一個物件的情況，則可能會形成一個等待佇列，因此一個交易可能必須等待其他多個交易完成後才能執行操作。

因此運行 2PL 的資料庫，延遲可能很不穩定，如果工作負載之間存在競爭，它們在高百分位數的表現可能會非常糟糕（參閱第 13 頁「描述性能」）。可能只需要一個龜速的交易，或者一個存取大量資料並獲得許多鎖的交易，就會導致系統的其餘部分逐漸停頓。當需要穩健的營運時，這種不穩定性將會帶來麻煩。

雖然在 lock-based read committed 隔離級別中也可能發生死鎖，但在 2PL 可序列化隔離下（取決於交易的存取模式）發生得更頻繁。這會帶來另一種性能問題：當交易由於死鎖而中止並重試時，交易需要重新再次執行它的工作。如果死鎖頻繁出現，這可能意味著大量工作都是在做白工了。

述詞鎖

在前面對加鎖的討論中，我們忽略了一個細微但重要的細節。在第 250 頁「造成寫入偏斜的幻讀」中，我們討論了*幻讀*的問題，即一個交易改變另一個交易的搜尋查詢結果。具有可序列化隔離的資料庫也必須防止幻讀問題。

在會議室預約的例子中，這表示一個交易搜尋了在某時段某個會議室的預約（參見範例 7-2），就不允許另一個交易同時插入或更新同一時段該會議室的另一個預約。（可以同時插入其他會議室的預約，或者在不同的時段插入相同會議室的預約，因為這些預約都不會影響預訂登記。）

那麼要如何實作呢？從概念上講，我們需要一個*述詞鎖*（*predicate lock*）[3]。它的工作原理類似於前面描述過的共享 / 互斥鎖，只不過它並不屬於某個特定物件（例如表中的一列），而是屬於所有匹配某個搜尋條件的物件，例如：

```
SELECT * FROM bookings
  WHERE room_id = 123 AND
    end_time   > '2018-01-01 12:00' AND
    start_time < '2018-01-01 13:00';
```

述詞鎖對存取的限制如下：

- 如果交易 A 想要讀取匹配某個條件的物件，比如符合 SELECT 查詢的條件，它必須獲取查詢條件上的共享模式述詞鎖。如果另一個交易 B 目前在匹配這些條件的任何物件上加有互斥鎖，那麼 A 必須等待，直到 B 釋放鎖，才能繼續執行查詢。

- 如果交易 A 要插入、更新或刪除任何物件，它首先必須檢查新舊值是否匹配任何現有的述詞鎖。如果交易 B 持有一個匹配的述詞鎖，那麼 A 就必須等待，直到交易 B 提交或中止後才能繼續。

這裡的關鍵想法是，述詞鎖甚至可以用在還未在資料庫中存在，但將來可能會添加進來的物件（幻讀）。如果兩階段加鎖包含述詞鎖，那麼資料庫就可以防止所有形式的寫入偏斜和其他競爭條件，因此隔離就變成是可序列化了。

索引範圍鎖

不過，述詞鎖的執行性能不佳：如果活躍的交易握有許多鎖，那麼檢查匹配這些鎖就會很耗費時間。因此，大多數使用 2PL 的資料庫實際上的實作是用**索引範圍鎖定**（*index-range locking*，也稱為 *next-key locking*），它是述詞鎖的簡化跟近似版本 [41, 50]。

使述詞擴大匹配物件集，對於簡化述詞來說是安全的。例如，一個述詞鎖保護的條件是中午 12 點到下午 1 點之間對會議室 123 的預約。你可以擴大保護會議室 123 的所有時段，或是擴大保護在這個時段內的所有會議室（而不只是會議室 123），以此做一種簡化的近似保護。這是安全的，因為任何與原始述詞匹配的結果肯定也會符合近似匹配。

在會議室預約資料庫中，你可能會在 room_id 的行上建立索引，並且／或在 start_time 和 end_time 上建立索引（否則前面的查詢在大型資料庫中會非常慢）：

* 假設索引在 room_id 上，資料庫使用該索引查找會議室 123 的當前預約狀況。現在，資料庫可以簡單地將共享鎖附加到這個索引條目上，表示一個交易搜尋了會議室 123 的預約。

* 或者，如果資料庫使用基於時間的索引來搜尋預約狀況，可以為該索引的一段值範圍附加一個共享鎖，表示一個交易搜尋預約，時間範圍包含 2018/1/1 中午 12 點到下午 1 點這個時段。

無論哪種方式，搜尋條件的近似都會附加到某個索引上。現在，如果另一個交易想要插入、更新或刪除同一會議室和／或重疊時段的預約，它勢必要更新索引，而在此過程中它就會碰到共享鎖，並被迫等待，直到鎖被釋放才能繼續。

這樣的保護就可以有效避免幻讀和寫入偏斜問題。索引範圍鎖不像述詞鎖那麼精確（它們鎖定的物件範圍可能會超出可序列化的實際需要），但因為它們的開銷小得多，所以是一種很好的折衷方案。

如果沒有合適的索引可以實施範圍鎖，資料庫可以退回到整個表上的共享鎖。但這對性能將有所損傷，因為它會停止其他會對表進行寫入的交易，但這確實是一個安全的回退做法。

可序列化的快照隔離（SSI）

本章描繪了資料庫在並發控制方面的悲觀形象。一方面，我們實作的可序列化執行得不好（兩階段加鎖）或者擴展性不佳（循序執行）。另一方面，我們有性能比較好的弱隔離級別，但卻容易出現各種競爭條件（更新丟失、寫入偏斜、幻讀等）。從根本上說來，可序列化隔離和良好的性能真的是魚與熊掌無法兼得嗎？

事情還很難說：有一種稱為**可序列化快照隔離**（*serializable snapshot isolation*, SSI）的演算法帶來了希望。它提供了完全的可序列化，但是與快照隔離相比，它的性能損失也夠小。SSI 是相當新的技術，它在 2008 年首次被提出 [40]，也是 Michael Cahill 博士論文的研究主題 [51]。

目前，SSI 已被用於單節點資料庫（PostgreSQL 版本 9.1 以後的可序列化隔離級別 [41]）和分散式資料庫（FoundationDB 使用了類似的演算法）。由於跟其他並發控制機制相比，SSI 還很年輕，它仍需要在實際中證明其性能，但它有可能發展的很快，在未來成為資料庫新的標準配備。

悲觀和樂觀的並發控制

兩階段加鎖是一種典型的**悲觀**（*pessimistic*）並發控制機制，它基於這樣一個原則：如果有任何事情可能出錯（例如另一個交易持有鎖），最好等到情況轉為安全之後再繼續下一步。它類似於多執行緒程式設計中用來保護資料結構的**互斥鎖**。

從某種意義上說，循序執行是極端悲觀的選擇：它本質上等同於每個交易在交易持續期間持有對整個資料庫（或資料庫的一個分區）的互斥鎖。我們透過讓每個交易快速執行來補償這種悲觀操作，因此它要做的事情就是讓持有「鎖」的時間越短越好。

相比之下，可序列化快照隔離是一種**樂觀**（*optimistic*）的並發控制技術。在這種情況下，樂觀的意思是，如果可能發生潛在危險的事情，交易不會被阻止，而是繼續進行，希望一切都會順利。當一個交易想要提交時，資料庫會檢查是否發生了什麼差錯（例如違反隔離）；如果是，交易將中止，然後必須重試。只有循序執行的交易才允許提交。

樂觀的並發控制不是什麼新想法 [52]，關於它的利弊已經爭論了很長時間 [53]。如果存在高競爭（許多交易試圖存取相同的物件），導致需要中止的交易比例升高，那麼性能也會跟著變糟。如果系統已經接近其最大吞吐量，重試交易帶來的額外負載會使性能更加惡化。

但是，如果系統有足夠餘裕，而且交易之間的競爭又不是太高的話，那麼樂觀並發控制技術的性能往往比悲觀技術要好。使用可交換的原子操作也可以減少一些競爭情況：例如，若幾個交易並發地想要增加某個計數器，那麼遞增的順序並不重要（只要不是在同一個交易中讀取計數器），因此可以應用並發遞增而不會發生衝突。

顧名思義，SSI 基於快照隔離。也就是說，交易中的所有讀取都是從資料庫的一致快照來的（參閱第 237 頁「快照隔離和可重複讀取」）。這是與早期樂觀並發控制技術的主要區別。在快照隔離的基礎上，SSI 添加了一種演算法，用於檢測寫入之間的序列化衝突，從而決定要中止哪些交易。

基於過時的前提來下決定

我們先前討論快照隔離的寫入偏斜時（見 246 頁「寫入偏斜和幻讀」），觀察到一個重複出現的模式：一個交易從資料庫讀取一些資料，對查詢的結果進行檢查，基於結果來決定採取下一步行動（寫入資料庫）。但是在快照隔離下，因為在交易期間資料可能已被修改，所以當交易提交時，原始查詢的結果可能不再是最新的。

換句話說，交易是基於某個前提（在交易開始時是成立的事實，例如「目前有兩個醫生可以隨傳隨到」）採取行動。稍後，當交易想要提交時，原始資料可能已經改變，此時前提條件可能已經不再為真。

當應用程式進行查詢時（例如「目前有多少醫生在值班？」），資料庫並不能得知應用程式邏輯會如何使用該查詢的結果。為了安全起見，資料庫需要假設對查詢結果中的任何修改（決策的前提），都表示了該交易中的寫入可能是無效的。換句話說，在交易中的查詢和寫入之間可能存在因果依賴關係。為了提供可序列化的隔離，資料庫必須檢測交易可能對過時前提進行修改的情況，並在這種情況下中止交易。

資料庫要怎麼知道查詢結果是否有被修改呢？有兩種情況需要考慮：

- 檢測對過時 MVCC 物件版本的讀取（在讀取之前發生了未提交的寫入）
- 檢測會影響到先前讀取資料的寫入（讀取之後，又發生了新的寫入）

檢測是否讀取過期的 MVCC 物件

回想一下，快照隔離通常是透過多版本並發控制（MVCC；請參閱第 239 頁「快照隔離的實作」）。當交易從 MVCC 資料庫的一致快照讀取資料時，它會忽略那些在建立快照時尚未提交的交易寫入。在圖 7-10 中，Transaction 43 將 Alice 視為 on_call = true，因為 Transaction 42（修改了 Alice 的 on-call 狀態）尚未提交。然而，在 Transaction 43 要提交時，Transaction 42 已經完成提交。這意味著從一致快照讀取時被忽略的寫入現在生效了，導致 Transaction 43 的前提不再為真。

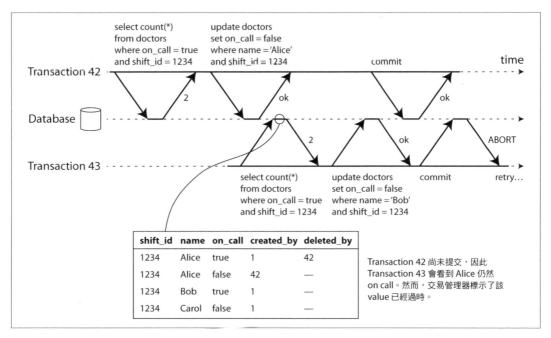

圖 7-10　檢測交易是否從 MVCC 快照讀取到過時的值。

為了防止這種異常，當一個交易因為 MVCC 可見性規則而忽略另一個交易的寫入時，資料庫需要跟蹤這種情況。當交易想要提交時，資料庫檢查被忽略的寫入是否已經提交。如果是，就必須中止當前交易。

為什麼要等到提交才檢查呢？當檢測到讀取已過期，為什麼不立即中止 Transaction 43 呢？如果 Transaction 43 是一個唯讀交易，它就不需要中止，因為不會有寫入偏斜的風險。當 Transaction 43 進行讀操作時，資料庫並不知道該交易以後是否還會執行寫入。此外，在 Transaction 43 被提交時，Transaction 42 有可能被中止或者還未提交，因此最終的讀取可能並沒有過期。通過避免不必要的中止，SSI 對那些從一致快照進行長時間的讀取交易保留了快照隔離的支援。

檢測寫入是否影響到先前的讀取

第二種要考慮的情況是，在讀取資料之後，另一個交易修改了資料。如圖 7-11 所示。

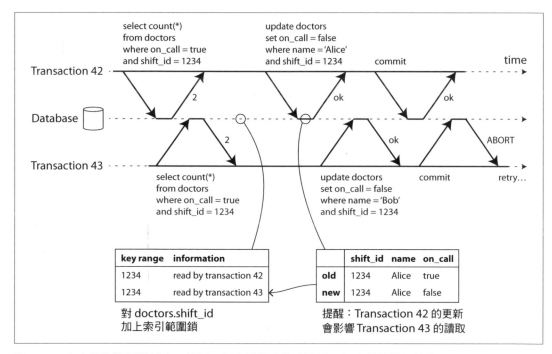

圖 7-11　在序列化快照隔離中，檢測一個交易是否修改了另一個交易的讀取結果。

在兩階段加鎖中，我們討論了索引範圍鎖（請參閱第 260 頁「索引範圍鎖」），它允許資料庫鎖定匹配某個搜尋查詢的所有列，比如 WHERE shift_id = 1234。這裡我們可以使用類似的技術，只是 SSI 的鎖不會阻塞其他交易。

在圖 7-11 中，Transaction 42 和 43 都在搜尋班別 1234 的值班醫生。如果在 shift_id 上有索引，資料庫可以使用索引條目 1234 來記錄 Transaction 42 和 43 讀取該資料的事實（如果沒有索引，則可以在表層級跟蹤此資訊）。該資訊只需要保存一小段時間：在交易完成（提交或中止）並且所有並發交易完成之後，資料庫就可以忘記它了。

當交易寫入資料庫時，它必須在索引中查找最近有讀取到受影響資料的其他交易。這個過程類似於在受影響的鍵範圍上獲取寫鎖，但是鎖不會阻塞讀方，而是充當觸發引信（tripwire）：它只是簡單地通知交易，它們讀取的資料可能不再是最新的

在圖 7-11 中，Transaction 43 通知 Transaction 42 它先前讀取的資料已經過時，反之亦然。Transaction 42 首先提交，並且成功提交：儘管 Transaction 43 的寫入影響了 42，但 43 還沒有提交，因此寫入尚未生效。但是，隨後當 Transaction 43 想要提交時，來自 42 的衝突寫入已經提交生效，所以 Transaction 43 必須中止。

可序列化快照隔離的性能

通常，許多工程細節會影響演算法的實際效果。例如，一個需要考慮的權衡是跟蹤交易讀寫的細微性。如果資料庫非常詳細地跟蹤每個交易的活動，它可以精確地知道哪些交易需要中止，但是簿記開銷可能會變得很大。不太詳細的跟蹤會更快，但是可能會導致比實際需要更多的交易被中止。

在某些情況下，交易可以讀取被另一個交易覆寫的資訊：具體取決於所發生的事情，有時可以確信執行的結果是可序列化的。PostgreSQL 使用這樣的理論來減少不必要的中止發生 [11, 41]。

與兩階段加鎖相比，可序列化快照隔離的最大優點是交易不需要阻塞等待另一個交易持有的鎖。這一點和快照隔離一樣，寫方不會阻塞讀方，反之亦然。這一設計原則使得查詢延遲更具可預測性，也更穩定。特別是，在一致性快照上執行唯讀查詢不需要任何鎖，這對於需要大量讀取的工作負載非常有吸引力。

與循序執行相比，可序列化的快照隔離並不受限於單個 CPU 核心的吞吐量：FoundationDB 把對序列化衝突的檢測分佈在多台機器上，從而讓它可以擴展到非常高的吞吐量。即使資料可能跨多台機器分區，交易也可以在多個分區上讀寫資料，並同時保證可序列化的隔離 [54]。

交易的中止率會顯著影響 SSI 的整體性能。例如，耗費很長一段時間來讀寫資料的交易很可能會遇到衝突和中止，因此 SSI 要求讀寫交易必須夠短（長時間運行的唯讀交易不受此限）。然而，SSI 相對於兩階段加鎖或循序執行來講，對緩慢交易較不敏感。

小結

交易是一個抽象層,它讓應用程式可以忽略某些並發問題和某些類型的軟硬體錯誤。大量錯誤被簡化成一個簡單的**交易中止**,應用程式只需要再次重試。

我們在本章使用一些例子來說明交易可以預防的問題。並不是所有的應用程式都容易受到這些問題的影響:存取模式夠簡單的應用程式(例如僅讀寫一條記錄)或許在沒有交易的情況下就可以很好地管理。然而,對於更複雜的存取模式,交易可以極大地減化你需要考慮的潛在錯誤數量。

如果沒有交易,各種錯誤場景(程序崩潰、網路中斷、停電、磁碟已滿、非預期的並發等)意味著資料可能會因為各種原因喪失一致性。例如,反正規化資料很容易與來源資料失去同步。如果沒有交易,就很難推斷複雜的互動存取對資料庫的影響。

在本章,我們特別深入討論了並發控制的議題。我們討論了幾種廣泛使用的隔離級別,包括**讀已提交**、**快照隔離**(有時稱作**可重複讀取**)和**可序列化**。我們透過討論各種競爭條件的例子來說明這些隔離級別:

髒讀

一個客戶端讀取了另一個客戶端尚未提交的寫入。Read committed 隔離級別和更強的級別可以防止髒讀。

髒寫

一個客戶端覆寫了另一個客戶端已經寫入但尚未提交的資料。幾乎所有的交易實作都可以防止髒寫。

讀取偏斜

客戶端在不同的時間點看到資料庫的不同部分。讀取偏斜的某些情況也稱為**不可重複讀取**。快照隔離通常可以防止此問題,快照隔離讓交易可以從某特定時間點的一致快照中讀取資料。快照隔離通常透過**多版本並發控制**(MVCC)來實作。

更新丟失

兩個客戶端並發地執行一個 read-modify-write cycle。其中一個覆寫了另一個的寫入,但又沒有合併其更改,導致資料丟失。快照隔離的一些實作會自動防止這種異常,而其他實作則需要手動鎖定查詢結果(SELECT FOR UPDATE)。

寫入偏斜

交易讀取資料，根據它看到的值做出決策，並將決策寫入資料庫。然而，當寫入之時，這個決策的前提條件卻已不再成立。只有可序列化隔離才能防止這種異常。

幻讀

交易讀取了某些匹配搜尋條件的物件。同時另一個客戶端卻執行了一個影響搜尋結果的寫入。快照隔離可以防止簡單的幻讀，在寫入偏斜上下文中的幻讀則需要特殊處理，比如使用索引範圍鎖。

弱隔離級別可以防止其中一些異常，但還需要應用程式開發人員手動處理其他異常（例如顯式加鎖）。只有可序列化的隔離級別能夠防止所有這些問題。我們討論了實作可序列化交易的三種不同方法：

嚴格循序執行交易

如果每個交易的執行速度都很快，並且交易吞吐量也低到足以在單個 CPU 核心上處理，那麼嚴格循序執行將是一個簡單而有效的方案。

兩階段加鎖

幾十年來，這一直是實作可序列化的標準方法，但許多應用程式由於性能的原因而放棄使用它。

可序列化的快照隔離（*SSI*）

它是一個相當新的演算法，可以避免前述方法的大部分缺點。它使用一種樂觀的方式，允許交易並發且在不阻塞的情況下繼續進行。當一個交易想要提交時，它會被檢查，如果執行不是可序列化的，它會被中止。

本章的例子都是使用 relational data model。然而，正如第 231 頁「多物件交易的必要性」所討論的，無論使用哪種資料模型，交易都是一個很有價值的資料庫特性。

在本章，我們設定的背景主要是在一台機器上運行資料庫，探索一些想法和演算法。分散式資料庫的交易會帶來一系列新的難題，我們將在接下來的兩章繼續討論它們。

參考文獻

[1] Donald D. Chamberlin, Morton M. Astrahan, Michael W. Blasgen, et al.: "A History and Evaluation of System R," *Communications of the ACM*, volume 24, number 10, pages 632–646, October 1981. doi:10.1145/358769.358784

[2] Jim N. Gray, Raymond A. Lorie, Gianfranco R. Putzolu, and Irving L. Traiger: "Granularity of Locks and Degrees of Consistency in a Shared Data Base," in *Modelling in Data Base Management Systems: Proceedings of the IFIP Working Conference on Modelling in Data Base Management Systems*, edited by G. M. Nijssen, pages 364–394, Elsevier/North Holland Publishing, 1976. Also in *Readings in Database Systems*, 4th edition, edited by Joseph M. Hellerstein and Michael Stonebraker, MIT Press, 2005. ISBN: 978-0-262-69314-1

[3] Kapali P. Eswaran, Jim N. Gray, Raymond A. Lorie, and Irving L. Traiger: "The Notions of Consistency and Predicate Locks in a Database System," *Communications of the ACM*, volume 19, number 11, pages 624–633, November 1976.

[4] "ACID Transactions Are Incredibly Helpful," FoundationDB, LLC, 2013.

[5] John D. Cook: "ACID Versus BASE for Database Transactions," *johndcook.com*, July 6, 2009.

[6] Gavin Clarke: "NoSQL's CAP Theorem Busters: We Don't Drop ACID," *theregister.co.uk*, November 22, 2012.

[7] Theo Harder and Andreas Reuter: "Principles of Transaction-Oriented Database Recovery," *ACM Computing Surveys*, volume 15, number 4, pages 287–317, December 1983. doi:10.1145/289.291

[8] Peter Bailis, Alan Fekete, Ali Ghodsi, et al.: "HAT, not CAP: Towards Highly Available Transactions," at *14th USENIX Workshop on Hot Topics in Operating Systems* (HotOS), May 2013.

[9] Armando Fox, Steven D. Gribble, Yatin Chawathe, et al.: "Cluster-Based Scalable Network Services," at *16th ACM Symposium on Operating Systems Principles* (SOSP), October 1997.

[10] Philip A. Bernstein, Vassos Hadzilacos, and Nathan Goodman: *Concurrency Control and Recovery in Database Systems*. Addison-Wesley, 1987. ISBN: 978-0-201-10715-9, available online at *research.microsoft.com*.

[11] Alan Fekete, Dimitrios Liarokapis, Elizabeth O'Neil, et al.: "Making Snapshot Isolation Serializable," *ACM Transactions on Database Systems*, volume 30, number 2, pages 492–528, June 2005. doi:10.1145/1071610.1071615

[12] Mai Zheng, Joseph Tucek, Feng Qin, and Mark Lillibridge: "Understanding the Robustness of SSDs Under Power Fault," at *11th USENIX Conference on File and Storage Technologies* (FAST), February 2013.

[13] Laurie Denness: "SSDs: A Gift and a Curse," *laur.ie*, June 2, 2015.

[14] Adam Surak: "When Solid State Drives Are Not That Solid," *blog.algolia.com*, June 15, 2015.

[15] Thanumalayan Sankaranarayana Pillai, Vijay Chidambaram, Ramnatthan Alagappan, et al.: "All File Systems Are Not Created Equal: On the Complexity of Crafting Crash-Consistent Applications," at *11th USENIX Symposium on Operating Systems Design and Implementation* (OSDI), October 2014.

[16] Chris Siebenmann: "Unix's File Durability Problem," *utcc.utoronto.ca*, April 14, 2016.

[17] Lakshmi N. Bairavasundaram, Garth R. Goodson, Bianca Schroeder, et al.: "An Analysis of Data Corruption in the Storage Stack," at *6th USENIX Conference on File and Storage Technologies* (FAST), February 2008.

[18] Bianca Schroeder, Raghav Lagisetty, and Arif Merchant: "Flash Reliability in Production: The Expected and the Unexpected," at *14th USENIX Conference on File and Storage Technologies* (FAST), February 2016.

[19] Don Allison: "SSD Storage – Ignorance of Technology Is No Excuse," *blog.korelogic.com*, March 24, 2015.

[20] Dave Scherer: "Those Are Not Transactions (Cassandra 2.0)," *blog.foundationdb.com*, September 6, 2013.

[21] Kyle Kingsbury: "Call Me Maybe: Cassandra," *aphyr.com*, September 24, 2013.

[22] "ACID Support in Aerospike," Aerospike, Inc., June 2014.

[23] Martin Kleppmann: "Hermitage: Testing the 'I' in ACID," *martin.kleppmann.com*, November 25, 2014.

[24] Tristan D'Agosta: "BTC Stolen from Poloniex," *bitcointalk.org*, March 4, 2014.

[25] bitcointhief2: "How I Stole Roughly 100 BTC from an Exchange and How I Could Have Stolen More!," *reddit.com*, February 2, 2014.

[26] Sudhir Jorwekar, Alan Fekete, Krithi Ramamritham, and S. Sudarshan: "Automating the Detection of Snapshot Isolation Anomalies," at *33rd International Conference on Very Large Data Bases* (VLDB), September 2007.

[27] Michael Melanson: "Transactions: The Limits of Isolation," *michaelmelanson.net*, March 20, 2014.

[28] Hal Berenson, Philip A. Bernstein, Jim N. Gray, et al.: "A Critique of ANSI SQL Isolation Levels," at *ACM International Conference on Management of Data* (SIGMOD), May 1995.

[29] Atul Adya: "Weak Consistency: A Generalized Theory and Optimistic Implementations for Distributed Transactions," PhD Thesis, Massachusetts Institute of Technology, March 1999.

[30] Peter Bailis, Aaron Davidson, Alan Fekete, et al.: "Highly Available Transactions: Virtues and Limitations (Extended Version)," at *40th International Conference on Very Large Data Bases* (VLDB), September 2014.

[31] Bruce Momjian: "MVCC Unmasked," *momjian.us*, July 2014.

[32] Annamalai Gurusami: "Repeatable Read Isolation Level in InnoDB – How Consistent Read View Works," *blogs.oracle.com*, January 15, 2013.

[33] Nikita Prokopov: "Unofficial Guide to Datomic Internals," *tonsky.me*, May 6, 2014.

[34] Baron Schwartz: "Immutability, MVCC, and Garbage Collection," *xaprb.com*, December 28, 2013.

[35] J. Chris Anderson, Jan Lehnardt, and Noah Slater: *CouchDB: The Definitive Guide*. O'Reilly Media, 2010. ISBN: 978-0-596-15589-6

[36] Rikdeb Mukherjee: "Isolation in DB2 (Repeatable Read, Read Stability, Cursor Stability, Uncommitted Read) with Examples," *mframes.blogspot.co.uk*, July 4, 2013.

[37] Steve Hilker: "Cursor Stability (CS) – IBM DB2 Community," *toadworld.com*, March 14, 2013.

[38] Nate Wiger: "An Atomic Rant," *nateware.com*, February 18, 2010.

[39] Joel Jacobson: "Riak 2.0: Data Types," *blog.joeljacobson.com*, March 23, 2014.

[40] Michael J. Cahill, Uwe Rohm, and Alan Fekete: "Serializable Isolation for Snapshot Databases," at *ACM International Conference on Management of Data* (SIGMOD), June 2008. doi:10.1145/1376616.1376690

[41] Dan R. K. Ports and Kevin Grittner: "Serializable Snapshot Isolation in PostgreSQL," at *38th International Conference on Very Large Databases* (VLDB), August 2012.

[42] Tony Andrews: "Enforcing Complex Constraints in Oracle," *tonyandrews.blogspot.co.uk*, October 15, 2004.

[43] Douglas B. Terry, Marvin M. Theimer, Karin Petersen, et al.: "Managing Update Conflicts in Bayou, a Weakly Connected Replicated Storage System," at *15th ACM Symposium on Operating Systems Principles* (SOSP), December 1995. doi:10.1145/224056.224070

[44] Gary Fredericks: "Postgres Serializability Bug," *github.com*, September 2015.

[45] Michael Stonebraker, Samuel Madden, Daniel J. Abadi, et al.: "The End of an Architectural Era (It's Time for a Complete Rewrite)," at *33rd International Conference on Very Large Data Bases* (VLDB), September 2007.

[46] John Hugg: "H-Store/VoltDB Architecture vs. CEP Systems and Newer Streaming Architectures," at *Data @Scale Boston*, November 2014.

[47] Robert Kallman, Hideaki Kimura, Jonathan Natkins, et al.: "H-Store: A High-Performance, Distributed Main Memory Transaction Processing System," *Proceedings of the VLDB Endowment*, volume 1, number 2, pages 1496–1499, August 2008.

[48] Rich Hickey: "The Architecture of Datomic," *infoq.com*, November 2, 2012.

[49] John Hugg: "Debunking Myths About the VoltDB In-Memory Database," *voltdb.com*, May 12, 2014.

[50] Joseph M. Hellerstein, Michael Stonebraker, and James Hamilton: "Architecture of a Database System," *Foundations and Trends in Databases*, volume 1, number 2, pages 141–259, November 2007. doi:10.1561/1900000002

[51] Michael J. Cahill: "Serializable Isolation for Snapshot Databases," PhD Thesis, University of Sydney, July 2009.

[52] D. Z. Badal: "Correctness of Concurrency Control and Implications in Distributed Databases," at *3rd International IEEE Computer Software and Applications Conference* (COMPSAC), November 1979.

[53] Rakesh Agrawal, Michael J. Carey, and Miron Livny: "Concurrency Control Performance Modeling: Alternatives and Implications," *ACM Transactions on Database Systems* (TODS), volume 12, number 4, pages 609–654, December 1987. doi:10.1145/32204.32220

[54] Dave Rosenthal: "Databases at 14.4MHz," *blog.foundationdb.com*, December 10, 2014.

第八章

分散式系統的問題

嘿，老是延遲的網路，我們才剛認識，

這兒有我的資料，希望可以儲存下來。

—Kyle Kingsbury, *Carly Rae Jepsen and the Perils of Network Partitions*（2013）

在前幾章，一個反覆出現的主題是系統如何處理錯誤。例如，我們討論了 replica failover（第 156 頁「處理節點失效」）、複製延遲（第 161 頁「複製落後的問題」）和交易的並發控制（第 232 頁「弱隔離級別」）。隨著逐漸瞭解現實系統可能出現的各種邊緣情況，我們才能更好地處理它們。

然而，儘管已經談論了很多會出錯的事，但前面幾章的看法還是比較樂觀的，因為現實情況很可能會更糟。現在我們可以更悲觀一點，也就是假設任何**可能會出錯**的事情都**必然將出錯**[1]。有經驗的系統維運人員會告訴你這樣的假設很合理。如果講得投機，他們或許會邊舔舐傷疤邊給你講些可怕的故事。

在分散式系統上工作和在單台電腦上編寫軟體有本質上的不同，因為有更多既新鮮又刺激的錯誤可能會冒出來 [1, 2]。本章將領略一下實際上會出現的問題，你就會知道哪些東西是可以依靠而哪些不行。

最後，作為工程師，我們的任務是建構可以勝任工作的系統（例如，滿足使用者期望的保證），儘管一切都出錯了，系統還是得可以完成預定工作。第 9 章會看到一些演算法的例子，這些演算法可以在分散式系統提供如此的保證。但首先，我們必須瞭解眼前所面臨的挑戰是什麼。

---

1 只有一個例外：我們將假設故障是非拜占庭式的（*non-Byzantine*），請參見 304 頁「拜占庭故障」。

本章將會以最悲觀的方式來闡述分散式系統可能出現的問題。我們將研究網路的問題（第 277 頁「不可靠的網路」）、時鐘和 timing 問題（第 287 頁「不可靠的時鐘」），我們將會討論這些問題可以避免到何種程度。這些問題所帶來的後果往往令人困惑，所以我們將會討論怎麼樣來思考一個分散式系統的狀態，以及如何對已經發生的事情進行推理（第 299 頁「知識、真相與謊言」）。

故障和部分失效

當你在一台電腦上編寫一個程式時，它通常會以一種相當可預測的方式運作：要麼工作，要麼不工作。有 bug 的軟體可能會給人一種電腦有時「having a bad day」的感覺（通常會將電腦重新開機來修復），這大多只是軟體寫得不好所產生的結果而已。

單台電腦上的軟體不穩定並沒有什麼根本原因：當硬體正常工作時，相同的操作總是會產生相同的結果（它是**確定性的**）。如果硬體有問題（例如記憶體損壞或連接器鬆脫），後果通常是整個系統故障（例如 kernel panic、藍白畫面、啟動失敗）。配備正常軟體的個人電腦，通常不是正常工作就是完全壞了，不會介於兩者之間。

這是在設計電腦時經過深思熟慮的選擇：如果發生內部故障，寧願電腦完全崩潰，也不願傳回錯誤的結果，因為錯誤的結果不只很難處理也令人困惑。因此，電腦對使用者隱藏了它們的物理實作，呈現出一個在數學上運行完美的理想系統模型。CPU 指令總是做同樣的事情；如果你將一些資料寫入記憶體或磁碟，資料就會保持不變，不會隨機損壞。這種始終做出正確計算的設計目標，可以追溯到最早的數位電腦 [3]。

當你編寫可以通過網路連接而運行在多台電腦上的軟體時，情況就完全不同了。在分散式系統中，系統模型不再理想完美，我們別無選擇，必須得面對現實物理世界的混亂。在現實世界中，很多事情都可能出錯，以下趣聞就是個好例子 [4]：

> 在我有限的經驗中，處理過資料處理中心（*DC*）長期運轉的網路磁碟分區、*PDU* 配電單元裝置故障、交換機故障、機架意外斷電、整個資料中心骨幹失效、整個資料中心的電力故障。喔，還有血糖過低的司機開著他的福特皮卡撞壞的空調系統。而且你知道嗎？事情的詭異之處在於，我根本不是負責維運的人耶。
>
> —Coda Hale

在分散式系統中，即使系統的其他部分工作良好，但某些部分也可能以不可預測的方式出現故障。這就是所謂的**部分失效**（*partial failure*）。部分失效的困難之處在於它的**不確定性**：如果你試圖執行任何涉及網路和多節點的操作，它可能有時會工作，但有時卻會無預期地失敗。正如我們將看到的，你甚至可能**不知道**哪一些操作是否成功，因為訊息在網路上傳播的時間也是不確定的！

這種不確定性和部分失效的可能性，讓我們很難與分散式系統和平共處 [5]。

雲端運算和超級計算

對於如何建置大規模計算系統，有一些哲學：

- 規模的一端是**高性能計算**（*high-performance computing*, HPC）的領域。擁有數千個 CPU 的超級電腦通常用於計算密集型的科學任務，像是天氣預報或分子動力學（模擬原子和分子的運動）這一類的事情。

- 規模的另一個極端是**雲端運算**（*cloud computing*），它的定義就不是那麼明確了 [6]，但通常和這些東西有關：多租戶資料中心、可上網（通常是乙太網路）的商用電腦、彈性／按需配置資源並按用量計費。

- 傳統的企業資料中心介於這兩個極端之間。

這些哲學對於處理錯誤的方式有著截然不同的面貌。在超級電腦中，作業通常會不時檢查計算狀態並將其持久化。如果一個節點出現故障，常見的解決方案是直接停止整個叢集的工作負載。然後在故障節點修復之後，從最後一個檢查點再重新開始計算 [7, 8]。因此，超級電腦更像是單節點電腦而不是分散式系統：它處理部分失效的方式是讓系統逐步升級為全面故障；如果系統的任何部分失效，就讓整體崩潰（就像單機的崩潰）。

本書主要關注那些在 internet 上提供服務的系統，它們和超級電腦有很多不同的地方：

- 許多跟 internet 相關的應用程式都是**線上**（*online*）運作的，某種意義上來說，它們需要在任何時候以低延遲為使用者服務，所以任何時候發生服務不可用（例如為了修復故障而停止叢集）都是不能被接受的。相比之下，像天氣模擬這樣的離線作業（批次處理）可以停止和重新啟動，所帶來的衝擊也相對較低。

- 超級電腦通常是由專門的硬體所搭建出來的，每個節點都非常可靠，節點通過共享記憶體和遠端直接記憶體存取（RDMA）進行通訊。而另一方面，雲端服務中的節點則是由商用機器所建構起來的；由於規模經濟，這些商用機器能夠以更低的成本提供同等的性能，只不過故障率也會比較高。

- 大型資料中心的網路通常是基於 IP 和乙太網路，採用 Clos 拓撲以提供更好的共享頻寬 [9]。超級電腦通常是使用專門的網路拓撲，比如 multi-dimensional meshes 和 toruses [10]，它們可以為已知通訊模式的 HPC 工作負載提供更好的性能。

- 系統的規模越大，局部元件失效的可能性就越大。隨著使用時間推移，損壞的東西會被修復，而新的東西也會損壞，在一個擁有數千個節點的系統中，我們可以合理地假設某些東西總是會損壞 [7]。當錯誤處理策略只是簡單地選擇放棄的話，大型系統最終可能會因為要從錯誤中恢復而花費大量時間，而不是執行預期的正常工作 [8]。

- 如果系統能夠容忍失效的節點、整體仍然能繼續工作，對於維運來說就非常有用了：例如，你可以執行滾動升級（參見第 4 章），每次讓一個節點重新開機，而系統又可以繼續同時為使用者提供不中斷的服務。在雲端環境中，如果一個虛擬機器性能不好，你還可以隨時終止它並請求誕生一個新的實例（希望新的可以更快）。

- 對於地理上分佈的部署（將資料放在地理位置靠近使用者的地方以降低存取延遲），最可能通過 internet 進行通訊，但 internet 與本地網路相比，速度慢且不可靠。超級電腦通常會假設所有節點都是緊密安放在一起的。

如果我們想讓分散式系統好好地工作，就必須考慮部分失效的可能性，並在軟體中建立容錯機制。換句話說，我們需要用不可靠的元件建構出一個可靠的系統。（正如第 6 頁「可靠性」所討論的，沒有十全十美的可靠性，所以我們需要瞭解承諾的現實極限在哪裡。）

即使只有幾個節點組成的小系統，對於部分失效的考慮也很重要。在一個小系統中，大多數元件在大多時候可能都能正常工作無誤；然而，系統的某些部分遲早會發生故障，軟體還是得以某種方式來處理它們才行。處理失效必須是軟體設計的一部分，軟體操作人員需要知道故障出現的時候軟體會有什麼樣的行為。

如果認為錯誤很罕見而心存僥倖，就太不明智了。考慮系統各種可能的錯誤，甚至是不太可能的錯誤，並在測試環境中人為產生這些錯誤以查看會發生什麼事，盡力做好準備真的太重要了。在分散式系統中，秉持懷疑、悲觀和偏執的態度終將會帶來回報。

用不可靠的元件建構出可靠的系統

你可能會想，這樣子做有什麼意義？按直覺來想的話，系統的可靠性可能僅僅取決於它最不可靠的元件（它**最薄弱的環節**），但事實並非如此。實際上，從不太可靠的底層基礎 [11] 建構出可靠的系統是計算領域的一個老想法。例如：

- 錯誤校正碼讓數位資料可在現實的非理想通訊通道中達成正確傳輸，因為偶爾出現的一些錯誤可以被糾正回來，例如無線網路的無線電干擾 [12]。

- IP（the Internet Protocol）並不可靠：資料封包可能會丟失、延遲、重複或重新排序。TCP（Transmission Control Protocol）在 IP 之上提供了一個更可靠的傳輸層：它確保丟失的資料封包會被重傳、重複的資料封包會被消除，而資料封包也能夠按照發送的順序重新組裝。

儘管系統可以比它的底層各部組成更加可靠，但它的可靠程度是有限度的。例如，錯誤校正碼可以處理少量的位元錯誤，但如果訊號被干擾所淹沒，通訊通道能支撐的資料傳輸率就會受到限制 [13]。TCP 對它的上層隱藏了封包丟失、重複和重新排序的處理，但它並不能神奇地消除網路中的延遲。

更可靠的高階系統並不是完美的系統，它更像是久經沙場的幹練老將，它會處理一些棘手的底層錯誤，留下更容易理解和處理的錯誤。我們將在第 519 頁「端到端的參數」中進一步探討這個問題。

不可靠的網路

正如第二部分介紹中所談到，本書所關注的分散式系統是**無共享的系統**，也就是通過網路連接在一起的一堆機器。網路是這些機器間唯一的通訊方式，我們假設每台機器都有自己的記憶體和磁碟，而且一台機器不能存取另一台機器的記憶體或磁碟（除非通過網路向服務發出請求）。

無共享並不是建構系統唯一的方式，但它在建構 internet 服務方面占有主導地位。這有幾個原因：它因為不需要特殊的硬體而相對便宜、它可以利用現成的雲端運算服務產品來建構、它可以通過地理分佈的多個資料中心冗餘來實現高可靠性。

Internet 和大多數資料中心的內部網路（通常是乙太網路）都是非同步封包網路（*asynchronous packet networks*）。在這種網路中，一個節點可以向另一個節點發送訊息（封包），但是網路不能保證訊息何時會到達，或者是否到達。當你發送一個請求並期望得到一個回應，中間會有許多可能的錯誤發生（其中一些如圖 8-1 所示）：

1. 請求可能已經丟失（有人拔掉了網路線）。

2. 請求可能正在佇列中等待，稍後才會被發送（可能網路或接收端超載）。

3. 遠端節點可能已經失效（崩潰或被關機）。

4. 遠端節點可能暫時停止回應（正在進行垃圾回收而暫停回應；參見第 295 頁「程序暫停」），但稍後它將會再次正常做出回應。

5. 遠端節點可能已經處理了請求，但回應在網路上丟失了（例如網路交換機配置錯誤）。

6. 遠端節點可能已經處理了請求，但是回應被延後處理並安排於稍後才交付（可能網路或機器超載）。

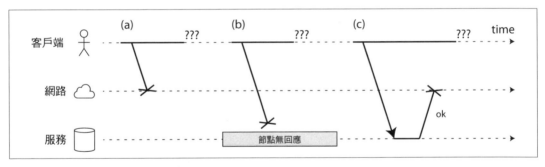

圖 8-1　當發送的請求沒有得到回應，無法區分是（a）請求丟失了，（b）遠端節點關閉，還是（c）回應丟失了。

發送方甚至無法判斷資料封包是否已送達：唯一的選擇是讓接收方回覆一條回應訊息，而這條訊息也可能會丟失或延遲。這些問題在非同步網路中是區分不出來的：發送者唯一知道的資訊就是尚未收到回應。如果向另一個節點發送請求而沒有收到回應，**完全無法**知道原因到底為何。

處理這個問題的常用方法是使用**逾時**（*timeout*）：發送方在一段時間之後，放棄等待並認定回應不會進來了。但是，當逾時發生時，你還是不知道遠端節點是否收到了請求（如果請求仍在某處排隊，它還是可能被發送到接收方，即使發送方已經放棄它了）。

現實中的網路故障

電腦網路已經存在幾十年了，有人可能希望它現在已經要能夠可靠運作，然而我們似乎還沒有成功。

有一些系統的研究和大量的坊間證據表明，因網路而產生問題可能非常普遍，甚至在受控的環境中也是如此 [14]，比如企業自己營運的資料中心。一項對中型資料中心進行的研究發現，每個月大約會有 12 個網路相關的故障發生，其中一半屬於單機斷網，另一半屬於整個機架斷網 [15]。另一項研究測量了機架頂部交換機、聚合交換機和負載平衡器等元件的故障率 [16]。研究發現，增加冗餘網路設備並不像人們預期那樣可以減少故障，因為它不能防止人為錯誤（例如交換機設定錯誤），而人為錯誤是造成網路中斷的主要原因。

像 EC2 這樣的公有雲服務，因為經常出現短暫的網路故障而臭名昭彰 [14]，而管理良好的私有資料中心網路可能是更穩定的環境。然而，沒有人能免於受網路問題的影響：例如，在交換機軟體升級期間出現的問題可能會觸發網路拓撲的重構，在此期間網路封包的延遲也很可能會超過一分鐘之久 [17]。又或者，海底生物可能會啃咬、破壞海底纜線 [18]。其他令人驚訝的錯誤可能是來自一個網路介面，它可以正確發送出站資料封包，但有時卻會丟棄所有入站封包 [19]：網路鏈路可以單向工作，並不保證它在另一個方向也能正常工作。

網路分割

當網路的一部分由於網路故障而與其他部分斷開時，有時稱為網路分割（*network partition*）或網路斷裂（*netsplit*）。本書會保持使用網路故障（*network fault*）這個更通用的術語，以避免跟第 6 章提到的儲存系統分區（碎片）產生混淆。

即使網路故障在你的環境中很少發生，但故障還是會發生，這個事實表示你的軟體需要能夠處理它們。只要有網路通訊，無論何時它都可能失敗，沒有辦法完全避免它。

如果沒有對網路故障的錯誤處理進行定義和測試，那麼壞事就可能會隨時任意發生：例如，即使網路恢復了，但叢集仍可能還陷在鎖死狀態 [20]，永遠無法為請求提供服務；又或者，它甚至可能刪除掉所有的資料 [21]。如果軟體被放在一個沒有被預期到的情況，它就可能會做出一些意料之外的事情。

處理網路故障並不一定表示需要**容忍**它們：如果你的網路通常相當可靠，一個有效的方法是在網路遇到問題時簡單地向使用者顯示錯誤訊息。但是，你仍然需要確實知道軟體要如何應對網路問題，並確保系統能夠從這些問題中恢復過來。故意觸發網路問題並測試系統的回應是有意義的（這是 Chaos Monkey 背後的想法；參見第 6 頁「可靠性」）。

檢測故障

許多系統需要自動檢測故障節點。例如：

- 負載平衡器需要停止向已失效的節點發送請求（將其**排除在外**）。

- 在具有 single-leader replication 的分散式資料庫中，如果 leader 失敗，則需要將其中一個 follower 提升為新的 leader（參見第 156 頁「處理節點失效」）。

但是，要判斷一個節點是否正常工作，卻因網路的不確定性讓事情變得困難。在某些特定情況下，你可能會得到一些回應，明確告訴你有些事情行不通：

- 如果你能觸及運行節點的機器，但因為機器上沒有程序正在監聽目標通訊埠（例如，因為程序崩潰），作業系統將會發送一個 RST 或 FIN 封包作為回應並關閉或拒絕 TCP 連接。但是，如果節點在處理請求時崩潰，就沒辦法知道該節點實際已經處理了多少資料 [22]。

- 如果一個節點的程序崩潰（或被管理員 kill 掉），但該節點的作業系統仍在運行中，這樣可以用命令稿（script）通知其他節點，以便讓其他節點可以迅速接管，而不必等待逾時到期。HBase 正是採用了這種做法 [23]。

- 如果你能夠存取資料中心的網路交換機管理介面，可以用它們來檢測硬體的故障（例如遠端機器關閉）。如果你是透過 internet 連接，或者在共用資料中心中而不能存取交換機本身，或者由於網路問題而無法進入管理介面，這個選項就不可行了。

- 如果路由器檢測到你所試圖連接的 IP 位址是不可達的，它可能會回覆你一個 ICMP 目的地不可達的封包。然而，路由器其實並沒有神奇的故障檢測能力，它跟其他網路參與者所受到的限制其實差不多。

雖然快速回報遠端節點失效的功能很有用，但不能指望它。即使 TCP 確認資料封包已經發送，應用程式也可能在真正處理它之前就崩潰了。如果想要確認請求是否成功，還是得由應用程式本身作出正面回應才行 [24]。

相反，如果有事情出差錯，你可能會在堆疊的某個層次上得到錯誤回應，但通常還是要假設你根本得不到任何回應會比較好。你可以重試幾次（TCP 的重試是透明的，但也可以在應用程式層級做重試），等待逾時發生後，如果還是沒有收到回應，最後便可宣告該節點已經失效。

逾時和無限制的延遲

如果逾時是檢測故障的唯一可靠方法，那麼逾時時間應該要設多長才對？這並沒有簡單的標準答案。

長逾時表示直到一個節點被宣告為失效之前，需要等待的時間很長（在此期間，使用者可能不得不等待或看到錯誤訊息）。短逾時可以更快地檢測故障，但是當一個節點實際上只是暫時性地變慢（例如節點或網路受負載峰值影響），錯誤地宣告該節點失效的風險更高。

過早宣告一個節點失效會帶來問題：如果該節點實際上還是活的，並且正在執行某些操作（例如發送電子郵件），而另一個節點接管了該操作，那麼該操作可能就會被執行兩次。我們將在第 299 頁「知識、真相與謊言」以及第 9 章和第 11 章更詳細地討論這個問題。

當一個節點被宣告為失效時，它的責任需要轉移給其他節點，這就給其他節點和網路帶來了額外的負載。如果系統已經處在與高負載搏鬥的狀況，過早宣佈節點失效會使問題變得更糟。可能發生的情況是，節點實際上並沒有失效，而只是由於超載導致反應緩慢；將其負載轉移到其他節點可能導致連鎖失敗（在極端情況下，所有節點相互宣告失效，所有事情就此停擺）。

現在想像有一個虛構的網路系統，它可以保證封包的最大延遲為 d，每個封包要麼在一段時間 d 內完成遞送，要麼就丟失，但完成遞送時間永不超過 d。此外，假設系統可以保證一定有個永遠不會出錯的節點，總是在一段時間 r 內處理請求。在這種情況下，你就可以保證每一個請求會在 $2d + r$ 的時間內成功收到回應。如果在這段時間內沒有收到回應，你就會知道網路或遠端節點並沒有正常工作。如果以上假設可以成立，$2d + r$ 將是一個可以使用的合理逾時。

但是，大多數系統都不會有這種擔保：非同步網路具有**無限制的延遲**（*unbounded delays*）。也就是說，它們會嘗試儘快提供資料封包，但是資料封包到達的時間並沒有上限。大多數伺服器實作也不能保證可以在某個最大的時間期限內處理完請求（見第 298 頁「回應時間保證」）。對於故障檢測來說，大多數情況下，光只有系統快是不夠的：如果逾時時間很短，那麼在 round-trip 期間只需要一個短暫的峰值就會使系統失去平衡。

網路壅塞和佇列

開車時，行車時間往往會因為交通壅塞而有變化。同樣道理，網路上資料封包延遲的可變性往往也是由於排隊佇列 [25]：

- 如果幾個不同的節點同時嘗試向同一個目的地發送資料封包，網路交換機必須將資料封包放在佇列中等待，並將它們逐一發送到目的地網路鏈路（如圖 8-2 所示）。在一個繁忙的網路上，封包可能需要等待一段時間，直到它可以得到一個時槽的發送機會（即**網路擁塞**，*network congestion*）。即使網路運行良好，如果輸入的資料太多，那麼交換機佇列就有可能被填滿，資料封包會被丟棄，因此需要重新發送。

- 當一個資料封包到達目的機器時，如果所有的 CPU 核心都處於忙碌狀態，來自網路的請求也會被作業系統放進佇列中等待，直到應用程式準備好處理它的時候才被取出。根據機器上的負載多寡，這所需的時間長短可以說很不固定。

- 虛擬環境中，當另一個虛擬機器需要使用 CPU 核心時，某個正在運行的作業系統通常會因此暫停數十毫秒。在此期間，VM 不能使用來自網路的任何資料，因此虛擬機器監視器需要把傳入的資料先放進佇列（緩衝）[26]，這無疑進一步加劇了網路延遲的變化性。

- TCP 會執行**資料流控制**（flow control），稱為**擁塞避免**（*congestion avoidance*）或**背壓**（*backpressure*），其中一個節點會限制自己的發送速率，以避免讓網路連結或接收節點發生超載 [27]。這意味著在資料進入網路之前，發送方也會進行額外的佇列排隊。

此外，如果在某個逾時時限內（根據觀察到的 round-trip 時間計算）沒有收到確認封包，TCP 會認為資料封包已丟失，遺失的資料封包會自動再次被重新傳輸。儘管應用程式沒有看到資料封包的丟失和重傳，但它確實看到結果延遲了（等待逾時過期，然後再等待重新傳輸的資料封包得到確認）。

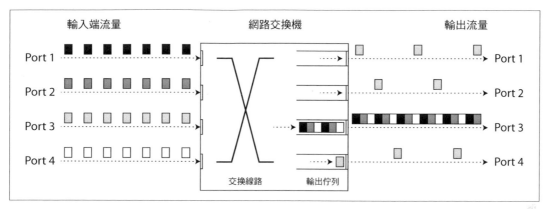

圖 8-2　如果幾台機器將網路流量發送到同一個目的地，那麼它的交換機佇列就可能會被填滿。此處，Port 1、2 和 4 都試圖將資料封包發送到 Port 3。

TCP 和 UDP

一些對延遲敏感的應用程式會使用 UDP 而不是 TCP，如視訊會議和 IP 語音（VoIP）。這是可靠性和延遲可變性之間的權衡：由於 UDP 沒有資料流控制也不會重新傳輸丟失的資料封包，所以能避免一些造成可變網路延遲原因（儘管它仍然容易受到交換機佇列和調度延遲的影響）。

如果資料延遲對應用的影響不大，UDP 會是一個很好的選擇。例如，在一個 VoIP 通話中，資料被轉換到喇叭播放之前，可能沒有足夠的時間重新傳輸丟失的資料封包。對於這種情況，重傳封包沒有意義，應用程式必須用靜音（聲音短暫中斷）來填充丟失封包的時間槽，藉此讓串流持續下去。重試會發生在人的溝通層面，像是「剛剛聲音斷掉了，可以請你再說一遍嗎？」之類的。

以上這些都是導致網路延遲可變性的因素。當系統接近其最大容量時，佇列延遲的範圍特別大：在使用率很高的系統中，具有大量備用容量的系統很容易耗盡佇列，因為很容易形成長佇列。

在公有雲和多租戶資料中心上，資源由許多客戶共享：網路連結和交換機，甚至每台機器的網路介面和 CPU 都是共用的（在虛擬機器上運行時）。像 MapReduce（見第 10 章）這樣的批次處理工作負載很容易使網路連結飽和。由於你無法控制或瞭解其他客戶對共享資源的使用情況，因此，倘若附近有某個人正在使用大量資源，那麼網路延遲的變動可能就會很大 [28, 29]。

在這種環境中，只能透過實驗來選擇合適的逾時：測量網路 round-trip times 在一段時間內的分佈、以及在許多機器上的分佈，用來預測延遲的可變性。然後，考慮應用程式的特徵，可以在故障檢測延遲和過早逾時的風險之間選擇適當的平衡。

更好的作法是，系統可以持續度量回應時間及其可變性（抖動，*jitter*），並根據觀察到的回應時間分佈自動調整逾時，而不是使用配置好的固定逾時。這可以通過 Phi Accrual 故障檢測器來完成 [30]，Akka 和 Cassandra [31] 也使用了這樣的檢測器。TCP 重傳逾時的工作原理也採用了類似的機制 [27]。

同步網路與非同步網路

如果網路可以在固定的最大延遲內完成資料封包發送，並且不丟棄資料封包，我們便可以簡單地仰賴它，分散式系統將會簡單得多。為什麼我們不能在硬體層面解決這個問題，讓網路變得更可靠，這樣軟體就不用擔心太多了？

為了回答這個問題，將資料中心網路與傳統固定電話網絡（非蜂巢式電話、非 VOIP）進行一點比較。傳統固定電話網路非常可靠：一通電話會有一個端到端的持續低延遲和足夠的頻寬來傳輸聲音取樣資料，因此很少發生音訊訊框延遲和通話中斷的情況。在電腦網路中擁有類似的可靠性和可預測性不是很好嗎？

當你透過電話網路通話時，它會建立一個迴路（*circuit*）：這是一條沿著兩個通話者之間的整個線路，為這通電話分配了固定的、保證的頻寬。這個迴路會在通話期間保持住，直到通話結束為止 [32]。例如，ISDN 網路以每秒 4,000 幀訊框的固定速率傳輸。當一個通話建立時，它在每個訊框（在每個方向）內會分配有 16-bits 的空間。因此在通話期間，雙方都保證能夠以每 250us 為週期，準確地發送出 16-bits 的音訊資料 [33, 34]。

這種網路是同步的：即使資料通過幾個路由器，它也不會碰到佇列排隊，因為各個跳轉路由都預留了這個通話所需的 16-bits 空間。由於沒有佇列，網路端到端的最大延遲是固定的，我們稱之為有限延遲（*bounded delay*）。

不能簡單地讓網路延遲變得可預測就好嗎？

請注意，電話網路中的迴路與 TCP 連接有很大的不同：迴路是一組固定數量的預留頻寬，當通話迴路建立時就沒有其他人可以使用它了，而 TCP 連接的資料封包則會盡可能地利用任何可用的網路頻寬。你可以給 TCP 一個可變大小的資料塊（例如，一封電子郵件或一個網頁），它會嘗試在盡可能短的時間內將資料傳輸完畢。當 TCP 連接處於空閒狀態時，它才會不使用到任何頻寬[2]。

如果資料中心網路和網際網路是迴路切換式的網路（circuit-switched networks），就有可能在建立迴路時提供最大的 round-trip time 的保證。然而，事情卻非如此：乙太網路和 IP 都是封包切換式通訊協定（packet-switched protocols），這種協定天生就是會受到佇列的影響，因此在網路中的延遲並沒有上限。這些協定並沒有迴路的概念。

為什麼資料中心網路和網際網路要使用封包交換機制呢？答案是，它們是針對**突發流量**（*bursty traffic*）進行最佳化的協定。迴路之所以適合音訊或視訊通話，是因為通話期間的資料傳輸率相當穩定，資料不是突然隨意爆發的。換個角度來說，像是請求網頁、發送電子郵件或傳輸檔案這類工作並不需要特定的頻寬才能完成，我們只是希望它能越快完成越好。

如果你想在迴路上傳輸檔案，就必須先猜測分配到的頻寬有多少。如果猜的太低，就會選擇用比較慢的速度來進行傳輸，這樣就浪費了未被用足的頻寬。如果猜得太高，迴路就沒辦法建立起來（如果不能保證頻寬分配，網路就不允許建立迴路）。因此，使用迴路來進行突發資料的傳輸很容易造成頻寬浪費，因為資料傳輸率往往沒有拉高到最合適的狀態。相比之下，TCP 可以根據可用的網路容量來動態調整資料傳輸速率。

已經有人嘗試建立支援電路交換和封包交換的混合型網路，例如 ATM 就是一例[3]。InfiniBand 也有一些相似之處 [35]：它在鏈路層實作了端到端的流量控制，減少了網路中佇列排隊的需要，但仍會因為鏈路擁塞而出現延遲 [36]。只要透過謹慎地使用**服務品質**（QoS、優先順序和資料封包調度）和**允入控制**（*admission control*，速率受限的發送者），就可以在封包網路上模擬出迴路切換的效果，或是提供有限延遲的統計資料 [25, 32]。

---

2 如果 TCP keepalive 有啟用的話，那麼偶爾發送的 keepalive 封包除外。

3 非同步傳輸模式（*asynchronous transfer mode*, ATM）是 80 年代乙太網路的競爭對手 [32]，但它除了在電話網路核心交換機之外並沒有得到廣泛的採用。儘管 ATM 與自動提款機的縮寫一樣，但它跟自動提款機並沒有關係。也許在某些平行世界中，網際網路是基於像 ATM 這樣的東西而存在也說不定；在那個世界中，網際網路的視訊通話可能會比我們的還要可靠，因為它們不會受到資料封包丟失和延遲的影響。

延遲和資源利用率

更廣泛地說,可以將可變延遲看作是動態資源分區的結果。

假設在兩個電話交換機之間有一條線路,其上可以同時進行多達 10,000 個通話。在這條線路上交換的每個迴路,各自佔用其中一個通訊槽。因此,可以將線路視為一個最多能容納 10,000 個並發使用者一起共享的資源。資源以**靜態的**方式分配:假設現在你是線路上唯一的通話者,其他的 9,999 個時槽都沒有人使用,你的迴路分配到一個固定頻寬;現在,就算線路被所有通話充分利用的情況下,你也可以分配到同樣的固定頻寬。

相比之下,internet 則是**會動態地**共享網路頻寬。每個時刻下,發送方都在互相競爭,以使它們的資訊封包能夠盡可能快地通過線路,而網路交換機則會決定哪個封包會被發送出去(例如頻寬分配)。這種方法有佇列排隊的缺點,但優點是它最大化了線路的利用率。線路有固定的成本,所以如果可以更好地利用它,通過線路發送每個位元組的成本自然就會更便宜。

CPU 也有類似的情況:如果你在幾個執行緒之間動態地共享 CPU 核心,那麼當一個執行緒正在運行時,另一個執行緒有時必須在作業系統的執行佇列中等待,因此一個執行緒暫停的時間的長度也不太一樣。但是,這比給每個執行緒分配靜態 CPU 週期的做法,可以更好地利用硬體(參見第 298 頁「回應時間保證」)。更好的硬體利用率也是虛擬機器技術發展的一個重要動機。

在某些環境中,如果資源是靜態分區的話(例如,專用硬體和獨佔頻寬分配),那麼延遲保證是可以實現的。然而,這是以減少使用率作為代價換來的。換句話說,它的成本更加昂貴。另一方面,具有動態資源分區的多租戶系統可以提供更好的利用率,因此成本更低,但是有可變延遲的缺點。

網路中的可變延遲並不是自然規律,而是成本與獲利之間兩造權衡下來的結果。

但是，目前在多租戶資料中心和公有雲中，或者在通過 internet 通訊時，還沒有啟用這種 QoS 服務品質[4]。目前部署的技術不允許我們對網路的延遲或可靠性做出任何保證：我們必須假設網路擁塞、佇列排隊和無限制的延遲通通都會發生。因此，逾時並沒有「正確」的值，它們需要通過實驗來測定。

不可靠的時鐘

時鐘（clock）和時間（time）很重要。應用程式以各種方式仰賴 clock 來回答如下問題：

1. 請求已經逾時了嗎？

2. 服務第 99 百分位數的回應時間是多少？

3. 過去五分鐘內，服務平均每秒處理多少查詢？

4. 使用者在我們的網站上花費了多長時間？

5. 這篇文章是什麼時候發佈的？

6. 提醒信件應該在什麼日期和時間發送？

7. 這筆快取資料什麼時候會過期？

8. 日誌檔中某個錯誤訊息的時間戳記為何？

上述例子 1 ～ 4 是關於**持續時間**（*durations*）的度量，例如發送請求和接收回應之間的時間間隔；而例子 5 ～ 8 則是描述了**時刻**（*points in time*），在特定日期、特定時間發生的事件。

在分散式系統中，時間是一個頭痛的問題，因為通訊不是即時的：訊息在網路上從一台機器傳輸到另一台機器必定需要時間。訊息接收的時間總是比發送的時間晚，但是由於網路中各式各樣的延遲，讓我們無法知道到底會晚了多少。當涉及到多台機器時，這個事實有時會使確定事情發生的順序變得困難。

4　Internet 服務提供者之間的對等協定以及通過邊界閘道協定（Border Gateway Protocol, BGP）所建立的路由，與 IP 本身相比，更類似電路交換技術。在這個層次上，使用者可以購買專用頻寬。然而，網際網路的路由在網路層運作，而不是在主機之間的單一連接，並且運行的時間尺度也更長。

此外，網路上的每台機器都有自己的 clock，它是一個實際的硬體設備：通常是一個石英振盪器（quartz crystal oscillator）。這些設備不是完全準確的，因此每台機器都有自己的時間概念，可能比其他機器稍微快一些或慢一些。不同機器間的 clocks 可以同步到某種程度：最常用的機制是利用網路時間協定（Network Time Protocol, NTP），它讓電腦時鐘能夠根據一組伺服器報告的時間進行修正 [37]，而伺服器本身則是從更準確的時間源來獲得時間，比如 GPS 接收器。

單調時鐘與生活時鐘

現代電腦至少有兩種不同的時鐘：生活時鐘（*time-of-day clock*）和單調時鐘（*monotonic clock*）。雖然它們都測量時間，但區分它們很重要，因為它們的用途不同。

生活時鐘

生活時鐘就是直觀上的鐘錶時間：它根據某個日曆（也稱為壁鐘時間，*wall-clock time*）傳回當前日期和時間。在測試中，Linux[5] 上的 clock_gettime（CLOCK_REALTIME）和 Java 中的 System.currentTimeMillis() 會傳回自西元 1970 年 1 月 1 日午夜 UTC 以來的秒數（或毫秒數），閏秒不計。有些系統會使用其他日期作為參考點。

生活時鐘通常與 NTP 同步，這表示一台機器上的時間戳記（理想情況下）與另一台機器上的時間戳記相同。然而，下一節會看到關於生活時鐘的奇怪之處。具體來說，如果本地時鐘遠快於 NTP 伺服器，它可能會被強制重置，看起來會跳回到以前的時間點。這些跳躍，以及由閏秒引起的類似跳躍，使得生活時鐘不適合用來測量經過的時間（elapsed time）[38]。

生活時鐘的解析度也較粗，例如在舊的 Windows 系統上是以 10 毫秒的 step 流逝 [39]。不過，在近期新的系統上，這已經不是一個問題。

單調時鐘

單調時鐘適合測量持續時間（時間間隔，time interval），例如逾時或服務的回應時間：例如，Linux 上的 clock_gettime（CLOCK_MONOTONIC）和 Java 的 System.nanotime() 就是單調時鐘。這個名字出於一個事實，即它們總是保證向前移動（而生活時鐘可能會在時間上往後倒流）。

5　雖然這個時鐘被稱為是即時的（*real-time*），但它與即時作業系統無關，請參閱第 298 頁「回應時間保證」。

你可以在某個時刻檢查單調時鐘的值，做一些事情，然後在稍後的時間再次檢查 clock。兩個值之間的差值即可以告訴你兩次檢查之間經過了多少時間。然而，clock 的絕對值沒有意義：它可能是自電腦啟動以來的奈秒數（nanoseconds），或者類似的其他數值。這裡要特別注意，比較兩台不同電腦的單調時鐘值是沒有意義的，因為它們彼此並不相關。

在具有多個 CPU 插槽的伺服器上，每個 CPU 可能會有自己單獨的計時器，而且不一定會與其他 CPU 同步。作業系統會補償差異，並嘗試為應用程式執行緒的角度提供單調時鐘，即使它們會跨不同 CPU 調度。然而，明智的做法是對這種單調性的保證有所保留，保持謹慎 [40]。

如果檢測到電腦的本地石英時鐘比 NTP 伺服器移動得更快或更慢，NTP 可以調整單調時鐘的頻率（這被稱為時鐘調速，slewing the clock）。預設情況下，NTP 允許時脈速率以 0.05% 的速度加速或減慢，但是 NTP 不能使單調時鐘向前或向後跳躍。單調時鐘的解析度通常非常好：在大多數系統，它們可以以微秒或更細微的時間間隔來測量時間。

在分散式系統中，使用單調時鐘來測量執行時間（例如逾時）通常是可行的，因為它不會涉及不同節點間的時鐘同步，而且對測量的微小誤差也較不敏感。

時鐘同步與精準度

單調時鐘不需要同步，但是生活時鐘需要根據 NTP 伺服器或其他外部時間源來設置。不過，要讓時鐘正確報時的方法並不像人們所希望的那樣準確可靠，硬體時鐘和 NTP 可能是頭變化無常的野獸。舉幾個例子：

- 電腦中的石英鐘不是很準確：它會漂移（*drifts*，比它應該運行的更快或更慢）。時鐘漂移會隨機器的溫度而變化。Google 假設其伺服器的時鐘漂移為 200ppm（百萬分之一）[41]，相當於每 30 秒與服務器重新同步一次的時鐘漂移可能會達到 6 毫秒，或每天重新同步一次的時鐘漂移達到 17 秒。即使時間系統一切工作正常，也會因為這種漂移而限制了其所能達到的最佳精準度。

- 如果一台電腦的時鐘與一台 NTP 伺服器相差太多，它可能會拒絕同步，或者本地時鐘將被強制重置 [37]。倘若應用程式觀察重置之前和之後的時間，可能就會看到時間倒退或突然向前跳躍的現象。

- 如果一個節點意外地因為防火牆而和 NTP 伺服器隔離開來，那麼這個錯誤的配置可能在一段時間內都不會被留意到。坊間證據表明，這種情況確實會在現實中發生。

- NTP 同步也會受限於網路延遲,當你在一個擁塞的網路上有可變的封包延遲時,它的準確性便因此而受限。一個實驗表明,當通過 internet 進行同步時 [42],最小誤差可以達到 35 毫秒,偶爾的網路延遲會導致大約 1 秒的誤差。根據配置的不同,較大的網路延遲可能導致 NTP 客戶端被迫放棄同步。

- 一些 NTP 伺服器的錯誤或配置錯誤,使其報告的時間可能會有數小時的偏差 [43, 44]。NTP 客戶端非常健壯,因為它們可以向多個伺服器查詢時間並忽略異常值。儘管如此,用 internet 上陌生人所報的時間來決定系統時間,正確性還是有點令人擔憂。

- 閏秒會讓一分鐘為 59 秒或 61 秒,這打亂了系統的計時假設,因為通常在設計時並不會考慮閏秒 [45]。閏秒使許多大型系統崩潰的事實表明 [38, 46],對時鐘的錯誤假設,是多麼容易埋下系統發生錯誤的因子。處理閏秒的最佳方法可能是讓 NTP 伺服器「說謊」,透過在一天的過程中逐步執行閏秒調整(這被稱為彌平,*smearing*)[47, 48],儘管 NTP 伺服器的具體行為實際上可能有所不同 [49]。

- 在虛擬機器中,硬體時鐘會被虛擬化,這給需要精確計時的應用程式帶來了額外的挑戰 [50]。當一個 CPU 核心在虛擬機器之間共享時,一個虛擬機器運行時,其他虛擬機器可能會暫停數十毫秒。從應用程式的角度來看,這種暫停會讓時鐘表現出突然向前跳躍的現象 [26]。

- 如果在你不能完全控制的設備上運行軟體(例如,移動式或嵌入式設備),設備的硬體時鐘可能根本就不能信任。一些使用者故意將他們的硬體時鐘設置為不正確的日期和時間,例如為了規避遊戲中的時間限制。因此,時鐘可能會被胡亂地設置為過去或未來的時間。

要達到非常好的時鐘精準度還是有可能的,如果你願意投入大量的資源來關心它的話。例如,針對金融機構的 MiFID II 歐洲監管草案要求所有高頻交易基金必須將其時鐘同步到 UTC 的 100 微秒內,以幫助偵測「閃電崩潰」(flash crashes)等市場異常現象,並幫助檢測市場操縱等違規行為 [51]。

這種精度可以通過 GPS 接收器、精準時間協議(PTP)[52],以及精心的部署和監控來實現。然而,它需要大量的努力和專業知識才行,因為時鐘同步真的在很多方面都有可能出錯。如果 NTP 背景程序組態錯誤,或者防火牆擋住了 NTP,那麼漂移導致的時鐘誤差將會很快變得很大。

仰賴同步時鐘

時鐘的問題是，雖然它們看起來簡單易用，卻存在一些驚人的陷阱：一天可能不足 86,400 秒，生活時鐘可能發生時間倒流，兩個節點上的時間可能彼此完全不同。

本章前面討論了網路封包丟失和任意的封包延遲。儘管網路大多時候表現良好，但軟體設計必須假設網路偶爾會出現故障的狀況，並且也必須能夠優雅地處理這些故障。時鐘也是如此：儘管它們大部分時間工作得很好，但健壯的軟體需要作好處理不正確的時鐘的準備。

部分問題在於不正確的時鐘很容易被忽視。如果一台機器的 CPU 有缺陷或網路配置錯誤，它很可能根本無法工作，這種問題很快會被發現並修復。另一方面，如果它的石英時鐘有缺陷或者 NTP 客戶端設定錯誤，即使它的時間逐漸偏離實際時間，大多數事情似乎也還能正常工作。如果某個軟體仰賴精確同步的時鐘，那麼時間誤差所帶來的結果可能是無聲的、微妙的資料丟失，而不是戲劇性的崩潰 [53, 54]。

因此，如果你使用的軟體需要同步時鐘，那麼也必須仔細監控所有機器之間的時鐘偏移。任何節點的時鐘若偏離其他節點太遠的話，都應該被宣佈為失效節點並從叢集中移除。這樣的監控可以確保在時間損壞造成太大損害之前就注意到它們。

事件排序的時間戳記

讓我們考慮一種特殊的情況：跨多個節點的事件排序。在這種情況下，依賴時鐘很誘人但也很危險。例如，如果兩個客戶端寫入一個分散式資料庫，誰先到達？哪一個寫入才是最新的呢？

圖 8-3 展示了具有 multi-leader replication 資料庫使用生活時鐘的危險情況（例子類似於圖 5-9）。Client A 在 Node 1 上寫入 $x = 1$；寫入操作被複製到 Node 3；Client B 在 Node 3 上遞增 x（現在 $x = 2$）；最後，兩個寫入操作都複製到 Node 2。

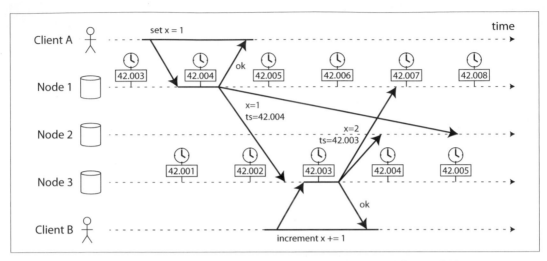

圖 8-3　Client B 的寫入晚於 Client A 的寫入，但是 Client B 的寫入的時間戳記卻比較早。

在圖 8-3 中，當寫入複製到其他節點時，會根據寫入發生時節點上的時間來打上時間戳記。在這個例子中，時鐘同步非常好：Node 1 和 Node 3 之間的偏差小於 3 毫秒，這可能已經比你在實際中的期待要好上很多了。

然而，圖 8-3 中的時間戳記還是不能正確地排列事件：寫入 $x = 1$ 的時間戳記為 42.004 秒，但是寫入 $x = 2$ 的時間戳記為 42.003 秒，儘管 $x = 2$ 發生的時間明顯較晚。當 Node 2 接收到這兩個事件時，它會錯誤地推斷 $x = 1$ 才是最新的值，並拋棄寫入 $x = 2$ 的操作。實際上，Client B 的遞增操作將丟失。

這種衝突解決策略稱為 *last write wins*（LWW），它廣泛應用於 multi-leader replication 和 leaderless 資料庫，如 Cassandra [53] 和 Riak [54]（參見 187 頁「後寫者贏（丟棄並發的寫入）」）。有些實作是在客戶端打時間戳記，而不是伺服器上，但這不會改變 LWW 的基本問題：

- 對資料庫的寫入會神秘消失：時鐘落後的節點無法覆寫一個時鐘超前節點先前寫入的值，直到節點之間的時鐘偏差被彌平之前 [54, 55]。這種情況可能導致任意數量的資料被無聲地丟棄，而應用程式也不會收到任何錯誤報告。

- LWW 無法區分快速發生的連續順序寫入（在圖 8-3 中，Client B 的遞增肯定發生在 Client A 的寫入*之後*）和真正並發的寫入（兩個寫方不知道彼此的存在）。為了防止違背因果關係，就需要額外的因果關係和跟蹤機制輔助才行，比如版本向量（參見 185 頁「檢測並發寫入」）。

- 兩個節點各自為寫入所獨立產生的時間戳記可能相同，特別是當時鐘只有毫秒級的解析度時。要解決此類衝突，需要額外的仲裁值（tiebreaker 值，可以是一個大的亂數），但是這種方法也會有違反因果關係的問題 [53]。

因此，雖然保留最新的「recent value」並丟棄其他值來解決衝突的做法很誘人，但重要的是要意識到「recent」的定義是依賴於本地生活時鐘的，但這很可能是不正確的。即使採取密集同步的 NTP 時鐘，也可能會發生你傳送一個封包的時間戳記是 100 毫秒（根據發送者的時鐘），但它的到達時間戳記卻是 99 毫秒（根據接收者的時鐘）。這看起來好像封包在它被發送之前就已經到達，然而這根本是不可能的事。

NTP 同步是否可以做到足夠精確，從而避免這種不正確的順序發生呢？恐怕不容易，因為除了石英漂移等其他誤差來源外，NTP 的同步精準度本身還受到網路 round-trip time 的限制。為了達到正確排序，所需要的時鐘源會比你正在測量的東西（即網路延遲）要精確得多。

所謂的**邏輯時鐘**（*logical clocks*）[56, 57]，是基於遞增計數器而不是石英振盪器，它是排序事件時更安全的選擇（見 185 頁「檢測並發寫入」）。邏輯時鐘並不是測量生活時間或經過的秒數，而是只測量事件的相對順序（一個事件發生在另一個事件之前或之後）。相比之下，測量實際執行時間的生活時鐘和單調時鐘也被稱為**物理時鐘**（*physical clocks*）。我們將在第 337 頁的「順序保證」中進一步瞭解排序問題。

時鐘讀數的信賴區間

從機器的生活時鐘讀到的時間解析度或許可以達到微秒甚至到奈秒級。但是，就算可以獲得如此精細的級別，也並不表示該值實際上真的可以精確到如此的精度。正如前面提到的，即使本地網路每分鐘都和一個 NTP 伺服器進行同步，但由於不精確的石英鐘，也很容易就會帶來幾毫秒的漂移偏差。對於 internet 上的 NTP 伺服器，最好的準確度可能也只可以到幾十毫秒之譜而已，當網路擁塞時，誤差就可能會很容易地飆升到 100 毫秒以上 [57]。

因此，將讀到的 clock 時間認為是精確的時間點，意義並不大。時間反而更像是座落在一段信賴區間之內的時間範圍：例如，一個系統可能具備 95% 可信度，因此可以認為現在的時間是介於 10.3 到 10.5 秒的信賴區間內，但是它的精確度就僅此而已，不能知道得更精確了 [58]。如果我們只知道時間是介於 +/-100 毫秒的信賴區間內，那麼時間戳記中的微秒位數在本質上就沒有意義。

不確定性的界限可以根據你的時間源來計算出來。如果你的電腦接有一個 GPS 接收器或原子（銫）鐘，預期的誤差範圍可以從製造商的手冊中得知。如果是從伺服器獲取時間，不確定性便是基於上次與伺服器同步以來預期的石英漂移，加上 NTP 伺服器的不確定性，再加上到伺服器的網路 round-trip time（這只是一階近似，並假設伺服器的時間是完全可以信任的）。

但是，大多數系統不會顯露這種不確定性：例如，當你呼叫 clock_gettime() 時，回傳值不會告訴你時間戳記的預期誤差，因此你並不會知道它的信賴區間是 5 毫秒還是 5 年。

一個有趣的例外是 Google Spanner 的 *TrueTime* API [41]，它會顯式地報告本地時鐘上的信賴區間。當你查詢當前時間時，會得到兩個值：[*earliest, latest*]，分別表示**可能的最早**（*earliest possible*）時間戳記和**可能的最新**（*latest possible*）時間戳記。基於它的不確定度計算，時鐘知道當前的實際時間會落在此時間間隔中間的某處。間隔的寬度，取決於本地石英鐘最後一次跟更精確的時鐘源同步後至目前已經經過的時間長度。

全域快照的同步時鐘

在第 237 頁「快照隔離和可重複讀取」中，我們討論了**快照隔離**，這是一個非常有用的特性，適用於需要同時支援小型、快速讀寫交易和大型、長時間運行的唯讀交易（例如備份或分析）的資料庫。它允許唯讀交易在特定時間點查看處於一致狀態的資料庫，而不會鎖定和干擾讀寫交易。

快照隔離最常見的實作需要一個單調遞增的交易 ID。如果寫入的交易 ID 大於快照，代表寫入晚於快照時間，那麼該寫入對快照就是不可見的。在單節點資料庫中，用一個簡單的計數器就可以產生交易 ID。

然而，當一個資料庫分散在許多機器上，可能分佈在多個資料中心時，就很難產生一個全域的、單調遞增的交易 ID（跨所有分區），因為它還需要協調才行。交易 ID 必須反映因果關係：如果交易 B 讀取交易 A 寫入的值，那麼 B 的交易 ID 必須比交易 A 還大，不然，就會發生快照不一致的情況。由於有大量快速的小交易，在分散式系統中創建交易 ID 就成了一個難以逾越的瓶頸 [6]。

---

6 有一些分散式序號產生器，比如 Twitter 的 Snowflake，它以可擴展的方式產生近似單調遞增的唯一 ID（例如，將分配給不同節點的 ID 空間作區塊劃分）。但是，它們通常不能保證次序與因果關係一致，因為分配 ID 區塊的時間尺度會比資料庫讀寫的時間尺度還要更長。請參見第 337 頁「順序保證」。

我們可以使用來自同步生活時鐘的時間戳記作為交易 ID 嗎？如果時間同步可以足夠好，交易就會有正確的屬性：稍後的交易會帶有更高的時間戳記。當然，問題還是在於時鐘精準度的不確定性。

Spanner 通過以下方式實作了跨資料中心的快照隔離 [59, 60]。它使用 TrueTime API 傳回的時鐘信賴區間，並基於以下觀察：如果你有兩個信賴區間，每個是由一個可能的最早和最新時間戳記組成（$A = [A_{earliest}, A_{latest}]$ 以及 $B = [B_{earliest}, B_{latest}]$），而這兩個區間不重疊（i.e., $A_{earliest} < A_{latest} < B_{earliest} < B_{latest}$），A 和 B 的順序就是確定的。只有當區間重疊時，A 和 B 的順序才會變得無法確定。

為了確保交易時間戳記可以正確反映因果關係，Spanner 在提交讀 - 寫交易之前要先等待一段信賴區間的長度過去。這樣一來，它就可以確保任何讀取資料的交易都會足夠晚才發生，因為這樣它們的信賴區間就不會重疊。為了使等待時間能夠儘可能地短，Spanner 需要的時鐘不確定性當然也得儘可能地小；為此，Google 在每個資料中心都部署了一個 GPS 接收器或原子鐘，讓時鐘同步可以達到大約 7 毫秒的偏差之內 [41]。

在分散式交易語義中的時間同步問題是一個活躍的研究領域 [57, 61, 62]。有些想法很有趣，但是它們還沒有在 Google 之外的主流資料庫中被實作。

程序暫停

讓我們考慮另一個在分散式系統中使用 clock 的危險例子。假設有一個資料庫，每個分區只有一個 leader，且只有 leader 可以接受寫入請求。一個節點如何知道它仍然是 leader（未被其他節點宣告為失效），並且可以安全地接受寫入呢？

Leader 可以從其他節點獲取一個租約（*lease*），這類似於一個帶有逾時的鎖 [63]。任何時候，只有一個節點可以持有租約。因此，當一個節點獲得租約時，它知道自己在一段時間內都是 leader，直到租約到期。為了保持 leader 的身分，節點必須定期地在租約到期前更新租約。如果節點發生故障，它將停止續約，這樣子在租約到期時，另一個節點就可以接管租約。

請求處理的迴圈看起來大概會像這樣：

```
while (true) {
    request = getIncomingRequest();

    // Ensure that the lease always has at least 10 seconds remaining
    if (lease.expiryTimeMillis - System.currentTimeMillis() < 10000) {
        lease = lease.renew();
```

```
    }

    if (lease.isValid()) {
        process(request);
    }
}
```

這段程式碼有什麼問題呢？首先，它仰賴了同步時鐘：租約的到期時間係由另一台不同的機器所設置（例如，到期時間是當前時間加上 30 秒），並與本地系統時鐘進行比較。如果時鐘不同步的偏差超過幾秒鐘，這個程式碼將會出現奇怪的事情。

其次，即使我們將協定更改為只使用本地單調時鐘，還存在另一個問題：程式碼假設在檢查時間點（System.currentTimeMillis()）和處理請求時間（process(request)）之間經過的時間很短。這段程式碼執行的速度通常很快，因此保留 10 秒的緩衝在多數情況都足以確保租約不會在處理請求的過程中過期。

但是，如果程式在執行中出現了意外的暫停怎麼辦？例如，倘若執行緒在 lease.isValid() 附近停止了 15 秒，然後才又繼續。在這種情況下可能就會發生在處理請求時，租約已經過期的情況，而另一個節點已經接管成為 leader。但是，沒有什麼可以告訴這個執行緒它暫停了多長的時間，所以這段程式碼只能夠在迴圈的下一次運算才會注意到租約已經過期，那時它可能已經因為處理請求而完成了一些不安全的操作。

假設一個執行緒可能會暫停這麼長的時間，有很瘋狂嗎？可惜，並沒有。可能發生的原因有很多：

- 許多程式語言運行時（如 Java 虛擬機器）都有一個**垃圾回收器**（*garbage collector*, GC），它偶爾需要停止所有正在運行的執行緒。這些「**讓世界停止**（*stop-the-world*）」的 GC 造成的暫停有時會持續幾分鐘之久 [64]！即使是所謂的「並發」垃圾回收器，比如 HotSpot JVM 的 CMS，也不能完全與應用程式平行運行，它們甚至需要不時地讓停止世界運行 [65]。儘管可以透過改變分配模式或調校 GC 設定來減少暫停 [66]，但如果我們想提供更可靠的保證，就必須做最壞的打算。

- 在虛擬環境中，虛擬機器可以被 *suspended*（暫停所有程序的執行，並將記憶體中的內容保存到磁碟）和 *resumed*（恢復記憶體中的內容並繼續執行）。這種暫停可以在程序執行的任何時候發生，並且持續任意的時間長度。這個特性有時用於**即時移轉**（*live migration*），在不需要重開機的情況下將虛擬機器從一個主機遷移到另一台主機。對於這種情況，暫停的長度取決於程序寫入記憶體的速度 [67]。

- 在終端使用者設備上（如筆記型電腦），執行也可能被任意暫停跟恢復，例如使用者開闔筆電的蓋子。

- 當作業系統執行上下文切換到另一個執行緒時，或者當 hypervisor 切換到另一個虛擬機時（在虛擬機中運行時），當前運行的執行緒可以在程式碼的任意點暫停下來。對於虛擬機器來說，花費在其他虛擬機上的 CPU 時間稱為**竊取時間**（*steal time*）。如果機器負載很重，例如有一長串執行緒在等待執行，那麼暫停的執行緒再次運行之前可能需要一些時間。

- 如果應用程式執行同步磁碟存取，執行緒可能會暫停，等待一個龜速的磁碟 I/O 操作完成 [68]。在許多語言中，即使程式碼沒有顯式地執行檔案存取，磁碟存取也可能會意外地發生。例如，Java 的類別載入器（classloader）會在第一次使用某個 class 檔時才惰性載入（lazily loads），而這件事情可能在程式執行的任何時候發生。I/O 暫停和 GC 暫停甚至可能同時發生，造成更大的延遲 [69]。如果磁碟實際上是網路檔案系統或網路儲存設備（如 Amazon 的 EBS），則 I/O 延遲還會進一步受網路延遲的變化所影響 [29]。

- 如果作業系統被組態成可以**交換到磁碟**（分頁機制，*paging*），一個簡單的記憶體存取也可能會觸發分頁錯誤，而需要從磁碟將頁面載入到記憶體。當這個緩慢的 I/O 操作發生時，執行緒就會暫停。反過來，如果記憶體壓力很大，也可能需要將不同的分頁交換到磁碟上保存下來。在極端情況下，作業系統可能會將大部分時間用在交換分頁（稱為**輾轉現象**，*thrashing*），進而減少了實際能完成的工作。為了避免這個問題，通常在伺服器機器上會禁用分頁機制（寧願 kill 一個程序來釋放記憶體，也不願冒 thrashing 的風險）。

- Unix 程序可以通過發送 SIGSTOP 訊號來將其暫停，例如在 shell 中按 Ctrl-Z。這個訊號會立即停止程序，不讓它獲得更多的 CPU 週期，直到它被 SIGCONT 恢復，然後它才又從它停止的地方繼續執行。即使你的環境通常不會使用 SIGSTOP，但這個訊號也可能會被維運工程師意外地發送。

上述這些情況都可能在任何時候**搶佔**（*preempt*）正在運行的執行緒，並在稍後的某個時間恢復它，執行緒本身甚至不會注意到。這個問題類似於在一台機器上使多執行緒程式碼並且要保證執行緒安全（thread-safe）：你不能對 timing 作任何假設，因為任意的上下文切換和平行機制隨時都可能會發生。

在一台機器上編寫多執行緒程式碼時，我們有相當好的工具來使執行緒安全：互斥、號誌、原子計數器、無鎖資料結構、阻塞佇列，等等。但是，這些工具不能直接轉換給分散式系統使用，因為分散式系統沒有共享記憶體，訊息都是透過不可靠的網路來傳遞的。

分散式系統中的節點必須假設它的執行會在任意時刻暫停相當長的時間，即使是在函數執行的中途也一樣。在暫停期間，世界的其餘部分繼續轉動，甚至可能宣佈暫停節點失效，因為它沒有回應。最後，暫停的節點可能會繼續運行，甚至沒有注意到它自己先前睡著了，直到檢查了它的時鐘之後才會發現。

回應時間保證

如前所述，在許多程式語言和作業系統中，執行緒和程序可能會暫停無限長的時間。如果你足夠努力，應該就可以避免掉很多暫停的原因。

一些軟體運行的環境中，如果不能在指定時間內做出回應，就會造成嚴重的後果：控制飛機、火箭、機器人、汽車和其他物理實體的電腦必須對感測器輸入做出快速和可預測的回應。在這些系統中，有一個軟體必須做出回應的 **截止期限**（*deadline*）；如果不能在截止時間前回應，可能會導致整個系統的失敗。這就是所謂的 **硬即時系統**（*hard real-time systems*）。

即時真的即時嗎？

在嵌入式系統中，*real-time* 表示的是一個系統經過精心設計和測試，以在所有情況下滿足指定的時間保證。這一含義與網路世界的 *real-time* 一詞形成了鮮明的對比，後者描述的是伺服器向客戶端推送資料和串流處理的快慢，但並沒有嚴格的回應時間限制（見第 11 章）。

如果汽車上的感測器檢測到車子正在經歷一場碰撞，你不會希望安全氣囊系統因 GC 而暫停，然後導致安全氣囊的釋放延遲。

在系統中提供即時保證需要軟體堆疊各層的支援：一個 **即時作業系統**（*real-time operating system*, RTOS），允許程序在指定的時間間隔內，保證可以獲得 CPU 時間分配而被調度；函式庫函數也必須考慮它們在最壞情況下的執行時間；動態記憶體分配可能受到限制或完全不允許（若有即時垃圾回收器，應用程式仍然要確保它不會給 GC 太多負擔）；必須進行大量的測試和驗證，以確保各項要求得到保證。

這些都需要大量的額外工作，並嚴重限制了可用的程式語言、函式庫和工具的範圍（因為大多數語言和工具並不提供即時保證）。由於這些原因，開發即時系統的成本很高，而且它們通常用於安全關鍵的嵌入式設備。此外，「即時」與「高性能」兩者並不相同。事實上，即時系統的吞吐量可能更低，因為它們必須將即時回應擺在優先順位，優先序高於其他回應（參見第 286 頁「延遲和資源利用率」）。

對於大多數伺服器端的資料處理系統，即時保證根本不經濟或不合適。因此，這些系統必須忍受在非即時環境中運行所帶來的暫停和時鐘不穩定性。

限制垃圾回收的影響

如果不必非要昂貴的即時調度保證的話，就可以減輕程序暫停的負面影響。語言運行時，安排垃圾回收的時機有一定的靈活性，因為它們可以隨著時間的推移來跟蹤物件分配率和剩餘的空閒記憶體。

一個較新的想法是，將 GC 暫停視為節點計畫內的短暫中斷，並在節點進行垃圾回收時，暫時換手讓其他節點處理來自客戶端的請求。如果運行時可以警告應用程式某個節點很快就會因 GC 而需要暫停，那麼應用程式就可以停止向該節點發送新的請求，等待它完成還未完畢的請求處理，然後在沒有請求進行時執行 GC。這個技巧對客戶端隱藏了 GC 暫停這件事，減少了高百分位數的回應時間 [70, 71]。一些對延遲敏感的金融交易系統也是使用這種方法 [72]。

這種想法的一種變種是，垃圾回收器只針對短期存在的物件（收集速度很快），並在它們積累足夠的長期物件之前定期重啟程序，避免需要對長期物件進行完整的 GC [65, 73]。另外，也可以一次重啟一個節點，在計畫重啟前轉移該節點的流量，想法和滾動升級有些神似（參見第 4 章）。

雖然這些措施不能完全阻止垃圾回收暫停，但可以有效地減少它們對應用程式的影響。

知識、真相與謊言

本章到目前為止，探討了分散式系統與單台電腦上運行程式的不同之處：沒有共享記憶體，只有通過一個不可靠、延遲變動的網路來傳遞訊息，系統可能遭受部分失效、不可靠的時鐘、程序暫停等問題。

如果對分散式系統不熟，那麼這些問題的後果會讓你陷入困惑。網路中的節點不能確切**知道**任何事情，它只能根據它從網路接收到（或沒有接收到）的訊息進行猜測。節點只能交換訊息來瞭解彼此的狀態（它儲存了什麼資料，是否正常運行等等）。如果遠端節點沒有回應，就無法知道它處於什麼狀態，因為網路的問題無法和節點上的問題明確的區分開來。

對這些系統的討論已經可以說是哲學問題了：在系統中，我們知道什麼是對的或錯的嗎？如果感測和量測機制不可靠，我們對確定性的把握又是如何呢？軟體系統是否應該遵守我們所期望的物理世界法則，比如因果關係？

幸好，這不會比弄清楚生命的意義還要神秘。對於分散式系統，我們可以羅列出關於行為（**系統模型**，the *system model*）的假設，並以滿足這些假設的方式來設計實際系統。在一定的系統模型中，演算法可以被證明是正確的。這表示可靠的行為是可以實現的，即使底層系統模型提供了很少的保證。

然而，儘管要讓軟體在不可靠的系統模型中表現良好是可能的，但要做到這一點並不簡單。本章剩餘部分將進一步探索分散式系統中的知識和真理的概念，這會幫助我們思考能夠做出的各種假設以及想要提供的保證。第 9 章還會繼續看到一些分散式演算法的例子，它們在特定的假設下可以提供甚麼樣的保證。

真相由多數說了算

假設網路出現不對稱故障：一個節點能夠接收訊息，但是它發出的訊息一律都被丟棄或延遲 [19]。即使該節點工作得很好，也可以接受來自其他節點的請求，但其他節點卻無法聽到它的回應。逾時之後，其他節點宣告它已失效，因為它們沒有收到該節點的訊息。情況就像一場噩夢：半斷開連接的節點被拖到墓地，腳踢棺木並尖叫著「我沒死！」但沒有人能聽到它的尖叫，送葬隊伍以堅忍的決心繼續行進。

在稍微不那麼可怕的場景中，半斷開連接的節點可能會注意到它正在發送的訊息沒有得到其他節點的確認，因此意識到網路一定存在故障。然而，其他節點錯誤地將該節點宣告為失效節點，而該半斷開連接的節點對此卻無能為力。

第三個場景，假設一個節點由於垃圾回收所造成的暫停，經歷了一段長時間的「世界停止」。所有節點的執行緒都被 GC 搶佔並暫停一分鐘，因此沒有處理任何請求，也沒有發送任何回應。其他節點等待、重試、失去耐心，最終宣佈節點失效並將其送上靈車。最後，GC 結束，節點的執行緒繼續執行，就像什麼都沒有發生一樣。其他節點都很驚訝，因為這個被認為已經死亡的節點突然從棺材裡復活了，完全健康，並開始愉快地與旁觀者聊天。起初，GCing 的節點甚至沒有意識到一分鐘已經過去了，並且它也已經被宣告死亡了。從它的角度來看，自從它最後一次與其他節點通訊以來，時間幾乎沒有什麼過去啊。

這些故事的寓意是，節點並不一定相信自己對情況的判斷。分散式系統不只是依賴於單個節點，因為某個節點可能在任何時候發生故障，從而可能使系統陷入癱瘓並且無法恢復。相反，許多分散式演算法依賴於 quorum，即在節點之間進行投票（參見第 180 頁「讀取和寫入的法定票數演算（Quorums）」）：為了減少對任何一個特定節點的依賴，決策需要來自多個節點的最小投票數。

這包括宣告節點已經失效的決定。如果一個法定節點數宣告另一個節點失效，那麼它就必須被視為失效，即使該節點在很大程度上仍然還活著。單個節點必須遵守投票的決議，然後退出。

大多數情況下，quorum 是超過半數節點的絕對多數（也有其他種類的 quorums）。多數法定票數允許系統在單個節點失效時繼續工作（如果有 3 個節點，可以容忍 1 個故障；如果有 5 個節點，可以容忍 2 個故障）。然而，決議仍然是安全的，因為系統中只能有一個多數，不可能有兩個多數同時做出相互衝突的決定。我們將在第 9 章討論**共識演算法**（*consensus algorithms*）時更詳細地說明 quorums 的使用。

領導者節點與鎖

通常情況下，系統只需要某種東西中的一個實例。例如：

- 一個資料庫分區只允許一個節點作為 leader，以避免腦分裂（參見第 156 頁「處理節點失效」）。

- 只允許一個交易或客戶端持有特定的資源或物件的鎖，以防止並發寫入破壞資料。

- 只允許一個使用者註冊特定的帳號名稱，因為帳號名稱必須確保可以唯一地標識使用者。

在分散式系統中實現這一點需要很小心：即使節點認為自己是「被選中的人」（分區的 leader、鎖的持有者、處理成功獲取帳號名稱的使用者的請求），這並不一定表示有經過 quorum 節點的同意！一個節點以前可能確實是 leader，但如果其他節點同時宣佈它失效了（例如，由於網路中斷或 GC 暫停），原本的 leader 可能已經被降級，而另一個 leader 已經被選上了。

如果一個節點繼續充當被選擇的節點，即使大多數節點已經宣佈它為失效節點，它可能會在沒有仔細設計的系統中造成問題。這樣的節點可以用自己的身分向其他節點發送訊息，如果其他節點相信了，整個系統可能就會做一些錯誤的事情。

如，圖 8-4 顯示了一個由於不正確的加鎖而導致的資料損壞的例子。這個 bug 不是在理論上才會發生：HBase 曾經也有這個問題 [74, 75]。假設你希望確保儲存服務中的檔案一次只能由一個客戶端存取，如果多個客戶端試圖對該檔進行寫入，該檔將會損壞。要避免這種情況發生，可以要求客戶端在存取檔案之前，先從鎖服務獲取租約來實現這一點。

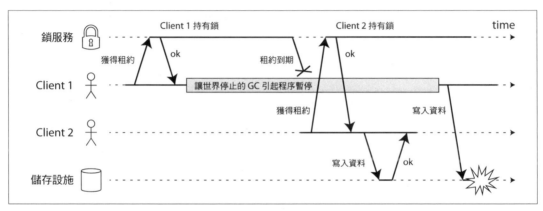

圖 8-4　分散式鎖的不正確實作：Client 1 認為它仍然有一個有效的租約，但其實它已經過期了，因此損壞了儲存中的檔案。

這個問題是我們在第 295 頁「程序暫停」中討論的一個例子：如果持有租約的客戶端暫停太久，它的租約就會到期。另一個客戶端可以獲得同一檔案的租約，並開始對該檔執行寫入。當暫停的客戶端恢復後，它（不正確地）認為它仍然擁有一個有效的租約，並繼續寫入該檔。結果，客戶端的寫入操作會發生衝突並導致檔案資料毀損。

Fencing 令牌

當使用鎖或租約來保護對某些資源的存取時，比如圖 8-4 中的檔案儲存，需要確保一個誤以為是「被選中」的節點不會破壞系統的其他部分。實現這一目標有一種相當簡單的技術稱為 *fencing*，如圖 8-5 所示。

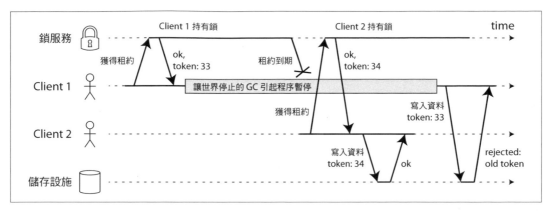

圖 8-5　只允許按遞增 fencing tokens 的順序來寫入，以確保對儲存的安全存取。

我們假設鎖服務每次在授予鎖或租約時，還會同時傳回一個 *fencing token*，這個 token 是一個每次獲取鎖時就會遞增的數字（例如，由鎖服務執行遞增）。然後，要求客戶端每次向儲存系統發送寫入請求時，都必須帶一個它當下所持有的 fencing token。

在圖 8-5 中，Client 1 獲取 token: 33 的租約，但隨後進入長時間暫停，然後租約到期。Client 2 以 token: 34 的令牌獲得租約（這個數字總是在遞增），然後向儲存服務發送入寫請求，附帶 token: 34 令牌。稍後，Client 1 恢復運行並向儲存服務發送寫入操作，包括其 token 值 33。但是，儲存伺服器記住它已經用更高的 token 值 34 處理了一次寫入操作，因此它拒絕了 token: 33 這個請求。

使用 ZooKeeper 作為鎖服務的時候，可以用交易 ID zxid 或節點版本 cversion 來充當 fencing token。由於它們保證是單調遞增的，因此具有 fencing token 需要的性質 [74]。

注意，仰賴客戶端自己檢查鎖狀態是不夠的，這種機制要求資源本身主動檢查 token，這樣可以拒絕任何使舊 token 的寫入操作。對於沒有明確支援 fencing token 的資源，仍然可以取巧繞過限制（例如對檔案儲存服務，可以在檔案名稱中包含 fencing token）。總之，想要避免在鎖的保護之外處理請求的話，就有必要進行某種檢查。

在伺服器端檢查 token 看起來好像是個缺點，但這其實才是好的做法：若服務認為客戶總是會有正確行為，恐怕不太明智，因為真正使用系統的客戶通常都不是運行服務的人 [76]。因此對於任何服務來說，保護自己不受客戶端意外濫用帶來的傷害，才是好主意。

拜占庭故障

Fencing token 可以檢測並阻止**無意**中出錯的節點（例如節點還沒有發現它的租約已經過期）。但是，如果節點故意想要破壞系統的保證，它可以發送帶有假 fencing token 的訊息來輕鬆做到這一點。

在本書中我們假設節點是不可靠但卻是誠實的：它們可能會變慢或從來不回應（由於一個錯誤），它們的狀態可能已經過時（由於 GC 暫停或網路延遲）。但我們認為，如果一個節點**做了**回應，這就說明了一個「真相」：它肯定是按照它對協定規則的所有認識而工作起來的。

如果節點可能有「說謊」的風險（發送任意錯誤或損壞的回應），分散式系統問題就會變得更加困難。例如，如果一個節點可能聲稱收到了某條特定的訊息，但它實際上並沒有收到。這種行為稱為**拜占庭故障**（*Byzantine fault*），而在這種不信任的環境中達成一致的問題被稱為**拜占庭將軍問題**（*Byzantine Generals Problem*）[77]。

拜占庭將軍問題

拜占庭將軍問題是**雙將軍問題**（*Two Generals Problem*）的抽象 [78]，假設兩名將軍需要就一項作戰計畫達成一致共識。由於兩位將軍分別駐紮在不同營地，只能透過傳令兵來傳遞訊息，而傳令兵有時會延遲或陣亡而丟失訊息（就像網路中的資料封包一樣）。第 9 章會討論**共識**問題。

在這個問題的拜占庭版本中，有 n 個將軍需要達成共識，而中間有一些叛將試圖阻礙這件事。大多數的將軍都是忠誠的，因此會發出誠實的資訊，但是叛將可能會試圖發送虛假或錯誤資訊來欺騙和迷惑其他人（同時試圖不被發現）。並且，大家事先並不知道叛徒是誰。

拜占庭是古希臘的一座城市，後來成為君士坦丁堡，位於現在的土耳其伊斯坦堡。沒有任何歷史證據表明拜占庭的將軍們比其他地方的將軍們更傾向於陰謀詭計。相反，這個名字來源於 *Byzantine*，有表示**過份複雜、官僚、狡猾**的意思，在電腦出現之前已經在政治界流用已久 [79]。Lamport 當初只是想選擇一種不會冒犯任何讀者的說法，有人建議他稱其為**阿爾巴尼亞將軍問題**（*The Albanian Generals Problem*）並不是一個好主意 [80]。

如果某些節點出現故障且不遵守協定，或者惡意攻擊者正在干擾網路時，系統仍能正常運行，那麼系統就是**拜占庭容錯**（*Byzantine fault-tolerant*）的系統。這種憂慮在某些具體情況下是有其理由的。例如：

- 在太空宇航環境中，電腦記憶體或 CPU 暫存器中的資料可能會被輻射破壞，導致以不可預測的方式對其他節點做出回應。由於系統故障代價高昂（例如飛機墜毀導致機上人員死亡，或者火箭與國際空間站相撞），飛行控制系統必須容忍拜占庭故障 [81, 82]。

- 在多個參與組織的系統中，一些參與者可能會試圖作弊或欺騙他人。在這種情況下，一個節點只信任另一個節點的訊息是不安全的，因為這些訊息可能帶有惡意。例如，像比特幣和其他區塊鏈這樣的點對點網路，被認為是一種讓互不信任的雙方就交易達成一致的方式，無需依賴中央集權機構 [83]。

然而，在本書所討論的各種系統中，通常可以安全地假設不存在拜占庭故障。資料中心裡，所有節點都由你的組織控制（因此它們是可信的），並且輻射水準足夠低，因此記憶體損壞不會是主要問題。系統拜占庭容錯的協定相當複雜 [84]，而且容錯的嵌入式系統還需要仰賴硬體層次的支援 [81]。大多數伺服器端資料系統，拜占庭容錯解決方案不太可行的原因乃是部署成本太高而使它們無法實現。

Web 應用程式確實需要有心理準備，面對終端使用者控制下的客戶端（如 web 瀏覽器）可能做出的惡意行為。這就是為什麼輸入驗證、清理和輸出轉義如此重要的原因：例如，為了防止 SQL 注入和跨網站指令碼攻擊。然而，在這裡我們通常不是使用拜占庭容錯協定，而只是讓伺服器扮演允許或禁止客戶端行為的中央決策機構。在點對點（peer-to-peer）網路中，沒有這樣的中央決策者時，才會有使用拜占庭容錯的必要。

軟體中的 bug 也可以視為拜占庭故障，但如果將同一軟體部署到所有節點，那麼拜占庭容錯演算法也救不了你。大多數拜占庭容錯演算法都需要超過三分之二節點的絕對多數才能正常運行（如果有 4 個節點，則最多只能有 1 個節點發生故障）。要使用這種方法處理 bug，必須對同一軟體有 4 個獨立的實作，並且希望 bug 只出現在 4 個實作中的其中 1 個。

類似地，如果協定能夠保護我們免受漏洞、安全威脅和惡意攻擊，那就很有吸引力了。可是，這個想法也不太現實：對於大多數系統，只要攻擊者可以攻擊一個節點，那麼他們就可能有辦法攻擊所有節點，因為這些節點運行的可能都是相同的軟體。因此，傳統的機制（身分驗證、存取控制、加密、防火牆等等）仍然是抵禦攻擊者的主要保護手段。

謊言的弱形式

雖然我們假設節點通常是誠實的，但是在軟體中加入一些機制來防止弱形式的「謊言」還是有用的。例如，由於硬體問題、軟體 bug 和錯誤組態而產生的無效訊息。這樣的保護並不是全然的拜占庭容錯機制，因為它們不能抵禦一個刻意的攻擊對手，但它們仍然是朝著更好的可靠性邁進，而且這只需要遵循簡單和實用的步驟就可以了。例如：

- 網路資料封包有時會因為硬體問題或作業系統、驅動程式、路由器等的 bug 而損壞。通常，損壞的資料封包會被 TCP 和 UDP 內建的校驗和所捕獲，但有時它們也會逃過檢測 [85, 86, 87]。簡單的措施通常足以防止這種破壞，例如採用應用層協定中的校驗和。

- 一個開放存取的應用程式必須仔細檢查使用者的輸入，例如檢查一個值是否在合理範圍內，限制字串的大小，以防止分配大量記憶體的拒絕服務攻擊。防火牆後的內部服務可能不需要對輸入進行嚴格的檢查，但是對值進行一些基本的安全性檢查還是比較好的做法（例如協定剖析時進行 [85]）。

- NTP 客戶端可以配置多個伺服器位址。當同步時間時，客戶端會聯繫所有伺服器取得時間，估算它們的偏差，並檢查大多數伺服器是否能符合某個時間範圍的一致性。只要大多數伺服器正常運行，報時錯誤的 NTP 伺服器就會被檢測出來，並被排除在同步之外 [37]。比起只仰賴一台伺服器，使用多台伺服器會讓 NTP 更加健壯。

系統模型與現實

許多演算法被設計用來解決分散式系統問題。例如第 9 章會看到共識問題的解決方案。這些演算法為了發揮作用，需要容忍本章所討論到分散式系統的各種故障。

演算法需要以一種不太依賴於運行它們的硬體和軟體組態細節的方式編寫。這反過來要求我們以某種方式，將我們期望在系統中發生的故障類型給形式化。我們透過定義**系統模型**來實現這一點，系統模型是一種抽象，它描述了演算法可能假設的條件。

關於 timing 的假設，常用的系統模型有三種：

同步模型

　　同步模型假設網路延遲、程序暫停和時鐘偏差都是有限的。這並不表示時鐘會完美同步或零網路延遲；它只是表示你知道有網路延遲、暫停和時鐘漂移永遠不會超過某個固定的上限 [88]。同步模型不是大多數系統實際會採用的模型，因為（如本章所討論的）無限的延遲和暫停確實會在現實中發生。

部分同步模型

部分同步表示一個系統在**大多數時候**表現得像一個同步系統，但有時它會超出網路延遲、程序暫停和時鐘漂移的規定上限 [88]。這是許多系統所運用的一個實際模型：大多數時候，網路和程序都很正常，否則我們將永遠無法完成任何事情，但我們不得不面對這樣一個事實，即任何對時間的假設偶爾都會被打破。當這種情況發生時，網路延遲、暫停和時鐘偏差都可能會變得任意大。

非同步模型

在這個模型中，演算法不允許在設計時對時間做任何假設。實際上，它甚至沒有時鐘（因此不能使用逾時）。有一些演算法正是為非同步模型所設計的，但是用起來有許多限制。

此外，除了時間問題，我們還必須考慮節點故障。三種最常見的節點失效系統模型是：

崩潰即停止的故障（*Crash-stop faults*）

在崩潰即停止模型（crash-stop model）中，演算法可以假設一個節點只能以一種方式發生故障，即崩潰。這表示節點可能在任何時刻突然停止回應，此後該節點將永遠消失，一去不回頭。

崩潰後恢復的故障（*Crash-recovery faults*）

假設節點隨時可能崩潰，並且可能在某個未知的時間之後重新開始回應。在崩潰後恢復的模型中，假設節點具有穩定的儲存空間（如非易失性磁碟），即在崩潰時保留資料，而記憶體中的狀態都是假設會遺失的。

拜占庭（任意）故障（*Byzantine (arbitrary) faults*）

節點可以做任意的事，包括試圖作弊和欺騙其他節點，如上一節所述。

對於真實系統的建模，具有崩潰恢復的部分同步模型通常是最好用的模型。但是分散式演算法是如何應對這種模型的呢？

演算法的正確性

為了定義演算法的**正確性**，我們可以描述它的**屬性**。例如，排序演算法的輸出具有這樣的屬性：對於輸出清單中的任意兩個不同元素，靠左的元素小於靠右的元素。這不過只是定義排序清單意義的一種形式。

類似地，我們可以寫下我們想要的分散式演算法的屬性，加以定義其正確性。例如，如果我們為一個鎖產生 fencing token（見第 302 頁「Fencing 令牌」），演算法可能就需要具備下列屬性：

唯一性（*Uniqueness*）

需要 fencing token 的兩個請求不會取得相同的值。

單調序列（*Monotonic sequence*）

如果請求 x 傳回 token t_x，請求 y 傳回 token t_y，且 x 在 y 開始之前完成，則 $t_x < t_y$。

可用性（*Availability*）

請求 fencing token 的節點如果沒有發生崩潰，那麼該節點最終必定會接收到回應。

一個演算法在某些系統模型中是正確的，如果它總是滿足該系統模型所有情況下的所有假設。但這有意義嗎？如果所有的節點都崩潰了，或者所有的網路延遲突然變得無限長，那麼任何演算法都無法完成任何任務。

安全性和活躍性

為了釐清這種情況，有必要區分出兩種不同的屬性：**安全性**（*safety*）和**活躍性**（*liveness*）。在剛剛給出的例子中，**唯一性**和**單調序列**是歸於安全屬性，而**可用性**則是歸在活躍性。

這兩種屬性是如何區別開的呢？一個給出的想法是，活躍性通常在它們的定義中會包含「最終」這個詞（是的，你猜對了，**最終一致性**是一種活躍性屬性 [89]）。

安全性通常被非正式地定義為**沒有壞事發生**就好（*nothing bad happens*），而活躍性則定義為好事終將發生。然而，最好不要過多解讀這些非正式的定義，因為好壞的含義是見仁見智的。安全性和活躍性的實際定義是精確和數學的 [90]：

- 如果違反了安全屬性，我們可以指出受破壞的具體時間點（例如，如果違反了唯一性，我們可以根據重複的 fencing token 來識別出具體是哪個操作引起）。當發生安全性違規，違例是無法挽回的，因為破壞的事實已經造成。

- 活躍性則相反：它可能不會明確到某個具體時間點（例如，一個節點發送請求但未收到回應），但總是希望它在未來可以被滿足（即接收到回應）。

區分出安全性和活躍性的好處是，它能幫助我們處理困難的系統模型。對於分散式演算法，往往要求在系統模型的所有可能情況下要**始終**堅守安全性 [88]。也就是說，就算所有節點崩潰，或者整個網路失效，演算法也必須確保它不會傳回錯誤的結果（即安全性的屬性仍然可以被滿足）。

然而根據活躍性，我們可以做出一些警告：例如我們可以說，只有當大多數節點沒有崩潰，並且網路最終可以從中斷恢復時，請求才需要接收回應。部分同步模型的定義，要求系統最終一定會進到同步狀態，即任何網路中斷只會持續有限的時間，然後就得到修復。

系統模型與真實世界的映射

安全性、活躍性以及系統模型，對於推理分散式演算法的正確性非常有用。然而，當實際實作一個演算法時，各種多變混亂的現實因素又會回過頭來反咬你一口。很明顯，系統模型只是一種簡化現實的抽象。

例如崩潰後恢復模型中的演算法，通常假設在穩定儲存中的資料在崩潰後仍然存在。但是，如果磁碟上的資料損壞了，或者由於硬體錯誤或錯誤組態造成資料被刪除，會發生什麼事呢 [91]？如果伺服器存在一個韌體的 bug，重新開機後不能識別出硬碟驅動程式，即使硬碟已正確連接到伺服器 [92]，又會發生什麼事？

Quorum 演算法（請參閱第 180 頁「讀取和寫入的法定票數演算（Quorums）」）仰賴一個節點記住它宣稱有儲存下來的資料。如果節點可能患有健忘症並忘記以前儲存的資料，這樣就會破壞 quorum 條件，從而破壞演算法的正確性。也許需要一種新的系統模型，在這種模型中，我們假設穩定的儲存大部分能夠在崩潰時倖存下來，但有時可能會丟失資料。但是這樣的模型就變得難以推理了。

演算法的理論描述可以宣稱某些事情根本不會發生。在非拜占庭系統中，我們必須對可能發生和不可能發生的錯誤做出一些假設。然而，一個實際的實作可能仍然必須包含一些程式碼，用來處理那些被假設為不可能發生的事情，即使處理只是簡單地印出 printf（「Sucks to be you」）和 exit（666）都可以。這樣才可以讓維運人員來收拾殘局 [93]。這也展現了計算機科學和軟體工程的差異之處。

這並不是說理論的、抽象的系統模型就一定毫無價值。恰恰相反，它們非常有助於將真實系統的複雜性提煉成一組我們可以推理的、可管理的故障，這樣我們就可以理解問題並試圖有系統地解決它。我們可以證明演算法的正確性，表明它們的屬性在某些系統模型中始終成立。

證明一個演算法是正確的，並不表示它在一個真實系統上的**實作**就一定總是正確的。但這是非常好的第一步，因為理論分析可以發現演算法的問題，這些問題可能會在真實系統中隱藏很長一段時間，只有當你的假設（例如，關於時間的假設）由於發生不尋常的情況而失敗時，才會產生影響。理論分析和實際驗證同樣重要。

小結

本章討論了分散式系統中可能出現的各種問題，包括：

- 無論何時試圖透過網路發送資料封包，它都可能會丟失或任意延遲。同樣，回應也可能會丟失或延遲，因此如果沒有收到回應，就不知道訊息是否確實傳遞了。

- 一個節點的 clock 可能與其他節點有明顯的不同步（儘管盡最大努力設置了 NTP），它可能會突然向前或向後跳躍，所以仰賴 clock 的精確性是危險的，因為很可能沒有一個很好度量可以確認出時鐘的信賴區間。

- 一個程序可能會在執行過程的任何一點暫停相當長的時間（可能由於一個會停止世界的垃圾回收器），被其他節點宣佈失效，然後又復活起來，而沒有意識到它之前被暫停了。

局部故障（部分失效）就是可能會發生，這樣的事實可以用來定義分散式系統的特徵。每當軟體嘗試做任何涉及其他節點的事情時，它可能偶爾會失敗，或隨機變慢，或根本不回應（並最終逾時）。在分散式系統中，我們試圖將部分故障的容忍度建構到軟體中，這樣一來，即使系統的某些組成部分被破壞了，整體的系統也還可以繼續運行。

要容忍錯誤，第一步是要能**偵測**出錯誤，但即便只是要檢測錯誤也很不容易。大多數系統沒有檢測節點是否失效的準確機制，因此多數分散式演算法依靠逾時來確定遠端節點是否仍然可用。然而，逾時不能區分出網路故障和節點故障，可變的網路延遲有時會導致節點被錯誤地懷疑為失效。此外，有時一個節點也可能處於降級狀態：例如，由於驅動程式錯誤，一個千兆吞吐量網路介面的速率可能突然下降到 1 Kb/s [94]。這種「已經跛腳」但還沒有失效的節點比起完全失敗的節點更難以處理。

一旦檢測到錯誤，讓系統容忍它也不容易：機器之間沒有全域變數、共享記憶體、共用知識或其他類型的共用狀態。節點甚至連時間都不能達成一致，更不用說更深入的事情了。資訊從一個節點流向另一個節點的唯一方式，是通過不可靠的網路。單節點無法安全地做出重大決策，因此我們需要透過一種協定來仰賴其他節點的協助，嘗試獲得一致的 quorum 以達共識。

如果你習慣用一台電腦理想化的完美數學條件來編寫軟體，其中相同的操作總是確定地傳回相同的結果，那麼轉向分散式系統時，混亂的物理現實可能會令人頭痛。相反地，如果一個問題可以在一台電腦上解決 [5]，那麼分散式系統工程師通常會認為問題就是微不足道的，事實上，現在一台電腦的性能已經足以做很多事情了 [95]。如果你可以避免打開潘朵拉的盒子，而只是將內容保存在一台機器上，那麼通常那樣子做應該就得了。

然而，正如第二部分介紹所提到的，可擴展性並不是採用分散式系統的唯一原因。容錯和低延遲（通過在地理位置上靠近使用者）是同等重要的目標，而這些目標無法通過單個節點來實現。

在這一章，我們還探討了網路、時鐘和程序的不可靠性是否就是無法避免的自然規律。我們發現事實並非如此：在網路中提供硬即時的回應保證和有限延遲是可能的，只是這樣做的代價非常高，並且會導致硬體資源的利用率下降。大多數不安全的系統選擇便宜和不可靠的做法，而不是昂貴和可靠的做法。

我們還談到了超級電腦，它假設系統元件都是可靠的，因此當某個元件出現故障時，系統就必須完全停止並重啟。相比之下，分散式系統可以在服務層級上永遠運行而不被中斷，因為所有的故障和維護都可以在節點級別上進行處理，至少理論上是這樣。實際上，如果一個錯誤的組態更新擴散到所有節點，仍然會將分散式系統推向崩潰邊緣。

本章談的全都是關於問題毛病的事情，難免令人沮喪。下一章，我們將繼續討論解決方案，並說明一些被設計來處理分散式系統問題的演算法。

參考文獻

[1] Mark Cavage: "There's Just No Getting Around It: You're Building a Distributed System," *ACM Queue*, volume 11, number 4, pages 80-89, April 2013. doi:10.1145/2466486.2482856

[2] Jay Kreps: "Getting Real About Distributed System Reliability," *blog.empathybox.com*, March 19, 2012.

[3] Sydney Padua: *The Thrilling Adventures of Lovelace and Babbage: The (Mostly) True Story of the First Computer*. Particular Books, April 2015. ISBN: 978-0-141-98151-2

[4] Coda Hale: "You Can't Sacrifice Partition Tolerance," *codahale.com*, October 7, 2010.

[5] Jeff Hodges: "Notes on Distributed Systems for Young Bloods," *somethingsimilar.com*, January 14, 2013.

[6] Antonio Regalado: "Who Coined 'Cloud Computing'?," *technologyreview.com*, October 31, 2011.

[7] Luiz Andre Barroso, Jimmy Clidaras, and Urs Holzle: "The Datacenter as a Computer: An Introduction to the Design of Warehouse-Scale Machines, Second Edition," *Synthesis Lectures on Computer Architecture*, volume 8, number 3, Morgan & Claypool Publishers, July 2013. doi:10.2200/S00516ED2V01Y201306CAC024, ISBN: 978-1-627-05010-4

[8] David Fiala, Frank Mueller, Christian Engelmann, et al.: "Detection and Correction of Silent Data Corruption for Large-Scale High-Performance Computing," at *International Conference for High Performance Computing, Networking, Storage and Analysis* (SC12), November 2012.

[9] Arjun Singh, Joon Ong, Amit Agarwal, et al.: "Jupiter Rising: A Decade of Clos Topologies and Centralized Control in Google's Datacenter Network," at *Annual Conference of the ACM Special Interest Group on Data Communication* (SIGCOMM), August 2015. doi:10.1145/2785956.2787508

[10] Glenn K. Lockwood: "Hadoop's Uncomfortable Fit in HPC," *glennklockwood.blogspot.co.uk*, May 16, 2014.

[11] John von Neumann: "Probabilistic Logics and the Synthesis of Reliable Organisms from Unreliable Components," in *Automata Studies (AM-34)*, edited by Claude E. Shannon and John McCarthy, Princeton University Press, 1956. ISBN: 978-0-691-07916-5

[12] Richard W. Hamming: *The Art of Doing Science and Engineering*. Taylor & Francis, 1997. ISBN: 978-9-056-99500-3

[13] Claude E. Shannon: "A Mathematical Theory of Communication," *The Bell System Technical Journal*, volume 27, number 3, pages 379–423 and 623–656, July 1948.

[14] Peter Bailis and Kyle Kingsbury: "The Network Is Reliable," *ACM Queue*, volume 12, number 7, pages 48-55, July 2014. doi:10.1145/2639988.2639988

[15] Joshua B. Leners, Trinabh Gupta, Marcos K. Aguilera, and Michael Walfish: "Taming Uncertainty in Distributed Systems with Help from the Network," at *10th European Conference on Computer Systems* (EuroSys), April 2015. doi:10.1145/2741948.2741976

[16] Phillipa Gill, Navendu Jain, and Nachiappan Nagappan: "Understanding Network Failures in Data Centers: Measurement, Analysis, and Implications," at *ACM SIGCOMM Conference*, August 2011. doi:10.1145/2018436.2018477

[17] Mark Imbriaco: "Downtime Last Saturday," *github.com*, December 26, 2012.

[18] Will Oremus: "The Global Internet Is Being Attacked by Sharks, Google Confirms," *slate.com*, August 15, 2014.

[19] Marc A. Donges: "Re: bnx2 cards Intermittantly Going Offline," Message to Linux *netdev* mailing list, *spinics.net*, September 13, 2012.

[20] Kyle Kingsbury: "Call Me Maybe: Elasticsearch," *aphyr.com*, June 15, 2014.

[21] Salvatore Sanfilippo: "A Few Arguments About Redis Sentinel Properties and Fail Scenarios," *antirez.com*, October 21, 2014.

[22] Bert Hubert: "The Ultimate SO_LINGER Page, or: Why Is My TCP Not Reliable," *blog.netherlabs.nl*, January 18, 2009.

[23] Nicolas Liochon: "CAP: If All You Have Is a Timeout, Everything Looks Like a Partition," *blog.thislongrun.com*, May 25, 2015.

[24] Jerome H. Saltzer, David P. Reed, and David D. Clark: "End-To-End Arguments in System Design," *ACM Transactions on Computer Systems*, volume 2, number 4, pages 277–288, November 1984. doi:10.1145/357401.357402

[25] Matthew P. Grosvenor, Malte Schwarzkopf, Ionel Gog, et al.: "Queues Don't Matter When You Can JUMP Them!," at *12th USENIX Symposium on Networked Systems Design and Implementation* (NSDI), May 2015.

[26] Guohui Wang and T. S. Eugene Ng: "The Impact of Virtualization on Network Performance of Amazon EC2 Data Center," at *29th IEEE International Conference on Computer Communications* (INFOCOM), March 2010. doi:10.1109/INFCOM. 2010.5461931

[27] Van Jacobson: "Congestion Avoidance and Control," at *ACM Symposium on Communications Architectures and Protocols* (SIGCOMM), August 1988. doi:10.1145/52324.52356

[28] Brandon Philips: "etcd: Distributed Locking and Service Discovery," at *Strange Loop*, September 2014.

[29] Steve Newman: "A Systematic Look at EC2 I/O," *blog.scalyr.com*, October 16, 2012.

[30] Naohiro Hayashibara, Xavier Defago, Rami Yared, and Takuya Katayama: "The φ Accrual Failure Detector," Japan Advanced Institute of Science and Technology, School of Information Science, Technical Report IS-RR-2004-010, May 2004.

[31] Jeffrey Wang: "Phi Accrual Failure Detector," *ternarysearch.blogspot.co.uk*, August 11, 2013.

[32] Srinivasan Keshav: *An Engineering Approach to Computer Networking: ATM Networks, the Internet, and the Telephone Network*. Addison-Wesley Professional, May 1997. ISBN: 978-0-201-63442-6

[33] Cisco, "Integrated Services Digital Network," *docwiki.cisco.com*.

[34] Othmar Kyas: *ATM Networks*. International Thomson Publishing, 1995. ISBN: 978-1-850-32128-6

[35] "InfiniBand FAQ," Mellanox Technologies, December 22, 2014.

[36] Jose Renato Santos, Yoshio Turner, and G. (John) Janakiraman: "End-to-End Congestion Control for InfiniBand," at *22nd Annual Joint Conference of the IEEE Computer and Communications Societies* (INFOCOM), April 2003. Also published by HP Laboratories Palo Alto, Tech Report HPL-2002-359. doi:10.1109/INFCOM. 2003.1208949

[37] Ulrich Windl, David Dalton, Marc Martinec, and Dale R. Worley: "The NTP FAQ and HOWTO," *ntp. org*, November 2006.

[38] John Graham-Cumming: "How and why the leap second affected Cloudflare DNS," *blog.cloudflare.com*, January 1, 2017.

[39] David Holmes: "Inside the Hotspot VM: Clocks, Timers and Scheduling Events – Part I – Windows," *blogs.oracle.com*, October 2, 2006.

[40] Steve Loughran: "Time on Multi-Core, Multi-Socket Servers," *steveloughran.blogspot.co.uk*, September 17, 2015.

[41] James C. Corbett, Jeffrey Dean, Michael Epstein, et al.: "Spanner: Google's Globally-Distributed Database," at *10th USENIX Symposium on Operating System Design and Implementation* (OSDI), October 2012.

[42] M. Caporaloni and R. Ambrosini: "How Closely Can a Personal Computer Clock Track the UTC Timescale Via the Internet?," *European Journal of Physics*, volume 23, number 4, pages L17–L21, June 2012. doi:10.1088/0143-0807/23/4/103

[43] Nelson Minar: "A Survey of the NTP Network," *alumni.media.mit.edu*, December 1999.

[44] Viliam Holub: "Synchronizing Clocks in a Cassandra Cluster Pt. 1 – The Problem," *blog.logentries.com*, March 14, 2014.

[45] Poul-Henning Kamp: "The One-Second War (What Time Will You Die?)," *ACM Queue*, volume 9, number 4, pages 44–48, April 2011. doi:10.1145/1966989.1967009

[46] Nelson Minar: "Leap Second Crashes Half the Internet," *somebits.com*, July 3, 2012.

[47] Christopher Pascoe: "Time, Technology and Leaping Seconds," *googleblog.blogspot.co.uk*, September 15, 2011.

[48] Mingxue Zhao and Jeff Barr: "Look Before You Leap – The Coming Leap Second and AWS," *aws.amazon.com*, May 18, 2015.

[49] Darryl Veitch and Kanthaiah Vijayalayan: "Network Timing and the 2015 Leap Second," at *17th International Conference on Passive and Active Measurement* (PAM), April 2016. doi:10.1007/978-3-319-30505-9_29

[50] "Timekeeping in VMware Virtual Machines," Information Guide, VMware, Inc., December 2011.

[51] "MiFID II / MiFIR: Regulatory Technical and Implementing Standards – Annex I (Draft)," European Securities and Markets Authority, Report ESMA/2015/1464, September 2015.

[52] Luke Bigum: "Solving MiFID II Clock Synchronisation With Minimum Spend (Part 1)," *lmax.com*, November 27, 2015.

[53] Kyle Kingsbury: "Call Me Maybe: Cassandra," *aphyr.com*, September 24, 2013.

[54] John Daily: "Clocks Are Bad, or, Welcome to the Wonderful World of Distributed Systems," *basho.com*, November 12, 2013.

[55] Kyle Kingsbury: "The Trouble with Timestamps," *aphyr.com*, October 12, 2013.

[56] Leslie Lamport: "Time, Clocks, and the Ordering of Events in a Distributed System," *Communications of the ACM*, volume 21, number 7, pages 558–565, July 1978. doi:10.1145/359545.359563

[57] Sandeep Kulkarni, Murat Demirbas, Deepak Madeppa, et al.: "Logical Physical Clocks and Consistent Snapshots in Globally Distributed Databases," State University of New York at Buffalo, Computer Science and Engineering Technical Report 2014-04, May 2014.

[58] Justin Sheehy: "There Is No Now: Problems With Simultaneity in Distributed Systems," *ACM Queue*, volume 13, number 3, pages 36–41, March 2015. doi:10.1145/2733108

[59] Murat Demirbas: "Spanner: Google's Globally-Distributed Database," *muratbuffalo.blogspot.co.uk*, July 4, 2013.

[60] Dahlia Malkhi and Jean-Philippe Martin: "Spanner's Concurrency Control," *ACM SIGACT News*, volume 44, number 3, pages 73–77, September 2013. doi:10.1145/2527748.2527767

[61] Manuel Bravo, Nuno Diegues, Jingna Zeng, et al.: "On the Use of Clocks to Enforce Consistency in the Cloud," *IEEE Data Engineering Bulletin*, volume 38, number 1, pages 18–31, March 2015.

[62] Spencer Kimball: "Living Without Atomic Clocks," *cockroachlabs.com*, February 17, 2016.

[63] Cary G. Gray and David R. Cheriton: "Leases: An Efficient Fault-Tolerant Mechanism for Distributed File Cache Consistency," at *12th ACM Symposium on Operating Systems Principles* (SOSP), December 1989. doi:10.1145/74850.74870

[64] Todd Lipcon: "Avoiding Full GCs in Apache HBase with MemStore-Local Allocation Buffers: Part 1," *blog.cloudera.com*, February 24, 2011.

[65] Martin Thompson: "Java Garbage Collection Distilled," *mechanicalsympathy.blogspot.co.uk*, July 16, 2013.

[66] Alexey Ragozin: "How to Tame Java GC Pauses? Surviving 16GiB Heap and Greater," *java.dzone.com*, June 28, 2011.

[67] Christopher Clark, Keir Fraser, Steven Hand, et al.: "Live Migration of Virtual Machines," at *2nd USENIX Symposium on Symposium on Networked Systems Design & Implementation* (NSDI), May 2005.

[68] Mike Shaver: "fsyncers and Curveballs," *shaver.off.net*, May 25, 2008.

[69] Zhenyun Zhuang and Cuong Tran: "Eliminating Large JVM GC Pauses Caused by Background IO Traffic," *engineering.linkedin.com*, February 10, 2016.

[70] David Terei and Amit Levy: "Blade: A Data Center Garbage Collector," arXiv: 1504.02578, April 13, 2015.

[71] Martin Maas, Tim Harris, Krste Asanović, and John Kubiatowicz: "Trash Day: Coordinating Garbage Collection in Distributed Systems," at *15th USENIX Workshop on Hot Topics in Operating Systems* (HotOS), May 2015.

[72] "Predictable Low Latency," Cinnober Financial Technology AB, *cinnober.com*, November 24, 2013.

[73] Martin Fowler: "The LMAX Architecture," *martinfowler.com*, July 12, 2011.

[74] Flavio P. Junqueira and Benjamin Reed: *ZooKeeper: Distributed Process Coordination*. O'Reilly Media, 2013. ISBN: 978-1-449-36130-3

[75] Enis Soztutar: "HBase and HDFS: Understanding Filesystem Usage in HBase," at *HBaseCon*, June 2013.

[76] Caitie McCaffrey: "Clients Are Jerks: AKA How Halo 4 DoSed the Services at aunch & How We Survived," *caitiem.com*, June 23, 2015.

[77] Leslie Lamport, Robert Shostak, and Marshall Pease: "The Byzantine Generals Problem," *ACM Transactions on Programming Languages and Systems* (TOPLAS), volume 4, number 3, pages 382–401, July 1982. doi:10.1145/357172.357176

[78] Jim N. Gray: "Notes on Data Base Operating Systems," in *Operating Systems: An Advanced Course*, Lecture Notes in Computer Science, volume 60, edited by R. Bayer, R. M. Graham, and G. Seegmuller, pages 393–481, Springer-Verlag, 1978. ISBN: 978-3-540-08755-7

[79] Brian Palmer: "How Complicated Was the Byzantine Empire?," *slate.com*, October 20, 2011.

[80] Leslie Lamport: "My Writings," *research.microsoft.com*, December 16, 2014. This page can be found by searching the web for the 23-character string obtained by removing the hyphens from the string allla-mport-spubso-ntheweb.

[81] John Rushby: "Bus Architectures for Safety-Critical Embedded Systems," at *1st International Workshop on Embedded Software* (EMSOFT), October 2001.

[82] Jake Edge: "ELC: SpaceX Lessons Learned," *lwn.net*, March 6, 2013.

[83] Andrew Miller and Joseph J. LaViola, Jr.: "Anonymous Byzantine Consensus from Moderately-Hard Puzzles: A Model for Bitcoin," University of Central Florida, Technical Report CS-TR-14-01, April 2014.

[84] James Mickens: "The Saddest Moment," *USENIX ;login: logout*, May 2013.

[85] Evan Gilman: "The Discovery of Apache ZooKeeper's Poison Packet," *pagerduty.com*, May 7, 2015.

[86] Jonathan Stone and Craig Partridge: "When the CRC and TCP Checksum Disagree," at *ACM Conference on Applications, Technologies, Architectures, and Protocols for Computer Communication* (SIGCOMM), August 2000. doi:10.1145/347059.347561

[87] Evan Jones: "How Both TCP and Ethernet Checksums Fail," *evanjones.ca*, October 5, 2015.

[88] Cynthia Dwork, Nancy Lynch, and Larry Stockmeyer: "Consensus in the Presence of Partial Synchrony," *Journal of the ACM*, volume 35, number 2, pages 288–323, April 1988. doi:10.1145/42282.42283

[89] Peter Bailis and Ali Ghodsi: "Eventual Consistency Today: Limitations, Extensions, and Beyond," *ACM Queue*, volume 11, number 3, pages 55-63, March 2013. doi:10.1145/2460276.2462076

[90] Bowen Alpern and Fred B. Schneider: "Defining Liveness," *Information Processing Letters*, volume 21, number 4, pages 181–185, October 1985. doi:10.1016/0020-0190(85)90056-0

[91] Flavio P. Junqueira: "Dude, Where's My Metadata?," *fpj.me*, May 28, 2015.

[92] Scott Sanders: "January 28th Incident Report," *github.com*, February 3, 2016.

[93] Jay Kreps: "A Few Notes on Kafka and Jepsen," *blog.empathybox.com*, September 25, 2013.

[94] Thanh Do, Mingzhe Hao, Tanakorn Leesatapornwongsa, et al.: "Limplock: Understanding the Impact of Limpware on Scale-out Cloud Systems," at *4th ACM Symposium on Cloud Computing* (SoCC), October 2013. doi:10.1145/2523616.2523627

[95] Frank McSherry, Michael Isard, and Derek G. Murray: "Scalability! But at What COST?," at *15th USENIX Workshop on Hot Topics in Operating Systems* (HotOS), May 2015.

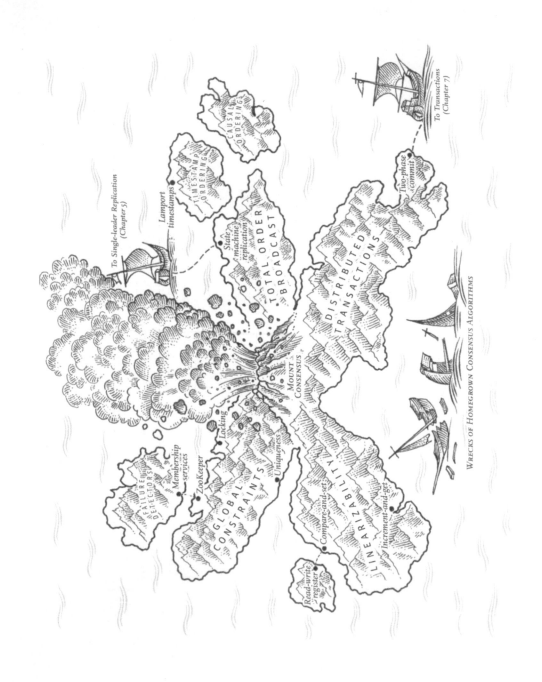

To Single-leader Replication (Chapter 5)

Lamport timestamps

TIMESTAMP ORDERING

CAUSAL ORDERING

State machine replication

TOTAL ORDER BROADCAST

To Transactions (Chapter 7)

Two-phase commit

DISTRIBUTED TRANSACTIONS

MOUNT CONSENSUS

Locking

Uniqueness

Membership services

ZooKeeper

FAILURE DETECTORS

GLOBAL CONSTRAINTS

Compare-and-set

Increment-and-get

LINEARIZABILITY

Read-write register

Wrecks of Homegrown Consensus Algorithms

第九章

一致性與共識

帶著錯誤活著還是正確地死去，哪個好？

　　　　　　　　—Jay Kreps, 對 *Kafka* 和 *Jepsen* 的一些筆記（2013）

正如第 8 章所討論的，分散式系統中可能出現很多問題。處理此類錯誤最簡單的方法是讓整個服務失敗，並向使用者顯示錯誤訊息。如果該解決方案不可接受，就需要找到**容忍錯誤**的方法。也就是說，即使內部有某些元件出錯，系統也要讓服務保持正常運行。

本章將討論一些建構可以容錯的分散式系統，其使用的演算法和協定的例子。我們假設第 8 章提到的所有問題都可能發生：資料封包可能丟失、重新排序、複製或在網路中任意延遲；時鐘只能是近似的；節點可以在任何時候暫停（例如因為垃圾回收）或崩潰。

建構容錯系統的最佳方法是以有用的保證來找到一些通用的抽象，實作一次，然後讓應用程式依賴於這些保證。這與第 7 章採用交易的方式相同：透過使用交易，應用程式可以假裝不存在崩潰（原子性），沒有其他人同時存取資料庫（隔離性），儲存裝置完全可靠（持久性）。即使發生崩潰、競爭條件和磁碟故障，交易抽象隱藏了這些問題，因此應用程式不需要擔心它們。

現在，我們繼續沿著同樣的思路，尋找可以讓應用程式忽略分散式系統一些問題的抽象機制。例如，分散式系統最重要的抽象之一就是**共識**（*consensus*）：也就是說，讓所有節點就某件事情達成一致意見。正如本章將看到的，在網路故障和程序故障的情況下，可靠地達成共識是一個非常棘手的問題。

一旦有了共識的實作，應用程式就可以將其用於各種目的。例如，假設你有一個 single-leader replication 的資料庫。如果 leader 失效，你需要容錯移轉到另一個節點，那麼剩餘的資料庫節點可以利用共識來選出新的 leader。正如第 156 頁「處理節點失效」所討論的，只能有一個 leader 這點非常重要，並且所有節點都得同意 leader 是誰。如果兩個節點都認為自己是 leader，這種情況稱為腦分裂，通常會導致資料遺失。共識的正確實施有助於避免此類問題。

本章後面第 350 頁「分散式交易和共識」中，將研究解決共識和相關問題的演算法。但是我們首先需要探索分散式系統中可以提供的保證範圍和抽象機制。

我們需要瞭解什麼能做、什麼不能做的範疇：某些情況下，系統有可能容忍錯誤並繼續工作；在其他情況下，這是不可能的。什麼是可能的、什麼是不可能的界限已經在理論證明和實際實作中被深入探索。本章將對這些基本限制進行概述。

分散式系統領域的研究人員已經研究這些課題幾十年了，所以有很多材料，我們只能觸及表面不會太深入。在這本書中，我們沒有空間去詳細討論形式化模型和證明細節，所以我們會使用比較非正式的直覺說法。如果你感興趣的話，本章所附的參考文獻可以提供更詳細的資訊。

一致性保證

第 161 頁的「複製落後的問題」中，我們看過會在複製資料庫中發生的一些 timing 問題。如果同時查詢兩個資料庫節點，在這兩個節點上看到的資料可能並不相同，因為寫入請求到達節點的時間各不相同。無論資料庫使用何種複製方法（single-leader、multi-leader 或 leaderless replication），這些不一致性都會出現。

大多數複製資料庫至少會提供最終一致性，這表示如果你停止對資料庫寫入，接著等待一段時間之後，最終所有讀取請求所獲得的值都會相同 [1]。換句話說，不一致的狀態是暫時的，最終會自行解決（假設網路中的任何錯誤最終也會得到修復）。一個描述最終一致性更好的名稱可能是收斂（convergence），因為我們希望所有副本最終都收斂到相同的值 [2]。

然而，這是一個非常弱的保證，它並沒有說明副本什麼時候才會收斂。在收斂之前，讀取請求可能會傳回任何值 [1]，甚至讀不到東西。例如，當你寫入一個值，然後立即讀取它，就不能保證你可以看到剛剛才寫入的值，因為讀取的值可能會被路由到另一個副本去（參見第 162 頁的「讀己所寫」）。

最終一致性對於應用程式開發人員來說是困難的，因為它與普通的單執行緒程式中的變數行為非常不同。如果你賦值給一個變數，然後不久之後讀取它，你不會預期讀到舊值，也不會預期讀取失敗。資料庫一個表面上看起來像是可以讀寫的變數，實際上有更複雜的語義要求 [3]。

在使用只提供弱保證的資料庫時，需要經常注意它的限制，不要做過多的假設。由於應用程式在大多數情況下都能很好地工作，所以 bug 通常很細微也很難通過測試發現。最終一致性的邊緣情況只有在系統出現故障（如網路中斷）或高並發的情況發生時才會變得明顯。

本章將探索資料系統所可能提供更強的一致性模型。它們是有代價的：具有較強保證的系統可能比較弱保證的系統性能更差或容錯性更羞。不過，更強的保證可能比較吸引人，因為它們更容易正確使用。一旦你瞭解了幾種不同的一致性模型，就可以更好地決定哪一種模型最適合你的需求。

分散式一致性模型和之前討論的交易隔離級別之間有一些相似之處 [4, 5]（參見第 232 頁「弱隔離級別」）。但是，儘管存在一些重疊，但它們大多是各自獨立的問題：交易隔離主要是為了避免並發執行交易而產生的競爭條件，而分散式一致性主要是為了在面臨延遲和錯誤時協調副本的狀態。

本章內容涵蓋的主題雖然稍微廣泛，但我們將看到這些內容實際上是有密切關係的：

- 我們將從常見的最強一致性模型：**可線性化**（*linearizability*）開始說起，並討論其利弊。

- 然後研究分散式系統中排序事件的問題（第 337 頁「順序保證」），特別是關於因果關係和總體排序。

- 在第三部分（第 350 頁「分散式交易和共識」），我們會探索如何原子地提交分散式交易，這最終會引導出解決共識問題的方案。

可線性化

在最終一致的資料庫中，如果同時查詢兩個不同的副本，可能會得到兩個不同的答案，這很令人困惑。如果資料庫能給人一種只有一個副本的錯覺（即資料拷貝只有一份），事情是不是會簡單得多呢？這樣一來，每個客戶端所看到的資料均會相同，而不必擔心複製延遲的問題。

這就是可線性化背後的思想 [6]，可線性化也稱為**原子一致性**（*atomic consistency*）[7]、**強一致性**（*strong consistency*）、**直接一致性**（*immediate consistency*）或**外部一致性**（*external consistency*）[8]。可線性化的確切定義是非常微妙的，我們將在本節的其餘部分探討它。但其基本思想就是讓系統看起來好像只有一個資料副本，並且對其進行的所有操作都是原子的。有了這個保證，即使實際上可能有多個副本，應用程式也不需要擔心它們。

在一個可線性化的系統中，一旦某個客戶端成功完成一次寫入，對資料庫進行讀取的所有其他客戶端都必須能夠看到剛剛寫入的值。保持資料單一副本的假像意味著可以保證讀取到的值是最近的、最新的值，而不是來自過時的快取或副本。換句話說，可線性化是**近新性的保證**（*recency guarantee*）。為了解釋這個概念，讓我們看一個不可線性化系統的例子。

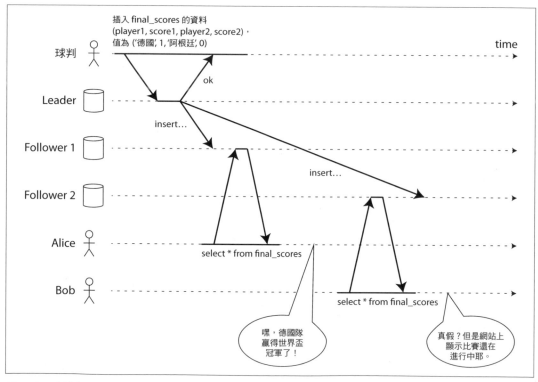

圖 9-1　這個系統是不可線性化的，所以造成了球迷們的困惑。

圖 9-1 的例子是一個不可線性化的體育網站 [9]。Alice 和 Bob 都坐在同一個房間裡看著手機，欣賞 2014 年世界盃決賽的結果。就在最後公佈比分後，Alice 刷新了頁面，看到宣佈了獲勝者，興奮地告訴 Bob。Bob 不相信地在他自己的手機上**刷新**頁面，但是他的請求被轉到了一個延遲的資料庫副本，所以他的手機顯示球賽仍在進行中。

如果 Alice 和 Bob 同時刷新頁面，卻得到兩個不同的查詢結果，事情還不算奇怪，因為他們不知道伺服器在什麼時候處理了各自的請求。但是，Bob 知道他是在聽到 Alice 喊出最終比分**之後**才重新刷新頁面（啟動了他的查詢），因此他期望查詢結果應該要是最新的才對，但是查詢結果卻還是舊的，這個事實已經違反了可線性化的規則。

系統如何得以是可線性化的？

可線性化背後的基本思想很簡單：讓系統看起來好像只有一個資料副本。然而，要確切瞭解這表示什麼意思還需要一些考慮。為了更好地理解可線性化，讓我們繼續看更多的例子。

圖 9-2 顯示了在一個可線性化的資料庫中，三個客戶端並發地讀寫相同的物件 x。在分散式系統文獻中，x 被稱為一個**暫存器**（*register*）。實際上，它可以是鍵值儲存中的一個鍵、關聯式資料庫中的一列或 doucument 資料庫中的一個 document。

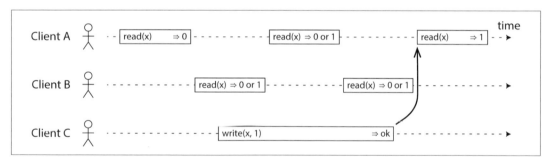

圖 9-2　如果讀請求與寫請求並發，傳回的值可能是舊值、也可能是新值。

為求簡單，圖 9-2 只顯示客戶端所觀察到的請求內容，而不是資料庫的內部細節。每個長條表示客戶端發出的請求，長條的開始是請求發送的時間，結束是客戶端收到回應的時間。由於網路延遲是可變的，客戶端也不知道資料庫什麼時候處理了它的請求，它只知道它一定發生在客戶端發送請求和接收回應之間的某個時間[1]。

在這個例子中，暫存器有兩種操作：

- *read*(*x*) 表示客戶端請求讀取暫存器 *x* 的值，資料庫傳回值 *v*。

- *write*(*x*, *v*) 表示客戶端請求將暫存器 *x* 設為 *v*，資料庫傳回回應 *r*（可能是 *ok* 或 *error*）。

圖 9-2 中，*x* 的初始值為 0，Client C 執行一個寫入請求將其設置為 1。此過程中，Client A 和 Client B 反復輪詢資料庫以讀取最新的值。A 和 B 的讀取請求可能得到什麼回應呢？

- Client A 的第一次讀取操作是在寫入操作開始之前完成，因此傳回的一定是舊值 0。

- Client A 最後一次讀取操作是在寫入操作完成之後才開始，如果資料庫是可線性化的話，那麼傳回的值必定是新的值 1。我們知道真正的寫入一定是發生在寫入請求處理的開始和結束之間的某個時間點，同樣地，讀取一定也是發生在讀取請求處理的開始和結束之間。如果讀取在寫入結束之後才開始，那麼讀取一定是在寫入結束後才被處理，因此它所看到的一定是新值。

- 讀取操作如果跟寫入操作有任何時間上的重疊，那麼讀取結果可能就會是 0 或 1 的其中一個，因為我們不知道讀取操作處理時，寫入操作是否已經生效。讀和寫兩個操作是**並發的**。

然而，這還沒有充分描述可線性化：如果並發的讀與寫可能傳回舊值或新值，當寫入還在進行的過程中，讀方可能會看到一個值在新舊之間跳動的情況。對於一個模擬「單一資料副本」的系統來說，這不是我們所期望的行為[2]。

為了讓系統是可線性化的，需要加入另一個約束，如圖 9-3 所示。

1　這張圖有一個微妙的細節，它假設存在一個全域時鐘，由水平軸表示。雖然真實的系統通常沒有精確的時鐘（見第 287 頁「不可靠的時鐘」），但在此做這個假設是可以的：為了分析分散式演算法，我們可以假設存在一個精確的全域時鐘，只要演算法不會去存取它就好 [47]。相反，該演算法只能看到石英振盪器和 NTP 的即時近似時間。

2　如果讀取與寫入操作並發，可能會讓讀讀取得到舊值或新值的暫存器稱為普通暫存器（*regular register*）[7, 25]。

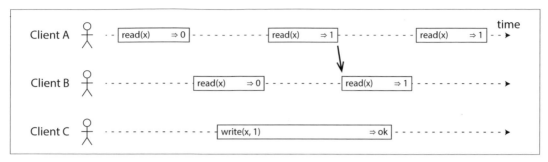

圖 9-3　任何讀取只要取得了新值，之後的所有讀取（在同一客戶端或其他客戶端上）也都必定要讀
到新值。

在一個可線性化的系統中，我們想像一定有某個時間點（在寫入操作的開始和結束之間）x 的值會從 0 原子地轉變成 1。因此，如果一個客戶端讀取到了新值 1，那麼後續所有讀取也必須讀到新值，即使寫入操作尚未完成也一樣。

圖 9-3 中的箭頭說明了這種時序上的依賴關係。Client A 首先讀到新值 1。就在 A 的 read 傳回後，B 開始新的 read。因為 B 的讀取操作嚴格地發生在 A 的讀取操作之後，所以它也必須讀到 1，即使 C 的寫入操作仍在進行中。（這與圖 9-1 中的 Alice 和 Bob 的情況相同：Alice 讀到新值後，Bob 也會期望讀取到新值。）

我們可以進一步細化這個時序圖，以視覺化每個操作在哪個時間點生效。圖 9-4 顯示了一個更複雜的例子 [10]。

在圖 9-4 中，我們加入除了讀寫以外的第三種操作：

- $cas(x, v_{old}, v_{new}) \Rightarrow r$ 表示客戶端請求一個 *compare-and-set* 操作（參見第 245 頁「比較和設置」）。如果暫存器 x 的當前值等於 v_{old}，它應該被原子地設置為 v_{new}。如果 $x \neq v_{old}$，則操作應保持暫存器不變並傳回錯誤。r 是資料庫的回應（*ok* 或 *error*）。

圖 9-4 中的垂直線代表每個操作應該被執行的時刻（在每個操作的長條中）。將這些垂直線標記按先後順序連接起來的話，結果必須是一個對暫存器進行有效讀取和寫入的序列（每次讀取都必須傳回最近寫入所設置的值）。

可線性化要求，連接這些標記的線總是在時間上向未來移動（從左到右），而不會向過去移動。這一要求確保了我們前面討論到的近新保證：一旦寫入或讀取了一個新值，所有後續的讀取都會看到新值，直到該值再次被覆寫。

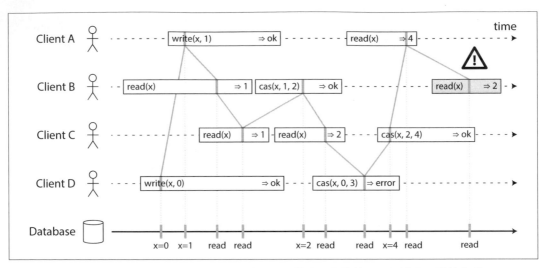

圖 9-4　視覺化地呈現讀取和寫入生效的時間點。B 在最後所做的讀取是不滿足可線性化的。

圖 9-4 有一些有趣的細節需要指出：

- 首先 Client B 發送讀取 x 的請求，接著 Client D 發送設置 x 為 0 的請求，然後 Client A 又發送設置 x 為 1 的請求。不過，傳回給 B 的讀值是 1（A 所寫入的值）。這沒關係，這表示資料庫首先處理了 D 的寫入，然後才是 A 的寫入，最後是 B 的讀取。儘管這不是他們的請求所發送的順序，但這是一個可以接受的順序，因為這三個請求是並發的。也許 B 的讀取請求在網路中稍微延遲了，讓它在兩次寫入操作之後才到達資料庫。

- 在 Client A 收到來自資料庫的回應之前，Client B 的讀取就傳回 1，表示 A 對值 1 的寫入操作已經成功。這也是沒問題的：這並不表示該值在寫入之前就被讀取，它只是表示從資料庫到 Client A 的 ok 回應在網路中略有延遲。

- 該模型並未假設任何交易隔離：另一個客戶端可能隨時改變一個值。例如，C 先讀取到 1，然後讀取到 2，因為 B 在兩次讀取之間修改了值。可以使用 atomic compare-and-set 操作（cas）來檢查值是否被另一個客戶端並發更改：B 和 C 的 cas 請求成功，但 D 的 cas 請求失敗（當資料庫處理它時，x 的值不再為 0）。

- Client B 的最後一次讀取（在陰影長條中）是不可線性化的。該操作與 C 的 cas 寫入並發，將 x 從 2 更新為 4。在沒有其他請求的情況下，B 的讀值傳回 2 也沒有問題。但是，Client A 在 B 開始讀取之前已經讀取了新值 4，因此 B 不允許讀取比 A 更早的值，同樣，這與圖 9-1 中的 Alice 和 Bob 的情況相同。

以上是可線性化背後的直觀說明，正式定義有更精確的描述 [6]。通過記錄所有請求和回應的時間，並檢查它們是否可以按有效的順序排列，可以測試系統的行為是否可以線性化（儘管計算成本很高）[11]。

可線性化和可序列化

可線性化很容易與可序列化混淆（參見第 251 頁「可序列化」），因為這兩個詞似乎都在表示類似「可以按順序排列」的意思。但是，它們是兩種完全不同的保證，必須加以區分才行：

可序列化

可序列化是**交易**的一個隔離屬性，其中每個交易都可以讀寫多個物件（列、documents、記錄），請參見第 228 頁「單物件和多物件操作」。它保證交易的行為會與按照**某種**序列循序執行的交易結果相同（每個交易在下一個交易開始之前都先完成交易）。這個序列順序可以與交易實際執行的順序不同 [12]。

可線性化

可線性化是暫存器（**單個物件**）讀寫的近新保證。它並不會用交易來組織操作，因此不能防止諸如寫入偏斜之類的問題（參見第 246 頁「寫入偏斜和幻讀」），除非你採取了諸如實體化衝突之類的額外措施（參見第 251 頁「實體化衝突」）。

資料庫可以同時支援可序列化和可線性化，這種組合稱為**嚴格序列化**（*strict serializability*）或**強單副本序列化**（*strong one-copy serializability, strong-1SR*）[4, 13]。基於兩階段加鎖（參見第 256 頁「兩階段加鎖（2PL）」）或實際循序執行（參見第 252 頁「實際循序執行」）的可序列性實作，通常是可線性化的。

但是，可序列化快照隔離（參見第 261 頁「可序列化的快照隔離（SSI）」）則是不可線性化的。從設計上來說，它從一致的快照進行讀取，以避免讀方和寫方之間的鎖競爭。一致快照的全部要點是，它不會包含比快照更新的寫入，因此從快照讀取是不能滿足可線性化的。

仰賴可線性化

在什麼情況下會用到可線性化呢？一場體育賽事的最終比數可能是比較簡單的例子，對這種情況，一個過時了幾秒鐘的比數不太可能造成什麼傷害。然而，在一些領域，可線性化卻是使系統能正確工作的一個重要因素。

加鎖和領導者選舉

使用 single-leader replication 的系統需要確保只有一個 leader，而不是幾個（腦分裂）。選擇 leader 的一種方法是使用鎖：每個啟動的節點嘗試獲取鎖，成功的節點成為 leader [14]。不管這個鎖是如何實作的，它必須是可線性化的：所有節點必須同意持有該鎖的節點，否則就沒有用了。

像 Apache ZooKeeper [15] 和 etcd [16] 這樣的協調服務經常用來實現分散式鎖和領導者選舉。它們都使用可以容錯的共識演算法來實作可線性化操作（本章後面的「支援容錯的共識」討論這類演算法）³。正確地實現鎖和領導者選舉還有很多細節（參見第 301 頁「領導者節點與鎖」中的 fencing 問題），像 Apache Curator [17] 這樣的上層函式庫在 ZooKeeper 之上提供了更高階的介面以方便使用。然而，可線性化的儲存服務是這些協調任務的基礎。

在一些分散式資料庫中，比如 Oracle Real Application Clusters（RAC）[18]，分散式鎖還可以用在更細微的層次。對於多個節點共享同一磁碟儲存系統的存取，RAC 對每個磁碟分頁各使用一個鎖。由於這些可線性化的鎖是位於交易執行的關鍵路徑上，因此 RAC 部署通常有一個專用的叢集互聯網路，用於資料庫節點之間的通訊。

約束和唯一性保證

唯一性約束在資料庫中很常見：例如，username 或 email 必須唯一地標識一位使用者，並且在檔案儲存服務中不能有兩個具有相同路徑和檔名的檔案。如果希望在寫入資料時強制執行此約束（例如，如果兩個人嘗試同時建立同名的使用者名稱或檔案，其中一個將傳回錯誤），則需要借助可線性化來幫忙。

3　嚴格來說，ZooKeeper 和 etcd 提供了可線性化的寫入操作，但是讀取可能是過時的，因為預設情況下它們可以由任何一個副本提供。你可以選擇請求一個可線性化的讀取：etcd 將此稱為 *quorum read* [16]，在 ZooKeeper 中需要在讀取之前呼叫 sync()[15]；參見第 348 頁「使用全序廣播實作可線性化的儲存」。

這種情況其實跟鎖很像：當使用者註冊你的服務時，你可以認為他們獲得了所選 username 的「鎖」。該操作也非常類似於 atomic compare-and-set，如果 username 還沒有被使用，就可以將 username 配給要使用它的使用者 ID。

如果想確保銀行帳戶餘額永遠不會變成負數，或者銷售的商品不能超過庫存量，或者兩個人不能同時預訂航班或劇院的同一個座位，也會出現類似的問題。這些約束都要求存在一個所有節點都同意的最新值（帳戶餘額、庫存量、座位占用情況）。

在實際應用中，放寬這些約束有時是可以接受的（例如，如果一個航班超額預訂，你可以將客戶轉移到另一個航班，並為其帶來的不便提供補償）。在這種情況下，可能就不一定需要可線性化，我們將在第 524 頁「即時性和完整性」中討論這種鬆散的約束條件。

但是，強制唯一性約束就必定需要可線性化，比如在關聯式資料庫中常見的約束。其他類型的約束，如外鍵或屬性約束，則不一定需要可線性化就能夠實現 [19]。

跨通道的時序依賴

請注意圖 9-1 中的一個細節：如果 Alice 沒有喊出分數，Bob 就不會知道他的查詢結果是舊的。幾秒鐘後，他會重新刷新頁面，最終看到賽後比數。只有在系統中有一個額外的通訊通道時（Alice 的聲音傳到 Bob 的耳朵裡），才會注意到可線性化的違反事例。

類似的情況也會出現在電腦系統中。假設你有一個網站，使用者可以上傳一張照片，而背景程序會調低照片的解析度來提升下載速度（縮圖）。該系統的架構和資料流程如圖 9-5 所示。

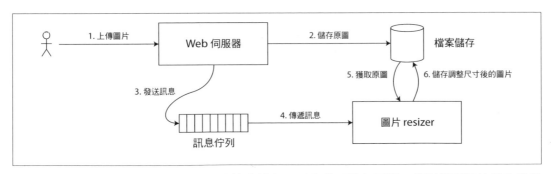

圖 9-5　Web 伺服器和圖片 resizer 透過檔案儲存和訊息佇列進行通訊，從而打開了競爭條件的可能性。

圖片調整器需要被明確指示一個調整尺寸的任務，這個指令會通過一個訊息佇列從 web 伺服器發送給 resizer（見第 11 章）。Web 伺服器不會將整張照片放在佇列中，因為大多數訊息代理都是為小訊息而設計的，而照片的大小有可能達到幾個 MBs 那個大。相反，照片首先被寫入檔案儲存服務，一旦寫入完成，放到佇列中的就只要是調整大小的指令即可。

如果檔案儲存服務是可線性化的，那麼這個系統應該可以正常工作。倘若它不是可線性化的話，則存在有競爭條件的風險：訊息佇列（圖 9-5 中的步驟 3 和 4）可能比儲存服務中的內部複製更快。在本例中，當 resizer 獲取照片時（第 5 步），它看到的可能是照片的舊版本，或者什麼都沒有看到。如果它處理的是舊版本，那麼檔案儲存中的原圖檔和 resize 過的圖檔將出現永久的不一致。

之所以會出現這個問題，是因為 web 伺服器和 resizer 之間有兩個不同的通訊通道：檔案儲存和訊息佇列。如果沒有可線性化的近新保證，這兩個通道之間的競爭條件是可能會發生的。這種情況類似於圖 9-1，其中兩個通訊通道之間也存在競爭條件：資料庫複製以及 Alice 和 Bob 之間口耳相傳的聲音通道。

可線性化並不是避免這種競爭條件的唯一辦法，但它是最容易理解的。如果你可以控制額外的通訊通道（就像在訊息佇列的情況下，但不適用在 Alice 和 Bob 的情況），你可以使用類似第 162 頁「讀己所寫」討論到的方法來替代，但代價是複雜性的增加。

實作可線性化的系統

現在我們已經看到了一些可線性化發揮作用的例子，讓我們考慮如何實作一個能夠提供可線性化語義的系統。

由於可線性化本質上表示著「表現得好像只有一個資料副本，並且對它的所有操作都是原子的」，因此最簡單的答案就是真的只使用一個資料副本。但是，這種方法不能容錯：如果持有一個副本的節點失敗，那麼資料就會遺失，至少在節點重啟之前無法存取。

使系統具有容錯能力的最常見方法是使用 replication。讓我們回顧第 5 章提到的複製方法，並比較它們是否可以做到可線性化：

單領導複製（有潛力做到可線性化）

在具有 single-leader replication 的系統中（參見第 152 頁「領導者和追隨者」），leader 擁有用於寫入資料的主副本，followers 則維護各自節點上資料備份副本。如果你從 leader 或同步更新的 follower 那裡讀取資料，它們就有可能是可線性化的[4]。然而，實際上並不是每個 single-leader 資料庫都是可線性化的，要麼是由於設計的原因（例如它使用了快照隔離），要麼是由於並發性方面的 bug 問題 [10]。

從 leader 身上讀取資料是基於這樣的假設，即你確切知道誰是 leader。正如第 300 頁「真相由多數說了算」所討論的，節點很可能認為自己是 leader，但實際上並不是。如果自以為是 leader 的節點繼續為請求提供服務，它很可能就會違反可線性化的約束 [20]。如果是使用非同步複製，容錯移轉甚至可能會讓某些已提交的寫入丟失（請參閱第 156 頁中的「處理節點失效」），這同時違反了持久性和可線性化。

共識演算法（可線性化）

本章後面將討論的一些共識演算法與 single-leader replication 的機制有相似之處。然而，共識協定包含了防止腦分裂和過期副本的措施。共識演算法基於這些細節，可以安全地實現可線性化的儲存系統。例如，ZooKeeper [21] 和 etcd [22] 就是這樣工作的。

多領導複製（不可線性化）

具有 multiple-leader replication 的系統通常是不可線性化的，因為它們在多個節點上並發地處理寫入操作，並將它們非同步地複製到其他節點。因此，它們可能會產生需要解決的寫入衝突（參見第 171 頁的「處理寫入衝突」）。這種衝突是因為資料並不是來自於單一副本所造成的。

無領導複製（或許不可線性化）

Leaderless replication 系統（Dynamo-style；參見第 178 頁「無領導複製」），有些人宣稱可以透過要求 quorum 讀寫（$w + r > n$）來獲得「強一致性」。但這完全取決於 quorums 的確切組態，以及你如何定義強一致性，所以它可能沒有辦法保證可線性化。

4　若對 single-leader 資料庫做分區（分片），這樣每個分區都會有一個獨立的 leader，並不會影響可線性化，因為它只是一個單物件保證。跨分區交易則是另一回事（參見 350 頁的「分散式交易和共識」）。

後寫者贏（LWW）的衝突解決方法是基於生活時鐘的（例如在 Cassandra 即是如此；參見第 291 頁「仰賴同步時鐘」），所以幾乎可以肯定是不可線性化的。由於 clock skew 的問題，時鐘時間戳記不能保證與實際的事件順序一致。Sloppy quorums（參見第 184 頁「寬鬆的 Quorums 和提示移交」）也會破壞可線性化的機會。即使在嚴格的 quorums 中，也是有可能出現不可線性化的行為，下一節將會看到這個行為。

可線性化和法定人數

直覺上，嚴格的 quorum reads 和 writes 在 Dynamo-style 模型之下應該是可線性化的。然而，網路延遲的可變性，就可能會讓競爭條件出現，如圖 9-6 所示。

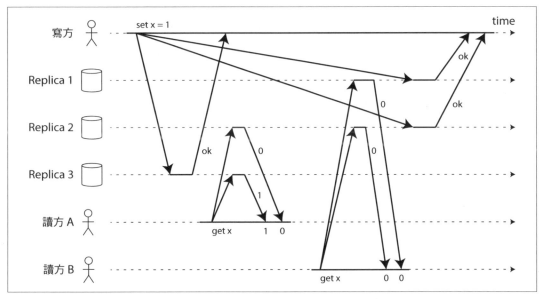

圖 9-6　儘管使用了嚴格的 quorum，也會發生不可線性化的執行情況。

在圖 9-6 中，x 的初始值是 0，寫方客戶端發送寫入請求給所有三個副本（$n = 3$, $w = 3$），將 x 更新為 1。同時，客戶端從 quorum 的兩個節點（$r = 2$）讀取資料，在其中一個節點的回傳資料看到新值 1。這時候，客戶端 B 從 quorum 的不同兩個節點讀取資料，但從這兩個節點讀回的值都是舊值 0。

Quorum 條件是得到了滿足沒錯（$w + r > n$），但是很明顯這個執行是不可線性化的：B 的請求在 A 的請求完成之後才開始，但是 B 的讀取卻得到了舊值，而 A 得到了新值。這又發生了像是圖 9-1 中 Alice 和 Bob 的情況。

有趣的是，它可以讓 Dynamo-style 法定人數變得可線性化，但卻要以降低性能為代價：讀方必須執行讀取修復來進行同步（見第 179 頁「利用讀取來修復和反熵」），然後傳回結果給應用程式 [23]；寫方在發送它的寫入請求之前也必須先從 quorum 節點讀取資料的最新狀態 [24, 25]。但是，由於這樣子做會損失性能 [26]，所以 Riak 並不會執行同步讀取修復。而 Cassandra 則是會在 quorum 讀取時等待讀取修復完成 [27]，但因為它使用了「last-write-win」衝突解決方案，所以若有對同一個 key 的多個並發寫入操作，就會讓它失去可線性化能力

此外，只有可線性化的讀寫操作才能透過這種方式實現；而可線性化的 compare-and-set 則不行，因為它需要一個共識演算法做支援才行 [28]。

總之，最安全的假設是，具有 Dynamo-style replication 的 leaderless 系統是沒辦法對可線性化提供保證的。

可線性化的代價

由於有些複製方法可以提供可線性化，而有些則不能，因此有需要更深入地探討可線性化的利弊。

第 5 章已經討論過不同複製方法的一些用例。例如，對於多資料中心的複製，multi-leader replication 通常是一個不錯的選擇（請參閱第 168 頁「多資料中心操作」）。圖 9-7 展示了一個部署案例。

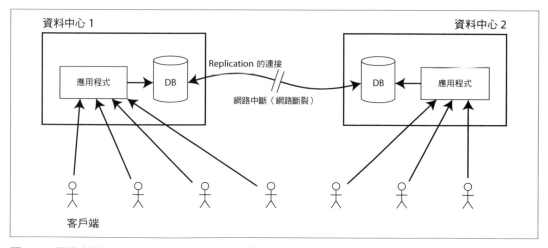

圖 9-7　網路中斷迫使系統在可線性化和可用性之間做出選擇。

考慮一下如果兩個資料中心之間出現網路中斷會發生什麼事。假設每個資料中心內的網路能正常工作，客戶端也可以透過網路觸及資料中心，但是資料中心之間的網路連接卻有問題。

如果是使用 multi-leader 資料庫，每個資料中心都可以繼續正常運行：因為寫入操作從一個資料中心可以非同步複製到另一個資料中心，寫入操作都會排進本地佇列中，當網路連接恢復時，再與其他資料中心繼續同步。

另一方面，如果使用了 single-leader replication，那麼 leader 必定只位於其中一個資料中心。任何寫入和可線性化的讀取都必須發送給 leader。因此，對於連接到 follower 資料中心的客戶端來說，讀寫請求必須通過網路同步發送給 leader 資料中心。

對於 single-leader 架構，如果資料中心之間的網路中斷了，那麼連接到 follower 資料中心的客戶端就不能聯繫上 leader，因此它們就無法對資料庫進行任何寫入操作，也不能進行可線性化的讀取操作。不過，它們仍然可以從 follower 那邊讀取資料，只不過讀到的可能是已經過時的資料（不可線性化）。如果應用程式需要可線性化讀寫，然後資料中心又因為網路問題與 leader 失去連接的話，這樣就沒辦法滿足應用程式的需求了。

如果客戶端可以直接連接到 leader 資料中心，這就不成問題，因為應用程式仍然可以正常工作。但是，只能觸及 follower 資料中心的客戶端就需要等待，直到網路問題修復為止。

CAP 定理

這不僅僅是 single-leader replication 和 multi-leader replication 才有的問題：任何可線性化的資料庫都有這個問題，無論它是如何實作的。這個問題也不是多資料中心部署才會有，甚至在一個資料中心內部，只要網路不可靠，就有可能無法滿足可線性化的保證。以下是一些權衡[5]：

- 如果應用程式**需要**可線性化的支援，某些副本之間因為網路問題，使得一些副本在網路中斷期間無法處理請求：它們必須等到網路問題修復，或者傳回一個錯誤（不管怎樣，它們已經變得**不可用**）。

5　這兩種選擇有時分別稱為 CP（在網路分割開的情況下可以一致但卻不可用）和 AP（在網路分割開的情況下可用但卻不一致）。但是這個分類方式有一些缺陷 [9]，所以最好避免使用這種分類方式。

- 如果應用程式**不需要**可線性化的支援，那麼它可以用這種方式編寫，每個副本都可以獨立處理請求，即使它與其他副本的連接已經中斷（例如 multi-leader）。這種情況下，應用程式在面對網路出問題時仍然**保持可用**，只是行為沒辦法滿足可線性化的要求。

因此，不要求可線性化的應用程式對網路問題的容忍度會更好。這種見解通常被稱為 *CAP 定理* [29, 30, 31, 32]，由 Eric Brewer 在 2000 年提出，儘管分散式資料庫的設計者在 1970 年代就已經知道這種取捨 [33, 34, 35, 36]。

CAP 最初是作為經驗法則提出的，沒有精確的定義，目的引領開始討論資料庫的權衡之道。當時，許多分散式資料庫都專注於為共享儲存的機器叢集提供可線性化的語義 [18]，CAP 鼓勵資料庫工程師探索更廣泛的分散式無共享系統設計，因為這些系統更適合實現大規模 web 服務 [37]。這種文化轉變應該歸功於 CAP，它見證了 2000 年代中期以來新資料庫技術（為人所知的 NoSQL）的爆炸性增長。

CAP 定理無用論

CAP 有時可陳述為一致性（*Consistency*）、可用性（*Availability*）、分區容錯性（*Partition tolerance*）：系統只能同時滿足這 3 個中的其中 2 個。不幸的是，這種說法會產生誤導 [32]，因為網路分割是一種故障，所以它們不是可選擇的東西：無論喜不喜歡，它們都有可能發生 [38]。

當網路正常工作時，系統可以同時提供一致性（可線性化）和總體可用性。當網路發生故障時，就必須在可線性化或總體可用性之間做抉擇。因此 CAP 更恰當的描述應該是，當發生網路分割時，系統只能從一致性或可用性選擇一個 [39]。一個更可靠的網路需要減少這種抉擇發生的次數，但在某些時候，不可避免的還是會碰到需要做抉擇的時候。

在 CAP 的討論中，關於**可用性**有幾個矛盾的定義，而本身作為定理的形式 [30]，卻不符合定理通常的含義 [40]。許多所謂的「高可用性」（容錯）系統實際上並不符合 CAP 對可用性的特殊定義。總而言之，關於 CAP 有很多誤解和混淆的地方，反而搞得我們無法更好地理解系統，所以最好還是避免使用 CAP。

正式定義的 CAP 定理，範圍非常狹窄 [30]：它只考慮一種一致性模型（即可線性化）和一種故障（**網路分割** [6] 或是彼此斷開連接的活動節點）。它沒有考慮任何網路延遲、失效節點或其他需要權衡的狀況。因此，儘管 CAP 在歷史上具有影響力，但它在設計系統方面幾乎沒有實用價值 [9, 40]。

在分散式系統中有許多更有趣的結論 [41]，而 CAP 現在已經被更精確的結論所取代 [2, 42]，所以當今它的歷史意義大過實質意義。

可線性化和網路延遲

雖然可線性化是一個有用的保證，但令人驚訝的是，實際上很少系統是可線性化的。例如，現代多核心 CPU 上的記憶體就不是可線性化的 [43]：如果運行在一個 CPU 核心的某個執行緒對某個記憶體位址執行寫入，稍後另一個 CPU 核心上的執行緒馬上讀取相同的位址，並不能保證可以讀取到剛剛寫入的值，除非使用**記憶體屏障**（*memory barrier*）或 *fence* 指令才行 [44]。

產生這種行為的原因是每個 CPU 核心都有自己的記憶體快取和儲存緩衝區。預設情況下，記憶體存取會先進入快取，任何更改再以非同步的方式寫入主記憶體。由於存取快取中的資料要比存取主記憶體的速度快得多 [45]，因此這個特性對於現代 CPU 的性能至關重要。但是，現在資料有幾個副本（一個在主記憶體中，可能還有多個在不同的快取中），這些副本是非同步更新的，因此沒有辦法保證可線性化。

為什麼會有這種設計權衡呢？使用 CAP 定理來證明多核心記憶體一致性模型是沒有意義的：在電腦內部，我們通常假設通訊是可靠的，如果一個 CPU 核心與電腦的其他部分失去聯繫，我們本來就不會期望它還能夠繼續正常運行。放棄可線性化的原因是**性能**，而不是為了容錯。

許多不提供可線化保證的分散式資料庫也是如此：它們這樣做主要是為了提高性能，而不是為了提高容錯能力 [46]。可線性化會拖慢速度，這就是事實，而不只是在網路故障時才會拖慢速度。

6　正如第 279 頁「現實中的網路故障」所討論的，本書對分區（partitioning）這個用詞指的是有意地將一個大資料集分解成更小的資料集（*sharding*，見第 6 章）。相比之下，網路分割（network partition）是一種特殊類型的網路故障，我們通常不會將其與其他類型的故障分開考慮。但是，由於它是 CAP 中的 P，會有這種用詞的混淆也是沒辦法的事情。

難道我們不能找到一個更有效率的可線性化儲存的實作嗎？目前來講答案是否定的：Attiya 和 Welch 證明 [47]，如果你想要可線性化，讀寫請求的回應時間至少要與網路延遲的不確定性呈正比關係。在高度可變延遲的網路中，像大多數電腦網路一樣（參見第 281 頁「逾時和無限制的延遲」），可線性化讀寫的回應時間不可避免地會很高。不存在更快的可線性化演算法，但較弱的一致性模型可以更快，因此這種取捨對於延遲敏感的系統很重要。第 12 章會討論如何在不犧牲正確性的情況下又可以避免採用可線性化的一些方法。

順序保證

我們前面說過，一個可線性化的暫存器，它表現出來的行為就好像資料只有一個副本，而且每個操作似乎都會在某個時間點原子地生效。這個定義表示操作是按照某種定義良好的順序執行的。圖 9-4 描繪了這樣的循序執行。

順序在本書中是反覆出現的主題，這表示它可能是一個重要的基本概念。讓我們簡要回顧一下討論過去在其他上下文中遇到的排序：

- 在第 5 章，我們看到 single-leader replication 的 leader，它的主要用途是確定複製日誌中的**寫入操作順序**，也就是 followers 實施這些寫入操作的順序。如果不是單一個 leader，衝突可能就會因為並發操作而發生（參見第 171 頁「處理寫入衝突」）。

- 在第 7 章討論過可序列化，它是關於確保交易按照某種順序執行的方式。這可以通過按字面循序執行交易來實現，也可以允許並發執行但同時具備防止序列化衝突的措施（透過加鎖定或中止）。

- 第 8 章討論的分散式系統中，時間戳記和時鐘的使用是另一種試圖在無序的世界中引入順序的做法（參見第 291 頁「仰賴同步時鐘」），例如確定兩次寫入發生的先後順序。

結果表明，排序、可線性化和共識之間存在著深刻的聯繫。雖然這個概念比本書的其他部分更加理論和抽象，但它對於我們理解系統能做什麼和不能做什麼非常有幫助。我們將在接下來的幾節中探討這個主題。

順序和因果關係

有幾個原因可以解釋為什麼排序會不斷出現，其中一個原因就是它有助於保持因果關係。在本書，我們已經看到了幾個因果關係的例子：

- 第 166 頁「一致性前綴讀取」（圖 5-5）中有個例子，對話的觀察者首先看到問題的答案，然後才看到問題本身。這令人困惑，因為它違背了我們對因果關係的直覺：如果一個問題得到了回答，那麼顯然應該是問題在先而答案在後，因為給答案的人一定是先看到了問題才對（假設他們沒有心電感應，也無法預知未來）。我們說問題和答案之間必然存在**因果關係**。

- 圖 5-9 出現了類似的模式，三個 leaders 之間的複製受到網路延遲的影響，一些寫入操作可能會「超車」其他寫入操作。從其中一個副本的角度來看，似乎對不存在的資料列做了更新。這裡的因果關係應該是，必須先有列被建立出來，然後才能更新它。

- 在第 185 頁「檢測並發寫入」，我們觀察到兩個操作 A 和 B，會出現三種可能：要麼 A 在 B 之前發生，要麼 B 在 A 之前發生，或者 A 和 B 並發。這個 *happened before* 的關係是因果的另一種表達方式：如果 A 發生在 B 之前，這表示 B 可能知道 A，或建立在 A 之上，或依賴於 A。如果 A 和 B 是並發的，它們之間就沒有因果關係；換句話說，我們確信雙方都不知道彼此。

- 在交易的快照隔離上下文中（第 237 頁「快照隔離和可重複讀取」），我們說交易從一致的快照進行讀取。但在這裡，「一致」是什麼意思呢？它表示**在因果關係上一致**：如果快照包含一個答案，那麼它也必須包含有相應的問題才對 [48]。這樣才可以確保在某個時間點所觀察到的整個資料庫是符合因果關係的：在這個時間點之前發生的所有操作的效果都是可見的，但在之後發生的操作則不可見。讀取偏斜（如圖 7-6 所示的不可重複讀取）意味著在違反因果關係的情況下讀到了錯誤的資料。

- 我們在交易之間發生寫入偏斜的例子也展示了因果關係（參見第 246 頁「寫入偏斜和幻讀」）：在圖 7-8 中，Alice 被允許退出值班，因為交易認為 Bob 仍在值班中，反之亦然。在這種情況下，退出值班這個行動，在因果上是取決於對目前值班人數的觀察。可序列化快照隔離（參見第 261 頁「可序列化的快照隔離」）透過跟蹤交易之間的因果依賴關係來檢測寫入偏斜。

- Alice 和 Bob 看球賽的例子（圖 9-1），Bob 在聽到 Alice 驚呼出球賽比分後，他從伺服器卻還是拿到舊的比分結果，這也是違反了因果關係：Alice 會驚呼，在因果上當然是分數已經被宣布出來了，所以照理說 Bob 應該在此時也是要能夠看到終賽的比分才對。同樣的模式在第 329 頁「跨通道的時序依賴」又出現了，這個例子是圖片 resizing 服務的問題。

因果關係給事件施加了某種順序：前因而後果；訊息先發而後有收；問題先問而後有答。就像現實生活一樣，事情是一件接著一件的：節點讀取一些資料，然後寫入一些結果；另一個節點讀取寫入的資料，然後再依次寫入新的資料，如此一般。這些因果上相依的操作鏈，定義了系統中的因果順序，也就是什麼東西在什麼之前發生。

如果一個系統遵守因果關係所規定的次序，我們就說它是**因果一致的**。例如，快照隔離提供了因果一致性：當你從資料庫讀取資料時，看到了某些資料，那麼你也一定能夠看到因果順序在它之前的任何資料（假設期間資料沒被刪除）。

因果順序並非全序關係

全序關係（*total order*）允許任意兩個元素進行某種比較，所以如果你有兩個元素，你總是可以知道誰大誰小。例如，自然數是完全有序的：如果給定任意兩個數字，比如 5 和 13，你很容易就可以告訴我 13 大於 5。

然而，數學集合就不是完全有序的：{a, b} 跟 {b, c} 誰比較大呢？它們不能比較，因為它們都不是彼此的子集。我們說它們是**不可比較的**，意思是數學集合是**偏序的**（*partially ordered*）：在某些情況下，一個集合大於另一個集合，是可以比較的（如果一個集合包含另一個集合的所有元素）；但在其他情況，它們是不可比較的。

全序關係和偏序關係的差異也反映在不同的資料庫一致性模型中：

可線性化（*Linearizability*）

在一個可線性化的系統中，存在操作的**全序關係**：如果系統表現得好像只有一個資料副本，而且每個操作都是原子操作，這表示對於任何兩個操作，我們總是可以知道哪一個先發生。這個全序關係表現如圖 9-4 中的時間軸。

因果關係（*Causality*）

我們說過，如果兩個操作並不要求發生先後，這兩個操作就是並發的（參見第 187 頁「happens-before 和並發性」）。換句話說，如果兩個事件是因果相關的話（一個先於另一個發生），它們的關係就是有序的，但如果它們是並發的，那麼它們就是不可比較的。這意味著因果關係所定義的是**偏序**關係，而不是全序關係：一些操作有著相對於其他操作的順序，但有些操作是不可比較的。

因此，根據這個定義，在可線性化的資料儲存中不存在並發操作：因為必須存在一條時間軸，所有沿著這條時間軸的操作彼此具有全序關係。可能有幾個請求等待被處理，資料儲存會保證每個請求都在某個時間點被原子地處理，沿著單條時間軸對資料的單一副本執行操作，其中並無任何並發。

並發意味著時間軸會出現分支和再合併。在這種情況下，不同分支上的操作是不可比較的（即並發）。第 5 章看過這種現象：例如，圖 5-14 並不是一條直線式的全序，而是一堆同時進行的不同操作。圖中的箭頭表示的是因果關係，也就是操作的偏序關係。

如果你熟悉諸如 Git 之類的分散式版本控制系統，那麼它們的版本歷史非常類似於因果關係圖。通常，一個提交會在一條直線上一個個接連發生，但有時你也會碰到分支（當幾個人同時在一個專案上工作時），當遇到多個並發的提交時就需要進行合併。

可線性化要強於因果一致性

那麼因果順序和可線性化之間的關係是什麼呢？答案是可線性化**暗示**著總是有因果關係：任何可線性化的系統都會正確地保持因果關係 [7]。特別是，如果系統中有多個通訊通道（如圖 9-5 中的訊息佇列和檔案儲存服務），可線性化可以確保因果關係都被自動保留下來，而不需要系統做甚麼特殊的操作（例如在不同元件之間傳遞時間戳記）。

可線性化能夠保證因果關係的事實，使可線性化系統更容易理解也比較吸引人。然而，正如第 333 頁「可線性化的代價」所討論的，使一個系統可線性化可能會損害它的性能和可用性，特別是當系統有顯著的網路延遲時（例如肇因於地理上的分佈）。也因為這樣，一些分散式資料系統已經放棄了可線性化，用以換取更好的性能，但此舉也使它們的系統可能會比較難上手。

好消息是，中間立場是可能的，可線性化並不是保持因果關係的唯一方法，還有其他方法存在。一個系統可以是因果一致的，而又不會因可線性化的影響帶來性能損失（CAP

定理不適用）。事實上，如果要系統不會因為網路延遲而變慢，而且在網路故障時仍然能夠保持可用的話 [2, 42]，那麼因果一致性是最可行的一致性模型。

許多情況下，看起來需要可線性化的系統，實際上只需要因果一致性即可，後者的實作可以更加高效。基於這一觀察，研究人員正在探索可以保持因果關係的新資料庫類型，而且性能和可用性都可以媲美那些最終一致的系統 [49, 50, 51]。

由於這項研究也才剛開始發展不久，因此真正投入生產系統的也不多，而且現實仍然存在一些需要克服的挑戰 [52, 53]。然而，對於未來的系統來說，這是一個很有前途的方向。

擷取因果依賴關係

我們不會在這裡討論不可線性化的系統要如何保持因果一致性的所有細節，而只是簡單地探討一些關鍵想法。

為了保持因果關係，不免需要知道哪個操作*發生在哪個操作之前*。這是偏序關係：並發操作能以任何順序被處理，但是倘若一個操作在另一個操作之前發生，那麼在每個副本上它們就必須按同樣的順序被處理。因此，當一個副本處理一個操作時，它必須確保之前的所有因果操作（之前發生的所有操作）都處理完畢了；如果前面的操作還有遺漏，後面的操作就必須等待，直到前面的操作完成才行。

為了確定因果關係，我們需要某種方式來描述系統中對某個節點的「知識」。如果一個節點在發出寫入 Y 時已經看到了 X 值，那麼 X 和 Y 可能是因果相關的。這種分析是欺詐指控刑事調查中常見的提問法：CEO 在做出決定 Y 當下是否已經*知道事情* X？

確定操作發生先後順序的技術類似於第 185 頁「檢測並發寫入」討論的作法。當時討論的是 leaderless datastore 中的因果關係，需要檢測對同一鍵的並發寫入操作，以防止更新丟失。因果一致性則會更進一步：它需要跟蹤整個資料庫的因果依賴關係，而不僅僅是對單個鍵。版本向量可以推廣成處理這個問題的通用方案 [54]。

為了確定因果順序，資料庫需要知道應用程式讀取了哪個版本的資料。這就是為什麼在圖 5-13 中，會在寫入時將先前操作的版本號傳回資料庫。SSI 的衝突檢測也有類似的想法，如第 261 頁「可序列化的快照隔離（SSI）」中所討論的：當交易想要提交時，資料庫會檢查它所讀取資料的版本是否是最新的。為此，資料庫會持續跟蹤哪個交易讀取了哪些資料。

序號排序

雖然因果關係是一個重要的理論概念，但實際上要跟蹤所有的因果關係是不現實的。在許多應用程式中，客戶端在寫入資料之前讀取了大量資料，因此不清楚寫入在因果關係上是依賴於之前的全部或部分讀取。明確地跟蹤已讀取的所有資料也表示著將伴隨巨大的開銷。

但是，有一種更好的方法：可以使用**序號**（*sequence numbers*）或**時間戳記**（*timestamps*）來對事件進行排序。時間戳記不一定來自於生活時鐘（或者物理時鐘，第 287 頁「不可靠的時鐘」討論了關於它的很多問題）。序號可以來自**邏輯時鐘**（*logical clock*），邏輯時鐘是一種產生一系列數字以用來識別操作的演算法，通常是使用遞增型計數器。

這種序號或時間戳記是緊湊的（大小只有幾個 bytes），而且它們提供了**全序**：也就是說，每個操作都會有一個唯一的序號，你總是可以比較兩個序號來確定哪個更大（即操作發生在後）。

具體來說，我們可以創建符合因果關係的全序序號[7]：我們承諾，如果操作 A 在因果上發生於 B 之前，那麼 A 在全序上必然也是在 B 之前（A 的序號小於 B 的）。並發操作可以任意排序。這樣的全序規則能夠擷取出所有的因果關係資訊，但也強加了比因果關係更加嚴格的順序。

在具有 single-leader replication 的資料庫中（請參閱第 152 頁「領導者和追隨者」），複製日誌定義了與因果關係一致的寫入操作的全序關係。Leader 可以簡單地為每個操作遞增某個計數器，從而在複製日誌中為每個操作分配一個單調遞增的序號。如果 follower 按照寫入在複製日誌中出現的順序實施寫入，那麼 follower 的狀態就總是因果一致的（即使它落後於 leader）。

非因果型序號產生器

如果系統沒有 single-leader（可能使用 multi-leader 或 leaderless 資料庫，或因為資料庫是分區的），那麼如何為操作產生序號就不是那麼顯而易見了。實際上會採用的幾種方法有：

7　要建立出一個與因果關係不一致的全序關係並不難，但問題在於用處不大。例如，可以為每個操作產生一個隨機的 UUID，並按字典順序比較 UUID 來定義操作的全序關係。這樣的關係是全序的沒錯，但是隨機的 UUID 沒有辦法區分出操作發生的次序，或是哪些操作是並發的。

- 每個節點可以產生屬於自己的獨立序號集。例如有兩個節點，一個節點只能產生奇數，另一個節點只能產生偶數。通常，也可以在序號的二進位表示中保留一些位元，用來擺放可以辨識節點的唯一識別符，這樣可以確保兩個不同的節點永遠不會產生相同的序號。

- 可以將生活時鐘（物理時鐘）產生的時間戳記附加到每個操作上 [55]。這些時間戳記雖然沒辦法嚴格循序，但是如果它們有足夠高的解析度，還是可能足以用來對操作進行全序排序。在 last write wins 衝突解決方法中也使用了類似方法（參見第 291 頁「事件排序的時間戳記」）。

- 可以預先分配一段序號區間。例如，節點 A 可能宣告使用 1~1,000 的序號區間，節點 B 可能宣告使用 1,001~2,000 這段區間。然後每個節點可以獨立地利用它的區間來分配序號，並在序號供應不足時再取得一段新的序號分配區間。

這三個選項的性能都會比透過遞增計數器的 single-leader 來進行所有操作更好，擴展性也更強。它們為每個操作產生一個唯一的、近似遞增的序號。然而，它們也都存在一個問題：它們產生的序號**沒有辦法和因果關係一致**。

會出現因果關係的問題，是因為這些序號產生器無法正確地擷取出跨節點的操作順序：

- 每個節點每秒能處理的操作數量不盡相同。因此，倘若一個節點產生偶數序號、另一個節點產生奇數序號，可能會因為產生速度不一樣而發生偶數計數器落後奇數計數器的情況，反之亦然。現在若有一個奇數操作和一個偶數操作，其實也無法準確地判斷哪個操作才是先發生的。

- 物理時鐘給出的時間戳記很容易受到 clock skew 的影響，這可能也會讓時間戳記與因果關係不一致。例如圖 8-3 顯示了一個場景，因果上在後面發生的操作實際上被分配到了較小的時間戳記 [8]。

- 如果使用序號區段分配器，一個操作可能會被賦予一個介於 1,001~2,000 的某個序號，一個因果上在後面發生的操作可能會被賦予一個介於 1~1,000 的序號。這裡再一次，序號又跟因果關係不一致了。

8　讓物理時鐘的時間戳記與因果關係一致是有可能的：第 294 頁「全域快照的同步時鐘」討論到 Google 的 Spanner，它可以估算出預期的 clock skew，並在提交寫入之前先等待以避開這段不確定的時間偏差。這個方法可確保稍後的交易能取得更大的時間戳記。然而，大多數時鐘其實沒有辦法提供所需的不確定性度量。

Lamport 時間戳記

雖然上述三個序號產生器與因果關係不一致，但實際上有一種簡單的方法可以產生與因果關係一致的序號。它稱為 Lamport 時間戳記（*Lamport timestamp*），是由 Leslie Lamport 在 1978 年所提出 [56]，現在是分散式系統領域被引用最多的論文之一。

圖 9-8 展示了 Lamport 時間戳記的使用方式。每個節點都有唯一的 ID，並且每個節點都有自己的計數器，用來記錄它所處理過的操作數量。Lamport 時間戳記就是 (*counter, node ID*) 這樣的一對戳記。兩個節點有時可能具有相同的計數值，但是透過在時間戳記中加入節點 ID，可以確保每個時間戳記都是唯一的。

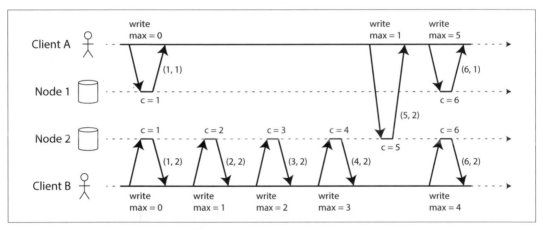

圖 9-8　Lamport 時間戳記提供了與因果關係一致的全序關係。

Lamport 時間戳記與生活時鐘兩者並無關係，但是它可以保證全序：如果你有兩個時間戳記，計數值較大的時間戳記則較大；如果計數值相同，那麼節點 ID 越大的時間戳記越大。

到目前為止，這種描述基本上與上一節描述的偶數 / 奇數計數器相同。Lamport 時間戳記的關鍵概念是使其與因果關係保持一致，它是這樣的：每個節點和每個客戶端都跟蹤目前為止看到的**最大**計數值，並在每個請求中附加這個最大計數值。當一個節點接收到一個請求或回應，若最大計數值大於它自己的計數值，它會立即將它自己的計數器提高至那個最大計數值。

如圖 9-8 所示，Client A 從 Node 2 接收到的計數值是 5，然後將最大計數值 5 發送給 Node 1。此時，Node 1 的計數器的值為 1，但它會立即增加到 5，因此下一個操作的計數值增加到 6。

只要每個操作都帶有最大的計數值，該方案就可以確保 Lamport 時間戳記的順序與因果關係一致，因為每個因果上的依賴都會讓時間戳記的增加。

Lamport 時間戳記有時會跟版本向量混淆，第 185 頁「檢測並發寫入」已介紹過版本向量。儘管它們有一些相似之處，但用途卻不一樣：版本向量可以區分出兩個操作是並發的，還是一個操作是直接依賴於另一個操作，而 Lamport 時間戳記總是強制的全序關係。從 Lamport 時間戳記的全序中，無法判斷兩個操作是並發的還是因果依賴的。相對於版本向量，Lamport 時間戳記的優點是它們更緊湊。

時間戳記排序並不充分

儘管 Lamport 時間戳記定義了與因果關係一致的操作全序關係，但它們並不足以解決分散式系統中許多常見的問題。

例如，考慮一個需要確保 username 能夠唯一標識使用者帳號的系統。如果兩個使用者同時嘗試建立相同 username 的帳號，那麼其中一個應該成功，而另一個應該要失敗。（之前在第 301 頁「領導者節點與鎖」有提過這個問題。）

乍看之下，好像全序操作（例如使用 Lamport 時間戳記）應該足以解決這個問題：如果兩個帳號都以同樣的 username 來創建，選擇較低時間戳記作為獲勝者（先取得 username 的人），而讓更大時間戳記的請求得到失敗。由於時間戳記是全序的，所以這樣的比較總是有效的。

要用這種方法在事後確定獲勝者的話，是基於這樣的事實：一旦在系統中收集了所有 username 的創建操作，就可以比較它們的時間戳記。但是，當節點剛剛收到使用者創建 username 的請求時，又必須要立即決定請求是成功還是失敗的話，這種方法是不夠的。因為此時，節點不知道是否還有另一個節點同時也在創建具有相同 username 的帳號，也不知道其他節點可能為該操作分配了什麼樣的時間戳記。

為了確保沒有其他節點正在同時創建具有相同 username 和較低時間戳記的帳號，你必須對每個節點進行檢查，以找出每個節點所產生的時間戳記有哪些 [56]。如果其他節點中有一個出現故障或由於網路問題無法觸及，那麼系統就會逐漸停止運行。這不是我們需要的那種容錯系統。

這裡的問題是，操作的全序排序只有在收集了所有操作之後才會浮現。如果另一個節點產生了一些操作，但是你還不知道它們是什麼的話，那麼就無法建構出操作順序最終的樣子：可能需要將來自某個節點的未知操作插入到整個順序中的某個位置。

總而言之，為了實現 username 唯一性約束這類的東西，僅有操作的全序關係是不夠的，你還需要知道這個順序什麼時候才能確定下來。如果你有一個創建 username 的操作，並且在全序關係下，確定沒有其他節點可以在你的操作之前插入對同一個 username 的申請的話，那麼你就可以安全地宣告操作成功。

在全序廣播（*total order broadcast*）這個主題中會說明全序的順序在何時能確認下來。

全序廣播

如果你的程式只在一個 CPU 核心上運行，那麼就很容易定義操作的全序關係：就是 CPU 執行操作的順序。然而，在一個分散式系統中，讓所有節點都同意相同的操作順序就難了。上一節我們討論了按時間戳記或序號排序的問題，但發現還不如使用 single-leader replication 就好（如果使用時間戳記排序來實現唯一性約束，就會犧牲容錯性，因為你必須從每個節點獲取最新的序號才行）。

如前所述，single-leader replication 透過選擇一個節點作為 leader，然後在其上對單個 CPU 核心上的所有操作進行排序，這樣就可以確定操作的全序關係。接下來會有個挑戰，如果單個 leader 能處理的吞吐量已經不能應付需求，那麼系統應該如何擴展；還有，倘若 leader 失敗，又要如何處理容錯移轉（參見第 156 頁的「處理節點失效」）。在分散式系統的文獻中，這個問題稱為**全序廣播**或**原子廣播**（*atomic broadcast*）[25, 57, 58][9]。

 順序保證的範圍

每個分區有一個 leader 的分區資料庫通常只會對個別分區維護排序，這意味著它們不能提供跨分區的一致性保證（例如，一致性快照、外鍵引用）。跨分區的全序關係是可以做到的，只是需要額外的協調工作來達到目的 [59]。

---

9 原子廣播這個詞是傳統說法，但卻容易引起混淆，因為有其他也採用 *atomic* 這個單字的詞彙：它與 ACID 交易原子性沒有關係，只是跟原子操作（在多執行緒程式設計下）或原子暫存器（可線性化的儲存）有點間接關係。術語全序組播（*total order multicast*）是另一個同義詞。

全序廣播通常被描述為在節點之間交換訊息的協定。非正式地說，它要求始終滿足兩個安全屬性：

可靠的傳遞

不會遺失任何訊息：如果訊息可以傳遞到一個節點，那麼它就將被傳遞到所有節點。

完全有序傳遞

訊息總是以相同的順序傳遞到每個節點。

正確的全序廣播演算法必須保證在節點或網路出現故障時，總是能滿足其可靠性和排序的屬性。當然，當網路被中斷時，訊息一定傳不出去，但是演算法可以繼續重試，好讓網路恢復正常時可以再次成功發送訊息（然後仍按照正確的順序傳遞）。

使用全序廣播

像 ZooKeeper 和 etcd 這樣的共識服務實際上就實作了全序廣播。這也暗示了全序廣播和共識之間有很強的聯繫，本章後面將會探討到這一點。

全序廣播正是資料庫複製所需要的：如果每個訊息都代表對資料庫的一次寫入操作，而且每個副本都以相同順序處理這些寫入操作的話，那麼這些副本之間將可以保持一致（除了暫時的複製延遲）。這個原理被稱為狀態機複製（*state machine replication*）[60]，我們將會在第 11 章回到它。

同樣，全序廣播可以用來實現可序列化的交易：如第 252 頁「實際循序執行」所述，如果每條訊息代表一個用預存程序來執行的確定性交易，且每個節點都遵循相同的順序來處理這些訊息，那麼資料庫的分區和副本就可以彼此保持一致 [61]。

全序廣播有個重要的方面是，訊息被傳遞的順序是固定的：如果後續訊息已經傳遞，就不允許節點將訊息插入到順序上較早的位置。這一事實使得全序廣播比時間戳記排序更強。

另一種看待全序廣播的角度是，它是創建日誌（*log*）的一種方法（在複製日誌、交易日誌或預寫日誌）：傳遞訊息就像是追加操作到日誌中。由於所有節點必須以相同的順序傳遞相同的訊息，所以所有節點都可以讀取日誌並看到相同的訊息序列。

全序廣播對於實作提供 fencing token 的鎖服務也很有用（請參閱第 302 頁「Fencing 令牌」）。每個想要取得鎖的請求都作為訊息追加到日誌中，並且所有訊息都按照它們在日誌中出現的順序進行編號。然後直接用序號當作 fencing token，因為它是單調遞增的。在 ZooKeeper 中，這個序號稱為 zxid [15]。

使用全序廣播實作可線性化的儲存

如圖 9-4 所示，在一個可線性化的系統中，操作有全序關係。這是否意味著可線性化跟全序廣播是一樣的呢？不完全是，但兩者之間有密切的聯繫 [10]。

全序廣播是非同步的：保證以固定的順序可靠地傳遞訊息，但不保證訊息**何時**會被傳遞出去（因此某個接收方可能落後其他接收方）。相反，可線性化是一種近新保證：保證讀取可以看到最新寫入的值。

但是，如果你有全序廣播，就可以在其上建構可線性化儲存。例如，確保 username 可以唯一地標識使用者帳號。

想像一下，對於每個可能的 username，你都可以使用一個具有 atomic compare-and-set 操作的可線性化暫存器。每個暫存器的初值都是 null（表示 username 還未被使用）。當使用者希望創建 username 時，你可以對該 username 的註冊表執行 compare-and-set 操作，將其設置為使用者帳號 ID，條件是在註冊表中該值先前為 null。如果多個使用者嘗試同時註冊相同的 username，將只有一個 compare-and-set 操作會成功，因為其他操作看到的值不會是 null（由於可線性化的關係）。

透過使用全序廣播作為只接受追加的日誌，可以實作出這樣一種可線性化的 compare-and-set 操作 [62, 63]：

1. 往日誌追加一條訊息，試探性地指名想要的 username。

2. 讀取日誌，等待剛剛追加的訊息回傳結果給你 [11]。

---

10 在正式意義上，可線性化的讀寫暫存器是一個「更容易」的問題。全序廣播相當於共識 [67]，它在非同步的崩潰即停止模型中沒有確定性的解決方案 [68]，而可線性化的讀寫暫存器可以在同一系統模型中被實作出來 [23, 24, 25]。但是，在暫存器中支援 compare-and-set 或 increment-and-get 等原子操作，使得它等同於共識 [28]。因此，一致性問題和可線性化的暫存器是密切相關的。

11 如果不等待，而是在它進入佇列後立即確認寫入操作成功，將得到類似於多核心 x86 處理器的記憶體一致性模型 [43]。這個模型既不是可線性化的，也沒有辦法提供順序一致性的保證。

3. 檢查是否有訊息宣稱你想要的 username 已被使用。如果第一條回覆是你自己的訊息，那麼就表示成功取得該 username 了：你可以提交 username 的認用聲明（或許可透過再追加一條訊息到日誌）並向客戶端確認。如果所需 username 的第一條回覆訊息是來自另一個使用者，則中止操作。

因為日誌條目會以相同的順序傳遞給所有節點，所以如果有多個並發寫入，所有節點將會就哪一個先寫入達成一致。當發生衝突時，選擇先寫者為贏家，並中止後進的寫入，可以確保所有節點都同意對一個寫入的提交還是中止操作。可以使用類似的方法基於日誌來實作可序列化的多物件交易 [62]。

雖然這個程序能夠確保可線性化的寫入操作，但卻不能保證可線性化的讀取操作。如果你從非同步更新日誌的儲存中讀取資料，那麼資料可能是已經過時的。更確切地說，這裡描述的程序提供的只是*順序一致性*（*sequential consistency*）[47, 64]，有時也稱為時間軸一致性（*timeline consistency*）[65, 66]，它是比線性化稍微弱一點的保證。要使讀取為可線性化，有幾個方向：

- 當訊息得到回覆後，你可以透過追加一條訊息、讀取日誌，然後再執行真正的讀取，藉此來安排循序讀取。訊息在日誌中的位置同時也定義出了讀取所發生的時間點。（etcd 工作時的 quorum reads 也與此類似 [16]。）

- 如果日誌可以讓你用一種可線性化的方式獲取最新日誌訊息的位置，那麼可以先查詢該位置，等到該位置已經確認追上來，然後再執行真正的讀取。（這是 ZooKeeper 的 sync() 操作背後的思路 [15]。）

- 你可以從同步寫入更新的副本來進行讀取，因此資料就可以保證是最新的。（該技術用於鏈式複製 [63]；參見第 155 頁「對複製問題的研究」。）

使用可線性化儲存實現全序廣播

上一節展示如何從全序廣播建構一個可線性化的 compare-and-set 操作。我們還可以反過來，假設我們有可線性化的儲存，並展示如何利用它來建構全序廣播。

最簡單的方法是假設有一個可線性化的暫存器，它儲存一個透過 atomic increment-and-get 來操作的整數 [28]。或者，也可以用 atomic compare-and-set 操作來完成這項工作。

演算法很簡單：對於希望通過全序廣播發送的每個訊息，遞增並獲得這個在暫存器中可線性化的整數，然後將值作為序號附加到訊息上。接著將訊息發送到所有節點（若訊息丟失則重新發送），接收方也將按序號依序回覆訊息。

注意，與 Lamport 時間戳記不同，通過遞增的可線性化暫存器所得到的數字是一個沒有間隙的序列。因此，如果一個節點已經回覆了訊息 4，並且收到了序號 6 的傳入訊息，那麼它就會知道必須等待訊息 5 完成回覆才能回覆訊息 6。Lamport 時間戳記的情況與此不同。實際上，這是全序廣播和時間戳記順序之間的關鍵區別。

用 atomic increment-and-get 操作來製作一個可線性化的整數有多難呢？通常，如果不存在失敗，事情就容易多了：只需將它保存在節點中的一個變數。問題在於節點網路中斷時要怎麼處理，該節點從故障中恢復時要如何將值做復原 [59]。一般來說，在你苦思如何設計可線性化的序號產生器之後，往往不可避免地還是會推論出一個共識演算法。

這並非巧合：一個可線性化的 compare-and-set（或 increment-and-get）暫存器和全序廣播都跟共識問題有等價關係，這是可以證明的 [28, 67]。也就是說，如果你可以解決其中一個問題，就可以將其轉換為其他問題的解決方案。這是一個相當深刻和令人驚訝的見解！

現在是時候面對共識問題了，本章的其餘部分會對它進行一番討論。

分散式交易和共識

共識是分散式運算中最重要和最基本的問題之一。表面上看起來事情似乎很簡單：非正式地說，目標就只是讓幾個節點就某件事達成一致。你可能認為這應該不會太難。不幸的是，許多系統會壞掉恰恰是敗在錯誤的觀念，他們認為這個問題很容易解決。

共識問題非常重要，本書將它放在本章最後才拿出來討論，是因為這個主題不容易說明，需要先講完一些先備知識才行。即使在學術領域，對共識的理解也是在最近一、二十年才逐漸明朗，中間也曾經出現過許多誤解。現在我們已經討論了複製（第 5 章）、交易（第 7 章）、系統模型（第 8 章）、可線性化和全序廣播（本章），我們終於準備好處理共識問題了。

在許多情況下，讓節點能夠達成一致是很重要的。例如：

領導者選舉

在具有 single-leader replication 的資料庫中，所有節點需要就哪一個節點是 leader 達成一致。如果某些節點由於網路故障而無法與其他節點通訊，就可能發生領導權競奪的情況。對於這種情況，共識對於避免糟糕的 failover 非常重要，錯誤的 failover 會導致兩個節點都認為自己是 leader 的腦分裂狀況（參見 156 頁的「處理節點失效」）。如果存在兩個 leaders，它們都接受寫入操作，資料就會出現分歧，最終導致資料不一致和丟失。

原子提交

在支援跨節點或跨分區交易的資料庫中，會遇到這樣的問題：交易可能在某些節點上失敗，但在其他節點上成功。如果想維護交易的原子性（符合 ACID 的定義；參見第 224 頁「原子性」），就必須讓所有節點對交易的結果達成一致：要麼它們全部中止／回滾（如果有出錯），要麼它們全部提交成功（如果沒有出錯）。這種共識的例子稱為原子提交問題[12]。

不可能達成共識？

你可能聽說過以 Fischer、Lynch 和 Paterson 三位作者命名的 FLP 結論 [68]，該結論已證明，如果存在節點崩潰的風險，就不可能存在一種演算法可以保證一定達成共識。在一個分散式系統中，我們必須假設節點可能會崩潰，所以可靠的共識是不可能的實現的。然而，我們在這裡討論的演算法又是為了達成共識。這是怎麼回事？

答案是，FLP 結論是基於非同步系統模型的一種證明（參見第 306 頁「系統模型與現實」），這是一個非常嚴格的模型，它假設一個確定性演算法不能使用任何時鐘或逾時機制。如果允許演算法使用逾時或其他方法來識別可疑的崩潰節點（懷疑有時也會誤判），那麼共識問題是可以解決的 [67]。即使只是允許演算法使用亂數來識別失效節點，也足以繞過 FLP 結論 [69]。

因此，雖然 FLP 結論在理論上有重要意義，但在實際中的分散式系統通常是可以達成共識的。

---

12 原子提交的形式化定義與共識略有不同：原子交易只有在所有參與者投票都提交時才能提交交易，如果有任何參與者中止，那就交易也必須中止。共識則不一樣，任何參與者提出的值都可以透過表決來決定最後的值。然而，原子提交和共識彼此是可以簡化成另一個的 [70, 71]。非阻塞的原子提交比共識更難，請參見第 357 頁「三階段提交」。

本節將首先詳細地研究原子提交問題。具體來說，我們將討論兩階段提交（*two-phase commit*, 2PC）演算法，這是實作原子提交最常見的方法，在各種資料庫、訊息傳遞系統和應用程式伺服器中使用。實際上，2PC 正是一種共識演算法，只是並非最優秀的那個 [70, 71]。

透過對 2PC 的認識，我們將討論更好的共識演算法，比如在 ZooKeeper（Zab）和 etcd（Raft）中使用到的演算法。

原子提交和兩階段提交（2PC）

第 7 章已提過交易原子性的目的是，在進行多次寫入的操作過程出錯時，為其提供簡單的語義。交易的結果要麼是成功提交（*commit*；交易的所有寫入操作都是持久的），要麼是中止（*abort*；交易的所有寫入操作都回滾，例如撤銷或丟棄）。

原子性可以防止失敗的交易將未完成的結果或更新狀態寫入資料庫。這對於多物件交易（參見第 228 頁「單物件和多物件操作」）和維護次索引的資料庫尤其重要。每個次索引都是與主索引不同的資料結構，因此，如果對某些資料進行修改，也會涉及到次索引的相應更改。原子性確保次索引與主資料能夠保持一致（如果索引與主資料不一致，那麼它就沒有多大用處了）。

從單節點到分散式原子提交

對於在單個資料庫節點上執行的交易，原子性通常是由儲存引擎的實作來支援。當客戶端向資料庫節點提交交易時，資料庫負責持久化交易的寫入（通常在預寫日誌中；請參閱第 82 頁「讓 B-trees 變可靠」），將提交記錄追加到磁碟上的日誌。如果資料庫在此過程中發生崩潰，交易可以在節點重啟時從日誌中恢復：如果提交記錄在崩潰前已成功寫入磁碟，則認為交易已成功提交；如果還沒有，那麼該交易中的任何寫入操作都將進行回滾。

因此，在單個節點上，交易是否成功提交的關鍵取決於資料寫入磁碟的順序：先寫入資料，然後是提交記錄 [72]。決定交易是成功提交還是中止的關鍵點是磁碟完成寫入提交記錄的那一刻：在那一刻之前，仍然可能發生中止（由於崩潰），但在那一刻之後，交易就被視為成功提交了（即使資料庫崩潰）。因此，這裡的原子提交所涉及到的只是單個設備（掛在某節點上的某個磁碟控制器）。

但是，如果一個交易涉及多個節點怎麼辦？例如，可能在分區資料庫中有一個多物件交易，或者有一個基於詞條分區（term-partitioned）的次索引（其中索引條目和主資料可能各自儲存在不同的節點；請參閱第 206 頁「分區和次索引」）。大多數「NoSQL」分散式資料儲存並不支援這樣的分散式交易，但是在多種叢集關聯式系統中則對此有普遍的支援（參見第 358 頁「實際的分散式交易」）。

在這些情況，只是向所有節點發送提交請求，進而在每個節點上獨立完成交易提交是不夠的。這樣做很容易導致提交在某些節點上成功而在其他節點上失敗，這就會違反原子性保證：

- 某些節點可能會檢測到違反約束或衝突而後中止，而其他節點卻提交成功了。

- 某些提交請求可能因為網路而丟失，最終逾時而後中止，而其他提交請求則順利傳達。

- 某些節點可能在提交記錄完全寫入之前發生崩潰，然後於恢復時進行回滾，而其他節點則是提交成功了。

如果某些節點提交了交易，而某些節點卻中止了交易，那麼這些節點之間就會產生不一致（如圖 7-3 所示）。交易一旦在某個節點上提交，後來發現交易在另一個節點上卻是中止的話，成功提交的交易也沒有辦法再撤回。因此，只有當節點確定交易所涉及的所有節點也會提交時，該節點也才會提交。

交易提交一定是不可撤銷的，交易在提交後要再改變主意並回溯來中止交易是不被允許的。這一規則的原因是，一旦資料被提交，它就對其他交易為可見，因此其他客戶端可能已經開始依賴該資料了；這一原則構成了 *read-committed* 隔離的基礎，在第 234 頁「讀已提交」中進行過討論。如果交易在提交後又可以中止，那麼任何讀取已提交資料的交易就會基於之前聲明不存在的資料，因此它們也必須進行回復才行。

（一個已提交交易的影響有可能稍後被另一個**補償性交易**所撤銷 [73, 74]。但是，從資料庫的角度來看，這是一個獨立的交易，因此任何跨交易正確性的要求都應該由應用程式來滿足。）

兩階段提交

兩階段提交是一種演算法，用於實現跨節點的原子交易提交，確保所有節點要麼全都成功提交、要麼全都中止。它是分散式資料庫中的經典演算法之一 [13, 35, 75]。某些資料庫內部使用 2PC，或者也會以 *XA 交易* [76, 77]（例如，由 Java 交易 API 支援）或是透過 SOAP web 服務 WS-AtomicTransaction [78, 79] 的形式提供給應用程式。

2PC 的基本流程如圖 9-9 所示。與單節點交易不同，2PC 中的提交 / 中止程序被分為兩個階段（因此得名）。

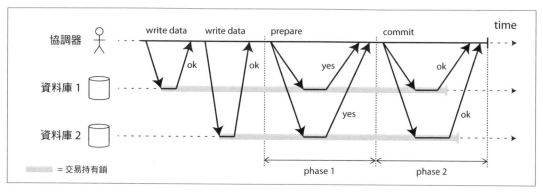

圖 9-9　成功執行的兩階段提交（2PC）。

不要搞混 2PC 和 2PL

兩階段提交（2PC）和兩階段加鎖（參見第 256 頁「兩階段加鎖（2PL）」）是兩種完全不同的東西。2PC 在分散式資料庫中提供原子提交的功能，而 2PL 則是提供可序列化的隔離。為了避免混淆，最好將它們視為完全獨立的概念，並忽略它們名字看起來很像這件事。

2PC 使用了通常不會出現在單節點交易中的新元件：**協調器**（*coordinator*），也稱為**交易管理器**（*transaction manager*）。協調器通常被實作為函式庫，提供給請求交易的應用程式使用（例如嵌入在 Java EE 容器中），但它也可以是一個獨立的程序或服務。這種協調器的例子有 Narayana、JOTM、BTM 或 MSDTC。

通常，2PC 交易是由一個會向多個資料庫節點讀寫資料的應用程式發起。我們稱這些資料庫節點為交易的**參與者**（*participants*）。當應用程式準備（*prepare*）提交交易時，協調器啟動 phase 1：它向每個節點發送一個 prepare 請求，詢問它們是否能夠提交。協調器接著會跟蹤參與者的回應：

- 如果所有的參與者都回答「yes」，表示它們已經準備好提交，那麼協調器會在 phase 2 發出**提交**請求，提交在這個階段就會實際執行。

- 如果有任何參與者回答「no」，協調器就會發送一個**中止**請求給 phase 2 中的所有節點。

這個程序有點像西方文化中的傳統婚禮：牧師分別問新娘和新郎是否願意和對方共結連理，通常雙方都會回答「我願意」。

在得到雙方確定的回應之後，牧師就宣佈這對新人正式成為夫妻：交易被提交了，這份快樂也同時被廣播給所有的參與者。如果新娘或新郎沒有說「yes」，婚禮就會破局[73]。

承諾構成的系統

從這個簡短的描述中，我們可能不清楚為什麼兩階段提交可以確保原子性，而跨多個節點的單階段提交卻不行。當然，準備和提交請求在兩階段的情況下也會發生丟失。但，是什麼讓 2PC 與眾不同？

為了理解它的工作原理，我們需要更詳細地分析這個過程：

1. 當應用程式要啟動一個分散式交易時，它會向協調器請求一個交易 ID。該交易 ID 是全域唯一的。

2. 應用程式在每個參與者上開始一個單節點交易，並將全域唯一的交易 ID 附掛到單節點交易上。所有讀寫都在這些單節點交易中完成。如果在此階段出現任何錯誤（例如節點崩潰或請求逾時），協調器或任何參與者都可以中止。

3. 當應用程式準備好可以提交時，協調器向所有參與者發送一個 prepare 請求，並以全域交易 ID 做標記。如果這些請求有任一失敗或逾時，協調器會發送關於該交易 ID 的中止請求給所有參與者。

4. 當參與者收到 prepare 請求時，它在任何情況下都會先確保交易確實可以提交，包括將所有交易資料寫入磁碟（崩潰、電源故障或磁碟已滿都不是拒絕稍後提交的理由），並檢查任何衝突或約束違反。透過向協調器回答「yes」，節點就會承諾提交交易且不會出錯。換句話說，參與者放棄了中止交易的權利，但此時卻還沒實際進行提交。

5. 當協調器收到所有 prepare 請求的回應時，它會就到底是要提交還是中止交易做出決定（只有在所有參與者都票投「yes」時才會提交交易）。協調器必須將該決定寫入磁碟的交易日誌，以便在隨後若發生崩潰時還能記住自己的決定。這個時刻稱為**提交點**（*commit point*）。

6. 一旦協調器的決定寫入磁片後，提交或中止請求就會被發送給所有參與者。如果此請求失敗或逾時，協調器必須一直重試，直到成功為止。事情不會有轉圜的餘地：一旦決定要提交，就必須執行該決定，無論需要重試多少次。如果一個參與者同時崩潰了，交易將在它復原之後再完成提交。因為參與者票投「yes」，所以當它從故障中恢復後，也不能拒絕提交。

因此，協定有兩個關鍵的「一去不回點」：當參與者票投「yes」，它承諾以後一定能夠提交（儘管協調器仍然可以選擇中止）；一旦協調器做出決定，這個決定就不可撤銷。這些承諾確保了 2PC 的原子性。（單節點原子提交將這兩個事件合併為一個：將提交記錄寫入交易日誌。）

回到結婚的比喻，在說「我願意」之前，新娘和新郎還有機會說「不要！」（或類似的話）。但是，在說了「我願意」之後，就不能收回那句話了。如果新娘說了「我願意」後暈倒了，沒聽見牧師說「你們現在是夫妻了」，但這也不會改變交易已經完成的事實。當新娘恢復意識後，可以向牧師查詢關於自己婚禮的全域交易 ID 狀態，從而知道是否已經完婚，不然就得等待牧師重試提交請求（重試會在新娘昏倒的時候持續執行）。

協調器故障

前面已經討論了 2PC 期間，倘若一個參與者或網路失敗會發生什麼事：如果任何 prepare 請求失敗或逾時，協調器就會中止交易；如果任何提交或中止請求失敗，協調器將會無限期地重試它們。但是，如果協調器崩潰，會發生什麼事我們還不太清楚。

如果協調器在發送 prepare 請求之前失敗，參與者可以安全地中止交易。但是一旦參與者收到了 prepare 請求並票投「yes」，它就不能再單方面中止，它必須等待協調器的回應，無論交易是被提交還是被中止。如果此時協調器崩潰或網路故障，這樣參與者就只能等待。參與者在這種狀態下的交易稱為 *in doubt*（懷疑狀態）或 *uncertain*（不確定）。

這種情況如圖 9-10 所示。在這個例子中，協調器確實決定提交了，而資料庫 2 接收到提交請求。但是，協調器在向資料庫 1 發送提交請求之前就崩潰了，因此資料庫 1 不知道是該提交還是該中止。在這裡，逾時也幫不上忙：如果資料庫 1 在逾時後單方面中止，那麼它最終將與已提交的資料庫 2 產生不一致。同樣，單方面承諾也不安全，因為另一個參與者票投結果可能是選擇中止。

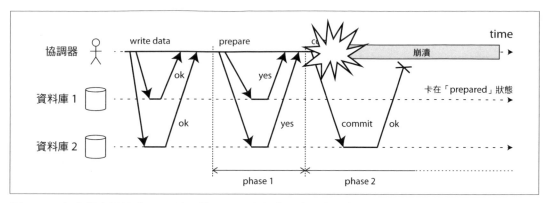

圖 9-10　在參與者票投「yes」後，協調器發生崩潰，造成資料庫 1 不知道是應該提交還是中止。

如果沒有協調器的訊息，參與者無法知道該提交還是中止。原則上，參與者可以相互溝通，瞭解每個參與者是如何投票並達成某種一致的結論，但這並非 2PC 協定的一部分。

2PC 得以順利完成的唯一方法就是等待協調器恢復。這就是為什麼協調器在向參與者發送提交或中止請求之前，必須將其提交或中止決策寫入磁碟的交易日誌。這樣一來，當協調器恢復時，它才有辦法透過讀取交易日誌來確定所有可疑交易的狀態。在協調器日誌中沒有提交記錄的任何交易，最後都將中止。因此，2PC 的提交點可以歸結為協調器上普通的單節點原子提交。

三階段提交

兩階段提交被稱為**阻塞的**原子提交協定，因為 2PC 可能會在等待協調器恢復時卡住。理論上，可以使原子提交協定變成是**非阻塞的**，這樣在節點發生失敗的時候就不會卡住。然而，在實際上要實現這一點並不容易。

三階段提交（*three-phase commit*, 3PC）的演算法 [13, 80] 被提出來作為 2PC 的替代方案。然而，3PC 假設網路具有有限的延遲和節點具有有限的回應時間；在大多數具有無限網路延遲和程序暫停的真實系統中（見第 8 章），它並不能保證原子性。

一般來說，非阻塞的原子提交需要一個**完美的故障檢測器**（*perfect failure detector*）[67, 71]。也就是說，必須存在一個判斷節點是否崩潰的可靠機制。在具有無限延遲的網路中，逾時並不能作為可靠的故障檢測器，因為即使節點沒有崩潰，請求也可能由於網路問題而逾時。正是這個原因，儘管大家明知協調器故障時會有問題，還是繼續採用 2PC。

實際的分散式交易

分散式交易，特別是那些透過兩階段提交來實作的交易，名聲好壞參半。一方面，它們被視為提供了其他方案難以實現的安全保障；另一方面，它們也因為影響到營運、性能、承諾過多而遭受批評 [81, 82, 83, 84]。許多雲服務選擇不支援分散式交易，因為它們會導致營運上的問題 [85, 86]。

一些分散式交易的實作會帶來嚴重的性能損失。例如據報導，MySQL 中的分散式交易要比單節點交易慢 10 倍以上 [87]，所以人們反對使用分散式交易也就不足為奇了。兩階段提交很多固有的性能成本是由於崩潰恢復需要額外的磁碟讀寫（fsync）[88] 和額外的網路 round-trips 開銷。

然而，與其完全拋棄分散式交易，還不如更詳細地檢驗它們，因為我們可以從它們身上學到重要的經驗及教訓。首先，我們應該確切定義「分散式交易」的含義。兩種截然不同的分散式交易常常被混為一談：

資料庫內部的分散式交易

有些分散式資料庫（例如在標準組態使用複製和分區的資料庫）支援跨節點的內部交易。例如，VoltDB 和 MySQL 叢集的 NDB 儲存引擎就有這樣的內部交易支援。在這種情況下，參與交易的所有節點都運行相同的資料庫軟體。

異構分散式交易

在異構（*heterogeneous*）交易中，參與者是由兩種或兩種以上不同的技術實現：例如，來自不同供應商的兩個資料庫，或甚至是非資料庫系統（如訊息代理）。跨這些系統的分散式交易必須確保原子提交，即使系統內部可能完全不同。

因為資料庫內部交易不必與其他系統相容，因此它們可以使用任何協定並為該特定技術實施最佳化。因此，資料庫內部的分散式交易通常可以工作得很好。另一方面，異構技術的交易更具挑戰性。

Exactly-once 的訊息處理

異構分散式交易可以讓不同的系統以強大的方式整合在一起。例如，若且唯若處理該訊息的資料庫交易成功提交時，一個訊息佇列中的訊息才會被確認已處理完畢。這是透過在單個交易中原子地提交訊息確認和資料庫寫入來實現的。有了分散式交易支援，這是可能的，即使訊息代理和資料庫是各自運行在不同機器上的兩種不相關技術。

如果訊息傳遞或資料庫交易失敗，兩者都會被中止，因此訊息代理可以稍後安全地再重新傳遞訊息。因此，透過原子提交訊息及處理相關的副作用，可以確保訊息被**有效**處理且僅處理一次（exactly once），即使在成功之前需要多次重試。中止會丟棄不完整交易所產生的任何副作用。

然而，只有在受交易影響的所有系統都能夠使用相同的原子提交協定時，這種分散式交易才是可行的。例如，假設處理訊息的副作用是發送電子郵件，而電子郵件伺服器卻不支援兩階段提交：如果訊息處理失敗並重試，可能會重複發送電子郵件兩次或更多次。但是，如果在交易中止時可以回滾訊息處理時的所有副作用，就可以安全地重試處理步驟，就像什麼都沒有發生一樣。

我們將在第 11 章回到 exactly-once 訊息處理的主題。這裡我們先看看可以支援這種異構分散式交易的原子提交協定。

XA 交易

Open XA（*eXtended Architecture* 的縮寫）是用於異構技術的兩階段提交實作標準 [76, 77]。它在 1991 年推出，並已有廣泛的實作：許多傳統關聯式資料庫（包括 PostgreSQL、MySQL、DB2、SQL Server 和 Oracle）和訊息代理（包括 ActiveMQ、HornetQ、MSMQ 和 IBM MQ）都有支援 XA 交易。

XA 不是網路通訊協定，它只是一個用來和交易協調器介接的 C 語言 API。它也支援其他語言的 API 綁定，例如在 Java EE 應用程式中，XA 交易是使用 Java 交易 API（JTA）實現的，而後 JTA 又由許多驅動程式所支援，例如使用 Java 資料庫連接（JDBC）的資料庫驅動程式和使用 Java 訊息服務（JMS）API 的訊息代理驅動程式。

XA 假設應用程式使用網路驅動程式或客戶端函式庫來和參與者資料庫或訊息傳遞服務進行通訊。如果驅動程式支援 XA，這表示它可以呼叫 XA API 來確定某個操作是否應該成為分散式交易的一部分。如果是，它就會發送必要的資訊給資料庫伺服器。驅動程式也有提供回調（callback）介面，協調器可以透過它來通知所有參與者準備、提交或中止。

交易協調器需要實作有 XA API。標準並沒有規定應該如何實作它，但在實際上，協調器通常也只是一個函式庫（而不是單獨的服務），和發起交易的應用程式一樣載入到相同的程序。它會跟蹤交易中的參與者，在要求參與者準備之後收集它們的回應（透過驅動程式的回調函式），並使用本地磁碟上的日誌來跟蹤每個交易的提交 / 中止決策。

如果應用程序崩潰，或者運行應用程式的機器失效，協調器就會做相應的處理。任何已準備但尚未提交交易的參與者都將卡在懷疑的狀態中。由於協調器的日誌位於應用伺服器的本地磁碟上，因此伺服器必須重新開機，並且協調器庫也必須讀取日誌來恢復每個交易的提交／中止結果。只有這樣子做之後，協調器才能繼續使用資料庫驅動程式的XA 回調函式來要求所有參與者適當地提交或中止。資料庫伺服器不能直接與協調器聯繫，因為所有通訊都是透過它的客戶端函式庫進行的。

在懷疑狀態下仍持有鎖

為什麼我們會如此關注一個陷入懷疑狀態的交易呢？難道系統的其餘部分不能直接忽略最終將被清理掉的可疑交易，然後繼續工作嗎？

問題出在**加鎖**。正如在第 234 頁「讀已提交」中討論的，資料庫交易通常會對欲修改的列採取列級互斥鎖，以防止髒寫。另外，如果想要序列化隔離，使用兩階段加鎖的資料庫也必須對交易**欲讀取**的列使用共享鎖（請參閱第 256 頁「兩階段加鎖（2PL）」）。

直到交易提交或中止（如圖 9-9 的陰影區域），資料庫才會釋放這些鎖。因此，在使用兩階段提交時，交易必須在有懷疑時一直持有鎖。如果協調器崩潰，重新開機需要 20分鐘，那麼這些鎖就將會被持有 20 分鐘。如果由於某種原因，協調器的日誌完全丟失了，那麼這些鎖將永遠懸宕在那邊，至少在管理員手動解決此問題之前只能如此。

當持有這些鎖時，任何交易都不能修改這些列。根據資料庫的不同實作，甚至可能會阻止其他交易讀取這些資料列。因此，造成其他交易不能簡單地繼續它們的業務，如果它們想存取相同的資料，它們將被阻止。這可能導致應用程式的大部分變得不可用，直到有問題的交易得到解決為止。

從協調器故障中恢復

理論上，如果協調器崩潰並重新開機，它應該可以借助日誌來恢復其狀態，並解決任何可疑的交易。然而，在實際上，**孤立**（*orphaned*）的可疑交易確實會發生 [89, 90]。也就是說，由於某種原因（例如軟體故障、交易日誌丟失或損壞），會出現協調器無法決定出結果的交易。這些交易不能自動被解決，因此它們會永遠存在於資料庫中，持有鎖並阻塞其他交易。

即使幫資料庫伺服器重新開機，也沒有辦法解決這個問題，因為 2PC 的正確實作要求必須在重啟後保留問題交易的鎖（否則會有違反原子性保證的風險）。這的確是一個很棘手的情況。

唯一的出路是讓管理員手動決定交易是要提交還是回滾。管理員必須檢查每個可疑交易的參與者，確定是否有參與者已經提交或已經中止，然後將相同的結果應用到其他參與者。解決這個問題可能需要大量的人工處理，而且很可能需要在嚴重的生產中斷期間，在高壓力和時間壓力下完成（否則，為什麼協調器會處於如此糟糕的狀態？）

許多 XA 實作都有一個稱為啟發式決策（*heuristic decisions*）的避險措施：讓參與者單方面決定中止或提交一個處在懷疑狀態的交易，而不需要協調器做出最終決定 [76, 77, 91]。明確地說，這裡的啟發式是可能破壞原子性的委婉說法，因為啟發式決策違反了兩階段提交中的承諾系統。因此，啟發式決策最好只用在擺脫災難性的情況，而不能作為一般的常規處理手段。

分散式交易的限制

XA 交易解決了多個參與者資料系統之間彼此保持一致的實際問題，但是正如我們所看到的，它們也引入了重要的操作性問題。具體來說，關鍵點在於交易協調器本身就是一種資料庫（交易結果儲存在其中），因此需要像對待任何重要的資料庫一樣小心對待它：

* 如果協調器只運行在一台機器上而沒有被複製，那麼它就是整個系統的單點故障所在（因為它的故障會導致其他應用伺服器因為可疑交易持有鎖而阻塞住）。令人驚訝的是，許多協調器的實作在預設情況下並不具備高可用的特性，或者只有支援基本的複製。

* 許多伺服器端應用程式都是基於無狀態模型進行開發的（HTTP 喜歡的模式），所有持久狀態都儲存在資料庫中，這樣應用程式伺服器可以隨意新增和刪除實例。但是，當協調器是應用伺服器的一部分時，它會改變部署的性質。突然之間，協調器的日誌成為持久系統狀態的關鍵部分，應用伺服器變得與資料庫本身一樣重要，因為在系統崩潰後，需要協調器日誌來恢復有問題的交易。這樣的應用伺服器就不再是無狀態的了。

* 由於 XA 需要與廣泛的資料系統相容，因此它必須是多系統之間的最小公約數。例如，它不能檢測不同系統之間的死鎖（因為這需要一個標準化的協定，讓系統可以交換每個交易等待鎖的資訊），它不使用 SSI（見第 261 頁「可序列化的快照隔離」），因為這一樣需要一個協定來識別出不同系統間的衝突。

- 對於資料庫內部的分散式交易（不是 XA），限制就沒那麼大了。例如，使用分散式版本的 SSI 也是可行的。但是，這仍然存在一個問題，即 2PC 要成功提交交易，所有參與者都必須要回應才行。因此，如果系統的**任何**部分被破壞，交易也會失敗。因此，分散式交易有**放大故障**的傾向，這與我們建構容錯系統的目標背道而馳。

這些事實是否意味著我們應該放棄讓多個系統保持一致的希望呢？並不完全是這樣，有一些替代方法可以讓我們實現同樣的事情，而不必忍受異構分散式交易的痛苦。我們將在第 11 章和第 12 章中回到這些問題。但現在，我們應該可以先結束共識這個話題了。

支援容錯的共識

非正式地說，共識表示讓幾個節點就某件事情達成一致。例如，如果有幾個人同時嘗試預訂某航班的最後一個座位，或電影院的座位，或者用同樣的 username 註冊一個帳號，然後就可以用共識演算法來確定這些互不相容的操作，決定誰才是贏家。

共識問題通常形式化如下：一個或多個節點可以對值做出**提議**（*propose*），共識演算法會從這些值中**決定**（*decides*）出一個確定值。在座位預訂例子中，當幾個客戶同時嘗試購買最後一個座位時，處理客戶請求的每個節點可能會提出它所服務的客戶的 ID，並且最後決策會指出哪個客戶成功取得了座位。

在這種形式描述中，共識演算法必須滿足以下性質 [25][13]：

統一的決議（*Uniform agreement*）

　　不會出現不同的決定的節點，即所有節點都接受相同的決議。

完整性（*Integrity*）

　　沒有任何節點會做出兩次決定，即節點一旦做出決定就不能反悔。

合法性（*Validity*）

　　如果一個節點決定了值 v，那麼值 v 必定是由某個節點所提出的。

有終性（*Termination*）

　　每個未崩潰的節點，最終一定都會對某個值做出決定。

---

13 這種共識的特殊變種稱為統一共識（*uniform consensus*），它和帶有不可靠故障檢測器的非同步系統的常規一致性是等價的 [71]。學術文獻通常使用的術語是程序（*processes*）而不是節點（*nodes*），但為了與本書的其餘部分保持一致，我們在這裡使用節點。

統一的決議和完整性定義了共識的核心理念：每個人對於決定的結果是一致的，而且一旦做出決定，就不能改變。合法性的存在主要是為了排除沒有意義的解決方案：例如，你可以有一個演算法，無論誰提議什麼值，它總是以 null 為決定值；這樣的演算法雖然可以滿足統一的決議和完整性，但卻不能滿足合法性。

如果不關心容錯性，那麼滿足前三個屬性很容易：你只需要將一個節點硬性指定為「獨裁者」（dictator），並讓該節點做出所有決定。但是，如果其中一個節點出現故障，系統就無法再做出任何決策。實際上，這就是我們在兩階段提交中看到的情況：如果協調器失敗，處於懷疑狀態的參與者就無法做出是要提交還是中止的決定。

有終性是容錯概念的形式化。它的本質是說，一個共識演算法不能永遠無所事事地坐著不動；換句話說，它必須有實質進展。即使某些節點失敗了，其他節點仍然必須達成決策。（有終性是一種和活躍性有關的屬性，而其他三種則是與安全性相關的屬性。請參見第 308 頁「安全性和活躍性」。）

共識的系統模型假設，當一個節點「崩潰」時，它就瞬間消失了，而且再也不會回來。假設現在不是軟體崩潰，而是發生地震造成節點的資料中心被走山摧毀。你必須假設節點被埋在 30 英尺深的土石底下，再也無法恢復正常工作。在這個系統模型中，任何等待節點恢復的演算法都不能滿足有終性。特別是，2PC 並不能符合有終性的要求。

當然，如果*所有*節點都崩潰了，這樣任何演算法都不可能做出決定。演算法所能容忍的故障數量是有限的：事實上，可以證明任何共識演算法至少需要大多數節點都處在正常工作的情況，才能保證有終性 [67]。這種多數可以構成安全的法定人數（參見第 180 頁「讀取和寫入的法定票數演算（Quorums）」）。

因此，有終性受制於節點數量的假設，崩潰或無法到達的節點數量不得超過總數量的一半。然而，大多數共識系統的實作都可以確保安全屬性（決議、完整性和合法性）始終得到滿足，即使大多數節點失敗或存在嚴重的網路問題 [92]。因此，大規模故障可能會導致系統無法處理請求，但不會導致系統做出無效的決策，從而破壞共識系統。

大多數共識演算法都假設拜占庭故障並不存在，正如在第 304 頁「拜占庭故障」中討論的那樣。也就是說，如果一個節點沒有正確地遵循協定（例如，如果它向不同的節點發送矛盾的訊息），就可能會破壞協定的安全屬性。只要發生拜占庭故障的節點少於三分之一，系統還是可以達成穩健的共識 [25, 93]，但我們在本書不會詳細討論這些演算法。

共識演算法和全序廣播

最著名的容錯共識演算法有 Viewstamped Replication（VSR）[94, 95]、Paxos [96, 97, 98, 99]、Raft [22, 100, 101] 和 Zab [15, 21, 102]。這些演算法之間有很多相似之處，卻又彼此不同 [103]。本書不會詳細介紹不同演算法的細節：只要知道它們的一些共同思想就足夠了，除非你自己正在實作一個共識系統（這可能不是明智的選擇，因為事情真的很困難 [98, 104]）。

這些演算法中的大多數實際上並不直接使用這裡描述的形式化模型（提議並決定某個值，同時滿足決議、完整性、合法性和有終性）。相反，它們會決定出**一系列的值**（a *sequence* of values），這使得它們也是**全序廣播**演算法，如本章前面所討論的那樣（參見第 346 頁「全序廣播」）。

請記住，全序廣播要求以相同的順序將訊息以 exactly once 的方式傳遞到所有節點。仔細想想，這其實相當於進行了幾輪共識過程：在每一輪中，節點提議它們接下來想要發送的訊息，然後決定出應該按全域順序來傳遞的下一個訊息 [67]。

所以，全序廣播就相當於重複地執行多輪共識（每一輪共識決策都對應於一次訊息傳遞）：

- 由於共識的統一決議，所有節點決定以相同的順序傳遞相同的訊息。
- 由於完整性，訊息不會重複。
- 由於合法性，訊息不會被破壞，也不會是憑空捏造出來的。
- 由於有終性，訊息不會丟失。

Viewstamped Replication、Raft 和 Zab 都直接實作了全序廣播，因為這比進行多輪一次一值的共識更加高效。在 Paxos 中，對應的最佳化稱為 Multi-Paxos。

單領導複製和共識

第 5 章我們討論了 single-leader replication（請參閱第 152 頁「領導者和追隨者」），它將所有寫入操作都發送給 leader，並以相同的順序將它們應用於 followers，從而保持副本的最新狀態。這不就是全序廣播嗎？為什麼我們在第 5 章中不用擔心共識問題呢？

答案可以歸結到 leader 是如何被選出來的。如果 leader 是由維運人員手動選擇和配置的話，那麼這實際上就是一個獨裁的「共識演算法」：只有一個節點允許接受寫入操作（也決定複製日誌中的寫入操作順序）。如果該節點失效，系統將無法進行寫入操作，直到維運人員手動配置另一個節點作為 leader。這種制度在實際上可以很好地發揮作用，但它不能滿足共識的有終性，因為它需要人為的干預才能取得進展。

一些資料庫會執行自動的 leader 選舉和容錯移轉，如果舊 leader 失效，可以將一個 follower 提升為新的 leader（參見第 156 頁「處理節點失效」）。這使我們更接近容錯式的全序廣播，從而達成共識。

然而，還有一個問題。我們之前討論過腦分裂的問題，所有的節點都需要同意誰是 leader，否則就會發生有兩個不同的節點可能認為自己是 leader 的情況，從而導致資料庫處於不一致的狀態。因此，我們需要利用共識來選出一位 leader。但是，如果這裡所說的共識演算法實際上是全序廣播演算法，而全序廣播又像 single-leader replication，而 single-leader replication 又需要選出一個 leader，等等⋯

這樣看來，要選出一個 leader，我們首先需要一個 leader。要解決共識，就必須先解決共識。我們怎樣才能擺脫這個難題呢？

Epoch 編號和 quorums

到目前為止討論到的共識協定在其內部都使用了某種形式的 leader，只是它們不能保證 leader 是唯一的。因而，它們只能做出較弱的保證：協定中定義有一個**世代號碼**（*epoch number*），這在 Paxos 中稱為**選票號碼**（*ballot number*），在 Viewstamped replication 中稱為**視圖號碼**（*view number*），在 Raft 中稱為**項目號碼**（*term number*），並保證在每個世代中，leader 是唯一的。

每當目前的 leader 被認為已經失效，節點就會開始投票選舉新的 leader。該選舉會給出一個遞增上去的 epoch number，因此 epoch number 是完全有序、單調遞增的。如果兩個不同的 leaders 在不同的世代發生衝突（可能是因為之前的 leader 實際上並沒有失效），那麼具有更高 epoch number 的 leader 就會勝出。

在一個 leader 可以下任何決策之前，它必須先檢查是否有其他具有更高 epoch number 的 leader 可能會做出衝突的決定。一個 leader 如何知道自己沒有被另一個節點取代呢？回想一下第 300 頁「真相由多數說了算」：一個節點不需要相信自己的判斷，因為一個節點認為自己是 leader，並不一定意味著其他節點接受它作為自己的 leader。

相反，它必須從一組 *quorum* 節點來收集投票（參見第 180 頁「讀取和寫入的法定票數演算（Quorums）」）。對於 leader 想要做出的每一個決策，它都必須將提議的值發送給其他節點，並等待一組 quorum 節點回應支持該提議。Quorum 通常（但不總是）由大多數節點所組成 [105]。節點只有在找不到更高 epoch number 的 leader 的情況下，才會對某個提議進行投票。

因此，我們其實有兩輪投票：一次是選出一位 leader，第二次是對一位 leader 的提議進行投票。關鍵點是，這兩種投票的 quorums 必須重疊：如果一項提議的投票成功了，那麼至少要有一個投票節點也參與了最近的 leader 選舉 [105]。因此，如果對某提議的投票沒有出現更高號數的 epoch，當前 leader 就可以得出沒有發生更高世代 leader 選舉的結論，從而確定它仍然保持 leader 的地位。然後，它就可以安全地對提議的值做出決定。

這個投票過程看來跟兩階段提交蠻像的。最大的區別是，在 2PC 中協調器是不是靠選舉產生的，並且容錯式共識演算法只需要大多數節點的投票就可以得到決議，而 2PC 則要求每個參與者都投必須票投「yes」才能通過。此外，共識演算法還有定義恢復過程，在選出新的 leader 後，節點最終都可以進入一致的狀態，確保安全屬性始終能得到滿足。這些差異是確保共識演算法的正確性和容錯性的關鍵。

共識的局限性

對於分散式系統來說，共識演算法是一個巨大的突破：它們為不確定的系統帶來了具體的安全屬性（統一決議、完整性和合法性），而且它們仍然可以保持容錯性（只要大多數節點都在工作且可到達，就能夠取得實質進展）。它們提供了全序廣播，因此能夠以容錯的方式實作可線性化的原子操作（參見第 348 頁「使用全序廣播實作可線性化的儲存」）。

然而，並不是所有地方都會使用它們，因為好處是有代價的。

節點對提議達成共識之前，對其進行投票的過程是一種同步複製。正如第 153 頁「同步複製與非同步複製」中所討論的，資料庫通常被組態成非同步複製。在這種組態中，一些提交的資料可能會在容錯移轉時丟失，但是許多人為了獲得更好的性能而選擇接受這樣的風險。

共識系統總是需要絕對多數才能運作。這表示要容忍一個節點故障，系統就至少需要三個節點才行（三個節點中剩下的兩個構成多數），或者容忍兩個故障至少需要五個節點才行（五個節點中剩下的三個構成多數）。如果網路故障切斷了一些節點與其他節點的連接，那麼只有大部分節點的那部分可以繼續運行，而其他少數節點的那部分則會停擺（參見第 333 頁「可線性化的代價」）。

大多數共識演算法都假定有一組固定的節點參與投票，這表示你不能只是單純地在叢集中新增或刪除節點。共識演算法的**動態成員資格**（*dynamic membership*）擴充，可以允許叢集的節點集合隨時間變化，但相比於靜態成員資格的演算法，它們也比較不容易理解。

共識系統通常依賴逾時來檢測失效的節點。在網路延遲高度可變的環境中，特別是在地理上分佈的系統，經常會發生這樣的情況：由於暫時的網路問題，一個節點錯誤地認為 leader 已經失效。雖然這個錯誤不會損害安全性，但頻繁的 leader 選舉會導致性能衰退，因為系統最終會花費更多的力氣來選出 leader，而不是將力氣用在原本應該要做的任務上。

有時候，共識演算法對網路問題特別敏感。例如，Raft 已被發現存在一些邊緣情況 [106]：如果整個網路正常工作，但其中卻有一條網路連接一直不穩定，Raft 會進入一種狀態，leader 會在兩個節點之間不斷地換來換去，或現任 leader 不斷被迫下台，所以等效上來說這個系統就處在裹足不前的狀態了。其他的共識演算法也有類似的問題，所以在不可靠的網路中，能夠有更健壯的演算法仍然是一個有待研究的問題。

成員資格及協調服務

像 ZooKeeper 或 etcd 這樣的專案通常被稱為「分散式鍵值儲存」或「協調和組態服務」。這種服務的 API 與資料庫的 API 非常相似：你可以對某個 key 進行讀取和寫入值，並對 keys 進行迭代運算。所以如果它們基本上只是個資料庫，為什麼要花費那麼多努力去實作一個共識演算法呢？是什麼使它們和其他類型的資料庫有所不同呢？

為了理解這一點，簡單地探討一下如何使用像 ZooKeeper 這樣的服務是很有幫助的。作為應用程式開發人員，你很少需要直接使用 ZooKeeper，因為它實際上並不適合拿來當通用資料庫。更有可能的情況是，你會因為其他專案而間接地依賴它：例如，HBase、Hadoop YARN、OpenStack Nova 和 Kafka 都依賴運行在背景的 ZooKeeper。這些專案為什麼需要使用它呢？

ZooKeeper 和 etcd 被設計用來保存少量的資料，這些資料可以完全儲存在記憶體中（儘管它們仍然會寫入磁碟做持久化），所以你不會希望將應用程式的所有資料都儲存在這裡。它們使用可容錯的全序廣播演算法，在所有節點上複製少量資料。如前所述，全序廣播是資料庫複製所需要的機制：如果每條訊息都表示對資料庫的一次寫入操作，那麼以相同的順序應用相同的寫入操作就可以保持副本之間的一致性。

ZooKeeper 的實作模仿了 Google 的 Chubby lock service [14, 98]，但不僅實作了全序廣播（因此達成共識），而且還實作了一組有趣的功能，這些功能在建構分散式系統時特別有用：

可線性化的原子操作

使用 atomic compare-and-set 操作，你就可以實現加鎖服務：如果多個節點並發地嘗試執行相同的操作，那麼它們當中就只有一個會成功。共識協定保證操作是原子的和可線性化的，即使一個節點失效或網路在任意時刻發生中斷都一樣。分散式鎖通常以租約（*lease*）的形式實作，租約有一個到期時間，因此萬一客戶端發生失效時，鎖最終還是會被釋放（參見第 295 頁「程序暫停」）。

操作的全序

正如第 301 頁「領導者節點與鎖」討論到的，當某些資源受到鎖或租約保護時，需要一個 *fencing token* 來防止在程序暫停時可能帶來客戶端之間的衝突。Fencing token 是一個單調遞增的數字，每次獲得鎖時就單調遞增。ZooKeeper 透過對所有操作進行全域排序，並為每個操作提供一個單調遞增的交易 ID（zxid）和版本號（cversion）[15] 來實現這一點。

故障檢測

客戶端在 ZooKeeper 伺服器上維護一個長期會話（long-lived session），客戶端和伺服器定期交換心跳，以檢查其他節點是否仍然存在。即使連接暫時中斷或 ZooKeeper 節點失敗，會話仍會保持活動狀態。但是，如果心跳停止的時間超過了會話逾時時間，ZooKeeper 就會宣佈會話失效。會話持有的任何鎖都可以組態成會話逾時自動釋放（ZooKeeper 稱這些為臨時節點，*ephemeral nodes*）。

一個客戶端不僅可以讀取另一個客戶端創建的鎖和值，還可以查看它們所做的變更。因此，客戶端可以發現另一個客戶端何時加入叢集（根據它寫入 ZooKeeper 的值），或者另一個客戶端是否失效（因為會話逾時以及臨時節點消失）。通過訂閱通知，客戶端就不必頻繁地輪詢來找出變更的資訊。

在這些特性中，只有可線性化的原子操作才真的需要共識。然而，正是這些特性的結合使得像 ZooKeeper 這樣的系統對於分散式協調如此有用。

節點的工作分配

ZooKeeper/Chubby 模型運行良好的一個例子是，如果你有一個程序或服務的多個實例，其中一個需要被選為 leader 或 primary。如果 leader 失效，其他節點中的一個將上任接管。這對於 single-leader 資料庫當然很有用，但是對於任務排程器和類似的有狀態系統也很有用。

另一個例子是，當你有一些分區資源（資料庫、訊息串流、檔案儲存、分散式 actor 系統等），並且需要決定將哪個分區分配給哪個節點時。隨著新節點加入叢集，需要將某些分區從現有節點改換到新節點，以重新平衡負載（請參閱第 209 頁「分區再平衡」）。當節點被刪除或失效時，其他節點需要接管失效節點的工作。

這些類型的任務可以透過聰明地使用 ZooKeeper 中的原子操作、臨時節點和通知來實現。如果操作正確，此方法允許應用程式在沒有人工干預的情況下自動從錯誤中恢復。這並不容易，儘管出現了像 Apache Curator [17] 這樣的函式庫，它們在 ZooKeeper 客戶端 API 的基礎之上提供了更高層的工具，但這仍然比嘗試從零開始實作必要的共識演算法要好得多，自己從頭開始實作的成功記錄可以說是寥寥無幾 [107]。

應用程式最初可能只在單個節點上運行，但最終可能會增長到數千個節點也說不定。試圖在這麼多節點上執行多數投票的效能將會很差。相反地，ZooKeeper 運行在固定數量的節點上（通常是 3 個或 5 個），並在這些節點中執行多數投票，同時又能支援的大量客戶端。因此，ZooKeeper 提供了一種將某些協調節點的工作（共識、操作順序和故障檢測）「外包」給外部服務的方法。

通常，ZooKeeper 所管理的資料類型其變化非常緩慢：像是「運行在 IP 位址 10.1.1.23 上的節點是分區 7 的 leader」這樣的資訊，這種分配的變化通常是分鐘級或小時級的。ZooKeeper 並不是為了儲存應用程式的運行狀態所設計的，因為應用程式的運行狀態可能每秒會改變數千次甚至數百萬次。如果應用程式狀態需要從一個節點複製到另一個節點，可以使用其他工具來完成（比如 Apache BookKeeper [108]）。

服務發現

ZooKeeper、etcd 和 Consul 也經常用於*服務發現*（*service discovery*）。也就是說，找出你需要連接到哪個 IP 位址，才能觸及某個特定服務。在雲端資料中心的環境中，虛擬機器經常來來去去，因此你通常無法提前知道服務的 IP 位址。不過，你可以配置自己的服務，使它們在啟動時向服務註冊中心註冊它們的網路端點，然後其他服務就可以在那裡找到它們。

然而，服務發現是否真的需要共識，目前還不太清楚。DNS 是查找服務名稱對應到 IP 位址的傳統方法，它使用多層快取來實現良好的性能和可用性。從 DNS 進行讀取絕對不是可線性化的，而且如果從 DNS 查詢得到的結果有點過時，通常也不會被認為是有問題的 [109]。對於 DNS 來說，更重要的是可靠的可用性和對網路中斷的健壯性。

儘管服務發現不需要共識，但是 leader 選舉需要。因此，如果你的共識系統已經知道誰是 leader，那麼使用這些資訊來讓其他服務發現 leader 就有點道理了。為此，一些共識系統支援唯讀快取副本。這些副本非同步地接收共識演算法所有決策的日誌，但本身並不積極參與投票。因此，它們能夠為不需要可線性化的讀取請求提供服務。

成員服務

ZooKeeper 及相關族系可以被看作是對*成員服務*（*membership services*）研究歷史的一部分，時間可以追溯到 1980 年代，對於建立高度可靠的系統非常重要，比如空中交通管制系統 [110]。

成員服務確定叢集中哪些節點是當前還在活動以及有效的成員。正如我們在第 8 章中看到的，由於無限的網路延遲，所以要可靠地檢測出某個節點是否已經失效是一件不可能的事。但是，如果將故障檢測與共識結合起來，節點可以就哪些節點應該被認為還活著，達成共識。

儘管節點實際上還活著，但仍然可能出現一致錯誤地將其宣告為失效的情況。儘管如此，對於一個系統來說，就哪些節點是構成當前成員達成協議仍然是非常有用。例如，選擇一個 leader 可能僅僅是選擇當前成員中編號最小的那個，但是如果不同的節點對當前成員是誰有不同的意見，這種方法就起不了作用。

小結

本章從幾個不同的角度研究了一致性和共識的問題。我們深入研究了可線性化，它是一種流行的一致性模型：目標是讓多副本複製的資料在表面上看起來好像只有一個副本，並讓所有操作都按照原子的方式對其進行操作。可線性化很吸引人，因為它很容易理解，它使資料庫就像單執行緒程式中的變數一樣運行，但它也有慢的缺點，特別是在具有較大網路延遲的環境中。

我們還探討了因果關係，它對系統中的事件進行排序（基於因果關係，事情發生的先後次序）。與可線性化不同的是，它將所有的操作放在一個單一的、完全有序的時間軸中，因果關係提供較弱的一致性模型：一些事情可以並發，因此版本歷史就像一個可以帶有分支和合併的時間軸。因果一致性沒有可線性化的協調開銷，而且對網路問題的敏感性較低。

然而，即使我們擷取出因果順序（例如使用 Lamport 時間戳記），還是會發現有些東西不能靠此方法來實作：在第 347 頁「時間戳記排序並不充分」的例子中，要確保 username 是獨一無二的而且必須拒絕對同一個 username 的並發註冊。如果一個節點要接受註冊，它需要知道另一個節點沒有並發地進行同一個 username 的註冊程序。這個例子把我們導向了 **共識** 問題。

我們看到，達成共識意味著用這樣一種方式來決定某件事：即所有節點都對所決定的事情達成一致決議，並且該決定是不可撤銷的。經過一番挖掘，我們發現，很多問題實際上都可以歸結為共識，並且彼此等價（從這個意義上說，如果你對其中一個問題有了解決方案，你就可以很容易地將其轉化為另一個問題的解決方案）。類似的問題包括：

可線性化的 *compare-and-set* 暫存器

　　暫存器需要根據當前值是否等於操作給定的參數，自動決定接下來是否應該設置它的值。

原子交易提交

資料庫必須**決定**是要提交還是中止分散式交易。

全序廣播

訊息傳遞系統必須**決定**訊息傳遞的順序。

鎖和租約

當幾個客戶端競爭鎖或租約時，鎖將**決定**哪一個客戶端會成功獲得它。

成員 / 協調服務

給定一個故障檢測器（例如逾時），系統必須**決定**哪些節點是存活的，哪些節點將因為會話逾時而應該被認為是失效的。

唯一性約束

當多個交易並發嘗試對同一個 key 建立記錄而發生衝突時，約束條件必須**決定**允許哪一個，以及哪些因為違反約束而應該失敗。

如果你只有一個節點，或者如果你願意將決策能力分配給某個節點，那麼事情就會很簡單。這就是 single-leader 資料庫中所發生的事情：所有決策權都屬於 leader，這就是為什麼這樣的資料庫能夠提供可線性化的操作、唯一性約束、全序的複製日誌等等。

但是，如果單個 leader 失敗，或者網路中斷導致 leader 不可存取，這樣的系統就無法再進行任何操作。有三種方法可以用來處理這種情況：

1. 接受系統將停擺的事實，同時等待 leader 恢復。許多 XA/JTA 交易協調器選擇這個選項。這種方法不能完全解決共識問題，因為它不能滿足有終性：如果 leader 不能恢復，系統將永遠停擺。

2. 手動進行容錯移轉，人工選出一個新的 leader 節點，並重新組態系統來使用它。許多關聯式資料庫採用這種方法。它是一種「上帝之手」，由電腦系統之外的人類作出決定。容錯移轉的速度受限於人的行動速度，而人的行動速度通常比電腦慢多了。

3. 使用演算法自動選擇新的 leader。這種方法需要一種共識演算法，最好使用一種已經被證明能夠正確處理不利網路條件的演算法 [107]。

雖然 single-leader 資料庫支援可線性化，且無需對每次寫入操作執行共識演算法，但它仍然需要共識來維持其領導權和領導權的變更。因此，從某種意義上說，有一個 leader 只是「踢一下路上的空罐子讓它跑起來」：共識仍然是需要的，只是用在不同的地方，而且不那麼頻繁而已。好消息是，容錯演算法和共識系統可以共存，我們在本章也做了簡要的介紹。

像 ZooKeeper 這樣的工具在提供應用程式可用的「外包」服務方面發揮了重要作用，外包服務像是共識、故障檢測和成員服務等。雖然稱不上可以輕鬆使用，但比起嘗試開發自己的演算法來應對第 8 章討論到的問題，利用這些外包服務會好得多。如果你發現自己想要做的事情之一可以歸結為共識問題，並且希望它具有容錯性，那麼建議可以直接使用類似 ZooKeeper 的工具。

然而，並非每個系統都需要共識：例如，leaderless replication 系統和 multi-leader replication 系統通常不使用全域共識。發生在這些系統的衝突（參見第 171 頁「處理寫入衝突」）正是因為不同 leaders 之間並不存在共識的結果，但事情就這樣也許沒關係：雖然沒有可線性化的保證，或許我們只需要學著好好地把資料分支和合併版本歷史處理好也就行了。

本章引用了大量關於分散式系統理論的研究。雖然論文的理論和證據並不總是容易理解，有時甚至會做出一些不切實際的假設，但是它們對這個領域的實際工作還是非常有價值的：例如可以幫助我們思考能做到和不能做到的事情，幫助我們找到分散式系統的潛在缺陷。如果有時間，這些參考資料很值得一讀。

本章至此已來到本書第二部分的尾聲，我們介紹了複製（第 5 章）、分區（第 6 章）、交易（第 7 章）、分散式系統失效模型（第 8 章），以及最終一致性和共識（第 9 章）。現在我們已經奠定了堅實的理論基礎，第三部分將再就系統的實際面，討論如何利用異構模組來建構出功能強大的應用程式。

參考文獻

[1] Peter Bailis and Ali Ghodsi: "Eventual Consistency Today: Limitations, Extensions, and Beyond," *ACM Queue*, volume 11, number 3, pages 55-63, March 2013. doi:10.1145/2460276.2462076

[2] Prince Mahajan, Lorenzo Alvisi, and Mike Dahlin: "Consistency, Availability, and Convergence," University of Texas at Austin, Department of Computer Science, Tech Report UTCS TR-11-22, May 2011.

[3] Alex Scotti: "Adventures in Building Your Own Database," at *All Your Base*, November 2015.

[4] Peter Bailis, Aaron Davidson, Alan Fekete, et al.: "Highly Available Transactions: Virtues and Limitations," at *40th International Conference on Very Large Data Bases* (VLDB), September 2014. Extended version published as pre-print arXiv:1302.0309 [cs.DB].

[5] Paolo Viotti and Marko Vukolić: "Consistency in Non-Transactional Distributed Storage Systems," arXiv:1512.00168, 12 April 2016.

[6] Maurice P. Herlihy and Jeannette M. Wing: "Linearizability: A Correctness Condition for Concurrent Objects," *ACM Transactions on Programming Languages and Systems* (TOPLAS), volume 12, number 3, pages 463–492, July 1990. doi:10.1145/78969.78972

[7] Leslie Lamport: "On interprocess communication," *Distributed Computing*, volume 1, number 2, pages 77–101, June 1986. doi:10.1007/BF01786228

[8] David K. Gifford: "Information Storage in a Decentralized Computer System," Xerox Palo Alto Research Centers, CSL-81-8, June 1981.

[9] Martin Kleppmann: "Please Stop Calling Databases CP or AP," *martin.kleppmann.com*, May 11, 2015.

[10] Kyle Kingsbury: "Call Me Maybe: MongoDB Stale Reads," *aphyr.com*, April 20, 2015.

[11] Kyle Kingsbury: "Computational Techniques in Knossos," *aphyr.com*, May 17, 2014.

[12] Peter Bailis: "Linearizability Versus Serializability," *bailis.org*, September 24, 2014.

[13] Philip A. Bernstein, Vassos Hadzilacos, and Nathan Goodman: *Concurrency Control and Recovery in Database Systems*. Addison-Wesley, 1987. ISBN: 978-0-201-10715-9, available online at *research.microsoft.com*.

[14] Mike Burrows: "The Chubby Lock Service for Loosely-Coupled Distributed Systems," at *7th USENIX Symposium on Operating System Design and Implementation* (OSDI), November 2006.

[15] Flavio P. Junqueira and Benjamin Reed: *ZooKeeper: Distributed Process Coordination*. O'Reilly Media, 2013. ISBN: 978-1-449-36130-3

[16] "etcd 2.0.12 Documentation," CoreOS, Inc., 2015.

[17] "Apache Curator," Apache Software Foundation, *curator.apache.org*, 2015.

[18] Morali Vallath: *Oracle 10g RAC Grid, Services & Clustering*. Elsevier Digital Press, 2006. ISBN: 978-1-555-58321-7

[19] Peter Bailis, Alan Fekete, Michael J Franklin, et al.: "Coordination-Avoiding Database Systems," *Proceedings of the VLDB Endowment*, volume 8, number 3, pages 185–196, November 2014.

[20] Kyle Kingsbury: "Call Me Maybe: etcd and Consul," *aphyr.com*, June 9, 2014.

[21] Flavio P. Junqueira, Benjamin C. Reed, and Marco Serafini: "Zab: High-Performance Broadcast for Primary-Backup Systems," at *41st IEEE International Conference on Dependable Systems and Networks* (DSN), June 2011. doi:10.1109/DSN.2011.5958223

[22] Diego Ongaro and John K. Ousterhout: "In Search of an Understandable Consensus Algorithm (Extended Version)," at *USENIX Annual Technical Conference* (ATC), June 2014.

[23] Hagit Attiya, Amotz Bar-Noy, and Danny Dolev: "Sharing Memory Robustly in Message-Passing Systems," *Journal of the ACM*, volume 42, number 1, pages 124–142, January 1995. doi:10.1145/200836.200869

[24] Nancy Lynch and Alex Shvartsman: "Robust Emulation of Shared Memory Using Dynamic Quorum-Acknowledged Broadcasts," at *27th Annual International Symposium on Fault-Tolerant Computing* (FTCS), June 1997. doi:10.1109/FTCS. 1997.614100

[25] Christian Cachin, Rachid Guerraoui, and Luis Rodrigues: *Introduction to Reliable and Secure Distributed Programming*, 2nd edition. Springer, 2011. ISBN: 978-3-642-15259-7, doi:10.1007/978-3-642-15260-3

[26] Sam Elliott, Mark Allen, and Martin Kleppmann: personal communication, thread on *twitter.com*, October 15, 2015.

[27] Niklas Ekstrom, Mikhail Panchenko, and Jonathan Ellis: "Possible Issue with Read Repair?," email thread on *cassandra-dev* mailing list, October 2012.

[28] Maurice P. Herlihy: "Wait-Free Synchronization," *ACM Transactions on Programming Languages and Systems* (TOPLAS), volume 13, number 1, pages 124–149, January 1991. doi:10.1145/114005.102808

[29] Armando Fox and Eric A. Brewer: "Harvest, Yield, and Scalable Tolerant Systems," at *7th Workshop on Hot Topics in Operating Systems* (HotOS), March 1999. doi:10.1109/HOTOS.1999.798396

[30] Seth Gilbert and Nancy Lynch: "Brewer's Conjecture and the Feasibility of Consistent, Available, Partition-Tolerant Web Services," *ACM SIGACT News*, volume 33, number 2, pages 51–59, June 2002. doi:10.1145/564585.564601

[31] Seth Gilbert and Nancy Lynch: "Perspectives on the CAP Theorem," *IEEE Computer Magazine*, volume 45, number 2, pages 30–36, February 2012. doi:10.1109/MC. 2011.389

[32] Eric A. Brewer: "CAP Twelve Years Later: How the 'Rules' Have Changed," *IEEE Computer Magazine*, volume 45, number 2, pages 23–29, February 2012. doi:10.1109/MC.2012.37

[33] Susan B. Davidson, Hector Garcia-Molina, and Dale Skeen: "Consistency in Partitioned Networks," *ACM Computing Surveys*, volume 17, number 3, pages 341–370, September 1985. doi:10.1145/5505.5508

[34] Paul R. Johnson and Robert H. Thomas: "RFC 677: The Maintenance of Duplicate Databases," Network Working Group, January 27, 1975.

[35] Bruce G. Lindsay, Patricia Griffiths Selinger, C. Galtieri, et al.: "Notes on Distributed Databases," IBM Research, Research Report RJ2571(33471), July 1979.

[36] Michael J. Fischer and Alan Michael: "Sacrificing Serializability to Attain High Availability of Data in an Unreliable Network," at *1st ACM Symposium on Principles of Database Systems* (PODS), March 1982. doi:10.1145/588111.588124

[37] Eric A. Brewer: "NoSQL: Past, Present, Future," at *QCon San Francisco*, November 2012.

[38] Henry Robinson: "CAP Confusion: Problems with 'Partition Tolerance,'" *blog.cloudera.com*, April 26, 2010.

[39] Adrian Cockcroft: "Migrating to Microservices," at *QCon London*, March 2014.

[40] Martin Kleppmann: "A Critique of the CAP Theorem," arXiv:1509.05393, September 17, 2015.

[41] Nancy A. Lynch: "A Hundred Impossibility Proofs for Distributed Computing," at *8th ACM Symposium on Principles of Distributed Computing* (PODC), August 1989. doi:10.1145/72981.72982

[42] Hagit Attiya, Faith Ellen, and Adam Morrison: "Limitations of Highly-Available Eventually-Consistent Data Stores," at *ACM Symposium on Principles of Distributed Computing* (PODC), July 2015. doi:10.1145/2767386.2767419

[43] Peter Sewell, Susmit Sarkar, Scott Owens, et al.: "x86-TSO: A Rigorous and Usable Programmer's Model for x86 Multiprocessors," *Communications of the ACM*, volume 53, number 7, pages 89–97, July 2010. doi:10.1145/1785414.1785443

[44] Martin Thompson: "Memory Barriers/Fences," *mechanicalsympathy.blogspot.co.uk*, July 24, 2011.

[45] Ulrich Drepper: "What Every Programmer Should Know About Memory," *akkadia.org*, November 21, 2007.

[46] Daniel J. Abadi: "Consistency Tradeoffs in Modern Distributed Database System Design," *IEEE Computer Magazine*, volume 45, number 2, pages 37–42, February 2012. doi:10.1109/MC.2012.33

[47] Hagit Attiya and Jennifer L. Welch: "Sequential Consistency Versus Linearizability," *ACM Transactions on Computer Systems* (TOCS), volume 12, number 2, pages 91–122, May 1994. doi:10.1145/176575.176576

[48] Mustaque Ahamad, Gil Neiger, James E. Burns, et al.: "Causal Memory: Definitions, Implementation, and Programming," *Distributed Computing*, volume 9, number 1, pages 37–49, March 1995. doi:10.1007/BF01784241

[49] Wyatt Lloyd, Michael J. Freedman, Michael Kaminsky, and David G. Andersen: "Stronger Semantics for Low-Latency Geo-Replicated Storage," at *10th USENIX Symposium on Networked Systems Design and Implementation* (NSDI), April 2013.

[50] Marek Zawirski, Annette Bieniusa, Valter Balegas, et al.: "SwiftCloud: Fault-Tolerant Geo-Replication Integrated All the Way to the Client Machine," INRIA Research Report 8347, August 2013.

[51] Peter Bailis, Ali Ghodsi, Joseph M Hellerstein, and Ion Stoica: "Bolt-on Causal Consistency," at *ACM International Conference on Management of Data* (SIGMOD), June 2013.

[52] Philippe Ajoux, Nathan Bronson, Sanjeev Kumar, et al.: "Challenges to Adopting Stronger Consistency at Scale," at *15th USENIX Workshop on Hot Topics in Operating Systems* (HotOS), May 2015.

[53] Peter Bailis: "Causality Is Expensive (and What to Do About It)," *bailis.org*, February 5, 2014.

[54] Ricardo Goncalves, Paulo Sergio Almeida, Carlos Baquero, and Victor Fonte: "Concise Server-Wide Causality Management for Eventually Consistent Data Stores," at *15th IFIP International Conference on Distributed Applications and Interoperable Systems* (DAIS), June 2015. doi:10.1007/978-3-319-19129-4_6

[55] Rob Conery: "A Better ID Generator for PostgreSQL," *rob.conery.io*, May 29, 2014.

[56] Leslie Lamport: "Time, Clocks, and the Ordering of Events in a Distributed System," *Communications of the ACM*, volume 21, number 7, pages 558–565, July 1978. doi:10.1145/359545.359563

[57] Xavier Defago, Andre Schiper, and Peter Urban: "Total Order Broadcast and Multicast Algorithms: Taxonomy and Survey," *ACM Computing Surveys*, volume 36, number 4, pages 372–421, December 2004. doi:10.1145/1041680.1041682

[58] Hagit Attiya and Jennifer Welch: *Distributed Computing: Fundamentals, Simulations and Advanced Topics*, 2nd edition. John Wiley & Sons, 2004. ISBN: 978-0-471-45324-6, doi:10.1002/0471478210

[59] Mahesh Balakrishnan, Dahlia Malkhi, Vijayan Prabhakaran, et al.: "CORFU: A Shared Log Design for Flash Clusters," at *9th USENIX Symposium on Networked Systems Design and Implementation* (NSDI), April 2012.

[60] Fred B. Schneider: "Implementing Fault-Tolerant Services Using the State Machine Approach: A Tutorial," *ACM Computing Surveys*, volume 22, number 4, pages 299–319, December 1990.

[61] Alexander Thomson, Thaddeus Diamond, Shu-Chun Weng, et al.: "Calvin: Fast Distributed Transactions for Partitioned Database Systems," at *ACM International Conference on Management of Data* (SIGMOD), May 2012.

[62] Mahesh Balakrishnan, Dahlia Malkhi, Ted Wobber, et al.: "Tango: Distributed Data Structures over a Shared Log," at *24th ACM Symposium on Operating Systems Principles* (SOSP), November 2013. doi:10.1145/2517349.2522732

[63] Robbert van Renesse and Fred B. Schneider: "Chain Replication for Supporting High Throughput and Availability," at *6th USENIX Symposium on Operating System Design and Implementation* (OSDI), December 2004.

[64] Leslie Lamport: "How to Make a Multiprocessor Computer That Correctly Executes Multiprocess Programs," *IEEE Transactions on Computers*, volume 28, number 9, pages 690–691, September 1979. doi:10.1109/TC.1979.1675439

[65] Enis Soztutar, Devaraj Das, and Carter Shanklin: "Apache HBase High Availability at the Next Level," *hortonworks.com*, January 22, 2015.

[66] Brian F Cooper, Raghu Ramakrishnan, Utkarsh Srivastava, et al.: "PNUTS: Yahoo!'s Hosted Data Serving Platform," at *34th International Conference on Very Large Data Bases* (VLDB), August 2008. doi:10.14778/1454159.1454167

[67] Tushar Deepak Chandra and Sam Toueg: "Unreliable Failure Detectors for Reliable Distributed Systems," *Journal of the ACM*, volume 43, number 2, pages 225–267, March 1996. doi:10.1145/226643.226647

[68] Michael J. Fischer, Nancy Lynch, and Michael S. Paterson: "Impossibility of Distributed Consensus with One Faulty Process," *Journal of the ACM*, volume 32, number 2, pages 374–382, April 1985. doi:10.1145/3149.214121

[69] Michael Ben-Or: "Another Advantage of Free Choice: Completely Asynchronous Agreement Protocols," at *2nd ACM Symposium on Principles of Distributed Computing* (PODC), August 1983. doi:10.1145/800221.806707

[70] Jim N. Gray and Leslie Lamport: "Consensus on Transaction Commit," *ACM Transactions on Database Systems* (TODS), volume 31, number 1, pages 133–160, March 2006. doi:10.1145/1132863.1132867

[71] Rachid Guerraoui: "Revisiting the Relationship Between Non-Blocking Atomic Commitment and Consensus," at *9th International Workshop on Distributed Algorithms* (WDAG), September 1995. doi:10.1007/BFb0022140

[72] Thanumalayan Sankaranarayana Pillai, Vijay Chidambaram, Ramnatthan Alagappan, et al.: "All File Systems Are Not Created Equal: On the Complexity of Crafting Crash-Consistent Applications," at *11th USENIX Symposium on Operating Systems Design and Implementation* (OSDI), October 2014.

[73] Jim Gray: "The Transaction Concept: Virtues and Limitations," at *7th International Conference on Very Large Data Bases* (VLDB), September 1981.

[74] Hector Garcia-Molina and Kenneth Salem: "Sagas," at *ACM International Conference on Management of Data* (SIGMOD), May 1987. doi:10.1145/38713.38742

[75] C. Mohan, Bruce G. Lindsay, and Ron Obermarck: "Transaction Management in the R* Distributed Database Management System," *ACM Transactions on Database Systems*, volume 11, number 4, pages 378–396, December 1986. doi:10.1145/7239.7266

[76] "Distributed Transaction Processing: The XA Specification," X/Open Company Ltd., Technical Standard XO/CAE/91/300, December 1991. ISBN: 978-1-872-63024-3

[77] Mike Spille: "XA Exposed, Part II," *jroller.com*, April 3, 2004.

[78] Ivan Silva Neto and Francisco Reverbel: "Lessons Learned from Implementing WS-Coordination and WS-AtomicTransaction," at *7th IEEE/ACIS International Conference on Computer and Information Science* (ICIS), May 2008. doi:10.1109/ICIS.2008.75

[79] James E. Johnson, David E. Langworthy, Leslie Lamport, and Friedrich H. Vogt: "Formal Specification of a Web Services Protocol," at *1st International Workshop on Web Services and Formal Methods* (WS-FM), February 2004. doi:10.1016/j.entcs. 2004.02.022

[80] Dale Skeen: "Nonblocking Commit Protocols," at *ACM International Conference on Management of Data* (SIGMOD), April 1981. doi:10.1145/582318.582339

[81] Gregor Hohpe: "Your Coffee Shop Doesn't Use Two-Phase Commit," *IEEE Software*, volume 22, number 2, pages 64–66, March 2005. doi:10.1109/MS.2005.52

[82] Pat Helland: "Life Beyond Distributed Transactions: An Apostate's Opinion," at *3rd Biennial Conference on Innovative Data Systems Research* (CIDR), January 2007.

[83] Jonathan Oliver: "My Beef with MSDTC and Two-Phase Commits," *blog.jonathanoliver.com*, April 4, 2011.

[84] Oren Eini (Ahende Rahien): "The Fallacy of Distributed Transactions," *ayende.com*, July 17, 2014.

[85] Clemens Vasters: "Transactions in Windows Azure (with Service Bus) – An Email Discussion," *vasters. com*, July 30, 2012.

[86] "Understanding Transactionality in Azure," NServiceBus Documentation, Particular Software, 2015.

[87] Randy Wigginton, Ryan Lowe, Marcos Albe, and Fernando Ipar: "Distributed Transactions in MySQL," at *MySQL Conference and Expo*, April 2013.

[88] Mike Spille: "XA Exposed, Part I," *jroller.com*, April 3, 2004.

[89] Ajmer Dhariwal: "Orphaned MSDTC Transactions (-2 spids)," *eraofdata.com*, December 12, 2008.

[90] Paul Randal: "Real World Story of DBCC PAGE Saving the Day," *sqlskills.com*, June 19, 2013.

[91] "in-doubt xact resolution Server Configuration Option," SQL Server 2016 documentation, Microsoft, Inc., 2016.

[92] Cynthia Dwork, Nancy Lynch, and Larry Stockmeyer: "Consensus in the Presence of Partial Synchrony," *Journal of the ACM*, volume 35, number 2, pages 288–323, April 1988. doi:10.1145/42282.42283

[93] Miguel Castro and Barbara H. Liskov: "Practical Byzantine Fault Tolerance and Proactive Recovery," *ACM Transactions on Computer Systems*, volume 20, number 4, pages 396–461, November 2002. doi:10.1145/571637.571640

[94] Brian M. Oki and Barbara H. Liskov: "Viewstamped Replication: A New Primary Copy Method to Support Highly-Available Distributed Systems," at *7th ACM Symposium on Principles of Distributed Computing* (PODC), August 1988. doi:10.1145/62546.62549

[95] Barbara H. Liskov and James Cowling: "Viewstamped Replication Revisited," Massachusetts Institute of Technology, Tech Report MIT-CSAIL-TR-2012-021, July 2012.

[96] Leslie Lamport: "The Part-Time Parliament," *ACM Transactions on Computer Systems*, volume 16, number 2, pages 133–169, May 1998. doi:10.1145/279227.279229

[97] Leslie Lamport: "Paxos Made Simple," *ACM SIGACT News*, volume 32, number 4, pages 51–58, December 2001.

[98] Tushar Deepak Chandra, Robert Griesemer, and Joshua Redstone: "Paxos Made Live – An Engineering Perspective," at *26th ACM Symposium on Principles of Distributed Computing* (PODC), June 2007.

[99] Robbert van Renesse: "Paxos Made Moderately Complex," *cs.cornell.edu*, March 2011.

[100] Diego Ongaro: "Consensus: Bridging Theory and Practice," PhD Thesis, Stanford University, August 2014.

[101] Heidi Howard, Malte Schwarzkopf, Anil Madhavapeddy, and Jon Crowcroft: "Raft Refloated: Do We Have Consensus?," *ACM SIGOPS Operating Systems Review*, volume 49, number 1, pages 12–21, January 2015. doi:10.1145/2723872.2723876

[102] Andre Medeiros: "ZooKeeper's Atomic Broadcast Protocol: Theory and Practice," Aalto University School of Science, March 20, 2012.

[103] Robbert van Renesse, Nicolas Schiper, and Fred B. Schneider: "Vive La Difference: Paxos vs. Viewstamped Replication vs. Zab," *IEEE Transactions on Dependable and Secure Computing*, volume 12, number 4, pages 472–484, September 2014. doi:10.1109/TDSC.2014.2355848

[104] Will Portnoy: "Lessons Learned from Implementing Paxos," *blog.willportnoy.com*, June 14, 2012.

[105] Heidi Howard, Dahlia Malkhi, and Alexander Spiegelman: "Flexible Paxos: Quorum Intersection Revisited," *arXiv:1608.06696*, August 24, 2016.

[106] Heidi Howard and Jon Crowcroft: "Coracle: Evaluating Consensus at the Internet Edge," at *Annual Conference of the ACM Special Interest Group on Data Communication* (SIGCOMM), August 2015. doi:10.1145/2829988.2790010

[107] Kyle Kingsbury: "Call Me Maybe: Elasticsearch 1.5.0," *aphyr.com*, April 27, 2015.

[108] Ivan Kelly: "BookKeeper Tutorial," *github.com*, October 2014.

[109] Camille Fournier: "Consensus Systems for the Skeptical Architect," at *Craft Conference*, Budapest, Hungary, April 2015.

[110] Kenneth P. Birman: "A History of the Virtual Synchrony Replication Model," in *Replication: Theory and Practice*, Springer LNCS volume 5959, chapter 6, pages 91–120, 2010. ISBN: 978-3-642-11293-5, doi:10.1007/978-3-642-11294-2_6

第三部分

衍生資料

本書的第一部分和第二部分匯總了分散式系統的所有主要考量，包括資料在磁碟上的佈局、故障發生時要達成分散一致的限制。但是，這些討論都假設應用程式中只存在一個資料庫。

實際上，資料系統通常更加複雜。在大型應用程式中，常常需要能夠以多種不同的方式存取和處理資料，沒有一個資料庫可以同時滿足所有不同的需求。因此，應用程式通常會使用幾種不同的資料儲存、索引、快取、分析系統等的組合，並實作一種可以將資料從一個儲存轉移到另一個儲存系統的機制。

本書的最後一部分將研究如何將多個不同的資料系統整合到一個同調（coherent）應用架構的問題，這些個別的系統可能使用了不同的資料模型，並針對不同的存取模式進行了最佳化。系統供應商經常宣稱他們的產品可以滿足你的所有需求，但系統建構這一方面的需求卻往往受到忽視。實際上，對於一個重要的應用程式，整合不同的系統是尤其重要的事情之一。

記錄系統和衍生資料系統

在較高的層次上，儲存和處理資料的系統可以分為兩大類：

記錄系統（*Systems of record*）

> 一個記錄系統，也被稱為**事實來源**（*source of truth*），擁有資料的權威版本。當新的資料進來時，例如使用者輸入，它會最先被寫入這裡。每個事實（fact）在系統內只會精確表示一次（exactly once），而資料的表示（representation）通常是**正規化**（*normalized*）過的。如果另一個系統和記錄系統之間有任何差異，那麼就應該以記錄系統中的資料值（根據定義）為準。

衍生資料系統（*Derived data systems*）

> 衍生系統中的資料是從另一個系統中所獲取的一些現有資料，然後經過某種方式對其進行轉換或處理後的結果。如果衍生資料遺失了，可以從原始資料來源重新創建它。快取正是一個典型的例子：如果資料存在於快取中，則可以由快取來為讀取請求提供服務；但如果快取中沒有所需的資料，那麼就再追溯至它底下的資料庫來取出資料。非正規化的值、索引和實體化視圖都屬於這一類。在推薦系統中，預測性的匯總資料通常是來自於使用日誌。

從技術上來講，衍生資料是一種**冗餘**（*redundant*），因為它是現存資訊的一種重複。但是，對於讀取查詢來說，它通常是提供良好性能的關鍵。它通常是**反正規化的**（*denormalized*）。你可以從一個資料來源衍生出多個不同的 datasets，從而使你能夠用不同的「視角」來查找資料。

並不是所有系統都會在架構中明確地區分出記錄系統和衍生資料系統。如果可以區別出它們當然很好，因為這樣子就可以梳理清楚系統中的資料流（dataflow）：將系統中哪些部分的輸入和輸出、以及它們如何相互依賴的關係給明確化。

大多數資料庫、儲存引擎和查詢語言，在本質上既不屬於記錄系統，也非衍生系統。資料庫只是一個工具：如何使用它取決於你。記錄系統和衍生資料系統之間的區別並不是由工具所決定的，而是取決於你在應用程式中使用它們的方式。

只要梳理清楚哪些資料是從哪些資料衍生出來的，就可以讓複雜的系統架構清晰起來，而這一點也是本書這一部分的主題。

章節概述

我們將從第 10 章開始研究批次導向的資料流系統（batch-oriented dataflow system），例如 MapReduce，看看它們如何提供建構大規模資料系統時所需要的工具和原則。第 11 章將採用這些想法並將其應用到資料串流（data streams）當中，這讓我們能夠以更低延遲的代價來完成相同的事情。第 12 章會對本書進行總結，探討我們未來如何使用這些工具來建構可靠、可擴展以及可維護的應用程式。

第十章

批次處理

> 一個富有太多個人色彩的系統不太可能獲得成功。一旦最初的設計完成並且還算健
> 壯的時候,真正的考驗才要開始,因為各方人馬將抱其觀點對系統投以試驗。
>
> —Donald Knuth

本書前兩個部分討論了很多關於**請求**和**查詢**,以及相應的**回應**或**結果**的事情。許多現代資料系統都假定了這樣的資料處理方式:你向系統請求某樣東西或者發送一條指令,一段時間後(希望)系統會給你一個答案。資料庫、快取、搜尋索引、web 伺服器和許多其他系統大都是這樣工作的。

在這樣的**線上系統**中,無論是單純請求頁面的 web 瀏覽器還是呼叫遠端 API 的服務,通常都假設請求是由人類使用者所觸發的,而且該使用者會等待著回應。等待通常不應該太久,因此我們非常重視這些系統的**回應時間**(參見第 13 頁的「描述性能」)。

Web 以及 HTTP/REST-based APIs 的益發成長,使得請求 / 回應風格的互動模式變得相當普遍,以至於很容易將其視為理所當然的事情。但我們應該記住,這並不是建構系統的唯一方法,其他方法也同樣有其優點。我們可以將系統大概區分成以下三種不同類型:

服務(線上系統)

服務會等待來自客戶端的請求或指令到來。當接收到一個請求或指令時,服務會試圖儘快處理它並回覆一個響應。回應時間通常是衡量服務性能的主要指標,而可用性通常也是非常重要的要求(如果客戶端無法存取到服務,使用者可能就會收到報告錯誤的訊息)。

批次處理系統（離線系統）

批次處理系統（batch processing system）接受大量的輸入資料，並運行一個作業（*job*）來處理它，然後產生一些輸出資料。作業通常需要一段時間才能完成（從幾分鐘到幾天都有可能），因此使用者通常不會原地等待作業完成來取得結果。所以，批次處理作業一般會被規劃成定期運行這樣的安排（例如一天運行一次）。**吞吐量**（*throughput*）是衡量批次處理作業性能的主要度量，比如說壓縮某個大小的 input dataset 所花費的時間。批次處理正是本章要討論的主題。

流式處理系統（近即時系統）

流式處理（stream processing）介於線上和離線／批次處理之間，因此有時也稱為近即時（*near-real-time*）或近線（*nearline*）處理。與批次處理系統一樣，串流處理器（stream processor）會消耗輸入並產生輸出（而非對請求做出回應）。然而，串流作業（stream job）在事件發生後不久就可以對其進行操作，而批次處理作業則是需要等待一組固定的輸入資料到位後才能進行操作。這種差異使得流式處理系統會比相同功能的批次處理系統具有更低的延遲。由於串流處理會以批次處理作為基礎，因此我們會在第 11 章詳細討論串流處理系統。

本章我們將看到，batch processing 是建構可靠、可擴展、可維護應用程式的重要基礎。例如 2004 年發佈的批次處理演算法 MapReduce [1]，被稱為是「讓 Google 具有如此大規模可擴展能力的演算法」[2]（這個說法也許有些誇張了）。它隨後在各種開放原始碼的資料系統中被實作，包括 Hadoop、CouchDB 和 MongoDB。

與許多年前為資料倉儲所開發的平行處理系統（parallel processing systems）相比，MapReduce 是一種相當底層的程式設計模型 [3, 4]，但是就可在商用硬體上實現的處理規模來講，它是重大的進步。儘管 MapReduce 的重要性正在下降 [5]，但它仍然值得我們一探究竟，因為它可以清晰地說明 batch processing 為什麼有用以及如何有用。

事實上，batch processing 是一種非常古老的計算形式。早在可程式化的數位電腦發明之前，打孔卡製表機（例如 1890 年美國人口普查所使用的 Hollerith 機器 [6]）就實現了一種半機械化的批次處理形式，用來計算大量輸入資料的匯總統計資訊。MapReduce 與 1940、1950 年代廣泛用於商業資料處理的機電式 IBM 卡片分揀機有著驚人的相似之處 [7]。一如既往，歷史總是有重演的趨勢。

本章將會介紹 MapReduce 和一些批次處理演算法和框架，並探索現代資料系統如何使用它們。但首先，我們會從使用標準 Unix 工具進行資料處理開始。即使你對它們已經很熟了，也值得複習一下 Unix 哲學，因為從 Unix 身上學到的思想和經驗可以應用到更大規模、異構的分散式資料系統當中。

使用 Unix 工具進行批次處理

讓我們從一個簡單的例子開始。假設有一個 web 伺服器，它在每次服務請求時都會向日誌檔追加一條記錄。如果以 nginx 預設的存取日誌格式為例的話，日誌記錄可能會長得像這樣：

```
216.58.210.78 - - [27/Feb/2015:17:55:11 +0000] "GFT /css/typography.css IITTP/1.1"
200 3377 "http://martin.kleppmann.com/" "Mozilla/5.0 (Macintosh; Intel Mac OS X
10_9_5) AppleWebKit/537.36 (KHTML, like Gecko) Chrome/40.0.2214.115
Safari/537.36"
```

（實際上這只是一行訊息，此處為了方便閱讀而拆成了多行顯示。）這一條訊息當中帶有很多資訊。如果要解釋它的意思，就得知道日誌格式的定義才行。如下所示：

```
$remote_addr - $remote_user [$time_local] "$request"
$status $body_bytes_sent "$http_referer" "$http_user_agent"
```

現在我們知道，這一條日誌表示在 2015 年 2 月 27 日，UTC 時間 17:55:11，伺服器收到了來自 IP 地址 216.58.210.78 的客戶端對 /css/typograpch.css 這個檔案的請求。使用者並未經過身分驗證，因此 $remote_user 被設置為連字號（-）。回應狀態為 200（即請求成功），回應大小為 3,377 位元組。Web 瀏覽器是 Chrome 40，它之所以會載入該檔案，是因為該檔案在 URL http://martin.kleppmann.com/ 的頁面中有被引用到。

簡易日誌分析

如果想要從日誌檔的這些資料來產生一份關於網站流量的精美報告，其實有各種工具可以運用。但是為了練習，我們選擇用基本的 Unix 工具來做就好。例如，假設現在想要找出網站上最受歡迎的 5 個頁面是哪些，可以在 Unix shell 下這樣做 [1]：

---

[1] 有些人可能會指出，這裡沒有必要用到 cat，因為輸入檔可以直接作為參數提供給 awk。但是，這樣的寫法可以讓線性的處理管線（pipeline）更加直觀。

```
cat /var/log/nginx/access.log |   ❶
  awk '{print $7}' |   ❷
  sort             |   ❸
  uniq -c          |   ❹
  sort -r -n       |   ❺
  head -n 5            ❻
```

❶ 讀取日誌檔。

❷ 將每一條訊息以空格為切割基準,將訊息分割成幾個資料欄位,而且每條訊息只取它第 7 順位的欄位做輸出,這個欄位正是請求的 URL 位址。在這個例子中,請求的 URL 是 */css/typograpchy.css*。

❸ 按字母順序來 sort 請求的 URL 清單。如果某個 URL 已被請求過 *n* 次,那麼經過排序之後,同一 URL 在檔案中就會在一列中重複出現 *n* 次。

❹ uniq 命令會檢查兩條相鄰的輸入訊息是否相同,用以濾除重複的訊息。-c 選項能讓該命令伴隨輸出一個計數值:它會報告每個不同的 URL 在輸入中出現過的次數。

❺ 第二個 sort 會按每條訊息開頭的數字進行排序(-n),這個數字是請求 URL 的次數。然後以反向(-r)的順序傳回結果,即最大數字的輸出在前。

❻ 最後,head 命令只取輸入的前 5 行(-n 5)做輸出,然後丟棄其餘的資料。

該系列命令的輸出如下所示:

```
4189 /favicon.ico
3631 /2013/05/24/improving-security-of-ssh-private-keys.html
2124 /2012/12/05/schema-evolution-in-avro-protocol-buffers-thrift.html
1369 /
 915 /css/typography.css
```

如果你對 Unix 工具不熟,上面的命令雖然會讓你有點頭痛,但這無損它們的強大。它可以在幾秒鐘內處理千百萬位元組的日誌檔,你可以輕鬆地修改解析過程來滿足實際需要。例如,倘若想在報告中忽略 CSS 檔案,可以將 awk 參數更改為 '$7 !~ /\.css$/ {print $7}'。如果想計算熱門的客戶端 IP 而不是熱門頁面的話,可以將 awk 參數更改為 '{print $1}',等等。

雖然本書沒有足夠的篇幅來詳細討論 Unix 工具,但它們確實很值得你我學習。使用 awk、sed、grep、sort、uniq 和 xargs 的組合,可以在幾分鐘內完成令人驚豔的許多資料分析,而且無可挑剔 [8]。

命令鏈與自訂程式

如果不想用 Unix 命令鏈（the chain of Unix commands），你也可以編寫一個簡單的程式來完成同樣的工作。例如在 Ruby 中，它看起來可能像這樣：

```
counts = Hash.new(0)  ❶

File.open('/var/log/nginx/access.log') do |file|
  file.each do |line|
    url = line.split [6]  ❷
    counts [url] += 1  ❸
  end
end

top5 = counts.map{|url, count| [count, url] }.sort.reverse [0...5]  ❹
top5.each{|count, url| puts "#{count} #{url}" }  ❺
```

❶ counts 是一個雜湊表，其中保存了一個計數器，記錄每個 URL 出現的次數。計數器預設是從 0 開始。

❷ 對日誌的每一條訊息，從按空格分割後的第 7 個欄位取出 URL（這裡的陣列索引是 6，因為 Ruby 的陣列是索引是從 0 開始算起的）。

❸ 對日誌當前訊息行的 URL，遞增其計數器。

❹ 按計數值（降冪）來對雜湊表內容進行排序，並只取出最前面的 5 個條目。

❺ 列印出前 5 個條目。

這個程式不像 Unix 管線鏈（the chain of Unix pipes）那樣簡潔，但可讀性相當好，你可以根據喜好來選擇適當的做法。然而，除了表面上的語法不同之外，在執行流程上也存有很大的差異。如果是對大檔案執行分析的話，差異就會就變得很明顯了。

排序與記憶體中聚合

Ruby 指令稿的做法是在記憶體中保存一份 URL 雜湊表，其中每個 URL 都會有它相對應的被瀏覽次數。Unix pipeline 的例子並沒有這樣的雜湊表，計算是依賴於對 URL 清單的排序，同一個 URL 在排序結果中只是重複出現多次。

哪種方法更好呢？這取決於你有多少不同的 URLs。對大多數中小型網站，也許只消 1 GB 的記憶體就可以放置所有不同的 URLs 和每個 URL 的計數器。在這個例子中，作業的**工作集**（*working set*，作業需要隨機存取的記憶體總量）是由相異的 URLs 數量所決定的：如果一個 URL 有一百萬個日誌條目，在雜湊表中所需要的空間仍然是一個URL 加上計數器的大小。如果這個 working set 足夠小的話，記憶體中的雜湊表就可以正常工作，就算在筆記型電腦上運作也沒有問題。

另一方面，如果作業的 working set 大於可用記憶體，那麼採用排序方法的優點則是可以有效地利用磁碟。這與我們在第 76 頁「SSTables 和 LSM-Trees」中討論的原理相同：資料塊可以在記憶體中排序，並作為 segment files 寫入磁碟，然後多個經排序的segments 可以再合併成為一個更大的排序檔。Mergesort（歸併排序）的循序存取模式在磁碟上可以執行得很好。（請記住，對循序 I/O 的最佳化是第 3 章中反復出現的主題。同樣的模式在這裡又出現了。）

GNU Coreutils（Linux）中的 sort 工具通過自動溢出到磁碟（spilling to disk）來處理大於記憶體的 datasets，並自動利用多個 CPU 核心來進行平行排序 [9]。這意味著我們前面看到的簡單 Unix 命令鏈可以很容易地擴展到大型資料集，而不會耗盡記憶體，但是從磁碟讀取檔案的速度限制可能會是瓶頸所在。

Unix 哲學

我們能夠很容易地使用像前例中那樣的命令鏈來分析日誌檔，這並非巧合：這實際上正是 Unix 的關鍵設計思想之一，並且在今天仍然讓人驚嘆。讓我們更深入地研究它，以便可以借鑒其中的一些想法 [10]。

Unix pipes 的發明者 Doug McIlroy 在 1964 年首次這樣描述 pipes [11]：「當需要以另一種方式處理資料時，我們應該有一些將程式連接在一起的方法，就像把塑膠水管擰接起來那樣。這也是 I/O 的處理方式。」對 pipes 的比喻就如此底定下來了，使用 pipes 來連接程式的想法成了如今 *Unix 哲學*（the *Unix philosophy*）的一部分，這樣的哲學是一套流行在 Unix 開發人員和使用者之間的設計原則。這樣的哲學在 1978 年有了更完整的描述 [12, 13]：

1. 每個程式一次只做好一件事。要做一項新工作，就應該重新建構新程式，而不是通過增加新的「功能」讓舊程式變胖。

2. 應該預期每個程式的輸出都將會變成另一個未知程式的輸入。不要讓無關的資訊干擾輸出。輸入的格式要嚴格避免使用行式的（columnar）或二進位的資料。不必堅持非得有互動式的輸入不可。

3. 設計和建構軟體時（甚至是作業系統），要儘早嘗試，最好是在幾周內完成。碰到應該扔掉的笨拙部分，那就扔了吧，重建它們不要猶豫。

4. 優先使用工具來幫助減輕程式設計任務的負擔。有時候你必須得繞點彎路先建構工具，即使知道工具在使用完之後就可能會面臨被丟棄的命運。

這樣的方法：自動化、快速原型設計、增量迭代、對試驗友善、將大型專案拆分成可管理的小塊，聽起來是不是很像今天常聽到的敏捷（Agile）和 DevOps 運動。令人驚訝的是，上述的理念在這 40 年來幾乎沒有什麼太大變化。

工具 sort 是一個很好的例子，它是程式一次只做好一件事的最佳代表。與大多數程式語言的標準函式庫相比，它的排序實作更好。這些標準函式庫不會溢出到磁碟，也不會使用多執行緒，即使這樣做對演算法來講是有益的。然而，單獨使用 sort 工具的用處並不大，只有跟其他像是 uniq 這樣的 Unix 工具結合使用時，它才能變得強大。

像 bash 這樣的 Unix shell 讓我們可以輕鬆地將這些小程式組合（*compose*）成強大的資料處理作業。儘管這其中用到的許多程式是由不同的人所編寫的，但它們卻可以靈活地組合在一起。Unix 是如何實現這種可組合性的呢？

統一的介面

如果希望某個程式的輸出可以當成是另一個程式的輸入，這意味著這些程式必須使用相同的資料格式。換句話說，需要存在一個彼此相容的介面。如果希望能夠將**任何**程式的輸出連接到**任何**程式的輸入，這就表示**所有**程式都必須使用相同的輸入／輸出介面。

在 Unix 中，該介面是一個檔案（更準確地說是一個檔案描述符），而檔案僅僅是一個有序的位元組序列罷了。因為這是一個非常簡單的介面，所以同一個介面可以用來表示許多不同的東西：檔案系統上的實際檔案、與另一個程序的通訊通道（Unix socket、stdin、stdout）、裝置驅動程式（例如 /dev/audio 或 /dev/lp0）、TCP 連接的 socket 等等。雖然這些事情很容易被認為是理所當然的，但是真的相當厲害，因為這些不同的東西竟然可以共用一個統一的介面，讓它們能夠很容易地連接在一起[2]。

2　統一介面的另一個例子是 URL 和 HTTP，它們是 web 的基礎。URL 用於標識網站上的特定事物（資源），你可以從任何網站連結到任何 URL。因此，使用 web 瀏覽器的使用者可以透過跟蹤連結，在網站之間無縫地跳轉，即便那些網站伺服器可能是由彼此無關的組織所營運的。這個原則在今天看起來似乎沒什麼大不了，但它卻是 web 取得成功的關鍵。以前的系統沒有這麼統一：例如在 BBS 時代，每個系統都有自己的電話號碼和序列埠傳輸速率組態。從一個 BBS 到另一個 BBS 的參照，是以電話號碼和數據機組態的形式出現的；使用者必須先掛斷電話，撥打其他 BBS，然後再手動找到他們要找的資訊。不可能直接透過連結就馬上跳轉到另一個 BBS 的某個內容上。

按照慣例，許多（但不是所有）Unix 程式會將這個位元組序列當成是 ASCII 文本來處理。我們日誌分析的例子便是利用了這個事實：awk、sort、uniq 和 head 都將它們的輸入檔案視為由 \n（新行符號，ASCII 0x0A）分隔的記錄清單，此處的分隔基準 \n 可以按實際分析需求而任意選擇的。其實 ASCII 的記錄分隔符號 0x1E 本應該是更好的選擇，因為它正是為了這個目的而存在的 [14]。但無論如何，這些程式都標準化了使用相同的記錄分隔符號，這使得它們可以支援彼此的操作。

對每條記錄（即輸入的一行訊息）的剖析方法往往不是很明確。Unix 工具通常是利用 whitespace 或 tab 字元將一行字串分割成一個個的欄位，但是也存在使用 CSV（逗號分隔）、管線分隔（pipe-separated）和其他編碼的方式。即使像 xargs 這樣簡單的工具也有一堆命令列選項，用來指定應該如何剖析其輸入。

使用 ASCII 文本作為統一介面，基本上可以工作，但有時卻不是很漂亮的做法：我們在日誌分析的例子使用了 {print $7} 來取出 URL，以可讀性來講實在不太理想。比較好的情況可能要採取像是 {print $request_url} 或類似的東西，會比較易讀。我們稍後再回到這個想法。

Unix 的統一介面儘管並不完美，但即使在經歷了幾十年之後，它至今仍是相當了不起的作法。沒有多少軟體能像 Unix 工具那樣可以相互操作和組合：沒有它們，你大概就不能輕鬆地透過自訂分析工具將 email 帳號和相應的購物歷史導出到試算表，然後將結果發佈到社交網路或 wiki 上。今天，讓程式可以像 Unix 工具那樣順利地協同工作反而成了一種例外，而非常態。

即使是具有相同資料模型的資料庫，要將資料從一個資料庫中取出並放入另一個資料庫，往往也不是那麼容易。這種在整合面向的缺口，導致了資料的巴爾幹化（Balkanization of data，或稱碎裂化、破裂化）。

將邏輯與連接分離開來

Unix 工具的另一個特性是它們使用了標準輸入（stdin）和標準輸出（stdout）。如果運行一個程式但沒有指定輸出入參數，那麼 stdin 預設會來自鍵盤，而 stdout 則指向螢幕。但是，你也可以指定檔案作為輸入和 / 或將輸出重新導向到一個檔案。你還可以用 pipes 將某個程序的 stdout 接到另一個程序的 stdin（會用到較小的記憶體緩衝區，並且不需要將整個中間資料串流寫進磁碟中）。

如果有需要，程式還是可以直接讀寫檔案。不過，倘若程式只是單純使用 stdin 和 stdout，而不必擔心特定的檔案路徑的話，這樣一來 Unix 方法的效果會最好。這允許 shell 使用者能夠以他們想要的方式來將輸入和輸出連接起來（wire up）；程式不知道、也不關心輸入從哪裡來，輸出又到哪裡去。有人可能會說，這就是**鬆散耦合、晚期繫結** [15] 或**控制反轉** [16] 的一種形式。將輸入 / 輸出的連接（wiring）與程式邏輯（logic）**分離**開來，可以更容易地利用小工具來組合成更大的系統。

你甚至可以編寫自己的程式，並將它們與作業系統提供的工具結合在一起。程式只需要從 stdin 讀取輸入並將輸出寫到 stdout，這樣它就可以在資料處理的 pipeline 之間參上一咖。在日誌分析的例子中，你可以編寫一個工具將使用者代理字串（user-agent strings）轉換為更合理的瀏覽器識別符，或者編寫一個將 IP 位址轉換為國家代碼的工具，然後簡單地將其安插進 pipeline 之間。sort 程式並不關心它是與作業系統的某部分通訊還是與你編寫的程式通訊。

但是，使用 stdin 和 stdout 可以做的事情有其侷限。倘若程式需要多輸入或多輸出的話，雖然可以做到，但需要一點技巧。另外，你也不能將程式的輸出 pipe 到一個網路連接（network conneciton）[3] [17, 18]。如果一個程式直接打開檔案進行讀寫、將另一個程式作為子程序啟動、或打開網路連接，那麼 I/O 則是由程式自己 wire up 起來的。雖然這仍然可以透過組態來變更設定（例如用命令列選項），但是卻會降低在 shell 中連接輸入和輸出的靈活性。

透明和試驗

Unix 工具如此成功的部分原因是，人們可以很容易看到正在發生的事情：

- Unix 命令的輸入檔案通常被視為是不可變的（immutable）。這表示你可以頻繁地執行命令、嘗試各種命令列選項，而不會對輸入檔案造成破壞。

- 你可以在任何時候結束 pipeline，將輸出接到 less，然後查看它是否具有預期的形式。這種檢查功能對於偵錯非常有用。

- 你可以將一個 pipeline stage 的輸出寫進一個檔案，並使用該檔案作為下一 stage 的輸入。這讓你可以*毋需*重新運行整個 pipeline，就可以任意重新啟動位在後面的 stage。

---

3 除非使用單獨的工具，如 netcat 或 curl。Unix 嘗試將所有東西表示為檔案，但是 BSD sockets API 卻偏離了這個慣例 [17]。作為研究用的作業系統 Plan 9 和 Inferno 在檔案的使用方面更加一致：它們將 TCP connection 表示為 /net/tcp 下的一個檔案 [18]。

因此，與關聯式資料庫的查詢最佳化工具相比起來，雖然 Unix 工具相當簡單原始，但它們還是非常有用，特別是在測試實驗方面。

然而，Unix 工具的最大侷限是它們只能在單台機器上執行，而這留給了像是 Hadoop 這樣的工具一個切入點。

MapReduce 和分散式檔案系統

MapReduce 跟 Unix 工具有幾分相似，但是卻可以分佈在數千台機器上。與 Unix 工具一樣，它是一種相當生硬、粗暴但非常有效的工具。一個 MapReduce 作業相當於一個 Unix 程序：它接受一個或多個輸入，然後產生一個或多個輸出。

與大多數 Unix 工具一樣，運行 MapReduce 作業通常不會去修改到輸入，而且除了產生輸出之外不會有任何副作用。輸出檔案會以循序的方式被一次性寫入資料，一旦檔案被寫入過，後續就不會再修改到任何檔案現有的內容。

Unix 工具使用 stdin 和 stdout 作為輸入和輸出，而 MapReduce 作業則是在分散式檔案系統上讀寫檔案。在 Hadoop 的 MapReduce 實作中，該檔案系統被稱為 HDFS（Hadoop 分散式檔案系統，Hadoop Distributed File System），它是重新實作 Google 檔案系統 GFS（Google File System）的開放原始碼實作版本 [19]。

除了 HDFS 之外，還有其他各種分散式檔案系統，比如 GlusterFS 和 Quantcast 檔案系統（QFS）[20]。物件儲存服務，如 Amazon S3、Azure Blob 儲存和 OpenStack Swift [21] 在很多方面都是相似的 [4]。本章主要使用 HDFS 作為範例，但其原理適用於任何分散式檔案系統。

與網路附加儲存（*Network Attached Storage*, NAS）和儲存區域網路（*Storage Area Network*, SAN）架構的共享磁碟方式相比，HDFS 基於**無共享**原則（參見第二部分的介紹）。共享磁碟儲存是由集中存放的裝置實作而成，通常會使用客製硬體和特殊的網路基礎設施（如光纖通道）。另一方面，無共享的方式不需要特殊的硬體，只需要透過傳統的資料中心網路所連接起來的電腦就可以完成。

4　一個差別是，HDFS 的計算任務可以被調度到儲存特定檔案副本的機器上執行，而物件儲存則通常是將儲存和計算兩者分開。如果網路頻寬會是瓶頸的話，從本地磁碟讀取資料在性能上會比較有優勢。但是請注意，如果使用了糾刪編碼，那麼就會失去局部性帶來的優勢，因為它必須組合來自多台機器的資料，才能重新構成原始檔案 [20]。

HDFS 架構中，每台機器上會運行一個背景程序，它開放了一個網路服務，允許其他節點得以存取這台機器上的檔案（假設資料中心中的每台機器都具備磁碟機）。一個名為 *NameNode* 的中央伺服器會跟蹤哪些檔案區塊儲存在哪台機器上。因此，HDFS 建立出了一個概念上的大規模檔案系統，所有運行該背景程序的機器所擁有的磁碟空間都可以受到利用。

為了容忍機器和磁碟故障，檔案區塊會被複製到多台機器上。複製可能只是如第 5 章所述那樣，簡單地將相同的資料拷貝到多台機器上。或者使用如 Reed-Solomo 編碼這樣的一種糾刪碼（*erase coding*）方案，比起完整複製，它可以用更低的儲存開銷來復原丟失的資料 [20, 22]。這些技術類似於 RAID 能夠在同一台機器用多個磁碟來為資料提供冗餘；不同之處在於，在分散式檔案系統中，檔案存取和複製是在傳統的資料中心網路上完成的，並不需要仰賴特殊的硬體。

HDFS 有很好的擴展性：在撰寫本書時，最大的 HDFS 部署可以運行在數萬台機器上，聯合儲存容量可以達到數百 petabytes [23]。如此大規模的資料儲存之所以可行，是因為 HDFS 使用了商用硬體和開源軟體進行資料儲存，存取的成本遠低於同等容量的專用儲存裝置 [24]。

MapReduce 作業的執行

MapReduce 是一個程式設計框架，你可以用它來編寫程式碼，以處理存放在像是 HDFS 這樣的分散式檔案系統中的大型 datasets。要理解它的話，最簡單的方式就是回顧一下第 391 頁「簡易日誌分析」中對 web 伺服器日誌分析的例子。在 MapReduce 中，資料處理的模式和這個例子非常相似：

1. 讀取一組輸入檔案，並將其分解為一條條的記錄。在 web 伺服器日誌的例子中，每條記錄都是日誌中的一行訊息（也就是說，採用 \n 作為記錄的分隔符號）。

2. 呼叫 mapper 函數，從每個輸入記錄中萃取出一個鍵值對。在先前的例子中，mapper 函數是 awk '{print $7}'：它萃取 URL（$7）作為 key，並將 value 留空。

3. 按鍵對所有 key-value pairs 進行排序。在日誌的例子中，這是由第一個 sort 命令完成的。

4. 呼叫 reducer 函數，對排序後的 key-value pairs 進行遍歷。如果同一個 key 多次出現，它們會在排序後的結果清單中彼此相鄰，所以可以很容易地組合這些值，而不必將大量的狀態保存在記憶體中。在先前的例子中，reducer 的實作即由命令 `uniq -c` 完成，該命令會計算出同一鍵的相鄰記錄數量。

這四個步驟可以由一個 MapReduce 作業來執行。步驟 2（map）和步驟 4（reduce）是編寫自訂資料處理程式碼的地方。步驟 1（將檔案分解成記錄）是由輸入格式剖析器所處理。第 3 步的 sort 步驟在 MapReduce 中是隱式的，你不必自己編寫它，因為 mapper 的輸出總是會在排序之後才丟給 reducer。

要建立一個 MapReduce 作業的話，需要實作 mapper 和 reducer 這兩個回調函數（callback functions），它們的行為如下（參見第 46 頁「MapReduce 查詢」）：

Mapper

對於每個輸入的記錄，都會呼叫 mapper 一次，它的任務是從輸入記錄中萃取出 key 和 value。對於每個輸入，它可以產生出任意數量的 key-value pairs（包括空記錄，none）。它不會保存前後輸入記錄的任何狀態，因此對每個記錄的處理都是獨立的。

Reducer

MapReduce 框架使用 mapper 來產生 key-value pairs，收集同屬一鍵的所有值，並以迭代器呼叫 reducer 來迭代值集合中的每個值。Reducer 可以產生輸出記錄，例如同一個 URL 出現的次數。

對於 web 伺服器日誌的例子，第 5 步有第二個 sort 命令，它會依照請求的數量多寡對 URLs 進行排序。在 MapReduce 中，如果需要第二個排序階段，可以編寫第二個 MapReduce 作業來實作，這個作業可以使用第一個作業的輸出來作為它的輸入。這樣看來，mapper 扮演的就是把資料準備好的角色，也就是將資料整理成適合排序的形式；而 reducer 的角色則是負責對已經排序好的資料進行處理。

MapReduce 的分散式執行

MapReduce 與 Unix 命令 pipelines 的主要區別在於，MapReduce 可以跨多台機器平行計算，而且不需要顯式地編寫程式碼來處理平行。Mapper 和 reducer 一次只能處理一條記錄；它們不需要知道輸入從何而來，或者輸出又要到哪裡去，因此這樣的框架可以應對在機器間移動資料的複雜性。

雖然在分散式計算中也可以使用標準的 Unix 工具作為 mapper 和 reducer [25]，但更常見的作法是使用傳統程式語言的函數來實作。在 Hadoop MapReduce 中，mapper 和 reducer 都是需要實作有特定介面的 Java class。在 MongoDB 和 CouchDB 中，mapper 和 reducer 則都是 JavaScript 函數（參見第 46 頁的「MapReduce 查詢」）。

圖 10-1 顯示了 Hadoop MapReduce 作業中的 dataflow，其平行化是基於分區完成的（參見第 6 章）：作業的輸入通常是 HDFS 中的一個目錄，輸入目錄中的每個檔案或檔案區塊會被認為是單獨的 partition，可以由一個單獨的 map task 來加以處理（圖 10-1 中的 *m 1*、*m 2* 跟 *m 3*）。

每個輸入檔案的大小通常是幾個 megabytes。MapReduce scheduler（圖中沒有顯示）會嘗試在儲存輸入檔案副本的某台機器上執行每個 mapper，前提是這台機器有足夠的 RAM 和 CPU 資源來運行 map task [26]。這被稱為*計算與資料就近處理*（*putting the computation near the data*）原則 [27]：它節省了透過網路複製輸入檔案的開銷，減少了網路負載並提升了處理的局部性。

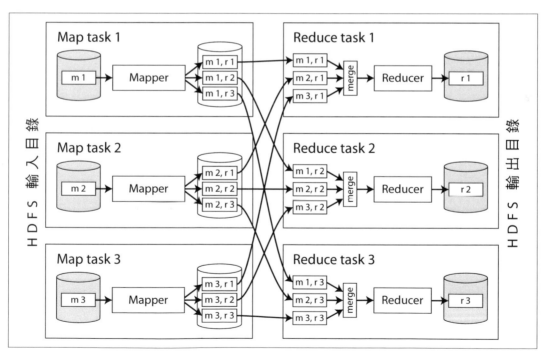

圖 10-1　具有三個 mappers 和三個 reducers 的 MapReduce 作業。

在大多數情況下，由 map task 執行的應用程式碼一開始還沒有出現在分配到應該運行它的機器上，所以 MapReduce 框架首先會將程式碼（例如 Java 程式的 JAR 檔）複製到適當的機器上。然後，啟動 map task 並開始讀取輸入檔案，每次傳遞一條記錄給 mapper callback。Mapper 的輸出由 key-value pairs 所組成。

Reduce 端的計算也會被分區。Map tasks 的數量是由輸入檔案塊的數量決定的，而 reduce tasks 的數量是由作業的編寫者所配置的（數量可與 map tasks 不同）。為了確保相同 key 的所有 key-value pairs 都由同一個 reducer 處理，框架會使用 key 的雜湊值來確定某個 key-value pair 需要由哪個 reduce task 接收處理（參見第 203 頁「按鍵的雜湊值進行分區」）。

鍵值對必須進行排序，但有可能會遇到 dataset 太大而無法在一台機器上使用傳統排序演算法進行排序的情況。所以，排序會被分階段執行。首先，每個 map task 根據 key 的雜湊值，透過 reducer 對其輸出進行分區。使用一種類似於我們在第 76 頁「SSTables 和 LSM-Trees」中討論到的技術，將這些分區寫入 mapper 本地磁碟上的一個排序檔。

每當一個 mapper 完成讀取輸入檔和寫入排序輸出檔時，MapReduce scheduler 就會通知 reducers，可以開始從該 mapper 取得輸出檔了。這些 reducers 會跟每個 mapper 連結起來，並按它們的分區來下載已排序的 key-value pairs 檔案。通過 reducer 先作分區、排序，然後將資料分區從 mappers 複製到 reducers 的程序稱為 *shuffle* [26]（這是一個令人困惑的術語，它跟洗牌不一樣，因為在 MapReduce 中並沒有隨機性）。

Reduce task 從 mappers 獲取檔案並將它們合併在一起，同時保持資料的排序順序。因此，如果不同的 mapper 對相同 key 產生出記錄，這些記錄將在合併後的 reducer 輸入中彼此相鄰。

這個 reducer 會由一個迭代器以一次一個 key 被呼叫，iterator 會循序地掃描相同 key 的所有記錄（在某些情況下，可能沒辦法將所有記錄都塞進記憶體）。這個 reducer 可以使用任意邏輯來處理這些記錄，並且可以產生任意數量的輸出記錄。這些輸出記錄會被寫到分散式檔案系統上的一個檔案中（通常會在運行 reducer 的機器本地磁碟上存放一份拷貝，在其他的機器上存放副本）。

MapReduce 的工作流程

通過單一個 MapReduce 作業所能解決的問題範圍是有限的。回顧日誌分析的例子，一個 MapReduce 作業可以確定每個 URL 的頁面被瀏覽過的次數，但不能確定最熱門的 URLs 有哪些，因為這需要進行第二輪的排序才能找出答案。

因此，將 MapReduce 作業鏈結（chained）到工作流（*workflows*）當中是很常見的作法，這樣一來某個作業的輸出就會成為下一個作業的輸入。Hadoop MapReduce 框架對 workflows 並沒有具體的支援，所以這種鏈結是透過目錄名稱隱式地完成的：第一個作業必須做一點組態，將它的輸出寫到 HDFS 中指定的目錄；第二個作業也需要做一點組態，讓它從相同名稱的目錄讀出資料以作為輸入。從 MapReduce 框架的角度來看，它們是兩個彼此獨立的作業。

因此，鏈結 MapReduce 作業並不像 Unix 命令的 pipelines（將程序輸出直接傳遞給另一個程序當作輸入，而且只使用了一個彎小的記憶體緩衝區），而更像是一個命令序列，每個命令的輸出會寫入一個暫存檔，然後下一個命令會從暫存檔身上讀取資料。這種設計有優點也有缺點，我們將在第 416 頁「中間狀態的實體化」再討論它。

只有在批次處理作業成功完成時，作業的輸出才會被認為生效（MapReduce 會丟棄失敗作業的部分輸出）。因此，workflow 當中的某個作業只能在先前的作業（即產生其輸入目錄的作業）成功完成時才會啟動。為了處理這種作業執行之間的依賴關係，已經有許多為 Hadoop 而開發的各種 workflow schedulers，包括 Oozie、Azkaban、Luigi、Airflow 和 Pinball [28]。

這些 schedulers 還具有管理的功能，在維護大量批次處理作業時非常有用。在建構推薦系統時 [29]，由 50 到 100 個 MapReduce 作業組成的 workflows 是很常見的。在大型組織中，許多不同的團隊可能會運行不同的作業，這些作業也會讀取彼此的輸出。對於管理這樣複雜的 dataflows，有工具支援是很重要的。

Hadoop 的各種高階工具，如 Pig [30]、Hive [31]、Cascading [32]、Crunch [33] 和 FlumeJava [34]，也可以設置多個 MapReduce 階段的 workflows，這些 workflows 會自動地被適當連結在一起。

Reduce-side 的 Joins 跟 Grouping

我們在第 2 章的資料模型和查詢語言討論了 joins，但是當時還未深入研究 joins 實際上是如何實作的。重新拾起這個話題的時候到了。

在許多 datasets 中，記錄之間存在關聯是很常見的：關聯模型中的**外鍵**、document 模型中的**文件參照**或圖模型中的**邊**。當你有一些程式碼需要存取關聯兩邊的記錄時（包含持有參照的記錄以及被參照的記錄），就需要用到 join。正如第 2 章所討論的，反正規化可以減少對 join 的需求，但一般來講並不能完全避免使用它[5]。

在資料庫中，如果執行的查詢只涉及少量記錄，資料庫通常會使用**索引**來快速定位出記錄（參見第 3 章）。如果查詢涉及到 joins，可能就需要對多個索引進行查找。然而，MapReduce 並沒有索引的概念，至少不是普通意義上的索引。

當給 MapReduce 作業一組檔案作為輸入時，它會讀取這些檔案的全部內容；資料庫將此操作稱為**全表掃描**（*full table scan*）。如果你只想讀取少量的記錄，與索引查找相比起來，全表掃描的開銷會相當驚人。然而，在分析查詢中（參見第 90 頁「交易處理還是分析處理？」）通常需要計算大量記錄的聚合。在這種情況下，掃描整個輸入檔案集可能就合理了，特別是如果可以在多台機器上平行化處理的話。

當我們在批次處理的上下文中談到 join 時，指的是解決 dataset 中出現的所有關聯。例如，假設有一個作業要同時處理所有使用者的資料，而不僅僅是查找某個特定使用者的資料（使用索引可以更高效地完成這項工作）。

範例：分析使用者活動事件

圖 10-2 展示了批次處理作業中 join 的典型範例。左邊是事件日誌，稱為**活動事件**（*activity events*）或**點擊串流資料**（*clickstream data*），它描述了已登入的使用者在網站上所做的事情；圖中右邊則是使用者資料庫。你可以將這個例子看作是星狀基模的一部分（參見第 94 頁「星狀與雪花：用於分析的基模」）：事件日誌是事實表，而使用者資料庫則是維度之一。

5　本書討論的 joins 通常是 *equi-joins*（相等連結），這是最常見的 join 類型。對於這種 join，一條記錄與在特定欄位（如 ID）中具有相同值的其他記錄相關聯。有些資料庫支援更通用的 join 類型，例如使用小於（less-than）運算子而不是等於（equality）運算子，但是我們在這裡不會介紹它們。

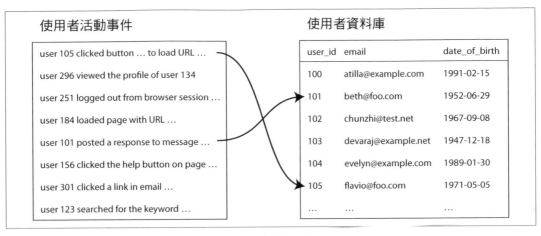

圖 10-2　使用者活動事件日誌和 user profile 資料庫之間的 join。

分析工作可能需要將使用者活動（user activity）與使用者資訊（user profile）關聯起來：例如，如果 profile 內含使用者的年齡或生日，那麼系統便可以計算哪些網頁最受哪個年齡層的歡迎。然而，活動事件只包含了 user ID 卻沒有完整的 user profile，但是又要將 user profile 嵌入到每個單獨的活動事件中的話，可能就太浪費了。因此，就會有活動事件與 user profile 資料庫進行 join 的需求。

這種 join 最簡單的實作是逐個檢查活動事件，並使用 user ID 向資料庫（在遠端伺服器上）查詢使用者的資料。這是可行的，但性能可能不會太好：吞吐量將會受到資料庫伺服器的 round-trip time 限制，本地快取的有效性在很大程度上也取決於資料的分佈，另外，大量的平行查詢也會很容易就壓垮資料庫 [35]。

為了能讓批次處理得到良好的吞吐量，計算必須（盡可能）安排在一台機器上進行，因為透過網路請求來隨機存取每一條要處理的記錄的話，速度實在太慢了。此外，查詢遠端資料庫也意味著批次處理作業將變得不確定（nondeterministic），因為遠端資料庫中的資料可能會在作業運行期間發生變化。

因此，更好的方法是獲取使用者資料庫的一份副本（例如，使用 ETL 程序從資料庫備份中萃取出資料。參見第 92 頁「資料倉儲」），並將副本放到跟使用者活動事件日誌相同的分散式檔案系統中。然後，你在 HDFS 上就會有 user database 的一組檔案，也有使用者活動記錄的另一組檔案，接著便可以高效地使用 MapReduce 來處理這些集中於一地的相關資料了。

Sort-merge joins

回憶一下，mapper 的目的是從每個輸入記錄中萃取出 key 和 value。在圖 10-2 的情況下，這個 key 是 user ID：一組 mappers 會走訪活動事件（萃取出 user ID 作為 key、活動事件作為 value），而另一組 mappers 會走訪使用者資料庫（萃取出 user ID 作為 key、使用者生日作為 value）。整個過程如圖 10-3 所示。

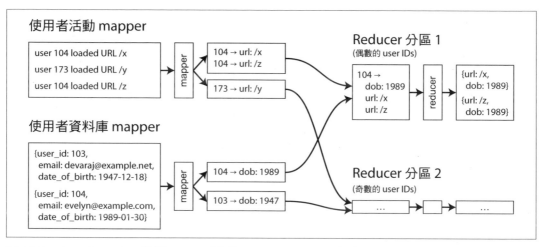

圖 10-3　在 reduce-side 根據 user ID 進行 sort-merge join。如果 input datasets 被分割成多個檔案，每個檔都可以被多個 mappers 平行地處理。

當 MapReduce 框架依照 key 來對 mapper 的輸出進行分區，然後對 key-value pairs 排序後，結果可以讓相同 user ID 的所有活動事件和使用者記錄在 reducer 的輸入中彼此相鄰。MapReduce 作業甚至可以再對記錄進行排序，讓 reducer 總是先看到使用者資料庫的記錄，然後才是按時間戳記排列的活動事件。這種技術稱為*次級排序*（*secondary sort*）[26]。

後續，reducer 就可以輕鬆地執行真正的 join 邏輯：對於每個 user ID，都會呼叫一次 reducer 函數，由於採用了次級排序，所以第一個值應該是來自使用者資料庫的生日記錄。這個 reducer 先將生日儲存在一個本地變數中，然後再使用相同的 user ID 來遍歷活動事件，並輸出一對 *viewed-url* 和 *viewer-age-in-years* 的資料。隨後的 MapReduce 作業就可以計算出每個 URL 瀏覽者的年齡分佈，並按照年齡分組來進行叢集。

由於 reducer 一次性處理了某個特定 user ID 的所有記錄，它每次只需要在記憶體中保存一條使用者的記錄，而且不需要透過網路發出任何請求。這種演算法被稱為 *sort-merge join*（先排後併的 *join*），因為 mapper 的輸出是按 key 排完序的，然後 reduce 將 join 兩邊已排序過的記錄清單再合併起來。

將相關資料集中於一地

在 sort-merge join 中，mappers 和排序程序會確保一件事，就是將執行特定 user ID 的 join 操作所需要的所有資料放在同一個地方：這樣對 reducer 來講就只需要單一次呼叫就可以了。因為所需的資料都已經事先排列好了，reducer 本身可以只是一個相當簡單的單執行緒程式碼片段，以高吞吐量和低記憶體開銷的來處理記錄。

一種看待這個架構的角度是，mappers「發送訊息給」reducers。當 mapper 發射一對 key-value pair 時，key 的作用類似於目標位址，value 則是應該被傳遞到這個目標位址的東西。儘管 key 只是一個任意字串（而不是像 IP address 和 port number 那種實際的網路位址），但它的行為確實跟位址很相似：具有相同 key 的所有 key-value pairs，都將被傳遞到相同的目的地（對 reducer 的呼叫）。

使用 MapReduce 程式設計模型，可以將計算時所需的物理網路通訊（資料送到正確的機器）和應用程式邏輯（處理資料）分離開來，這種分離與資料庫的典型使用形成了對比。在資料庫中，從資料庫獲取資料的請求通常是發生在應用程式碼的深處 [36]。由於 MapReduce 處理了所有的網路通訊，它也讓應用程式碼不必擔心部分失敗的問題，比如某個節點崩潰：MapReduce 會透明地重試失敗的任務，而不會影響到應用程式的邏輯。

GROUP BY

除了 join 之外，「將相關資料集中於一地」的模式有另一種常見用法是，按照某個 key（如 SQL 中的 GROUP BY 子句）對記錄進行分組。所有具有相同 key 的記錄組成一個 group，接著下一步通常是在每個 group 內執行某種聚合，例如：

* 計算每個 group 中記錄的數量（就像我們計算網頁瀏覽次數的例子，在 SQL 中可以表示為 COUNT(*) 的聚合操作）
* 將某個特定欄位的值加總起來（SQL 中的 SUM(fieldname)）
* 根據某個排名函數（ranking function）選擇出前 *k* 條記錄

要使用 MapReduce 實作這種 grouping 操作的話，最簡單方法是讓 mappers 依照所需的 grouping key 來產生出 key-value pairs。然後，分區和排序程序再將同個 key 的所有記錄集中餵給同一個 reducer。因此，在 MapReduce 上實作 grouping 和 joining 的做法看起來非常相似。

Grouping 另一個常見的用途是為特定使用者會話（user session）整理出所有相關的活動事件，以便找出使用者所執行過的活動序列，此過程稱為 *sessionization* [37]。例如，可以用這種分析來計算出新版網站使用者是否比舊版網站使用者更有可能發生購買行為（A/B 測試），或者計算一些行銷活動的投資是否划算。

如果使用者請求是由多個 web 伺服器來處理，那麼某個使用者的活動事件就很可能會分散在不同伺服器的日誌檔中。要實作 sessionization 的話，可以透過使用 session cookie、user ID 或類似的識別符來作為 grouping key，並將特定使用者的所有活動事件集中到一個地方，同時將不同使用者的事件分配到不同的分區。

處理偏斜

如果與某個 key 相關的資料量非常龐大，那麼「將同鍵的所有記錄集中於一地」的模式就會失效。例如，在一個社群網站中，大多數使用者可能會跟數百人產生關聯，但也可能會有一些名人擁有數以百萬計的追隨者。這種不成比例的活動資料庫記錄，稱為**關鍵物件**（*linchpin objects*）[38] 或**熱鍵**（*hot keys*）。

在單一個 reducer 中收集與某位名人相關的所有活動（例如塗鴉牆的留言回覆），會導致明顯的**偏斜**（也稱為**熱點**，*hot spots*）。也就是說，某個 reducer 必須處理比其他 reducer 更多的記錄（參見第 205 頁「偏斜的工作負載和熱點降溫」）。由於 MapReduce 作業只有在它的所有 mappers 和 reducers 都完成時才視為完成，因此任何後續作業都必須等待最慢的 reducer 完成之後才能開始工作。

如果一個 join 的輸入不幸帶有熱鍵的話，可以使用一些演算法來進行補償。例如，Pig 中的 *skewed join* 方法會先執行一個取樣作業，以找出哪些鍵是熱的 [39]。在執行真正的 join 時，mappers 會從隨機選擇出來的幾個 reducers 中挑出一個（傳統的 MapReduce 是根據 key 的雜湊值來明確地選擇出 reducer），然後發送跟熱鍵相關的任何記錄給該 reducer 處理。對於 join 的其他輸入，需要把熱鍵相關的記錄複製到處理該 key 的所有 reducers 中 [40]。

這種技術將處理熱鍵的工作分散到幾個 reducers 上，從而允許更好的平行化處理，但代價是必須將 join 的其他輸入複製到多個 reducers 上。Crunch 中的 *sharded join* 方法與此類似，但要求顯式指定熱鍵，而不是使用取樣作業來確定。這種技術也非常類似於第 205 頁「偏斜的工作負載和熱點降溫」中討論過的一種技術，也就是使用隨機化來為分區資料庫中的熱點降溫。

Hive 的 skewed join optimization 則採取了另一種方法。它要求在 table 的中繼資料中顯式地指定熱鍵，並且將這些鍵相關的記錄與其他檔案分開儲存。當要對該 table 執行 join 時，它會對熱鍵使用 map-side join（參見下一節）。

使用熱鍵來對記錄進行分組並聚合它們時，grouping 可以拆成兩個階段來進行。第一個 MapReduce 階段將記錄發送到一個隨機的 reducer，以便每個 reducer 對熱鍵的記錄子集執行 grouping，並為每個 key 輸出一個更緊湊的聚合值。然後，第二個 MapReduce 作業將第一階段所有 reducers 的值再組合成每個鍵所對應到的單一值。

Map-Side Joins

上一節描述的 join 演算法會在 reducers 中執行真正的 join 邏輯，因此稱為 *reduce-side joins*。Mappers 的責任是為其準備輸入資料：從每個輸入記錄萃取出 key 和 value，將 key-value pairs 分配給一個 reducer 分區，並且按 key 來進行排序。

在 reduce-side 做 join 的優勢在於，不需要對輸入資料作任何假設：無論它的屬性和結構如何，mappers 都可以將 join 所需要的資料準備妥當。然而，缺點是處理所有排序、複製到 reducers 以及 reducer 輸入合併的代價可能會相當昂貴。當資料經歷 MapReduce 的階段時，根據可用的記憶體緩衝區大小，資料可能會在過程中被寫入到磁碟若干次 [37]。

另一方面，如果可以對輸入資料做出某些假設，那麼就可以使用所謂的 *map-side join* 來讓 joins 的速度更快。這種方法使用了一個簡化版的 MapReduce 作業，其中沒有 reducers、也沒有排序。取而代之的是，每個 mapper 只是簡單地從分散式檔案系統中讀取一個輸入檔案塊，然後再將一個輸出檔寫入檔案系統，僅此而已。

Broadcast hash joins

執行 map-side join 最簡單的方法適用於需要 large dataset 和 small dataset 兩者 join 的情況。要特別注意的是，small dataset 需要足夠小，以便可以完全載入到每個 mapper 的記憶體當中。

假設在圖 10-2 中，使用者資料庫小到足以完全放進記憶體中。在這種情況下，當 mapper 啟動時，它一開始就可以從分散式檔案系統將使用者資料庫讀進 in-memory 的雜湊表當中。完成之後，mapper 就可以掃描使用者的活動事件，然後簡單地在雜湊表中查找每個事件對應的 user ID[6]。

Map tasks 仍然可以有多個：每個負責處理 join 時 large input 中的每個檔案塊（在圖 10-2 的例子中，活動事件是 large input）。這樣每個 mapper 都將會得到 small input，這樣的 small input 就可以完全載入到記憶體中。

這個簡單而有效的演算法稱為 *broadcast hash join*，*broadcast* 這個詞反映了一個事實：large input 中每個分區的 mapper，會將 small input 整個讀取進來（這樣 small input 就相當於是「廣播」到 large input 的所有分區）；另外，*hash* 這個詞也反映出它使用了雜湊表。Pig（名為「replicated join」）、Hive（名為「MapJoin」）、Cascading 和 Crunch 等系統都支援這種 join 方法。它也被用於資料倉儲的查詢引擎，如 Impala [41]。

相較於將 small join input 全部載入到 in-memory 的雜湊表，還有另一種方法，是將 small join input 儲存在本地磁碟的唯讀索引當中 [42]。唯讀索引常用的部分大多會保留在作業系統的分頁快取當中，因此這種方法實際上並不需要將資料集放入記憶體中，就可以提供幾乎與 in-memory 雜湊表一樣快的隨機存取查找速度。

Partitioned hash joins

如果 map-side join 的輸入以同樣的方式分區，那麼 hash join 方法就可以獨立應用於每個分區。對於圖 10-2，可以根據 user ID 十進位數字最後一個位數，對活動事件和使用者資料庫進行分區（因此兩邊都有會 10 個分區）。例如，mapper 3 首先把 3 結尾的 ID 的所有使用者都載入到一個雜湊表，然後掃描 ID 以 3 結尾的每個使用者的所有活動事件。

如果分區的切法正確，就可以確保想 join 的所有記錄都位於相同編號的分區中，因此每個 mapper 只需要從每個 input dataset 中讀取一個分區就足夠了。這樣做的好處是，每個 mapper 載入到它雜湊表中的資料可以更少。

6　這個例子假設雜湊表中的每個 key 都只有一個元素，這對於使用者資料庫來說可能是這樣子沒錯（user ID 唯一地標識一個使用者）。通常，雜湊表中的同一個 key 很可能會包含多個元素，join 操作會將所有跟 key 相匹配的結果都輸出。

這種方法只有在 join 的兩個 inputs 具有相同數量的分區，並根據相同 key 和相同雜湊函數來對記錄做分區時才有效。如果 inputs 是由之前執行這個 grouping 的 MapReduce 作業所產生的，那麼這個假設就是合理的。

Partitioned hash joins 在 Hive 中被稱為 *bucketed map joins* [37]。

Map-side merge joins

如果 input datasets 不僅以相同的方式做分區，而且還根據同鍵進行了**排序**，那麼就可以應用 map-side join 的另一種變型。在這種情況下，inputs 是否小到足以整個放在記憶體中就不重要了，因為 mapper 可以執行與 reducer 相同的合併操作：按 key 的升冪次序來讀取輸入檔案，並匹配具有相同 key 的記錄。

如果 map-side join 是可行的話，可能就意味著先前的 MapReduce 作業已先將 input datasets 整理成分區和排序的形式。原則上，這個 join 可以在前一個作業的 reduce 階段執行。但是，由單獨的 map-only 作業來執行 merge join 還是比較合適的。例如，已經分區和排序的 datasets 除了這個特殊的 join 外，還會被用在其他用途的話。

具有 map-side joins 的 MapReduce 工作流

當 MapReduce join 的輸出被下游作業使用時，map-side join 或 reduce-side join 的選擇將會影響輸出的結構。Reduce-side join 的輸出會根據 join key 來進行分區和排序，而 map-side join 則是根據和 large input 相同的處理方式來進行分區和排序（因為一個 map task 的啟動是針對 join large input 的每個檔案塊，無論是使用 partitioned join 或 broadcast join）。

正如上面所討論的，map-side joins 需要對 input datasets 的大小、排序和分區有更多的假設。在選擇最佳化 join 的策略時，瞭解分散式檔案系統中 datasets 的物理佈局變得非常重要：僅僅知道資料儲存的編碼格式和目錄名稱是不夠的；還必須知道分區的數量，還有資料分區與排序所依據的 keys。

在 Hadoop 生態系統中，這種關於 datasets 分區的中繼資料經常會在 HCatalog 和 Hive metastore 中維護 [37]。

批次處理工作流的輸出

我們已經討論了很多關於實作 MapReduce 作業 workflows 的各種演算法，但還忽略了一個重要的問題：一旦處理作業完成，處理所產生的結果是什麼？我們為什麼在一開始就要運行這些所有的作業呢？

對於資料庫查詢，我們根據目的將交易處理（OLTP）與分析兩者區分開來（參見第 90 頁「交易處理還是分析處理？」）。我們看到，OLTP 查詢通常使用索引按 key 來查找出少量的記錄，以便將它們呈現給使用者（例如在 web 頁面上）。另一方面，分析查詢經常會掃描大量的記錄，然後進行分組和聚合，輸出經常有類似這樣的報告形式：一個度量指標隨著時間推移而變化的圖、根據某種排行產生的前十名、或對某種量進行分類的結果。此類報告的消費者通常是需要作業務決策的分析師或經理。

批次處理適用的地方在哪裡呢？它既不是交易處理，也非分析處理，但它更接近於分析，因為 batch process 通常會對 input dataset 的大部分進行掃描。然而，MapReduce 作業的 workflow 與用於分析處理的 SQL 查詢還是不同的（參見第 412 頁「比較 Hadoop 和分散式資料庫」）。Batch process 的輸出通常不會是報告，而是某種其他類型的資料結構。

建構搜尋索引

Google 當初使用 MapReduce 是為了幫它的搜尋引擎建立索引，索引被實作為一個包含 5 到 10 個 MapReduce 作業的 workflow。雖然 Google 後來不再使用 MapReduce 來實現此目的 [43]，但如果你從建構搜尋索引的角度來看待它，將有助於理解 MapReduce。即使在今天，Hadoop MapReduce 仍然是 Lucene/Solr 建構索引的好方法 [44]。

我們在第 88 頁「全文檢索和模糊索引」看到全文檢索搜尋索引，如 Lucene，是如何工作的：它是一個檔案（術語字典），可以利用它來有效地查找一個特定的關鍵字，找出所有包含關鍵字的 document IDs 清單。這是一個簡化後的搜尋索引視圖，雖然實際上它還需要各種額外的資料，以便能夠根據相關性來對搜尋結果進行排序、更正拼寫錯誤、解析同義詞等等，但原則不變。

如果需要對一組固定的 documents 執行全文檢索搜尋，那麼 batch process 將是一個建構索引非常有效的方式：mappers 根據需要來對 documents 作分區，每個 reducer 會為其分區建構索引，索引檔被寫入到分散式檔案系統中。建構這樣的 document-partitioned 索引可以很好地支援平行化處理（請參閱第 206 頁「分區和次索引」）。

由於根據關鍵字查詢搜尋索引是一種唯讀操作，因此這些索引檔一旦創建後就是不可變的（immutable）。

如果索引的 documents 集合發生了改變，一種選擇是週期性地為整個 documents 集合再重新運行一次完整的索引 workflow，並在刷新完成後用新的索引檔成批替換掉舊的索引檔。如果發生變化的 documents 只有少量，這種方法的計算成本可能會很高，不過它的優點是索引程序非常容易理解：輸入是 documents，輸出是索引。

另一種方案是，可以增量地建構索引。如第 3 章所述，如果想在索引中新增、刪除或更新 documents，Lucene 會產生新的 segment files，並在背景以非同步的方式來合併和壓縮它們。第 11 章會看到更多關於這種增量處理的內容。

鍵值儲存作為批次處理的輸出

搜尋索引只是 batch processing workflow 輸出的一個例子。批次處理另一個常見用途是建立機器學習系統，如分類器（像是垃圾郵件篩檢程式、異常檢測、影像辨識）和推薦系統（像是你可能認識的人、感興趣的產品或在網路上搜尋過的東西 [29]）。

這些批次處理作業的輸出是某種形式的資料庫：例如可以透過 user ID 查詢來取得推薦好友的資料庫，又或者是可以透過 product ID 查詢來獲得相關產品清單的資料庫 [45]。

通常，處理使用者請求的 web 應用程式會需要查詢這一類的資料庫，而 web 應用程式往往與 Hadoop 基礎設施又是彼此分離開的。這樣的話，batch process 的輸出要如何才能夠將結果傳回到可以讓 web 應用程式查詢的資料庫中呢？

最直觀的選擇可能是直接在 mapper 或 reducer 中使用資料庫的 client library，由批次處理作業直接將資料寫入到資料庫伺服器，一次一條記錄。這個做法雖可行（假設防火牆規則允許 Hadoop 環境直接存取生產環境的資料庫），但卻不是一個好主意，原因如下：

- 正如前面討論 joins 時所談到的，對每條記錄發出網路請求會比批次處理任務的正常吞吐量要慢上幾個數量級。就算 client library 支援批次處理，性能也可能很差。

- MapReduce 作業通常是平行運行多個任務的。如果所有 mappers 或 reducers 都以 batch process 期望的速度將結果並發地寫到輸出的資料庫，那麼資料庫很容易就會扛不住，因而影響到它的查詢性能。這會反過來導致系統的其他部分出現操作性的問題 [35]。

- 通常，MapReduce 為作業輸出提供了一個全有或全無（all-or-nothing）的乾淨保證：如果一個作業成功，即使中間有些任務失敗而重試，其結果就是每個任務都只切實運行一次（exactly once）的結果；如果整個作業失敗，則不會產生任何輸出。但是，作業內部對外部系統進行寫入的話，會產生外部可見的副作用。因此，必須擔心部分完成的作業對其他系統可見的結果，以及 Hadoop 任務嘗試和預測執行的複雜性。

一個更好的解決方案是在批次處理作業*裡面*建構一個全新的資料庫，並將其作為檔案寫入到分散式檔案系統中的作業輸出目錄，就像上一節中的搜尋索引做法一樣。這些資料檔案一旦寫入後就為 immutable，可以成批載入到處理唯讀查詢的伺服器中。有一些 key-value stores 都支援在 MapReduce 作業中建構資料庫檔案，包括 Voldemort [46]、Terrapin [47]、ElephantDB [48] 和 HBase 成批載入 [49]。

建構這些資料庫檔案是運用 MapReduce 的一個好例子：使用 mapper 萃取一個 key，然後根據這個 key 來進行排序，這已經囊括了建構索引所需要的大量工作了。由於這些 key-value stores 大部分是唯讀的（檔案只能由批次處理作業寫入一次，然後就為 immutable），因此資料結構非常簡單。例如，它們不需要預寫日誌 WAL（參見第 82 頁「讓 B-trees 變可靠」）。

當載入資料到 Voldemort 時，伺服器繼續服務對舊資料檔案的請求，同時將新資料檔案從分散式檔案系統複製到伺服器的本地磁碟中。一旦複製完成，伺服器就會自動切換到新檔案來服務查詢。如果這個過程中出現任何錯誤，它可以很容易地再次切換回舊檔案，因為它們依然存在並且還是 immutable [46]。

批次處理輸出的哲學

本章前面討論過 Unix 原理（第 390 頁「Unix 哲學」），它鼓勵採取明確的 dataflow 來從事任何實驗：程式讀取它的輸入並寫到它的輸出。在這個過程中，輸入保持不變，任何先前的輸出都將完全被替換為新的輸出，並且不會有其他副作用。這表示你可以隨時重新執行命令、調整或偵錯，而不會擾亂系統的狀態。

處理 MapReduce 作業的輸出也遵循同樣的哲學。透過將輸入視為 immutable 以及避免副作用（如寫入外部資料庫），批次處理作業不僅可以達到良好的性能，而且也更容易維護：

- 如果程式碼中引入了一個 bug，導致輸出錯誤或損壞，你可以簡單地回滾到前一版本的程式碼並重新運行該作業，這樣輸出就會回到正確版本的結果。或者用更簡單的作法，將舊輸出保存到另一個目錄，然後切換回那個目錄即可。具有讀寫交易的資料庫沒有這種屬性：如果部署了錯誤的程式碼，將錯誤資料寫入資料庫，那麼回滾程式碼對資料庫的資料修復是起不了作用的。能夠從錯誤程式碼中恢復的想法稱為**人為容錯**（*human fault tolerance*）[50]。

- 由於回滾簡單，功能開發可以更快，因為錯誤並非發生在損害不可逆轉的環境中。將**不可逆性最小化**（*minimizing irreversibility*）的原則對於敏捷軟體開發是有正面助益的 [51]。

- 如果一個 map 或 reduce task 失敗，MapReduce 框架會自動重新 schedule 它，並以相同的輸入再次運行它。如果失敗是由程式碼的 bug 所造成的話，冉次運行一樣會再崩潰，歷經幾次嘗試之後在最終導致作業失敗；但是，倘若故障是肇因於暫時的問題，那麼故障便是可容忍的。這種自動重試是安全的，因為輸入是 immutable 的，MapReduce 框架也會丟棄失敗任務的輸出。

- 同一組檔案可以作為不同作業的輸入，包括計算指標和評估作業輸出是否帶有預期特徵的監控作業（例如，和前一次運行的輸出進行比較並測量其差異）。

- 與 Unix 工具類似，MapReduce 將 logic 和 wiring（組態輸入和輸出目錄）劃分開來，它提供了一個關注點分離，開啟了程式碼重用的潛力：團隊可以專注於一個作業只作好一件事情的實作，而其他團隊可以決定在何時何地來運行該作業。

雖然在這些領域中，Unix 的設計原則似乎也適用於 Hadoop，但 Unix 和 Hadoop 在某些方面還是有些不同的。例如，大多數 Unix 工具都假設輸入是不具備類型的文字檔而已，所以必須進行大量的輸入解析（本章一開始日誌分析的例子使用 {print $7} 來萃取 URL）。在 Hadoop 中，經常會使用更加結構化的檔案格式如 Avro（見第 123 頁「Avro」）和 Parquet（見第 96 頁「行式儲存」），以免除一些低價值的語法轉換工作。像是 Avro 和 Parquet 這種結構化的格式經常可以提供高效的編碼，而且也支援基模隨時間的演變（第 4 章）。

比較 Hadoop 和分散式資料庫

正如前述，Hadoop 有點像分散式版本的 Unix，其中 HDFS 是檔案系統，而 MapReduce 可以看成是一種特殊的 Unix process 實作（它總是在 map 階段和 reduce 階段之間運行 sort 工具程式）。我們看到了如何在這些原生工具（primitives）之上實作各種 join 和 grouping 的操作。

MapReduce 的論文發表時 [1]，從某種意義上說，它一點也不新鮮。我們在前幾節討論到的所有處理和平行 join 演算法在十多年前就已經在所謂的**大規模平行處理**（*massively parallel processing*, MPP）資料庫中實現了 [3, 40]。例如，Gamma 資料庫機器、Teradata 和 Tandem NonStop SQL 都是這個領域的先驅 [52]。

這中間最大的區別是，MPP 資料庫專注於在一個機器叢集上平行執行分析性 SQL 查詢，而 MapReduce 和分散式檔案系統的結合 [19] 則是提供了一個更像通用作業系統的東西，可以運行任意的程式。

儲存的多樣性

資料庫要求根據特定的模型（例如 relational 或 documents）來構造資料，而分散式檔案系統中的檔案只是位元組序列，可以使用任何資料模型和編碼來編寫。它們可能是資料庫記錄的集合，但也可以是文本、圖片、影片、感測器讀數、稀疏矩陣、特徵向量、基因組序列或任何其他類型的資料。

直白地說，Hadoop 開啟了一種將任意格式資料無差別地轉儲到 HDFS 的可能性，在儲存之後才去考慮如何處理它們 [53]。相反地，MPP 資料庫在將資料導入到資料庫的專有儲存格式之前，通常需要仔細地對資料和查詢模式進行預先建模。

從純粹主義者的角度來看，這種仔細的建模和導入似乎才合乎道理，因為這表示資料庫使用者可以使用品質更好的資料。然而在實務上，簡單地讓資料變得快速可用好像比起預先建立理想的資料模型還要更有價值，即使原本的資料具有古怪、難以使用的格式 [54]。

這個想法和資料倉儲有些類似（參見第 92 頁「資料倉儲」）：簡單地將大型組織中各個部分的資料給集中在一地是有價值的，因為以前完全四散的 datasets 現在也可以進行 join 了。MPP 資料庫需要仔細小心的基模設計，減慢了集中式資料收集的速度；如果是以資料的原始形式直接進行收集，之後再考慮基模設計的話，便可以加速資料的收集，這個概念有時稱為資料湖（data lake）或企業資料中心（enterprise data hub）[55]。

無差別的資料轉儲（indiscriminate data dumping）轉移了解釋資料的負擔：dataset 的生產者不必將資料轉換成標準化格式，資料的解釋變成了消費者的問題（schema-on-read 方法 [56]；參見第 40 頁「文件模型中的基模靈活性」）。如果生產者和消費者分屬不同優先權的團隊，這可能就是一個優勢了。甚至可能不存在一個理想的資料模型，而是根據不同目的來對資料進行解讀。簡單地以原始形式轉儲資料就可以允許進行一些這樣的轉換。這種方法被稱為**壽司原則**（*sushi principle*）：「原始資料更美味」[57]。

因此，Hadoop 經常被用於實作 ETL processes（參見第 92 頁「資料倉儲」）：交易處理系統的資料以某種原始形式轉儲到分散式檔案系統，然後編寫 MapReduce 作業來清洗資料，將其轉換為關聯形式，並將其導入 MPP 資料倉儲以支援分析用途。資料建模仍然存在，但它現在是處在一個和資料收集分離開的獨立步驟中。因為分散式檔案系統支援任何格式編碼的資料，所以這種解耦是做得到的。

處理模型的多樣性

MPP 資料庫是單體、緊密整合的軟體，包括磁碟上的儲存佈局、查詢規劃、排程和執行。由於這些元件都可以根據資料庫的特定需求來進行校調和最佳化，因此作為一個整體的系統能夠在其所設計的查詢類型上獲得非常好的性能。此外，SQL 查詢語言支援表達性強的查詢和優雅的語義，業務分析人員可以不需要編寫程式碼，直接使用圖形工具（如 Tableau）便可以存取它。

另一方面，並不是所有類型的處理都可以用 SQL 查詢來合理地表達。例如，如果你正在建構機器學習和推薦系統，或使用相關性排名模型的全文檢索搜尋索引，或執行圖像分析，很可能需要一個更通用的資料處理模型。這些處理通常是針對特定應用程式的（例如，機器學習的特徵工程、機器翻譯的自然語言模型、詐欺預測的風險評估），因此不可避免地需要編寫程式碼來處理才行，事情不僅僅是涉及到查詢而已。

MapReduce 讓工程師能夠輕鬆地在 large datasets 上運行他們自己的程式碼。如果你有 HDFS 和 MapReduce，可以在它上面建構一個 SQL 查詢執行引擎，這正是 Hive 專案所做的事情 [31]。但是，你還可以編寫許多其他形式的 batch processes 來處理事情，如果事情本身不適合用單純的 SQL 查詢表達出來的話。

隨後，人們發現 MapReduce 對於某些類型的處理來說限制太大，性能也很糟糕，所以在 Hadoop 之上開發了各種其他的處理模型（第 415 頁「MapReduce 之後」會介紹其中一些）。只有兩種處理模型（SQL 和 MapReduce）還不夠：得需要更多不同的模型才行！由於 Hadoop 平台的開放性，要在其上實作一系列的方法當然也沒問題，這對單體 MPP 資料庫來說簡直是不可能的任務 [58]。

至關重要的是，這些不同的處理模型都可以在一個共享的機器叢集上運行，它們都可以存取分散式檔案系統上的相同檔案。在 Hadoop 方法中，不需要將資料導入到幾個不同的專用系統中才能進行不同類型的處理：系統足夠靈活，可以在同一個叢集中支援不同的工作負載。要從資料當中獲得價值變得容易許多，因為不必到處移動資料，並且也更容易試驗新的處理模型。

Hadoop 生態系統包括隨機存取的 OLTP 資料庫和 MPP-style 的分析資料庫。OLTP 資料庫如 HBase（參見第 76 頁「SSTables 和 LSM-Trees」），而 MPP-style 的分析資料庫則如 Impala [41]。HBase 和 Impala 都不使用 MapReduce，但都使用 HDFS 儲存。雖然它們存取和處理資料方式差異頗大，但仍然可以共存並整合在同一個系統之中。

為應對頻繁故障所設計

對 MapReduce 資料庫與 MPP 資料庫進行比較時，在設計方法上還有兩個明顯的不同之處：故障處理以及對記憶體和磁碟的使用。與線上系統相比，batch processes 對故障較不敏感，因為倘若發生故障，它們並不會立即影響使用者，而且它們總是可以再次運行。

如果一個節點在執行查詢時崩潰，大多數 MPP 資料庫會中止（abort）整個查詢，然後讓使用者自己再重新提交查詢，或者自動再次運行查詢也可以 [3]。由於查詢運行的時間通常是幾秒鐘或最多幾分鐘，因此這種處理錯誤的方法還算可以接受，因為重試的成本並不算太高。MPP 資料庫也喜歡在記憶體中保存盡可能多的資料（例如，使用 hash joins），以免去從磁碟讀取資料的成本。

另一方面，MapReduce 可以容忍 map 或 reduce 任務的失敗，而不會影響整個任務，因為它可以在單個任務的顆粒度上重新嘗試工作。它還非常渴望將資料寫入磁碟，部分原因是為了容錯，部分是基於 dataset 太大而無法全部載入記憶體的假設。

MapReduce 方法更適合於更大的任務：處理大量資料、執行時間很長的任務，它們在此過程中很可能會經歷至少一次的任務失敗。在這種情況下，若因單個任務失敗而重新運行整個作業將會造成浪費。即使在單個任務的顆粒度上進行復原也會帶來開銷，使 fault-free 的處理變慢；但如果任務失敗率高到一定程度的話，這就可以說是一種合理的權衡。

但是這些假設符合實際嗎？在大多數叢集中，確實會發生機器故障沒錯，但並不會很頻繁，甚至可能非常罕見。大多數作業很可能都不會遇到機器發生故障的情況，值得為了容錯付出這樣巨大的開銷嗎？

要理解 MapReduce 節省記憶體和任務層級復原的原因，就不得不說一下 MapReduce 最初設計時所面對的是怎樣的環境了。Google 擁有多用途的資料中心，其中線上生產服務和離線批次處理作業都在同一台機器上運行。每個任務通過容器技術，都能取得資源配置（CPU 核心、RAM、磁碟空間等）。每個任務都有一個優先權，倘若高優先任務需要更多的資源，可以中止（搶佔）同一台機器上的低優先權的任務，以讓資源釋放出來。優先權也會影響計算資源的成本：團隊必須為他們使用的資源付費，高優先權的程序的花費成本一定會更多 [59]。

這種架構允許非生產（低優先權）的計算資源可以被超額提交，因為系統知道它可以在必要時回收這些資源。與那些和生產隔離開的以及運行非生產任務的系統相比，超額提交資源反而代表著更好的機器利用率和效率。然而，由於 MapReduce 作業係以低優先權運行，它們隨時都有被搶佔的風險，因為高優先權程序就是需要搶奪它們的資源。高優先權程序獲得所需資源之後所剩下的任何計算資源，批次處理作業都可以有效地「撿食桌上的殘羹剩菜」。

在 Google，為了能夠為高優先權的程序騰出空間，一個運行一小時的 MapReduce 任務被終止的風險大約是 5% 左右。比起硬體問題、機器重新開機或其他原因導致的故障，這個比率高了一個數量級。按照這種搶佔率來算，如果一個作業有 100 個任務，每個任務運行 10 分鐘，至少有一個任務在完成之前會被終止的風險將大於 50%。

這就是 MapReduce 被設計成可以容忍頻繁出現任務意外終止的原因：這並不是因為硬體特別不可靠，而是因為自由任意終止程序的彈性可以讓計算叢集得以更好地利用資源。

在開源的叢集 schedulers 中，搶佔的使用相對來講就沒有那麼廣泛。YARN 的 CapacityScheduler 支援搶佔以平衡不同佇列的資源配置 [58]，但在撰寫本書時，YARN、Mesos 或 Kubernetes 都還不支援通用的優先權搶佔機制 [60]。在一個任務不會被經常終止的環境中，MapReduce 設計決策的意義就不那麼大了。在下一節，我們將研究一些能做出不同設計決策的 MapReduce 替代方案。

MapReduce 之後

儘管在 2000 年後期的大量的宣傳讓 MapReduce 變得非常流行，但它只是分散式系統眾多程式設計模型的一種。根據資料的量、結構和對其進行處理的類型，別的工具可能更適合表達某些特定的計算。

話雖如此，本章還是花了大量篇幅來討論 MapReduce，因為它是一個有用的學習工具，是分散式檔案系統的一個清晰和簡單的抽象。這裡，**簡單**是指能夠理解它在做什麼，而不是指容易使用。事實恰恰相反：使用原始的 MapReduce API 實作複雜的處理任務，實際上非常困難吃力。例如，任何的 join 演算法你都需要從頭實作才行 [37]。

為了解決直接使用 MapReduce 的難處，各種高階程式設計模型（Pig, Hive, Cascading, Crunch）在 MapReduce 之上做了更進一步的抽象。如果你已經理解 MapReduce 是如何工作的話，那麼要學習它們就相對容易了，而且它們的高階結構可以讓許多常見的批次處理任務變得更加容易實作。

然而，MapReduce 的執行模型本身也存在一些問題，這些問題並不能透過增加另一層抽象來解決，而且對某些類型處理的性能表現頗糟。一方面，MapReduce 非常穩健：你可以在一個不可靠、任務頻繁終止的多租戶系統上，使用它來處理任意量級的資料，事情雖然艱苦但它仍然可以完成工作（儘管速度很慢）。但在另一方面，對於某些類型的處理來講，用別的工具處理起來有時候反而可以快上幾個數量級。

本章接下來將看到一些 batch processing 的替代方法。在第 11 章，我們將轉向流式處理（stream processing），它可以看作是加速批次處理的另一種方式。

中間狀態的實體化

如前所述，每個 MapReduce 作業彼此獨立。作業與外部世界的主要聯繫點，是它在分散式檔案系統上的輸入和輸出目錄。如果你想要讓一個作業的輸出當成第二個作業的輸入，則需要讓第二個作業的輸入目錄和第一個作業的輸出目錄相同；並且，外部的 workflow scheduler 也必須只能在第一個作業完成之後，才可以開始第二個作業。

如果第一個作業的輸出是準備在組織內廣泛發佈的 dataset，那麼這樣的設置是合理的。在這種情況下，需要能夠透過名稱來引用它，並將它拿來當作幾個不同作業的輸入使用（包括其他團隊開發的作業）。將資料發佈到分散式檔案系統中大家所知道的位置，可以實現鬆散耦合，這樣一來作業就不需要知道誰在生產它們所需的輸入或消費它們的輸出（請參閱第 396 頁「將邏輯與連接分離開來」）。

然而，在許多情況下，你已經知道某個作業的輸出只能當作另一個作業的輸入，這些作業都是由同一個團隊負責維護。在這種情況下，分散式檔案系統上的檔案只是被當成**中間狀態**（*intermediate state*）：一種將資料從一個作業傳遞到下一個作業的方法。對於像 50 或 100 個 MapReduce 作業所組成的推薦系統 [29]，在複雜的 workflows 當中存在大量這樣的中間狀態。

將這種中間狀態寫入檔案的過程稱為**實體化**（*materialization*）。（在第 102 頁「聚合：資料方體與實體化視圖」中，遇過這個術語。它表示提前計算某個操作的結果並將其寫入磁碟，而不是在需要時才進行計算。）

相比之下，本章開頭日誌分析的例子是使用 Unix pipe 將一個命令的輸出和另一個命令的輸入連接起來。Pipes 並不會完全將中間狀態給實體化，而是使用一個小的記憶體緩衝區，將一個命令的輸出資料漸次地**流向**（*stream*）下一個命令的輸入。

與 Unix pipe 相比，MapReduce 將中間狀態實體化的方法會有一些缺點：

- MapReduce 作業只能在前面作業（產生其輸入的任務）的所有任務都完成時才能啟動，而透過 Unix pipe 連接的程序則是同時啟動的，輸出在產生後就立即被消費掉。不同機器帶來的偏斜或負載變動，意味著一個作業經常會存在 些較落後的任務，比其他任務需要更長的時間才能完成。作業必須等到前面作業的所有任務都完成後才能執行，這會降低整個 workflow 的執行速度。

- Mappers 通常是冗餘的：它們只是讀取 reducer 剛剛寫入資料的相同檔案，並為下一階段的分區和排序做準備。在許多情況下，mapper 程式碼可能是上一個 reducer 的一部分：如果 reducer 的輸出進行分區和排序的方式和 mapper 輸出相同的話，那麼不同階段的 reducers 就可以直接鏈結在一起，而不必交錯在 mapper stages 之間。

- 在分散式檔案系統中儲存中間狀態意味著這些檔案會跨多個節點進行複製，這對於臨時資料來說通常就是多此一舉了。

資料流程引擎

為了解決 MapReduce 的這些問題，也幾個新的分散式批次處理執行引擎被開發出來，其中最著名的有 Spark [61, 62]、Tez [63, 64] 和 Flink [65, 66]。它們的設計方式雖各有巧妙，但卻有一個共同點：它們將整個 workflow 當成是一個作業來處理，而不是將其分解為獨立的子作業。

由於它們通過幾個處理階段來顯式地為資料流程建模，所以這些系統被稱為**資料流程引擎**（*dataflow engines*）。與 MapReduce 一樣，它們通過反覆呼叫使用者定義的函數，在單一執行緒上一次處理一條記錄。它們透過對輸入進行分區來平行化工作，並通過網路將一個函數的輸出複製到另一個函數的輸入。

與 MapReduce 不同，這些函數不需要轉換成嚴格的 map 和 reduce 的角色，而是可以用更靈活的方式組裝在一起。我們稱這些函數為運算子（*operators*），dataflow 引擎提供了幾種不同的選項來連接 operator 的輸出和輸入：

- 一種選擇是按 key 來對記錄進行重新分區和排序，就像在 MapReduce 的 shuffle 階段一樣（參見第 400 頁「MapReduce 的分散式執行」）。這個功能支援 sort-merge joins 與 grouping，和 MapReduce 的作法一樣。

- 另一種可能的做法是拿幾個輸入來，並以相同的方式對它們進行分區，但省略排序。這樣可以節省 partitioned hash joins 的工作量，因為在這個情況下記錄的分區很重要，但順序就比較無關緊要，因為建構雜湊表的時候本來就會將順序隨機化。

- 對於 broadcast hash joins，一個 operator 的相同輸出可以發送到 join operator 的所有分區。

這種風格的處理引擎是基於像是 Dryad [67] 和 Nephele [68] 這樣的研究系統，與 MapReduce 模型相比，它有幾個優點：

- 像是排序這類昂貴的工作，只需要在實際需要的地方執行就可以了，而不是預設在每個 map 和 reduce 階段之間總是執行。

- 免去不必要的 map task，因為 mapper 所做的工作通常可以合併到前面的 reduce operator 中（因為 mapper 不會改變 dataset 的分區）。

- 因為 workflow 中的所有 joins 和資料相依項都是顯式宣告的，所以 scheduler 對於何處需要哪些資料可以有個概觀，因此可以進行局部最佳化。例如，它可以嘗試將使用某些資料的任務與產生該資料的任務放到同一台機器上，這樣就可以透過共享記憶體緩衝區來交換資料，而不必通過網路複製資料。

- 將 operators 之間的中間狀態保存在記憶體中或寫入到本地磁碟通常就已經足夠了，這比起將資料寫入到 HDFS 所需要的 I/O 更少（在 HDFS 中，必須將其複製到幾台機器上並寫入每個副本所在的磁碟上）。MapReduce 已經對 mapper 輸出使用了這種最佳化，但是 dataflow 引擎將這種想法推廣到了所有的中間狀態。

- 一旦輸入準備就緒，operators 就可以開始執行；沒有必要等待前一階段整個結束後才開始下一階段。

- 可以重用現有的 Java 虛擬機（JVM）程序來運行新的 operators，與 MapReduce 相比（每個任務啟動一個新的 JVM），可以減少啟動的開銷。

你可以使用 dataflow 引擎來實作與 MapReduce workflows 相同的計算，而且受益於這裡提到的最佳化，它們的執行速度通常要快得多。由於 operators 是 map 和 reduce 的泛化（generalization），相同的處理程式碼可以在 dataflow 引擎上運行：在 Pig、Hive 或 Cascading 中實作的 workflows，可以通過簡單的組態變更就能夠從 MapReduce 切換到 Tez 或 Spark，而毋需修改程式碼 [64]。

Tez 是一個相當輕巧的函式庫，它依賴 YARN shuffle 服務在節點之間複製資料 [58]，而 Spark 和 Flink 是大型框架，它們包含自己的網路通訊層、排程器和面向使用者的 APIs。我們很快就會討論到這些高階 APIs。

容錯

將中間狀態完全實體化到分散式檔案系統的一個優點是可以將其持久化，這使得 MapReduce 中的容錯相當容易辦到：如果某個任務失敗了，只需在另一台機器上重新啟動它，並再次從檔案系統中讀取相同的輸入即可。

Spark、Flink 和 Tez 會避免將中間狀態寫到 HDFS，所以它們採取不同的方法來容錯：如果某台機器故障並且中間狀態也丟失了，則利用其他仍可取得的資料來重新計算（如果可能，利用之前中間階段或者原始的輸入資料，資料通常都在 HDFS 上）。

要使用這種重新計算的話，框架必須跟蹤某個給定的資料是如何計算出來的，它使用了哪些輸入分區，以及應用了哪些 operators。Spark 使用彈性分散式資料集（resilient distributed dataset, RDD）抽象來跟蹤資料的祖先 [61]，而 Flink 會對 operator state 建立檢查點，從而允許執行中發生故障的 operator 可以恢復運行 [66]。

在重新計算資料時，重要的是要知道計算是否具有**確定性**（*deterministic*）：也就是說，給定相同的輸入資料，operators 是否總是能產生相同的輸出？如果一些丟失的資料已經發送到下游 operators，這個問題就很重要了。如果 operator 重新啟動，而重新計算的資料與丟失的原始資料卻不一致，這樣下游 operators 就會很難解決新舊資料之間的矛盾。對於 nondeterministic operators 的情況，解決方案通常是終止下游 operators，然後以新資料做基礎再次運行它們。

為了避免這種連鎖故障發生，最好使 operators 是 deterministic 的。但是要注意，nondeterministic 的行為一不小心就很容易悄悄發生：例如，許多程式語言在遍歷雜湊表元素時並不能保證順序，許多機率和統計演算法會顯式地依賴亂數，以及任何使用系統時鐘或外部資料來源的情況都是 nondeterministic 的。為了能夠可靠地從故障中恢復，就得消除這種不確定性的因素，例如使用固定的種子來產生虛擬亂數（pseudorandom numbers）。

透過重新計算資料來從錯誤中恢復並不總是正確的解方：如果中間資料比來源資料小得多，或者計算是 CPU 密集型的話，那麼將中間資料實體化到檔案的做法可能會比重新計算來得划算。

關於實體化的討論

回到與 Unix 的類比，我們看到 MapReduce 就像是將每個命令的輸出寫入到一個暫存檔案，而 dataflow 引擎看起來更像 Unix pipes。特別是 Flink，它也是圍繞著 pipelined execution 的思想建構出來的：也就是說，漸次地將一個 operator 的輸出傳遞給其他 operators，不需要等待輸入完成就可以開始處理它。

排序操作不可避免地需要消耗完整的輸入，這樣才有辦法產生輸出；因為最後輸入的記錄可能恰好擁有排序最低的 key，因此是輸出排位在第一的記錄。因此，任何需要排序的 operator 都需要累積狀態，至少要暫時累積。但是 workflow 的許多其他部分可以用 pipeline 的方式來執行。

當作業完成時，它的輸出需要放到一個能夠持久化的地方，以便使用者能夠找到並使用它。最有可能的情況是，它再次被寫入分散式檔案系統中。因此，當使用 dataflow 引擎時，HDFS 上的實體化 datasets 通常仍然是作業的輸入和最終輸出。就像 MapReduce 一樣，輸入為 immutable，輸出被完全替換。與 MapReduce 相比的改進是，你不必再自己將所有中間狀態寫入檔案系統。

圖與迭代處理

在第 49 頁「Graph-Like 資料模型」中，我們討論過使用圖來對資料建模，以及使用圖查詢語言來走訪圖中的邊和頂點。第 2 章的討論集中在 OLTP-style 的使用上：快速執行查詢來找到少量符合特定條件的頂點。

在 batch processing 上下文中的圖也很有趣，其目標是對整個圖執行某種離線處理或分析。這種需求經常出現在機器學習應用程式中，比如推薦引擎或者排名系統。例如，PageRank 是最著名的圖分析演算法之一 [69]，它試圖根據連結到某網頁的其他網頁來估計該網頁受歡迎的程度，可說是確定網路搜尋引擎查詢結果呈現順序的標準公式。

 像 Spark、Flink 和 Tez 這樣的 dataflow 引擎（參見第 416 頁「中間狀態的實體化」）通常是將作業中的 operators 安排成一個有向無環圖（directed acyclic graph, DAG）。這與圖處理不同：在 dataflow 引擎中，從一個 *operator* 到另一個 *operator* 的資料流程被構造為一個圖，而資料本身通常是由關聯的 tuples 所組成。在圖處理中，資料本身具有圖的形式。又是一個不幸的命名錯亂！

許多圖的演算法都是這樣表示的：一次走訪一條邊，將一個頂點和一個相鄰的頂點連接起來以傳遞一些資訊，重複這個過程直到碰到某個條件成立為止。例如，直到沒有更多的邊可以再走訪，或者直到某個度量值收斂。我們在圖 2-6 中見過一個例子，這個例子重複沿著邊來找出地區之間的關係，從而列出了資料庫中位於北美的所有地區，這種演算法稱為**遞移閉包**（*transitive closure*）。

可以將圖儲存在分散式檔案系統中（包含頂點和邊的清單檔案中），但是這種「重複直到完成」的想法不能在普通的 MapReduce 中表達，因為它對資料而言是單行程一次執行的。因此，這類演算法通常採用**迭代的**（*iterative*）運算方式來實作：

1. 外部 scheduler 運行一個 batch process 來執行演算法的一個計算步驟。

2. 當 batch process 完成時，scheduler 檢查迭代演算是否已經完成（根據完成條件，例如沒有更多的邊可以走訪，或者與上一次迭代運算相比，度量的變化低於某個閾值）。

3. 如果演算法還沒有完成，scheduler 回到步驟 1 並運行另一輪的 batch process。

這種方法可以工作，但是用 MapReduce 來實作的話通常會非常低效，因為 MapReduce 未能考慮演算法迭代運算的特性：即使和最後一次迭代運算的結果相比起來，圖只有一小部分發生變化，它也總是一次讀取整個 input dataset 並產生一個全新的 output dataset。

Pregel 處理模型

整體同步平行（*bulk synchronous parallel*, BSP）計算模型是對圖資料進行批次處理的一種最佳化方法 [70]，已經變得非常流行。此外，它是由 Apache Giraph [37]、Spark 的 GraphX API 和 Flink 的 Gelly API 實作的 [71]。它也被稱為 Pregel model，因為它是因 Google 的 Pregel 論文推廣了這種處理圖資料的方法而流行開來的 [72]。

回想一下在 MapReduce 中，mappers 在概念上「發送訊息」給 reducer 的特定呼叫使用，因為框架將所有使用相同 key 的 mapper 輸出都集中在一起。Pregel 背後也有類似的想法：一個頂點可以向另一個頂點「發送訊息」，通常這些訊息是沿著圖的邊來發送的。

在每次的迭代運算，都會為每個頂點呼叫一個函數，將發送到該頂點的所有訊息傳遞給該函數，非常類似於對 reducer 的呼叫。與 MapReduce 不同的是，在 Pregel 模型中，頂點從一次迭代運算到下一次的迭代都會在記憶體中保存其狀態，因此函數只需要處理新的傳入訊息即可。如果圖的某些部分沒有發送訊息，則不需要做任何工作。

這跟 actor model 也有點像（見第 139 頁「分散式 Actor 框架」），如果你把每個頂點想成是一個 actor，而頂點的狀態和頂點之間的訊息具有容錯性和持久性，並且通訊以固定的方式進行：在每次迭代運算中，框架會負責傳遞前一次迭代運算所發送出去的所有訊息。Actors 一般不會有這種 timing 的保證。

容錯

頂點只能通過訊息傳遞來進行通訊（而不是通過直接的相互查詢），這一事實有助於提高 Pregel 作業的性能，因為訊息可以被批次處理，並且等待通訊的次數更少。唯一的等待是在迭代運算之間：由於 Pregel 模型保證在一次迭代運算中發送的所有訊息也會被傳遞給下一次迭代運算，因此在下一個迭代運算開始之前，前一個迭代運算必須全部完成才行，而且所有訊息都必須通過網路來複製。

儘管底層網路可能會丟棄、複製或任意延遲訊息（參見第 277 頁「不可靠的網路」），但 Pregel 實作保證在後續的迭代運算中，訊息只會在目的地頂點被精確處理一次（exactly once）。與 MapReduce 一樣，該框架會透明地從錯誤中恢復，以簡化基於 Pregel 演算法的程式設計模型。

這種容錯是通過在迭代運算結束時，定期檢查所有頂點的狀態來實現的，也就是將它們的完整狀態寫入持久儲存設備之中。如果一個節點故障並且丟失了記憶體中保存的狀態，最簡單的解決方案是將整個圖的計算回滾到最後一個檢查點，並在該點重新啟動計算。如果演算法是 deterministic 的，並且訊息有記錄下來，那麼也可以選擇性地只恢復丟失的分區（就像我們之前討論過的 dataflow 引擎）[72]。

平行執行

一個頂點不需要知道它運行在哪台物理機器上；當它向其他頂點發送訊息時，它只是簡單地將訊息指定要發送給一個頂點 ID。框架會負責決定圖的分區，即確定哪個頂點運行在哪台機器上，以及如何在網路上路由訊息，以使它們能夠到達正確的位置。

因為程式設計模型一次只處理一個頂點（有時稱為「像頂點一樣思考」），所以框架能夠以任意方式對圖進行分區。理想情況下，如果頂點之間需要大量通訊，則應該將它們劃分到同　台機器上。然而，在實務上很難找到這種最佳化分區的方法，通常只是簡單地按照任意分配的頂點 ID 來對圖進行分區，而不會嘗試將相關的頂點分組在一起。

因此，圖演算法經常有大量跨機器通訊的開銷，中間狀態（節點之間發送的訊息）常常會比原始的圖還要大。透過網路發送訊息的開銷會顯著降低分散式圖演算法的速度。

由於這個原因，如果一台電腦的記憶體中可以完整容納你的圖，那麼單機（甚至是單執行緒）演算法的性能很可能會比分散式批次處理還來得好 [73,74]。即使圖的資料比記憶體大，它也可以放在電腦的磁碟上，然後使用諸如 GraphChi 這樣的框架來進行單機處理，這也是一種可行的選擇 [75]。如果圖太大而無法在單一台機器上運行的話，那麼就不可避免的需要採取像是 Pregel 這樣的分散式方法；有效地平行化圖形演算法是一個還處於研究當中的領域 [76]。

高階 APIs 和語言

自從 MapReduce 流行以來，用於分散式 batch processing 的執行引擎已經變成熟了。現今，基礎設施也已經足夠健壯，可以在超過 10,000 台機器的叢集中儲存和處理許多 PB 量級的資料。由於 batch processes 在這種規模下的物理操作問題被認為或多或少已經解決，所以人們的注意力開始轉向了其他領域：改進程式設計模型、提高處理效率以及擴大這些技術可以解決的問題領域等等。

如前所述，高階語言和 APIs（如 Hive、Pig、Cascading 和 Crunch）會變得流行起來，是因為手工編寫 MapReduce 作業非常辛苦。隨著 Tez 的出現，這些高階語言帶來了額外的好處，那就是不需要重寫作業程式碼就能夠移植到新的 dataflow 執行引擎。Spark 和 Flink 也有自己的高階 dataflow APIs，多數靈感是來自於 FlumeJava [34]。

這些 dataflow APIs 通常使用 relational-style 的建構方塊來表達計算：將資料集 join 到某個欄位的值上；根據 key 來對 tuples 進行分組；按一定條件進行過濾；以及透過計數、求和或其他函數來聚合 tuples。在內部，這些操作是使用本章前面討論過的各種 join 和 grouping 演算法來實作的。

除了需要的程式碼更少這一明顯優勢外，這些高階介面還允許互動式的用法。在這種情況下，你可以在 shell 中逐步地編寫分析程式碼，並經常執行它來觀察結果。這種開發風格在探索 dataset 和試驗處理的方法時非常有用。這也讓人想起我們在第 390 頁「Unix 哲學」中討論過的哲學。

此外，這些高階介面不僅提高了系統使用者的工作效率，而且還提高了機器層級上的作業執行效率。

朝宣告式查詢語言的轉變

與編寫執行 join 的程式碼相比起來，將 join 指定為關聯 operators 的一個優點是，框架可以分析 join 輸入的屬性，並自動決定哪種 join 演算法最適合當前手邊的任務。Hive、Spark 和 Flink 具有 cost-based 的最佳化查詢工具，它們可以做到這一點，甚至可以更改 joins 的順序，從而能夠最小化中間狀態的數量 [66, 77, 78, 79]。

雖然 join 演算法的選擇對批次處理作業的性能有很大的影響，但也不必一定非得理解和記住本章討論過的所有 join 演算法才行，這確實是可能做到的。如果以宣告的（*declarative*）方式來指定 join，應用程式只需宣告需要哪些 joins，讓最佳化查詢工具決定如何最好地執行它們就好。我們先前在第 43 頁「資料查詢語言」中也遇到過這樣的想法。

然而在其他方面，MapReduce 和它的 dataflow 後繼者與 SQL 的完全宣告式查詢模型有著很大的不同。MapReduce 是基於 function callbacks 的思想而建構的：對於每條或每組記錄，呼叫一個使用者定義的函數（mapper 或 reducer），該函數可以隨意呼叫任意程式碼以決定到底要輸出什麼。這種方法的優點是，可以利用現有函式庫的大型生態系統來完成解析、自然語言分析、影像分析以及運行數值或統計演算法等工作。

能夠輕鬆地運行任意程式碼的自由度，一直都是承自 MapReduce 的批次處理系統與 MPP 資料庫的區別所在（參見第 412 頁「比較 Hadoop 和分散式資料庫」）；儘管資料庫具有編寫使用者定義函數的功能，但它們使用起來通常很麻煩，而且沒辦法很好地與大多數程式語言使用的套件管理器和相依項管理系統整合起來（比如 Java 的 Maven、JavaScript 的 npm 和 Ruby 的 Rubygems）。

然而，dataflow 引擎的開發人員發現，除了 joins 之外，在其他領域中結合更多的宣告式特性同樣也有好處。例如，如果一個 callback 函式只包含一個簡單的過濾條件，或者它只是從一條記錄中選擇出一些欄位，那麼在對每條記錄呼叫該函數時就會有很大的 CPU 開銷。如果這種簡單的過濾和映射操作可以用宣告的方式來表達的話，那麼最佳化查詢工具就可以利用行式儲存佈局的優勢（請參閱第 96 頁「行式儲存」），只從磁碟讀取出所需的行。Hive、Spark DataFrames 和 Impala 也使用向量化執行（請參閱第 99 頁「記憶體頻寬與向量化處理」）：在一個對 CPU 快取友好的緊密內部迴圈中迭代運算資料，並避免函式呼叫。Spark 產生 JVM bytecode [79]，Impala 使用 LLVM 為這些內部迴圈 [41] 產生本機原生碼。

透過讓高階 APIs 具備宣告式特徵的一面，使得最佳化查詢工具能夠在執行期間利用它們的優點，批次處理框架開始看起來更像 MPP 資料庫了（並且可以獲得相當的性能）。同時，透過運行任意程式碼以及讀寫任意格式資料的可擴展性，讓它們保持了原本既有的靈活性優勢。

不同領域的專業化

雖然能夠運行任意程式碼的可擴展性很有用，但在許多常見情況下，標準處理模式還是經常不斷地重複出現，因此有必要實作一些能夠重用的公共建構模組。傳統上，MPP 資料庫提供服務來滿足商業智慧分析師和業務報告的需求，但這只是運用 batch processing 的眾多應用領域之一。

另一個日益重要的領域是統計和數值演算法，這是諸如分類和推薦系統這種機器學習應用所需要的。現在已有一些可重用的實作陸續出現：例如，Mahout 在 MapReduce、Spark 和 Flink 之上實作了用於機器學習的各種演算法，而 MADlib 在關聯式 MPP 資料庫（Apache HAWQ）中也實作了類似的功能 [54]。

像是 *k-nearest neighbors* 這類的空間演算法也很有用 [80]，它可以在某些多維空間中搜尋出和給定項相近的資料項，這是一種相似性搜尋。近似搜尋對基因組分析演算法很重要，因為它需要找到相似但又不完全相同的字串 [81]。

批次處理引擎正被越來越多的領域用在演算法的分散式執行方面。隨著 batch processing systems 具備更多內建功能和高階宣告式運算子，以及 MPP 資料庫變得更加可程式化設計和靈活，兩者開始變得越來越相似：最終，它們都只是用於儲存和處理資料的系統。

小結

本章探討了 batch processing 這個主題。我們首先研究了 Unix 工具,如 awk、grep 和 sort,並瞭解了這些工具的設計哲學是如何應用到 MapReduce 以及 dataflow 引擎中的。其中一些設計原則包括輸入是 immutable 的,輸出可作為另一個(未知)程式的輸入,複雜的問題是透過組合「只做好一件事」的小工具來解決的。

在 Unix 世界中,files 和 pipes 是讓程式可以組合起來的統一介面;在 MapReduce 中,該介面是一個分散式檔案系統。我們看到,dataflow 引擎添加了它們自己的 pipe-like 資料傳輸機制,以避免將中間狀態實體化到分散式檔案系統之中,但作業的初始輸入和最終輸出通常仍是 HDFS 中的檔案。

分散式批次處理框架需要解決的兩個主要問題是:

分區

> 在 MapReduce 中,mappers 是根據輸入檔案塊來分區的。Mappers 的輸出被重新分區、排序和合併到一個可配置數量的 reducer 分區中。這個程序的目標是將所有相關資料,例如具有相同 key 的所有記錄,存放在同一個地方。

> 除非必要,否則 Post-MapReduce 的 dataflow 引擎會儘量避免排序,它們會採用大致相似的分區方法。

容錯

> MapReduce 會頻繁地寫入資料到磁碟,這使得它可以很容易地從單個失敗的任務中恢復過來,而不需要讓整個任務重新啟動,但是在 fault-free 的情況下這會降低執行的速度。Dataflow 引擎執行更少的中間狀態實體化,並將更多的資料保存在記憶體當中。這意味著如果一個節點故障,它們需要重新計算更多的資料。Deterministic operators 減少了需要重新計算的資料量。

我們討論了幾種 MapReduce 的 join 演算法,其中大多數也在 MPP 資料庫和 dataflow 引擎的內部使用。它們對於分區演算法如何工作也有很好的規劃:

Sort-merge joins

> 每個被 joined 的 input 都要經過一個萃取出 join key 的 mapper。通過分區、排序和合併,相同 key 的所有記錄最終都將進入同一個 reducer 呼叫。然後,該函數可以輸出 joined 完成的記錄。

Broadcast hash joins

兩個 join inputs 中，其中一個很小，所以它沒有被分區，也可以完全載入到雜湊表當中。因此，你可以為 large join input 的每個分區啟動一個 mapper，將 small input 的雜湊表載入到每個 mapper 中，然後掃描 large input 的每一條記錄，然後向雜湊表查詢。

Partitioned hash joins

如果兩個 join inputs 以相同的方式分區（使用相同的 key、相同的雜湊函數和相同數量的分區），那麼雜湊表的方法可以單獨套用在每個分區上。

分散式批次處理引擎有一個被刻意限制的程式設計模型：callback functions（例如 mappers 和 reducers）是假設無狀態的，而且除了指定的輸出之外並不會有外部可見的副作用。這個限制讓框架得以在其抽象背後隱藏一些分散式系統的難題：在面對崩潰和網路問題時，可以安全地重試任務，並且丟棄任何失敗任務的輸出。如果一個分區的多個任務成功，那麼只有一個任務會令其輸出變為實際可見。

得益於框架，一個批次處理作業的程式碼不需要擔心容錯機制的實作：框架可以保證作業最終的輸出是一樣的，就如同沒有錯誤發生的情況一樣，儘管有些任務在實際上進行過重試。比起一般線上服務要處理使用者請求與寫入資料庫的副作用，這些可靠的語義相比之下要健壯多了。

批次處理作業的顯著特徵是，它讀取一些輸入資料並產生一些輸出資料，而從不會去修改輸入。換句話說，輸出是從輸入衍生而來的。重要的是，輸入資料是**有界的**（*bounded*）：它具有已知的、固定的大小（例如，它是由某個時間點下的一組日誌檔或資料庫內容的快照所組成的）。因為它是有界的，所以一個作業可以知道它什麼時候完成了對整個輸入的讀取，因此當作業做完它的工作後，作業最終就是完成了。

下一章我們將轉向 stream processing，此時輸入是**無界的**（*unbounded*）。也就是說，你仍然有一個作業，但它的輸入是永無止境的資料串流（never-ending streams of data）。在這種情況下，作業永遠不會完成，因為仍然可能有更多的工作會在任何時候進來。我們將看到 stream processing 和 batch processing 在某些方面的相似之處，但是無界串流（unbounded streams）的假設會改變我們建構系統的方式。

參考文獻

[1] Jeffrey Dean and Sanjay Ghemawat: "MapReduce: Simplified Data Processing on Large Clusters," at *6th USENIX Symposium on Operating System Design and Implementation* (OSDI), December 2004.

[2] Joel Spolsky: "The Perils of JavaSchools," *joelonsoftware.com*, December 25, 2005.

[3] Shivnath Babu and Herodotos Herodotou: "Massively Parallel Databases and MapReduce Systems," *Foundations and Trends in Databases*, volume 5, number 1, pages 1–104, November 2013. doi:10.1561/1900000036

[4] David J. DeWitt and Michael Stonebraker: "MapReduce: A Major Step Backwards," originally published at *databasecolumn.vertica.com*, January 17, 2008.

[5] Henry Robinson: "The Elephant Was a Trojan Horse: On the Death of Map-Reduce at Google," *the-paper-trail.org*, June 25, 2014.

[6] "The Hollerith Machine," United States Census Bureau, *census.gov*.

[7] "IBM 82, 83, and 84 Sorters Reference Manual," Edition A24-1034-1, International Business Machines Corporation, July 1962.

[8] Adam Drake: "Command-Line Tools Can Be 235x Faster than Your Hadoop Cluster," *aadrake.com*, January 25, 2014.

[9] "GNU Coreutils 8.23 Documentation," Free Software Foundation, Inc., 2014.

[10] Martin Kleppmann: "Kafka, Samza, and the Unix Philosophy of Distributed Data," *martin.kleppmann.com*, August 5, 2015.

[11] Doug McIlroy: Internal Bell Labs memo, October 1964. Cited in: Dennis M. Richie: "Advice from Doug McIlroy," *cm.bell-labs.com*.

[12] M. D. McIlroy, E. N. Pinson, and B. A. Tague: "UNIX Time-Sharing System: Foreword," *The Bell System Technical Journal*, volume 57, number 6, pages 1899–1904, July 1978.

[13] Eric S. Raymond: *The Art of UNIX Programming*. Addison-Wesley, 2003. ISBN: 978-0-13-142901-7

[14] Ronald Duncan: "Text File Formats – ASCII Delimited Text – Not CSV or TAB Delimited Text," *ronaldduncan.wordpress.com*, October 31, 2009.

[15] Alan Kay: "Is 'Software Engineering' an Oxymoron?," *tinlizzie.org*.

[16] Martin Fowler: "InversionOfControl," *martinfowler.com*, June 26, 2005.

[17] Daniel J. Bernstein: "Two File Descriptors for Sockets," *cr.yp.to*.

[18] Rob Pike and Dennis M. Ritchie: "The Styx Architecture for Distributed Systems," *Bell Labs Technical Journal*, volume 4, number 2, pages 146–152, April 1999.

[19] Sanjay Ghemawat, Howard Gobioff, and Shun-Tak Leung: "The Google File System," at *19th ACM Symposium on Operating Systems Principles* (SOSP), October 2003. doi:10.1145/945445.945450

[20] Michael Ovsiannikov, Silvius Rus, Damian Reeves, et al.: "The Quantcast File System," *Proceedings of the VLDB Endowment*, volume 6, number 11, pages 1092–1101, August 2013. doi:10.14778/2536222.2536234

[21] "OpenStack Swift 2.6.1 Developer Documentation," OpenStack Foundation, *docs.openstack.org*, March 2016.

[22] Zhe Zhang, Andrew Wang, Kai Zheng, et al.: "Introduction to HDFS Erasure Coding in Apache Hadoop," *blog.cloudera.com*, September 23, 2015.

[23] Peter Cnudde: "Hadoop Turns 10," *yahoohadoop.tumblr.com*, February 5, 2016.

[24] Eric Baldeschwieler: "Thinking About the HDFS vs. Other Storage Technologies," *hortonworks.com*, July 25, 2012.

[25] Brendan Gregg: "Manta: Unix Meets Map Reduce," *dtrace.org*, June 25, 2013.

[26] Tom White: *Hadoop: The Definitive Guide*, 4th edition. O'Reilly Media, 2015. ISBN: 978-1-491-90163-2

[27] Jim N. Gray: "Distributed Computing Economics," Microsoft Research Tech Report MSR-TR-2003-24, March 2003.

[28] Marton Trencseni: "Luigi vs Airflow vs Pinball," *bytepawn.com*, February 6, 2016.

[29] Roshan Sumbaly, Jay Kreps, and Sam Shah: "The 'Big Data' Ecosystem at LinkedIn," at *ACM International Conference on Management of Data* (SIGMOD), July 2013. doi:10.1145/2463676.2463707

[30] Alan F. Gates, Olga Natkovich, Shubham Chopra, et al.: "Building a High-Level Dataflow System on Top of Map-Reduce: The Pig Experience," at *35th International Conference on Very Large Data Bases* (VLDB), August 2009.

[31] Ashish Thusoo, Joydeep Sen Sarma, Namit Jain, et al.: "Hive – A Petabyte Scale Data Warehouse Using Hadoop," at *26th IEEE International Conference on Data Engineering* (ICDE), March 2010. doi:10.1109/ICDE.2010.5447738

[32] "Cascading 3.0 User Guide," Concurrent, Inc., *docs.cascading.org*, January 2016.

[33] "Apache Crunch User Guide," Apache Software Foundation, *crunch.apache.org*.

[34] Craig Chambers, Ashish Raniwala, Frances Perry, et al.: "FlumeJava: Easy, Efficient Data-Parallel Pipelines," at *31st ACM SIGPLAN Conference on Programming Language Design and Implementation* (PLDI), June 2010. doi:10.1145/1806596.1806638

[35] Jay Kreps: "Why Local State is a Fundamental Primitive in Stream Processing," *oreilly.com*, July 31, 2014.

[36] Martin Kleppmann: "Rethinking Caching in Web Apps," *martin.kleppmann.com*, October 1, 2012.

[37] Mark Grover, Ted Malaska, Jonathan Seidman, and Gwen Shapira: *Hadoop Application Architectures*. O'Reilly Media, 2015. ISBN: 978-1-491-90004-8

[38] Philippe Ajoux, Nathan Bronson, Sanjeev Kumar, et al.: "Challenges to Adopting Stronger Consistency at Scale," at *15th USENIX Workshop on Hot Topics in Operating Systems* (HotOS), May 2015.

[39] Sriranjan Manjunath: "Skewed Join," *wiki.apache.org*, 2009.

[40] David J. DeWitt, Jeffrey F. Naughton, Donovan A. Schneider, and S. Seshadri: "Practical Skew Handling in Parallel Joins," at *18th International Conference on Very Large Data Bases* (VLDB), August 1992.

[41] Marcel Kornacker, Alexander Behm, Victor Bittorf, et al.: "Impala: A Modern, Open-Source SQL Engine for Hadoop," at *7th Biennial Conference on Innovative Data Systems Research* (CIDR), January 2015.

[42] Matthieu Monsch: "Open-Sourcing PalDB, a Lightweight Companion for Storing Side Data," *engineering.linkedin.com*, October 26, 2015.

[43] Daniel Peng and Frank Dabek: "Large-Scale Incremental Processing Using Distributed Transactions and Notifications," at *9th USENIX conference on Operating Systems Design and Implementation* (OSDI), October 2010.

[44] ""Cloudera Search User Guide," Cloudera, Inc., September 2015.

[45] Lili Wu, Sam Shah, Sean Choi, et al.: "The Browsemaps: Collaborative Filtering at LinkedIn," at *6th Workshop on Recommender Systems and the Social Web* (RSWeb), October 2014.

[46] Roshan Sumbaly, Jay Kreps, Lei Gao, et al.: "Serving Large-Scale Batch Computed Data with Project Voldemort," at *10th USENIX Conference on File and Storage Technologies* (FAST), February 2012.

[47] Varun Sharma: "Open-Sourcing Terrapin: A Serving System for Batch Generated Data," *engineering.pinterest.com*, September 14, 2015.

[48] Nathan Marz: "ElephantDB," *slideshare.net*, May 30, 2011.

[49] Jean-Daniel (JD) Cryans: "How-to: Use HBase Bulk Loading, and Why," *blog.cloudera.com*, September 27, 2013.

[50] Nathan Marz: "How to Beat the CAP Theorem," *nathanmarz.com*, October 13, 2011.

[51] Molly Bartlett Dishman and Martin Fowler: "Agile Architecture," at *O'Reilly Software Architecture Conference*, March 2015.

[52] David J. DeWitt and Jim N. Gray: "Parallel Database Systems: The Future of High Performance Database Systems," *Communications of the ACM*, volume 35, number 6, pages 85–98, June 1992. doi:10.1145/129888.129894

[53] Jay Kreps: "But the multi-tenancy thing is actually really really hard," tweetstorm, *twitter.com*, October 31, 2014.

[54] Jeffrey Cohen, Brian Dolan, Mark Dunlap, et al.: "MAD Skills: New Analysis Practices for Big Data," *Proceedings of the VLDB Endowment*, volume 2, number 2, pages 1481–1492, August 2009. doi:10.14778/1687553.1687576

[55] Ignacio Terrizzano, Peter Schwarz, Mary Roth, and John E. Colino: "Data Wrangling: The Challenging Journey from the Wild to the Lake," at *7th Biennial Conference on Innovative Data Systems Research* (CIDR), January 2015.

[56] Paige Roberts: "To Schema on Read or to Schema on Write, That Is the Hadoop Data Lake Question," *adaptivesystemsinc.com*, July 2, 2015.

[57] Bobby Johnson and Joseph Adler: "The Sushi Principle: Raw Data Is Better," at *Strata+Hadoop World*, February 2015.

[58] Vinod Kumar Vavilapalli, Arun C. Murthy, Chris Douglas, et al.: "Apache Hadoop YARN: Yet Another Resource Negotiator," at *4th ACM Symposium on Cloud Computing* (SoCC), October 2013. doi:10.1145/2523616.2523633

[59] Abhishek Verma, Luis Pedrosa, Madhukar Korupolu, et al.: "Large-Scale Cluster Management at Google with Borg," at *10th European Conference on Computer Systems* (EuroSys), April 2015. doi:10.1145/2741948.2741964

[60] Malte Schwarzkopf: "The Evolution of Cluster Scheduler Architectures," *firmament.io*, March 9, 2016.

[61] Matei Zaharia, Mosharaf Chowdhury, Tathagata Das, et al.: "Resilient Distributed Datasets: A Fault-Tolerant Abstraction for In-Memory Cluster Computing," at *9th USENIX Symposium on Networked Systems Design and Implementation* (NSDI), April 2012.

[62] Holden Karau, Andy Konwinski, Patrick Wendell, and Matei Zaharia: *Learning Spark*. O'Reilly Media, 2015. ISBN: 978-1-449-35904-1

[63] Bikas Saha and Hitesh Shah: "Apache Tez: Accelerating Hadoop Query Processing," at *Hadoop Summit*, June 2014.

[64] Bikas Saha, Hitesh Shah, Siddharth Seth, et al.: "Apache Tez: A Unifying Framework for Modeling and Building Data Processing Applications," at *ACM International Conference on Management of Data* (SIGMOD), June 2015. doi:10.1145/2723372.2742790

[65] Kostas Tzoumas: "Apache Flink: API, Runtime, and Project Roadmap," *slideshare.net*, January 14, 2015.

[66] Alexander Alexandrov, Rico Bergmann, Stephan Ewen, et al.: "The Stratosphere Platform for Big Data Analytics," *The VLDB Journal*, volume 23, number 6, pages 939–964, May 2014. doi:10.1007/s00778-014-0357-y

[67] Michael Isard, Mihai Budiu, Yuan Yu, et al.: "Dryad: Distributed Data-Parallel Programs from Sequential Building Blocks," at *European Conference on Computer Systems* (EuroSys), March 2007. doi:10.1145/1272996.1273005

[68] Daniel Warneke and Odej Kao: "Nephele: Efficient Parallel Data Processing in the Cloud," at *2nd Workshop on Many-Task Computing on Grids and Supercomputers* (MTAGS), November 2009. doi:10.1145/1646468.1646476

[69] Lawrence Page, Sergey Brin, Rajeev Motwani, and Terry Winograd: "The PageRank Citation Ranking: Bringing Order to the Web," Stanford InfoLab Technical Report 422, 1999.

[70] Leslie G. Valiant: "A Bridging Model for Parallel Computation," *Communications of the ACM*, volume 33, number 8, pages 103–111, August 1990. doi:10.1145/79173.79181

[71] Stephan Ewen, Kostas Tzoumas, Moritz Kaufmann, and Volker Markl: "Spinning Fast Iterative Data Flows," *Proceedings of the VLDB Endowment*, volume 5, number 11, pages 1268-1279, July 2012. doi:10.14778/2350229.2350245

[72] Grzegorz Malewicz, Matthew H. Austern, Aart J. C. Bik, et al.: "Pregel: A System for Large-Scale Graph Processing," at *ACM International Conference on Management of Data* (SIGMOD), June 2010. doi:10.1145/1807167.1807184

[73] Frank McSherry, Michael Isard, and Derek G. Murray: "Scalability! But at What COST?," at *15th USENIX Workshop on Hot Topics in Operating Systems* (HotOS), May 2015.

[74] Ionel Gog, Malte Schwarzkopf, Natacha Crooks, et al.: "Musketeer: All for One, One for All in Data Processing Systems," at *10th European Conference on Computer Systems* (EuroSys), April 2015. doi:10.1145/2741948.2741968

[75] Aapo Kyrola, Guy Blelloch, and Carlos Guestrin: "GraphChi: Large-Scale Graph Computation on Just a PC," at *10th USENIX Symposium on Operating Systems Design and Implementation* (OSDI), October 2012.

[76] Andrew Lenharth, Donald Nguyen, and Keshav Pingali: "Parallel Graph Analytics," *Communications of the ACM*, volume 59, number 5, pages 78–87, May 2016. doi:10.1145/2901919

[77] Fabian Huske: "Peeking into Apache Flink's Engine Room," *flink.apache.org*, March 13, 2015.

[78] Mostafa Mokhtar: "Hive 0.14 Cost Based Optimizer (CBO) Technical Overview," *hortonworks.com*, March 2, 2015.

[79] Michael Armbrust, Reynold S Xin, Cheng Lian, et al.: "Spark SQL: Relational Data Processing in Spark," at *ACM International Conference on Management of Data* (SIGMOD), June 2015. doi:10.1145/2723372.2742797

[80] Daniel Blazevski: "Planting Quadtrees for Apache Flink," *insightdataengineering.com*, March 25, 2016.

[81] Tom White: "Genome Analysis Toolkit: Now Using Apache Spark for Data Processing," *blog.cloudera.com*, April 6, 2016.

第十一章

流式處理

> 一個能工作的複雜系統總是由一個能工作的簡單系統演進而來的。反過來說：一個
> 從零開始設計的複雜系統永遠不會工作，也不可能讓它工作。
>
> —John Gall, 系統學（1975）

我們在第 10 章討論了批次處理技術，它讀取一組檔案作為輸入，並產生一組新的輸出
檔案。輸出是衍生資料（*derived data*）的一種形式：也就是說，如果需要，可以透過再
次運行 batch process 來重新創建 dataset。我們看到了如何使用既簡單又強大的想法來創
建搜尋索引、推薦系統、分析等等。

然而，第 10 章的內容仍然有一個很大的假設：即輸入是有界的，是已知的有限大小。
這樣子 batch process 就能知道它什麼時候完成了對輸入的讀取。例如，MapReduce 的核
心排序操作必須讀取整個輸入，然後才能開始生產它的輸出：因為可能會有這樣一種狀
況，那就是最後輸入的記錄擁有次序最低的 key，而它需要成為輸出的第一筆記錄，所
以輸出並不能提早開始進行。

實際上，有許多資料都是無界的（unbounded），因為它們隨著時間的推移會持續到
來：使用者在昨天和今天產生了資料，而他們在明天將繼續產生更多的資料。除非
業務停止，否則這個過程永遠不會結束，因此 dataset 永遠不會以任何有意義的方式
「完成」[1]。因此，batch processors 必須人為地將資料劃分為固定時間區間的資料塊
（chunks）：例如，在每天結束時處理今天一整天的資料，或在每小時結束時處理一小
時內的資料。

每日進行 batch processes 的問題是，輸入的變更只會在一天之後才能於輸出反映出來，這對於許多沒有耐心的使用者來說實在是太慢了。為了減少這種延遲，處理應該可以更頻繁地運行才對，例如在每一秒結束時就處理一秒內的資料。或甚至是連續地、完全放棄固定時間區間的做法，只在事情發生時處理每個事件。這就是*流式處理*（*stream processing*）背後的想法。

通常，串流（stream）指的是隨著時間推移而逐漸可用的資料。這個概念出現在很多地方：在 Unix 的 **stdin** 和 **stdout**，程式語言（lazy lists）[2]、檔案系統 APIs（如 Java 的 **FileInputStream**）、TCP 連接、在 internet 上傳輸音訊和視訊等等。

在本章，我們會把*事件流*（*event streams*）看作是一種資料管理機制：一種無界、增量的處理方式，和我們在上一章看到的 batch data 形成對比。我們將首先討論 streams 如何在網路上表示、儲存和傳輸。第 448 頁「資料庫和串流」將研究 streams 和資料庫之間的關係，最後在第 460 頁「串流的處理」將探索持續處理這些 streams 的方法和工具，以及利用它來建構應用程式的方法。

發送事件流

在 batch processing 的世界裡，作業的輸入和輸出都是檔案（可能放在分散式檔案系統上）。那麼，串流在等效上看起來又是什麼樣子呢？

當輸入是一個檔案時（位元組序列），第一個處理步驟通常是將其解析為一個記錄的序列。在 stream processing 的上下文中，記錄通常被稱為*事件*（*event*），但它們本質上是相同的東西：一個小的、自包含的、不可變的物件，它包含在某個時間點所發生的事情的細節。一個事件通常會包含一個來自生活時鐘的時間戳記，用於指示事情發生的時間（參見第 288 頁「單調時鐘與生活時鐘」）。

例如，發生的事情可能是使用者所採取的一個操作，例如查看頁面或下單購買。它也可能來自於一台設備，例如來自溫度感測器的週期性測量，或 CPU 利用率的度量。在第 387 頁「使用 Unix 工具進行批次處理」的例子中，web 伺服器的每一行日誌都是一個事件。

事件可以被編碼成第 4 章所述的文本字串、JSON 或某種二進位格式。可以透過編碼將事件儲存下來，例如將其追加到檔案、將其插入到關聯表或寫入到 document 資料庫之中。編碼還可以讓你通過網路將事件發送到另一個節點以進行處理。

在 batch processing 中，一個檔案只被寫入一次，然後可能會被多個作業所讀取。類似地，在 streaming 這個術語中，事件由**生產者**（*producer*，也稱為發佈者 *publisher* 或發送者 *sender*）產生一次，然後可能由多個**消費者**（*consumer*，訂閱者 *subscriber* 或接收者 *recipients*）所處理 [3]。在檔案系統中，檔案名稱用於標識一組相關的記錄；在 streaming 系統中，相關的事件通常會被組合成一個**主題**（*topic*）或**串流**（*stream*）。

原則上，一個檔案或資料庫就足以用來連接生產者和消費者：生產者將它產生的每個事件寫入資料儲存中，而每個消費者則定期向儲存輪詢資料，以檢查自上次詢問以來後續又出現的事件。這基本上就是 batch process 於每天結束處理一天的資料時所做的工作。

然而，當轉向更低延遲的連續處理時，如果採用的資料儲存並非為了這種用途而設計的話，那麼輪詢的代價就會變得昂貴。輪詢的頻率越高，請求得到新事件的機率就越低，因此開銷就相對越高。所以，如果可以在新事件出現的時候再通知消費者，這樣會更好。

資料庫傳統上並不能很好地支援這種通知機制：一般關聯式資料庫具有**觸發器**（*triggers*），可以應對變化（例如當插入一列到表中時），但它們能做到事非常有限，在資料庫的設計中可以說是一種事後的考慮（afterthought）[4, 5]。所以，就有了專門用於傳遞事件通知的工具被進一步開發出來。

訊息傳遞系統

向消費者推播新事件的一種常見方法是使用**訊息傳遞系統**（*messaging system*）：生產者發送一個包含事件的訊息，然後將該訊息推送給消費者。我們之前在第 138 頁「透過訊息傳遞的 Dataflow」提過這些系統，但是現在我們將進一步討論相關的細節。

生產者和消費者之間的直接通訊通道（如 Unix pipe 或 TCP connection）是實作訊息傳遞系統的一種簡單方法。但是，大多數訊息傳遞系統也都是以這個基本模型作為基礎來進行擴展的。特別是，Unix pipes 和 TCP connect 只可以連接一個發送方和一個接收方，而訊息傳遞系統則可以讓多個生產者節點將訊息發送到相同的某個 topic，並且可以讓多個消費者節點接收某個 topic 的訊息。

在這種**發佈 / 訂閱**（*publish/subscribe*）模型中，不同的系統會採用不同的方法，並沒有一個適用於所有目的的正確答案。以下兩個問題可以協助我們區分出這些系統：

1. 如果生產者發送訊息的速度比消費者處理訊息的速度快，會發生什麼事？一般來說，有三種選擇：系統可以丟棄訊息、將訊息緩衝在佇列中或啟動背壓機制（*backpressure*；也稱為流控制 *flow control*，即阻止生產者發送更多的訊息的出來）。例如，Unix pipe 和 TCP 都使用了背壓機制：它們有一個固定大小的小型緩衝區，如果緩衝區塞滿了，發送方就會暫時停住，直到接收方從緩衝區取出資料讓緩衝區再騰出空間為止（參見第 282 頁「網路壅塞和佇列」）。

   如果訊息緩衝在佇列中，那麼瞭解佇列增長時會發生什麼事是很重要的。如果記憶體容納不下佇列，系統會崩潰嗎？或者它會將訊息寫入磁碟嗎？對於後一種情況，磁碟存取又會如何影響訊息傳遞系統的性能呢 [6] ？

2. 如果節點崩潰或暫時離線又會發生什麼事？是否會有任何訊息丟失呢？與資料庫一樣，持久化可能需要寫入磁碟和（或）複製的某種組合方案來支援（請參閱第 226 頁「複製和持久性」），而這是有代價的。如果你可以承受偶爾丟失訊息的損失，那麼可能就可以在相同的硬體條件下獲得更高的吞吐量和更低的延遲。

訊息丟失是否可以接受，在很大程度上取決於應用程式。例如，對於週期性傳輸的感測器讀數和量值，偶爾丟失一些資料點的影響可能並不大，因為更新的量值往往很快就會再發送過來。但是要注意，如果發生大量訊息遺失的情況，相關指標的計算可能就會因此變得不正確，但這種影響可能不會立即就被很明顯地察覺到 [7]。如果需要對事件做計數，那麼可靠地傳遞事件就變得相對重要了，因為每一條丟失的訊息都意味著計數失準。

我們在第 10 章探討的 batch processing systems 有一個很好的特性是，它們提供了強大的可靠性保證：失敗的任務會自動重試，而且失敗任務的部分輸出也會自動被丟棄。這表示輸出一定會跟未發生故障的時候相同，這有助於簡化程式的設計模型。本章後面將會研究如何在 streaming 上下文中提供類似的保證。

生產者直接傳遞資訊給消費者

許多訊息傳遞系統在生產者和消費者之間使用直接的網路通訊，而沒有經過中間節點：

- 在金融行業的 streams 會廣泛使用 UDP multicast，例如股票市場這類需要低延遲的應用 [8]。雖然 UDP 本身是不可靠的，但應用程式層級的協定可以恢復丟失的資料封包（生產者必須記住它已經發送過的資料封包，以便它可以根據需要重新傳輸這些資料）。

- ZeroMQ [9] 和 nanomsg 等無代理（brokerless）的訊息傳遞函式庫採用了類似的方法，通過 TCP 或 IP 的 multicast 實作發佈／訂閱式的訊息傳遞。

- StatsD [10] 和 Brubeck [7] 使用不可靠的 UDP 訊息來收集網路中所有機器的指標以監控它們。（在 StatsD 協定中，計數器這個度量指標只有在所有訊息都確認有被收到，才會是正確的；使用 UDP 只能讓一些指標近似準確 [11]。請參見第 283 頁「TCP 和 UDP」。）

- 如果消費者在網路上公開一個服務，生產者可以直接發出 HTTP 或 RPC 請求（參見第 132 頁「透過服務的 Dataflow：REST 和 RPC」）來將訊息推送給消費者。這是 webhook 背後的想法 [12]，模式是將一個服務的 callback URL 註冊到另一個服務，每當事件發生時，回頭向那個 URL 發出請求。

儘管這些直接訊息傳遞系統在其原先設計所針對的場景下可以工作得很好，但它們通常要求應用程式需要意識到訊息存在丟失的可能性。它們能夠容忍的故障非常有限：即使協定自身可以檢測並重傳在網路中丟失的資料封包，但它們通常還是假設生產者和消費者都需要一直處在線上。

如果消費者離線，它可能就會錯過在它無法被訪問時所發送過來的訊息。有些協定允許生產者重試失敗的訊息傳遞，但如果生產者發生崩潰，丟失了它應該重試的訊息緩衝區，那麼這個方法可能就會失效。

訊息代理

一種廣泛使用的替代方法是通過**訊息代理**（*message broker*；也稱為**訊息佇列**，*message queue*）來發送訊息，它本質上是一種針對處理 message streams 而最佳化的資料庫 [13]。它作為伺服器運行，生產者和消費者則作為客戶端連接到它。生產者向 broker 寫入訊息，而消費者則是透過從 broker 那裡讀取訊息來接收訊息。

透過將資料集中在 broker 當中，這些系統更容易容忍來來去去的客戶端（連線、斷線和崩潰），因為持久化的問題現在轉移到了 broker 身上。一些 message brokers 僅是將訊息保存在記憶體中，而有些 brokers（取決於組態）則會將訊息寫入磁碟當中，以便在 broker 崩潰時訊息不會丟失。面對速度較慢的客戶端，它們通常允許無限佇列（而不是丟棄訊息或使用 backpressure），不過這種選擇也可能取決於組態。

排隊的另一個後果是消費者一般需要以非同步的方式工作：當生產者發送訊息時，正常來講生產者只會等待 broker 確認它已經將訊息緩衝下來就算完事了，而不會去管訊息是否有被消費者拿去處理。訊息交付給消費者的時間將會在未來某個時間點才發生，通常會在幾分之一秒內，但倘若存在佇列積壓（queue backlog），有時會帶來更明顯的延遲。

訊息代理與資料庫的比較

一些 message brokers 甚至可以使用 XA 或 JTA 參與兩階段提交協定（請參閱第 358頁「實際的分散式交易」）。這個特性使它們在本質上與資料庫相類似，雖然 message brokers 和資料庫之間仍然存在重要的實際差異：

* 資料庫通常會保留資料，直到資料被明確刪除。而大多數 message brokers 會在訊息成功傳遞給消費者之後自動刪除訊息。這種 message brokers 不適合當長期的資料儲存。

* 因為訊息很快就會被刪除（即訊息佇列不會太長），所以大多數 message brokers 會認為它們的 working set 都相當小。如果 broker 由於消費者的消耗速度較慢，而需要緩衝大量訊息的話（如果訊息又無法全部保存在記憶體，可能會將部分訊息轉存到磁碟上），那麼處理每條訊息所需的時間會更長，總吞吐量也可能會因此受到影響[6]。

* 資料庫通常支援次級索引和各種搜尋資料的方式，而 message brokers 通常只支援以某種方式來訂閱匹配到某種 pattern 的 topic。雖然兩種機制不同，但本質上都是讓客戶端去選擇它們所想要瞭解的資料部分的方法。

* 查詢資料庫時，結果通常是基於資料在某個時間點的快照而取得的；如果另一個客戶端隨後向資料庫寫入的資料會讓查詢結果的內容產生變化，那麼第一個客戶端並不會發現之前的結果已經過時（除非它重複查詢或輪詢得知變化）。相比之下，message brokers 並不支援任意查詢，但是當資料發生變化時（即有新訊息可用時），它們就會通知客戶端。

這是 message brokers 的傳統觀點，它的行為已被包含在 JMS [14] 和 AMQP [15] 等標準中，並在 RabbitMQ、ActiveMQ、HornetQ、Qpid、TIBCO Enterprise Message Service、IBM MQ、Azure Service Bus 和 Google Cloud 的 Pub/Sub [16] 等軟體中均有這種實作。

多個消費者

當多個消費者讀取同一 topic 的訊息時，有兩種主要的訊息傳遞模式，如圖 11-1 所示：

負載平衡

　　每個訊息都只傳遞給一個消費者，因此消費者可以分擔對某個 topic 的訊息處理工作。Broker 可以任意地將訊息分配給消費者。當處理訊息的成本很高，並且希望能夠增加消費者來平行處理時，此模式非常有用。在 AMQP 中，可以讓多個客戶端使用同一個佇列來實現負載平衡，在 JMS 中稱為**共用訂閱**（*shared subscription*）。

扇出

　　每條訊息都傳遞給所有消費者。扇出允許幾個獨立的消費者各自「收聽」相同的訊息廣播，而不會相互影響，streaming 等效於幾個讀取相同輸入檔案的不同 batch jobs。此功能是由 JMS 中的主題訂閱和 AMQP 中的交換綁定來提供。

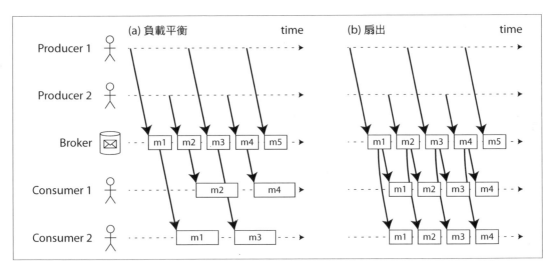

圖 11-1　(a) 負載平衡：消費者共同分擔某一 topic 的訊息消費處理工作；(b) 扇出：將每條訊息都傳遞給多個消費者。

這兩種模式可以組合在一起運用：例如，兩個獨立的消費者群組可以各自訂閱一個 topic，這樣每個群組都可以接收到所有訊息，但在每個群組中的每一條訊息只會有一個節點來接收。

確認及重傳

消費者隨時都可能崩潰，因此可能會出現這樣的狀況：broker 向消費者交付訊息，但消費者從未處理它，或者在崩潰前只完成部分處理而已。為了確保訊息不會丟失，message brokers 會使用確認（*acknowledgments*）機制：客戶端必須明確地告訴 broker，何時完成了對訊息的處理，以便 broker 可以將訊息從佇列中刪除。

如果客戶端斷線或在 broker 未收到 acknowledgment 的情況下發生逾時，則會假定訊息未被處理，因此 broker 會將訊息再次傳遞給另一個消費者。（請注意，可能會發生這樣的情況：訊息實際上已經被完全處理，但 acknowledgment 在網路中丟失了。處理這種情況需要一個原子提交協定，如第 358 頁「實際的分散式交易」所討論的那樣。）

當與負載平衡結合使用時，要注意這種重傳的行為會對訊息的排序產生影響。在圖 11-2 中，消費者通常是按照生產者發送訊息的順序來處理訊息。但是，Consumer 2 在處理訊息 *m3* 時崩潰了，與此同時，Consumer 1 正在處理訊息 *m4*。未確認的訊息 *m3* 隨後被重新傳遞給 Consumer 1，結果是 Consumer1 按照 *m4*、*m3*、*m5* 的次序處理了訊息。因此，m3 和 m4 並不是按照 Producer 1 發送訊息的次序出現的。

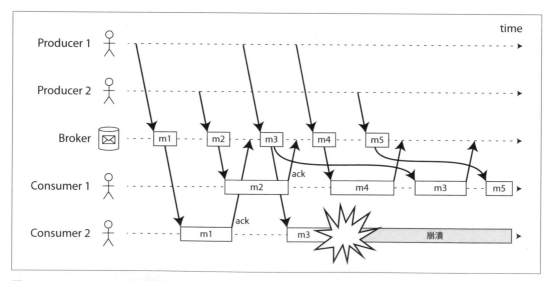

圖 11-2　Consumer 2 在處理 m3 時崩潰，因此稍後將其重新傳遞給 Consumer 1。

即使 message broker 會試圖保持訊息的順序（按照 JMS 和 AMQP 標準的要求），負載平衡和重新傳遞的組合也不可避免地導致了訊息被重新排序。為了避免這個問題，可以為每個消費者使用一個單獨的佇列（即，不使用負載平衡的功能）。如果訊息彼此完全獨立，訊息重新排序就不是問題了，但是如果訊息之間存在因果依賴關係，那麼訊息的重新排序就很重要，這在本章稍後就會看到。

分區日誌

透過網路發送資料封包或向網路服務發出請求，這些通常都是屬於暫態的（transient）操作，不會留下永久的痕跡。儘管可以把這些操作永久記錄下來（使用封包捕獲和日誌記錄），但通常並不會想要這麼做。即使是會將訊息寫入磁碟持久化的 message brokers，也會在訊息傳遞給消費者之後迅速刪除它們，因為它們本來就是基於暫態訊息傳遞的想法所建構的。

資料庫和檔案系統則採用相反的方式：人們通常預期寫入資料庫或檔案的所有內容都會被永久記錄下來，至少在有人明確選擇刪除它們之前是這樣。

這種思維方式的差異對衍生資料的創建方式有很大影響。如第 10 章所談到的，batch processes 有一個關鍵特性是，你可以反覆運行它們，試驗處理步驟，而不會有破壞輸入資料的風險（因為輸入是唯讀的）。AMQP/JMS-style 的訊息傳遞則並非如此：如果 acknowledgment 會導致訊息被 broker 刪除，那麼接收訊息這件事情其實是有破壞性的，因為訊息一旦被確認後就會消失，這樣一來你就不能以相同的輸入再次運行相同的消費者並期望得到相同的結果。

如果你在訊息傳遞系統新增了一個消費者，它通常只會在正式註冊後才開始接收訊息；在此之前的任何訊息都已消失無蹤，無法恢復。相反地，在檔案和資料庫中，你可以隨時增加新的客戶端，而客戶端也可以讀取過去任意時間點所寫入的資料（只要應用程式沒有明確覆蓋或刪掉資料的話）。

為什麼我們不能將資料庫的持久儲存方法與訊息傳遞的低延遲通知功能結合起來呢？這正是基於日誌的訊息代理（*log-based message brokers*）背後的想法。

使用日誌來儲存訊息

日誌僅僅是磁碟上 append-only 的記錄序列。我們在第 3 章的日誌結構儲存引擎和預寫日誌中討論過日誌，也在第 5 章的複製上下文中談過日誌。

同樣的結構可用於實作 message broker：生產者通過將訊息附加到日誌末尾來發送訊息，消費者循序讀取日誌來接收訊息。如果消費者已經到達日誌的末尾，它就會等待新訊息追加進來的通知。Unix 工具 `tail -f` 可以監視檔案的追加資料，而它的工作原理正如出一轍。

為了突破單個磁碟所能提供的吞吐量限制，可以對日誌進行**分區**（如第 6 章所述），不同的分區可以託管在不同的機器上，使每個分區都成為獨立的日誌，可以獨立於其他分區進行讀寫。然後可以將一個 topic 由一組分區來定義，這些分區都攜帶相同類型的訊息。圖 11-3 展示了這種方法。

在每個分區中，broker 為每個訊息分配一個單調遞增的序號或**偏移量**（在圖 11-3 中，框中的數字表示訊息偏移量）。這樣的序號就有意義了，因為分區是 append-only 的，所以分區內的訊息是全序的。而跨不同分區的訊息就沒有順序的保證了。

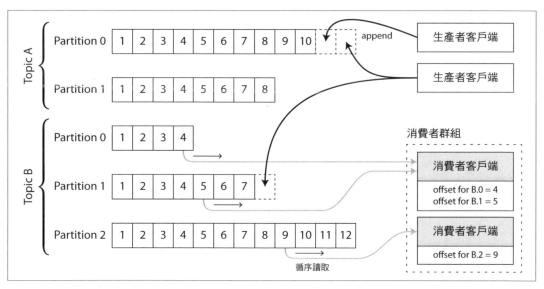

圖 11-3　生產者將訊息追加到主題分區檔（topic-partition file）來發送訊息，消費者循序讀取這些檔案的內容。

Apache Kafka [17, 18]、Amazon Kinesis Streams [19] 和 Twitter 的 DistributedLog [20, 21] 都是基於日誌來工作的 message brokers。Google Cloud 的 Pub/Sub 的架構也是類似，但是公開的是 JMS-style 的 API，而不是日誌的抽象 [16]。儘管這些 message brokers 會將所有訊息都寫入磁碟，但是透過跨多台機器進行分區之後，它們能夠實現每秒數百萬條訊息的吞吐量，並通過複製訊息來實現容錯 [22, 23]。

日誌與傳統訊息傳遞的比較

基於日誌的方法通常支援訊息扇出，因為幾個消費者可以獨立地讀取日誌而不會影響彼此，讀取訊息但不會將其從日誌中刪除。為了在一組消費者之間實現負載平衡，broker 可以將整個分區分配給消費者群組中的節點，而不是將訊息個別分配給消費者客戶端。

然後，每個客戶端會消費分配給它的分區中的*所有*訊息。通常，當一個日誌分區分配給消費者之後，消費者會以簡單的單執行緒方式循序讀取分區中的訊息。這種顆粒度較粗的負載平衡方法存在一些缺點：

- 共用分擔一個 topic 的工作節點，其數量最多只能等於該 topic 日誌分區的數量，因為相同分區中的訊息都會被傳遞到同一個節點[1]。

- 如果某個訊息的處理速度慢，它會阻礙該分區中後續訊息的處理（隊頭阻塞的一種形式；參見第 13 頁「描述性能」）。

因此，當碰到訊息處理成本可能很高的情況，而你希望在逐個訊息的基礎上做平行處理，並且訊息排序不是那麼重要的時候，那麼選用 JMS/AMQP-style 的 message broker 會更恰當。另一方面，在具有高訊息吞吐量的情況下，也就是每個訊息處理速度快且訊息順序也很重要的情況下，log-based 方法可以工作得非常好。

消費者偏移量

循序消費一個分區的訊息，可以很容易地判斷哪些訊息已經被處理：所有偏移量小於消費者當前偏移量的訊息就是已經被處理過的，而所有偏移量較大的訊息則是還沒有被處理到的。因此，broker 不需要跟蹤每條訊息的 acknowledgment，它只需要定期記錄消費者的偏移量就可以了。這種方法所減少的簿記開銷以及搭配 batching 和 pipeline 的機會，有助於提高 log-based 系統的吞吐量。

---

1 可以創建一個負載平衡方案，其中兩個消費者都讀取了一組完整的訊息，從而共同分擔一個分區的處理工作，但是其中一個負責處理偶數偏移量的訊息，而另一個則是負責處理奇數偏移量的訊息。或者，你也可以將訊息的處理分散到執行緒池上，但是這種方法會讓消費者偏移量的管理複雜化。通常，最好使用單執行緒來處理一個分區，然後透過使用更多的分區來增加平行性（parallelism）。

實際上，這個偏移量非常類似 single-leader 資料庫複製中常見的**日誌序號**（*log sequence number*），我們在第 155 頁「建立新的 Followers」中討論過這個序號。在資料庫複製中，日誌序號允許 follower 在斷線後，可以重新連接到 leader 並在不跳過任何寫入操作的情況下恢復複製。這裡使用了完全相同的原理：message broker 的行為類似於一個 leader 資料庫，而消費者則類似於一個 follower。

如果一個消費者節點出現故障，故障消費者的分區將會分配給消費者群組中的另一個節點，它會在最後記錄到的偏移量之處，繼續使用訊息。如果消費者已經處理了後續訊息，但是還沒有記錄它們的偏移量，那麼這些訊息在重啟時將會再被處理一次。本章後面會討論到處理這個問題的方法。

磁碟空間的使用情況

如果只是單純向日誌持續追加內容，最終將會耗盡磁碟空間。為了回收磁碟空間，日誌實際上會被劃分為區段（segments），並不時地刪除舊區段或將其移至歸檔儲存設備上。（稍後我們將討論一種釋放磁碟空間更複雜的方法。）

這意味著，如果速度慢的消費者跟不上訊息產生的速度，並且遠遠落後以至於它的偏移量指向已刪除的區段，那麼它就將會錯過一些訊息。日誌等同於實作了一個容量有限的緩衝區，該緩衝區也稱為**環形緩衝區**（*circular buffer* 或稱 *ring buffer*），當它填滿時就會順勢丟棄舊訊息。但是，由於緩衝區位在磁碟上，所以它的容量可以非常大。

我們來粗估一下。在撰寫本書時，一個典型的大容量硬碟空間約為 6 TB，循序寫入的吞吐量為 150 MB/s。如果你以最快的速度寫入訊息，大約 11 個小時左右就會填滿硬碟空間。因此，磁碟可以緩衝 11 小時左右的訊息，之後它就會開始覆寫舊訊息。就算使用許多硬碟和機器，這個比率仍然是一樣的。實際上的部署很少會使用到磁碟的全部寫入頻寬，因此日誌通常可以緩衝幾天甚至幾周的訊息資料。

無論訊息保留的時間多長，日誌的吞吐量或多或少都是保持不變的，因為每條訊息不管怎樣都會被寫進磁碟 [18]。這種行為和訊息傳遞系統不同，訊息傳遞系統預設會將資訊保存在記憶體中，只有當佇列增長得太大時才會將資料寫入磁碟：當佇列夠短時，這種系統的速度會很快，但是當它們開始寫入磁碟時速度就會被拖慢，所以吞吐量取決於要保留下來的歷史訊息數量。

當消費者跟不上生產者時

在第 437 頁「訊息傳遞系統」的一開始，我們討論過如果消費者跟不上生產者發送訊息的速度該怎麼辦，這裡有三種選擇：丟棄訊息、緩衝或採用背壓。在這種分類法中，log-based 的方法是一種緩衝形式，具有較大但大小固定的緩衝區（受可用磁碟空間限制）。

如果消費者落後太多，它所需要的訊息比保留在磁碟上的訊息還要舊的話，那麼就無法讀取到這些訊息，因為緩衝區容納不了的舊訊息都會被 broker 給刪掉。你可以監視消費者落後日誌的頭部有多遠，並在它顯著落後時發出警告。由於緩衝區很大，維運人員應該會有足夠的時間去修復速度較慢的消費者，讓它趕在訊息開始丟失之前追上來。

即使一個消費者真的落後太多，開始丟失訊息，也只有那個消費者會受到影響；它不會中斷其他消費者的服務。這個事實在營運上是一個巨大優勢：你可以實驗性地使用生產日誌進行開發、測試或偵錯，而不必過於擔心生產服務會被中斷。當消費者被關閉或崩潰時，它只是停止消費資源而已，唯一剩下的就是它的消費者偏移量。

這種行為也與傳統的 message brokers 形成了對比，在傳統的訊息代理中，你需要小心地刪除那些已經沒有消費者的佇列，否則它們將會繼續不必要地積累訊息，並且也會和活躍的消費者爭搶記憶體。

重播舊訊息

前面我們注意到，對於 AMQP- 和 JMS-style 的 message brokers，處理和確認訊息是一項破壞性的操作，因為它會導致訊息在 broker 上被刪除。另一方面，在 log-based message broker 中，消費訊息更像是在讀取檔案：它是不會去修改到日誌的唯讀操作。

除了消費者的任何輸出之外，處理的唯一副作用是消費者偏移量的繼續移動。但是偏移量是在消費者的控制之下，因此在必要時可以很容易地對其進行操作：例如，可以使用昨天的偏移量來啟動一個消費者的副本，並將輸出寫到不同的位置，以便重新處理最後一天的訊息。你可以多次重複此操作，也可以隨之應用不同的處理程式碼。

這個面向使 log-based 的訊息傳遞更像是上一章的 batch processes，輸入資料和衍生資料（由可重複的轉換過程產生）是很明確分開的。這樣一來就可以允許進行更多的試驗，並且也更容易從錯誤和 bug 中復原，這使得它成為在組織內部整合 dataflows 的好工具 [24]。

資料庫和串流

我們對 message brokers 和資料庫進行了一番比較。儘管傳統上它們被認為是不同類型的工具，但我們看到，log-based message brokers 成功地受到資料庫的啟發，並將一些想法應用到訊息傳遞中。我們也可以反過來：從訊息傳遞和串流中獲取一些想法，並將它們應用到資料庫當中。

我們之前說過，事件是在某個時間點發生的事情的記錄。所發生的事情可能是使用者的操作（例如，輸入一個搜尋查詢），或讀取感測器，但也可能是**對資料庫的寫入**。將某些內容寫入資料庫是一個可以捕獲、儲存和處理的事件。這個觀察結果顯示，資料庫和 streams 之間的關係比磁碟上日誌的物理儲存更緊密，算是非常基礎的關係。

事實上，複製日誌（參見第 158 頁「複製日誌的實作」）是一個對資料庫寫入的事件流，由 leader 在處理交易時產生。Followers 將該寫入串流應用到它們自己的資料庫副本中，從而得到相同資料的準確副本。複製日誌中的事件描述了資料的變化。

我們還在第 346 頁「全序廣播」中遇到了**狀態機複製**原則，該原則指出：如果每個事件都表示對資料庫的一次寫入，並且每個副本都以相同的順序處理這些事件，那麼所有副本最後都將收斂到相同的最終狀態（假設對事件的處理是 deterministic 的操作）。這是運用 event streams 的另一種情況！

本節將首先討論一個在異構資料系統中會出現的問題，然後探討如何透過引入 event streams 的思想到資料庫來解決這個問題。

保持系統同步

正如我們在本書中看到的，沒有一個單一系統可以滿足所有對資料儲存、查詢和處理需求。實際上，大多數重要的應用程式需要結合幾種不同的技術來滿足它們的需求：例如，使用 OLTP 資料庫來處理使用者請求，利用快取來加速常見的請求，使用全文索引來處理搜尋查詢，以及運用資料倉儲來進行分析。它們中的每一個技術都會有自己的資料副本，以自己的表示形式來儲存，並針對自己的設計用途進行最佳化。

由於相同或相關的資料出現在多個不同的位置，因此它們需要彼此保持同步：如果資料庫中的一個項目被更新，那麼它也需要在快取、搜尋索引和資料倉儲中被一併更新。對於資料倉儲，這種同步通常是由 ETL 程序來執行的（參見第 92 頁「資料倉儲」），這通常是透過獲取資料庫的完整副本，對其進行轉換，並將其批量載入到資料倉儲中來完成。換句話說，就是一個 batch process。類似地，我們在第 408 頁「批次處理工作流的輸出」中看到了如何使用 batch process 來創建搜尋索引、推薦系統和其他衍生資料系統。

如果定期的完整資料庫轉儲速度太慢，有時會使用另一種稱為 *dual writes* 的方案，讓應用程式碼在資料發生變化時確實將資料寫入每個系統：例如，首先寫入資料庫，然後更新搜尋索引，然後令快取項目失效（或甚至並發執行那些寫入）。

但是，dual writes 有一些嚴重的問題，其中之一就是如圖 11-4 所示的競爭條件。在這個例子中，兩個客戶端並發地想要更新項目 X：Client 1 想要將其值設置為 A，Client 2 想要將其值設置為 B。兩個客戶端都首先將新值寫入資料庫，然後再寫入搜尋索引。由於請求發生的時機不巧，彼此交叉了，資料庫第一次見到 Client 1 寫入 A 的請求，然後是 Client 2 寫入 B 的請求，所以在資料庫中的最終值是 B。而搜尋索引第一次見到的是 Client 2 然後才是 Client 1 的寫入，所以在搜尋索引上的最終值 A。即使沒有錯誤發生，這兩個系統現在還是出現了永久不一致。

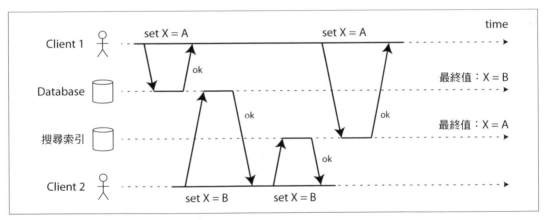

圖 11-4　在資料庫中，X 首先被設置為 A，然後再設置為 B；而在搜尋索引中，寫入請求到達的順序正好顛倒過來了。

除非有一些額外的並發檢測機制，比如第 185 頁「檢測並發寫入」討論過的版本向量，否則你甚至不會注意到並發寫入的發生，一個值就這麼樣悄悄地被另外一個值覆蓋掉了。

Dual writes 的另一個問題是，可能發生一個寫入失敗，而另一個寫入卻成功的情況。這其實是一個容錯問題，而不是並發問題，但它也會導致兩個系統變得互不一致。要確保它們都成功或都失敗是原子提交的問題，想要解決這個問題就得付點代價了（參見第 352 頁「原子提交和兩階段提交」）。

如果只有一個複製資料庫和 single leader，則該 leader 會決定寫入操作的順序，因此狀態機複製方法適用於資料庫的副本。但是，在圖 11-4 中並非 single leader 的情況：資料庫可能有一個 leader，而搜尋索引也可能有一個 leader，但是兩者都互不跟隨，衝突可能就因此發生了（參見第 168 頁「多領導複製」）。

如果真的只存在單一個 leader（例如資料庫），並且我們可以使搜尋索引成為資料庫的follower，情況會更好。但這在實務上是可行的嗎？

變更資料的捕獲

大多數資料庫複製日誌的問題在於，它們長期以來一直被認為是資料庫的內部實作細節，而不是公開的 API。客戶端應該透過資料庫的資料模型和查詢語言來查詢資料庫，而不是剖析複製日誌並試圖從中萃取出資料。

幾十年來，許多資料庫根本沒有一種被記載在案的方法是用來獲取寫入的變更日誌。由於這個原因，很難將資料庫中的所有變更複製給不同的儲存技術，如搜尋索引、快取或資料倉儲。

最近，人們對變更資料的捕獲（*change data capture*, CDC）越來越感興趣，它是這樣一個程序，觀察寫入資料庫的所有資料變更，並將其萃取為可複製到其他系統的形式。如果在資料寫入時立即以 stream 的形式提供出來，那麼 CDC 就很有吸引力了。

例如，你可以捕獲資料庫中的資料變更，並持續地將相同的變更應用到搜尋索引。如果變更日誌以相同的順序應用，那麼就可以期望搜尋索引中的資料與資料庫中的資料是匹配的。搜尋索引和任何其他的衍生資料系統就只是 change stream 的消費者而已，如圖 11-5 所示。

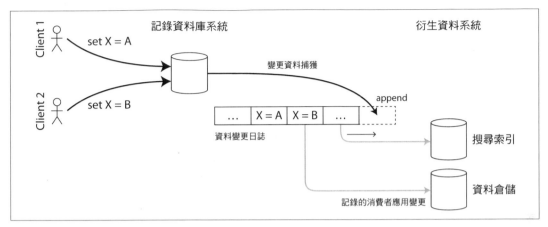

圖 11-5　按照資料寫入資料庫的順序來獲取資料，並按照相同的順序將變更應用到其他系統。

變更資料捕獲的實作

我們可以將日誌的消費者稱為衍生資料系統（*derived data systems*），正如第三部分介紹中所討論的：儲存在搜尋索引和資料倉儲中的資料只是記錄系統資料的另一種視角。變更資料的捕獲是一種機制，用於確保對記錄系統所做的所有資料變更也能夠反映到衍生資料系統中，以便衍生系統可以擁有資料的準確副本。

本質上，變更資料的捕獲會令一個資料庫作為 leader（可以從其中捕獲出變更的資料庫），並讓其他資料庫作為 followers。Log-based message broker 非常適合用來把變更事件從來源資料庫傳輸到衍生系統，因為它自然地保留了訊息的順序（避免了圖 11-2 所示的次序變調問題）。

資料庫觸發器可以用來實作變更資料的捕獲（參見第 161 頁「基於觸發器的複製」），方法是註冊能夠觀察資料表所有變更的觸發器，並將相應的條目添加到一個 changelog table 中。但是，它們往往是脆弱的，並且具有顯著的性能開銷。剖析複製日誌可能是一種更健壯的方法，儘管它也會帶來一些挑戰，比如如何應對基模的變化。

LinkedIn Databus [25]、Facebook Wormhole [26] 以 及 Yahoo! Sherpa [27] 在 大 規 模部署方面也運用了這一理念。Bottled Water 使用一個可以解碼預寫日誌的 API，為 PostgreSQL 實作了 CDC [28]。Maxwell 和 Debezium 也經由剖析 binlog 來為 MySQL 做類似的事情 [29, 30, 31]，Mongoriver 讀取 MongoDB oplog [32, 33]，而 GoldenGate 為 Oracle 提供類似的設施 [34, 35]。Kafka Connect 框架為各種資料庫提供了更進一步的 CDC 連接器。

與 message brokers 一樣，變更資料的捕獲通常是非同步的：記錄資料庫系統在提交變更之前，不會等待變更應用到消費者。這種設計在操作上的優點是，新增一個速度較慢的消費者不會對記錄系統造成太大影響；但它的缺點是，所有複製延遲帶來的問題同樣都會在此出現（請參閱第 161 頁「複製落後的問題」）。

初始快照

如果你擁有對資料庫所有變更的日誌，可以重播日誌來重新建構出資料庫的全部狀態。但是，在許多情況下，永遠保留所有變更需要的磁碟空間實在太多，而重新播放變更所需要的時間也很長，因此日誌得需要被截斷（truncated）才行。

例如，建構全新的全文索引需要整個資料庫的完整副本，僅僅應用近新的變更日誌是不夠的，因為最近沒有更新的項目會因此丟失。因此，如果你沒有完整的日誌歷史記錄，事情就需要從一致的快照開始，正如在第 155 頁「建立新的 Followers」中所討論的那樣。

資料庫的快照必須與變更日誌中的已知位置或偏移量相對應，以便知道從快照處理完成之後的哪一個點再開始繼續應用變更。一些 CDC 工具整合有這種快照功能，而某些工具則需要用手動操作來完成。

日誌壓縮

如果只能保存有限數量的日誌歷史記錄，每次要增加新的衍生資料系統時就需要進行快照處理。不過，**日誌壓縮**（*log compaction*）提供了另一種很好的選擇。

我們之前在第 72 頁「雜湊索引」中討論過 log-structured 儲存引擎的日誌壓縮（請參見圖 3-2 的例子）。原理很簡單：儲存引擎定期查找具有相同 key 的日誌記錄，丟棄所有重複的記錄，只保留每個 key 的最新變更。這個壓縮和合併的程序是在背景運行的。

在 log-structured 儲存引擎中，帶有特殊 null 值的更新（一個 *tombstone*）表示一個被刪除的 key，從而會讓該 key 在日誌壓縮期間被刪除掉。但只要一個 key 沒有被覆蓋或刪除掉，它就會永遠留存在日誌中。這種壓縮日誌所需的磁碟空間僅取決於資料庫的當下內容，而不取決於資料庫中曾經發生過的寫入數量。如果經常覆蓋相同的 key，舊值最終都將被垃圾回收，只有最新的值會被保留下來。

同樣的想法也適用於 og-based message brokers 和變更資料捕獲的上下文。如果 CDC 系統的設置是讓每次變更都有一個 primary key，並且每次對 key 的更新都會替換該 key 的值，那麼對某個特定的 key 來講，只要保留對它的最近一次寫入操作就足夠了。

現在，無論何時你希望重建一個衍生資料系統（比如搜尋索引），都可以從日誌壓縮 topic 的偏移量 0 之處啟動一個新的消費者，然後按順序掃描日誌中的所有訊息。日誌保證會包含資料庫中每個 key 的最近值（可能還有一些較舊的值），換句話說，你不必對 CDC 來源資料庫多做一次快照，就可以用它來獲得資料庫內容的完整副本。

Apache Kafka 有這種日誌壓縮的功能。正如本章後面將看到的，它使 message broker 也能當作持久化儲存使用，而不僅僅是用於暫態訊息的傳遞。

對變更串流的 API 支援

相較於典型改造和逆向工程的 CDC，越來越多的資料庫開始支援將變更串流作為一級介面（first-class interface）。例如，RethinkDB 開放訂閱查詢結果發生變化的通知 [36]，Firebase [37] 和 CouchDB [38] 也提供了 change feed 來讓應用程式可以進行資料同步，而 Meteor 使用 MongoDB oplog 訂閱資料變更並據此來更新使用者介面 [39]。

VoltDB 讓交易能夠以 stream 的形式從資料庫連續地匯出資料 [40]。資料庫將關聯資料模型中的 output stream 表示成一個 table，交易可以在該 table 中插入 tuples，但不能對該表進行查詢。這個 stream 由 tuples 的日誌所組成，這些 tuples 是按照提交順序寫入到這個特殊 table 中的交易。外部消費者可以非同步地消費此日誌，並使用它來更新衍生資料系統。

Kafka Connect [41] 的用途是，為廣泛採用 Kafka 的資料庫系統提供資料變化捕獲工具的整合。一旦變更事件流出現在 Kafka 中，它就可以用來更新像是搜尋索引等衍生資料系統，也可以提供給本章後面會討論到的 stream processing systems。

事件溯源

我們在這裡討論的想法和**事件溯源**（*event sourcing*）有一些相似之處 [42, 43, 44]，事件溯源是一種由領域驅動設計（domain-driven design, DDD）社群所發展出來的技術。我們會簡要地說明一下 event sourcing，因為它包含了一些對 streaming systems 來講相當有用和有關的想法。

與變更資料的捕獲類似，event sourcing 涉及了將所有對應用程式狀態的更新儲存為變更事件的日誌。最大的不同是 event sourcing 在不同的抽象層次上應用了這個想法：

- 在變更資料的捕獲中，應用程式會以一種可變的方式（a mutable way）來使用資料庫，可以隨意更新和刪除記錄。變更日誌是從資料庫較低的層級中提取出來的（例如剖析複製日誌），這樣可以確保從資料庫中取出來的寫入順序與它們實際寫入的順序相匹配，避免了圖 11-4 中的競態條件。向資料庫進行寫入的應用程式不需要知道 CDC 正在發生

- 在 event sourcing 中，應用程式邏輯會明確地以寫入到事件日誌的不可變事件（immutable events）作為基礎。在這種情況下，事件儲存是 append-only 的，不鼓勵或是直接禁止更新或刪除。事件被設計用來反映應用程式層所發生的事情，而不是底層的狀態變更。

Event sourcing 是一種強大的資料建模技術：從應用程式的角度來看，相較於將操作對資料庫產生的影響記錄下來，將使用者的操作給記錄成不可變的事件更有意義。Event sourcing 使得應用程式隨時間推移的發展變得更加容易，事件發生的原因更容易理解，不只可以幫助偵錯也能用於防衛應用程式的 bugs（參見第 457 頁「不可變事件的優點」）。

例如，儲存「學生取消了選修課程」的事件清楚地表達了一個行動的意圖，而副作用「從註冊表中刪除一個條目，並將一個退選原因增加到學生意見反映表中」則內嵌了大量關於資料如何在後續被使用的假設。如果現在要引入一個新的應用程式功能，例如「該名額釋出給候補名單的下一個人」，event sourcing 方法可以讓新的副作用能夠很容易地與現存事件相關聯。

Event sourcing 類似於編年史資料模型（chronicle data model）[45]，事件日誌和事實表之間也有相似之處，你可以在星狀基模中找到事實表的說明（參見第 94 頁「星狀與雪花：用於分析的基模」）。

現今已經有諸如 Event Store [46] 這樣的專用資料庫用於支援採用 event sourcing 的應用程式，但是一般來說，這種方法應該是獨立於任何特定工具的。傳統資料庫或 log-based message broker 也可用於建構這種風格的應用程式。

從事件日誌衍生出當前狀態

事件日誌本身並不是很有用，因為使用者通常希望看到的是系統的當前狀態，而不是修改的歷史。例如，在一個購物網站上，使用者希望能夠看到購物車的當前內容，而不是他們曾經對購物車所做過的變更列表。

因此，使用 event sourcing 的應用程式需要獲取事件日誌（表示**寫入**系統的資料），並將其轉換為適合顯示給使用者看到的應用程式狀態（從系統**讀取**資料的方式 [47]）。此轉換可以使用任意邏輯，但它應該是 deterministic 的，以便你可以再次運行它並從事件日誌再次衍生出相同的應用程式狀態。

與變更資料的捕獲一樣，重播事件日誌可以讓你重新建構出系統的當前狀態。但是，日誌壓縮需要以不同的方式處理：

- 用於更新記錄的 CDC 事件通常包含該記錄完整的新版本，因此 primary key 的當前值完全由該 key 的最近事件決定，日誌壓縮可以丟棄相同 key 的舊事件。

- 另一方面，通過 event sourcing 在更上層以事件來建模：事件通常表達使用者的操作意圖，而不是操作導致狀態更新的機制。在這種情況下，後來的事件通常不會覆蓋前面的事件，因此你需要事件的完整歷史記錄來重建出最終狀態。日誌壓縮不可能以同樣的方式進行。

使用 event sourcing 的應用程式通常具有某種機制來儲存由事件日誌衍生出的當前狀態快照，因此它們不需要重複地重新處理整個日誌。然而，這只是一個最佳化性能的作法，以加速讀取速度以及從崩潰復原；這樣做的目的是，系統能夠永遠儲存所有原始事件，並在需要時重新處理完整的事件日誌。我們會在第 460 頁「不變性的侷限」中討論這個假設。

命令和事件

Event sourcing 的哲學會仔細區分出**事件**（*events*）和**命令**（*commands*）[48]。當使用者的請求首次到達時，它最初是一個 command：此時它仍然可能失敗，例如，因為違反了某些完整性條件。應用程式首先必須驗證它是否可以執行該 command。如果驗證成功且接受了該 command，它就會成為一個持久且不可變的事件。

例如，如果使用者試圖註冊某個 username 或預訂飛機、劇院的座位，那麼應用程式需要檢查 username 或座位是否已經有人佔走（我們之前在第 362 頁「支援容錯的共識」討論過這個例子）。當檢查成功時，應用程式可以產生一個事件來指示 username 已經被某個 user ID 所註冊，或者某座位已經保留給某個客戶了。

當事件產生時，它就變成了一個**事實**（*fact*）。即使客戶後來決定要更改或取消預訂，以前為他們預訂過某座位的這一事實仍然是正確的，而預訂更改或取消是後來又新增的單獨事件。

Event stream 的消費者不可以拒絕事件：當消費者看到事件時，事件就已經是日誌中不可變的部分，並且事件也可能已經被其他消費者看到了。因此，任何 command 的驗證都需要在它成為事件之前同步地發生。例如，透過一個可序列化的交易來原子地驗證 command 並發佈事件。

或者，使用者預訂座位的請求可以拆分為兩個事件：第一個是暫定預訂，然後才是確認預訂有效的單獨確認事件（就像在第 348 頁「使用全序廣播實作可線性化的儲存」討論的那樣）。這種拆分可以讓驗證以非同步的方式來進行。

狀態、串流和不變性

我們在第 10 章看到，batch processing 得益於其輸入檔案的不變性，因此你可以在現有的輸入檔案上運行實驗性的處理作業，而不用擔心會破壞它們。這種不變性（immutability）原則也是 event sourcing 和變更資料的捕獲如此強大的原因。

我們通常認為資料庫是用來儲存應用程式當前狀態的，這種表示是為了讀取所做的最佳化，並且對於服務查詢來講通常也是最方便的。狀態的本質是，它會發生變化，因此資料庫當然得支援更新和刪除資料以及插入資料。但這與不變性有什麼關係呢？

每當狀態發生變化時，該狀態都是隨時間推移所發生過事件的結果。例如，當前可用的座位清單是你已經將所有預訂都處理過後的結果，當前帳戶餘額是該帳戶收支的結果，web 伺服器的響應時間圖是一個所有 web 請求的回應時間的聚合結果。

無論狀態如何變化，總是因為有一系列的事件導致這些變化。即使事情已經做完亦或是還沒做完，那些事件發生的事實就是事實。關鍵的觀念是，可變狀態和不可變事件的 append-only 日誌彼此並不矛盾：它們是一體的兩面。所有變更的**日誌**（*changelog*），恰恰表示了狀態隨時間推移的演變。

如果用數學來說的話，如圖 11-6 所示，應用程式狀態是一個 event stream 在時間上積分的結果，而一個 change stream 是狀態對時間微分的結果 [49, 50, 51]。這種類比雖然有其局限性（例如，狀態的二階導數似乎沒什麼意義），但它在思考資料這方面是個很好的起點。

$$state(now) = \int_{t=0}^{now} stream(t)\, \mathrm{d}t \qquad\qquad stream(t) = \frac{\mathrm{d}\, state(t)}{\mathrm{d}t}$$

圖 11-6　當前應用程式狀態與 event stream 之間的關係。

如果你持續儲存 changelog，只是簡單地讓狀態可重現。如果將事件日誌看作是你的記錄系統，並且任何可變狀態都是從它衍生出來的話，那麼就能夠更容易地推斷通過系統的資料流。就像 Pat Helland 所說的 [52]：

> 交易日誌記錄了對資料庫所做的所有變更。高速追加是修改日誌的唯一方法。從這個角度來看，資料庫的內容保存了日誌中最新記錄值的快取。日誌就是事實來源。資料庫是日誌子集的快取。快取下來的子集恰好是日誌中每條記錄和索引值的最新值。

正如第 452 頁「日誌壓縮」所討論的，日誌壓縮是一種彌合日誌和資料庫狀態之間差異的方法：它只保留每個記錄的最新版本，並丟棄那些已被覆寫過的版本。

不可變事件的優點

資料庫中的 immutability 是一個古老的概念。例如，幾個世紀以來，會計師在財務記帳中一直使用不變性。當一筆交易發生時，它被記錄在一個只能追加的**分類帳本**（*ledger*）中，而它的本質正是一個用來描述貨幣、商品或服務轉手的日誌。損益或資產負債表等帳戶（accounts）是由分類帳本上的各項交易加總起來所得出的 [53]。

如果出現了錯誤，會計人員不會刪除或更改帳本中的錯誤交易，而是增加另一筆交易來彌補錯誤，例如退還一筆錯誤的費用。不正確的交易仍然永遠留在分類帳中，它可能因為審計的原因而變的重要。如果從不正確的分類帳得出的錯誤數字已經公佈，那麼下一個會計期間的數字就會包括一個更正數字在其中。這個過程在會計領域中已經可以說是一個再普通不過的程序了 [54]。

雖然這種可審計性對金融系統特別重要，但它對許多其他不受如此嚴格監管的系統也有好處。正如第 410 頁「批次處理輸出的哲學」所討論過的，如果你意外地部署了一份會將錯誤資料寫入資料庫的 bug 程式碼，倘若程式碼會破壞性地覆蓋掉資料，這樣一來復原就會困難得多。使用不可變事件的 append-only 日誌，可以更容易地診斷出發生了什麼事並從問題中恢復過來。

不可變事件還會捕獲比當前狀態更多的資訊。例如，在購物網站上，顧客可能會將商品添加到購物車，但隨後又再將其移除。儘管從訂單履行的角度來看，第二個事件和第一個事件互為抵銷，但瞭解客戶正在考慮某一特定商品，但隨後決定不購買，對分析目的來講可能還是有其用處的。也許他們將來會選擇購買也說不定，又或者他們找到了另外的替代品。這些資訊通通會被記錄在事件日誌中，但是在購物車中被刪除的項目在資料庫中卻不會被保留下來 [42]。

從同一個事件日誌衍生多個視圖

此外，透過將可變狀態與不可變事件日誌分離，你可以從同一個事件日誌來衍生出幾種不同面向的解讀表示。這個工作就像一個 stream 有多個消費者一樣（圖 11-5）：例如，分析資料庫 Druid 直接從 Kafka 學來了這種方法 [55]；Pistachio 是一個分散式鍵值儲存，它使用 Kafka 作為提交日誌 [56]；Kafka Connect sinks 則是可以從 Kafka 匯出資料到各種不同的資料庫和索引 [41]。對於許多其他的儲存和索引系統，比如搜尋伺服器，類似地從分散式日誌中獲取輸入也是很合理的（參見第 448 頁「保持系統同步」）。

如果從事件日誌到資料庫之間有一個明確的轉換步驟，應用程式就可以更容易隨時間持續演進：如果你想推出一個新功能，需要以新的方式來呈現現有的資料，你可以使用事件日誌來建構一個單獨針對新功能的讀取最佳化視圖（read-optimized view），並與現有系統一起運行，而無需修改它們。同時運行舊系統和新系統通常比在現有系統中執行複雜的基模遷移（schema migration）更容易。一旦舊系統不再被需要，你可以簡單地關閉它並回收它的資源 [47, 57]。

倘若你不必擔心資料如何被查詢和存取的話，光只要儲存資料通常是非常簡單的；基模設計、索引和儲存引擎的許多複雜性都是源自於希望支援特定的查詢和存取模式而來的（請見第 3 章）。由於這個原因，透過將資料寫入的形式與讀取的形式區分開來，並允許多種不同的讀取視圖，可以獲得很大的靈活性。這種想法有時稱為**命令查詢職責分離**（*command query responsibility segregation*, CQRS）[42, 58, 59]。

資料庫和基模設計的傳統方法基於這樣一種謬誤：資料必須要以它被查詢的相同形式寫入才行。如果可以將資料從 write-optimized 的事件日誌轉換成 read-optimized 的應用程式狀態，這樣一來關於正規化和反正規化（見第 33 頁「多對一和多對多的關係」）的爭論就變得無關緊要了：因為轉換程序會有一個機制來使其與事件日誌保持一致，所以將 read-optimized 最佳化視圖中的資料反正規化就完全合理了。

在第 10 頁「描述負載」中，我們討論過 Twitter 的 home timelines，它是一個快取（就像一個 mailbox），其內保存了使用者所追蹤的人士他們的 tweets。這是 read-optimized 狀態的另一個例子：因為 tweets 在所有追隨者的 home timelines 是重複的，所以 home timelines 是高度非正規化的。然而，扇出服務可以將這種重複的狀態與新的 tweets 以及新的追隨關係保持同步，從而讓這種重複是可管理的。

並發控制

Event sourcing 和變更資料的捕獲有一個最大的缺點是，事件日誌的消費者通常是非同步的，所以有可能發生一個使用者寫入了日誌，接下來就馬上去讀取一個需要從日誌衍生出來的視圖，然後卻發現他的寫入尚未反映到這個讀取視圖當中。我們之前在第 162 頁「讀己所寫」討論過這個問題以及可能的解決方案。

一種解決方案是在事件追加到日誌的時候，同步地更新讀取視圖。這需要一個交易來將寫入操作組合成一個原子單元，因此你要嘛需要將事件日誌和讀取視圖保存在同一個儲存系統中，要嘛就是需要跨不同系統的分散式交易。或者，使用在第 348 頁「使用全序廣播實作可線性化的儲存」討論過的方法來處理也是可行的。

另一方面，從事件日誌衍生出當前狀態也簡化了並發控制的某些方面。對於多物件交易的大部分需求（參見第 228 頁「單物件和多物件操作」）多出自於一個使用者的操作，該操作要求在幾個不同的地方修改資料。有了事件溯源，你可以將事件設計為使用者操作的自包含（self-contained）描述。然後，使用者的操作就只需要在一個地方執行一次寫入操作（也就是將事件追加到日誌中），這很容易做到原子化。

如果事件日誌和應用程式狀態是以同樣的方式做分區的話（例如在分區 3 處理一個客戶的事件，只需要更新分區 3 裡的應用程式狀態），這樣一個單執行緒的日誌消費者就不用去管寫入的並發控制了，因為它一次只處理一個事件（參見第 252 頁「實際循序執行」）。該日誌透過在分區中定義事件的串列順序，消除了並發的不確定性 [24]。如果一個事件涉及多個狀態分區，就需要做更多的工作，第 12 章將會討論到這個問題。

不變性的侷限

也有許多不使用事件溯源模型的系統會依賴 immutability：各種資料庫內部使用不可變的資料結構或多版本資料來支援時間點快照（參見第 241 頁「索引和快照隔離」）。Git、Mercurial 和 Fossil 等版本控制系統也依賴不可變資料來保存檔案的版本歷史。

在多大程度上，我們可以將所有變更的 immutable 歷史記錄永遠保存下來呢？答案取決於 dataset 的流失量。有些工作負載大多只新增資料，很少更新或刪除資料，它們很容易支援不變性。其他工作負載在相對較小的 dataset 上有較高的更新和刪除速率；在這些情況下，不可變的歷史記錄可能會變得過大，碎片化也可能會成為一個問題，壓縮和垃圾回收的性能對於操作的強韌性就變得至關重要 [60, 61]。

除了性能方面的原因外，在某些情況下，可能會出於管理或法律原因而需要刪除資料，儘管這些資料都是不可變的。例如隱私法規，如歐洲一般資料保護條例（European General Data Protection Regulation, GDPR）要求刪除使用者的個人資訊和錯誤資訊，或是需要遏制敏感資訊的意外洩漏。

在這些情況下，僅僅向日誌追加另一個事件來表明應該刪除先前的資料是不夠的，你實際上是想重寫歷史並假裝那些資料從來沒有被寫入過。Datomic 將這種特性稱為切除（*excision*）[62]，Fossil 這個版本控制系統也有一個類似的概念，稱為迴避（*shunning*）[63]。

要真正刪除資料是非常困難的 [64]，因為副本可以保存在許多地方：例如儲存引擎和檔案系統，而且 SSD 對於寫入的資料經常是寫到新的位置，而不是在原位置就地覆蓋原來的資料 [52]；另外，備份通常是故意使其不可變的，為的是防止意外的刪除或破壞。與其說刪除是「使資料無法被檢索」，不如說它是「使資料更難以被檢索」。然而，有時你必須做點嘗試，正如我們將在第 542 頁「立法和自律」中看到的那樣。

串流的處理

本章到目前為止已經討論了 stream 的資料來源（使用者活動事件、感測器以及對資料庫的寫入），還討論了 stream 是如何傳輸的（直接訊息傳遞、透過 message brokers 和事件日誌）。

剩下的就是要討論，一旦你有了 stream，可以用它來做什麼。一般來說會有三種選擇：

1. 可以取出事件中的資料，並將其寫入資料庫、快取、搜尋索引或類似的儲存系統，然後其他客戶端就可以從那裡查詢這些資料。如圖 11-5 所示，這是一種使資料庫與系統其他部分的變更得以保持同步的好方法，特別是當 stream 的消費者是會寫入資料庫的唯一客戶端時。我們在第 408 頁「批次處理工作流的輸出」也討論過寫入到儲存系統的 stream 等效。

2. 可以透過某種方式將事件推送給使用者，比如發送電子郵件提醒或推送通知，或者將事件串流到一個即時的視覺化 dashboard 上。對於這種情況，人就是 stream 的最終消費者。

3. 可以處理一個或多個 input streams 來產生一個或多個 output streams。Streams 可能經過這樣一道 pipeline，該管線是由幾個處理階段所組成的，最終在一個輸出端結束（選項 1 或 2）。

本章的其餘部分會討論第 3 個選項：處理 stream 來產生其他的衍生串流（derived streams）。處理這樣的 stream 的一段程式碼稱為 *operator* 或 *job*。它與我們在第 10 章中討論的 Unix 程序和 MapReduce 作業密切相關，dataflow 的模式也是類似的：stream processor 以唯讀的方式消耗 input stream，並以 append-only 的方式將輸出寫到另一個位置。

在 stream processor 中的分區和平行化模式與第 10 章看到的 MapReduce 和資料流程引擎中的模式也非常相似，所以這裡不再重複這些主題。基本的 mapping 操作（如轉換和過濾記錄）也是一樣的。

相比於 batch jobs 的一個關鍵區別是，stream 永遠不會結束。這種差異有很多含義：正如本章開始所討論的，排序對 unbounded dataset 來講是沒有意義的，因此不能使用 sort-merge joins（參見第 400 頁「Reduce-side 的 Joins 跟 Grouping」）。

容錯機制也必須改變：對於已經運行了幾分鐘的 batch job，一個失敗的 task 可以簡單地重新啟動從頭再來；但對於已經運行了幾年的 stream job，崩潰之後要讓一切從頭再來過恐怕就沒辦法了。

流式處理的用途

Stream processing 長期以來多被用於監控的目的，組織希望在某些事情發生的時候可以收到警告。例如：

- 欺詐檢測系統需要確定信用卡的使用模式是否發生了非預期的變化，並在信用卡有可能被盜刷時採取阻止作為。

- 交易系統需要檢查金融市場的價格變化，並根據特定規則執行交易。

- 製造系統需要監控工廠機器的狀態，並在出現故障時迅速識別出問題。

- 軍事和情報系統需要跟蹤潛在的攻擊者活動，並在有襲擊跡象的時候發出警報。

這類的應用程式需要非常複雜的模式匹配和關聯性計算。然而，隨著時間的推移，stream processing 的其他用途也漸漸出現了。本節會簡要地比較其中的一些應用。

複雜事件處理

複雜事件處理（*Complex event processing*, CEP）是一種在 1990 年代被開發用於分析 event streams 的方法，特別適合需要搜尋特定事件模式的應用程式 [65, 66]。與正規表達式可以讓你在字串中搜尋特定模式的字元類似，CEP 可以讓你指定用於搜尋 stream 中事件特定模式的規則。

CEP 系統通常使用高階的宣告式查詢語言（如 SQL）或圖形化使用者介面來描述應該檢測出來的事件模式。這些查詢會被提交給處理引擎，該引擎消費 input stream 並在內部維護一個狀態機，由該狀態機來執行所要求的匹配。當發現匹配成立時，引擎會發出一個複雜事件（*complex event* 由此得名），其中包含檢測到的事件模式的詳細資訊 [67]。

在這些系統中，查詢和資料之間的關係與普通資料庫恰好相反。通常，資料庫會持久地儲存資料，並將查詢視為一種暫態操作：當查詢進來時，資料庫搜尋與該查詢匹配的資料，然後在查詢完成後就會忘記該查詢。CEP 引擎顛倒了這些角色：查詢被長期儲存，而 input stream 中的事件會不斷地經過它們，以搜尋出符合匹配模式的事件 [68]。

CEP 的實作包括 Esper [69]、IBM InfoSphere Streams [70]、Apama、TIBCO StreamBase 和 SQLstream。像 Samza 這樣的分散式 stream processor 也獲得了 SQL 對 stream 進行宣告式查詢的支援 [71]。

串流分析

使用 stream processing 的另一個領域是對 stream 進行分析。CEP 和 stream 分析之間的界限是模糊的，但作為一般規則，分析往往對尋找特定的事件序列不那麼感興趣，而更傾向於大量事件的聚合和統計指標。例如：

- 測量某些類型事件的發生率（每一段時間間隔內發生的頻率）

- 計算某個值在一段時間內的滾動平均值

- 將當前的統計資料與過去時間間隔的結果進行比較（例如檢測趨勢，或是與上周同一時間相比後出現異常高或異常低的指標時，對此提出警告）

此類統計通常是針對固定時間間隔內的資料進行計算。例如，你可能想知道在過去 5 分鐘內每秒對某個服務查詢的平均次數，以及該時間段內的第 99 百分位回應時間。取幾分鐘的平均，可以讓資料的呈現更加平滑，相當於抹去了無關緊要的資料擾動，同時仍然可以給你一個流量趨勢的變化圖。聚合的時間間隔被稱為*視窗*（*window*），我們會在第 465 頁「串流的時間問題」更詳細地討論視窗。

串流分析系統有時候會使用機率演算法，例如用於集合成員關係的 Bloom 過濾器（在第 79 頁「性能最佳化」中遇過），用於基數估算的 HyperLogLog [72]，以及各種百分比估算的演算法（參見第 16 頁「百分位數實務」）。機率演算法可以產生近似的結果，但是與精確演算法相比，在 stream processor 中所需的記憶體要少得多。使用這種近似演算法有時候會讓人們認為 stream processing systems 總是有損和不精確的，但這種想法並不正確：stream processing 天生沒有什麼近似處理的概念，機率演算法只是其中一種最佳化的計算方法 [73]。

許多開源的分散式串流處理框架在設計時都考慮到了分析的用途：例如，Apache Storm、Spark Streams、Flink、Concord、Samza 和 Kafka Streams [74]。託管服務包括 Google Cloud Dataflow 和 Azure Stream Analytics。

實體化視圖的維護

我們在第 448 頁「資料庫和串流」看到，資料庫的變更串流可以用來讓衍生資料系統（像是快取、搜尋索引和資料倉儲等）與來源資料庫保持同步。我們可以將這些例子看作是維護*實體化視圖*的具體案例（參見第 102 頁「聚合：資料方體與實體化視圖」）：對某個 dataset 衍生出另一個不同的視圖，以便提供更好的查詢效率，並在底層發生資料變更時自動更新該視圖 [50]。

類似地，在 event sourcing 中，應用程式狀態是透過事件日誌來維護的；在這裡，應用程式狀態也是一種實體化視圖。與串流分析場景不同，只考慮某個時間視窗內的事件通常是不夠的：建構實體化視圖可能會需要任意時間區間內的*所有*事件，除了日誌壓縮可能會丟棄的過時事件以外（參見第 452 頁「日誌壓縮」）。實際上所需要的是一個有能力可以從任意時間點延展到起始時間的視窗。

原則上，任何 stream processor 都可以用於實體化視圖的維護，儘管永久維護事件這個需求與一些分析導向框架的假設背道而馳，這些框架的操作主要都是針對有限時間的視窗。Samza 和 Kafka 串流都支援這種用法，這是基於 Kafka 對日誌壓縮支援而建立起來的 [75]。

對串流進行搜尋

CEP 允許搜尋包含多個事件的模式，但除了這個需求之外，有時還需要基於複雜的條件（如全文檢索搜尋查詢）來搜尋個別事件。

例如，媒體監控服務會訂閱來自媒體中心的新聞和公告，並搜尋任何提及公司、產品或關注議題的新聞。這是透過預先制定一個搜尋查詢，然後不斷地將新聞串流與該查詢進行匹配來實現的。一些網站也有類似的功能：例如，房地產網站的使用者可以要求在市場上出現符合他們搜尋條件的新物件時收到通知。Elasticsearch 的 percolator 篩選功能 [76] 正是可以拿來實作這種串流搜尋的選擇之一。

傳統的搜尋引擎首先會對 documents 建立索引，然後在索引上運行查詢。相比之下，搜尋串流則完全改變了這樣的處理過程：先把查詢方法儲存下來，讓所有 documents 都歷經這個查詢，就像在 CEP 中一樣。在最簡單的情況下，你可以針對每個查詢來測試每個 document，但是如果有大量查詢的話，速度可能就會變慢了。為了最佳化這個程序，可以對查詢和 documents 都進行索引，從而縮小可能匹配的查詢集合 [77]。

訊息傳遞和 RPC

在第 138 頁「透過訊息傳遞的 Dataflow」，我們討論過可以作為 RPC 替代方案的訊息傳遞系統，也就是作為服務通訊的機制（例如在 actor 模型中所使用的機制）。雖然這些系統也是基於訊息和事件，但我們通常不認為它們是 stream processors：

- Actor 框架主要是管理通訊模組的並發和分散執行的機制，而 stream processing 主要是一種資料管理技術。

- Actors 之間的通訊通常是短暫、一對一的,而事件日誌則是持久、多訂閱者的。

- Actors 可以用任意方式進行通訊(包括往返的請求 / 回應模式,cyclic request/ response patterns),但 stream processors 通常是建構在非往返式的管道(acyclic pipelines)之上,其中每個 stream 都是一個特定 job 的輸出,並從一組定義良好的 input streams 衍生而來的。

也就是說,RPC-like 的系統和 stream processing 之間存在重疊之處。例如,Apache Storm 有一個稱為**分散式 RPC**(*distributed RPC*)的功能,它讓使用者查詢可以被分散到一組處理事件串流的節點上;然後這些查詢與來自 input streams 的事件交織在一起,查詢結果可以從多節點聚合回來並回傳給使用者 [78]。(參見第 510 頁「多分區資料處理」。)

使用 actor 框架處理串流當然也可以。只是,許多這樣的框架在崩潰的情況下並不能保證訊息的傳遞,因此除非實作額外的重試邏輯,否則處理程序就沒有容錯能力。

串流的時間問題

Stream processors 經常需要處理時間,尤其是在分析用途,串流處理器經常使用時間視窗,像是「最近 5 分鐘的平均值」。看起來,「最後 5 分鐘」的含義應該是明確而清晰的,但不幸的是,這個概念處理起來竟然令人驚訝地棘手。

在 batch process 中,處理任務會快速地壓縮大量歷史事件。如果需要按時間進行某種分解,則 batch process 需要查看嵌入在每個事件中的時間戳記。因為程序運行的時間與事件實際發生的時間沒有任何關係,所以沒有必要查看運行 batch process 機器上的系統時鐘。

一個 batch process 或許可以在幾分鐘內就讀完一整年的歷史事件;但在大多數情況下,我們所感興趣的是那些歷史的發生時間,而不是處理時所花上的那幾分鐘時間。此外,在事件中使用時間戳記可以讓處理程序具有確定性:對相同的輸入再次運行相同的程序將會產生相同的結果(請參閱第 419 頁「容錯」)。

另一方面,許多串流處理框架使用處理機器上的本地系統時鐘(**處理時間**,the *processing time*)來決定視窗 [79]。這種方法的優點是簡單,如果事件創建和事件處理之間的延遲小到可以忽略的話,這個作法當然是合理的。但是,倘若兩者之間存在明顯的延遲(處理可能明顯晚於事件實際發生的時間),這個方法就會出問題。

事件時間與處理時間

處理可能滯後的原因有很多：排隊、網路故障（見第 277 頁「不可靠的網路」）、性能問題導致對 message broker 或處理器的競爭、串流消費者重啟以從故障中恢復，或是修復程式 bug 時需要重新處理過去的事件（見第 447 頁「重播舊訊息」）。

此外，訊息延遲還可能導致訊息順序變得不可預測。例如，假設使用者首先發出一個 web 請求（由 web server A 處理），然後再發出第二個請求（由 server B 處理）。A 和 B 會發射（emit）處理請求的事件，但是 B 的事件卻比 A 的事件先到達 message broker。這樣 stream processors 將會先看到 B 事件，然後才是 A 事件，即使它們實際上發生的順序是剛好顛倒過來的。

如果要類比的話，想想星際大戰（*Star Wars*）系列電影的發行：1977 年發行了第四集，1980 年發行了第五集，1983 年發行了第六集，而 1999 年、2002 年和 2005 年分別發行了第一、第二和第三集，然後在 2015 年和 2017 年發行了第七和第八集 [80][2]。如果你是按照電影發行的順序來欣賞的話，那麼你理解電影的順序與電影敘事的順序就是不一致的。集號就像是事件的時間戳記，你看電影的日期就是處理時間。身為睿智的人類，這樣的不連續性我們或許還應付得來，但是 stream processing 就需要專門編寫一套演算法來適應這樣的時間和順序問題了。

事件時間和處理時間的混淆會導致錯誤的資料。例如，假設有一個測量請求速率（計算每秒的請求數）的 stream processor，如果現在重新部署它，它可能會暫時關閉一分鐘，並在重新啟動時處理積壓下來的事件。如果根據處理時間來度量速率的話，那麼在處理積壓請求時，看起來就會很像是突然出現了異常的請求高峰，但實際上的請求速率卻是穩定的（圖 11-7）。

2　感謝來自 Flink 社群的 Kostas Kloudas 提出這個比喻。

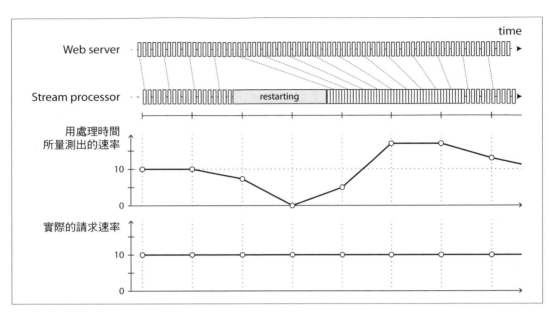

圖 11-7　由於處理速率的變化，按處理時間的視窗會引入人為異常。

知道自己何時就緒

在根據事件時間來定義視窗時，有一個棘手的問題是，你永遠無法確定什麼時候才能收到特定視窗內的所有事件，或者知道是否還會有一些事件再跑進來。

例如，假設你用一分鐘長的視窗來群組事件，以便計算出每分鐘的請求數量。你已經計算了在 1 小時的第 37 分鐘內所發生的事件數量，這些事件帶有時間戳記。時間繼續前進，現在，大多數即將發生的事件會在第 38 和 39 分鐘之間到來。那麼，什麼時候可以宣佈第 37 分鐘的視窗已經完成計算，並輸出計數值呢？

你可以採取一種作法，就是在一段時間內沒有看到該視窗的任何新事件後就算到期，然後宣告該視窗已經準備就緒。然而，還是可能會有這樣的情況發生：一些事件被緩衝在某處的另一台機器上，由於網路中斷而延遲了。你必須得處理視窗宣告完成之後又到達的這種落隊事件（*straggler* events）。一般來說，有兩種選擇 [1]：

1. 忽略落隊事件，因為它們在正常情況下可能只占總體事件中的一點比例而已。你可以跟蹤落隊事件的數量，並在落隊引起大量資料丟失的時候發出警報。

2. 發佈一個更正（*correction*），更新視窗的寬度以便能夠涵蓋落隊事件。不過，你可能還需要收回以前的輸出。

在某些情況下，可以使用一條特殊的訊息來表明「從現在起不會再有時間戳記早於 *t* 的訊息」，消費者可以利用這條訊息來觸發視窗 [81]。但是，如果不同機器上的多個生產者正在產生事件，每個生產者都有自己的最小 timestamp 閾值，那麼消費者就需要分別跟蹤每個生產者。在這種情況下，要增加和移除生產者就會變得相當棘手。

你到底用的是誰的時鐘？

當事件可以緩衝在系統中的幾個節點時，為事件分配 timestamps 就更加困難了。例如，考慮一個行動應用程式，它會向伺服器報告使用指標的事件。該應用程式在設備離線時還可以繼續使用，在這種情況下，它會將設備上的本地事件緩衝起來，並在下一次可連網時（可能是幾小時甚至幾天後）將它們發送給伺服器。對於此 stream 的任何消費者而言，這些事件顯然就是超級會拖的落隊者。

在這種情況下，事件的 timestamp 實際上應該是使用者操作發生的時間，時間是根據行動設備的本地時鐘來定義的。然而，使用者控制設備上的時鐘通常是不可信任的，因為它有可能被偶然或故意設置到錯誤的時間（參見第 289 頁「時鐘同步與精準度」）。伺服器接收事件的時間（根據伺服器的時鐘）的準確性可能更好，因為伺服器是在你的控制之下，但這個時間對於描述使用者互動操作方面的意義並不大。

為了調整不正確的設備時鐘，有一種方法會將以下三個 timestamps 給記錄下來 [82]：

- 根據設備時鐘，記錄事件發生的時間

- 根據設備時鐘，記錄事件發送到伺服器的時間

- 根據伺服器時鐘，記錄伺服器接收到事件的時間

用第 3 個減去第 2 個時間戳記，可以估算出設備時鐘和伺服器時鐘之間的偏移量（假設網路延遲與所需的 timestamp 精度相比可以忽略不計）。然後可以將該偏移量補償到事件 timestamp，從而估計出事件實際發生的時間（假設設備時鐘偏移量在事件發生和發送到伺服器之間的時間不會變動）。

這個問題並不是 stream processing 獨有的，batch processing 在時間方面的推敲也會有同樣的問題。只是在串流環境中這個問題會更明顯，在串流中我們更容易感受到時間的流逝。

視窗的類型

一旦知道應該如何確定事件的 timestamp，下一步就是決定如何定義隨時間週期變化的視窗。然後就可以用視窗來進行聚合，例如計數事件或計算視窗內資料的平均值。常用的幾種視窗類型如下 [79, 83]：

滾動視窗（*Tumbling window*）

> 滾動視窗的長度是固定的，每個事件都只屬於一個視窗。例如，如果有一個 1 分鐘的滾動視窗，那麼 timestamp 在 10:03:00 到 10:03:59 之間的所有事件將被分組到同一個視窗當中；在 10:04:00 到 10:04:59 之間的事件將會被分組到下一個視窗中，依此類推。你可以實作一個 1 分鐘的滾動視窗，然後只要將每個事件的 timestamp 四捨五入到最近的分鐘，就可以確定事件所屬的視窗了。

跳躍視窗（*Hopping window*）

> 跳躍視窗的長度也是固定的，但是可以允許視窗重疊來提供一點平滑過渡。例如，一個 5 分鐘的視窗，它的跳躍大小為 1 分鐘，它可以包含 10:03:00 至 10:07:59 之間的事件，然後下一個視窗將包含 10:04:00 至 10:08:59 之間的事件，以此類推。要實作這樣的跳躍視窗，你可以先對 1 分鐘滾動視窗進行計算，然後再用幾個相鄰視窗的計算結果來聚合。

滑動視窗（*Sliding window*）

> 滑動視窗包含某段時間間隔內發生的所有事件。例如，5 分鐘的滑動視窗將會涵蓋 10:03:39 和 10:08:12 區間內的事件，因為它們之間的間隔不到 5 分鐘（注意，滾動和跳躍 5 分鐘的視窗不會將這兩個事件放在同一個視窗中，因為它們會採用固定的邊界）。滑動視窗可以透過保持按時間排序的事件緩衝區，並移除超出視窗的過期舊事件來實作。

會話視窗（*Session window*）

> 與其他視窗類型不同，會話視窗沒有固定的持續時間。相反，它是透過將同一個使用者在時間上緊密發生的所有事件群組在一起來定義的，當使用者已經不活動一段時間之後（例如，如果 30 分鐘內沒有事件發生），就結束視窗。會話化對於網站分析來講是一個常見的需求（參見第 403 頁「GROUP BY」）。

串流的 Joins

第 10 章討論過 batch jobs 如何按 key 來 join datasets，以及這種 join 是如何能成為 data pipelines 的重要組成部分。由於 stream processing 將 data pipelines 泛化成無界資料集的增量處理，因此串流的 joins 也有完全相同的需求。

然而串流上隨時可能會出現新事件的事實，使得在 stream 比在 batch jobs 進行 joins 更具挑戰性。為了更好地理解這種情況，讓我們區分三種不同類型的 joins：*stream-stream* joins、*stream-table* joins 和 *table-table* joins [84]。在下面的小節中，我們將以個別的例子來說明它們。

Stream-stream join（window join）

假設你的網站上有一個搜尋的功能，並且想要測出搜尋網址的最新趨勢。每當有人輸入一個搜尋查詢時，就會記錄一個包含該查詢和回傳結果的事件。每當有人點擊其中某個搜尋結果時，也會用另一個事件來記錄該點擊。為了計算搜尋結果中每個 URL 的點擊率，需要把搜尋動作和點擊動作的事組合在一起，它們是透過相同的 session ID 連接在一起的。廣告系統也需要類似的分析 [85]。

點擊可能永遠不會發生，因為使用者可以放棄搜尋的結果；即使點擊發生了，搜尋結果和真正點擊之間的時間差是個高度變動的量：在許多情況下，可能是幾秒鐘，但也可能是幾天或幾周（如果使用者做了一個搜尋，接著就無視那個瀏覽器分頁，然後在蠻長一段時間之後才回到該分頁點擊）。由於可變的網路延遲，點擊事件甚至可能在搜尋事件之前到達。你可以為 join 選擇一個合適的視窗。例如，搜尋和點擊最多相隔一個小時的話，那就可以選擇將它們 join 在一起。

注意，在點擊事件中嵌入搜尋細節並不等同於 join 該事件：這樣做只能告訴你被使用者所點擊的搜尋結果，而不會告訴你那些沒有被使用者點擊的搜尋結果。為了衡量搜尋品質，需要精確的點擊率，因此搜尋事件和點擊事件兩者皆需要。

要實作這種類型的 join，一個 stream processor 就需要維護狀態：例如，在最近一個小時內發生的所有事件，都以 session ID 來索引。每當一個點擊事件發生時，就將其添加到適當的索引，stream processor 還會檢查其他索引，看看有沒有相同 session ID 的別的事件已經存在。如果有匹配的事件，則發射一個事件來說明哪一個搜尋結果被點擊了。如果搜尋事件到期，而沒有看到符合匹配條件的點擊事件，則會發出另一種事件，說明哪些搜尋結果並未被點擊。

Stream-table join（串流加豐）

在第 400 頁的「範例：分析使用者活動事件」中（圖 10-2），我們看到了一個 batch job 如何 join 兩個 datasets 的例子：一組使用者活動事件和一個 user profiles 資料庫。把使用者活動事件視為 stream 是再自然不過的事，然後在 stream processor 上連續地執行一樣的 join：輸入是一個包含 user ID 的活動事件流，而輸出是一個根據 user ID 帶出了使用者相關資訊的活動事件流。這個程序有時稱為用資料庫中的資訊來加豐（enriching）活動事件。

要執行此 join，stream process 需要一次查看一個活動事件，在資料庫中查找事件的 user ID，並向活動事件加入使用者的 profile 資訊。資料庫查找可以透過查詢遠端資料庫來實現；然而，正如第 400 頁「範例：分析使用者活動事件」所討論的，這樣的遠端查詢可能會很慢，也會有讓資料庫超載的風險 [75]。

另一種方法是將資料庫的副本載入到 stream processor，這樣就可以在本地查詢它而無需再經網路往返。這種技術非常類似於第 405 頁「Map-Side Joins」中討論過的 hash joins：資料庫的本地副本可以是記憶體中的雜湊表（如果它足夠小的話），或者是本地磁碟上的索引。

與 batch jobs 的區別是，一個 batch jobs 使用的是一個資料庫的時間點快照來作為輸入；而一個 stream processor 是長時間運行的，並且資料庫的內容也可能隨時間變化，所以 stream processor 的本地資料庫副本需要時時保持最新。這個問題可以透過變更資料的捕獲來解決：stream processor 可以訂閱使用者 profile 資料庫的變更日誌以及活動事件流。當 profile 檔案被創建或修改時，stream processor 就同時更新它的本地副本。因此，我們就獲得了兩個串流之間的 join：活動事件和 profile 更新。

Stream-table join 實際上非常類似於 stream-stream join。最大的區別在於，對於表的變更日誌串流（table changelog stream），join 使用了一個可以追溯到「開始時間」的視窗（一個概念上的無限視窗），而新版本的記錄會覆蓋掉舊版記錄。對於 stream input 來講，join 可能根本就不會維護這樣一個視窗。

Table-table join（實體化視圖維護）

考慮我們在第 10 頁「描述負載」討論的 Twitter timeline 例子。我們說過，當使用者想要查看他們的 home timeline 時，要用迴圈遍歷使用者關注的所有人，並找到那些人最近的 tweets 然後再合併它們，但這個做法是非常昂貴的。

我們並不會那樣做，相反地，我們想要一個 timeline cache：一種每個使用者的
「inbox」信箱，在發送 tweets 時將其寫入 inbox 中，因此讀取 timeline 只需要一次查找
就可以完成。要實體化和維護這個快取，需要進行以下的事件處理：

- 當 user u 發送一條新的 tweet 時，推文會被添加到每個關注 u 的追隨者的 timeline
  上。

- 當使用者刪除一條 tweet 時，推文也將從所有追隨者的 timelines 中刪除。

- 當使用者 u_1 開始追隨使用者 u_2 時，u_2 最近的 tweets 會被添加到 u_1 的 timeline 上。

- 當使用者 u_1 取消關注使用者 u_2 時，u_2 發佈的 tweets 將從 u_1 的 timeline 中被刪除。

要在 stream processor 中實作這種快取維護，需要 tweet（發送和刪除）以及 follow 關係
（following 和 unfollowing）的事件串流。Stream process 需要維護一個資料庫，其中包
含每個使用者的追隨者的集合，這樣當新的 tweet 到達時，stream process 就知道需要去
更新哪些 timelines [86]。

查看這個 stream process 的另一種方式是，它會為查詢維護一個實體化視圖，這個視圖
join 兩個表（tweets 和 follows），如下：

```
SELECT follows.follower_id AS timeline_id,
  array_agg(tweets.* ORDER BY tweets.timestamp DESC)
FROM tweets
JOIN follows ON follows.followee_id = tweets.sender_id
GROUP BY follows.follower_id
```

串流的 join 直接對應到查詢對 tables 的 joins。Timelines 實際上是此查詢結果的快取，
每當底層的 tables 發生變化時就會被更新[3]。

Joins 的時間依賴性

這裡所描述三種類型的 join（stream-stream、stream-table 以及 table-table）有很多共同
點：它們都要求 stream processor 基於一個 join input 來維護某些狀態（搜尋和點擊事
件、使用者 profiles 或追隨者清單），並從其他 join input 的訊息來查詢該狀態。

---

[3] 如果將 stream 看作 table 的導數，如圖 11-6 所示，並將 join 看作兩個 tables $u \cdot v$ 的乘積，那麼就會發生一
些有趣的事情：實體化 join 的變更串流會遵循乘法律 $(u \cdot v)' = u'v + uv'$。這麼說好了：任何 tweets 的變化都
會跟當前的追隨者 join 在一起，任何追隨者的變化都會與當前的 tweets 相 join 起來 [49, 50]。

維持狀態所需的事件，其順序是很重要的（你是先 follow 然後再 unfollow，還是反過來執行，兩者意思不同）。在分區日誌中，單個分區內的事件順序會被保留起來，但是不同的串流或分區之間通常就沒有順序保證了。

這就產生了一個問題：如果不同串流上的事件大約在相近的時間發生，它們將按何種順序被處理呢？在 stream-table join 的例子中，如果使用者更新了他們的 profile，哪些活動事件要跟 old profile 做 join（在 profile 更新之前處理），哪些活動事件又要與 new profile 做 join 呢（在 profile 更新之後處理）？換句話說：如果狀態隨時間變化，並且你也以某個狀態來 join，那麼這個 join 所使用的時間點為何 [45]？

許多地方都可能出現這種時間依賴性。例如，你正在銷售某些產品，根據不同國家或州省，或者是產品類型或銷售日期（因為稅率也可能跟隨時間變化）而需要為發票加上正確的稅率。當要把銷售和一個稅率表 join 起來的時候，期望的稅率可以根據銷售發生的時間點來決定；如果不這樣子做的話，當你正在 reprocessing 歷史資料時，就可能會發生當前稅率和過去銷售當下稅率不同的情況。

如果串流的事件順序是不確定的，join 就會變成是 nondeterministic 的 [87]，這意味著你不能在相同的輸入之下重新運行同樣的作業，然後得到同樣的結果：當你再次運行作業時，input streams 上的事件可能會以不同的方式交錯在一起。

在資料倉儲中，這個問題稱為**緩慢變化的維度**（*slowly changing dimension*, SCD），它通常會為特定版本的 joined 記錄使用一個唯一的識別符來處理：例如，每次稅率有變時，它就會給出一個新的識別符，而發票也會包括銷售時的稅率識別符 [88, 89]。這一改進能夠使 join 操作具有確定性，但其結果是讓日誌壓縮變得不可行，因為表中記錄的所有版本都需要被保留下來。

容錯

本章的最後一節讓我們考慮 stream processors 如何做到容錯。第 10 章已經看到批次處理框架可以很容易地支援容錯：如果 MapReduce job 中的一個 task 失敗了，它可以簡單地在另一台機器上重新啟動，失敗任務的輸出會被自動拋棄。這種透明的重試是可能的，因為輸入檔案是不可變的，每個 task 都將其輸出寫到 HDFS 上的單獨檔案中，並且只有當 task 成功完成時才會於輸出可見。

特別是，批次處理的容錯方法能夠確保 batch job 的輸出與沒有出錯時相同，即使確實有某些任務發生失敗。結果是，每個輸入記錄都只會被精確地處理過一次，沒有漏掉任何記錄，也沒有任何記錄被處理過兩次。雖然重啟任務意味著記錄實際上可能會被處理多次，但在輸出所看到的效果就好像它們只被處理過一次一樣。這個原則被稱為**精確一次的語義**（*exactly-once semantics*），雖然**有效一次**（*effectively-once*）可能是更好的描述術語 [90]。

Stream processing 同樣也會出現容錯的問題，但處理起來就沒有那麼簡單了：等待 task 完成後再使其輸出可見是不可行的，因為 stream 是無限的，因此你永遠無法完成對它的處理。

微批次處理和檢查點

一種解決方案是將 stream 分解為多個小塊（small blocks），並將每個 block 視為一個迷你的 batch process。這種方法稱為**微批次處理**（*microbatching*），Spark Stream 也採取了這種方案 [91]。批次處理的大小通常會落在 1 秒左右，這是性能取捨的結果：較小的 batches 會帶來更大的排程和協調開銷，而較大的 batches 意味著 stream processor 需要更長的延遲才能顯現結果。

Microbatching 還隱式地提供了一個滾動視窗，視窗長度等於 batch size（使用處理時間而不是事件時間戳記來做視窗）；任何需要更大視窗的作業都需要顯式地將狀態從一個 microbatch 保留到下一個 microbatch。

Apache Flink 使用了一種變種方法，定期產生狀態的滾動檢查點（rolling checkpoints of state），並將它們寫入持久儲存之中 [92, 93]。如果串流的 operator 崩潰，它可以從最近的檢查點來重新啟動，並拋棄在最後一個檢查點和崩潰之間產生的任何輸出。檢查點是由訊息流中的 barrier 觸發的，類似於 microbatches 之間的邊界，但並未強制設置特定的視窗大小。

在串流處理框架的範圍內，microbatching 和 checkpointing 方法提供了與 batch processing 完全相同的 exactly-once 語義。然而，一旦輸出離開 stream processor 之後（例如，寫入資料庫、向外部的 message broker 發送訊息或發送電子郵件），框架就不再能夠丟棄失敗批次處理的輸出。在這種情況下，重啟失敗的任務會導致外部副作用發生兩次，僅靠 microbatching 或 checkpointing 並不足以防止這個問題。

再探原子提交

為了在出現故障時可以對外呈現 exactly-once 處理的結果，我們需要確保**當且僅當**（*if and only if*）處理成功時，處理一個事件的所有輸出和副作用才會生效。這些影響包括發送到 downstream operator 或外部訊息傳遞系統的任何訊息（包括電子郵件或推送通知）、任何對資料庫的寫入、對 operator 狀態的任何更改以及對輸入訊息的任何確認（包括在 log-based message broker 中將消費者偏移量向前移動）。

這些事情要麼需要全部原子地發生，要麼一個都不發生，但它們不應該發生彼此不同步的情況。這種方法聽起來有點耳熟，因為我們在第 358 頁的分散式交易和兩階段提交的「Exactly-once 的訊息處理」已經討論過它。

第 9 章討論過分散式交易（如 XA）傳統實作中的問題。然而，在限制更嚴格的環境中，同樣有機會能夠有效地實作這種原子提交工具。Google Cloud Dataflow [81, 92]、VoltDB [94] 和 Apache Kafka [95, 96] 都運用了這種方法。與 XA 不同，這些實作並沒有要嘗試提供跨異構技術的交易，而是透過管理串流處理框架內的狀態變化和訊息傳遞來將交易保持在內部。交易協定的開銷可以透過在單個交易中處理多個輸入訊息來分攤掉。

冪等性

我們的目標是丟棄任何失敗任務的不完整輸出，以便可以安全地重試它們，而不會發生雙次生效的情況。分散式交易是實現這一目標的方式之一，而另一種方式則是依賴**冪等性**（*idempotence*）[97]。

一個冪等操作指的是一個可以執行多次但其效果與只執行一次的結果相同的操作。例如，將 key-value store 中某個 key 對應的 value 設置為某個常數，這個操作是冪等的（因為再次對它寫入 value 只會用相同值覆蓋原值），而對計數器進行遞增就不是冪等的（再次執行遞增會讓 value 總共增量兩次）。

即使一個操作本身不是冪等的，通常也可以透過一些額外的中繼資料使其變得冪等。例如，當消費來自 Kafka 的訊息時，每個訊息都有一個持久的、單調遞增的偏移量。在向外部資料庫寫入值時，可以在該值中包含一個訊息偏移量，用於指出觸發最近一次寫入的訊息偏移量。因此，你可以判斷更新是否已經應用生效了，避免重複執行相同的更新操作。

Strom 的 Trident 對狀態的處理也是基於類似的想法 [78]。依賴冪等性隱含著幾個假設：重啟失敗的任務必須以相同的順序重播相同的訊息（log-based message broker 即是這麼做），處理必須是 deterministic 的，並且沒有其他節點會並發地更新相同的值 [98, 99]。

當要從一個處理節點因容錯而移轉到另一個節點時，可能需要 fencing 防護（參見第 301 頁「領導者節點與鎖」），以防止活節點被誤認為死亡的干擾。儘管有這些注意事項，冪等操作仍然是一種可以只用很小的開銷就能實現 exactly-once 語義的有效方法。

在失敗後重建狀態

任何需要狀態的 stream process，例如任何的視窗聚合（如計數器、平均值和長條圖）以及用於 joins 的任何表和索引，都必須確保這個狀態在遭遇失敗之後還可以恢復。

一種選擇是將狀態保存在遠端的資料儲存中並且對它採取複製機制，不過，為了每個單獨訊息就要查詢遠端資料庫可能會讓速度變得很慢，正如第 471 頁「Stream-table join（串流加豐）」中所討論的那樣。另一種方法是將狀態保存在 stream processor 本地，然後定期複製它。然後，當 stream processor 從失敗中恢復時，新的任務就可以讀取複製下來的備份狀態並繼續執行處理，而不會丟失資料。

例如，Flink 定期對 operator 的狀態做快照，並將它們寫入持久儲存如 HDFS [92, 93]；Samza 和 Kafka Streams 將狀態變化發送到具有日誌壓縮的專用 Kafka topic 來複製狀態變更，類似於變更資料的捕獲 [84, 100]。VoltDB 透過在幾個節點上冗餘地處理每個輸入訊息來複製狀態（參見第 252 頁「實際循序執行」）。

在某些情況下，甚至可能不需要複製狀態，因為可以從 input streams 重新建構出狀態。比如說，倘若狀態是由相當短的視窗所聚合而成，那麼簡單地重播與該視窗對應的輸入事件，在速度上應該也不會太慢。如果狀態是在本機的資料庫副本，由變更資料的捕獲機制所維護的話，那麼也可以從日誌壓縮的變更串流（log-compacted change stream）來重新建構出資料庫（請參閱第 452 頁「日誌壓縮」）。

然而，所有這些權衡都取決於底層基礎設施的性能：在某些系統中，網路延遲可能低於磁碟存取的延遲，而網路頻寬可能與磁碟頻寬相當。對於所有情況而言，並沒有一體適用的理想折衷作法，本地與遠端狀態的優勢也可能隨著儲存和網路技術的發展而有所變化。

小結

本章討論了 event streams，包括它們的用途以及如何處理它們。在某些方面，stream processing 非常類似於第 10 章討論過的 batch processing，只是處理是在無邊界（永無止境）的串流上連續進行的，而不是在固定大小的輸入上進行的。從這個角度來看，message brokers 和事件日誌可以視為檔案系統的等效串流版本。

我們花了一些時間比較兩種類型的 message brokers：

AMQP/JMS-style 的訊息代理

Broker 將單個訊息分配給消費者，消費者在成功處理訊息後會做出 acknowledge。訊息一經確認，就會從 broker 當中被刪除。這種方法相當於一種非同步的 RPC（參見第 138 頁「透過訊息傳遞的 Dataflow」），例如一個任務佇列，其中訊息處理的確切順序並不重要，而且在訊息被處理之後就沒有必要再回去讀取那些舊訊息。

基於日誌的訊息代理

Broker 將分區中的所有訊息都指定給相同的消費者節點，並始終以相同的順序傳遞訊息。平行性是透過分區來實現的，消費者利用 checkpointing 檢查它們所處理的最近一條訊息的偏移量來跟蹤進展。Broker 將訊息保留在磁碟上，因此可以在必要時回頭來重新讀取舊訊息。

基於日誌的方法與資料庫中的複製日誌（見第 5 章）和日誌結構儲存引擎（見第 3 章）有相似之處。我們發現，這種方法特別適合 stream processing systems 使用，這種系統會消費 input streams 然後產生衍生狀態或衍生出 output streams。

關於串流的來源，我們討論了幾種可能性：使用者的活動事件、定期讀值的感測器、訂閱資料來源（例如金融市場資料）等都可以很自然地用 streams 來表示。我們看到，把對資料庫的寫入看作是一個 stream 也蠻有用的：我們可以捕獲變更日誌，即對資料庫所有更改的歷史記錄，包括隱式地透過變更資料的捕獲或顯式地透過 event sourcing 兩種方法。日誌壓縮可以讓 stream 保留資料庫內容的完整副本。

將資料庫表示為 streams 為系統整合開啟了強大的機會。你可以使用變更日誌並將它們應用到衍生系統，來讓衍生資料系統（如搜尋索引、快取和分析系統）持續保持最新。你甚至可以從頭開始，運用從一開始到當前的變更日誌，利用現有資料建構出新的視圖。

用串流來維護狀態和重播訊息的設施也是在各種串流處理框架中啟用 stream joins 和容錯技術的基礎。我們討論了 stream processing 的幾個目的，包括搜尋事件模式（複雜事件處理）、計算視窗聚合（串流分析）和保持衍生資料系統的最新狀態（實體化視圖）等。

然後，我們討論了在 stream processor 中釐清時間的困難，包括處理時間和事件時間戳記之間的區別，以及處理在你認為視窗完成後才到達的落隊事件的問題。

我們區分了三種可能出現在 stream processes 中的 joins 類型：

Stream-stream joins

> 兩個 input streams 都由活動事件組成，join 會搜尋在某時間視窗內所發生的相關事件。例如，它可以匹配同一個使用者在 30 分鐘內所採取過的兩個動作。如果你希望在一個串流中找到相關的事件，那麼這兩個 join inputs 實際上可以是同一個串流（一個 *self-join*）。

Stream-table joins

> 一個 input stream 由活動事件組成，而另一個則是資料庫的 changelog。Changelog 保持資料庫最新的本機副本。對於每個活動事件，join operator 會查詢資料庫並輸出一個加豐過的活動事件。

Table-table joins

> 這兩個 input streams 都是資料庫 changelogs。在這種情況下，一邊的每個變化都與另一邊的最新狀態 join 在一起。結果是一個對兩個 tables 之間 join 的實體化視圖的變更串流。

最後，我們討論了在 stream processor 中實現容錯和 exactly-once 語義的技術。與 batch processing 一樣，我們需要丟棄任何失敗任務的不完整輸出。然而，由於 stream process 是長時間運行並持續產生輸出的，我們不能只是簡單地丟棄所有輸出。相反地，可以使用基於 microbatching、checkpointing、交易或冪等寫入等技術，以實現更加細致的恢復機制。

參考文獻

[1] Tyler Akidau, Robert Bradshaw, Craig Chambers, et al.: "The Dataflow Model: A Practical Approach to Balancing Correctness, Latency, and Cost in Massive-Scale, Unbounded, Out-of-Order Data Processing," *Proceedings of the VLDB Endowment*, volume 8, number 12, pages 1792–1803, August 2015. doi:10.14778/2824032.2824076

[2] Harold Abelson, Gerald Jay Sussman, and Julie Sussman: *Structure and Interpretation of Computer Programs*, 2nd edition. MIT Press, 1996. ISBN: 978-0-262-51087-5, available online at *mitpress.mit.edu*

[3] Patrick Th. Eugster, Pascal A. Felber, Rachid Guerraoui, and Anne-Marie Kermarrec: "The Many Faces of Publish/Subscribe," *ACM Computing Surveys*, volume 35, number 2, pages 114–131, June 2003. doi:10.1145/857076.857078

[4] Joseph M. Hellerstein and Michael Stonebraker: *Readings in Database Systems*, 4th edition. MIT Press, 2005. ISBN: 978-0-262-69314-1, available online at *redbook.cs.berkeley.edu*

[5] Don Carney, Uğur Cetintemel, Mitch Cherniack, et al.: "Monitoring Streams – A New Class of Data Management Applications," at *28th International Conference on Very Large Data Bases* (VLDB), August 2002.

[6] Matthew Sackman: "Pushing Back," *lshift.net*, May 5, 2016.

[7] Vicent Marti: "Brubeck, a statsd-Compatible Metrics Aggregator," *githubengineering.com*, June 15, 2015.

[8] Seth Lowenberger: "MoldUDP64 Protocol Specification V 1.00," *nasdaqtrader.com*, July 2009.

[9] Pieter Hintjens: *ZeroMQ – The Guide*. O'Reilly Media, 2013. ISBN: 978-1-449-33404-8

[10] Ian Malpass: "Measure Anything, Measure Everything," *codeascraft.com*, February 15, 2011.

[11] Dieter Plaetinck: "25 Graphite, Grafana and statsd Gotchas," *blog.raintank.io*, March 3, 2016.

[12] Jeff Lindsay: "Web Hooks to Revolutionize the Web," *progrium.com*, May 3, 2007.

[13] Jim N. Gray: "Queues Are Databases," Microsoft Research Technical Report MSR-TR-95-56, December 1995.

[14] Mark Hapner, Rich Burridge, Rahul Sharma, et al.: "JSR-343 Java Message Service (JMS) 2.0 Specification," *jms-spec.java.net*, March 2013.

[15] Sanjay Aiyagari, Matthew Arrott, Mark Atwell, et al.: "AMQP: Advanced Message Queuing Protocol Specification," Version 0-9-1, November 2008.

[16] "Google Cloud Pub/Sub: A Google-Scale Messaging Service," *cloud.google.com*, 2016.

[17] "Apache Kafka 0.9 Documentation," *kafka.apache.org*, November 2015.

[18] Jay Kreps, Neha Narkhede, and Jun Rao: "Kafka: A Distributed Messaging System for Log Processing," at *6th International Workshop on Networking Meets Databases* (NetDB), June 2011.

[19] "Amazon Kinesis Streams Developer Guide," *docs.aws.amazon.com*, April 2016.

[20] Leigh Stewart and Sijie Guo: "Building DistributedLog: Twitter's High-Performance Replicated Log Service," *blog.twitter.com*, September 16, 2015.

[21] "DistributedLog Documentation," Twitter, Inc., *distributedlog.io*, May 2016.

[22] Jay Kreps: "Benchmarking Apache Kafka: 2 Million Writes Per Second (On Three Cheap Machines)," *engineering.linkedin.com*, April 27, 2014.

[23] Kartik Paramasivam: "How We're Improving and Advancing Kafka at LinkedIn," *engineering.linkedin.com*, September 2, 2015.

[24] Jay Kreps: "The Log: What Every Software Engineer Should Know About Real-Time Data's Unifying Abstraction," *engineering.linkedin.com*, December 16, 2013.

[25] Shirshanka Das, Chavdar Botev, Kapil Surlaker, et al.: "All Aboard the Databus!," at *3rd ACM Symposium on Cloud Computing* (SoCC), October 2012.

[26] Yogeshwer Sharma, Philippe Ajoux, Petchean Ang, et al.: "Wormhole: Reliable Pub-Sub to Support Geo-Replicated Internet Services," at *12th USENIX Symposium on Networked Systems Design and Implementation* (NSDI), May 2015.

[27] P. P. S. Narayan: "Sherpa Update," *developer.yahoo.com*, June 8, .

[28] Martin Kleppmann: "Bottled Water: Real-Time Integration of PostgreSQL and Kafka," *martin.kleppmann.com*, April 23, 2015.

[29] Ben Osheroff: "Introducing Maxwell, a mysql-to-kafka Binlog Processor," *developer.zendesk.com*, August 20, 2015.

[30] Randall Hauch: "Debezium 0.2.1 Released," *debezium.io*, June 10, 2016.

[31] Prem Santosh Udaya Shankar: "Streaming MySQL Tables in Real-Time to Kafka," *engineeringblog.yelp.com*, August 1, 2016.

[32] "Mongoriver," Stripe, Inc., *github.com*, September 2014.

[33] Dan Harvey: "Change Data Capture with Mongo + Kafka," at *Hadoop Users Group UK*, August 2015.

[34] "Oracle GoldenGate 12c: Real-Time Access to Real-Time Information," Oracle White Paper, March 2015.

[35] "Oracle GoldenGate Fundamentals: How Oracle GoldenGate Works," Oracle Corporation, *youtube.com*, November 2012.

[36] Slava Akhmechet: "Advancing the Realtime Web," *rethinkdb.com*, January 27, 2015.

[37] "Firebase Realtime Database Documentation," Google, Inc., *firebase.google.com*, May 2016.

[38] "Apache CouchDB 1.6 Documentation," *docs.couchdb.org*, 2014.

[39] Matt DeBergalis: "Meteor 0.7.0: Scalable Database Queries Using MongoDB Oplog Instead of Poll-and-Diff," *info.meteor.com*, December 17, 2013.

[40] "Chapter 15. Importing and Exporting Live Data," VoltDB 6.4 User Manual, *docs.voltdb.com*, June 2016.

[41] Neha Narkhede: "Announcing Kafka Connect: Building Large-Scale Low-Latency Data Pipelines," *confluent.io*, February 18, 2016.

[42] Greg Young: "CQRS and Event Sourcing," at *Code on the Beach*, August 2014.

[43] Martin Fowler: "Event Sourcing," *martinfowler.com*, December 12, 2005.

[44] Vaughn Vernon: *Implementing Domain-Driven Design*. Addison-Wesley Professional, 2013. ISBN: 978-0-321-83457-7

[45] H. V. Jagadish, Inderpal Singh Mumick, and Abraham Silberschatz: "View Maintenance Issues for the Chronicle Data Model," at *14th ACM SIGACT-SIGMODSIGART Symposium on Principles of Database Systems* (PODS), May 1995. doi:10.1145/212433.220201

[46] "Event Store 3.5.0 Documentation," Event Store LLP, *docs.geteventstore.com*, February 2016.

[47] Martin Kleppmann: *Making Sense of Stream Processing*. Report, O'Reilly Media, May 2016.

[48] Sander Mak: "Event-Sourced Architectures with Akka," at *JavaOne*, September 2014.

[49] Julian Hyde: personal communication, June 2016.

[50] Ashish Gupta and Inderpal Singh Mumick: *Materialized Views: Techniques, Implementations, and Applications*. MIT Press, 1999. ISBN: 978-0-262-57122-7

[51] Timothy Griffin and Leonid Libkin: "Incremental Maintenance of Views with Duplicates," at *ACM International Conference on Management of Data* (SIGMOD), May 1995. doi:10.1145/223784.223849

[52] Pat Helland: "Immutability Changes Everything," at *7th Biennial Conference on Innovative Data Systems Research* (CIDR), January 2015.

[53] Martin Kleppmann: "Accounting for Computer Scientists," *martin.kleppmann.com*, March 7, 2011.

[54] Pat Helland: "Accountants Don't Use Erasers," *blogs.msdn.com*, June 14, 2007.

[55] Fangjin Yang: "Dogfooding with Druid, Samza, and Kafka: Metametrics at Metamarkets," *metamarkets. com*, June 3, 2015.

[56] Gavin Li, Jianqiu Lv, and Hang Qi: "Pistachio: Co-Locate the Data and Compute for Fastest Cloud Compute," *yahoohadoop.tumblr.com*, April 13, 2015.

[57] Kartik Paramasivam: "Stream Processing Hard Problems – Part 1: Killing Lambda," *engineering.linkedin. com*, June 27, 2016.

[58] Martin Fowler: "CQRS," *martinfowler.com*, July 14, 2011.

[59] Greg Young: "CQRS Documents," *cqrs.files.wordpress.com*, November 2010.

[60] Baron Schwartz: "Immutability, MVCC, and Garbage Collection," *xaprb.com*, December 28, 2013.

[61] Daniel Eloff, Slava Akhmechet, Jay Kreps, et al.: "Re: Turning the Database Inside-out with Apache Samza," Hacker News discussion, *news.ycombinator.com*, March 4, 2015.

[62] "Datomic Development Resources: Excision," Cognitect, Inc., *docs.datomic.com*.

[63] "Fossil Documentation: Deleting Content from Fossil," *fossil-scm.org*, 2016.

[64] Jay Kreps: "The irony of distributed systems is that data loss is really easy but deleting data is surprisingly hard," *twitter.com*, March 30, 2015.

[65] David C. Luckham: "What's the Difference Between ESP and CEP?," *complexevents.com*, August 1, 2006.

[66] Srinath Perera: "How Is Stream Processing and Complex Event Processing (CEP) Different?," *quora.com*, December 3, 2015.

[67] Arvind Arasu, Shivnath Babu, and Jennifer Widom: "The CQL Continuous Query Language: Semantic Foundations and Query Execution," *The VLDB Journal*, volume 15, number 2, pages 121–142, June 2006. doi:10.1007/s00778-004-0147-z

[68] Julian Hyde: "Data in Flight: How Streaming SQL Technology Can Help Solve the Web 2.0 Data Crunch," *ACM Queue*, volume 7, number 11, December 2009. doi:10.1145/1661785.1667562

[69] "Esper Reference, Version 5.4.0," EsperTech, Inc., *espertech.com*, April 2016.

[70] Zubair Nabi, Eric Bouillet, Andrew Bainbridge, and Chris Thomas: "Of Streams and Storms," IBM technical report, *developer.ibm.com*, April 2014.

[71] Milinda Pathirage, Julian Hyde, Yi Pan, and Beth Plale: "SamzaSQL: Scalable Fast Data Management with Streaming SQL," at *IEEE International Workshop on High-Performance Big Data Computing* (HPBDC), May 2016. doi:10.1109/IPDPSW. 2016.141

[72] Philippe Flajolet, Eric Fusy, Olivier Gandouet, and Frederic Meunier: "HyperLog Log: The Analysis of a Near-Optimal Cardinality Estimation Algorithm," at *Conference on Analysis of Algorithms* (AofA), June 2007.

[73] Jay Kreps: "Questioning the Lambda Architecture," *oreilly.com*, July 2, 2014.

[74] Ian Hellstrom: "An Overview of Apache Streaming Technologies," *databaseline.wordpress.com*, March 12, 2016.

[75] Jay Kreps: "Why Local State Is a Fundamental Primitive in Stream Processing," *oreilly.com*, July 31, 2014.

[76] Shay Banon: "Percolator," *elastic.co*, February 8, 2011.

[77] Alan Woodward and Martin Kleppmann: "Real-Time Full-Text Search with Luwak and Samza," *martin. kleppmann.com*, April 13, 2015.

[78] "Apache Storm 1.0.1 Documentation," *storm.apache.org*, May 2016.

[79] Tyler Akidau: "The World Beyond Batch: Streaming 102," *oreilly.com*, January 20, 2016.

[80] Stephan Ewen: "Streaming Analytics with Apache Flink," at *Kafka Summit*, April 2016.

[81] Tyler Akidau, Alex Balikov, Kaya Bekiroğlu, et al.: "MillWheel: Fault-Tolerant Stream Processing at Internet Scale," at *39th International Conference on Very Large Data Bases* (VLDB), August 2013.

[82] Alex Dean: "Improving Snowplow's Understanding of Time," *snowplowanalytics.com*, September 15, 2015.

[83] "Windowing (Azure Stream Analytics)," Microsoft Azure Reference, *msdn.microsoft.com*, April 2016.

[84] "State Management," Apache Samza 0.10 Documentation, *samza.apache.org*, December 2015.

[85] Rajagopal Ananthanarayanan, Venkatesh Basker, Sumit Das, et al.: "Photon: Fault-Tolerant and Scalable Joining of Continuous Data Streams," at *ACM International Conference on Management of Data* (SIGMOD), June 2013. doi:10.1145/2463676.2465272

[86] Martin Kleppmann: "Samza Newsfeed Demo," *github.com*, September 2014.

[87] Ben Kirwin: "Doing the Impossible: Exactly-Once Messaging Patterns in Kafka," *ben.kirw.in*, November 28, 2014.

[88] Pat Helland: "Data on the Outside Versus Data on the Inside," at *2nd Biennial Conference on Innovative Data Systems Research* (CIDR), January 2005.

[89] Ralph Kimball and Margy Ross: *The Data Warehouse Toolkit: The Definitive Guide to Dimensional Modeling*, 3rd edition. John Wiley & Sons, 2013. ISBN: 978-1-118-53080-1

[90] Viktor Klang: "I'm coining the phrase 'effectively-once' for message processing with at-least-once + idempotent operations," *twitter.com*, October 20, 2016.

[91] Matei Zaharia, Tathagata Das, Haoyuan Li, et al.: "Discretized Streams: An Efficient and Fault-Tolerant Model for Stream Processing on Large Clusters," at *4th USENIX Conference in Hot Topics in Cloud Computing* (HotCloud), June 2012.

[92] Kostas Tzoumas, Stephan Ewen, and Robert Metzger: "High-Throughput, Low-Latency, and Exactly-Once Stream Processing with Apache Flink," *data-artisans.com*, August 5, 2015.

[93] Paris Carbone, Gyula Fora, Stephan Ewen, et al.: "Lightweight Asynchronous Snapshots for Distributed Dataflows," arXiv:1506.08603 [cs.DC], June 29, 2015.

[94] Ryan Betts and John Hugg: *Fast Data: Smart and at Scale*. Report, O'Reilly Media, October 2015.

[95] Flavio Junqueira: "Making Sense of Exactly-Once Semantics," at *Strata+Hadoop World London*, June 2016.

[96] Jason Gustafson, Flavio Junqueira, Apurva Mehta, Sriram Subramanian, and Guozhang Wang: "KIP-98 – Exactly Once Delivery and Transactional Messaging," *cwiki.apache.org*, November 2016.

[97] Pat Helland: "Idempotence Is Not a Medical Condition," *Communications of the ACM*, volume 55, number 5, page 56, May 2012. doi:10.1145/2160718.2160734

[98] Jay Kreps: "Re: Trying to Achieve Deterministic Behavior on Recovery/Rewind," email to *samza-dev* mailing list, September 9, 2014.

[99] E. N. (Mootaz) Elnozahy, Lorenzo Alvisi, Yi-Min Wang, and David B. Johnson: "A Survey of Rollback-Recovery Protocols in Message-Passing Systems," *ACM Computing Surveys*, volume 34, number 3, pages 375–408, September 2002. doi:10.1145/568522.568525

[100] Adam Warski: "Kafka Streams – How Does It Fit the Stream Processing Landscape?," *softwaremill.com*, June 1, 2016.

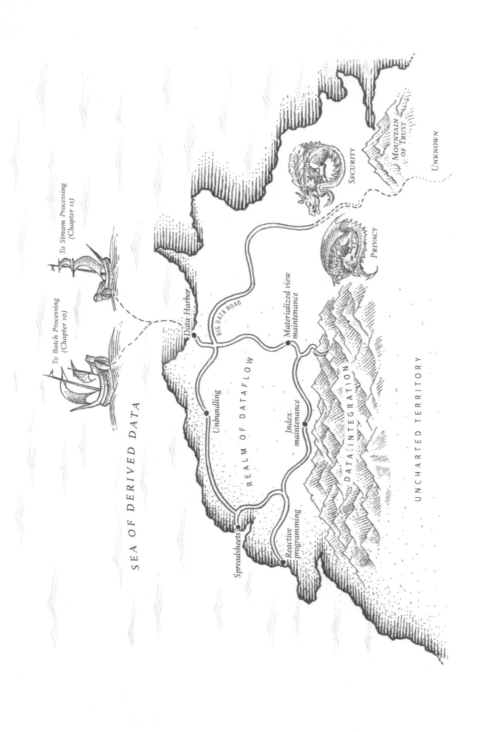

第十二章

資料系統的未來

> 倘若某事物的結局已經被命定，它也就失去了存在的目的。因此，船長並不把保護
> 船隻完好無損當作結局，因為航海才是一艘船的天命。
>
> （經常被引用為：如果船長的最高目標是保住他的船，那麼就只要把船永遠停泊在
> 海港內就好了。）
>
> —St. Thomas Aquinas, 神學大全（1265-1274）

截至目前，本書主要都在描述那些已經存在的事情。作為本書的最後一章，我們將會談論一下對未來的看法，並討論事情應該是怎麼樣才對。我將會提出一些想法和方法，我相信，它們可能會從根本上改進人們建構與設計應用程式的方式。

對於未來的看法和推測不免帶有主觀的味道，所以本章會使用第一人稱來寫下我個人的觀點。你可以不同意這些觀點，當然也可以抱有自己的觀點，但是我希望本章的觀點至少可以成為一個能夠激發討論的起點，並且順便澄清一些經常容易混淆的概念。

本書在第 1 章提出了此書的目標：探索如何創建可靠、可擴展和可維護的應用程式和系統。我們用這些主題貫穿了所有章節：例如，我們討論了許多能夠幫助提高可靠性的容錯演算法、提高可擴展性的分區技術，以及提高可維護性的演進和抽象機制。在本章，我們會把這些想法結合在一起，並以它們作為展望未來的基礎。我們的目標是去探索如何設計比現在更好的應用程式：強韌、正確、可演進，最終讓全體人類都得以從中受益。

資料整合

在本書中經常會看到，對於任何給定的問題都有著幾種的解決方案，每種解決方案各有不同的優缺點及其權衡。例如第 3 章在討論儲存引擎時，我們看到了日誌結構儲存、B-trees 和行式儲存。在第 5 章討論複製時，我們看到了 single-leader、multi-leader 和 leaderless 的方法。

如果你遇到類似「我想先儲存一些資料，稍後再行查找」的問題，同樣沒有唯一正確的解決方案，那裡存在許多不同的方法，每種方法都有各自適用的場景。軟體實作通常必須選擇一種特定的方法，但是要讓一個程式碼路徑夠強韌且性能良好已經很困難了，所以想要在單一個軟體中做完所有的事情幾乎是篤定要失敗的，最終實作的結果肯定會慘不忍睹。

因此，選擇合適的軟體工具也需要視情況而定。每一個軟體，甚至是所謂的「通用」資料庫，都是為了特定的使用模式而設計的。

面對如此多的選擇，第一個挑戰是找出軟體產品與其合適情境的對應。供應商不願意告訴你，他們的軟體並不適合用在哪些工作負載類型上，這是可以理解的。前面的章節為你準備了一些可以拿出來發問的問題，希望可以讓你聽到答案時還能夠意會出弦外之音，而且對這之間的權衡能夠有更全面的理解。

然而，即使你完全瞭解工具及其適用情境的對應，還是會再面臨另一項挑戰：在複雜的應用程式中，資料通常會以幾種不同的方式被使用。不可能有一款軟體能夠適用資料所有不同的使用情況，因此你最終還是不可避免地要組合幾個不同的軟體來造出應用程式的功能。

通過衍生資料來組合出特化的工具

例如，為了處理任意關鍵字的查詢，通常需要將 OLTP 資料庫與全文檢索搜尋索引整合在一起。一些資料庫（如 PostgreSQL）已經包含全文本索引的特性，儘管這對於簡單的應用程式來說已經足夠了 [1]，但是更複雜的搜尋工具還是需要更專業的資訊檢索工具才行。另外，搜尋索引通常不太適合拿來當作持久化的記錄系統，因此許多應用程式至少需要組合兩種不同的工具才有辦法滿足所有的需求。

我們在第 448 頁「保持系統同步」中提過整合資料系統的問題。隨著資料不同表示形式的增加，整合的問題也會隨之變得更加困難。除了資料庫和搜尋索引，或許你也需要在分析系統（資料倉儲，或批次處理和流式處理系統）中保存資料的副本；維護從原始資料所衍生出來的快取或物件的反正規化版本；傳遞資料給機器學習、分類、排名或推薦等系統；或根據資料變更來發送通知。

令人驚訝的是，我經常聽到軟體工程師會如是說：「根據我的經驗，99% 的人只需要 X」或者「…不需要 X」（X 可以是不同的東西）。你可以利用資料來從事的事情，範圍非常廣泛。某個人認為是模糊的、毫無意義的特性，很可能恰好是另一個人的核心需求。只有當你縮小並考慮整個組織的 dataflows 時，對資料整合的需求才會越發具體。

弄清楚資料流程

當需要在多個儲存系統中維護相同資料的副本，以滿足不同的存取模式時，你需要對輸入和輸出有清楚的認識：資料首先在何處寫入，以及哪些表示是衍生自哪些資料來源？如何將資料以正確的格式安放到所有正確的位置？

例如可以這樣安排，先將資料寫入記錄資料庫系統，再擷取出對該資料庫所做的變更（請參閱第 450 頁「變更資料的捕獲」），然後以相同的順序將這些變更應用到搜尋索引。如果變更資料的捕獲（CDC）是更新索引的唯一方法，那麼你就可以確信索引完全來自於記錄系統，兩者保持一致（排除軟體中的 bug）。想要提供新的輸入給該系統，寫入資料庫是唯一的途徑。

讓應用程式直接同時寫入搜尋索引和資料庫會帶來問題。在圖 11-4 中，兩個客戶端並發地發送了衝突的寫入操作，而且兩個儲存系統分別用了不同的順序來處理它們。在這種情況下，資料庫和搜尋索引都「不負責」決定寫入操作的順序，因此它們可能會做出彼此矛盾的決策，導致兩者永遠不一致。

如果你可以採用一個能夠決定所有寫入順序的系統，將所有使用者的輸入集中在一起，以相同的順序來處理寫入操作，這樣就可以更容易地衍生出資料的其他表示。我們在第 346 頁「全序廣播」看過了使用狀態機複製方法的應用程式。不管是使用變更資料的捕獲或事件來源日誌，都不比全序這樣簡單的原則來得重要。

基於事件日誌來更新的衍生資料系統通常是 deterministic 和冪等的（參見第 475 頁的「冪等性」），這讓系統可以很容易地從故障中恢復。

衍生資料與分散式交易

第 352 頁的「原子提交和兩階段提交（2PC）」討論了不同資料系統彼此保持一致的傳統方法會涉及到分散式交易。與分散式交易相比，使用衍生資料系統的方法效果又是如何呢？

在抽象層面上，它們透過不同的手段來達到相似的目標。分散式交易使用鎖進行互斥來決定寫入操作的順序（參見第 256 頁「兩階段加鎖」），而 CDC 和事件溯源則是使用日誌來完成排序。分散式交易使用原子提交來確保變更生效 exactly once，而 log-based 的系統通常基於 deterministic 的重試和冪等性。

這之間最大的區別是，交易系統通常會提供可線性化的保證（參見第 321 頁「可線性化」），比如讀己所寫（參見第 162 頁「讀己所寫」）。而另一方面，衍生資料系統通常是非同步更新的，因此預設情況下它們不會提供相同的 timing 保證。

在能夠承受分散式交易成本的受限環境中，它們已經被成功地運用。但是，我認為 XA 的容錯性和性能並不理想（參見第 358 頁「實際的分散式交易」），這嚴重限制了它的實用性。我相信幫分散式交易創建一個更好的協定是有可能的，但是要讓這樣一個協定被廣泛採用並與現有工具整合在一起將會是一個不小的挑戰，而且不太可能在近期就見其實現。

再好的分散式交易協定如果缺乏廣泛的支援，那麼我認為要整合不同資料系統，採取 log-based 衍生資料才會是最有前景的方法。然而，像讀己所寫這樣的保證是很有用的，而且我不認為告訴每個人「最終一致性是不可避免的，就吞了它吧，學會處理它」有什麼建設性（至少不要在沒有好的做法指導之下這樣子說）。

在後面第 511 頁的「以正確性為目標」，我們將討論一些在非同步衍生系統上實現更強保證的方法，並努力在分散式交易和基於非同步日誌的系統之間找到一個平衡點。

全序的侷限

對於足夠小的系統，要建構出完全有序的事件日誌是完全可行的（single-leader 複製資料庫的普及已經證明了這一點，它正是可以精確建構出這種日誌的代表）。然而，隨著系統向更大更複雜的工作負載擴展，侷限性也開始出現了：

- 在大多數情況下，建構一個完全有序的日誌需要讓所有事件都通過一個決定順序的 *single leader node*。如果事件的吞吐量已經超出一台機器的處理能力，那麼就會需要跨多台機器對日誌進行分區（請參閱第 443 頁「分區日誌」），這樣一來，兩個不同分區中的事件順序就不再明確了。

- 如果伺服器**在地理上分佈**於多個不同的資料中心，例如為了容忍整個資料中心離線，而且考慮到網路延遲會讓跨資料中心的同步協調效率變差，所以通常在每個資料中心都會有獨立的 leader 運作於其中（參見第 168 頁「多領導複製」）。這意味著，來自於兩個不同資料中心的事件，其順序也是無法定義的。

- 當應用程式作為**微服務**部署時（參見第 132 頁「透過服務的 Dataflow：REST 和 RPC」），一種常見的設計選擇是將每個服務及其持久狀態作為一個獨立的單元來部署，在服務之間不會共用持久狀態。當兩個事件在不同的服務中發生時，這些事件的順序並沒有定義。

- 某些應用程式會維護客戶端的狀態，這個狀態會在使用者輸入時立即就更新（不需要等待伺服器確認），甚至繼續離線工作（參見第 170 頁「客戶端的離線操作」）。對於這樣的應用程式，客戶端和伺服器看到的事件很可能也會有不同的順序。

用比較正式的術語來講，決定事件的總體順序稱為**全序廣播**（*total order broadcast*），這等價於共識（參見第 364 頁「共識演算法和全序廣播」）。大多數共識演算法是在單節點的吞吐量足以處理整個事件流的情況下而設計的，這些演算法沒有為多節點提供分擔事件排序工作的機制。如何設計超越單節點吞吐量的共識演算法，並在地理分佈的環境下工作良好，仍是一個有待研究的問題。

對事件進行排序以擷取因果關係

在事件沒有因果關係的情況下，並發事件可以有著任意的次序，因此就算沒有全序也不會是什麼大問題。還有某些其他的情況也很容易處理：例如，當要對同一個物件進行多次更新時，可以透過將某個特定物件 ID 的所有更新都路由到同一個日誌分區，如此就能做到對它的全序。然而，因果的相依關係有時會以更微妙的方式出現（參見第 338 頁「順序和因果關係」）。

例如在一個社交網路服務中，有兩個交往的使用者剛剛分手。其中一個將另一個解除好友，然後開始發訊息給彼此的朋友來抱怨前任。使用者的意圖是不想讓他（她）的前任伴侶看到這些埋怨的訊息，因為這些訊息是在好友狀態先解除之後才發送的。

然而，如果系統將好友狀態儲存在一個地方，而將訊息儲存在另一個地方，那麼**解除好友**（*unfriend*）的事件和**訊息發送**（*message-send*）事件之間的排序相依關係可能就會丟失。如果沒有擷取到因果的相依關係，訊息通知服務可能會在**解除好友**事件之前先處理了**訊息發送**事件，從而錯誤地向前任男（女）友發送通知。

本例中，通知實際上是訊息和好友清單之間的 join，這跟我們前面討論的 joins 的 timing 問題相關（參見第 472 頁「Joins 的時間依賴性」）。但是，似乎沒有一個簡單的答案可以用來處理這個問題 [2, 3]。以下幾點可以做為討論的開始：

- 邏輯時間戳記可以在不需要協調的情況下提供全序（參見第 342 頁「序號排序」），因此在全序廣播不可行的情況下，它們可以派上用場。但是，它們仍然需要接收者去處理傳遞失序的事件，並且需要傳遞額外的中繼資料。

- 如果你可以記錄一個事件來記下使用者做出決定之前所看到的系統狀態，並給那個事件一個唯一的識別符，那麼以後的任何事件都可以引用那個事件識別符來記錄因果關係 [4]。我們將在第 509 頁「讀取也可以是事件」回到這個想法。

- 衝突解決演算法（參見第 174 頁「自動解決衝突」）能夠處理那些以非預期順序傳遞的事件。它們對於維護狀態很有用，但是倘若操作具有外部副作用（比如向使用者發送通知），它們就不管用了。

也許以後會有新的應用程式開發模式出現，這些模式能夠有效地擷取出因果相依關係，並正確地維護衍生狀態，而不會讓所有事件都得受到全序廣播的瓶頸限制。

批次處理和流式處理

我想說的是，資料整合的目標是確保資料以正確的形式出現在所有正確的地方。這樣做需要消費輸入、轉換、joining、過濾、聚合、訓練模型、評估，並在最後將結果寫入到適當的輸出。Batch 和 stream processors 則是用來實現這一目標的工具。

Batch 和 stream processes 的輸出是衍生的 datasets，如搜尋索引、實體化視圖、顯示給使用者看的建議、聚合過的度量指標等等（參見第 408 頁「批次處理工作流的輸出」和第 465 頁「流式處理的用途」）。

正如我們在第 10 章和第 11 章看到的，batch 和 stream processing 有許多共同的原則，而之間主要的根本區別是 stream processors 操作的對象是 unbounded datasets，而 batch process 的輸入則是已知的、大小也是有限的。處理引擎的實現方式也存在許多細節上的差異，不過這些差異已經開始漸漸變得模糊。

Spark 透過將 stream 分解為 *microbatches*，以在 batch processing 引擎之上執行 stream processing，而 Apache Flink 在 stream processing 引擎上執行 batch processing [5]。原則上，一種處理類型可以用另一種處理類型作為基礎來模擬，儘管性能特徵會有所不同：例如，microbatching 在跳躍或滑動視窗上的性能可能很差 [6]。

維護衍生狀態

Batch processing 有很濃的函數式（functional）味道（即使程式碼不是用函數式程式語言所編寫）：它鼓勵 deterministic、純函數的輸出只取決於輸入而且除了明確的輸出之外不會有其他副作用、輸入為 immutable、輸出是 append-only 的。Stream processing 與之類似，但是它將 operators 進一步推廣以支援可管理、容錯的狀態（參見第 476 頁「在失敗後重建狀態」）。

具有定義良好的輸入和輸出的 deterministic 函數，這樣的原則不僅有利於容錯（參見第 475 頁「冪等性」），而且還簡化了對組織中 dataflows 的理解 [7]。無論衍生的資料是搜尋索引、統計模型還是快取，從 data pipelines 的角度來看，它們可以從一個東西衍生出另一個東西，透過函數式應用程式碼來推送系統的狀態變更，並將變更效果應用到衍生的系統中。

原則上，衍生資料系統也可以用同步的方式來維護，就像關聯式資料庫在寫入被索引的表時，會在同一個交易中同步地更新次索引一樣。然而，非同步才是讓基於事件日誌的系統具有強韌特性的原因：它可以讓發生在系統某部分的故障留在本地。而對於分散式交易，當中的參與者若有任一失敗，交易就會中止，所以它們具有將故障往系統各處散播的放大效應（見第 361 頁「分散式交易的限制」）。

我們在第 206 頁「分區和次索引」看過，次索引經常會跨越分區邊界。具有次索引的分區系統需要將寫入操作發送給多個分區（如果索引是 term-partitioned 的話），或者將讀取操作發送給所有分區（如果索引是 document-partitioned 的話）。如果索引是以非同步的方式來維護的話，那麼這種跨分區通訊也是最可靠和可擴展的 [8]（請參閱第 510 頁「多分區資料處理」）。

因應應用程式演化的資料再處理

在維護衍生資料時，batch 和 stream processing 都很好用。Stream processing 可以用很低的延遲將輸入中的變更反映到衍生視圖中，而 batch processing 則是可以重新處理（reprocess）大量累積的歷史資料，以便從已經存在的 dataset 衍生出新的視圖。

具體來說，對現有資料進行 reprocessing 相當於提供系統一個良好的維護機制，讓系統得以演化以支援新的特性和變化（參見第 4 章）。如果不能做 reprocessing，基模的演化就僅限於做簡單的變更而已，比如說向記錄新增一個可選欄位，或者新增一個記錄類型。在 schema-on-write 和 schema-on-read 的上下文中也都是如此（請參閱第 40 頁「文件模型中的基模靈活性」）。另一方面，藉助 reprocessing 可以將 dataset 重新組織為完全不同的模型，以便更好地滿足新的需求。

鐵路系統的基模遷移

在非電腦系統的領域也曾發生過大規模的「基模遷移」。在 19 世紀的英國，早期的鐵路鋪設軌距（兩條鐵軌之間的距離）有各種不同的競爭標準。按一種軌距打造的火車無法行駛在另一種軌距的鐵軌上，這無疑扼殺了火車路網得以互連的可能性 [9]。

在 1846 年，標準軌距終於誕生了，這讓其他軌距的鐵軌不得不進行改造來符合標準，但是要如何讓鐵路不必停擺數月或數年的情況下就能做到這一點呢？解決方案是，先增加具有雙軌距（*dual gauge*）或混合軌距（*mixed gauge*）的第三條軌道。這種轉換可以循序漸進，當轉換完成時，兩種軌距的列車就可以在這三條軌道中選擇其中兩條來行駛。最終，一旦所有火車都改換成標準軌距，採用非標準軌距的火車就可以被淘汰掉了。

以這種方式「reprocessing」現有的軌道，並允許新舊版本同時存在，想要花個幾年來漸進地更換軌道這件事顯然就可行了。不過，要完成這件事的代價可不小，這就是為什麼非標準軌距的系統仍然存在的原因。例如，舊金山灣區捷運使用的 BART 系統就和美國大多數地區的軌距不同。

衍生視圖可以逐步（*gradual*）演進。如果你希望重構 dataset，不需要執行遷移來驟然切換。相反地，可以在相同資料的基礎上，用舊 schema 和新 schema 衍生出不同的獨立視圖來維護。然後，可以開始將一小部分使用者轉移到新視圖，以測試其性能並發現是否有 bug 存在，而大多數使用者則繼續路由到舊視圖。漸漸地，可以增加取用新視圖的使用者比例，直到最終可以棄用舊視圖為止 [10]。

這種漸進遷移的美妙之處在於，如果出現錯誤，process 的每個階段都很容易恢復：你總是可以回復到一個可工作的系統。透過減少不可逆轉損害的風險，可以更加自信地繼續前進，從而更快地改善系統 [11]。

Lambda 架構

如果想使用 batch processing 來 reprocess 歷史資料，又要使用 stream processing 來處理最近的更新，問題會在於如何將兩者結合起來？*Lambda* 架構正是這個問題的一項方案，它已經獲得了很多關注 [12]。

Lambda 架構的核心思想是，incoming data 的記錄方式應該是透過將 immutable 的事件追加到不斷增長的 dataset 來完成，類似於事件溯源的做法（參見第 453 頁「事件溯源」）。從這些事件中衍生出 read-optimized 的視圖。Lambda 架構建議平行運行兩個不同的系統：一個 batch processing system（如 Hadoop MapReduce）和一個單獨的 stream-processing system（如 Storm）。

在 lambda 的方法中，stream processor 會消費事件並快速產生對視圖的近似更新；batch processor 隨後使用相同的事件集合來產生衍生視圖的修正版本。這種設計背後的原因是 batch processing 比較簡單，不容易出現錯誤；而 streaming processor 則相對不太可靠，也更難實現容錯（參見第 473 頁「容錯」）。此外，stream process 可以使用快速的近似演算法，而 batch process 則是使用較慢但精確演算法。

Lambda 架構的想法很有影響力，它使資料系統的設計變得更好，特別是它推廣了這樣一個原則：在需要時，才從 immutable events 的 stream 衍生出視圖以及 reprocessing events。然而，我認為 lambda 架構也存在一些實務上的問題：

- 必須在 batch 和 stream processing 框架中維護相同的邏輯，這是額外的工作。雖然像 Summingbird [13] 這樣的函式庫提供了一個可以在 batch 或 streaming 上下文中運行計算的抽象，但是除錯、最佳化和維護兩個不同系統的操作複雜性仍不可免 [14]。

- 由於 stream pipeline 和 batch pipeline 各自會產生獨立的輸出，為了回應使用者請求，輸出需要再合併。如果計算是透過滾動視窗的簡單聚合，那麼合併就相對容易；但如果視圖是使用更複雜的操作才能衍生出來（如 joins 和 sessionization）、或者輸出不是一個時間序列的話，合併就會變得非常困難。

- 能夠 reprocess 整個歷史 dataset 是很好沒錯，但是對 large dataset 來講，如果頻繁這樣做的代價是非常高的。因此，batch pipeline 常常需要設置成增量型的 batches（例如，在每個小時結束時處理這一個小時內的資料），而不是 reprocessing 所有的東西。這就引發了第 465 頁「串流的時間問題」討論過的問題，像是處理落隊者和處理跨 batches 邊界的視窗問題。要讓一個 batch 變成增量型計算，會增加複雜性，使其更像是 streaming layer 了，這與 batch layer 要盡可能保持簡單的目標背道而馳。

統一批次處理和流式處理

最近有些工作使 lambda 架構的優點得以發揮而不受其缺點的影響，那就是透過在同一個系統中同時實作 batch 計算（reprocessing 歷史資料）和 stream 計算（在事件到達時處理事件）來完成 [15]。

在一個系統中統一（unifying）batch 和 stream processing 需要以下功能，這些功能也正在變得越來越普及：

- 處理引擎不只可以處理最近的事件，也可以用同一個引擎重播歷史事件。例如，log-based message brokers 就有重播訊息的能力（參見第 447 頁「重播舊訊息」），某些 stream processors 也可以從像是 HDFS 這樣的分散式檔案系統讀取輸入。

- 為 stream processors 提供 exactly-once 語義，也就是確保輸出應該與沒有錯誤發生時相同，就算錯誤實際上確實發生過（參見第 473 頁「容錯」）。與 batch processing 一樣，這需要丟棄所有失敗任務的不完整輸出。

- 需要可以按事件時間而不是按處理時間的 windowing 工具，因為處理時間對於 reprocessing 歷史事件的意義不大（參見第 465 頁「串流的時間問題」）。例如，Apache Beam 提供了一個 API 來表示這樣的計算，然後可以使用 Apache Flink 或 Google Cloud Dataflow 來運行它。

分拆資料庫

在最抽象的層次上，資料庫、Hadoop 和作業系統其實都在執行相同的功能：它們儲存一些資料，並且可以讓你處理和查詢這些資料 [16]。資料庫將資料儲存成某些資料模型表示的記錄（表中的列、documents、圖的頂點等等），而作業系統的檔案系統則是將資料儲存在檔案中，不過它們的核心都是一種「資訊管理」系統 [17]。正如我們在第 10 章看到的，Hadoop 生態系統有點類似 Unix 的分散式版本。

當然，這之間還是存在有許多實際上的區別。例如，許多檔案系統不能很好地處理內含千萬個小檔的目錄，而資料庫處理千萬筆小記錄則是稀鬆平常的事情。儘管如此，作業系統和資料庫之間的相似性和差異還是值得探討的。

Unix 和關聯式資料庫用非常不同的哲學來看待資訊管理的問題。Unix 的目的是向程式設計者提供一個從 low-level 硬體抽象起來的邏輯，而關聯式資料庫則是希望為應用程式設計者提供一個能夠隱藏磁碟資料結構、並發以及崩潰復原等複雜性的 high-level 抽象。Unix 所發展的 pipes 和 files 都只是位元組序列，而資料庫所發展的則是 SQL 和交易。

哪種方法更好呢？當然，這取決於你所想要的是什麼。Unix「更簡單」，是因為它對硬體資源做了一層薄薄的封裝；關聯式資料庫「更簡單」，是因為只要一道簡潔的宣告式查詢就可以直接利用背後諸多強大的基礎設施（查詢最佳化、索引、join 方法、並發控制、複製等等），而發起查詢的人並不需要瞭解這其中的實作細節。

這兩種哲學之間的緊張關係已經持續了幾十年（Unix 和關聯模型都是在 1970 年代初出現的），至今仍未消停。例如，我會將 NoSQL 的發展解釋為一種想要將 Unix 式的 low-level 抽象應用到分散式 OLTP 資料儲存的做法。

在這一節，我將試圖調和一下這兩種哲學，希望可以結合這兩個世界的優點。

結合資料儲存技術

本書一路走來，已經討論過資料庫可以提供的各種功能以及它們的工作原理，包括：

- 次索引，它讓你可以根據欄位值，有效率地搜尋記錄（參見第 86 頁「其他索引結構」）

- 實體化視圖，它是一種預先計算查詢結果的快取（參見第 102 頁「聚合：資料方體與實體化視圖」）

- 複製日誌，用來讓其他節點上的資料副本保持最新（參見第 158 頁「複製日誌的實作」）

- 全文檢索搜尋索引，可以在文本中做關鍵字搜尋（見第 88 頁「全文檢索和模糊索引」），某些關聯式資料庫也有內建這樣的功能 [1]

第 10 章和第 11 章出現了類似的主題。我們討論了建構全文檢索搜尋索引（參見第 408 頁「批次處理工作流的輸出」），關於實體化視圖的維護（參見第 463 頁「實體化視圖的維護」），以及關於將變更從資料庫複製到衍生資料系統的做法（參見第 450 頁「變更資料的捕獲」）。

看起來，資料庫內建的這些功能和人們用 batch 和 stream processors 建構的衍生資料系統之間，似乎有相似之處。

創建索引

思考一下在關聯式資料庫中執行 CREATE INDEX 來創建新索引的時候會發生什麼事。資料庫必須掃描 table 的一致快照，挑選出被索引欄位的所有值，對它們進行排序並得出索引。然後，它必須處理自快照之後所積壓的寫入操作（假設在創建索引時 table 沒有被鎖定，可以繼續寫入）。一旦完成了該操作，每當交易寫入 table 的時候，資料庫還必須繼續保持索引是最新的。

這個過程非常類似於設置一個新的 follower 副本（參見第 155 頁「建立新的 Followers」），也非常類似在 streaming system 中設計變更資料的捕獲（參見第 452 頁「初始快照」）。

無論何時運行 CREATE INDEX，資料庫都會 reprocesses 現有的 dataset（如第 491 頁「因應應用程式演化的資料再處理」所討論的），並在現有資料的基礎上衍生出索引作為一個新視圖。現有資料可能是狀態的快照，而不是曾經發生過的所有變更的日誌，但這兩者是密切相關的（參見第 456 頁「狀態、串流和不變性」）。

萬事萬物的中繼資料庫

從這個角度來看，我認為整個組織的 dataflow 開始看起來像一個巨大的資料庫 [7]。每當 batch、stream 或 ETL process 將資料在兩地間搬移時，它就跟那些要讓索引或實體化視圖保持在最新狀態的資料庫子系統一樣。

這麼說吧，batch 和 stream processors 就像是觸發器、預存程序和實體化視圖維護常規的細節實作，它們維護的衍生資料系統就如各不相同的索引類型一般。舉例來說，關聯式資料庫可能支援 B-tree 索引、雜湊索引、空間索引（參見第 87 頁「多行索引」）以及其他類型的索引。在新興的衍生資料系統架構中，這些設施不是由單個整合型資料庫產品的某種功能所提供的，而是由運行在不同機器上、不同團隊管理的各種不同的軟體片段來提供的。

這些發展在未來會把我們帶向哪裡呢？假設沒有一種資料模型或儲存格式適用於所有的存取模式，那麼我推測，不同的儲存和處理工具可以透過兩種途徑來組成一個融合的系統：

聯邦式資料庫：統一讀取方式

為各種底層儲存引擎和處理方法提供統一的查詢介面是可行的作法，這種方法被稱為**聯邦式資料庫**（*federated database*）或**多結構儲存**（*polystore*）[18, 19]。例如，PostgreSQL 的**外部資料包裹器**（*foreign data wrapper*）功能就符合這個模式 [20]。需要專用資料模型或查詢介面的應用程式仍然可以直接存取底層儲存引擎，使用者若希望合併來自不同地方的資料，就可以透過聯邦介面輕鬆地完成這一工作。

聯邦查詢介面同樣依循單一整合系統的關聯式傳統，具有高階查詢語言和優雅的語義，但內部實作有其複雜度。

分拆式資料庫：統一寫入方式

雖然聯邦式解決了跨不同系統的查詢問題，但它並不能很好地解決跨系統的寫入同步問題。我們說過，在單個資料庫中，創建一致的索引是一種內建功能。當我們要組合幾個儲存系統時，同樣需要確保所有資料變更都應該在正確的位置完成，即使在出現錯誤的時候也應該如此。讓儲存系統更容易、更可靠地連接在一起（例如，通過變更資料的捕獲和事件日誌），就像是把資料庫索引維護的功能**分拆**（*unbundling*）出來一樣，使其各自運作來完成跨不同技術的寫入同步 [7, 21]。

分拆式的方法正是遵循 Unix 的傳統，也就是使用一些 do one thing well 的小工具 [22]，透過統一的低階 API（pipes）進行通訊，然後使用高階的語言（例如 shell）來進行組合 [16]。

讓分拆工作起來

聯邦式和分拆式是一枚硬幣的兩面：由不同的元件組成可靠、可擴展和可維護的系統。聯邦式的唯讀查詢需要將一個資料模型映射到另一個資料模型，這需要花點腦筋，但它最終還算是一個相當容易管理的問題。我認為保持對幾個儲存系統的寫入同步是比較困難的工程問題，因此我將重點討論它。

同步寫入的傳統方法需要藉重跨異構儲存系統的分散式交易 [18]，我認為這是錯誤的解決方案（參見第 488 頁「衍生資料與分散式交易」）。在單一儲存或 stream processing 系統中處理交易雖然可行，但是當資料跨越不同技術的邊界時，我相信具有冪等寫入的非同步事件日誌會是一種更加強韌和可行的方法。

例如，在一些 stream processors 使用分散式交易來實現 exactly-once 的語義（請參閱第 477 頁「再探原子提交」），這樣可以工作地很好。然而，當一個交易需要涉及到不同人馬負責的系統時（例如，當資料從 stream processor 寫入到分散式鍵值儲存或搜尋索引時），缺乏標準化的交易協定會使整合變得更加困難。具有冪等消費者的有序事件日誌（參見第 475 頁「冪等性」）是一種更簡單的抽象，因此在跨異構系統中會更有可行性 [7]。

Log-based 的整合有個很大的優勢，就是不同元件之間的**鬆散耦合**，這表現在兩方面：

1. 在系統層次上，非同步事件流使系統作為一個整體，在面對個別元件失效或性能下降時，可以表現得更加強韌。如果某個消費者的速度變慢或出現故障，事件日誌可以緩衝訊息（請參閱第 446 頁「磁碟空間的使用情況」），從而讓生產者和其他消費者可以不受影響地繼續運行。出問題的消費者可以在修復之後再追趕上來，這樣就不會漏掉任何資料，故障也就得到了控制。相比之下，分散式交易的同步互動反而會傾向於將局部故障升級為大規模故障（參見第 361 頁「分散式交易的限制」）。

2. 在人的層次上，分拆資料系統能夠允許不同的軟體元件和服務可以由不同團隊獨立開發、改善和維護。如果團隊之間存在定義良好的系統介面，那麼專業分工的作法可以讓每個團隊都能夠專注做好一件事。事件日誌提供了一個功能強大的介面，它不只有相當強的一致性屬性（因為事件的持久化和順序），而且也足夠通用，可以適用幾乎任何類型的資料。

分拆式與整合式的系統

如果分拆式真的可以在未來發展起來，它也不會取代當前形式的資料庫，傳統的資料庫仍然會像以前一樣被需要。要維護 stream processors 中的狀態仍然需要資料庫，才能為 batch 和 stream processors 的輸出提供查詢服務（參見第 408 頁「批次處理工作流的輸出」和第 460 頁「串流的處理」）。

對於特定的工作負載，專用的查詢引擎將繼續發揮重要作用：例如，MPP 資料倉儲中的查詢引擎針對探索性的分析查詢進行了最佳化，所以能夠很好地處理這種工作負載（參見第 412 頁「比較 Hadoop 和分散式資料庫」）。

運行幾個不同基礎設施的複雜性可能會是個問題：每一個軟體都有其學習曲線、組態問題和操作慣例，因此盡可能地減少部署動態性的組件會比較好。相較於在應用程式碼組織多個工具而形成的系統 [23]，單一整合式軟體產品對其設計目標的工作負載類型，性能可能會更好、也更容易符合預期。正如我在前言中說過的，建構你所不需要的擴展規模只是耗費不必要的精力而已，而且也可能會將你綁死在一個不靈活的設計當中。實際上，這正是一種過早進行最佳化的徵象。

分拆的目的不是為了在特定工作負載下與單個資料庫做性能上的較量；其目標是讓你能夠組合幾個不同的資料庫，以便於在面對更廣泛的工作負載下，可以得到比單一軟體更好的性能。它所關注的是廣度而非深度，就像我們在第 412 頁「比較 Hadoop 和分散式資料庫」討論儲存和處理模型的多樣性一樣。

因此，如果有一種技術可以滿足你的所有需求，那麼最好就是簡單地採用該產品就好，而不是嘗試自己從底層元件重新實作起。只有當你找不到一個軟體能夠滿足所有需求時，分拆和組合的優勢才會顯現出來。

漏網之魚？

用來組合資料系統的工具已經發展得越來越好，但我認為還有一個主要的部分仍待填滿：我們還沒有一個與 Unix shell 等價的 unbundled-database（即一種簡單、宣告式的高階語言，可以用來組合儲存和處理系統）。

例如，如果我們可以簡單地宣告 `mysql | elasticsearch`，用法就像 Unix pipes 一樣 [22]，它相當於是 `CREATE INDEX` 的分拆等價物，我肯定會愛死這種方式：它將可以利用到 mysql 資料庫中的所有 documents，並在 elasticsearch 叢集中來索引它們。然後，它將持續捕獲對資料庫的所有變更，並自動將它們應用到搜尋索引中，其間無需我們編寫自訂的應用程式碼。這種整合應該要能夠用於幾乎任何類型的儲存或索引系統。

同樣地，如果能夠更容易地預先計算和更新快取，那就太棒了。回想一下，實體化視圖本質上是一個預先計算結果的快取，所以你可以用宣告的方式為複雜的查詢來創建實體化視圖以快取結果，複雜的查詢包括對圖的遞迴查詢（參見第 49 頁「Graph-Like 資料模型」）和一些應用程式邏輯。在這一方面早期有一些有趣的研究，比如*差分資料流程*（*differential dataflow*）[24, 25]，我希望這些想法在未來都能夠走上投入生產系統的坦途。

圍繞資料流程的應用程式設計

分拆式資料庫的方法是，在應用程式碼中將專用的儲存和處理系統組合起來，這樣的方法也被稱為「資料庫由內而外（database inside-out）」的方法 [26]，這是我 2014 年在某個會議上的一個演講題目 [27]。然而，稱其為「新架構」是言過其實了點。我比較傾向把它視為是一種設計模式，一個激起各方討論的起點，因此我們給它起了一個簡單的名字，目的只是為了讓大家可以更方便地討論它。

這些想法不是我的，它們是一些我認為值得學習的東西，我只不過是將這些源自於別人的想法加以融合起來而已。特別是，*dataflow* 語言（如 Oz [28] 和 Juttle [29]）、**函數響應式程式語言**（FRP，如 Elm [30, 31]）以及**邏輯程式語言**（如 Bloom [32]）也有很多共同點。在這個背景之下，Jay Kreps 提出了 *unbundling* 這個術語 [7]。

即使是試算表（spreadsheet）也有 dataflow 程式設計的能力，這遠遠領先了大多數主流的程式語言 [33]。在試算表中，你可以將公式放入一個儲存格（例如，計算某一行所有儲存格的總和），只要公式的任何輸入發生變化，公式的結果就會自動重新計算。這正是我們在資料系統層級所希望達到的：當資料庫中的一條記錄發生變化時，我們希望與該記錄相關的任何索引都能自動更新，和該記錄相依的任何快取視圖或聚合也都可以自動刷新。你不必擔心此刷新執行的技術細節，只需要相信它能正確工作即可。

因此，我認為大多數資料系統仍然可以從 VisiCalc 在 1979 年起就已經具備的特性中學到一些東西 [34]。與試算表不同的是，今天的資料系統需要容錯、可擴展和持久地儲存資料。它們還需要能夠整合由不同團隊編寫的不同技術，並重用現有的函式庫和服務：期望所有軟體都使用某種特定語言、框架或工具來進行開發是不切實際的想法。

在這一節，我將對這些想法進行擴展，並探索一些圍繞在分拆式資料庫和 dataflow 來建構應用程式的方法。

應用程式碼作為衍生函數

當一個 dataset 衍生自另一個 dataset 時，它一定會經過某種轉換函數。例如：

* 次索引是一種衍生的 dataset，而且只需要一個簡單的轉換函數：對於 base table 的每一列或 document，它會挑選出被索引的行或欄位的值，並且按這些值來排序（假設使用 B-tree 或 SSTable 索引，按鍵來排序，如第 3 章的討論）。

- 運用各種自然語言處理函數（如語言檢測、斷詞、詞幹抽取或詞形還原、拼字糾正和同義詞識別）來創建全文檢索搜尋索引，然後建構出可用於高效查找的資料結構（像是倒排索引）。

- 在機器學習系統中，我們可以認為模型是訓練資料透過各種特徵萃取和統計分析函數計算後得到的。當把模型應用到新的輸入資料時，模型的輸出便是從輸入和模型衍生而來的（因此，也可是說是間接地從訓練資料中得到的）。

- 快取通常會包含那些即將在使用者介面（UI）上顯示的聚合資料。因此，填充快取需要知道 UI 引用了哪些欄位；UI 介面的配置如果有變化，可能也需要一併調整快取填充方式的定義並且重新建構快取。

建構次索引的衍生函數通常是許多資料庫內建的核心功能，你只需要說 CREATE INDEX 就可以執行它。對於全文本索引，一般語言的基本特性也可能會內建於資料庫當中，但是更複雜的特性通常還需要針對特定領域進行最佳化才行。在機器學習中，眾所皆知特徵工程是與應用程式密切相關的，並且常常必須包含一些跟使用者互動和應用程式部署相關的知識 [35]。

當創建衍生 dataset 的函數不是標準的成形函數（cookie-cutter function）時，例如創建次索引的時候就需要自訂程式碼來處理特定於應用的規格，而這段自訂程式碼正是讓許多資料庫頭痛的地方。儘管關聯式資料庫通常也支援觸發器、預存程序和使用者定義函數，這些功能可以讓資料庫執行應用程式碼，但在資料庫設計中，它們在某種程度上都只能算是一種事後的考慮（參見第 436 頁「發送事件流」）。

應用程式碼和狀態的分離

理論上，資料庫就如同作業系統一般，可以作為任意應用程式碼部署的環境。然而在實務中，它們卻不適合這樣子做。它們不能很好地適應現代應用程式開發的需求，例如相依項目關係和套件管理、版本控制、滾動升級、可演化性、監控、指標、對網路服務的呼叫，以及與外部系統的整合。

另一方面，如 Mesos、YARN、Docker、Kubernetes 等部署和叢集管理工具，都是專門為運行應用程式碼而設計的。因為專注於做好一件事，比起將執行使用者定義函數作為眾多功能之一的資料庫，它們可以做得更好。

我認為讓系統的某些部分專門用於資料持久化儲存，而其他部分專門用於運行應用程式碼會比較有道理。兩者可以互動，但仍然保持彼此獨立。

目前，大多數 web 應用程式都會部署為無狀態服務，其中任何的使用者請求都可以路由到任何的應用伺服器，而伺服器在發送回應後就會忘記關於請求的一切。這種部署方式很方便，可以隨意增加或刪除伺服器，但狀態必須存放在某個地方：通常就是放在資料庫。目前的趨勢是將無狀態應用程式的邏輯與狀態管理（資料庫）分離開來：不會將應用程式邏輯放在資料庫當中，也不會將持久狀態放在應用程式裡 [36]。函數式程式設計社群的人喜歡開玩笑說：「我們相信政教分離」（We believe in the separation of Church and state）[37]¹。

在這個典型的 web 應用程式模型中，資料庫充當一種可經由網路同步存取到的可變（mutable）共用變數。應用程式可以讀取和更新變數，資料庫負責持久化，並提供一些並發控制和容錯的能力。

然而，在大多數程式語言中，你不能訂閱可變變數的變更，只能定期讀取它來得知變化。與試算表不同，如果變數的值發生變化，變數的讀方不會得到通知。你可以在自己的程式碼中實作這種通知，稱為**觀察者模式**（*observer pattern*），但大多數語言並未內建這種模式。

資料庫繼承了這種被動方法來處理可變資料：如果你想要查明資料庫的內容是否已經發生變化，通常唯一的選擇是透過輪詢（即定期重複查詢）。訂閱變更是近期才開始出現功能（參見第 453 頁「對變更串流的 API 支援」）。

資料流程：狀態變化和應用程式碼之間的相互作用

從 dataflow 的角度來考慮應用程式的話，意味著要重新協調應用程式碼和狀態管理之間的關係。我們不再將資料庫視為應用程式所操作的被動變數，而是更多地考慮狀態、狀態變化和處理程式碼之間的相互作用和協作。應用程式碼會在某處對狀態變化做出反應，而這個狀態變化則是在應用程式碼的另一個地方被觸發的。

我們在第 448 頁「資料庫和串流」看過這種思路，其中我們討論了如何將資料庫的變更日誌轉變成可以訂閱的事件流。訊息傳遞系統，例如 actor 也有回應事件的概念（參見第 138 頁「透過訊息傳遞的 Dataflow」）。早在 1980 年代，**元組空間**（*tuple spaces*）模型就探索過根據觀察狀態變化並對其作出反應的程序來表達分散式運算 [38, 39]。

---

1 解釋一個笑話就會讓它變得不是那麼好笑了，但我不想讓任何人感到被冷落。這裡，*Church* 是源自數學家 Alonzo Church 的名字，他創建了 lambda 演算，這是一種早期的計算形式，同時也是大多數函數式程式語言的基礎。Lambda 演算沒有可變狀態（也就是說，沒有可以被覆寫的變數），因此可以說可變的 state 與 Church 的工作是分開的。

如前所述，當觸發器因資料變化而被觸發時，或者當次索引更新以反映被索引表中的變更時，資料庫內部也會發生類似的情形。對資料庫進行分拆意味著將這個想法應用到主要資料庫之外的衍生 datasets 的創建上：快取、全文檢索搜尋索引、機器學習或分析系統。我們可以使用 stream processing 和訊息傳遞系統來達到這個目的。

這裡有個得放在心上的重點是，維護衍生資料與非同步的作業執行兩者並不同，訊息傳遞系統傳統上是為後者所設計的（參見第 445 頁「日誌與傳統訊息傳遞的比較」）：

- 在維護衍生資料時，狀態變化的順序往往很重要（如果多個視圖是從一個事件日誌衍生出來的話，它們需要以相同的順序來處理事件，以便彼此保持一致）。正如第 442 頁「確認及重傳」所討論的，許多 message brokers 在重傳 unacknowledged 的訊息時並未支援此屬性。而 dual writes 也同樣是被排除在外的（請參閱第 448 頁「保持系統同步」）。

- 容錯對衍生資料至關重要：丟失一條訊息就會導致衍生 dataset 與它的資料來源變得永久不同步。訊息傳遞和衍生狀態的更新都必須可靠才行。例如，許多 actor 系統預設情況下是在記憶體中維護 actor 狀態和訊息，因此，如果運行 actor 的機器崩潰，那麼這些資料就會丟失。因此，這樣的 actor 系統就不適合用來維護衍生資料。

穩定的訊息排序和可容錯的訊息處理是非常嚴格的要求，但是它們的代價要比分散式交易便宜得多，而且在操作上也更穩健。現代的 stream processors 在規模化的場景下可以提供這些順序和可靠性保證，並且也可以讓應用程式碼作為 stream operators 來運行。

這個應用程式碼可以做到資料庫內建衍生函數通常做不到的任意處理。就像是可以用 pipes 連接起來的 Unix 工具一樣，stream operators 也可以在 dataflow 上組合運作來建構出大型系統。每個 operator 都將狀態變更串流當作輸入，並產生出其他狀態變更串流作為輸出。

串流處理器和服務

現今流行的應用程式開發風格包括將功能分解為一組經由同步網路請求（如 REST APIs）進行通訊的*服務*（參見第 132 頁「透過服務的 Dataflow：REST 和 RPC」）。這種 service-oriented 的架構相對於單體應用程式來講，主要優勢是鬆散耦合可以實現組織的可擴展性：不同的團隊可以處理不同的服務，這減少了團隊之間的協調工作（只要服務可以獨立地部署和更新就行了）。

將 stream operators 和 dataflow 系統相結合，這跟微服務方法有很多相似的特徵 [40]。但是，底層的通訊機制非常不同：前者是單向的、非同步的訊息串流，而不是同步的 request/response 互動。

除了第 138 頁「透過訊息傳遞的 Dataflow」列出的優點（例如更好的容錯性），dataflow 系統的性能也可以更好。例如，假設一位顧客正在購買一件商品，該商品的價格是以某種貨幣標價，但付款時卻是採用另一種貨幣。為了執行貨幣的幣值轉換，需要知道當前匯率。這一操作可以用兩種方式來實作 [40, 41]：

1. 在 microservices 方法中，處理購買的程式碼可能會查詢匯率服務或資料庫，以獲得當前具體貨幣的匯率。

2. 在 dataflow 方法中，處理購買的程式碼會預先訂閱匯率變更串流，並在當前匯率發生變化時將其記錄在本地資料庫中。當要處理購買時，它只需要查詢本地資料庫即可。

第二種方法把對一個服務的同步網路請求替換為對本地資料庫的查詢（可能在同一台機器上，甚至在同一程序中）[2]。Dataflow 的方法不只更快，而且也更能夠對抗其他服務的故障。最快和最可靠的網路請求是根本不用網路請求！與其使用 RPC，我們現在有了一個購買事件和匯率變更事件之間的 stream join（參見第 471 頁「Stream-table join（串流加豐）」）。

這種 join 是 time-dependent 的：如果購買事件在稍後的某個時間點被 reprocessed，匯率可能就已經不同了。如果想要重新建構原始輸出，就需要獲得當初購買時的歷史匯率。無論是透過查詢服務還是訂閱匯率變更串流，都需要處理這個 time dependence（請參閱第 472 頁「Joins 的時間依賴性」）。

訂閱變更串流，而不是在需要時才查詢當前的狀態，這讓我們能夠更接近於 spreadsheet-like 的計算模型：當某些資料發生變更時，任何依賴於該資料的衍生資料都可以跟著迅速更新。還有很多懸而未決的問題，比如 time-dependent joins 之類的問題，但是我相信用圍繞 dataflow 的想法來建構應用程式是一個非常有前景的方向。

2　在 microservices 方法中，處理購買的服務可以在本地將匯率快取下來以避免同步的網路請求。但是，為了保持快取的新鮮度，就得定期輪詢來更新匯率，或者訂閱變更串流，後者正是 dataflow 方法所做的事情。

觀察衍生狀態

在抽象層次上，上一節討論的 dataflow 系統提供了創建衍生 dataset（如搜尋索引、實體化視圖和預測模型）並使其能夠保持最新的流程。讓我們把這個流程稱為**寫入路徑**（*write path*）：每當向系統寫入一些資訊的時候，它可能會經過 batch 和 stream processing 的多個階段，最終每個衍生 dataset 都會被更新以包含新寫入的資料。圖 12-1 顯示了一個更新搜尋索引的例子。

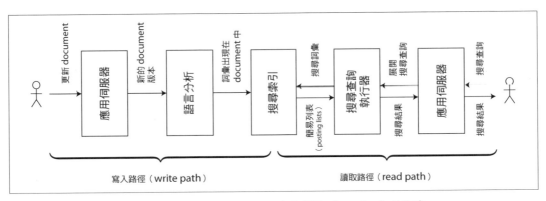

圖 12-1　在搜尋索引中，寫入（document updates）和讀取（queries）的交會。

但是為什麼在一開始要先創建衍生 dataset 呢？最有可能的原因是，你希望稍後可以再次查詢它。這是**讀取路徑**（*read path*）：當你從衍生 dataset 讀取資料來為使用者請求提供服務時，可以對查詢結果再多做點處理，然後才去構造出要傳回給使用者的回應。

總的來說，write path 和 read path 包含了資料的完整流程，從資料收集點到資料消費點（可能由另一個人所消費）。Write path 是可以預先計算的部分流程，也就是無論是否有人要求查看，只要資料一進來，我們就會馬上完成的事情。Read path 是流程中只有當有人要求時才會發生的部分。如果你熟悉函數式程式語言，可能會注意到 write path 有點像立即求值（eager evaluation），而 read path 則是像惰性求值（lazy evaluation）。

衍生的 dataset 是 write path 和 read path 的交會之處，如圖 12-1 所示。它表示寫入時需要完成的工作和讀取時需要完成的工作之間的權衡。

實體化視圖和快取

全文檢索搜尋索引就是一個很好的例子：write path 更新索引，read path 搜尋索引中的關鍵字。讀和寫都需要做一些工作。寫入需要更新所有出現在 document 中的詞彙的索引項目。讀取則需要拿查詢中的每個單字來進行搜尋，並且運用布林邏輯來找出那些包含查詢中所有單字（AND 運算子）的 documents，或是包含每個單字的任何同義詞（OR 運算子）的 documents。

如果沒有索引，那麼搜尋查詢將不得不去掃描所有 documents（如 grep），如果你有大量的 documents，那麼此舉的代價就高了。沒有索引意味著 write path 上的工作會更少（沒有要更新的索引），但是 read path 上的工作就會變得多一些。

另一方面，可以先為所有想像得到的可能查詢預先計算出搜尋結果。在這種情況下，read path 上要做的工作就少了：沒有布林邏輯，只需要找到查詢結果並傳回它們即可。但是，write path 的開銷會大得多：如果搜尋查詢有無限多種可能性，因此預先計算所有可能的搜尋結果將會需要無限的時間和儲存空間，那可不行[3]。

另一種選擇是，只為一組固定且最常見的查詢預先計算出搜尋結果，這樣就可以快速地服務這些查詢，而不需要進入索引，而不常見的查詢仍然可以從索引中獲得。這通常稱為常用查詢的快取（a *cache* of common queries），我們也可以稱其為實體化視圖，因為一個新的 document 應該會出現在某個常用查詢結果中的時候，這個快取就需要連同更新。

從這個例子可以看到，索引並不是 write path 和 read path 之間可能的唯一邊界。例如，對常見的搜尋結果進行快取也可能是邊界，不需要索引就可以對少量 documents 進行 grep-like 的掃描也有可能是邊界。這麼說起來，快取、索引和實體化視圖的角色可以簡單地這樣看：它們調整了 read path 和 write path 之間的邊界。通過預先計算結果，它們允許我們在 write path 上做更多的工作，而節省了在 read path 上的工作。

調整 write path 和 read path 各自工作的邊界，實際上正是本書開頭 Twitter 例子所說的議題（在第 10 頁「描述負載」）。在那個例子裡，我們還看到了明星與普通使用者他們的 write path 和 read path 邊界是如何的不同。在討論了差不多 500 頁的內容之後，我們又回到了原點！

---

3 這可不是鬧著玩的。假設現在有一個有限的語料庫，一組相異查詢的結果（不含 nonempty 的搜尋結果）也會是有限的。然而，語料庫中的詞彙數量很可能會呈指數型成長，這可不是什麼好消息。

有狀態、可離線操作的客戶端

我發現在 write 和 read 之間劃出一條邊界的想法相當有趣,因為我們可以對邊界的調整進行討論、探索這種調整在實務上意味著什麼。讓我們從另一個角度來看這個觀點。

在過去二十年,web 應用程式的普及讓我們對應用程式的開發做出了一些想當然爾的假設。特別是 client/server model 是如此普遍(其中客戶端大部分是無狀態的,而伺服器則擁有對資料的控制權),以至於我們幾乎忘記了還有其他架構的存在。然而,技術不斷在進步,我認為不時地質疑現狀是很重要的。

傳統上,web 瀏覽器是無狀態的客戶端,只有當你連接到 internet 時,它才能做些有用的事情(在你離線時唯一能做的事情,就是在之前上網時已經載入的頁面上下滾動)。然而,最近的「單頁」(single-page)JavaScript web 應用程式已經支援很多有狀態的功能,包括客戶端使用者介面互動和 web 瀏覽器中的本機持久化存放區。行動應用程式同樣可以在設備上儲存大量狀態,這些狀態在大多數使用者互動中都不會涉及與伺服器之間的來回通訊。

這些不斷演進的能力重新引起了人們對離線優先(*offline-first*)應用程式的興趣,這種應用程式盡可能使用同一設備上的本地資料庫,而不需要上網,並在網路可用時於背景和遠端伺服器進行同步 [42]。由於行動設備的行動網路連線速度較慢也較不可靠,如果使用者介面不必等待同步的網路請求,而且應用程式大部分時間也都能離線工作的話,這樣子對使用者來說真的是一大福音(參見第 170 頁「客戶端的離線操作」)。

當我們從無狀態客戶端與中央資料庫通訊的假設當中跳脫出來,轉向在終端使用者設備上維護狀態時,新的機會就出現了。具體來說,我們可以將設備上的狀態看作是**伺服器上的狀態快取**(*a cache of state on the server*)。螢幕上的像素畫面是客戶端應用程式對模型物件的實體化視圖;模型物件是遠端資料中心的狀態在本機的副本 [27]。

將狀態變更推送到客戶端

對於典型的 web 網頁,如果在 web 瀏覽器載入該頁面,而伺服器上的資料隨後發生了更改,那麼這些變化只有當頁面再次被重新載入時,瀏覽器才會發現這些變化。瀏覽器只會在某個時間點主動去讀取資料,它假設資料是靜態的,並未訂閱來自伺服器的更新。因此,瀏覽器中的狀態是一個舊的快取,除非明確地執行輪詢更新,否則這個快取就不會被更新。(像是 RSS 這樣的 HTTP-based feed 訂閱協定實際上只是一種輪詢的基本形式。)

最近的協定已經比基本的 HTTP request/response 模式要增強了不少：伺服器發送的事件（EventSource API）和 WebSockets 提供了一種通訊通道，web 瀏覽器可以藉此來開啟一個和伺服器保持連線的 TCP 連接，只要兩者處在連接狀態，伺服器就可以主動推送訊息給客戶端。這為伺服器提供了一個機會，讓它可以將狀態的更改主動通知給終端使用者客戶機，從而減少客戶端狀態過時的情況。

就我們的 write path 和 read path 模型而言，主動將狀態變更持續推送到客戶端的設備意味著將 write path 一路延伸到終端使用者。當客戶端第一次初始化時，它仍然需要使用一個 read path 來取得初始狀態，但是此後它就可以依賴伺服器發送的狀態變更串流了。我們討論過的 stream processing 和訊息傳遞的想法並不僅限於在資料中心中運用：我們可以進一步發展這些想法，並將它們一直推廣到終端使用者設備 [43]。

設備有時會處於離線狀態，在此期間無法接收任何來自伺服器的狀態變更通知。但是我們已經解決了這個問題：在第 445 頁「消費者偏移量」討論過 log-based message broker 的使用者如何在失敗或斷開連接後進行重連，並確保它不會錯過任何在斷開期間到來的訊息。同樣的技術也適用於單一使用者，其中每個設備都是一個小事件流的小訂閱者。

端到端的事件流

最近已有一些用來開發有狀態客戶端和使用者介面的工作，像是 Elm 語言 [30] 和 Facebook 的 React、Flux 和 Redux 工具鏈等等 [44]，它們可以向伺服器訂閱那些代表使用者輸入的事件流或響應，藉此來管理客戶端的內部狀態，這跟事件溯源的結構蠻類似的（見第 453 頁「事件溯源」）。

這個程式設計模型可以很自然地推廣，讓伺服器將狀態變更事件推入這個客戶端的 event pipeline 中。因此，狀態變更可以透過端到端（end-to-end）的 write path 流動：某個設備上的互動所觸發的狀態變更，經由事件日誌以及一些衍生資料系統和 stream processors，一直到觀察設備狀態的另一個人的使用者介面上。這些狀態變更能夠以相當低的延遲傳播，例如 end-to-end 只需要花不到一秒的時間。

一些應用，如即時通訊和線上遊戲，已經有了這樣的「即時」（real-time）架構（主要是在互動的意義上有低延遲，而不是第 298 頁「回應時間保證」說的那種即時）。但為什麼我們不以這種方式建構所有的應用程式呢？

挑戰在於，現今的資料庫、函式庫、框架和協定，對於無狀態客戶端和 request/response 互動的假設已經根深蒂固。許多資料儲存所支援讀取和寫入操作，都是一個請求對應一個回應，但很少有資料儲存會提供訂閱變更的功能，即：回傳一個能夠響應串流的請求（請參閱第 453 頁「對變更串流的 API 支援」）。

為了將 write path 一路延伸到終端使用者，我們需要從根本上重新考慮建構這些系統的方式：從 request/response 互動轉向 publish/subscribe 的 dataflow [27]。我認為更具響應式的使用者介面和更好的離線支援，如此的優勢值得這些努力。如果你正在設計資料系統，我希望你能夠記住訂閱變更的選項，而不僅僅是依靠查詢來取得當前狀態。

讀取也可以是事件

我們討論過當 stream processor 將衍生資料寫入儲存時（資料庫、快取或索引），以及當使用者請求查詢該儲存時，該儲存即扮演了 write path 和 read path 之間的邊界。儲存可以允許你對資料進行隨機存取的讀取查詢，或者掃描整個事件日誌。

在許多情況下，資料儲存與 streaming 系統是分離開的。但是回想一下，stream processor 也需要維護狀態來執行聚合和 joins（請參閱第 470 頁「串流的 Joins」）。這種狀態通常隱藏在 stream processor 內部，但是一些框架允許外部客戶端對其進行查詢 [45]，從而將 stream processor 本身轉換為一種簡單的資料庫。

我想進一步討論一下這個想法。正如目前所討論的，對儲存的寫入會經過事件日誌，而讀取則是直接將網路請求發送到欲查詢資料的儲存節點來處理。

這是一個合理但並非唯一的設計。我們也可以將讀取請求表示為事件流，並透過 stream processor 發送讀取事件和寫入事件；processor 則是將讀取結果發射到 output stream 來回應讀取事件 [46]。

當寫入和讀取都用事件來表示，並路由到同一個 stream operator 進行處理時，我們實際上是在執行一個讀取查詢串流和資料庫之間的 stream-table join。讀取事件需要被發送到持有所需資料的資料庫分區（參見第 214 頁「請求路由」），就像 batch 和 stream processors 在 joining 時需要在同一個 key 上合併輸入一樣（參見第 400 頁「Reduce-side 的 Joins 跟 Grouping」）。

服務請求和執行 join 之間的對應關係是事情的基礎 [47]。一次性的讀取請求只是透過 join operator 傳遞請求，然後就立即忘記它；而一個訂閱請求則是一個持續的 join，在 join 的另一側有過去和將來的事件。

記錄讀取事件的日誌對於跟蹤整個系統的因果相依關係和資料來源也有潛在的好處：它允許你在使用者做出具體決定之前重構他們所看到的內容。例如在線上商店中，展示給客戶的預計發貨日期和庫存狀態可能會影響他們購買產品的意願 [4]。要分析這個關聯，你需要記錄使用者對物流和庫存狀態的查詢結果。

因此，將讀取事件寫入持久的儲存可以更好地跟蹤因果關係（參見第 489 頁「對事件進行排序以擷取因果關係」），但這會帶來額外的儲存和 I/O 成本。最佳化這類系統以降低系統開銷仍是一個有待研究的問題 [2]。但是，作為請求處理的一個副作用，如果你已經出於營運目的而將讀取請求記錄到日誌，那麼將日誌改為請求來源並不會帶來太大的改變。

多分區資料處理

對於只涉及單個分區的查詢，用 stream 來發送查詢以及收集響應串流可能就有點殺雞用牛刀了。然而，這種想法開啟了分散式執行複雜查詢的可能性，這些查詢需要合併來自幾個分區的資料，直接受益於 stream processors 已經提供的訊息路由、分區和 joining 的基礎設施。

Storm 的分散式 RPC 功能支援這種使用模式（請參閱第 464 頁「訊息傳遞和 RPC」）。例如，用來計算一條 URL 在 Twitter 上有多少人看過的數字，也就是推送該 URL 的所有使用者的追隨者聯集 [48]。由於 Twitter 使用者是被分區的，因此這個計算就需要合併來自多個分區的結果。

該模式也出現在另一個反詐騙的例子中：為了評估某個購買事件是否存在詐欺的風險，你可以檢查使用者的 IP 位址、email 地址、帳單地址、發貨地址等資訊作為信譽分數。每個信譽資料庫本身都是分區的，因此收集某個購買事件的分數需要一系列與不同分區的 datasets 的 joins 來完成 [49]。

MPP 資料庫的內部查詢的執行流路具有類似的性質（參見第 412 頁「比較 Hadoop 和分散式資料庫」）。如果需要執行這種 multi-partition join，直接使用有此功能的資料庫可能比使用 stream processor 來實作會更簡單。然而，將查詢視為 stream 也確實帶出了一個實作大規模應用程式的選項，以擺脫傳統解決方案的限制。

以正確性為目標

對於只讀取資料的無狀態服務，如果有事情出錯也不會構成什麼大問題：你可以修復錯誤並重啟服務，然後一切就恢復正常了。有狀態系統（如資料庫）就沒這麼簡單了：它們被設計成得永遠記住事情（或多或少），所以如果出現問題，其帶來的影響也可能是永久性的，這表示它們需要更仔細地考慮 [50]。

我們希望建構可靠和**正確**的應用程式（也就是說，即使面對各種錯誤，程式的語義依然保持良好的定義和可被理解）。大約四十年來，原子性、隔離性和持久性（第 7 章）等交易屬性一直是建構正確應用程式的首選工具。然而，這些基礎實際上比它們看起來還要弱：弱隔離級別的混淆就是一例（參見第 232 頁「弱隔離級別」）。

在某些領域，交易被完全拋棄，取而代之的是性能更好、可擴展但語義更複雜的模型（參見第 178 頁「無領導複製」）。人們經常談論**一致性**，但一致性的定義卻不明確（參見第 224 頁的「一致性」和第 9 章的「一致性與共識」）。有些人主張，為了更好的可用性，我們應該「擁抱弱一致性」，但這種說法卻欠缺實務上具體且明確的含義。

對於一個如此重要的主題，我們的理解和我們的工程方法竟然不是那麼可靠。例如在特定交易隔離級別或複製組態上，很難確定特定的應用程式是否能平安運行 [51, 52]。通常，簡單的解決方案在並發性較低且沒有錯誤時似乎還能正常工作，但在要求更高的情況下卻會有許多細微的錯誤冒出來。

例如，Kyle Kingsbury 的 Jepsen 實驗 [53] 已經揪出一些問題，當出現網路問題和節點崩潰時，某些產品所宣稱的安全保證與實際上的行為之間存有明顯的差異。即使資料庫等基礎設施的產品沒有問題，應用程式碼仍然需要正確地使用它們所提供的功能。如果組態難以理解（在隔離級別較弱、quorum 組態等情況下），事情就很容易出差錯。

如果你的應用程式能夠容忍偶爾以不可預測的方式損壞或丟失資料，那麼生活就會簡單得多，你可能只需要祈求天天好運並期待最好的結果出現。另一方面，如果正確性需要更強的保證，然後採用可序列化和原子提交的方法，就得付出相對的代價：它們通常只適用單一個資料中心（排除地域分散式架構），並限制了可以做到的規模和容錯屬性。

雖然傳統的交易方法不會消失，但我也相信，它並不是使應用程式能夠糾正錯誤並具有抵抗錯誤能力的最終解方。在本節中，我將提出一些在 dataflow 架構上下文中如何考慮正確性的方法。

資料庫的端到端參數

應用程式使用了具備較強安全屬性（如序列化交易）的資料系統，並不能保證應用程式不會發生資料丟失或損壞。例如，倘若應用程式存在錯誤，導致它寫入不正確的資料，或從資料庫中刪除資料，那麼序列化交易也救不了你。

這個舉例看起來雖不怎麼樣，但是值得我們認真以對：應用程式會出錯、人們總會犯錯。我在第 456 頁「狀態、串流和不變性」中使用了一個 immutable 和 append-only 資料的例子，如果你可以把缺陷程式碼對資料的破壞能力給拿掉，要從這些錯誤當中恢復過來就會比較容易。

雖然 immutability 很有用，但它本身並不是靈丹妙藥。讓我們來看一個可能造成資料損壞的例子。

一個操作的 exactly-once 執行

在第 473 頁「容錯」中，我們遇到了一種稱為 *exactly-once*（或 *effectively-once*）的語義。如果在處理訊息的時候出現錯誤，你可以放棄（丟棄訊息，即導致資料丟失）或重試。如果你選擇重試，則存在這樣的風險：即實際上第一次是成功的，但是你並沒有發現事情是成功的，因此訊息最終被處理了兩次。

處理兩次是資料損壞的形式之一：同一服務不希望向客戶收取兩次費用（超收費用）或將一個計數器遞增兩次（會誇大某些度量值）。在此上下文中，*exactly-once* 意味著安排計算，使最終效果與沒有發生錯誤的結果一樣，即使操作實際上出過某些錯誤而進行過重試也一樣。我們之前討論過實現這一目標的幾種方法。

最有效的方法之一是使運算是 **冪等的**（見第 475 頁「冪等性」）；也就是說，無論它是執行一次還是多次，都能確保它具有相同的效果。然而，如果所執行的操作本身不是自然冪等的話，那麼要令其變為冪等則需要一些努力和照顧：你可能需要維護一些額外的中繼資料（例如已更新值的操作 IDs），並在節點執行容錯移轉時能確保 fencing 措施（見第 301 頁「領導者節點與鎖」）。

消除重複

除了 stream processing 之外，還有許多地方也需要消除重複。例如，TCP 在接收方使用資料封包的序號來將它們按照正確的順序重組，並檢測出是否有資料封包在網路中丟失或重複。TCP 協定堆疊要將資料交給應用程式之前，會重傳丟失的資料封包、刪除重複的資料封包。

但是，這種消除重複的作法只在單個 TCP connection 的上下文中有效。假設 TCP connection 是客戶端到資料庫的連接，它正在執行範例 12-1 中的交易。對於許多資料庫，一個交易被綁定到一個客戶端的 connection 上（如果客戶端發送幾個查詢，資料庫會知道它們同屬一個交易，因為它們是在同一個 TCP connection 上發送的）。如果客戶端在發送 COMMIT 之後碰到網路中斷和連接逾時，但是在資料庫伺服器傳回響應之前，它並不知道交易是否已經提交或中止（圖 8-1）。

範例 *12-1*　將錢從一個帳戶轉移到另一個帳戶的非冪等轉帳

```
BEGIN TRANSACTION;
UPDATE accounts SET balance = balance + 11.00 WHERE account_id = 1234;
UPDATE accounts SET balance = balance - 11.00 WHERE account_id = 4321;
COMMIT;
```

客戶端可以重新連接到資料庫並重試交易，但是現在已經超出了 TCP 本身能消除重複的職責範圍。由於範例 12-1 中的交易不是冪等的，因此可能會發生金額 $22 被轉出的情況，而不是預期的金額 $11。因此，儘管範例 12-1 是交易原子性的標準範例，但它實際上是不正確的，真正的銀行不是像這樣工作的 [3]。

兩階段提交協定（見第 352 頁「原子提交和兩階段提交（2 PC）」）會破壞 TCP connection 和交易之間的 1:1 對應關係，因為在碰到網路故障之後，它們必須允許一個交易協調器重新連接到資料庫，來通知它是否要提交或中止一個處於疑態的交易。這足以確保交易只被精準執行一次嗎？很不幸，並不會。

就算我們可以消除資料庫客戶端和伺服器之間的重複交易，還是得擔心終端使用者設備和應用伺服器之間的網路問題。例如，倘若終端使用者所使用的客戶端是 web 瀏覽器，它可能是使用 HTTP POST 請求向伺服器提交指令。使用者可能正在使用一個狀態較差的行動網路上網，他們成功地發送了 POST，但是訊號在他們能夠收到伺服器響應之前就恰好無法接收了。

對於這種情況，使用者可能會看到一條錯誤訊息，然後可能會再手動重試。Web 瀏覽器會提出警告：「你確定要再次提交此表單嗎？」使用者選擇了 yes，因為他們就是希望操作應該發生。Post/Redirect/Get 模式在正常操作之下不會有此警告訊息 [54]，但如果 POST 請求逾時，這種模式也沒有幫助。從 web 伺服器的角度來看，重試是一個單獨的請求；從資料庫的角度來看，它是一個單獨的交易。一般的重複資料刪除機制在這種情況之下起不了作用。

唯一識別請求

為了要讓幾次網路跳轉的請求是冪等的，單單依賴資料庫提供的交易機制是不夠的，你還需要考慮請求的 *end-to-end* 過程。

例如，你可以為請求產生唯一的識別符（例如 UUID），在客戶端應用程式中將它當作隱藏的表單欄位，或者也可以計算所有相關表單欄位的雜湊來導出 request ID [3]。如果 web 瀏覽器提交兩次 POST 請求，這兩個請求的 request ID 都會一模一樣，然後你可以將這個 request ID 一路傳遞到資料庫，檢查並確保一個 ID 只執行過一次請求操作，如範例 12-2 所示。

範例 12-2　使用 unique ID 來消除重複的請求

```
ALTER TABLE requests ADD UNIQUE (request_id);

BEGIN TRANSACTION;

INSERT INTO requests
  (request_id, from_account, to_account, amount)
  VALUES('0286FDB8-D7E1-423F-B40B-792B3608036C', 4321, 1234, 11.00);

UPDATE accounts SET balance = balance + 11.00 WHERE account_id = 1234;
UPDATE accounts SET balance = balance - 11.00 WHERE account_id = 4321;

COMMIT;
```

範例 12-2 仰賴於 request_id column 的唯一性約束。如果交易試圖插入一個已經存在的 ID，那麼 INSERT 將會失敗，交易也將中止，使其無法生效兩次。關聯式資料庫通常可以正確地維護唯一性約束，即使是在較弱的隔離級別也一樣（而應用程式級別的 check-then-insert 可能會在非序列化隔離下失敗，請參見第 246 頁「寫入偏斜和幻讀」）。

除了消除重複請求之外，範例 12-2 中的 requests table 作為一種事件日誌，暗示了事件溯源的方向（參見第 453 頁「事件溯源」）。更新帳戶餘額的操作不必發生在和插入事件同一個交易當中，因為它們是冗餘的，下游的消費者可以用請求事件衍生出來：只要事件是被 exactly once 處理的話，就可以使用同樣的 request ID 再次執行。

端到端的參數

這種消除重複交易的情境只是*端到端參數*（*end-to-end argument*）原則的其中一個例子，該原則最早由 Saltzer、Reed 和 Clark 在 1984 年提出 [55]：

只有應用程式站在通訊系統的觀點，仰賴應用的知識與協助，待解的功能才能完全地被正確實作。因此，單靠通訊系統本身要提供待解的功能是不可能。有時候，通訊系統提供的功能雖然是不完整的版本，但還是可能有助於提高性能。

在我們的例子中，**待解的功能**（*function in question*）是消除重複。我們看到 TCP 在 TCP connection level 上消除重複的資料封包，某些 stream processors 則是在 messaging processing level 提供了所謂的 exactly-once 的語義，但這並不足以防止使用者在第一個請求逾時之後再次重複提交請求的問題。TCP、資料庫交易和 stream processors 本身不能完全排除這些重複。解決這個問題需要一個 end-to-end 的解決方案：一個交易識別符，該識別符會從終端使用者客戶端一路沿用到資料庫。

End-to-end 的參數也可以用來檢查資料的完整性：Ethernet 內建的校驗和、TCP 和 TLS 可以檢測網路中的資料封包損壞，但是它們不能發現在網路收發兩端肇因於軟體錯誤的資料毀損，也不能發現磁碟上所儲存的資料是否已經損壞。如果想要揪出資料毀損的所有可能性，還需要 end-to-end 的校驗和才行。

類似的參數也適用於加密 [55]：你家的 WiFi 網路密碼可以防止人們窺探你的 WiFi 流量，但不能防止來自 internet 的攻擊者；客戶端和伺服器之間的 TLS/SSL 可以防止網路攻擊，但不能防止伺服器受到損害。只有 end-to-end 的加密和身分驗證才能防止所有這些問題。

雖然底層功能（TCP 重複消除、乙太網路校驗和、WiFi 加密）本身不能提供所需的 end-to-end 特性，但它們仍然是有用的，因為它們降低了在較高層出現問題的機率。例如，如果 TCP 沒有按照正確的順序將封包組合起來，HTTP 請求就會出錯。我們只需要記住，底層的可靠性本身並不足以確保 end-to-end 的正確性。

將端到端的想法運用到資料系統

這讓我回到了最初的論點：僅僅因為應用程式使用了那些可以提供相對較強安全屬性（如序列化交易）的資料系統，不表示應用程式就可以保證不會發生資料丟失或損壞的情況。應用程式本身也需要採取 end-to-end 的措施，比如消除重複。

但是很遺憾，要讓容錯機制就正軌並不容易。底層的可靠性機制（如 TCP 的可靠性機制）工作得非常好，因此讓 higher-level 的故障很少發生。因此，如果可以把一些 high-level 的容錯機制封裝在一個抽象當中那就太好了，這樣應用程式碼就不必擔心它了，但恐怕我們還沒有找到能夠符合此需求的正確抽象。

交易一直被視為一種很好的抽象，我也相信它們確實很有用。正如在第 7 章的介紹時所提到的，它們已考慮了各種可能的問題（並發寫入、違反約束、崩潰、網路中斷、磁碟故障），並將它們總結成兩種可能的結果：提交或中止。這是對程式設計模型的極大簡化，但這恐怕還不夠。

交易的代價高昂，特別是當它們會涉及到異構儲存技術的時候（參見第 358 頁「實際的分散式交易」）。當我們因為代價不斐而拒絕使用分散式交易時，最終不得不在應用程式碼中重新實作容錯機制。正如本書大量的例子所展示的那樣，要搞清楚並發性和部分故障不只困難，有時也相當違反直覺，因此我懷疑大多數 application-level 的機制其實並沒有正確工作。後果就是資料丟失或損壞。

由於這些原因，我認為有必要探討一些容錯的抽象，這些容錯的抽象可以方便地提供 application-specific 的 end-to-end 正確性屬性，同時還可以在大規模分散式環境中保持良好的性能和良好的操作特性。

強制約束

讓我們在分拆資料庫的上下文中來考慮正確性（第 494 頁「分拆資料庫」）。我們看到，end-to-end 重複消除可以透過一個 request ID 來實現，該 request ID 從客戶端一路傳遞到記錄所寫入的資料庫。那麼其他的約束條件呢？

這裡，我們來特別關心一下唯一性約束，也就是像範例 12-2 中所仰賴的約束。在第 330 頁「約束和唯一性保證」的範例中，我們看到了幾個需要強制唯一性的應用程式功能：username 或 email 地址必須能夠唯一地標識出一個使用者、一個檔案儲存服務不能同時存在多個同名的檔案、兩個人不能同時對飛機或電影院的同一個座位進行劃位。

其他類型的約束也很類似：例如，確保帳戶餘額永遠不會變成負數、確保銷售商品的數量不會超過庫存量、確保會議室不會被重複預約。強制唯一性的技術通常也可以用於這些類型的約束。

唯一性約束需要共識

我們在第 9 章看到，在分散式環境中執行唯一性約束需要達成共識：如果出現幾個同值的並發請求，系統會不知道該怎麼決定接受哪一個衝突的操作，並拒絕其他違反約束的操作。

達成共識最常見的方式是讓單個節點成為 leader，並讓它負責做出所有決策。只要你不介意所有請求都得先送到此單個節點（即使客戶端在世界的另一端），而且只要該節點不出問題，那麼這種方法就可以工作得很好。如果你需要容忍 leader 的故障，那麼你還是得回到共識的問題上（參見第 364 頁「單領導複製和共識」）。

唯一性檢查可以對唯一值做分區來加以擴展。例如，如果你需要確保 request ID 的唯一性（如範例 12-2），可以把所有具有相同 request ID 的請求都路由到相同的分區（見第 6 章）；如果你需要 username 是唯一的，可以運用 username 的雜湊值來做分區。

然而，非同步的 multi-master 複製不在此列，因為不同的 masters 可能會同時接受衝突的寫入，因此無法再保證值是唯一的（參見第 330 頁「實作可線性化的系統」）。如果你希望能夠立即拒絕任何違反約束的寫入，那麼同步的協調是不可避免的 [56]。

Log-based 訊息傳遞中的唯一性

日誌會確保所有消費者都能以同樣的順序看到訊息，這一保證在形式上稱為**全序廣播**，它和共識有等價關係（參見第 346 頁「全序廣播」）。在利用 log-based 訊息傳遞的分拆資料庫方法中，我們可以使用相當類似的方法來強制唯一性約束。

Stream processor 在單一執行緒上循序地消費一個日誌分區中的所有訊息（請參閱第 445 頁「日誌與傳統訊息傳遞的比較」）。因此，如果日誌是根據需要保證唯一性的欄位來進行分區的話，那麼 stream processor 就可以明確地確定多個衝突操作中的哪一個是最先到達日誌的。例如，在幾個使用者試圖要註冊同一個 username 的情況 [57]：

1. 註冊 username 的每個請求都會被編碼成一條訊息，並追加到由 username 雜湊值所決定的分區中。

2. Stream processor 會循序讀取日誌中的請求，使用本地資料庫跟蹤哪些 username 已經被佔用。對於可用的每個 username 請求，它將該 name 標記為已使用，並將成功訊息發射到 output stream。對於各個發現 username 已被佔用的請求，則發射拒絕訊息到 output stream。

3. 請求 username 的客戶端監聽 output stream，並等待與其請求對應的訊息是否成功或拒絕。

該演算法與第 348 頁「使用全序廣播實作可線性化的儲存」基本相同。透過增加分區的數量，它可以輕鬆地擴展到較大的請求吞吐量，因為每個分區都可以獨立地處理請求。

該方法不僅適用於唯一性約束，還適用於許多其他類型的約束。它的基本原則是，任何可能發生衝突的寫入都會被路由到相同的分區並按順序進行處理。正如第 175 頁「怎樣才算衝突？」以及第 246 頁「寫入偏斜和幻讀」中，衝突的定義可能取決於應用程式，但 stream processor 可以使用任意邏輯來驗證請求。這個想法與 1990 年代由 Bayou 開創的方法有異曲同工之妙 [58]。

多分區請求處理

當操作涉及多個分區時，要確保操作在滿足約束條件下還可以原子地執行，這件事情就有趣了。在範例 12-2 中，可能會涉及到三個分區：一個內有 request ID，一個內有收款人帳戶，一個內有付款人帳戶。沒有理由將這三個東西通通放在同一個分區中，因為它們本來就是相互獨立的事情。

在資料庫的傳統方法中，執行這個交易需要跨三個分區執行原子提交，這實質上就是強制所有分區上的交易要按全序排列。因為現在有跨分區的協調，不同的分區不再能夠獨立執行處理，因此吞吐量可能就會因此受到影響。

然而，事實證明，分區日誌也可以實現相同的正確性，並且不需要原子提交：

1. 從帳戶 A 轉帳給帳戶 B 的請求，由客戶端提供一個唯一的 request ID，並根據 request ID 追加到一個日誌分區中。

2. Stream processor 讀取請求的日誌。對於每條請求訊息，它會發射兩條訊息到 output stream：一條是給付款人帳戶 A 的付款指令（按 A 分區），另一條是給收款人帳戶 B 的收款指令（按 B 分區）。原始的 request ID 也會包含在這些發出的訊息當中。

3. Processors 接著消費付款和收款指令，根據 request ID 來消除重複資料，並將變更應用到帳戶餘額之上。

步驟 1 和步驟 2 是必要的，因為如果客戶端直接發送收款和付款指令，就需要跨這兩個分區進行原子提交，以確保兩者都發生或兩者都不發生。為了避免需要進行分散式交易，我們首先將請求作為單個訊息持久化記錄下來，然後從第一個訊息中衍生出收款和付款指令。單物件的寫入在幾乎所有資料系統中都是原子性的（參見第 230 頁「單物件寫入」），因此請求要麼出現在日誌中、要麼不出現，並不需要多分區的原子提交。

如果步驟 2 中的 stream processor 崩潰，它將從最後一個 checkpoint 來恢復處理。在此過程中，它不會跳過任何請求訊息，但是它有可能會處理請求多次並產生重複的收付款指令。然而，由於它是 deterministic 的，所以它將會再次產生相同的指令，而步驟 3 中的 processors 可以使用 end-to-end 的 request ID 來輕鬆地消除這些重複的指令。

如果你希望確保付款人的帳戶不會因為這筆轉帳而透支，可以另外使用一個 stream processor（根據付款人的帳號來分區）來維護帳戶餘額並驗證交易。在步驟 1 中，只有有效的交易才會被放置到請求日誌中。

透過將多分區的交易拆分為兩個不同的分區階段，並且使用 end-to-end 的 request ID，我們可以不使用原子提交協定就能達到同樣的正確性屬性（每個請求對付款人和收款人帳戶都 applied exactly once），即使發生錯誤也不會有問題。使用多個不同分區階段的想法類似於第 510 頁「多分區資料處理」討論過的內容（也請參閱第 459 頁「並發控制」）。

及時性和完整性

交易有一個方便的屬性是，它們通常是可線性化的（參見第 321 頁「可線性化」）：也就是說，寫方會等待直至交易提交，然後它的寫入對所有讀方就會立即可見。

當操作被拆成跨多個 stream processors 階段來進行時，情況就不是這樣了：日誌的消費者在設計上是非同步的，因此發送方不會等到消費者處理了它的訊息。但是，客戶端可以等待訊息出現在 output stream 上。這就是我們在第 517 頁「Log-based 訊息傳遞中的唯一性」檢查是否滿足唯一性約束時所做的事情。

在本例中，唯一性檢查的正確性並不取決於訊息的發送方是否會等待結果。等待的目的只是同步地通知發送方到底唯一性檢查是不是成功的，不過，也可以將此通知與訊息處理解耦開來。

更一般地說，我認為**一致性**這個術語合併了兩個不同的要求，但它們值得分開討論一下：

及時性（*Timeliness*）

及時性意味著確保使用者能觀察到系統所處的最新狀態。我們在前面看到，如果使用者從一個過時的資料副本讀取資料，他們可能會觀察到不一致的狀態（請參閱第 161 頁「複製落後的問題」）。然而，這種不一致是暫時的，最終將會藉由等待並重試來解決。

CAP 定理（見第 333 頁「可線性化的代價」）是以可線性化來達成一致性，這是實現及時性的一種強力方式。較弱的及時性屬性，如 *read-after-write* 一致性也很有用（參見第 162 頁「讀己所寫」）。

完整性（*Integrity*）

完整性表示沒有東西損壞，即沒有資料丟失，也沒有矛盾或錯誤的資料。特別是，如果某個衍生 dataset 是作為某些底層資料的視圖來維護的話（參見第 458 頁「從事件日誌衍生出當前狀態」），那麼衍生就必須是正確的。例如，資料庫索引必須正確反映資料庫的內容，缺少某些記錄的索引就不是那麼有用了。

違反完整性而形成的不一致性是永久的：在大多數情況下，等待並再次嘗試並不能修復資料庫損壞。相反地，資料庫損壞需要顯式地檢查和修復才行。在 ACID 交易的上下文中（參見第 223 頁「ACID 的含義」），一致性通常被理解為某種特定於應用程式的完整性概念。原子性和持久性是維護完整性的重要工具。

用一句話來說：違反及時性就是「最終一致性」，而違反完整性就是「永久的不一致性」。

我敢說在大多數應用程式中，完整性比及時性重要得多。違反及時性可能令人煩惱和困惑，但違反完整性可能就是一場災難了。

例如信用卡帳單，如果你在過去 24 小時內完成的交易沒有出現，這並不奇怪，因為這些系統有一定的延遲是正常的。我們知道銀行是非同步地對交易進行調整和結算的，在這裡，及時性並不是很重要 [3]。然而，如果報表餘額不等於交易的總和加上先前的報表餘額（金額出錯），或是一筆交易從你這邊扣款了但卻沒有支付給店家（錢消失了），事情就大條了。這樣的問題會破壞系統的完整性。

資料流程系統的正確性

ACID 交易通常會同時提供及時性（例如可線性化）和完整性（例如原子提交）保證。因此，如果從 ACID 交易的角度來處理應用程式正確性，那麼及時性和完整性之間的區別其實沒有那麼重要。

另一方面，我們在本章討論的 event-based dataflow 系統有一個有趣的特性是，它們將及時性和完整性解耦開來。在非同步處理 event streams 時，無法保證及時性，除非顯式地建構一種會等待訊息到達後再回傳給消費者的模式。但事實上，完整性才是 streaming 系統的核心。

Exactly-once 或 *effectively-once* 的語義（參見第 473 頁「容錯」）是一種保持完整性的機制。如果一個事件丟失，或者一個事件發生了兩次，可能就會破壞資料系統的完整性。因此，可容錯的訊息傳遞和消除重複機制（例如冪等操作）對於故障出現時還能保持資料系統的完整性非常重要。

正如上一節所說，可靠的 stream processing 系統可以在不需要分散式交易和原子提交協定的情況下保持完整性，這表示它們可以在性能更好、操作強韌性更好的情況下實現相當的正確性。

這種完整性是透過一系列機制來實現的：

- 將寫入操作的內容表示成單條訊息，訊息可以很容易原子地寫入，這種方法非常適合事件溯源（參見第 453 頁「事件溯源」）

- 使用 deterministic 的衍生函數從單條訊息衍生出所有的其他狀態更新，有點像預存程序（參見第 252 頁「實際循序執行」和第 500 頁「應用程式碼作為衍生函數」）

- 讓客戶端產生的 request ID 一路經過處理的所有 levels，以支援 end-to-end 的重複消除和冪等性

- 使訊息為 immutable，並允許衍生資料不時被 reprocessed 也沒關係，這樣一來從 bugs 中恢復就會更容易（參見第 457 頁「不可變事件的優點」）

在我看來，這種機制的組合是一個未來建構容錯應用程式非常有前景的方向。

寬鬆的約束

如前所述，強制唯一性約束需要共識，這通常是讓特定分區中的所有事件都通過某個單一節點來實現的。如果我們想要傳統形式的唯一性約束，就無可避免地需要進行這種處理，stream processing 也無法避免它。

然而，需要認知到的另一件事是，許多實際的應用程式採用了較弱的唯一性概念，因而能擺脫這種限制：

- 如果兩個人同時想註冊同一個 username 或預訂同一個座位，你可以給其中一個發送道歉訊息，讓他們另選一個。這種用來糾正錯誤的變更稱為**補償交易**（*compensating transaction*）[59, 60]。

- 如果客戶訂購的商品數量高於庫存量，你可以再進更多的存貨來滿足客戶需求，大不了就是為了出貨延遲向客戶致歉並給予折扣。這實際上與你不得不做的事情是一樣的，比如說，一輛堆高機運走了倉庫中的一些貨品，留下的庫存變得比想像中的要少 [61]。因此，致歉的這一段 workflow 無論如何都必須是業務流程當中的一部分，以便處理這樣的倉管失誤，如此可能就不一定需要商品庫存數量的線性化約束了。

- 同樣的，許多航空公司超售航班機票，因為他們已經預想到有一些乘客會錯過航班；許多飯店也會超售客房，因為他們也預想到有一些客人會取消訂房。這些情況都是出自業務原因，故意違反「一人一席」的限制，但有制定相關的補償流程（退款、升級、在鄰近飯店提供免費房間）來處理供不應求的情況。即使沒有超售，由於罷工事件或天候因素而取消航班的話，也需要致歉和賠償程序來處理，從這些問題中恢復過來都是正常業務的一部分 [3]。

- 如果有人提款的金額超過了帳戶餘額，銀行會向他們收取透支費用，並要求他們償還欠款。不過，只要透過限制每天的提款限額，銀行的風險便可控制在可限制範圍之內。

在許多業務的上下文中，暫時違反約束然後再通過致歉來修復它，實際上是可以接受的。道歉的成本（金錢或名譽方面）各不相同，但有些的成本通常並不高：你不能取消已發送的電子郵件，但是你可以再發送後續的電子郵件來提出更正。如果你不小心收取了兩次信用卡費用，你還可以將其中一筆費用退款，而這筆費用對你來說只是手續費，頂多再加上一條客訴。一旦客戶從自動提款機上把錢領走了，你大概就沒辦法用直接的方式將錢討回來了。不過原則上，如果帳戶透支而客戶又不願意償還的話，你還可以派催收公司去將錢討回來。

致歉的成本是否可以接受，已經是屬於一種商業決定了。如果可以接受的話，在寫入資料之前檢查所有約束的傳統模型就可以說是不必要的限制了，而且也不再需要可線性化約束了。樂觀地繼續寫入並在完成之後檢查約束，可能是一個比較合理的選擇。你仍然可以在執行恢復代價昂貴的操作之前，進行驗證來確保，但這並不表示你必須在寫入資料之前先進行驗證。

這些應用程式**確實需要**完整性：你不會希望失去一個預約，或者收支帳目對不上而讓錢憑空消失。但在強制執行約束時，它們**並不需要**及時性：如果你售出的商品超過了庫存數量，可以事後致歉來彌補問題。這樣做類似於第 171 頁「處理寫入衝突」討論過的衝突解決方法。

無須協調的資料系統

現在我們有了兩個有趣的觀察：

1. Dataflow 系統可以在沒有原子提交、可線性化或同步跨分區協調的情況下保持衍生資料的完整性保證。

2. 儘管嚴格的唯一性約束需要及時性和協調，但許多應用程式實際上可以很好地處理寬鬆的約束，這些約束可能會被暫時違反並於後續修復，只要完整性能始終保持即可。

綜合起來，這些觀察結果表示 dataflow 系統可以為許多應用程式提供資料管理服務，而不需要協調，但同時仍然可以提供強大的完整性保證。這種**無須協調的**（*coordination-avoiding*）資料系統很有吸引力：與需要執行同步協調的系統相比，它們可以實現更好的性能和容錯性 [56]。

例如，這樣的系統可以在 multi-leader 組態中跨多個資料中心運行，並在區域之間非同步地複製。任何一個資料中心都可以獨立於其他資料中心繼續運行，因為不需要跨區域的同步協調。這樣的系統會有很弱的及時性保證（如果不引入協調就不能做到可線性化），但它仍然可以有很強的完整性保證。

在此上下文中，可序列化交易作為維護衍生狀態的一部分仍然很有用處，但是它們只能在較小的範圍內工作 [8]。另外，也不需要像 XA 交易（參見第 358 頁「實際的分散式交易」）這樣的異構分散式交易。同步協調仍然可以在需要的地方使用（例如執行不可能恢復的操作之前要強制的約束），如果應用程式中只有一小部分需要同步協調，就不需要讓所有東西都扛下這個代價 [43]。

另一種看待協調和約束的方式是：它們可以減少肇因於不一致而不得不致歉的次數，但也潛在地降低了系統的性能和可用性，結果又潛在地增加了肇因於服務中斷而不得不致歉的次數。道歉的次數恐怕沒辦法減少到零，但是可以針對需求來找出最好的折衷，也就是剛剛好的不一致性、剛剛好的可用性，這樣的最佳平衡點。

信任，但要驗證

所有關於正確性、完整性和容錯的討論，我們都是基於這樣的假設：某些事情可能會出錯，但某些事情則不會。這些假設稱為我們的**系統模型**（參見第 309 頁「系統模型與真實世界的映射」）：例如，我們應該假設程序可能會崩潰、機器可能會突然斷電、網路可能會有任意延遲或遺失訊息。但是我們也可以假設寫入磁碟的資料在 fsync 之後就不會丟失、記憶體中的資料不會損壞、CPU 的乘法指令總是可以傳回正確的結果。

這些假設是相當合理的，因為大多數情況之下事情就是如此運作的。倘若我們一天到晚都得擔心電腦是否會出錯，那麼很多工作可能就無法簡單完成了。傳統上，系統模型採取二元的方式來看待故障：假設某些事情可能發生，而其他事情永遠不會發生。實際上，這更像是一個機率問題：有些事情更有可能發生，而有些事情則不太可能發生。問題在於，實務上是否會經常遇到一些問題，而這些問題卻都違反了系統的假設。

我們已經看過，就算穩穩地儲存在磁碟中的資料也是有可能會損壞（見第 226 頁「複製和持久性」），還有網路上傳輸的資料也可能已經損壞但卻逃過了 TCP 校驗和的法眼（見第 306 頁「謊言的弱形式」）。或許這才是我們應該更加關注的事情？

我過去曾經做過的一個應用程式會收集來自客戶端的崩潰報告，而其中有一些報告只能用設備記憶體發生了隨機位元翻轉（bit-flips）來解釋。這看起來不太可能對吧，但如果你的軟體運行在足夠多的設備上，再不可能發生的事情也會發生。除了硬體故障或輻射造成的隨機記憶體損壞之外，某些違規的記憶體存取模式甚至會在正常的記憶體中翻轉位元 [62]，這種效果會破壞作業系統中的安全機制 [63]（這種技術被稱為 *rowhammer*）。所以張大眼仔細看，硬體並不是像它看起來那樣是一個完美的抽象。

澄清一點，在現代硬體上，隨機的 bit-flips 是很罕見的 [64]。我只是想指出，這些問題還是在可能的範圍內，因此值得關注。

遭遇軟體 bug 還能保持完整性

除了硬體問題之外，軟體 bugs 的風險總是存在，這些 bugs 不會被底層的網路、記憶體或檔案系統校驗捕獲和檢查到。甚至是大家廣泛使用的資料庫也存在軟體 bugs：我個人看過 MySQL 未能正確地保持唯一性約束 [65] 以及 PostgreSQL 的可序列化隔離級別出現寫入偏斜的異常 [66]。MySQL 和 PostgreSQL 都是沙場老將了也都還是會如此，在不太成熟的軟體中情況可能只會更糟。

儘管在仔細的設計、測試和檢查方面做了相當多的努力，bugs 仍然會悄悄出現。縱使它們很罕見，而且最終會被發現並修正過來，但這些錯誤仍然會在某一段時間內造成資料的破壞。

當事情涉及到應用程式碼時，我們不得不做出有更多 bugs 存在的假設，因為大多數應用程式做不到與資料庫程式碼相當的檢查和測試量。許多應用程式甚至沒有正確地使用資料庫提供的完整性特性，例如外鍵或唯一性約束 [36]。

ACID 所說的一致性（參見第 224 頁「一致性」）是基於這樣一種想法：即資料庫從一個一致狀態開始，交易將其從某個一致狀態轉換到另一個一致狀態。因此，我們希望資料庫始終處於一致的狀態。然而，只有在假定交易不會有 bug 的情況下，這個想法才有意義。如果應用程式以某種方式不正確地使用資料庫，例如不安全地使用弱隔離級別，那麼就無法保證資料庫的完整性。

不要只是盲目相信別人給的承諾

由於硬體和軟體並不總是能達到我們所希望的理想狀態，資料損壞似乎只是遲早的事情，是不可避免的。因此，我們至少應該找到一種方法來發現資料是否損壞，這樣我們就可以修復它並嘗試追蹤錯誤的來源。檢查資料的完整性稱為**審計**（*auditing*）。

正如第 457 頁「不可變事件的優點」討論的那樣，審計不是只有在金融應用程式才需要。然而，可審計性在金融領域非常重要，因為每個人都知道錯誤就是發生，而且我們也都意識到問題必須要能夠被發現和修復的必要性。

成熟的系統同樣傾向於考慮不太可能發生的事情出錯的可能性，並管理這種風險。例如，像 HDFS 和 Amazon S3 這樣的大型儲存系統並不完全信任磁碟：它們運行背景程序，不斷地讀回檔案，將它們與其他副本進行比較，並將檔案從一個磁碟移動到另一個磁碟上，以減少靜默損壞的風險 [67]。

如果你想確定資料仍然在那裡，就必須實際地去讀取和檢查它。大多數情況下，它確實會在那裡沒錯，但如果不是的話，你真的會希望儘早發現及早治療。同樣的道理，時不時嘗試從備份中恢復也很重要，否則在發現備份已經壞掉的時候，資料也肯定都壞了，到時就真的求天天不應、求地地不靈了。總之，不要一廂情願地盲目相信一切的東西總是會正常工作。

驗證的文化

像 HDFS 和 S3 這樣的系統也必須假設磁碟在大多數情況下是可以正常工作的，這是一個合理的假設，但與它們總是能正常工作的假設不同。然而，目前並沒有很多系統採用這種「信任但要驗證」的方法來持續地審計自身。許多人認為正確性保證是肯定要的，不過並沒有考慮罕見的資料損壞的可能性。我希望在未來，可以看到更多的*自我驗證*（*self-validating*）或*自我審計*（*self-auditing*）的系統，不斷檢查自己的完整性，而不是依賴盲目的信任 [68]。

我擔心，ACID 資料庫的文化已經導致我們在盲目信任技術的基礎上（如交易機制）開發應用程式，而忽略了過程中的任何可審計性。由於我們所信任的技術在大多數情況下都運行良好，使得審計機制經常被認為是不值得投資的。

但隨後資料庫的局面發生了變化：較弱一致性保證成為 NoSQL 旗下的規範，不太成熟的儲存技術開始被廣泛使用。然而，相應的審計機制還沒有建立起來，儘管這種方法現在已經變得更加危險，我們還是繼續在盲目信任的基礎上建構應用程式。讓我們思考一下關於可審計性的設計。

可審計性的設計

如果一個交易改變了資料庫中的幾個物件，那麼事後就會很難知道該交易的意義。即使捕獲了交易日誌（請參閱第 450 頁「變更資料的捕獲」），在不同 tables 中的插入、更新和刪除也不一定能夠清楚地說明執行這些變更的原因。決定這些變化的應用程式邏輯，執行往往是暫態的，不能重現。

相較之下，event-based 的系統可以提供更好的可審計性。在事件溯源方法中，使用者對系統的輸入被表示為單個 immutable event，所導致的任何狀態更新都是由該事件所衍生的。衍生可以設計成 deterministic 和 repeatable 的，因此透過相同版本的衍生程式碼來運行相同的事件日誌將會產生出相同的狀態更新。

將 dataflow 明確化（見第 410 頁「批次處理輸出的哲學」）可以使資料的*來源*（*provenance*）更加清晰，從而使完整性檢查更加可行。對於事件日誌，我們可以使用雜湊來檢查事件儲存是否已損壞。對於任何衍生狀態，我們可以重新運行 batch 和 stream processors 從事件日誌來衍生它，用來檢查結果是否相同，甚至是平行運行一個冗餘的衍生計算。

一個 deterministic 和定義良好的 dataflow 也會讓偵錯和跟蹤系統的執行變得更容易，以便確定它做了某些事情的原因 [4, 69]。如果發生了意外事件，具有診斷能力可以重現導致意外事件的確切情況，這將會很有價值，這是一種具備時光旅行（time-travel）的偵錯能力。

又見端到端的參數

如果我們不能完全相信系統的每一個元件都能免於損壞（每個硬體都不會故障，每個軟體都沒有 bugs），那麼我們就至少要定期檢查資料的完整性。如果我們不進行檢查，當發現損壞時就為時已晚了，對下游的傷害已經造成，到那時候要追蹤問題就會變得更加困難和昂貴。

檢查資料系統的完整性最好以 end-to-end 的方式進行（參見第 512 頁「資料庫的端到端參數」）：我們可以在完整性檢查中納入的系統越多，那麼在 process 中某個階段出現的損壞被忽略的機會就越低。如果我們可以 end-to-end 地檢查整個衍生資料 pipeline 是否正確，那麼沿著該路徑的任何磁碟、網路、服務和演算法都可以說隱含在檢查當中了。

進行持續的 end-to-end 完整性檢查可以增強你對系統正確性的信心，從而使發展的腳步得以加快 [70]。與自動化測試一樣，審計提升了快速發現錯誤的機會，從而降低了系統變更或新儲存技術造成破壞的風險。如果你不害怕進行變更，那麼就可以讓應用程式更好地演進以滿足不斷變化的需求。

可審計資料系統的工具

目前，沒有多少資料系統會將可審計性列為 top-level 的考量。一些應用程式實作有自己的審計機制，例如透過將所有更改記錄到一個單獨的審計表（audit table），但是保證審計日誌和資料庫狀態的完整性仍然是很困難的。交易日誌可以透過定期地使用硬體安全模組對其簽名就能夠防止篡改，但這還是不能保證進入日誌的交易一開始就是正確的。

使用加密工具來證明系統的完整性也很有趣，特別是以一種強韌的方式來應對各種硬體和軟體的問題，甚至是潛在的惡意行為。加密貨幣、區塊鏈和分散式帳本技術，如比特幣、乙太幣、Ripple、Stellar 和其他各種技術都在這一個領域的探索中湧現出來了 [71, 72, 73]。

要評論這些技術作為貨幣或合約的優缺點我還不夠資格。然而，從資料系統的角度來看，它們包含了一些有趣的想法。本質上，它們是分散式資料庫，具有資料模型和交易機制，不同的副本託管在互不信任的組織中。副本不斷地檢查彼此的完整性，並使用共識協定來就應該執行的交易達成一致。

我對這些技術在拜占庭容錯方面存有一些疑慮（參見第 304 頁「拜占庭故障」），而且我認為 *proof of work* 這個技術非常浪費資源（例如比特幣挖礦）。比特幣的交易吞吐量相當低，儘管這更多是出於政治和經濟原因，而不是技術原因。然而，它在完整性檢查方面仍是引人注目的。

加密審計和完整性檢查通常仰賴於 *Merkle trees* [74]。Merkle tree 是一種雜湊樹，可以有效地證明某個記錄出現在某個 dataset（和某些東西）中。除了加密貨幣以外，**憑證透明度**（*certificate transparency*）也是一種仰賴 Merkle tree 來檢查 TLS/SSL 證書有效性的安全技術 [75, 76]。

我可以想像完整性檢查和審計演算法（比如憑證透明度和分散式帳本）未來在一般資料系統中可以得到更廣泛的應用。這還需要一些工作，使它們具備與不需要加密審計的系統相同的可擴展性，並盡可能降低性能損失。我認為這是未來值得關注的領域。

做正確的事

在最後一部分，我想退一步談談。在本書中，我們研究了各種不同的資料系統架構，評估了它們的優缺點，並探索了建構可靠、可擴展和可維護應用程式的技術。然而，我們的討論還遺漏了一個重要和基本的部分，現在我想把它補上。

每個系統都有一個目的；我們所採取的每一個行動都會帶來有意和無意的後果。行動的目的可能就只是為了賺錢那麼簡單，但對世界的影響可能卻遠遠超出了我們的初衷。作為建造這些系統的工程師，我們有責任仔細考慮這些後果，並有意識地決定我們想要生活在什麼樣的世界裡。

我們把資料當作一個抽象的東西，但請記住，許多 datasets 是關於人的資訊：行為、興趣、身分等等。我們必須以人性和尊重的態度對待這些資料。使用者也是人，人的尊嚴是最重要的。

軟體的發展越來越涉及到需要做出重要的道德選擇。有一些指導方針可以幫助軟體工程師處理這些問題，例如 ACM 的道德和專業行為準則 [77]，但是在實務上它們很少被拿出來討論、應用和執行。因此，工程師和產品經理有時候對隱私和產品的潛在負面影響會採取一種漫不在乎的態度 [78, 79, 80]。

一項技術本身並沒有好壞之分，重要的是如何使用它以及它如何影響人們。對於搜尋引擎這樣的軟體系統來說就是如此，重要程度不亞於槍械武器。我認為對於軟體工程師來說，只關注技術而忽視其後果是不夠的：我們也需要承擔道德責任。雖然釐清道德很困難，但它的重要性不容忽視。

預測性分析

例如，預測性分析就是「大數據」（Big Data）炒作的主要議題之一。利用資料分析來預測天氣或疾病的傳播是一回事 [81]；預測一個罪犯是否有可能再次犯罪，一個貸款申請人是否有可能違約，或者一個保險客戶是否有可能提出昂貴的索賠則又是另一回事。後者會直接影響到一個人的生活。

當然，線上支付網路想要防止詐騙交易，銀行想要避免不良貸款，航空公司想要避免劫機，公司想要避免聘用無效或不值得信任的人。從他們的觀點來看，錯失一個商業機會的成本很低，但不良貸款或有問題的員工的成本要高得多，所以組織想要謹慎行事自然無可厚非。如果對事情有疑慮，最好的辦法就是直接 say no。

然而，隨著演算法決策的普及，那些被某些演算法（準確或錯誤地）標記為有風險的人，可能就得背負大量「no」決策所帶來的影響，被系統性地排除在工作、航空旅行、保險、房產租賃、金融服務和其他社會關懷之外，這是對個人自由的巨大限制，因此被稱為「演算法監獄」[82]。在尊重人權的國家，刑事司法制度在證明有罪之前都是無罪推論的；另一方面，自動化系統可以在沒有任何犯罪證據和幾乎沒有上訴機會的情況下，系統性地、任意地將一個人排除在社會之外。

偏見和歧視

演算法不一定會比人類做出更好或更差的決策。每個人都可能有偏見，即使他們積極地試圖消除偏見，歧視性的做法可能會因文化而演變成為一種制度。人們希望基於資料而不是基於人的主觀和本能來做出評估，這樣所做出的決定可能會更公平，給那些在傳統體系中經常被忽視的人帶來更好的機會 [83]。

當我們開發預測性分析系統時，我們不僅僅是使用軟體來指定何時說 yes 或 no 的規則，協助人類將下決策這件事情自動化；我們甚至可以用資料推斷出規則。然而，這些系統學習的模式是不透明的：即使資料中有一些相關性，但我們可能也不知道其原因究竟為何。如果演算法的輸入存在系統偏差，系統很可能就會學習並在輸出放大該偏差 [84]。

在許多國家，反歧視法禁止根據種族、年齡、性別、性向、殘疾或信仰等受保護的特徵來區別對待不同人。個人資料的其他特徵可能會被拿來進行分析，但如果它們與受保護的特徵相關的話，會發生什麼事呢？例如在種族明顯有區隔的地區，一個人的郵遞區號甚至 IP 位址都是預測種族的強大因素。這樣看來，一種演算法用某種方式將有偏差的資料作為輸入，並認為可以從中產生公平、公正的輸出，如果這還能取信於人簡直就太荒謬了 [85]。然而，資料驅動決策的支持者似乎經常暗示這種信念，這種態度被嘲諷為「機器學習就像是一種為偏見所準備的洗錢管道」[86]。

預測性分析系統僅僅只是根據過去來進行推斷；如果過去已存在歧視，它們就會把這種歧視編入碼中。如果我們希望未來比過去更好，就需要有點道德觀才行，而只有人類才具備此一特質 [87]。資料和模型應該是我們的工具而非主人。

責任和問責

自動決策產生了責任和問責的問題 [87]。如果一個人犯了錯，他們會被追究責任，受判決影響的人可以上訴。演算法也會出錯，但是如果它們出錯了，誰可以為此負責呢 [88]？自駕車發生事故，誰來負責呢？如果一個自動信用評分演算法，系統性地歧視一個特定種族或宗教的人，又該向誰求助呢？如果你的機器學習系統的某個決策受到司法審查，你能向法官解釋演算法是如何做出決定的嗎？

信用評等機構是一個典型的例子，它透過收集資料來協助做出關於人的決策。糟糕的信用評分會讓人的生活變得困難，但至少信用評分通常是基於個人借貸歷史的相關事實，並且記錄中的任何錯誤都可以被糾正（儘管機構通常不會這麼做）。然而，基於機器學習的評分演算法的輸入更為廣泛，也更加不透明，這使得我們很難去理解某個決定到底是如何產生的，以及某人是否受到了不公平或歧視的對待 [89]。

一份信用評分總結了「你過去的行為如何？」而預測性分析通常是基於「誰和你相似，以及像你一樣的人在過去的表現如何？」拿別人的行為做類比意味著一種刻板印象，比如根據他們的居住地（與種族和社會經濟階層密切相關）。那些被放在錯誤一方的人呢？如果由於錯誤的資料而使得決策失誤，這幾乎是求助無門的 [87]。

許多資料本質上有統計性質，這表示即使總體機率分佈是正確的，但個別情況也很可能是錯誤的。例如，如果你國家的預期平均壽命是 80 歲，並不表示你就會在 80 歲生日當天往生。從平均分佈和機率分佈來看，你不能篤定地說某個人就是會活到幾歲。同樣地，一個預測系統的輸出是機率性的，在個別情況下很可能是錯誤的。

盲目相信資料在決策中具有至高無上的地位，這不僅是一種妄想而且非常危險。隨著資料驅動的決策越來越普遍，我們需要弄清楚如何讓演算法變得可靠和透明，如何避免強化現有的偏見，以及如何在它們無可避免地出錯時修正它們。

我們還需要弄清楚如何防止資料被用來傷害人們，並挖掘它的正向潛力。例如，分析可以揭示人們生活上的經濟和社會特徵。一方面，這種力量可以用來集中援助和支援那些最需要的人。另一方面，豺狼企業有時會利用它來搜尋弱勢群體，並向他們兜售高風險產品，如高成本貸款和毫無價值的大學學位 [87, 90]。

回饋迴圈

就算有一些像是推薦系統這種對人們影響不那麼深遠的預測性應用，我們還是必須得面對一些困難的問題。當服務變得善於預測使用者想看到什麼內容時，它們最終可能只會向使用者展示他們所認同的觀點，從而導致洗腦、錯誤資訊和兩極分化滋生的同溫層。我們已經看到了社群媒體同溫層對競選活動的影響 [91]。

當預測性分析影響人們的生活時，自我強化的回饋迴圈可能會產生有害的問題。例如，考慮雇主使用信用評分來評估潛在雇員的情況。你可能是一個有良好信用評分的好員工，但突然發現自己陷入財務困境，原因卻是你所無法控制的不幸。當你拖欠帳單時，信用評分會受到影響，找到工作的可能性也會跟著降低。失業會把你推向貧困，而貧困會進一步惡化你的得分，讓你更難找到工作 [87]。這是一個惡性循環，其原因是隱藏在數學嚴謹和資料偽裝之下的有毒假設。

我們並非總是可以預測這種回饋迴圈何時會發生。然而，透過思考整個系統（不僅僅是電腦那部分，還有與之有關的人），可以預測出許多後果，這種方法稱為**系統思考**（*systems thinking*）[92]。我們可以嘗試理解資料分析系統是如何回應不同的行為、結構或特徵的。這個系統是加強和擴大了人們之間現有的差異（例如，使富人更富、窮人更窮），還是試圖與不公正對抗？即使我們的意圖是好的，也必須謹防意外的後果。

隱私和跟蹤

除了預測性分析的問題，例如資料收集本身也存在道德問題。收集資料的組織和被收集資料的人之間的關係是什麼？

當系統只是儲存使用者明確輸入的資料，因為使用者希望系統以某種方式儲存和處理這些資料時，系統是在為使用者執行一項服務：使用者就是客戶。但是，倘若使用者的活動存在被跟蹤和記錄等等的副作用，這種關係就不是那麼顯而易見了。服務不再只是做使用者告訴它要去做的事情，而是只顧自身的利益，而那些利益又很可能與使用者的利益彼此衝突。

跟蹤行為的資料變得越來越重要，特別是對於許多 user-facing 的線上服務來講更是重要的功能：跟蹤哪些搜尋結果被點擊過，有助於提高搜尋結果的排名；推薦「喜歡 X 的人也喜歡 Y」，幫助使用者發現有趣有用的東西；A/B 測試和使用者流量分析可以指出如何改進使用者介面。這些特性都需要對使用者的行為進行某種程度的跟蹤，而使用者也可以從中受益。

然而，根據一家公司的商業模式，跟蹤往往不會就此打住。如果這項服務的收益來自於廣告，那麼廣告商就是背後實際的客戶，而使用者的利益則排在第二位。跟蹤資料變得更加詳細，分析變得更加深入，資料被保留很長一段時間，目的是為了建立每個人的詳細檔案，用於市場行銷。

現在，企業和被收集資料的使用者之間，關係開始變得非常不同了。使用者得到了免費的服務，並被誘導盡可能多地參與其中。對使用者的跟蹤不再主要服務於個人，而是服務於資助這項服務的廣告商的需求。我認為，用一個更險惡的詞來描述這種關係或許更為恰當：監視（*surveillance*）。

監視

作為一個思想實驗，試著用 *surveillance* 一詞來替代 *data*，觀察常出現的話語現在聽起來是否仍然那麼悅耳 [93]。這樣如何：「在我們監視驅動的組織中，收集即時的監視串流，並將它們儲存在我們的監視倉儲中。我們的監視科學家使用先進的分析和監視處理來獲得新的洞察。」

將這個實驗用在本書書名監視密集型應用程式設計，同樣會引起超乎尋常的爭議性，但我認為有必要用強烈的詞彙才能凸顯出這一點。在我們試圖讓軟體「吃掉世界」的過程中 [94]，我們建立了世界上有史以來最大規模的監控基礎設施。我們正在迅速走向一個物聯網的世界，在這個世界裡，每個人居住的空間都至少有一個連上網路的麥克風，其形式包括智慧手機、智慧電視、語音助手設備、嬰兒監視器，甚至還有使用 cloud-based 語音辨識的兒童玩具。許多此類設備的安全記錄都很糟糕 [95]。

在每個房間裡放一個麥克風，並強迫每個人攜帶一個能夠跟蹤位置和行動的設備，這件事情對於即使是最極權和最專制的政權也只能是夢想而已。然而，我們顯然是自願的，甚至是熱情滿滿地把自己投入到這個完全被監視的世界中。不同之處在於，這些資料是由企業而非由政府機構所收集 [96]。

並不是所有的資料收集都可以歸類為監視，但以這樣的角度來檢視事情可以讓我們理解自身與資料收集者的關係。為什麼我們似乎樂於接受企業的監視呢？也許你覺得自己沒有什麼可以隱藏的，換句話說，那是因為你正身處在現有的權力結構當中，而非被邊緣化的少數，所以才不會害怕被迫害 [97]，然而不是每個人都這麼幸運。又或者它的目的似乎沒什麼惡意，只是為了要幫人們做出更好的推薦和更個性化的行銷，因此也不會光明正大地強迫人們接受監視。然而，結合上一節對預測性分析的討論，這種區別似乎有著模糊地帶。

我們已經看到，汽車保險費與車內追蹤設備掛鉤，醫療保險的覆蓋範圍也仰賴隨身配戴的健康追蹤設備。當監視被用來確定生活中的重要方面時（如保險範圍或就業），它就開始顯得不是那麼友善了。此外，資料分析可以揭示令人驚訝的侵犯作為：例如，智慧手錶或健康追蹤器中的運動感測器可以相當準確地計算出你正在鍵入的內容（例如密碼）[98]。令人擔心的是，用於這些分析的演算法也會日漸強大。

同意和選擇的自由

我們或許會說，使用者是自願使用跟蹤其活動的服務的，而且也同意了服務條款和隱私政策，因此他們同意被收集相關資料。我們甚至可以宣稱，使用者透過提供資料而獲得了有價值的服務，為了提供該服務，跟蹤是必要的。毫無疑問，社交網路、搜尋引擎和各種免費線上服務對使用者來說都是有價的，但這種說法其實是有問題的。

使用者對他們輸入到資料庫的資料，以及這些資料是如何被保留和處理的過程知之甚少，大多數隱私政策喜歡遊走模糊地帶而不是把事情講清楚。如果使用者不瞭解他們的資料會發生什麼，他們就不能給出任何有意義的同意。通常，來自一個使用者的資料也會透露出非服務使用者以及未同意任何條款的人的情況。本書這部分討論的衍生 datasets，其中來自整個使用者資料庫的資料可能會和行為跟蹤以及外部資料來源相結合，這些恰恰都是使用者沒有辦法輕易理解的資料。

此外，資料是單方面地向使用者取得的，其中沒有真正的互惠關係，也沒有公平的價值交換。使用者沒有對話的機會，也無法選擇對他們提供了多少資料以及得到了什麼服務做任何協商：服務和使用者之間的關係是非常不對稱和單方面的。這些條款是由服務設下的，而不是使用者設下的 [99]。

對於不同意監視的使用者來說，唯一能做的選擇就是不使用某項服務。但是這種選擇也不是免費的：如果一項服務非常受歡迎，以至於「大多數人認為它是基本社會參與的必要條件」[99]，那麼指望人們不要使用這項服務就有點不合理了，使用該項服務在實際上變成了一種日常所需（ *de facto* mandatory）。例如，在大多數西方社會中，攜帶智慧手機、使用 Facebook 進行社交、使用 Google 搜尋資訊已經成為一種常態。特別是當一項服務具有網路效應時，選擇不使用它的人們會為此付出社會代價。

只有少數詳細了解隱私權政策的一小群人，拒絕使用該服務對他們而言才能稱得上是一個選項。因為他們可以自我評估如果不使用該服務，能否負擔得起潛在的社會代價或因此而錯過專業的機會。對於處於弱勢地位的人來說，表面上好像有選擇的自由，但其實並沒有什麼意義：監視仍不可免。

資料的隱私和用途

有時，人們宣稱「隱私已死」，理由是一些使用者願意在社交媒體上發佈有關自身生活的大小事，有些平凡無奇、有些則是非常私人的。然而，這種說法是錯誤的，因為這是對隱私（ *privacy* ）一詞的誤解。

擁有隱私並不表示一切都要保密；它意味著擁有選擇權，可以決定哪些事情向誰透露、哪些事情公開、對哪些事情保密的自由。隱私權是一種決策權：它使每個人在任何情況下，都能夠決定自己要站在保密和披露之間的哪個位置 [99]。這是關乎一個人的自由和自主權的大事。

當透過監控基礎設施從人們身上萃取資料時，資料確實會轉移到資料收集者手中，但隱私權卻不一定會受到侵犯。獲取資料的企業基本上會說：「相信我們會運用你的資料來做正確的事情。」這意味著決定披露和保密什麼的權利從個人轉移到了企業身上。

這些企業會對監視的大部分結果選擇保密，因為外洩這些資料會引發眾怒或恐慌，而且會損害它們的商業模式（這種模式依賴於企業本身比其他公司更瞭解它們的使用者）。

使用者的私密資訊往往都是間接地被洩漏出來，例如，以工具的形式將廣告投放到特定人群（如患有特定疾病的人）。

就算特定使用者無法從特定廣告的目標人群中被識別出來，但他們也已經喪失了揭露一些隱私資訊的權利，例如是否患有某種疾病。並不是使用者根據個人喜好決定向誰透露什麼資訊，而是企業會行使隱私權的權利，而這往往是以最大化利潤作為目標的。

許多企業的目標都是避免讓人恐懼，避免在資料收集的時候遇上一些麻煩的問題，專注於管理使用者的感受。即使是這些感受管理往往都處理得很差：例如，有些事情可能是事實沒錯，但如果它會勾起人們痛苦的記憶，使用者恐怕就不希望再被提醒 [100]。對於任何類型的資料，我們都應該預料到它可能是錯誤的、不受歡迎或在某種程度上是不恰當的，我們需要建立處理這些錯誤的機制。事物是否「不受歡迎」或「不恰當」當然取決於人類的判斷；除非我們明確地對演算法進行程式設計，讓它們尊重人類的需求，否則演算法本身是不會注意到這些概念的。作為這些系統的工程師，我們必須保持謙遜，接受並為這種錯誤做好準備。

隱私設定可以讓線上服務的使用者自己控制開放給其他人看到的資料揭露程度，這是將控制權交還給使用者的一個起點。然而，不管設定如何，該服務本身仍然可以不受限制地存取這些資料，並且可以按照隱私政策所允許的任何方式來自由使用這些資料。即使該服務承諾不會將資料賣給協力廠商，它通常也會授予自己在內部無限制地處理和分析這些資料的權利，這些處理分析通常會比使用者公開可見的內容還多得多了。

這種隱私權從個人向企業的大規模轉移，在歷史上是前所未見的 [99]。監視一直存在，但它過去不只成本高昂而且也需要手動實施，而且不是可擴展的和自動化的。信任關係一直都在，例如病人和醫生之間，或者被告和律師之間；在這些情況下，資料的使用受到道德、法律和監管約束的嚴格控制。網路服務讓人們更容易在沒有徵得同意的情況下被收集大量敏感資訊，並且資料也在使用者不瞭解自己的私人資料正在發生什麼事的情況下被大規模地運用。

資料作為資產和權力

由於行為資料是使用者與服務互動的副產品，所以它有時被稱為「排廢資料」（data exhaust），意味著這些資料是毫無價值的材料。從這個角度來看，行為分析和預測性分析可以被視為一種回收的形式，從原本會被丟棄的資料中萃取出價值來。

從另一種方式來看可能會更正確：從經濟的角度來看，如果有針對性的廣告是一項付費服務，那麼人們的行為資料就是這項服務的核心資產。在這種情況下，與使用者互動的應用程式只是一種引誘使用者將越來越多的個人資訊輸入監視基礎設施的手段 [99]。線上服務表面上經常提供令人愉悅的創意和社交關係，資料卻被萃取機器在其背後無所忌憚地利用了。

資料仲介的存在，恰恰證明了個人資料是一種有價的資產。資料仲介是一種在灰色地帶秘密運作的行業，購買、聚集、分析、推斷和轉售侵入性的個人資料，主要用於行銷用途 [90]。初創公司的價值是由他們的使用者數量、抓住的「眼球」數量來衡量的，也就是仰賴他們的監視能力。

因為資料是有價值的，很多人都想要它。當然，企業想要它，所以為什麼首先需要去收集它。但政府也想要得到它：通過秘密交易、脅迫、法律強制，或者簡單地竊取 [101]。當一家企業破產時，它所收集的個人資料是被出售的資產之一。此外，很難保證資料的安全，因此令人不安的資料洩露事件也經常發生 [102]。

這些觀察結果使得一些批評人士認為，資料不僅是一種資產，而且是一種「有毒資產」[101]，或至少是「有害物質」[103]。即便我們認為有能力防止資料濫用，每當我們收集資料，就需要在收益以及資料落入壞人手中的風險之間取得平衡：電腦系統可能被罪犯或敵國情報服務和諧掉、資料可能被內鬼洩露、公司可能落入肆無忌憚的管理層手中，或者，一個國家改朝換代而新政權接收了這些資料。

在收集資料時，我們需要考慮的不僅僅是當今的政治環境，還得顧慮未來執政的政府。沒有人能保證未來當權的政府都會尊重人權和公民自由，因此「設置某些在未來可能協助警察國家的技術，是不符合公民衛生的」[104]。

俗話說：「知識就是力量。」此外，「審視他人卻又避免自我審查是權力的重要形式之一」[105]。這就是極權政府熱衷於監視的原因：這給了他們控制人口的權力。儘管今天的科技公司所公開尋求的並非政治權力，但它們積累的資料和知識卻給了它們很大的權力來控制我們的生活，而其中很多是在公眾監督之外偷偷進行的 [106]。

工業革命不可或忘

資料是資訊時代的關鍵特徵。網際網路、資料儲存、處理和軟體驅動的自動化正在對全球經濟和人類社會產生重大影響。在過去的十來年中，隨著我們的日常生活和社會組織發生了變化，而且根本性的變化在未來的幾十年裡可能還會持續進行，這不由得讓我們聯想到了工業革命 [87, 96]。

工業革命以科技和農業的重大進步作為基礎，帶來了經濟長期持續發展並且顯著地提升了人民的生活水準。然而，它也帶來了一些重大問題：空氣污染（煙霧和化學作用）和水汙染（工業和人類的排廢）都非常嚴重。工廠業主過著奢華的生活，而城市工人則往往蝸居於簡陋的房子，在惡劣的條件下長時間工作。童工隨處可見，包括在危險和低報酬的礦場工作。

人們花了很長一段時間才制定了諸如環境保護條例、工作場所安全規範、禁止童工以及食品安全等保護措施。毫無疑問,當工廠不能再把廢物排入河裡、出售污染食品或剝削工人時,成本自然就增加了。社會作為一個整體,從這些法規獲益良多,我們當中很少有人願意再回到過去的時代 [87]。

正如工業革命黑暗的一面需要被管理一樣,朝向資訊時代的過渡也有著需要面對和解決的重大問題。我認為資料的收集和使用就是其中一個問題。用 Bruce Schneier 的話來說 [96]:

> 資料問題正是資訊時代的污染問題,保護隱私和保護環境有著類似的挑戰,幾乎所有的電腦都會產生資訊。它就在我們周遭,先生繼而潰爛。我們如何處置資訊是促進資訊經濟能夠健全發展的核心。只要回顧早期的工業時代,想想我們的祖先忽視污染而急於建立起一個工業化的世界所帶來的後果,我們的子孫也將回顧我們在資訊時代早期的作為,並且評判我們如何解決資料收集和濫用的挑戰。

我們應該努力成為後代子孫的驕傲才對。

立法和自律

資料保護法可能有助於保護個人權利。例如,1995 年的歐洲資料保護指令(European Data Protection Directive)規定個人資料必須「被具體、明確以及合法地收集,且不得進行一些和目的無關的處理」,並且資料必須就其目的「被適當、相關和適度地收集」[107]。

然而,在今天的網際網路環境下,這項立法是否有效是值得懷疑的 [108]。這些規則與 Big Data 的理念背道而馳,Big Data 的理念是將資料收集最大化,然後得以和其他 datasets 相結合以進行實驗和探索,進而產生新的洞察。探索意味著將資料用於不可預見的目的,這與使用者同意的「具體且明確」的目恰好相反(如果我們能夠說出有意義的同意 [109])。更新版的法規目前正在制定當中 [89]。

收集大量個人資料的公司反對監管,認為監管是一種負擔,會扼殺創新。在某種程度上,反對是有其道理的。例如共享醫療資料,有明顯的隱私風險,但也有潛在的機會:如果資料分析能夠讓我們實現更好的診斷或找到更好的治療方法,是不是能夠避免更多的死亡 [110]?過度監管可能會阻礙這種突破。要在這些潛在的機會和風險之間取得平衡真的很不容易 [105]。

基本上，我認為科技業需要在個人資料方面做文化上的轉變。我們應該停止把使用者當成需要最佳化的指標，記住他們是有尊嚴、需要被尊重的人。我們應該自我規範資料收集和處理，以便贏得我們的軟體使用者的信任 [111]。我們應該承擔起教育終端使用者如何使用自身資料的責任，而不是把他們蒙在鼓裡。

我們應該允許每個人維護自己的隱私。比如，他們可以掌控自己的資料，而不是透過監視來往他們身上竊取這種控制權。個人控制資料的權利就像國家公園的自然環境一樣：如果我們不明確地保護和愛護它，它就會被破壞。這將是公眾的悲哀，我們所有人的處境都將因此變得更糟。無所不在的監視並非不可避免，我們現在仍然有機會可以阻止它。

我們究竟要如何才能做到這一點，還是個懸而未決的問題。首先，我們不應該永遠保留資料，而應該於不再需要資料的時候就清除它們 [111, 112]。清除資料與不變性的觀念背道而馳（參見第 460 頁「不變性的侷限」），但這個問題是可以解決的。我看到一個很有前景的方法是透過加密協定來加強存取控制，而不僅僅是通過政策來做要求 [113, 114]。總的來說，文化和態度的改變都是必要的。

小結

本章討論了設計資料系統的新方法，也包括了我個人的觀點和對未來的推測。我們首先觀察到，沒有一種單一工具可以有效地服務所有可能的場景，因此應用程式必須組合幾個不同的軟體來實現它們的目標。

我們討論了如何使用 batch processing 和 event streams 來讓資料的變化在不同的系統之間流動，以解決資料整合的問題。

在這種方法中，某些系統被指定為記錄系統，而其他資料則經由轉換而能從它們當中衍生出來。這樣我們就可以維護索引、實體化視圖、機器學習模型、統計結論等等。讓這些衍生和轉換具有非同步性和鬆散耦合，可以防止某個領域的問題擴散到系統不相關的部分，從而提高整個系統的強韌性和容錯能力。

將 dataflows 表達為從一個 dataset 到另一個 dataset 的轉換，有助於應用程式的演進：如果你想改變一個處理步驟，例如改變索引或快取的結構，可以對整個 input dataset 重新運行新的轉換程式碼以重新衍生出 output。同樣地，如果其間發生錯誤，你可以在修復程式碼之後再 reprocess 資料來進行恢復。

這些 processes 與資料庫內部所做的事情非常相似,因此我們重新定義了 dataflow applications 的概念,即分拆式資料庫的元件,並且透過組合這些鬆散耦合的元件來建構應用程式。

衍生狀態可以透過觀察底層資料的變化來更新。此外,下游消費者也可以進一步觀察衍生狀態。我們甚至可以將這種 dataflow 一路延伸到顯示資料的終端使用者設備,從而建構出可以動態更新資料變化並繼續離線工作的使用者介面。

接下來,我們討論了如何在出現錯誤的時候確保這些處理都是正確的。我們看到,利用 end-to-end 的 request ID 來使操作具有冪等性、非同步地檢查約束條件,就可以用非同步的事件處理來實現可擴展的強完整性保證。客戶端要麼等到檢查通過,要麼也能不等待就繼續,但有可能會遇到違反約束而不得不致歉的情況。與使用分散式交易的傳統方法相比,這種方法具有更強的可擴展性和強韌性,在實務上適合用於多個業務流程共同工作的場景。

圍繞 dataflow 和非同步檢查約束來建構應用程式,我們可以免除大多數的協調工作,並創建出可以同時保持完整性和性能的系統,即使在地理分佈的場景和存在故障的情況下也是如此。然後我們談到了使用審計來驗證資料完整性和檢測損壞的想法。

最後我們拉高視角,看了一些建構資料密集型應用程式在道德方面的問題。我們發現,雖然資料可以用來做好事,但它也可以造成重大傷害:做出嚴重影響人們生活、難以平反的決定、導致歧視和剝削、監視正常化、私密資訊曝光等等。

我們也面臨著資料洩露的風險,我們可能會發現善意的資料用途也會產生某些意想不到的後果。

軟體和資料正在對世界產生巨大的影響,工程師必須謹記在心,我們有責任為這個世界做出努力:一個善待他人、尊重他人的世界。我希望我們能夠朝著這個目標共同努力。

參考文獻

[1] Rachid Belaid: "Postgres Full-Text Search is Good Enough!," *rachbelaid.com*, July 13, 2015.

[2] Philippe Ajoux, Nathan Bronson, Sanjeev Kumar, et al.: "Challenges to Adopting Stronger Consistency at Scale," at *15th USENIX Workshop on Hot Topics in Operating Systems* (HotOS), May 2015.

[3] Pat Helland and Dave Campbell: "Building on Quicksand," at *4th Biennial Conference on Innovative Data Systems Research* (CIDR), January 2009.

[4] Jessica Kerr: "Provenance and Causality in Distributed Systems," *blog.jessitron.com*, September 25, 2016.

[5] Kostas Tzoumas: "Batch Is a Special Case of Streaming," *data-artisans.com*, September 15, 2015.

[6] Shinji Kim and Robert Blafford: "Stream Windowing Performance Analysis: Concord and Spark Streaming," *concord.io*, July 6, 2016.

[7] Jay Kreps: "The Log: What Every Software Engineer Should Know About Real-Time Data's Unifying Abstraction," *engineering.linkedin.com*, December 16, 2013.

[8] Pat Helland: "Life Beyond Distributed Transactions: An Apostate's Opinion," at *3rd Biennial Conference on Innovative Data Systems Research* (CIDR), January 2007.

[9] "Great Western Railway (1835–1948)," Network Rail Virtual Archive, *networkrail.co.uk*.

[10] Jacqueline Xu: "Online Migrations at Scale," *stripe.com*, February 2, 2017.

[11] Molly Bartlett Dishman and Martin Fowler: "Agile Architecture," at *O'Reilly Software Architecture Conference*, March 2015.

[12] Nathan Marz and James Warren: *Big Data: Principles and Best Practices of Scalable Real-Time Data Systems*. Manning, 2015. ISBN: 978-1-617-29034-3

[13] Oscar Boykin, Sam Ritchie, Ian O'Connell, and Jimmy Lin: "Summingbird: A Framework for Integrating Batch and Online MapReduce Computations," at *40th International Conference on Very Large Data Bases* (VLDB), September 2014.

[14] Jay Kreps: "Questioning the Lambda Architecture," *oreilly.com*, July 2, 2014.

[15] Raul Castro Fernandez, Peter Pietzuch, Jay Kreps, et al.: "Liquid: Unifying Nearline and Offline Big Data Integration," at *7th Biennial Conference on Innovative Data Systems Research* (CIDR), January 2015.

[16] Dennis M. Ritchie and Ken Thompson: "The UNIX Time-Sharing System," *Communications of the ACM*, volume 17, number 7, pages 365–375, July 1974. doi:10.1145/361011.361061

[17] Eric A. Brewer and Joseph M. Hellerstein: "CS262a: Advanced Topics in Computer Systems," lecture notes, University of California, Berkeley, *cs.berkeley.edu*, August 2011.

[18] Michael Stonebraker: "The Case for Polystores," *wp.sigmod.org*, July 13, 2015.

[19] Jennie Duggan, Aaron J. Elmore, Michael Stonebraker, et al.: "The BigDAWG Polystore System," *ACM SIGMOD Record*, volume 44, number 2, pages 11–16, June 2015. doi:10.1145/2814710.2814713

[20] Patrycja Dybka: "Foreign Data Wrappers for PostgreSQL," *vertabelo.com*, March 24, 2015.

[21] David B. Lomet, Alan Fekete, Gerhard Weikum, and Mike Zwilling: "Unbundling Transaction Services in the Cloud," at *4th Biennial Conference on Innovative Data Systems Research* (CIDR), January 2009.

[22] Martin Kleppmann and Jay Kreps: "Kafka, Samza and the Unix Philosophy of Distributed Data," *IEEE Data Engineering Bulletin*, volume 38, number 4, pages 4–14, December 2015.

[23] John Hugg: "Winning Now and in the Future: Where VoltDB Shines," *voltdb.com*, March 23, 2016.

[24] Frank McSherry, Derek G. Murray, Rebecca Isaacs, and Michael Isard: "Differential Dataflow," at *6th Biennial Conference on Innovative Data Systems Research* (CIDR), January 2013.

[25] Derek G Murray, Frank McSherry, Rebecca Isaacs, et al.: "Naiad: A Timely Dataflow System," at *24th ACM Symposium on Operating Systems Principles* (SOSP), pages 439–455, November 2013. doi:10.1145/2517349.2522738

[26] Gwen Shapira: "We have a bunch of customers who are implementing 'database inside-out' concept and they all ask 'is anyone else doing it? are we crazy?'" *twitter.com*, July 28, 2016.

[27] Martin Kleppmann: "Turning the Database Inside-out with Apache Samza," at *Strange Loop*, September 2014.

[28] Peter Van Roy and Seif Haridi: *Concepts, Techniques, and Models of Computer Programming*. MIT Press, 2004. ISBN: 978-0-262-22069-9

[29] "Juttle Documentation," *juttle.github.io*, 2016.

[30] Evan Czaplicki and Stephen Chong: "Asynchronous Functional Reactive Programming for GUIs," at *34th ACM SIGPLAN Conference on Programming Language Design and Implementation* (PLDI), June 2013. doi:10.1145/2491956.2462161

[31] Engineer Bainomugisha, Andoni Lombide Carreton, Tom van Cutsem, Stijn Mostinckx, and Wolfgang de Meuter: "A Survey on Reactive Programming," *ACM Computing Surveys*, volume 45, number 4, pages 1–34, August 2013. doi:10.1145/2501654.2501666

[32] Peter Alvaro, Neil Conway, Joseph M. Hellerstein, and William R. Marczak: "Consistency Analysis in Bloom: A CALM and Collected Approach," at *5th Biennial Conference on Innovative Data Systems Research* (CIDR), January 2011.

[33] Felienne Hermans: "Spreadsheets Are Code," at *Code Mesh*, November 2015.

[34] Dan Bricklin and Bob Frankston: "VisiCalc: Information from Its Creators," *danbricklin.com*.

[35] D. Sculley, Gary Holt, Daniel Golovin, et al.: "Machine Learning: The High-Interest Credit Card of Technical Debt," at *NIPS Workshop on Software Engineering for Machine Learning* (SE4ML), December 2014.

[36] Peter Bailis, Alan Fekete, Michael J Franklin, et al.: "Feral Concurrency Control: An Empirical Investigation of Modern Application Integrity," at *ACM International Conference on Management of Data* (SIGMOD), June 2015. doi:10.1145/2723372.2737784

[37] Guy Steele: "Re: Need for Macros (Was Re: Icon)," email to *ll1-discuss* mailing list, *people.csail.mit.edu*, December 24, 2001.

[38] David Gelernter: "Generative Communication in Linda," *ACM Transactions on Programming Languages and Systems* (TOPLAS), volume 7, number 1, pages 80–112, January 1985. doi:10.1145/2363.2433

[39] Patrick Th. Eugster, Pascal A. Felber, Rachid Guerraoui, and Anne-Marie Kermarrec: "The Many Faces of Publish/Subscribe," *ACM Computing Surveys*, volume 35, number 2, pages 114–131, June 2003. doi:10.1145/857076.857078

[40] Ben Stopford: "Microservices in a Streaming World," at *QCon London*, March 2016.

[41] Christian Posta: "Why Microservices Should Be Event Driven: Autonomy vs Authority," *blog. christianposta.com*, May 27, 2016.

[42] Alex Feyerke: "Say Hello to Offline First," *hood.ie*, November 5, 2013.

[43] Sebastian Burckhardt, Daan Leijen, Jonathan Protzenko, and Manuel Fahndrich: "Global Sequence Protocol: A Robust Abstraction for Replicated Shared State," at *29th European Conference on Object-Oriented Programming* (ECOOP), July 2015. doi:10.4230/LIPIcs.ECOOP.2015.568

[44] Mark Soper: "Clearing Up React Data Management Confusion with Flux, Redux, and Relay," *medium. com*, December 3, 2015.

[45] Eno Thereska, Damian Guy, Michael Noll, and Neha Narkhede: "Unifying Stream Processing and Interactive Queries in Apache Kafka," *confluent.io*, October 26, 2016.

[46] Frank McSherry: "Dataflow as Database," *github.com*, July 17, 2016.

[47] Peter Alvaro: "I See What You Mean," at *Strange Loop*, September 2015.

[48] Nathan Marz: "Trident: A High-Level Abstraction for Realtime Computation," *blog.twitter.com*, August 2, 2012.

[49] Edi Bice: "Low Latency Web Scale Fraud Prevention with Apache Samza, Kafka and Friends," at *Merchant Risk Council MRC Vegas Conference*, March 2016.

[50] Charity Majors: "The Accidental DBA," *charity.wtf*, October 2, 2016.

[51] Arthur J. Bernstein, Philip M. Lewis, and Shiyong Lu: "Semantic Conditions for Correctness at Different Isolation Levels," at *16th International Conference on Data Engineering* (ICDE), February 2000. doi:10.1109/ICDE.2000.839387

[52] Sudhir Jorwekar, Alan Fekete, Krithi Ramamritham, and S. Sudarshan: "Automating the Detection of Snapshot Isolation Anomalies," at *33rd International Conference on Very Large Data Bases* (VLDB), September 2007.

[53] Kyle Kingsbury: Jepsen blog post series, *aphyr.com*, 2013–2016.

[54] Michael Jouravlev: "Redirect After Post," *theserverside.com*, August 1, 2004.

[55] Jerome H. Saltzer, David P. Reed, and David D. Clark: "End-to-End Arguments in System Design," *ACM Transactions on Computer Systems*, volume 2, number 4, pages 277–288, November 1984. doi:10.1145/357401.357402

[56] Peter Bailis, Alan Fekete, Michael J. Franklin, et al.: "Coordination-Avoiding Database Systems," *Proceedings of the VLDB Endowment*, volume 8, number 3, pages 185–196, November 2014.

[57] Alex Yarmula: "Strong Consistency in Manhattan," *blog.twitter.com*, March 17, 2016.

[58] Douglas B Terry, Marvin M Theimer, Karin Petersen, et al.: "Managing Update Conflicts in Bayou, a Weakly Connected Replicated Storage System," at *15th ACM Symposium on Operating Systems Principles* (SOSP), pages 172–182, December 1995. doi:10.1145/224056.224070

[59] Jim Gray: "The Transaction Concept: Virtues and Limitations," at *7th International Conference on Very Large Data Bases* (VLDB), September 1981.

[60] Hector Garcia-Molina and Kenneth Salem: "Sagas," at *ACM International Conference on Management of Data* (SIGMOD), May 1987. doi:10.1145/38713.38742

[61] Pat Helland: "Memories, Guesses, and Apologies," *blogs.msdn.com*, May 15, 2007.

[62] Yoongu Kim, Ross Daly, Jeremie Kim, et al.: "Flipping Bits in Memory Without Accessing Them: An Experimental Study of DRAM Disturbance Errors," at *41st Annual International Symposium on Computer Architecture* (ISCA), June 2014. doi:10.1145/2678373.2665726

[63] Mark Seaborn and Thomas Dullien: "Exploiting the DRAM Rowhammer Bug to Gain Kernel Privileges," *googleprojectzero.blogspot.co.uk*, March 9, 2015.

[64] Jim N. Gray and Catharine van Ingen: "Empirical Measurements of Disk Failure Rates and Error Rates," Microsoft Research, MSR-TR-2005-166, December 2005.

[65] Annamalai Gurusami and Daniel Price: "Bug #73170: Duplicates in Unique Secondary Index Because of Fix of Bug#68021," *bugs.mysql.com*, July 2014.

[66] Gary Fredericks: "Postgres Serializability Bug," *github.com*, September 2015.

[67] Xiao Chen: "HDFS DataNode Scanners and Disk Checker Explained," *blog.cloudera.com*, December 20, 2016.

[68] Jay Kreps: "Getting Real About Distributed System Reliability," *blog.empathybox.com*, March 19, 2012.

[69] Martin Fowler: "The LMAX Architecture," *martinfowler.com*, July 12, 2011.

[70] Sam Stokes: "Move Fast with Confidence," *blog.samstokes.co.uk*, July 11, 2016.

[71] "Sawtooth Lake Documentation," Intel Corporation, *intelledger.github.io*, 2016.

[72] Richard Gendal Brown: "Introducing R3 Corda™: A Distributed Ledger Designed for Financial Services," *gendal.me*, April 5, 2016.

[73] Trent McConaghy, Rodolphe Marques, Andreas Muller, et al.: "BigchainDB: A Scalable Blockchain Database," *bigchaindb.com*, June 8, 2016.

[74] Ralph C. Merkle: "A Digital Signature Based on a Conventional Encryption Function," at *CRYPTO '87*, August 1987. doi:10.1007/3-540-48184-2_32

[75] Ben Laurie: "Certificate Transparency," *ACM Queue*, volume 12, number 8, pages 10-19, August 2014. doi:10.1145/2668152.2668154

[76] Mark D. Ryan: "Enhanced Certificate Transparency and End-to-End Encrypted Mail," at *Network and Distributed System Security Symposium* (NDSS), February 2014. doi:10.14722/ndss.2014.23379

[77] "Software Engineering Code of Ethics and Professional Practice," Association for Computing Machinery, *acm.org*, 1999.

[78] Francois Chollet: "Software development is starting to involve important ethical choices," *twitter.com*, October 30, 2016.

[79] Igor Perisic: "Making Hard Choices: The Quest for Ethics in Machine Learning," *engineering.linkedin.com*, November 2016.

[80] John Naughton: "Algorithm Writers Need a Code of Conduct," *theguardian.com*, December 6, 2015.

[81] Logan Kugler: "What Happens When Big Data Blunders?," *Communications of the ACM*, volume 59, number 6, pages 15–16, June 2016. doi:10.1145/2911975

[82] Bill Davidow: "Welcome to Algorithmic Prison," *theatlantic.com*, February 20, 2014.

[83] Don Peck: "They're Watching You at Work," *theatlantic.com*, December 2013.

[84] Leigh Alexander: "Is an Algorithm Any Less Racist Than a Human?" *theguardian.com*, August 3, 2016.

[85] Jesse Emspak: "How a Machine Learns Prejudice," *scientificamerican.com*, December 29, 2016.

[86] Maciej Cegłowski: "The Moral Economy of Tech," *idlewords.com*, June 2016.

[87] Cathy O'Neil: *Weapons of Math Destruction: How Big Data Increases Inequality and Threatens Democracy*. Crown Publishing, 2016. ISBN: 978-0-553-41881-1

[88] Julia Angwin: "Make Algorithms Accountable," *nytimes.com*, August 1, 2016.

[89] Bryce Goodman and Seth Flaxman: "European Union Regulations on Algorithmic Decision-Making and a 'Right to Explanation'," *arXiv:1606.08813*, August 31, 2016.

[90] "A Review of the Data Broker Industry: Collection, Use, and Sale of Consumer Data for Marketing Purposes," Staff Report, *United States Senate Committee on Commerce, Science, and Transportation, commerce. senate.gov*, December 2013.

[91] Olivia Solon: "Facebook's Failure: Did Fake News and Polarized Politics Get Trump Elected?" *theguardian.com*, November 10, 2016.

[92] Donella H. Meadows and Diana Wright: *Thinking in Systems: A Primer*. Chelsea Green Publishing, 2008. ISBN: 978-1-603-58055-7

[93] Daniel J. Bernstein: "Listening to a 'big data'/'data science' talk," *twitter.com*, May 12, 2015.

[94] Marc Andreessen: "Why Software Is Eating the World," *The Wall Street Journal*, 20 August 2011.

[95] J. M. Porup: "'Internet of Things' Security Is Hilariously Broken and Getting Worse," *arstechnica.com*, January 23, 2016.

[96] Bruce Schneier: *Data and Goliath: The Hidden Battles to Collect Your Data and Control Your World*. W. W. Norton, 2015. ISBN: 978-0-393-35217-7

[97] The Grugq: "Nothing to Hide," *grugq.tumblr.com*, April 15, 2016.

[98] Tony Beltramelli: "Deep-Spying: Spying Using Smartwatch and Deep Learning," Masters Thesis, IT University of Copenhagen, December 2015. Available at *arxiv.org/abs/1512.05616*

[99] Shoshana Zuboff: "Big Other: Surveillance Capitalism and the Prospects of an Information Civilization," *Journal of Information Technology*, volume 30, number 1, pages 75–89, April 2015. doi:10.1057/jit.2015.5

[100] Carina C. Zona: "Consequences of an Insightful Algorithm," at *GOTO Berlin*, November 2016.

[101] Bruce Schneier: "Data Is a Toxic Asset, So Why Not Throw It Out?," *schneier.com*, March 1, 2016.

[102] John E. Dunn: "The UK's 15 Most Infamous Data Breaches," *techworld.com*, November 18, 2016.

[103] Cory Scott: "Data is not toxic - which implies no benefit - but rather hazardous material, where we must balance need vs. want," *twitter.com*, March 6, 2016.

[104] Bruce Schneier: "Mission Creep: When Everything Is Terrorism," *schneier.com*, July 16, 2013.

[105] Lena Ulbricht and Maximilian von Grafenstein: "Big Data: Big Power Shifts?," *Internet Policy Review*, volume 5, number 1, March 2016. doi:10.14763/2016.1.406

[106] Ellen P. Goodman and Julia Powles: "Facebook and Google: Most Powerful and Secretive Empires We've Ever Known," *theguardian.com*, September 28, 2016.

[107] Directive 95/46/EC on the protection of individuals with regard to the processing of personal data and on the free movement of such data, Official Journal of the European Communities No. L 281/31, *eur-lex. europa.eu*, November 1995.

[108] Brendan Van Alsenoy: "Regulating Data Protection: The Allocation of Responsibility and Risk Among Actors Involved in Personal Data Processing," Thesis, KU Leuven Centre for IT and IP Law, August 2016.

[109] Michiel Rhoen: "Beyond Consent: Improving Data Protection Through Consumer Protection Law," *Internet Policy Review*, volume 5, number 1, March 2016. doi:10.14763/2016.1.404

[110] Jessica Leber: "Your Data Footprint Is Affecting Your Life in Ways You Can't Even Imagine," *fastcoexist. com*, March 15, 2016.

[111] Maciej Cegłowski: "Haunted by Data," *idlewords.com*, October 2015.

[112] Sam Thielman: "You Are Not What You Read: Librarians Purge User Data to Protect Privacy," *theguardian.com*, January 13, 2016.

[113] Conor Friedersdorf: "Edward Snowden's Other Motive for Leaking," *theatlantic.com*, May 13, 2014.

[114] Phillip Rogaway: "The Moral Character of Cryptographic Work," Cryptology ePrint 2015/1162, December 2015.

術語表

 請注意，本術語表中是對術語的簡單定義，旨在傳達核心概念，而非術語內涵的全部細節。如需更多詳情，可以透過參考文獻進一步了解。

asynchronous（非同步的）

不會等待某件事完成（例如透過網路向另一個節點發送資料），也不會對某件事將要花費的時間做出任何假設。請參閱第 153 頁「同步複製與非同步複製」、第 284 頁「同步網路與非同步網路」以及第 306 頁「系統模型與現實」。

atomic（原子的）

1. 在並發操作的上下文中：描述一個在某個時間點一次生效的操作，這樣其他並發的程序永遠不會遇到某個處於「半完成」狀態的操作。另見 *isolation*。

2. 在交易的上下文中：將一組必須一次全部提交或全部回滾的寫入操作組合在一起，即使發生錯誤也必須保持如此行為。參見第 224 頁「原子性」和第 352 頁「原子提交和兩階段提交（2PC）」。

backpressure（背壓）

由於接收方無法跟上資料的產生速度，迫使某些資料的發送方必須放慢資料的產生速度。這也稱為 *flow control*。請參見第 437 頁「訊息傳遞系統」。

batch process（批次處理）

一種計算方法，它將一些固定的（通常是很大的）資料集作為輸入，並產生一些其他資料作為輸出，並且不會修改輸入的資料。參見第 10 章。

bounded（有界的）

描述一些已知上限或大小的東西。例如被用在網路延遲（參見第 281 頁「逾時和無限制的延遲」）和資料集（參見第 11 章的介紹）的上下文中。

Byzantine fault（拜占庭故障）

一個以隨意方式表現出行為不正確的節點，例如向其他節點發送矛盾的或惡意的訊息。參見第 304 頁「拜占庭故障」。

cache（快取）

一個用來記住最近使用資料的元件，以便加速將來對相同資料的讀取。快取的內容通常不會是全部完整的資料：因此，如果快取中缺少一些所需的資料時，就必須從速度較慢的底層資料儲存系統，自完整資料副本來獲取資料。

CAP theorem（CAP 定理）

一個被廣泛誤解的理論，在實務上的用處並不大。參見第 334 頁「CAP 定理」。

causality（因果）

用於表達在系統中，當一件事的發生先於另一件事時，兩個事件之間的依賴關係。例如，較晚發生的事件是用來回應較早發生事件，或者必須以較早發生的事件當作基礎，又或者是必須根據較早事件的資訊方能理解。參見 187 頁「happens-before 和並發性」以及第 338 頁「順序和因果關係」。

consensus（共識）

它是分散式運算中的一個基本問題，涉及到讓幾個節點在某些事情上達成意見一致（例如，哪個節點應該是資料庫叢集的 leader）。這個問題比乍看要困難得多。參見第 362 頁「支援容錯的共識」。

data warehouse（資料倉儲）

將來自幾個不同 OLTP 系統的資料組合在一起並為分析用途所準備的資料庫。參見第 92 頁「資料倉儲」。

declarative（宣告式的）

描述某些東西應該具有的屬性，但不會描述確切的實作步驟。在查詢的上下文中，查詢最佳化工具接受宣告式的查詢，並決定如何用最好的方式來執行它。參見第 43 頁「資料查詢語言」。

denormalize（反正規化）

在正規化的（*normalized*）資料集中引入一定數量的冗餘或重複（通常是以 *cache* 或 *index* 的形式），以加快讀取速度。一個反正規化的值是一種預先計算的查詢結果，類似實體化視圖。參見第 228 頁「單物件和多物件操作」和第 458 頁「從同一個事件日誌衍生多個視圖」。

derived data（衍生資料）

通過可重複的程序從其他資料所創建出來的資料集，當需要時可以再次執行該程序。通常，衍生資料被用來加速對特定類型資料的讀取。索引、快取和實體化視圖都是衍生資料的例子。請參見第三部分的介紹。

deterministic（確定性的）

它描述了這樣的一個函數性質：如果你給它相同的輸入，它總是會產生相同的輸出。這意味著它不能夠依賴於亂數、時間、網路通訊或其他不可預測的事情。

distributed（分散式）

事情是在網路所連接的幾個節點上面運行，其特徵為 *partial failures*：系統的某些部分可能已經壞掉了，而其他部分仍還在工作，而且軟體往往不大可能知道到底是什麼壞掉了。參見第274頁「故障和部分失效」。

durable（持久性）

以一種你信任的方式來儲存資料，也就是你相信在這種儲存上即使發生各種故障也不會丟失資料。參見226頁「持久性」。

ETL

擷取–轉換–載入（Extract–Transform–Load）。從來源資料庫萃取出資料，將其轉換為更適合於分析查詢的形式，並將其載入到資料倉儲或批次處理系統的過程。參見第92頁「資料倉儲」。

failover（容錯移轉）

在只有單一個 leader 的系統中，容錯移轉是將領導的角色從一個節點轉移到另一個節點的程序。請參閱第156頁「處理節點失效」。

fault-tolerant（容錯）

當有錯誤發生時（例如機器崩潰或網路連接失敗），具有自動恢復的能力。參見第6頁「可靠性」。

flow control（流量控制）

參見 *backpressure*。

follower（追隨者）

一個不直接接受任何客戶端寫入操作的副本，而是只接受並處理從 leader 過來的資料變更。它也稱為 *secondary*、*slave*、*read replica* 或 *hot standby*。參見第152頁「領導者和追隨者」。

full-text search（全文檢索搜尋）

可以用任意關鍵字來搜尋文本內容，通常還會有一些額外的功能可以使用，例如拼法相似的單詞或同義詞的匹配。全文索引是一種 *secondary index*，可以支援此類查詢。參見第88頁「全文檢索和模糊索引」。

graph（圖）

一種由頂點（*vertices*，一種可以參照到的東西，也稱為 *nodes* 或 *entities*）和邊（*edges*，兩頂點之間的連接，也稱為 *relationships* 或 *arcs*）組成的資料結構。參見第 49 頁「Graph-Like 資料模型」。

hash（雜湊）

一種將輸入轉換為看起來像亂數的函數，對於相同的輸入它總是會傳回相同的輸出。對於不同的輸入，它幾乎會傳回不同的輸出；不過還是有可能會發生給予不同輸入卻得到相同輸出的情況（這稱為 *collision*）。參見第 203 頁「按鍵的雜湊值進行分區」。

idempotent（冪等的）

描述一個可以安全重試的操作；如果執行該操作多次，其效果必定與只執行一次的結果相同。參見第 475 頁「冪等性」。

index（索引）

一種資料結構，讓你能夠高效地搜尋特定欄位中具有特定值的所有記錄。請參閱第 70 頁「資料結構：資料庫動力之源」。

isolation（隔離性）

在交易上下文中，它用來描述並發執行的交易之間相互干擾的程度。*Serializable* isolation 提供了最強的保證，但也使用了較弱的隔離級別。參見第 225 頁「隔離性」。

join（連接）

把一些具有共同處的記錄集結在一起。最常用到的情況是，一條記錄存有對另一條記錄的參照（外鍵、文件參照、圖的邊），而查詢需要去取得參照所指向的記錄。參見第 33 頁「多對一和多對多的關係」和第 400 頁「Reduce-side 的 Joins 跟 Grouping」。

leader（領導者、主節點）

當跨多個節點複製資料或服務時，leader 是一個被指定用於接受資料修改的副本。一個 leader 可以經由某種協定選舉出來，也可以由管理人員手動決定出來。它也稱為 *primary* 或 *master*。參見第 152 頁「領導者和追隨者」。

linearizable（可線性化）

表現得好像系統中只有一個資料副本，且該副本是透過原子操作來更新資料。參見第 321 頁「可線性化」。

locality（局部性）

一種性能最佳化：如果有某些資料片段經常會被同時使用，那就將它們就近存放在一個地方。請參閱第 41 頁「查詢的資料局部性」。

lock（加鎖）

一種確保只有一個執行緒、節點或交易可以存取某些內容的機制，任何其他想存取相同內容的人必須等待直到鎖被釋放。請參閱第 256 頁「兩階段加鎖（2PL）」和第 301 頁「領導者節點與鎖」。

log（日誌）

用於儲存資料的一個只接受追加（append-only）的檔案。**預寫日誌**（*write-ahead log*）可以用來讓一個儲存引擎具有抵抗崩潰的彈性（見第 82 頁「讓 B-trees 變可靠」），一個 *log-structured* 的儲存引擎使用日誌作為其主要的儲存形式（參見第 76 頁「SSTables 和 LSM-Trees」），一個**複製日誌**（*replication log*）則是用來將寫入從 leader 複製到 followers（參見第 152 頁「領導者和追隨者」），而一個**事件日誌**（*event log*）則可以用來代表一個資料串流（參見第 443 頁「分區日誌」）。

materialize（實體化）

儘快執行計算並寫出其結果，而不是在需要時才按需計算。參見第 102 頁「聚合：資料方體與實體化視圖」和第 416 頁「中間狀態的實體化」。

node（節點）

運行於電腦上的某種軟體的一個實例，它會透過網路與其他節點通訊來完成某些任務。

normalized（正規化）

一種沒有冗餘或重複的結構。在正規化資料庫中，當某些資料發生變化時，你只需要在一個地方更新它，而不需要對拷貝到許多不同的地方的同一資料進行更改。參見第 33 頁「多對一和多對多的關係」。

OLAP

線上分析處理。對大量記錄進行聚合（例如，計數、總和、平均）的存取模式。參見第 90 頁「交易處理還是分析處理？」。

OLTP

線上交易處理。以讀取或寫入少量記錄的快速查詢為特徵的存取模式，通常會按鍵來索引。參見第 90 頁「交易處理還是分析處理？」。

partitioning（分區）

把對於一台機器來說太大的大型資料集或計算拆解為更小的部分，並將它們分散到多台機器上，這也稱為 *sharding*。請參閱第 6 章。

percentile（百分位數）

藉由計算超過或低於某個閾值的數值數量來測量數值分佈的一種方法。例如，某段時間內回應時間的第 95 百分位數為 t，因此該段時間之內有 95% 的請求在花不到 t 的時間就完成了，而有 5% 的請求花了超過 t 的時間才完成。請參閱第 13 頁「描述性能」。

primary key（主鍵）

唯一標識一條記錄的值（通常是數字或字串）。在許多應用程式中，當創建一個記錄時，主鍵會由系統產生（例如，循序或隨機地）；它們通常不是由使用者自行設置的。另見 *secondary index*。

quorum（法定人數）

在操作被認為成功之前，需要對其進行投票的最小節點數量。參見第 179 頁「閱讀和寫作的法定人數」。

rebalance（再平衡）

將資料或服務從一個節點移動到另一個節點，以適切地分配負載。請參閱第 209 頁「分區再平衡」。

replication（複製）

在多個節點上保留相同資料的副本（*replicas*），以便在某個節點不可訪問時仍可存取到資料。請參閱第 5 章。

schema（基模）

對某些資料的結構描述，包括其欄位和資料類型。可以在資料生命週期的不同時刻對其進行檢查是否符合基模結構（參見第 40 頁「文件模型中的基模靈活性」）；此外，基模也可以隨時間推移而演變（參見第 4 章）。

secondary index（次索引）

與主資料儲存一起維護的額外資料結構，它可以讓你高效地搜尋出匹配某種條件的記錄。請參見第 86 頁「其他索引結構」以及第 206 頁「分區和次索引」。

serializable（可序列化）

當多個交易同時執行時，可以保證其行為就像它們以串列次序一次執行一個交易的效果一樣。參見 251 頁「可序列化」。

shared-nothing（無共享）

與共享記憶體或共享磁碟的架構不同，這種架構中的獨立節點（每個節點都有自己的 CPU、記憶體和磁碟）會透過傳統的網路連結起來。請參見第二部分的介紹。

skew（偏斜）

1. 跨分區的負載不平衡，例如某些分區分擔了大量的請求或資料，而另一些分區所分擔到的請求或資料則少得多，這也稱為 *hot spots*。參見第 205 頁「偏斜的工作負載和熱點降溫」和第 404 頁「處理偏斜」。

2. 一種造成事件以非預期、非循序出現的 timing 異常。請參閱 237 頁「快照隔離和可重複讀取」關於 *read skew* 的討論、第 246 頁「寫入偏斜和幻讀」關於 *write skew* 的討論，以及第 291 頁「事件排序的時間戳記」關於時鐘偏斜的討論。

split brain（腦分裂）

兩個節點同時認為自己是 leader，而可能會違反系統保證的一種場景。請參閱第 156 頁「處理節點失效」和第 300 頁「真相由多數說了算」。

stored procedure（預存程序）

一種對交易邏輯進行編碼的方法，這樣子交易就可以完全在資料庫伺服器上執行，而無需在交易期間與客戶端來回通訊。參見第 252 頁「實際循序執行」。

stream process（流式處理）

一種持續運行的計算，它使用永遠不會終止的事件串流作為輸入，並從中衍生一些輸出。請參閱第 11 章。

synchronous（同步的）

asynchronous 的反義。

system of record（記錄系統）

擁有某些資料的原始、權威版本的系統，也稱為 *source of truth*。對資料的任何變更都會首先在此寫入，而其他資料集則可能會記錄系統衍生而得。請參見第三部分的介紹。

timeout（逾時）

檢測故障最簡單的方法之一，即在一定時間內觀察是否有收到回應。但是當沒有收到回應時，並不能知道逾時是出自遠端節點的問題還是出自網路的問題。參見第 281 頁「逾時和無限制的延遲」。

total order（全序）

一種比較事物（例如時間戳記）的方法，它讓你總是可以辨別出兩個事物中哪個更大、哪個更小。而有些東西是不可比較的（你不能說哪個更大或

更小），這種順序稱為 *偏序*（*partial order*）。參見第 339 頁「因果順序並非全序關係」。

transaction（交易）

將多個讀取和寫入組織到一個邏輯單元中，以簡化錯誤處理和並發性的問題。請參閱第 7 章。

two-phase commit（2PC）（兩階段提交）

一種確保多個資料庫節點針對一個交易全部提交或全部中止的演算法。請參閱第 352 頁「原子提交和兩階段提交（2PC）」。

two-phase locking（2PL）（兩階段加鎖）

一種用來實現可序列化隔離的演算法。它是藉由讓交易取得對其欲讀取或寫入的所有資料的鎖，然後一直持有該鎖直到交易結束為止。請參閱第 256 頁「兩階段加鎖（2PL）」。

unbounded（無界的）

沒有任何已知的上限或大小。*bounded* 的反義。

索引

關於作者

Martin Kleppmann 是英國劍橋大學的分散式系統研究人員。他曾經是 LinkedIn 和 Rapportive 等網路公司的軟體工程師和企業家，在那裡從事大規模資料基礎設施的工作。他在這個艱難的過程中學會了一些東西，希望能透過這本書幫助讀者避免重蹈覆轍。

Martin 是位經常出現在各種大小會議的講者、部落客，同時也是開放原始碼的貢獻者。他相信不管再深奧的技術思想都是可以讓每個人俯拾即得的，而對技術深入的理解可以幫助我們開發出更好的軟體。

出版記事

本書的封面主角是印度野豬（Sus scrofa cristatus），這是在印度、緬甸、尼泊爾、斯里蘭卡和泰國所發現的野豬亞種。與歐洲野豬的不同之處在於，牠們有更高聳的背部鬃毛，但沒有毛茸茸的底毛，而且頭骨也更大更直。

牠們身上有一層灰色或黑色的毛，硬挺的剛毛沿著脊椎生長。雄性豬隻有突出的犬齒（稱為獠牙），用來與對手搏鬥或擊退捕食者。雄性豬隻的體型比雌性要大，平均肩高為 33 到 35 英寸，而體重約為 200 至 300 磅。熊、老虎和各種大型貓科動物是牠們的天敵。

印度野豬是夜行性的雜食動物，根莖、昆蟲、腐肉、堅果、漿果和小動物都是牠們的食物。眾所周知，野豬還會在垃圾堆和農田裡亂挖亂掘，造成巨大破壞，因此農民非常討厭牠們。牠們每天需要攝入 4,000 ~ 4,500 卡路里的熱量。野豬有著很發達的嗅覺，這有助於牠們尋找地下植物和穴居動物。不過，牠們的視力就不怎麼好了。

野豬長期以來在人類文化中佔有重要地位。在印度的傳說中，野豬是毗濕奴神的化身。在古希臘的葬禮紀念碑中，是悲劇英雄的象徵（與勝利之獅形成對比）。由於牠的侵略性，所以在斯堪地納維亞、日爾曼和盎格魯 - 撒克遜戰士的盔甲和武器上面也能看見牠的蹤影。在中國的十二生肖中，則是象徵著決心和衝動。

歐萊禮系列叢書的封面展示了許多即將瀕臨絕種的動物；牠們都是這個世界重要的一份子。想要瞭解如何貢獻一己之力的更多資訊，敬請造訪 *animals.oreilly.com*。

封面圖片來自《肖的*動物學*》（Shaw's *Zoology*）。

資料密集型應用系統設計

作　　者：Martin Kleppmann
譯　　者：李健榮
企劃編輯：莊吳行世
文字編輯：詹祐甯
設計裝幀：陶相騰
發 行 人：廖文良

發 行 所：碁峰資訊股份有限公司
地　　址：台北市南港區三重路 66 號 7 樓之 6
電　　話：(02)2788-2408
傳　　真：(02)8192-4433
網　　站：www.gotop.com.tw
書　　號：A658
版　　次：2021 年 05 月初版
　　　　　2024 年 07 月初版八刷
建議售價：NT$980

國家圖書館出版品預行編目資料

資料密集型應用系統設計 / Martin Kleppmann 原著；李健榮譯.
-- 初版. -- 臺北市：碁峰資訊, 2021.05
　　面；　公分
　　譯自：Designing data-Intensive applications: the big ideas
behind reliable, scalable, and maintainable systems.
　　ISBN 978-986-502-835-0(平裝)
　　1.軟體研發　2.電腦程式設計　3.資料庫管理
312.2　　　　　　　　　　　　　　　　110007371